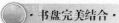

· 全程图解教学 · 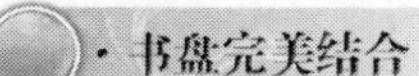 · 易懂易学易用 · · 书盘完美结合 ·

# 网页设计与制作

## 从新手到高手

艾灵仙 李煦 金磊 编著

**本书5大特色**

- 精练实用、易学易用
- 图解教学、无师自通
- 全新体例、轻松自学
- 双栏排版、内容完备
- 互动光盘、超长播放

中国铁道出版社
CHINA RAILWAY PUBLISHING HOUSE

# 内 容 简 介

本书系统全面地介绍了使用 Dreamweaver、Flash、Photoshop 与 Fireworks 进行网页设计与制作的各种知识和技巧。全书共分为 18 章，内容包括网页设计基础、使用 Dreamweaver 创建网页基本对象、灵活设置网页布局、使用 CSS 美化网页、制作动态交互网页、使用 Flash 绘图并制作网页动画、使用 Photoshop 和 Fireworks 处理网页图像等，最后通过一个完整的企业网站设计综合实例对所学知识进行综合运用并深入剖析。

本书适合网页设计初学者从零开始学习网页设计知识，也适合有一定基础的读者学习和掌握更多的网页设计实用技能，亦可作为大中专院校相关专业或社会上网页制作培训班的参考用书。

**图书在版编目（CIP）数据**

网页设计与制作从新手到高手：全新版 / 艾灵仙，李煦，金磊编著. --北京：中国铁道出版社，2010.10
ISBN 978-7-113-11564-7

Ⅰ.①网… Ⅱ.①艾… ②李… ③金… Ⅲ.①主页制作 Ⅳ.①TP393.092

中国版本图书馆 CIP 数据核字（2010）第 116242 号

**书　　名：**网页设计与制作从新手到高手（全新版）
**作　　者：**艾灵仙　李　煦　金　磊　编著

**责任编辑：**苏　茜
**编辑助理：**文　正　　　**读者热线电话：**400-668-0820
**封面设计：**九天科技　　　**封面制作：**白　雪
**责任印制：**李　佳

**出版发行：**中国铁道出版社（北京市宣武区右安门西街 8 号　邮政编码：100054）
**印　　刷：**三河市华丰印刷厂
**版　　次：**2010 年 10 月第 1 版　　2010 年 10 月第 1 次印刷
**开　　本：**787mm×1092mm　1/16　**印张：**23.75　**字数：**526 千
**印　　数：**3 000 册
**书　　号：**ISBN 978-7-113-11564-7
**定　　价：**42.00 元（附赠光盘）

# 前言 PREFACE

## 知识综述

本书针对网页设计初学者，系统全面地介绍了使用 Dreamweaver、Flash、Photoshop 与 Fireworks 进行网页设计与制作的各种知识和技巧。本书共分为 18 章，内容包括网页设计基础、使用 Dreamweaver 创建网页基本对象、灵活设置网页布局、使用 CSS 美化网页、制作动态交互网页、使用 Flash 绘图并制作网页动画、使用 Photoshop 和 Fireworks 处理网页图像等，最后通过一个完整的企业网站设计综合实例对本书所学知识进行综合运用并深入剖析。本书立足实际应用，内容讲解透彻，可使读者边学边练，举一反三，迅速成为网页设计高手。

## 内容导读



## 本书体例

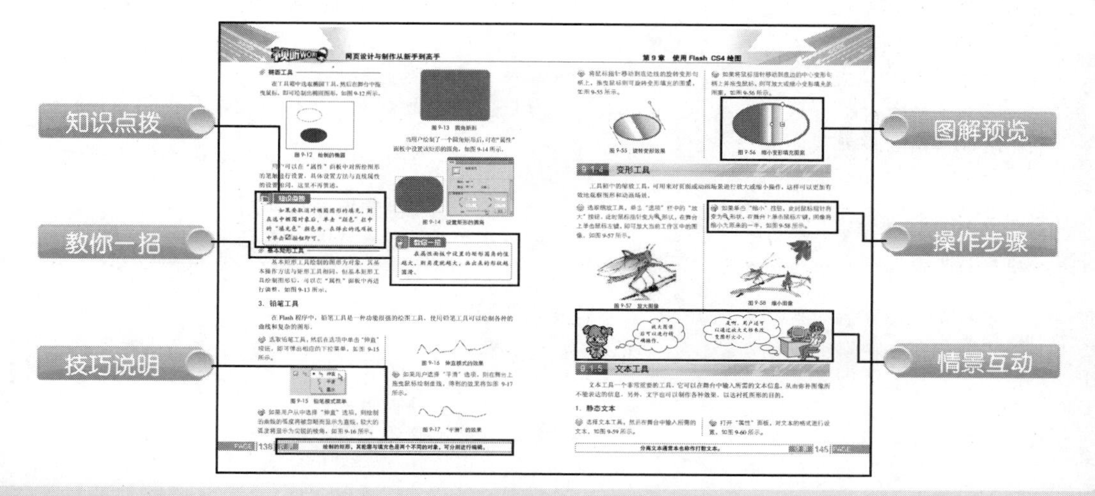

## 特色展示

### 1 精练实用、易学易用

本书摒弃了以往网页制作书籍的理论文字描述，从实用、专业的角度出发，精心选出各个知识点。每个知识点都配合实例进行讲解，不但使读者更加容易理解，而且可以亲手上机进行验证，得到更直观的认知。

### 2 图解教学、无师自通

本书讲解以图为主，基本上是一步一图（或一步多图），同时在图中添加标注，并辅以简洁明了的文字说明，直观性强，使读者一目了然，在最短的时间内掌握所介绍的知识点及操作技巧。

### 3 全新体例、轻松自学

书中灵活穿插了"教你一招"、"知识点拨"等小栏目，体例形式活泼、新颖，以不同的方式向读者传达各种知识点，缓解学习过程中的枯燥之感。每页页脚处还提供"技巧"或"说明"，在拓宽读者知识面的同时，也增强了读者的实际工作能力。

### 4 双栏排版、内容完备

采用全程图解的双栏格式排版，重点突出图形与操作步骤，便于读者进行查找与阅读。最新流行的双栏排版更注重适合阅读与知识容量，使读者能更加有效地进行学习与操作，物超所值。

### 5 互动光盘、超长播放

本书配套交互式、超长播放的多媒体视听教学光盘，既是与图书知识完美结合的多媒体教学光盘，又是一套具备完整教学功能的学习软件，为读者的学习提供了极为直观、便利的帮助。光盘中还提供了书中实例涉及的所有素材，以方便读者上机练习或者在此基础上重新进行编辑，创作出更专业、更精彩的实例效果。

## 适用读者

- 网页设计与制作人员
- 网站建设与开发人员
- 大、中专院校相关专业学生
- 社会网页制作培训机构的学员
- 网站制作爱好者与自学读者

## 网上解疑

如果读者在使用本书的过程中遇见什么问题或者有什么好的意见或建议，可以通过发送电子邮件（E-mail：jtbook@yahoo.cn）联系我们，我们将及时予以回复，并尽最大努力提供学习上的指导与帮助。

# 目录

## 第 1 章 网页设计基础

本章主要介绍网页设计的一些基础知识。通过学习本章，读者将掌握网页制作的一些基本概念，并能掌握网站制作的基本流程。



## 第 2 章 Dreamweaver CS4 轻松入门

Dreamweaver 是目前最常用、也是最容易学习的网页制作工具之一。本章将主要介绍 Dreamweaver CS4 的一些基本操作，并学习如何创建一个本地站点。



## 第 3 章 创建网页中的基本对象

本章主要介绍如何向空白的网页文档中添加网页元素，如插入文本、图像、多媒体、超链接等，从而制作出一些简单的页面。

# 第4章　灵活设置页面布局

在制作一些既美观又能充分利用有限空间的专业网页时，首先需要对网页的版面进行合理的布局。Dreamweaver 提供了多种强大的页面布局工具，如表格与层。本章将学习如何布局网页。



# 第5章　使用CSS美化网页

本章主要介绍CSS样式的使用。CSS样式规则可以很好地控制页面外观，对页面进行精确的布局定位，大大简化了网页的美化操作。



# 第6章　使用行为与表单

行为和表单可以为访问者与网站管理者之间建立起沟通的桥梁，双方意见的交流可以使站点的内容更好地反映访问者的要求和创建者的意图。本章将重点介绍行为和表单的使用。

# 目录

## 第 7 章　创建动态交互网页

创建动态交互网页需要搭建服务器平台，并要创建和连接相应的数据库来实现信息交互。本章主要学习如何创建动态交互网页，实现网页的交互功能。



## 第 8 章　初识 Flash CS4

本章主要带领读者认识 Flash CS4。Flash CS4 是最新版本的动画制作软件，用于制作网页中的 Flash 动画。



## 第 9 章　使用 Flash CS4 绘图

利用 Flash 自带的绘图工具可以绘制一些简单的图形，满足动画制作过程中创作的需要。本章将详细介绍如何使用 Flash CS4 绘图。



## 第 10 章　使用元件与库

元件是制作动画的主要元素，而库是存放元件的地方。在 Flash 中，掌握了元件与库的使用方法，将使创建与管理 Flash 动画更加方便。

## 第11章 Flash CS4 动画制作入门

本章将详细介绍有关动画的分类及各种动画的制作方法。通过学习本章，读者将学会制作各种简单动画的方法。



## 第12章 网页动画设计与制作

网页动画现在已经成为网站设计的重要组成部分。本章主要学习如何利用 Flash 制作动画按钮、网页广告和横幅动画广告等。



## 第13章 Photoshop CS4 应用基础

Photoshop CS4 是最新版本的图形图像处理软件，相对于以前的版本，它在功能方面又有了进一步的改进和增强。本章将重点学习 Photoshop CS4 软件的基础知识及操作方法。



## 第14章 使用 Photoshop 处理网页图像

本章将学习如何使用 Photoshop 处理网页图像。通过学习本章，可以快速制作出一些当前流行的图像效果。

## 第 15 章 制作网页特效与版面

本章将详细介绍如何利用 Photoshop CS4 制作特效文字、按钮、网页板块和网站首页等，使读者进一步体验 Photoshop 在网页图像制作和处理方面的强大功能。



## 第 16 章 Fireworks CS4 基础入门

Fireworks 是一款网页制作中常用的图像处理软件，它与 Dreamweaver 配合使用可以减轻工作量，使网页制作变得非常轻松。本章将介绍 Fireworks CS4 的基础入门知识。



## 第 17 章 使用 Fireworks 制作网页图像

Fireworks 提供了强大的创建网页元素的功能，并可将创建的网页元素导出，应用到由 Dreamweaver 制作的网页中。本章主要学习如何使用 Fireworks 制作网页图像。

## 第 18 章 企业网站设计综合实例

本章将综合前面讲解的各种知识制作一个比较完整的企业网站，从网页设计规划一直到该网站制作完成，使读者对网站的设计有一个总体认识。

# 第1章 网页设计基础

- 网页分类
- 网站制作流程
- 网站的风格

Yoyo，你知道制作网站需要做哪些前期工作吗?

我想应该是先搜集网站素材，确定需要制作的网站风格和内容吧!

是的，制作网站前需要做充分的策划和准备工作，然后按照设计流程开始制作。现在，我们就在本章学习有关网页设计的基础知识吧!

# 1.1 网页制作的相关概念

随着计算机网络的迅速发展，网页、网站已不再是新名词，它们凭借设计精美的页面、丰富的信息和方便快捷的信息获取方式，吸引着越来越多的用户。

## 1.1.1 网站及网页

### 1. 网站、网页

用户上网冲浪时所看到的一个个页面就是网页，每一个网页都是用 HTML（超文本置标语言）代码编写的文件。图 1-1 和图 1-2 所示为实例网页与编辑状态中的网页。

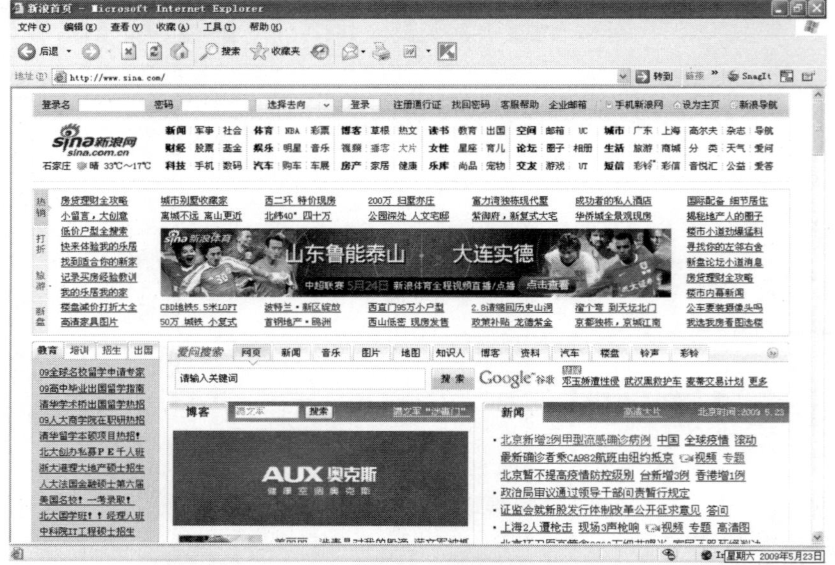

图 1-1　实例网页

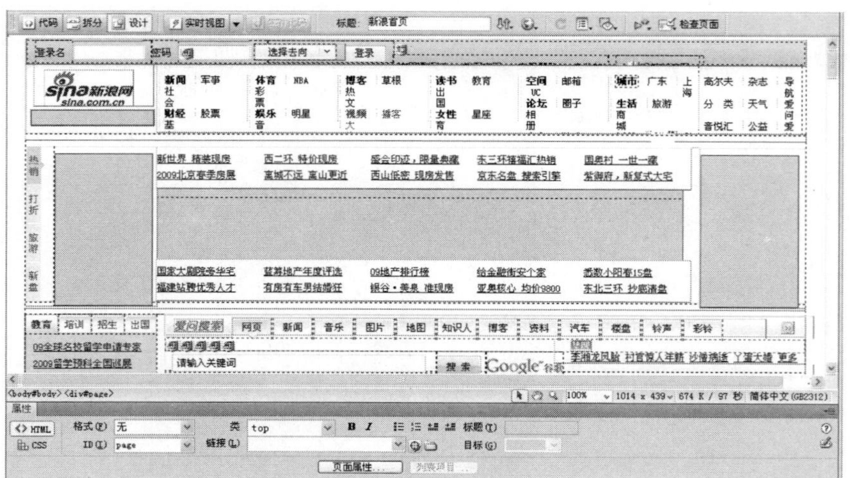

图 1-2　编辑状态中的网页



说明　网页是构成网站的基本要素，网站的所有内容均放置在网页中。

网站是由许多个信息类型相同的网页组成的一个整体，各个网页之间通过超链接连接在一起，它们之间可以相互访问。同时，网站之间又以不同的方式相互链接，构成一个庞大的网络体系，最终实现了更多信息的共享与交流。

## 2．网页的分类

按照网页的形式，可以将网页分为静态网页和动态网页。

静态网页就是只有 HTML 标记而没有程序代码的网页文件，其扩展名为.htm 或.html。静态网页工作原理如图 1-3 所示。

动态网页是指不仅含有 HTML 标记，且含有程序代码的网页文件。动态网页常用的程序设计语言有 ASP.NET、JSP、PHP、ASP 等，其扩展名也不相同，一般是根据其程序设计语言来确定的，如 ASP 文件的扩展名为.asp。动态网页的工作原理如图 1-4 所示。

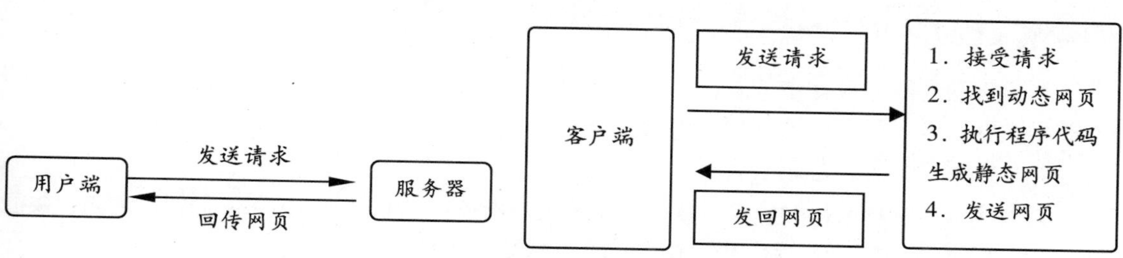


图 1-3　静态网页工作原理

图 1-4　动态网页工作原理

## 3．网页的风格

网页风格在网页设计中非常重要，它是网页的魅力所在，也是设计者人格魅力的体现和企业文化的展示。例如：

- 资讯类站点，如新浪、网易、搜狐等站点将为访问者提供大量的信息，而且访问量较大，因此在设计时需注意页面结构的合理性、界面的亲和力等问题，图 1-5 所示为搜狐网站。
- 资讯和形象相结合的网站，如一些大公司、高校等。在设计这类网站时，既要保证具有资讯类网站的性质，同时又要突出企业、单位的形象。图 1-6 所示为北京大学的网站。

图 1-5　搜狐网站实例

图 1-6　北京大学网站实例

说明　动态网页具有较强的交互性，可通过它搜集信息、进行交易等。

- 形象类网站，如一些中小型公司或单位的网站。这类网站一般较小，功能也较为简单，设计时应将突出企业形象作为重点，如图 1-7 所示。

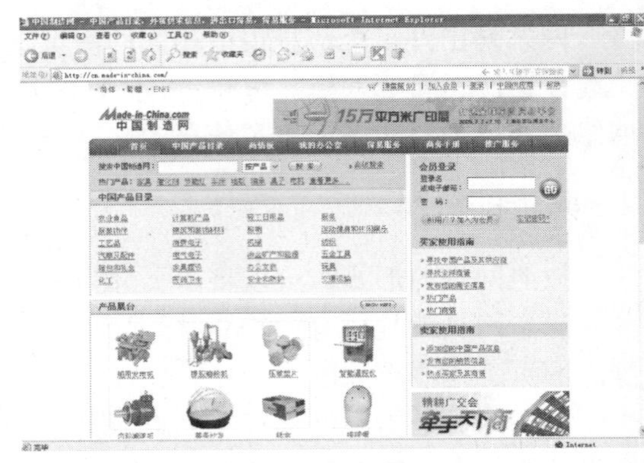

图 1-7　企业形象实例

## 1.1.2 网页色彩搭配

色彩搭配是网页设计中的关键问题之一，也是让初学者感到头疼的问题。采用什么样的色彩才能更好地表现网站的主题，怎样搭配色彩才能最好地表达出设计的内涵呢？

下面介绍一下各种色彩的含义：

- 红色——一种激奋的色彩，具有刺激效果，能使人产生冲动、愤怒、热情、活力，象征着人类最激烈的感情：爱、恨、情、仇，可以充分发泄情感。
- 绿色——介于冷暖两种色彩之间，能给人以和睦、宁静、健康、安全的感觉。
- 橙色——一种激奋的色彩，具有轻快、欢欣、热烈、温馨、时尚的效果。
- 黄色——具有快乐、希望、智慧和轻快的个性，它的明度最高。
- 蓝色——最具凉爽、清新、专业的色彩，常常以纯色来描写游历与闲适的气氛。
- 紫色——能表现神秘、深沉的个性，也能展现怪诞、诡异的感觉。
- 白色——能使人产生洁白、明快、纯真、清洁的感受。
- 黑色——能使人产生深沉、寂静、悲哀、压抑的感受。
- 灰色——能给人以中庸、平凡、温和、谦让、中立的感觉。

图 1-8 所示为以黑色为主题的网页。

图 1-8　黑色主题网页



说明　网站最好只有一种或两种主要颜色，在规划网站时就应确定。

# 第 2 章 Dreamweaver CS4 轻松入门

- 初识 Dreamweaver CS4
- 快速了解 Dreamweaver CS4 界面
- Dreamweaver CS4 的基本操作
- 轻松创建本地站点

Yoyo，听说用 Dreamweaver 制作网页很方便，是吗？

是的，Dreamweaver 是目前最常用、也是很容易学习的网页制作工具。

Yoyo 说得对，现在，我们就在本章认识一下 Dreamweaver CS4 这款重量级软件，学习 Dreamweaver CS4 的基本操作，并用它轻松创建本地站点。

## 2.1 初识 Dreamweaver CS4

Adobe Dreamweaver CS4 作为最新的网页制作软件，其界面更加友好，使得我们每一个人都能够更快、更好地掌握它。本章将重点介绍该软件的基础知识及操作。

安装完成后，单击“开始”|“所有程序”| Adobe Dreamweaver CS4 命令，即可看到其起始页，如图 2-1 所示。

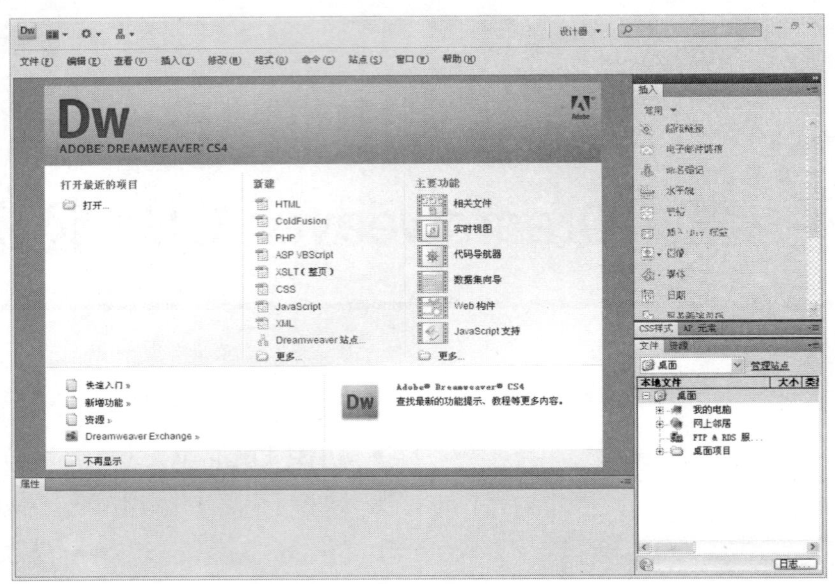


图 2-1　Dreamweaver CS4 起始页

单击起始页“新建”栏中的任意一项，可相应地创建一个空白文档，并进入工作界面。图 2-2 所示为 HTML 文档。

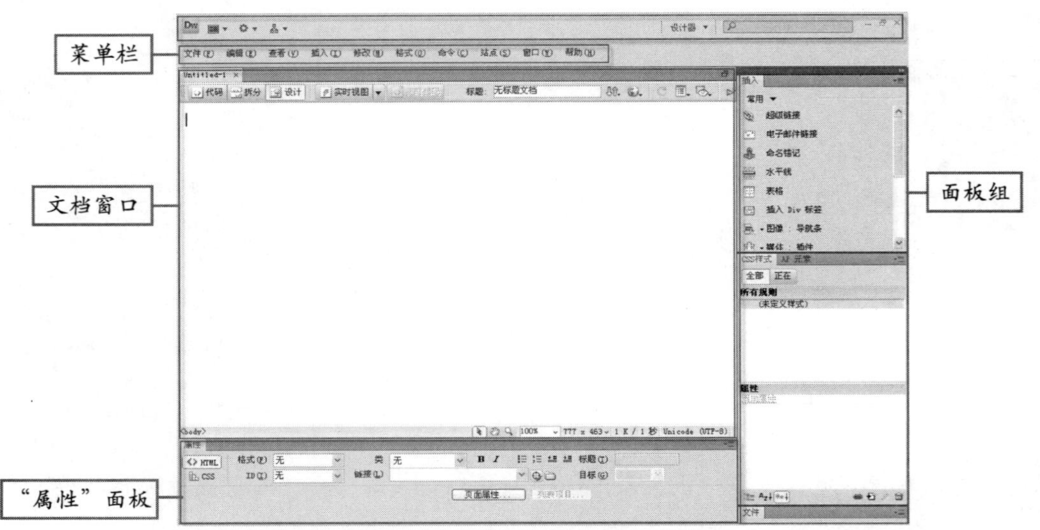


图 2-2　Dreamweaver CS4 工作界面

下面将详细介绍 Dreamweaver CS4 的工作界面。



说明　打开 Dreamweaver CS4 的方式有多种，用户可根据需要进行选择。

## 2.1.1 文档窗口

启动 Dreamweaver CS4，单击“文件”|“新建”命令，打开如图 2-3 所示的“新建文档”对话框。

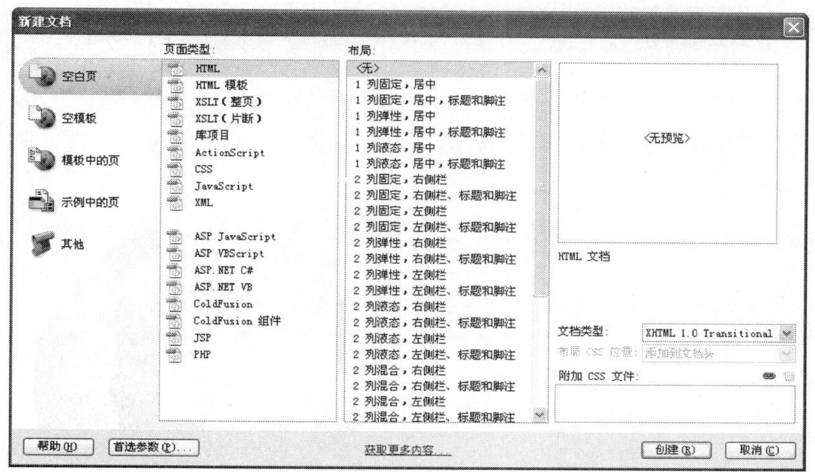


图 2-3　“新建文档”对话框

选择“页面类型”列表框中的 HTML 选项，单击“创建”按钮，即可新建页并进入文档窗口，如图 2-4 所示。

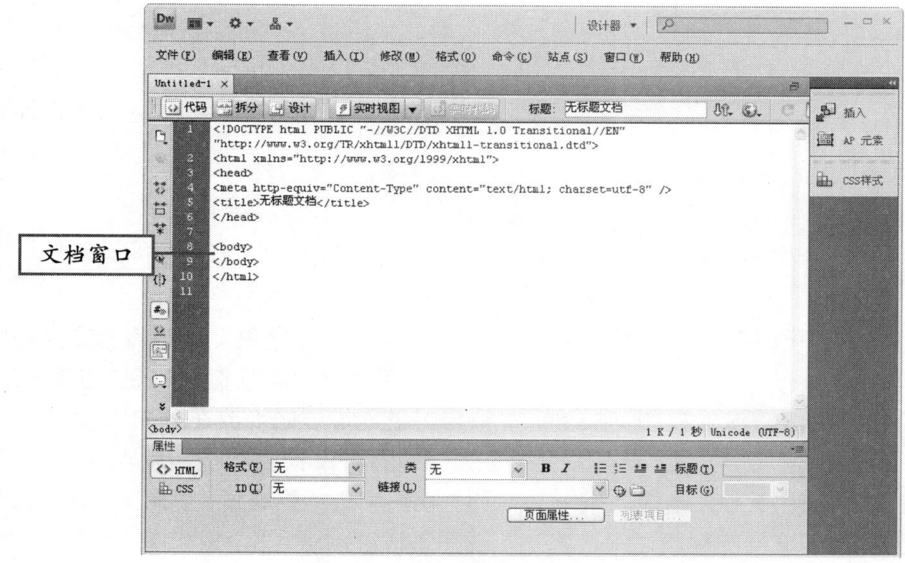


图 2-4　文档窗口

## 2.1.2 菜单栏

菜单栏中包含文件、编辑、查看、插入、修改、格式、命令、站点、窗口、帮助 10 个菜单，如图 2-5 所示。

Dreamweaver CS4 较旧版本来说，其界面更加人性化。　**说明**

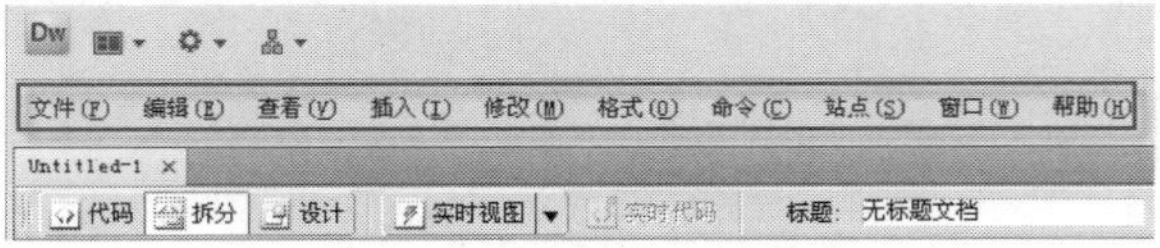

图 2-5　菜单栏

## 2.1.3　辅助工具栏

文档辅助工具栏主要包括视图切换按钮、实时视图按钮、文档标题、文件管理、在浏览器中预览/调试、刷新设计视图、视图选项、可视化助理、验证标记、检查浏览器兼容性按钮，如图 2-6 所示。

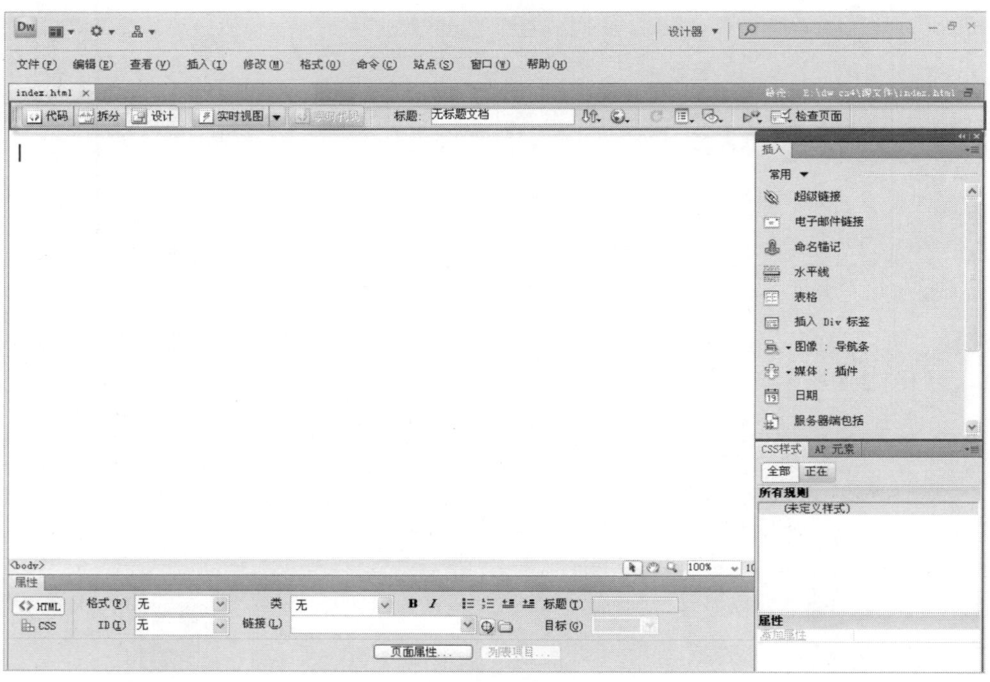


图 2-6　辅助工具栏

- 视图切换按钮可以在不同的视图之间切换。
- 实时视图按钮可将设计视图切换到实时视图。
- 文档的标题是用户为文档输入的一个标题，它将显示在浏览器的标题栏中，如在其中输入“网页制作”作为标题，则在浏览器中的显示状态如图 2–7 所示。

图 2-7　“网页制作”标题

- 文件管理提供了对站点的文件操作。
- 在浏览器中预览/调试按钮用于把用户做好的网页、站点放在 IE 中浏览。
- 刷新设计视图按钮是当用户在“代码”视图中进行更改后，刷新文档的“设计”视图。
- 视图选项中包含了一些辅助设计工具，不同视图下其显示的选项也不尽相同，例如，设计视图下的菜单显示如图 2–8 所示，其中各个选项都只应用于设计视图下。



说明　工具栏中放置了一些最常用的工具，用户可利用它们进行快速操作。

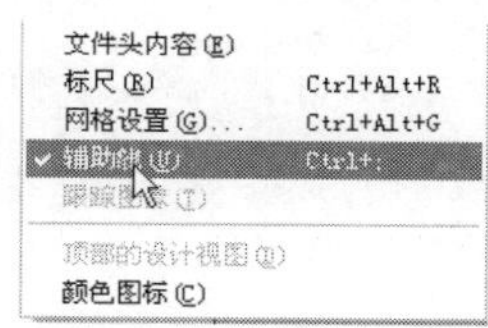


图 2-8 设计视图选项

“文件头内容”是文件头部的内容信息，可以设置文档头部的内容。

辅助设计工具有标尺、网格、辅助线，如图 2-9 所示。

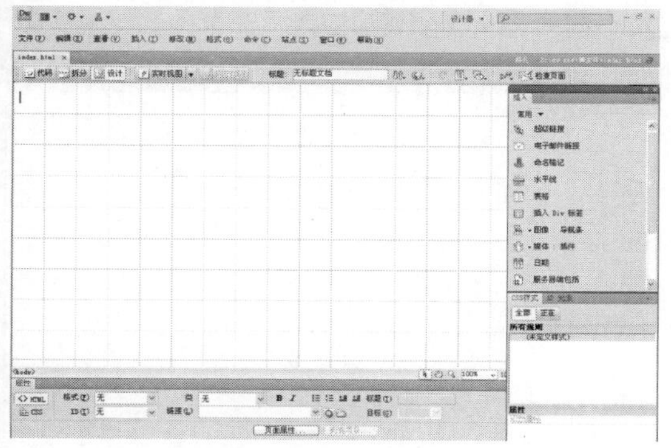

图 2-9 辅助设计工具

网格在“文档”窗口中显示的是一系列水平线和垂直线，可用于精确地放置对象。

若要显示或隐藏网格，可单击“查看”|“网格”|“显示网格”命令。设置其参数时，可单击“查看”|“网格”|“网格设置”命令，打开如图 2-10 所示的“网格设置”对话框。

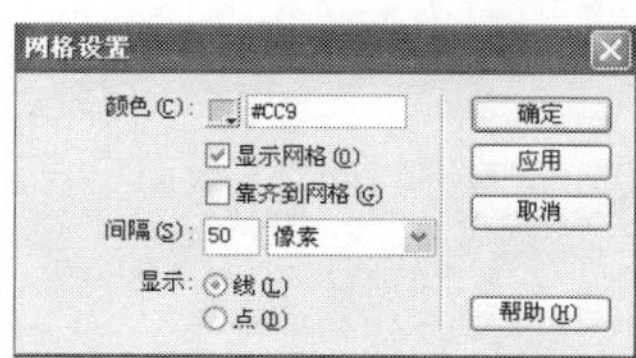


图 2-10 “网格设置”对话框

标尺可用于测量、组织和规划布局，它显示在页面的左边框和上边框。单击“查看”|“标尺”|“显示”命令即可显示标尺，图 2-11 所示为以像素为单位的标尺。

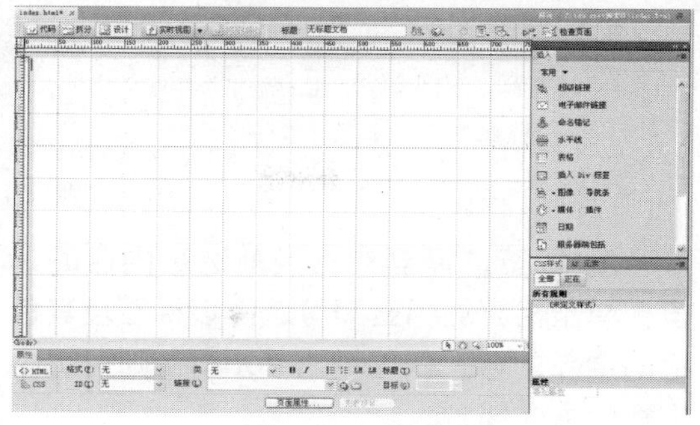

图 2-11 标尺

若要更改辅助线，可单击“查看”|“辅助线”|“编辑辅助线”命令，打开如图 2-12 所示的对“辅助线”话框进行设置。

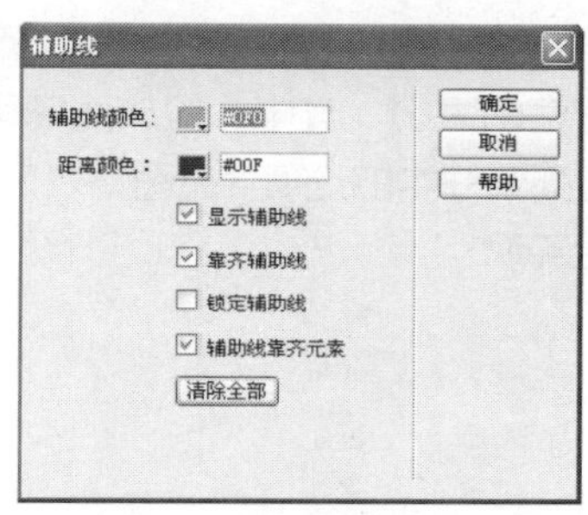


图 2-12 “辅助线”对话框

如果要更改当前辅助线的位置，可以将鼠标指针放在辅助线上，当指针变为双向箭头形状时（见图 2-13），拖动鼠标即可。

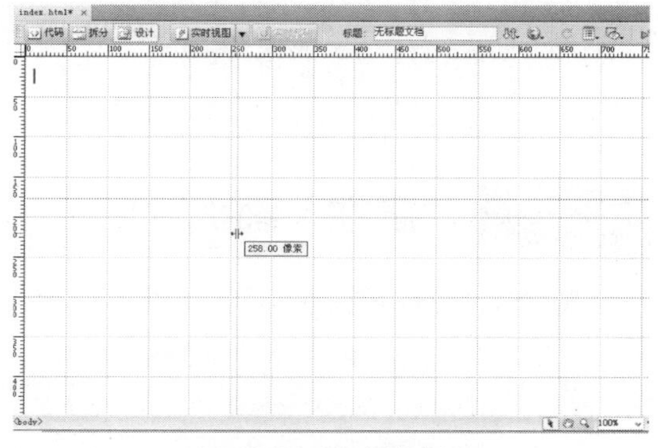

图 2-13 拖动辅助线

## 2.1.4 状态栏

图 2-14 所示为 Dreamweaver CS4 的状态栏，其中显示的信息含义如下：

网格和辅助线可相对精确地进行布局和定位。 说明

图 2-14 状态栏

■ 标签选择器是指当前选定内容的标签，单击相应的标签即可选择该标签及其包括的全部内容。例如单击<body>则可选中文档的主体部分。

■ 单击“选取工具”、“手形工具”按钮，可在不同工具间进行切换。“手形工具”可以在文档尺寸大于文档的显示窗口时，移动当前文档，以显示文档的全部内容。

■ “缩放工具”和“设置缩放比率”均用于设置文档的大小。其中，缩放比率可以通过选择下拉列表框中的选项（见图 2–15）或直接输入数值实现。

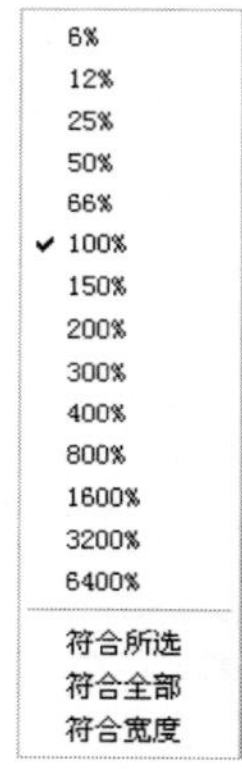


图 2-15 缩放比率下拉列表框

■ 窗口大小显示了当前文档可显示部分的大小，单击右边的下拉按钮，在弹出的列表框中选择“编辑大小”选项，打开如图 2–16 所示的“首选参数”对话框，可以自定义显示区的大小。需要注意的是，显示区的大小不能大于显示器分辨率的大小。

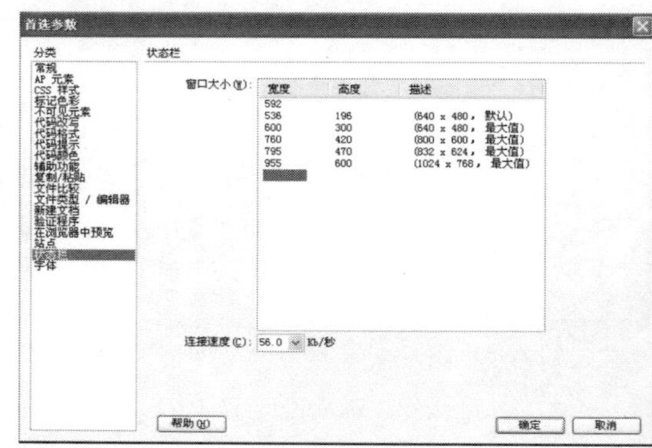

图 2-16 “首选参数”对话框

■ 文档大小和下载时间说明了当前文档的大小和估计的下载时间。图 2-14 所示的当前文档大小是 1KB，下载时间大约为 1s。

■ Unicode（UTF-8）显示当前的编码格式是 UTF-8。

## 2.1.5 “属性”面板

整个文档窗口的底部是“属性”面板，如图 2-17 所示。

图 2-17 “属性”面板

“属性”面板显示的是当前处于选中状态的对象的各种属性及参数，可以通过设置其中的各个数值完成对所选对象的更改。如果当前没有显示“属性”面板，可以单击“窗口”|“属性”命令或按【Ctrl+F3】组合键，打开“属性”面板。



说明 “属性”面板中的选项根据用户所选对象的不同而不同。

## 2.2 Dreamweaver CS4 的基本操作

下面将介绍有关 Dreamweaver CS4 的基本操作。

### 2.2.1 创建新文档

在 Dreamweaver CS4 中新建空白文档同样有多种方法，可以根据用户的爱好，选用以下任何一种方式来新建网页。

#### 利用起始页新建

在起始页中，单击“新建”栏中要新建的网页类型的超链接，即可新建一张空白文档。

#### 利用文件菜单新建

① 单击“文件”|“新建”命令，打开如图 2-18 所示的“新建文档”对话框。

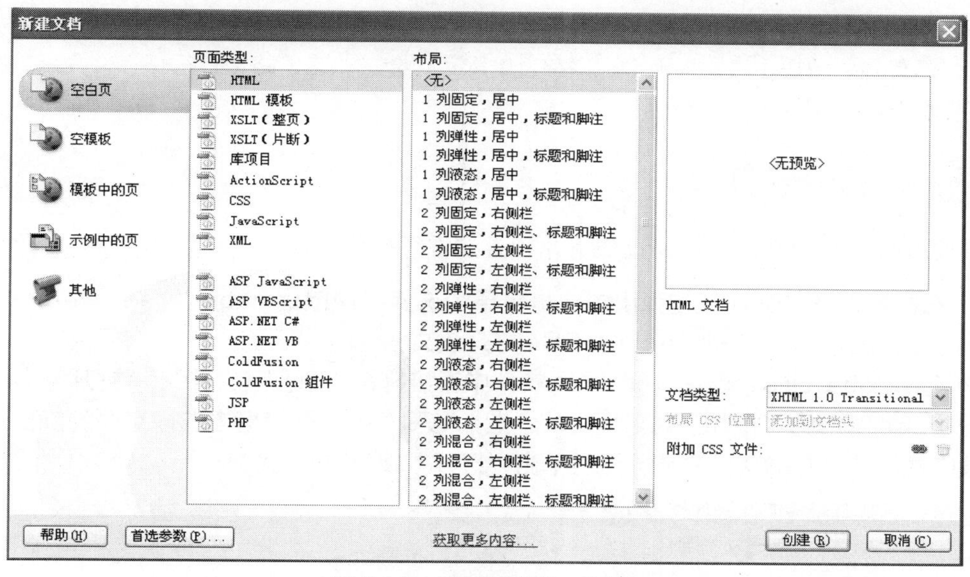

图 2-18 “新建文档”对话框

② 选择“空白页”选项，在“页面类型”列表框中选择一种网页类型，如 HTML。

③ 其他选项为默认值，然后单击“创建”按钮。

#### 利用快捷键新建

按【Ctrl+N】组合键，也可以弹出“新建文档”对话框，依照上述步骤创建即可。

### 2.2.2 保存文件

当一篇文档设计完成后应将其保存，其保存方法有多种，用户可按自己的习惯进行保存。

① 单击“文件”|“保存”命令（见图 2-19），打开如图 2-20 所示的“另存为”对话框。

用户可根据不同的用途来创建自己所需的文档。 说明

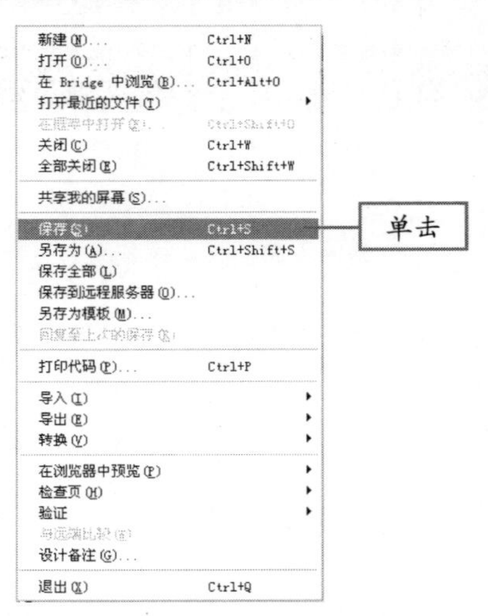

图 2-19 单击“文件”|“保存”命令

图 2-20 “另存为”对话框

② 在“保存在”下拉列表框中选择要保存的位置，然后在“文件名”文本框中输入文件的名称，最后单击“保存”按钮。如果是一个已保存过的网页，会按原来的路径进行保存，并覆盖原有文档，且不会弹出“另存为”对话框。

## 2.2.3 打开文件

若要打开已有的文件，可通过如下几种方法进行操作。

- 右击要打开的文件，在弹出的快捷菜单中选择“使用 Adobe Dreamweaver CS4 编辑”命令，即可用 Dreamweaver CS4 打开该文档。
- 在 Adobe Dreamweaver CS4 软件中直接打开。单击“文件”|“打开”命令，弹出如图 2-21 所示的“打开”对话框，从“查找范围”下拉列表框中选择文件的位置，在文件列表中找到要打开的网页文件，然后单击“打开”按钮。

在打开文档时，用户可以根据需要选择相应的打开方式。


图 2-21 “打开”对话框

- 按【Ctrl+O】组合键打开“打开”对话框，依照上述步骤操作即可。



说明 打开文档时，高版本的软件可打开低版本的文档，反之则不可。

# 2.3 轻松创建本地站点

建立站点时，通常先建立一个文件夹作为根目录，将制作的所有网页放在此文件夹中，最后把这个根目录上传到 Web 服务器上。下面将介绍怎样利用 Dreamweaver 建立一个站点目录。

## 2.3.1 创建站点

最终要在 Dreamweaver 中实现站点的建立。其建立方式有两种。第一种方式如下：

① 打开 Dreamweaver CS4，进入工作窗口。

② 单击“站点”|“新建站点”命令，打开未命名站点 1 的站点定义对话框，从中进行所需的设置，如图 2-22 所示。

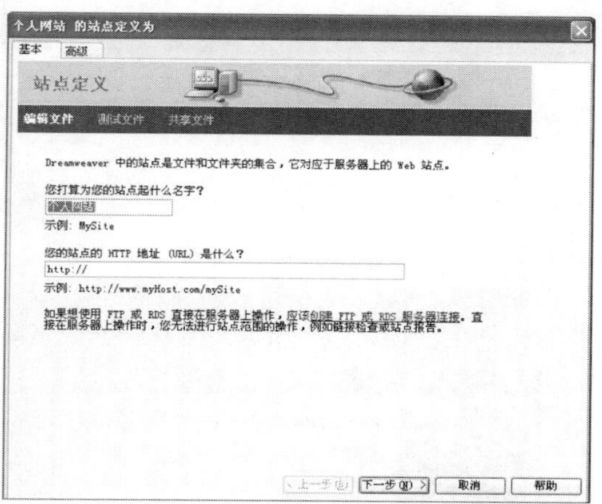


图 2-22 “个人网站 的站点定义为”对话框（一）

③ 单击“下一步”按钮，可以在打开的对话框中设置是否使用服务器技术，如图 2-23 所示。

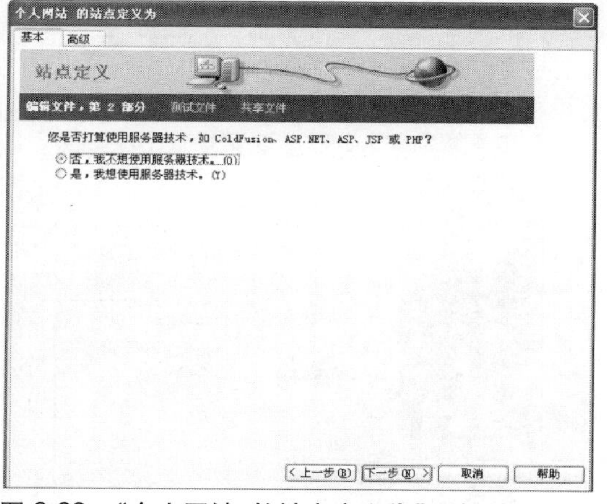


图 2-23 “个人网站 的站点定义为”对话框（二）

④ 单击“下一步”按钮，打开设置如何管理站点文件夹的对话框，如图 2-24 所示。

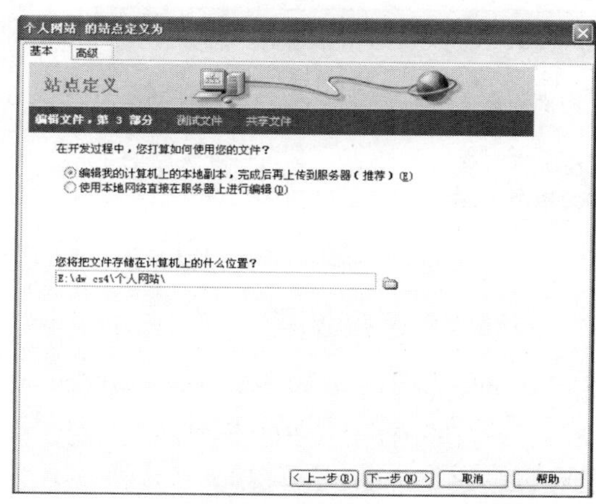


图 2-24 “个人网站 的站点定义为”对话框（三）

⑤ 单击“下一步”按钮，打开如何连接到远程服务器对话框，如图 2-25 所示。

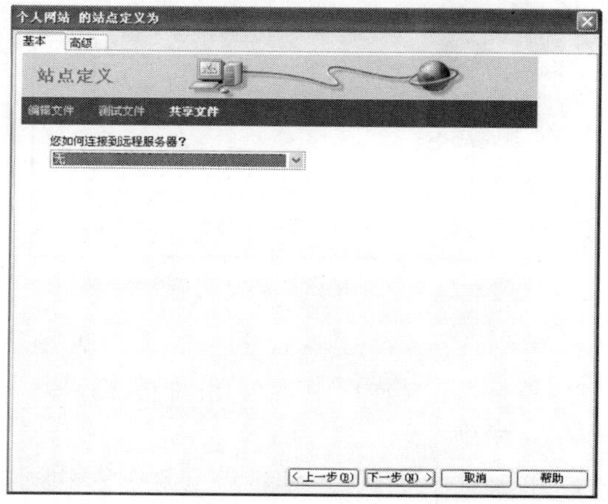


图 2-25 “个人网站 的站点定义为”对话框（四）

创建站点是制作网站的第一步。 说明

⑥ 单击“下一步”按钮，打开查看刚才所定义的站点信息对话框，如图 2-26 所示。

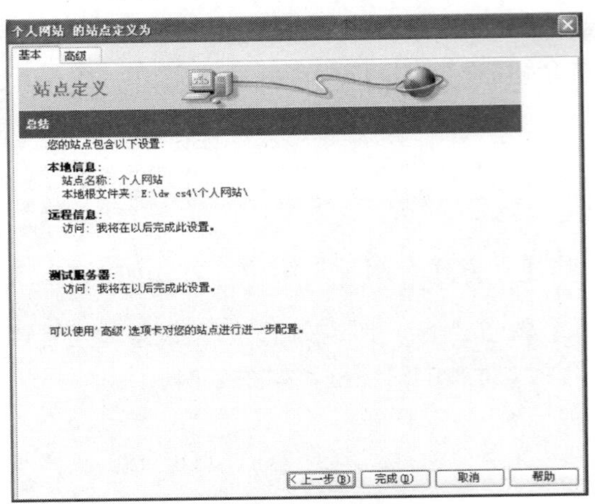


图 2-26 “个人网站 的站点定义为”对话框（五）

⑦ 单击“完成”按钮，站点建立工作到此结束。

另一种方法是在图 2-23 中选择“高级”选项卡，打开“个人网站 的站点定义为”对话框，如图 2-27 所示。

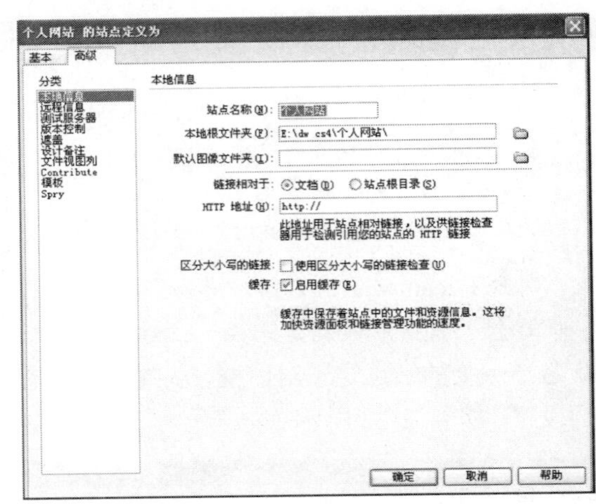


图 2-27 “高级”选项卡

## 2.3.2 上传与下载站点

正确下载并安装 CuteFTP 后即可上传与下载站点。

### 1. CuteFTP 连接设置

① 启动 CuteFTP，单击“文件”|“连接向导”命令，在打开的“CuteFTP 连接向导”对话框中设置参数，如图 2-28 所示。

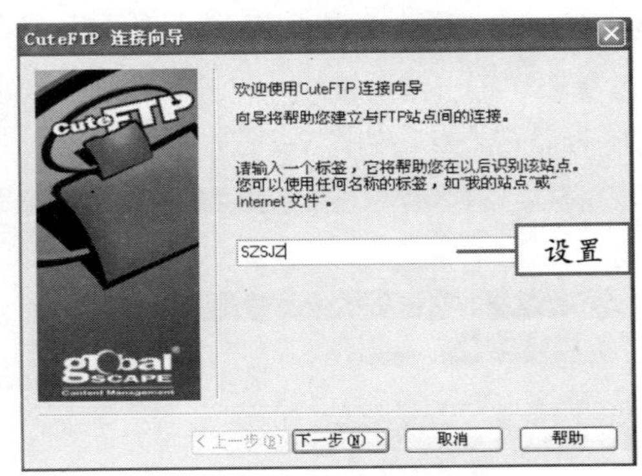


图 2-28 “CuteFTP 连接向导”设置

② 单击“下一步”按钮，打开如图 2-29 所示的对话框，在文本框中输入 ISP 服务提供商提供的主机地址。

③ 单击“下一步”按钮，进行用户名和密码的设置，如图 2-30 所示。

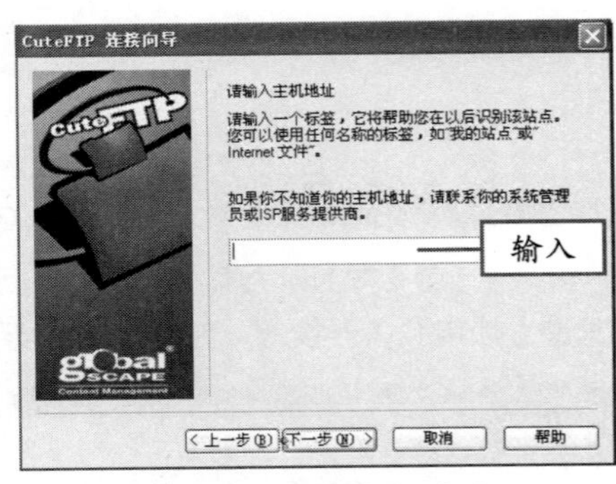


图 2-29 设置主机地址

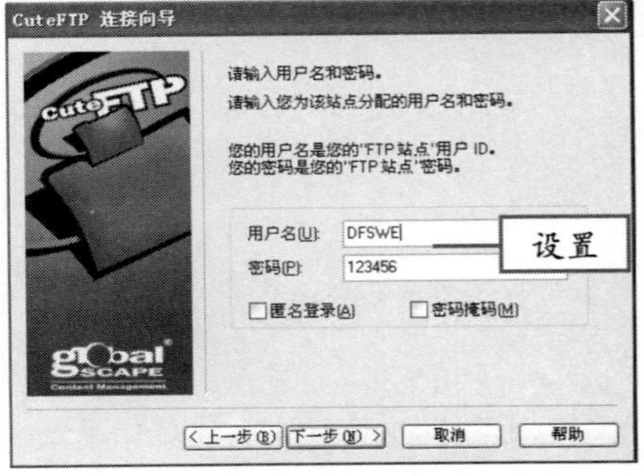


图 2-30 设置用户名和密码



说明 在使用 CuteFTP 之前，必须先对其进行必要的设置。

④ 单击“下一步”按钮，在打开的对话框中进行默认本地目录设置，如图 2-31 所示。

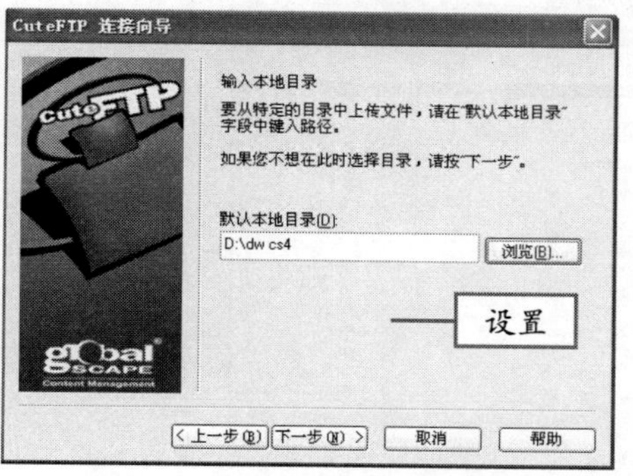


图 2-31 默认本地目录设置

⑤ 单击“下一步”按钮，在打开的对话框中进行设置，如图 2-32 所示。设置完成后，单击“确定”按钮即可完成 CuteFTP 连接设置。

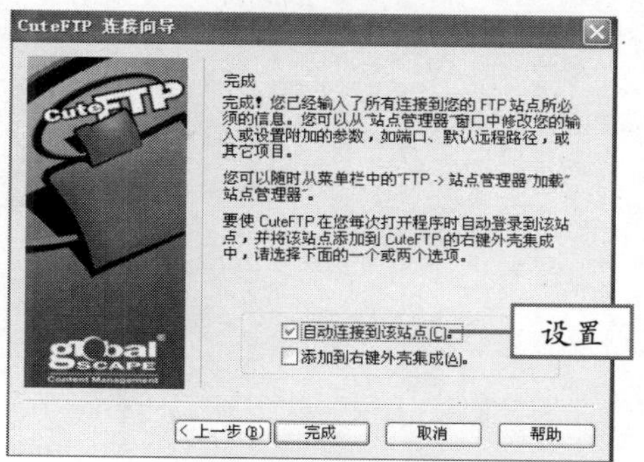


图 2-32 完成 CuteFTP 连接设置

## 2. 上传站点

① 在图 2-33 中输入主机、用户名和密码，单击“快速连接”按钮进行连接，连接到服务器后如图 2-34 所示。

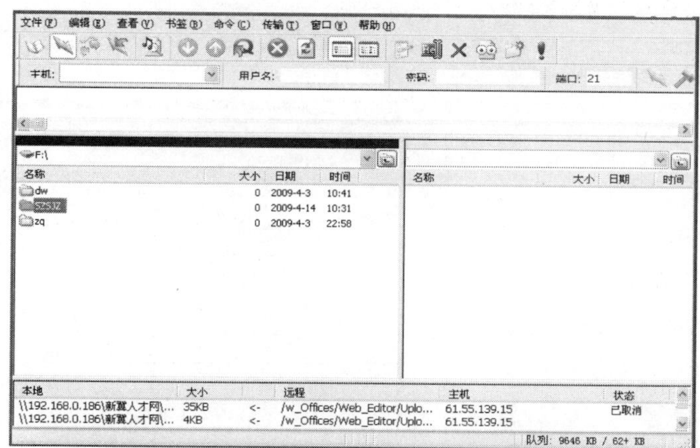

图 2-33 连接服务器设置

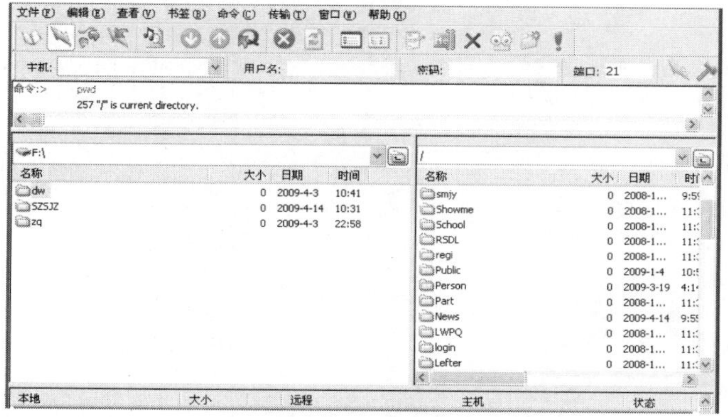

图 2-34 连接到服务器

说明 连接成功后，将显示该站点中的相关文件。

② 按下鼠标左键将本地站点文件拖放到远程服务器相应的文件夹中即可，如图 2-35 所示。

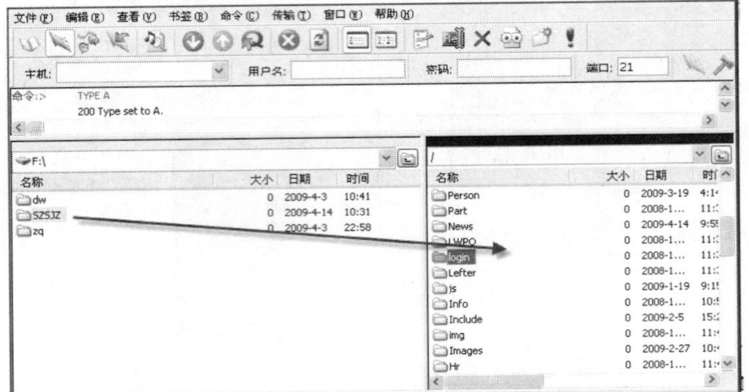


图 2-35　上传站点

## 3. 下载站点

① 按照上传站点的方法正确连接远程服务器。

② 按下鼠标左键将远程服务器站点文件拖放到相应的本地站点文件夹中即可，如图 2-36 所示。

图 2-36　下载站点



说明　用户也可以使用其他的上传、下载软件，但基本操作都很相似。

# 第3章 创建网页中的基本对象

- 输入文本
- 插入图像与多媒体
- 在网页中创建超链接
- 基本页面创建实例

Yoyo，开始创建的是空白文档，怎样才能在里面添加内容呢？

我也不太清楚。大龙哥，请你给我们讲讲吧！

好的，现在我们主要介绍如何向 Dreamweaver CS4 中添加所需的内容，制作一些简单的页面。

# 3.1 输入文本

文本是网页的主要内容之一，它是传递信息的主要方式，本节将介绍如何输入文本。

## 3.1.1 输入各种文本

在 Dreamweaver 文档窗口中，可以像在文本编辑软件（如 Word 等）中一样插入文本、编辑文本格式等。

### 1. 输入文字

在 Dreamweaver CS4 中输入文字有多种方法，可以直接输入，也可以将文本剪切或复制过来。具体操作步骤如下：

① 启动 Dreamweaver CS4，单击“文件”|“新建”命令新建文档。

② 在文档窗口中单击，然后输入“我喜欢 Dreamweaver CS4　Dreamweaver CS4 文字输入演示”，如图 3-1 所示。

图 3-1　输入文字

也可以从其他程序中复制或者剪切一些文本，再粘贴到 Dreamweaver CS4 的文档窗口中。

### 2. 导入外部数据

导入 Word 文档中的数据可以按以下步骤进行操作：



**说明**　在“首选参数”对话框的“常规”选项中，可设置允许添加多个连续的空格。

① 在设计视图模式下，单击“文件”|“导入”|“Word 文档”命令，打开“导入 Word 文档”对话框，如图 3-2 所示。

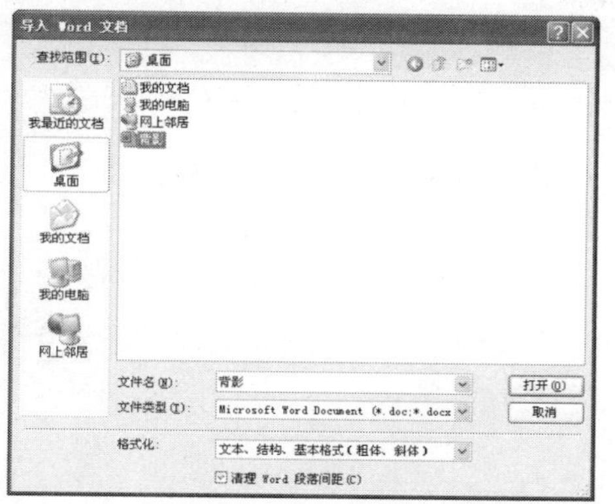


图 3-2　“导入 Word 文档”对话框

② 从中选择需要导入的文档，单击“打开”按钮，即可导入 Word 文档。如导入“带结构的文本”格式，如图 3-3 所示。

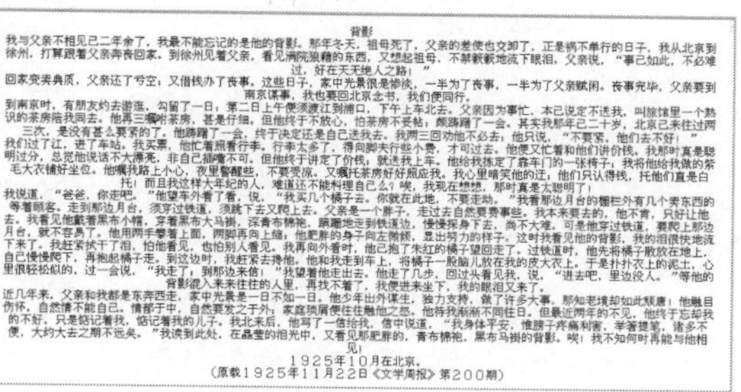

背影

我与父亲不相见已二年余了，我最不能忘记的是他的背影。那年冬天，祖母死了，父亲的差使也交卸了，正是祸不单行的日子，我从北京到徐州，打算跟着父亲奔丧回家。到徐州见着父亲，看见满院狼藉的东西，又想起祖母，不禁簌簌地流下眼泪。父亲说，“事已如此，不必难过，好在天无绝人之路！”

回家变卖典质，父亲还了亏空；又借钱办了丧事。这些日子，家中光景很是惨淡，一半为了丧事，一半为了父亲赋闲。丧事完毕，父亲要到南京谋事，我也要回北京念书，我们便同行。

到南京时，有朋友约去游逛，勾留了一日；第二日上午便须渡江到浦口，下午上车北去。父亲因为事忙，本已说定不送我，叫旅馆里一个熟识的茶房陪我同去。他再三嘱咐茶房，甚是仔细。但他终于不放心，怕茶房不妥帖；颇踌躇了一会。其实我那年已二十岁，北京已来往过两三次，是没有甚么要紧的了。他踌躇了一会，终于决定还是自己送我去。我两三回劝他不必去；他只说，“不要紧，他们去不好！”

我们过了江，进了车站。我买票，他忙着照看行李。行李太多了，得向脚夫行些小费，才可过去。他便又忙着和他们讲价钱。我那时真是聪明过分，总觉他说话不大漂亮，非自己插嘴不可。但他终于讲定了价钱；就送我上车。他给我拣定了靠车门的一张椅子；我将他给我做的紫毛大衣铺好坐位。他嘱我路上小心，夜里警醒些，不要受凉。又嘱托茶房好好照应我。我心里暗笑他的迂；他们只认得钱，托他们直是白托！而且我这样大年纪的人，难道还不能料理自己么？唉，我现在想想，那时真是太聪明了！

我说道，“爸爸，你走吧。”他望车外看了看，说，“我买几个橘子去。你就在此地，不要走动。”我看那边月台的栅栏外有几个卖东西的等着顾客。走到那边月台，须穿过铁道，须跳下去又爬上去。父亲是一个胖子，走过去自然要费事些。我本来要去的，他不肯，只好让他去。我看见他戴着黑布小帽，穿着黑布大马褂，深青布棉袍，蹒跚地走到铁道边，慢慢探身下去，尚不大难。可是他穿过铁道，要爬上那边月台，就不容易了。他用两手攀着上面，两脚再向上缩；他肥胖的身子向左微倾，显出努力的样子。这时我看见他的背影，我的泪很快地流下来了。我赶紧拭干了泪，怕他看见，也怕别人看见。我再向外看时，他已抱了朱红的橘子望回走了。过铁道时，他先将橘子散放在地上，自己慢慢爬下，再抱起橘子走。到这边时，我赶紧去搀他。他和我走到车上，将橘子一股脑儿放在我的皮大衣上。于是扑扑衣上的泥土，心里很轻松似的，过一会说，“我走了；到那边来信！”我望着他走出去。他走了几步，回过头看见我，说，“进去吧，里边没人。”等他的背影混入来来往往的人里，再找不着了，我便进来坐下，我的眼泪又来了。

近几年来，父亲和我都是东奔西走，家中光景是一日不如一日。他少年出外谋生，独力支持，做了许多大事。那知老境却如此颓唐！他触目伤怀，自然情不能自已。情郁于中，自然要发之于外；家庭琐屑便往往触他之怒。他待我渐渐不同往日。但最近两年的不见，他终于忘却我的不好，只是惦记着我，惦记着我的儿子。我北来后，他写了一信给我，信中说道，“我身体平安，惟膀子疼痛利害，举箸提笔，诸多不便，大约大去之期不远矣。”我读到此处，在晶莹的泪光中，又看见那肥胖的，青布棉袍，黑布马褂的背影。唉！我不知何时再能与他相见！

1925年10月在北京。

（原载1925年11月22日《文学周报》第200期）

图 3-3　导入 Word 文档

导入 Excel 文档可以按如下步骤进行：

① 单击“文件”|“导入”|“导入 Excel 文档”命令，打开“导入 Excel 文档”对话框，如图 3-4 所示。

② 从中选择需要导入的文档，并在对话框底部设置“格式化”选项，然后单击“打开”按钮即可。

导入不同的内容，需选择相应的导入选项。

图 3-4　“导入 Excel 文档”对话框

## 3.1.2　编辑文本属性

当文档中的文字较多时，为了网页的整体美观，需要对文本进行编辑。具体操作步骤如下：

### 1．设置文字字体的属性

当一个文档中加入文本后，为了让整个页面看起来有条理、生动美观，需要对它进行设置。下面介绍如何使用“属性”面板来设置文本的格式。

① 在文档窗口中选中要更改属性的文字，单击“格式”|“字体”|“隶书”命令，文档效果如图 3-5 所示。（若用户以前没有使用过该字体，需要选择“编辑字体列表”命令，并进行编辑）

在 Dreamweaver CS4 中，用户可以像在 Word 中一样对文档进行排版。 说明

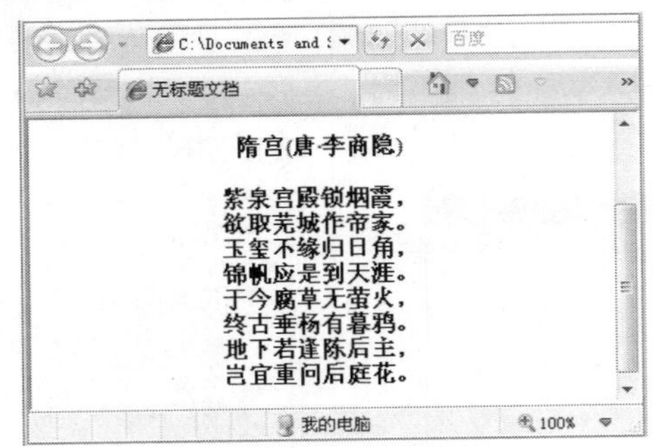


图 3-5　设置字体

② 在文档窗口中选中要改变属性的文字，单击“属性”面板中的 CSS 按钮 [CSS]，设置字体的大小，效果如图 3-6 所示。

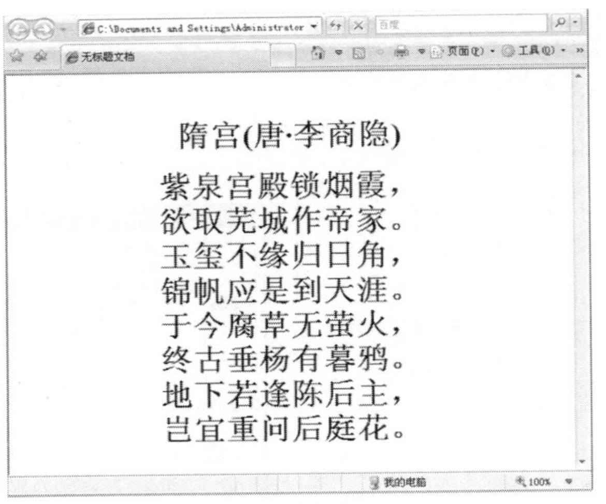


图 3-6　设置字体大小

③ 在文档窗口中选中要改变属性的文字，单击“格式”｜“颜色”命令，并在打开的对话框中选择所需的颜色，效果如图 3-7 所示。

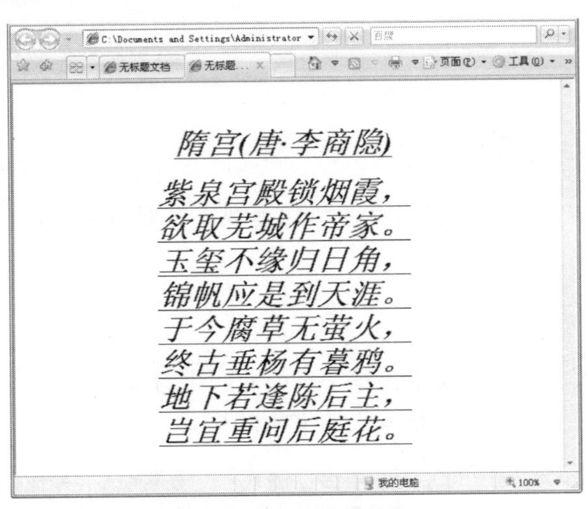


图 3-7　设置字体颜色


说明　文字排版是网页设计中的一个重要环节，美观的排版可为网页增色。

### 2．设置段落格式

段落或标题标签的具体应用步骤如下：

① 将光标定位在文档的段落中，或者选择段落中要设置的文本。

② 单击“窗口”|“属性”命令，打开“属性”面板，如图 3-8 所示。

图 3-8　“属性”面板

③ 在“格式”下拉列表框中选择所需要的选项，或单击“文本”|“段落格式”子菜单中的命令，在文档中分别使用标题 1～标题 6，其显示效果如图 3-9 所示。

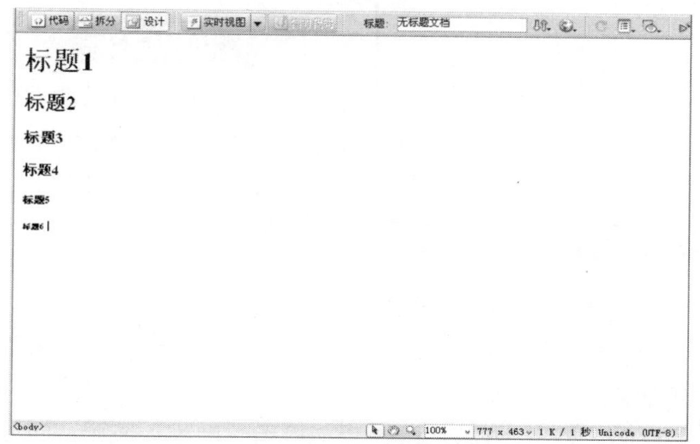


图 3-9　不同标题的显示效果

④ 在应用了标题格式后，若要删除段落格式，可以在“属性”面板中选择“格式”下拉列表框中的“无”选项，如图 3-10 所示。

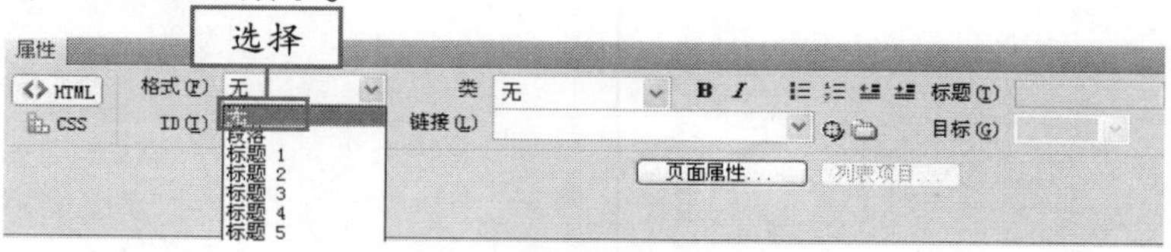


图 3-10　删除段落格式

## 3.2　插入图像与多媒体

为了增强网页的魅力，几乎所有的网页上都或多或少地添加有图像与多媒体。在页面中加入精美的图片与多媒体可使网页更吸引人。

### 3.2.1　插入图像

#### 1．插入图像

在 Dreamweaver CS4 中插入图像的方式有多种，下面介绍一种最常用的方法。

① 在“插入”面板中（可单击“窗口”|“插入”命令来显示或关闭该面板）单击“图像”按钮 ，打开“选择图像源文件”对话框，如图 3-11 所示。或单击“插入”|“图像”命令，打开“选择图像源文件”对话框。

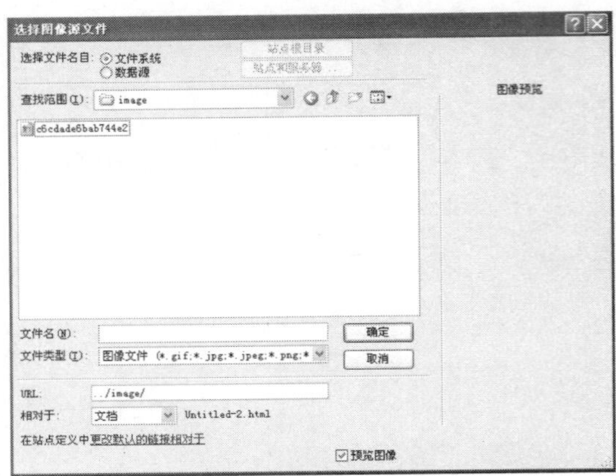


图 3-11 “选择图像源文件”对话框

② 在“查找范围”下拉列表框及下面的列表框中选择要插入的图像，这时可以在右边的“图像预览”区域中查看所选图像，在“相对于”下拉列表框中选择“文档”选项，如图 3-12 所示。

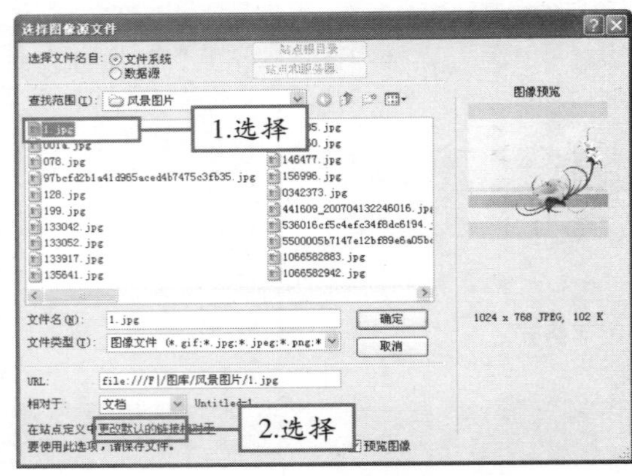


图 3-12 选择图片

③ 单击“确定”按钮，弹出“图像标签辅助功能属性”对话框，如图 3-13 所示。

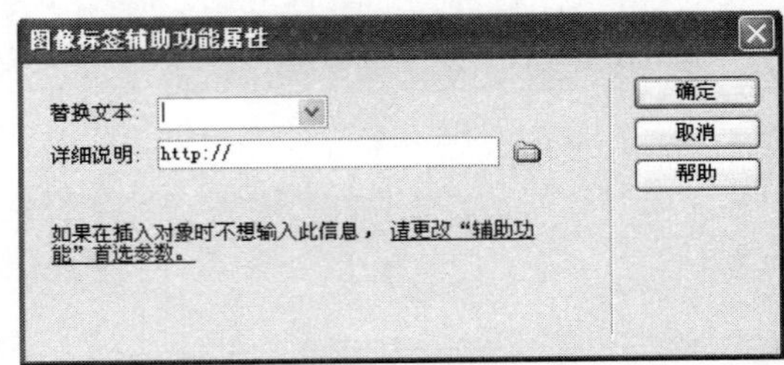


图 3-13 “图像标签辅助功能属性”对话框

**知识点拨**

Web 通常使用 GIF 和 JPEG 两种图像格式。此外，还有两种适合网络传播但没有被广泛应用的图像格式：PNG 和 MNG。

④ 在“替换文本”文本框中输入文字，以便在图片不能正常显示时，用所输入的文本代替。单击“确定”按钮，即可插入图像，如图 3-14 所示。

图 3-14 插入图像

## 2．插入导航条

导航条是由一张图片或多张图片组成的，这些图像的显示会根据用户的不同操作而变化。单击导航条中相应的链接按钮，可以实现不同页面间的跳转。在网页中插入导航条的具体操作步骤如下：



**说明** 网页中使用的图像应尽量小一些，否则会增加浏览器打开网页的时间。

① 将光标定位在要插入导航条的位置。

② 单击“插入”|“图像对象”|“导航条”命令，打开“插入导航条”对话框，如图 3-15 所示。

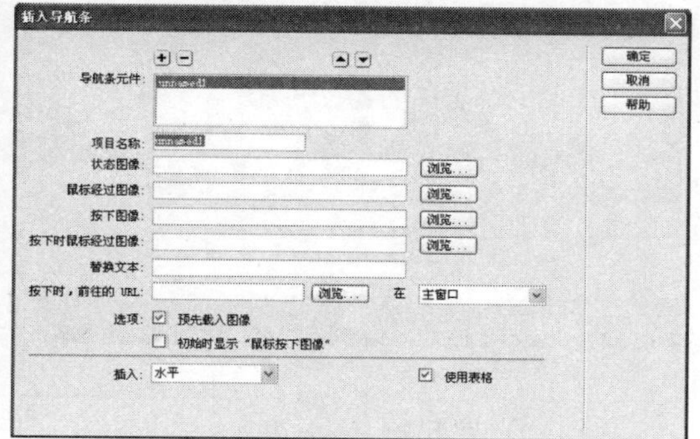

图 3-15　“插入导航条”对话框

③ 从中进行相应的设置，完成后单击“确定”按钮。

需要注意的是，在制作时不必把所有状态的图片都插入，一般只插入“状态图像”和“鼠标经过图像”即可，如图 3-16 所示。

图 3-16　导航条实例

**知识点拨**

导航条的作用相当于网站的地图，它将指引浏览者浏览网站，能使浏览者了解整个网站的构架。

## 3.2.2 插入 Flash 动画

一个优秀的网站应该不仅是由文字和图片组成，而且是动态的、多媒体的。为了增强网页的表现力，丰富文档的显示效果，还可以在页面中插入 Flash 动画、Java 小程序、音频播放插件等多媒体内容。

### 1. 插入 Flash 动画

在 Dreamweaver CS4 文档中插入 Flash 动画的具体操作步骤如下：

① 在 Dreamweaver CS4 中打开或新建一个文档，将光标定位于文档中要插入 Flash 动画的位置。

② 选择“插入”面板中的“常用”选项，单击其中的“媒体”按钮右侧的下拉按钮，弹出的下拉菜单如图 3-17 所示。

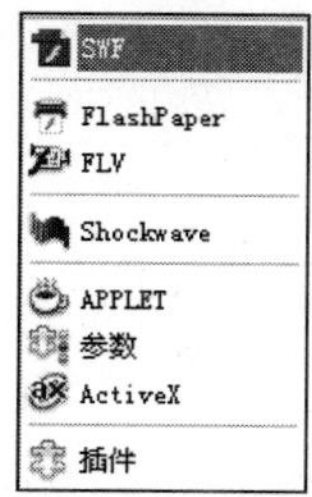


图 3-17　“媒体”下拉菜单

③ 选择 SWF 选项，打开“选择文件”对话框，如图 3-18 所示。单击“插入”|“媒体”|SWF 命令，也可以打开“选择文件”对话框。

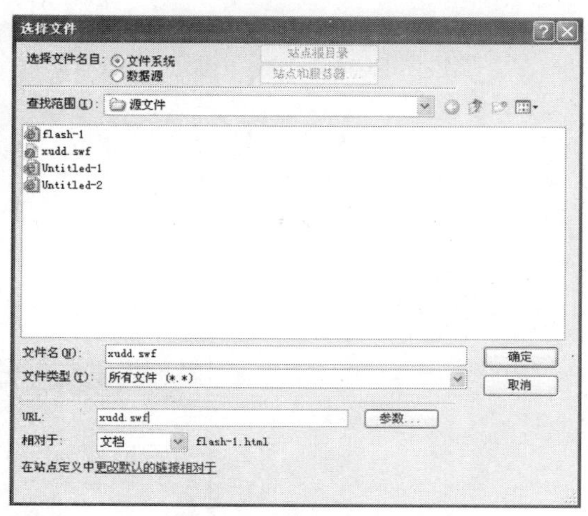

图 3-18　“选择文件”对话框

④ 从中选择所需的文件，单击“确定”按钮，即可将所选文件插入到指定位置，如图 3-19 所示。

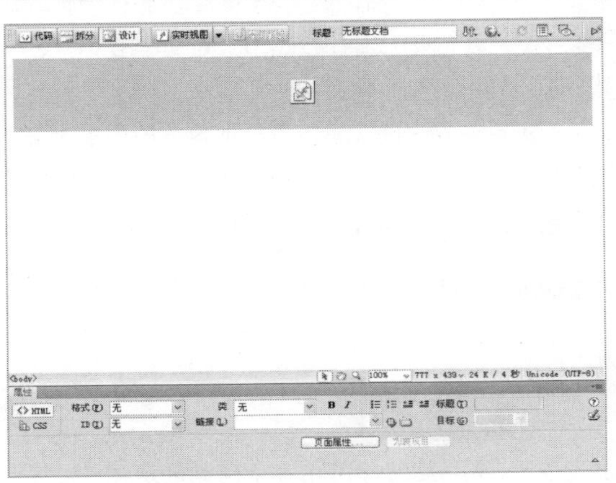

图 3-19　插入 Flash 动画

⑤ 按【F12】键在浏览器中进行浏览，即可播放动画，如图 3-20 所示。

图 3-20　播放动画

## 2. 修改 Flash 动画的属性

在文档中插入 Flash 动画后，单击插入的动画，则可以在"属性"面板中显示出所选动画的各属性项，通过修改其中的选项，可以更改所插入的动画。具体操作步骤如下：

① 将鼠标指针放在 Flash 动画的上方，选择插入的动画文件。

② 单击"窗口"|"属性"命令，打开"属性"面板，如图 3-21 所示。

图 3-21　"属性"面板

③ 在"属性"面板中进行设置，调整前属性参数设置如图 3-22 所示。

图 3-22　调整前属性参数

④ 按【F12】键在浏览器中进行浏览，效果如图 3-23 所示。

图 3-23　浏览效果



说明　当用户浏览网页中的 Flash 动画时，需要用到浏览器中相关的插件。

⑤ 设置完成后的“属性”面板如图 3-24 所示。

图 3-24　设置属性

⑥ 按【F12】键在浏览器中进行浏览，效果如图 3-25 所示。

⑦ 在“属性”面板中单击“编辑”按钮，打开“定位 Macromedia Flash 文档文件”对话框，如图 3-26 所示。

图 3-25　设置效果

图 3-26　“定位 Macromedia Flash 文档文件”对话框

⑧ 从中选择所需文件，单击“确定”按钮，然后在“属性”面板中设置“垂直边距”和“水平边距”，此时动画文件的属性设置如图 3-27 所示。

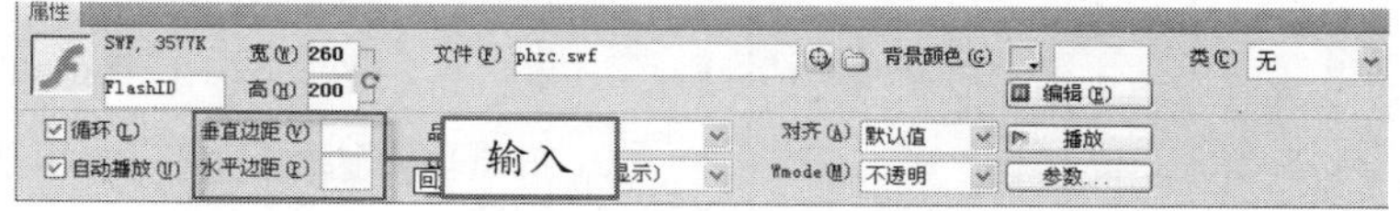


图 3-27　设置属性

⑨ 按【F12】键在浏览器中进行浏览，效果如图 3-28 所示。

图 3-28　浏览效果

## 3.2.3 添加背景音乐

一个精美的网页，再配合一段切合主题的背景音乐，可以使访问者在浏览网页的同时，欣赏背景音乐，将无声的网页变成有声有色的网上乐园。

### 1. 嵌入背景音乐

在 Dreamweaver CS4 中插入一段音乐的具体操作步骤如下：

① 将光标定位于要插入音乐的位置。

② 单击“插入”面板中的“媒体”命令，并在其子菜单中选择“插件”选项，打开“选择文件”对话框。单击“插入”|“媒体”|“插件”命令，也可以打开“选择文件”对话框，如图 3-29 所示，从中选择要插入的声音文件，单击“确定”按钮即可。

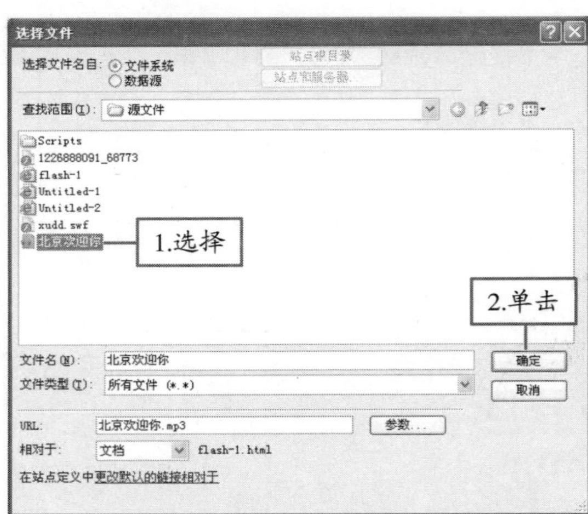


图 3-29 “选择文件”对话框

**教你一招**

背景音乐的使用一定要慎重选择，否则不但达不到所需的效果，反而影响浏览器打开网页的速度。

③ 单击所插入的插件图标，打开“属性”面板，如图 3-30 所示。

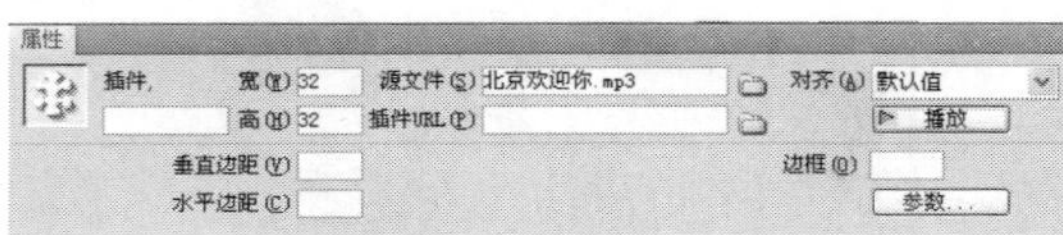

图 3-30 声音的属性

④ 可以从中设置各个选项，如图 3-31 所示。

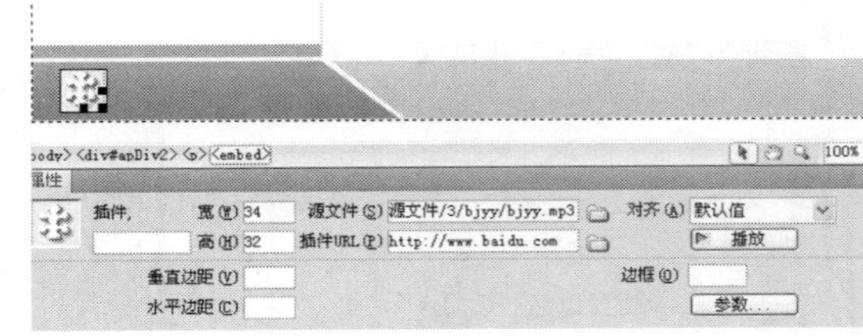

图 3-31 默认设置

⑤ 在“属性”面板中设置插件的宽和高，如图 3-32 所示。

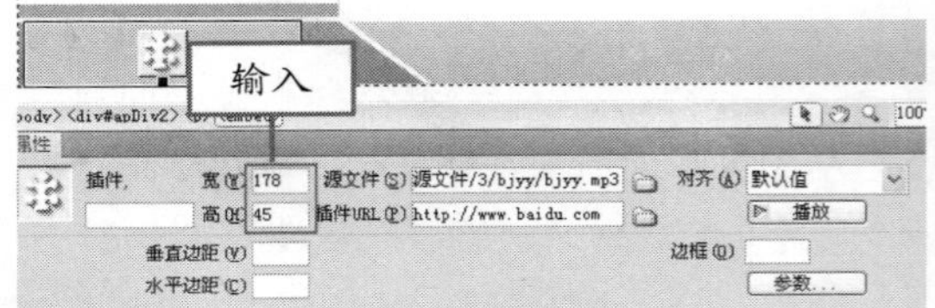


图 3-32 设置宽和高

⑥ 在“垂直边距”和“水平边距”文本框中输入相应的数值，如图 3-33 所示。

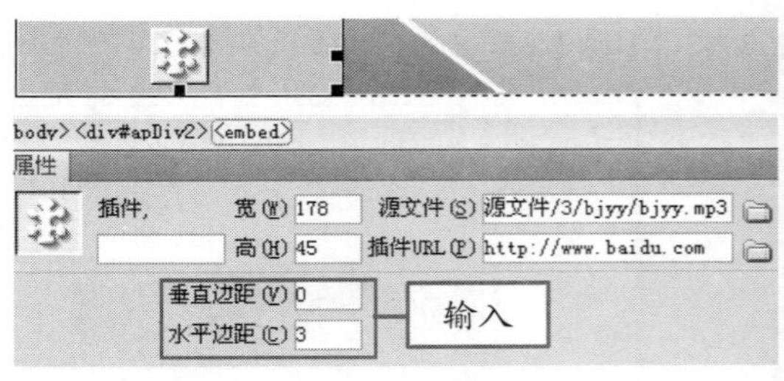


图 3-33 边距设置

⑦ 设置完成后，文档效果如图 3-34 所示。

⑧ 在“属性”面板中单击“源文件”后面的“浏览”按钮，在打开的“选择 Netscape 插件文件”对话框中可更改插入的声音文件，如图 3-35 所示。


说明 网页中使用的音乐可选择 mid 等文件较小的格式。

图 3-34　浏览效果

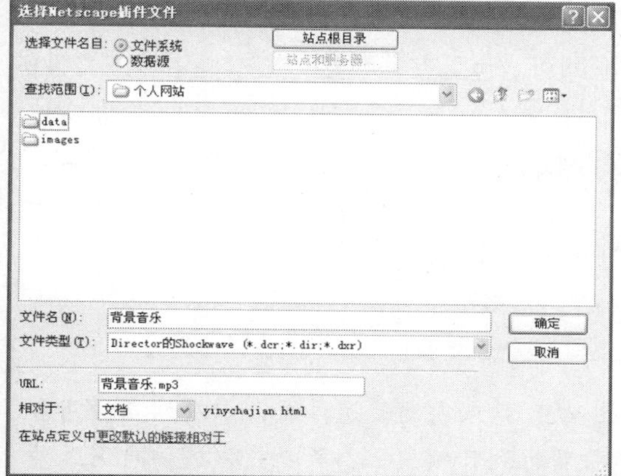


图 3-35　“选择 Netscape 插件文件”对话框

⑨ 也可以在“属性”面板中的 URL 文本框中输入插件的路径；或单击其右侧的“浏览”按钮，弹出“选择 HTML 文件”对话框，如图 3-36 所示。

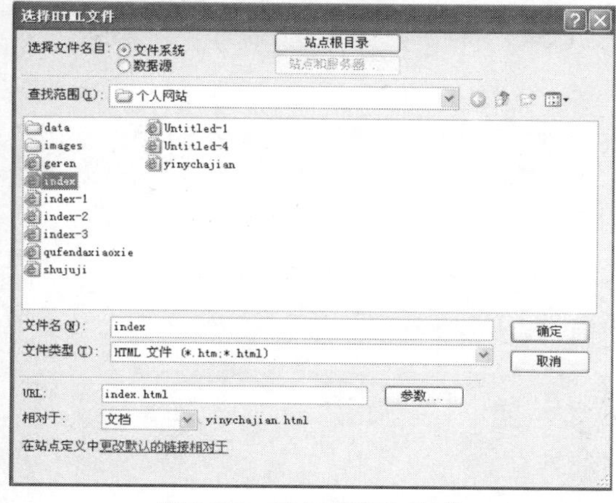


图 3-36　选择 HTML 文件

⑩ 用户也可以设置当前对象在文档中的对齐方式，以快速进行设置，如图 3-37 所示。

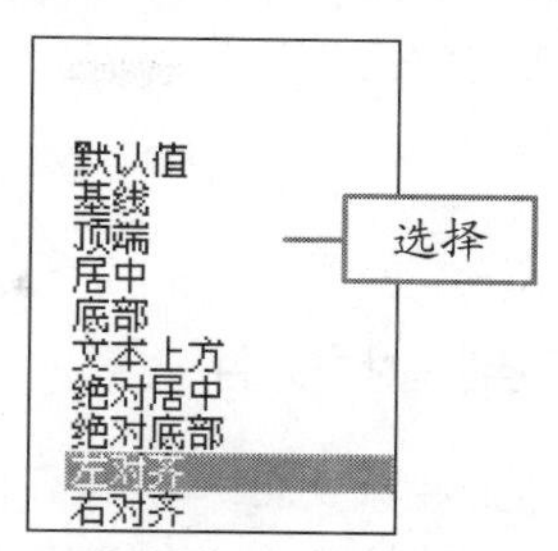


图 3-37　对齐方式

⑪ 设置完成后的效果如图 3-38 所示。

图 3-38　显示效果

⑫ 另外，还可以在“边框”文本框中输入一个数值，以确定边框的宽度，如图 3-39 所示。

图 3-39　设置边框宽度

⑬ 设置完成后，在 IE 浏览器中的显示效果如图 3-40 所示。

图 3-40　设置效果

用户可根据实际情况选择相应的方式添加音乐。　说明

⑭ 返回网页编辑文档，单击“参数”按钮，在打开的“参数”对话框中进行所需的设置，如图 3-41 所示。

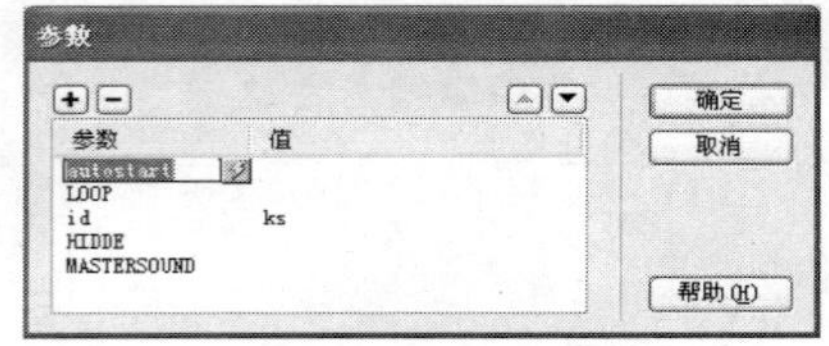

图 3-41 “参数”对话框

### 2．链接到音频文件

链接到音频文件是将声音添加到 Web 页面的一种简单而有效的方法。这种插入声音文件的方法，使访问者能够选择他们是否要收听该声音。

创建指向某一音频文件的链接的具体操作步骤如下：

① 在文档中选择要用于指向音频文件的链接文本或图像。

② 打开“属性”面板，单击“浏览文件”按钮（见图 3-42），打开“选择文件”对话框，从中找到所需的音频文件，单击“确定”按钮关闭对话框即可。也可在“链接”文本框中输入文件的路径和名称。

图 3-42 单击“浏览文件”按钮

**知识点拨**

将声音文件加入 Web 页面时，要考虑它们在 Web 站点内的使用方式，以及站点访问者如何使用这些媒体资源。因为访问者有时可能不希望听到音频内容，所以应该提供启用或禁用声音播放的控制方法。

## 3.3 在网页中创建超链接

超链接是指从一个网页指向一个目标的连接关系，这个目标可以是另一个网页，也可以是相同网页上的不同位置，还可以是一个图片、一个电子邮件地址、一个文件，甚至是一个应用程序。

### 3.3.1 普通链接

#### 1．文本链接

普通链接是指使一些文字成为超链接，其具体设置步骤如下：

① 选中要设置成超链接的文字，然后在“属性”面板的“链接”下拉列表框中输入要跳转到的页面，如图 3-43 所示。

图 3-43 输入链接路径


说明 链接是网站中必不可少的元素，它是不同网页之间的桥梁。

② 也可以单击“属性”面板中的“浏览文件”按钮，如图 3-44 所示。

图 3-44 单击“浏览文件”按钮

③ 打开的“选择文件”对话框，如图 3-45 所示。

④ 选择目标文件后单击“确定”按钮即可实现普通链接。

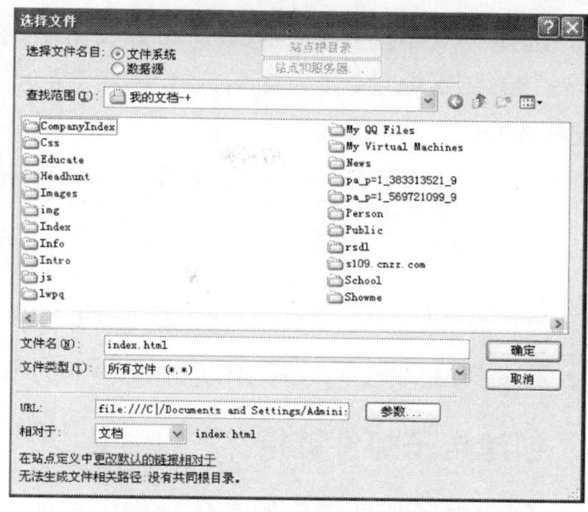

图 3-45 “选择文件”对话框

## 2. 创建锚记链接

创建命名锚记（简称“锚记”）就是在文档中设置位置标记，并给该位置一个名称，以便引用。

插入“锚记”的具体操作步骤如下：

① 将插入点定位在要插入“锚记”的位置。

② 单击“插入”面板“常用”选项中的“命名锚记”按钮，打开“命名锚记”对话框，如图 3-46 所示。

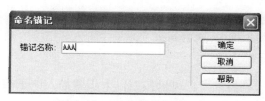

③ 单击“确定”按钮，即可在插入点插入一个“锚记”标记。

图 3-46 “命名锚记”对话框

### 专家解疑

如果用户没有看到锚记，可单击“编辑”|“首选参数”命令，在打开的“首选参数”对话框左侧选择“不可见元素”选项，在右侧选中“命名锚记”复选框，如图 3-47 所示。然后再单击“查看”|“可视化助理”|“不可见元素”命令，即可看到锚记。

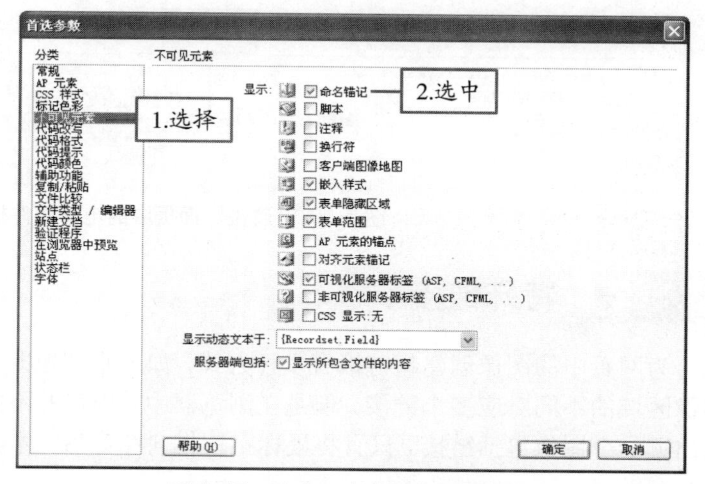


图 3-47 选中“命名锚记”复选框

锚记链接多用于同一网页中不同位置的定位链接。

④ 选择一个要建立链接的载体（如文本），在"属性"面板中的"链接"文本框中输入格式为"#x"的链接地址，x为当前文档中的"锚记"的名称。图3-48所示为链接到当前文档中一个命名为AAA的"锚记"。

图3-48 "属性"面板

⑤ 若要链接到同一文件夹内其他文档中的名为top的锚记，则输入filename.html#top。

### 3. 创建电子邮件链接

创建电子邮件链接的具体操作步骤如下：

① 在Dreamweaver CS4文档中选中要创建电子邮件链接的对象。

② 单击"插入"面板"常用"选项中的"电子邮件链接"按钮，或选择"插入"|"电子邮件链接"命令，打开"电子邮件链接"对话框，如图3-49所示。

③ 可以看到所选择的文本已出现在"文本"文本框中，在E-mail文本框中输入要链接的电子邮件地址。

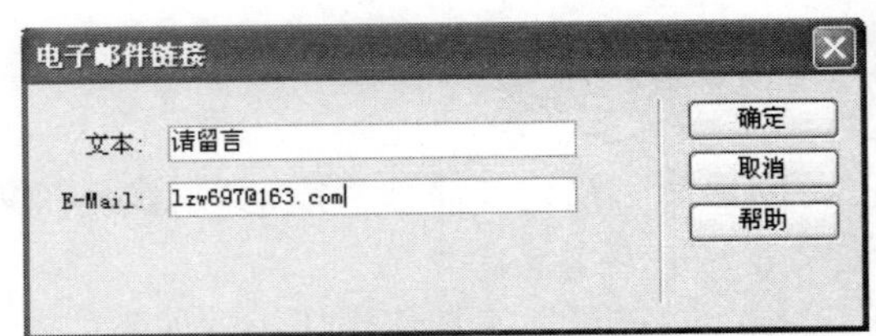


图3-49 "电子邮件链接"对话框

④ 完成设置后单击"确定"按钮。

另外，也可以按照以下步骤插入电子邮件链接：

① 在Dreamweaver CS4文档中选择要创建电子邮件链接的文本对象。

② 打开"属性"面板，在"链接"文本框中输入"mailto:电子邮件地址"（在电子邮件地址和冒号之间不能加入任何形式的空格），如mailto:lzw697@163.com，如图3-50所示。

图3-50 "属性"面板中的电子邮件格式

## 3.3.2 特殊链接

为网页中的图像创建超链接有多种方式，如一张图像既可以对应单个链接，又可以根据图像区域的不同对应多个链接。但是在浏览器中，用户并不能像文本链接那样，能够明显地看出哪一个图像包括链接。只有将鼠标指针指向图像后，才能看到它是否包含超链接及包含多少个链接。

① 选中图片，打开"属性"面板，如图3-51所示。


说明 在添加邮件链接时需要注意其输入格式。

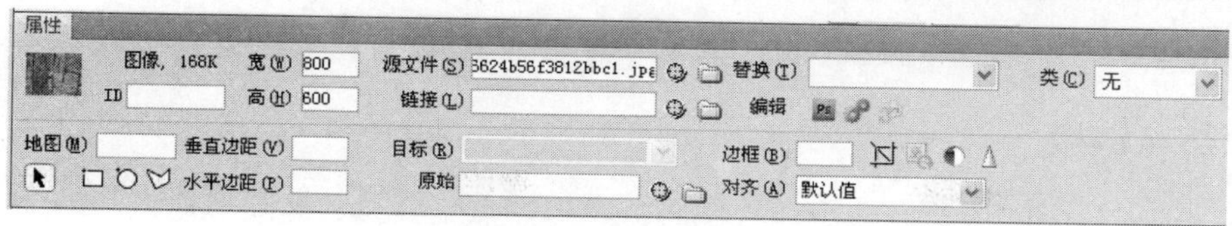


图 3-51　“属性”面板

② 根据前面讲解的设置文本链接的操作方法设置图像链接即可。

## 1. 图像链接和“鼠标经过图像”

对于一张图像来说，建立单个链接关系的具体操作步骤如下：

① 在网页中插入一张图片并将其选中。

② 在“属性”面板中的“链接”文本框中输入所需的超链接地址（可以是网络地址，也可以是本地地址），如 ktsb.html，如图 3-52 所示。

图 3-52　输入图像链接地址

**知识点拨**

也可单击“链接”文本框后面的“浏览文件”按钮，指定一个所要链接的文件。

③ 添加完成后，按【F12】键测试页面。当鼠标指针指向此图像时，指针将变成小手的形状，如图 3-53 所示，

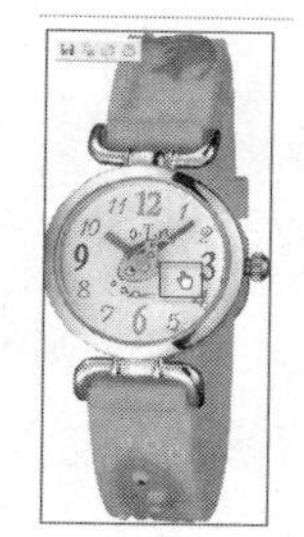

图 3-53　图片链接

此时，单击图像时，则跳转到相应的地址。

另外，用户还可以在插入图像的同时设置相应的超链接。具体操作步骤如下：

① 将光标定位在要插入“鼠标经过图像”链接的位置。

② 在“插入”面板的“图像”下拉列表框中选择“鼠标经过图像”选项，打开“插入鼠标经过图像”对话框，如图 3-54 所示。

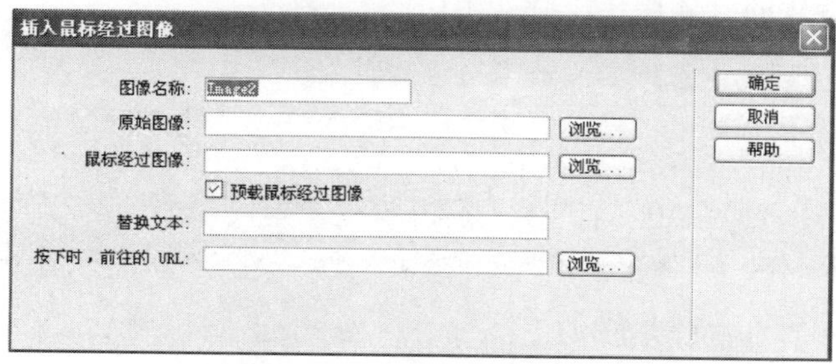


图 3-54　“插入鼠标经过图像”对话框

**“鼠标经过图像”是图像应用的一种特殊效果，可以实现图片的翻转效果。** 说明

③ 在该对话框中进行相应的设置，然后单击“确定”按钮即可。

### 2. 图像热点链接

Dreamweaver CS4 中共有三个热点工具：矩形热点工具、椭圆形热点工具和多边形热点工具。

具体的创建步骤如下：

① 选择一张图像，并打开“属性”面板。

② 在“属性”面板中选择一个合适的热点工具，当鼠标指针变为十字形状时，在图像上拖动，即可画出一个热点区域，如图 3-55 所示。

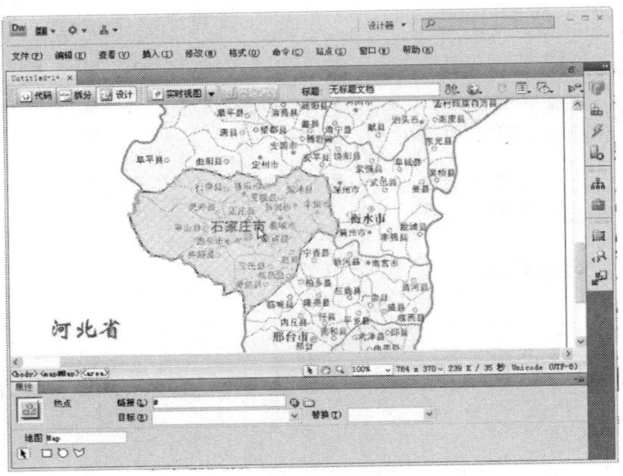

图 3-55 不规则热区

③ 在“属性”面板的“链接”文本框中输入一个目标地址，或是单击“链接”文本框后的“浏览文件”按钮，在打开的对话框中选择目标文件，如图 3-56 所示。

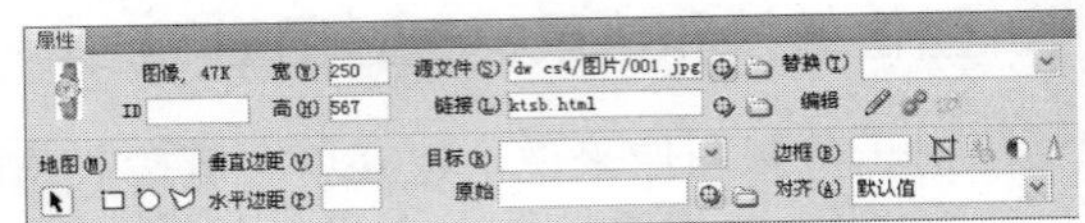

图 3-56 输入图像链接地址

④ 在“替换”文本框中输入“石家庄”，则在测试该页面过程中，当鼠标经过该区域时，将显示“石家庄市区”，如图 3-57 所示。

图 3-57 显示结果

⑤ 在“目标”下拉列表框中选择打开目标网页的位置。

### 3. 空链接

空链接是一种无指向的链接。使用空链接后的对象可以附加行为，一旦用户创建了空链接，就可以为之附加所需的行为。比如，当鼠标经过该链接时，单击交换图像或者显示、隐藏某个层。创建空链接的具体操作步骤如下：

① 在文档窗口的设计视图中选取要设置空链接的对象。

② 在相应的“属性”面板中的“链接”文本框中输入符号“#”即可。

## 3.4 综合实战——创建基本页面

创建基本页面的具体操作步骤如下：



说明 图像热点链接可为一幅图像添加多个链接。

① 启动 Dreamweaver CS4，打开路径 3/zzjd.html 源文件，如图 3-58 所示。

图 3-58　插入源文件

② 单击要插入文字的单元格，插入文字并进行设置后的效果如图 3-59 所示。

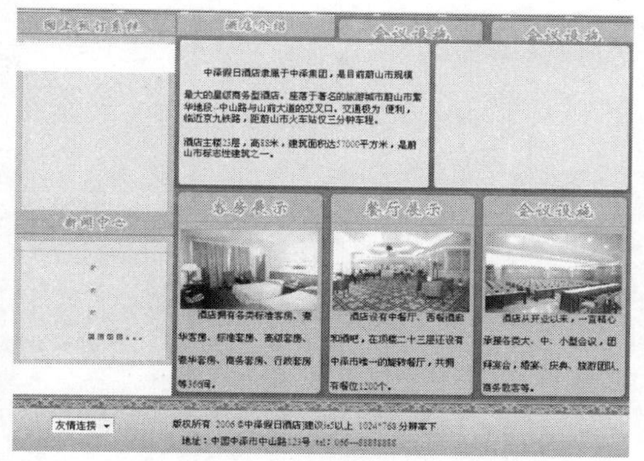

图 3-59　插入并设置文字

③ 将光标置于要插入图片的单元格中，单击“插入”|“图像”命令，在打开的“选择图像源文件”对话框中选择要插入的图片，如图 3-60 所示，单击“确定”按钮后插入图片。

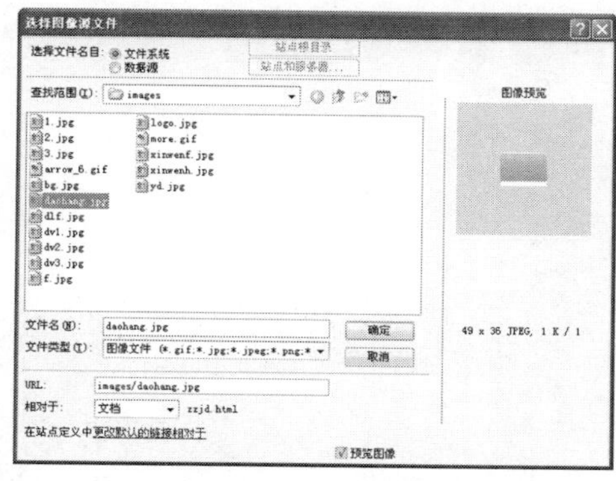

图 3-60　“插入图像源文件”对话框

④ 重复步骤 3 的操作，将图片插入到网页后的效果如图 3-61 所示。

图 3-61　插入图片

⑤ 选中要插入 Flash 文件的单元格，在“插入”面板中单击 媒体：SWF 按钮，在打开的“选择文件”对话框中选择 Flash 文件（路径为 3/swf/yangguang.swf），如图 3-62 所示。

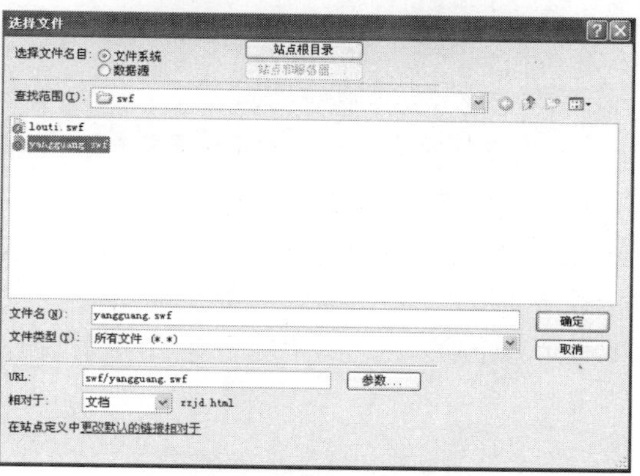

图 3-62　选择 Flash 文件

⑥ 在“属性”面板中设置插入的 Flash，如图 3-63 所示。

图 3-63　设置属性

⑦ 重复步骤 5 和 6 的操作，插入路径为 3/swflouti.swf 的 Flash 文件，预览后的效果如图 3-64 所示。

在创建基本页面时，要先对其进行布局。　说明

图 3-64 预览效果

⑧ 在左侧“新闻中心”栏目中输入新闻标题，效果如图 3-65 所示。

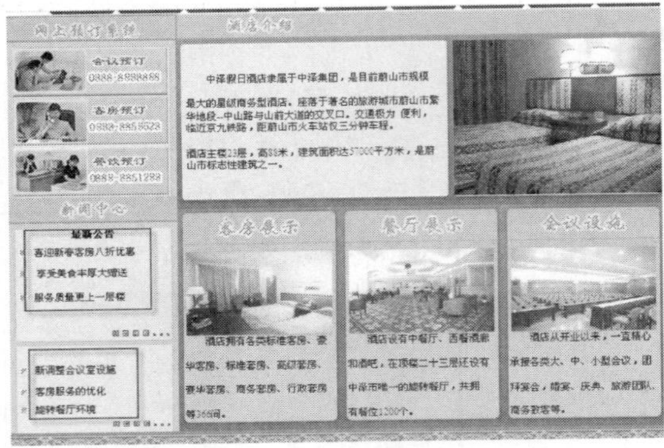

图 3-65 输入新闻标题

⑨ 给新闻标题添加链接，首先选中要添加链接的新闻标题，在“属性”面板的“链接”文本框中直接输入地址或者单击其后的按钮，在打开的对话框中选择链接文件。全部添加链接后的效果如图 3-66 所示。

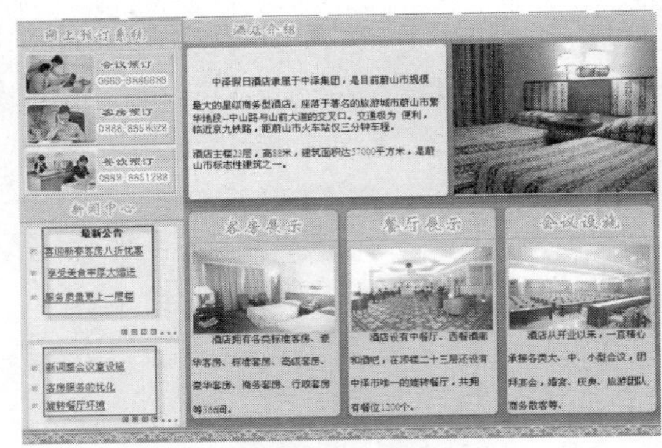

图 3-66 给新闻标题添加链接

⑩ 保存并预览后网页的最终效果如图 3-67 所示。

图 3-67 网页最终效果



说明 在“链接”文本框中可以为“锚记”命名（“锚记”名称区分大小写，且不能含有空格）。

# 第4章 灵活设置页面布局

- 表格的使用
- 表格的编辑
- 利用层布局
- 层与表格的转换

Yoyo,表格和层在设计网页时有什么用途?

表格与层的用途太多了，最主要的作用就是使用它们来布局网页。

是的，若要制作一个既美观又能充分利用有限空间的专业网页，就需要对网页的版面进行合理的布局。Dreamweaver 提供了多种强大的页面布局工具，如表格与层。

# 4.1 使用表格布局网页

在了解了表格的作用后，本小节将进一步介绍在 Dreamweaver CS4 文档中表格的基本操作，如新建表格、添加内容等。

## 4.1.1 插入表格

使用表格可以清楚地显示列表的数据，具体操作步骤如下：

① 单击“插入”|“表格”命令，或者按【Ctrl+Alt+T】组合键，打开“表格”对话框，如图 4-1 所示。

图 4-1 “表格”对话框

② 在“表格”对话框中进行所需的设置，如图 4-2 所示。

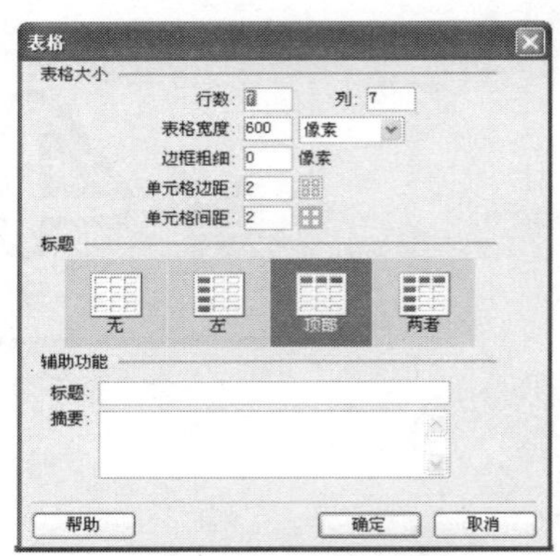


图 4-2 设置表格参数

③ 设置好各项参数后，单击“确定”按钮。此时在文档中光标处将插入表格，如图 4-3 所示。

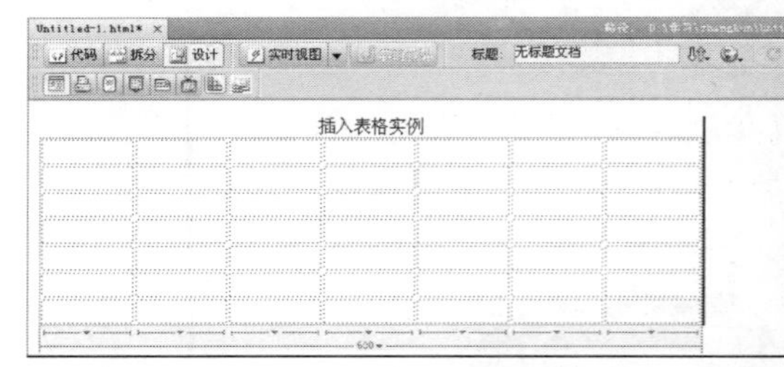


图 4-3 插入表格实例

## 4.1.2 编辑表格

下面具体介绍表格的操作及其属性设置。

### 插入表格“行”或“列”

① 将光标移动到表格中的第 1 行 1 列，如图 4-4 所示。

图 4-4 插入行以前

② 右击表格，在弹出的快捷菜单中选择“插入”|“表格对象”|“行”或“列”命令，即可在相应的位置插入“行”或“列”，如图 4-5 所示。

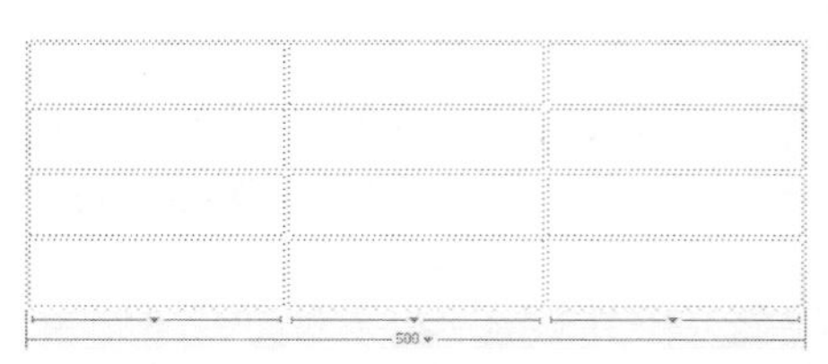

图 4-5 插入行以后



**说明** 也可以直接单击右侧“插入”面板中的“表格”按钮打开“表格”对话框。

## 删除表格的“行”或“列”

① 将光标移动到表格的某一单元格内，如图 4-6 所示。

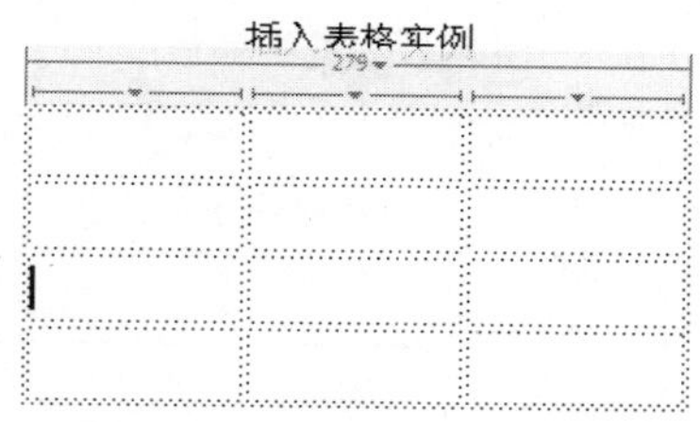


图 4-6　删除行前

② 单击“修改”|“表格”|“删除行”命令，结果如图 4-7 所示。

图 4-7　删除行后

## 设置表格的“行”或“列”的属性

① 选中需要调整表格的行或列，如图 4-8 所示。

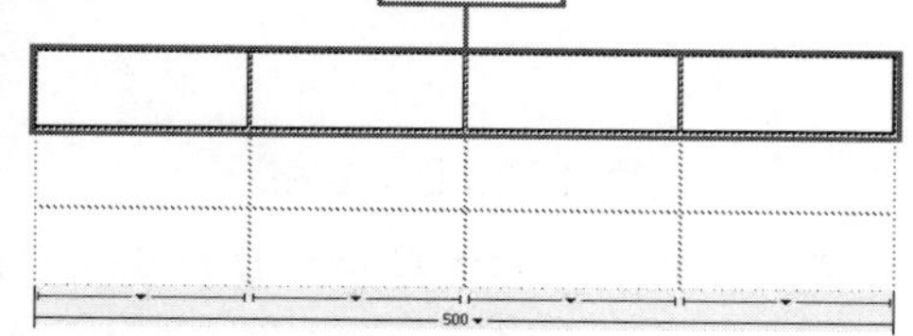


图 4-8　选中行

② 在“属性”面板的“宽”与“高”文本框中输入实际需要的值，如图 4-9 所示。

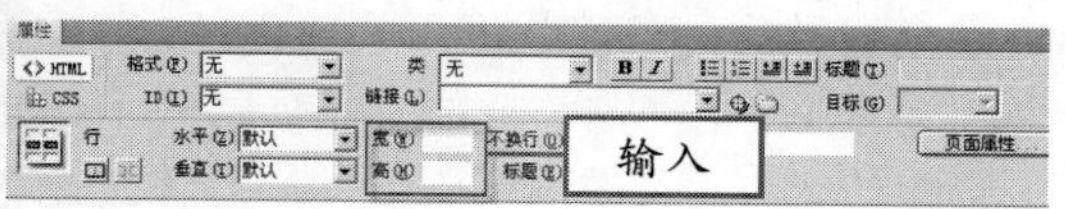


图 4-9　设置表格的行或列的属性

③ 设置完成后，结果如图 4-10 所示。

图 4-10　设置行高后效果

## 嵌套表格

创建嵌套表格的具体操作步骤如下：

① 将光标定位于要嵌套表格的单元格中，如图 4-11 所示。

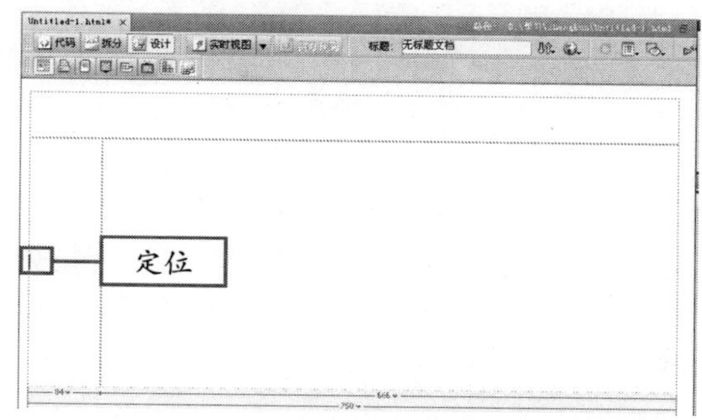


图 4-11　嵌套前的表格

② 单击“插入”|“表格”命令，或单击“插入”面板“常用”选项中的“表格”按钮，打开“表格”对话框，如图 4-12 所示进行设置。

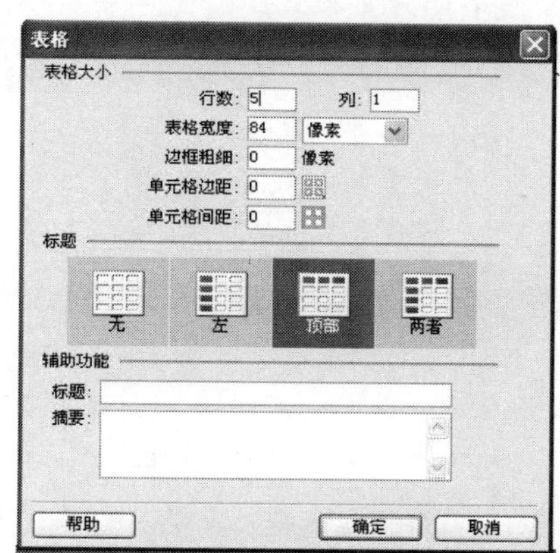


图 4-12　“表格”对话框

③ 设置好表格参数后，单击“确定”按钮，即可将所设置的表格插入到光标所在的单元格中，如图 4-13 所示。

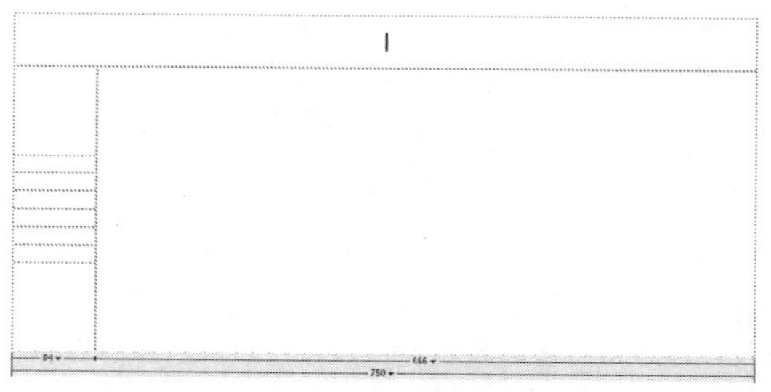

图 4-13　嵌套表格后的效果

用户还可以根据实际需要更改表格属性，使表格更加美观。　说明

## 设置表格内容的对齐方式

用户还可以在“属性”面板中的“水平”或“垂直”下拉列表框中设置表格内容的对齐方式，如图 4-14 所示。

图 4-14　设置表格对齐方式

在“水平”下拉列表框中可以设置左对齐、居中对齐、右对齐，在“垂直”下拉列表框中可以设置顶端、居中、底部、基线对齐方式。

## 设置表格内容的标题

① 选中“标题”复选框，可以将所选中的单元格设置为表格标题单元格，设置标题前表格效果如图 4-15 所示。

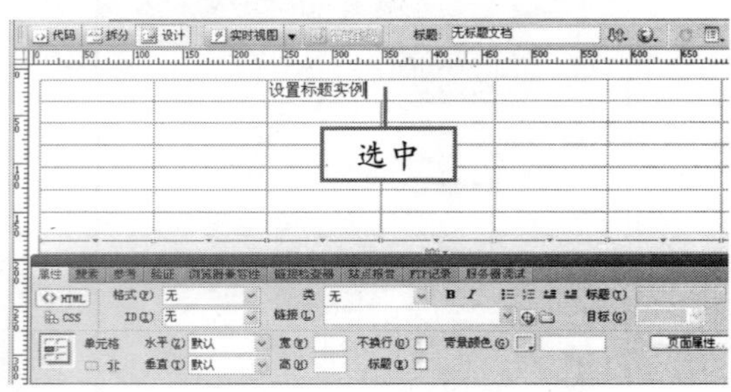


图 4-15　设置标题前

选择“标题”复选框，效果如图 4-16 所示。

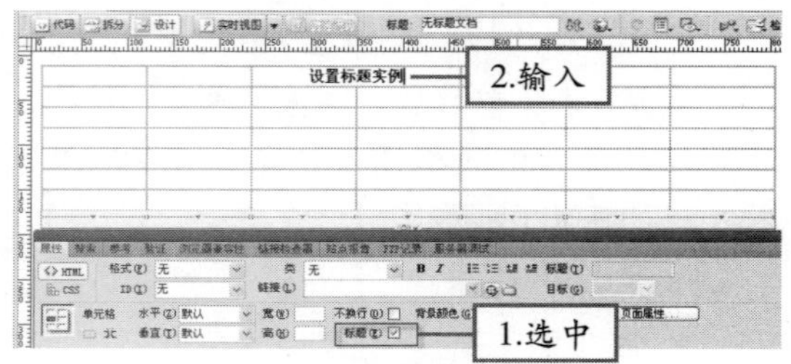


图 4-16　设置表格标题单元格

② 选中表格的单元格后，单击“属性”面板中的“背景颜色”按钮，在打开的“颜色选择”面板中选择合适的颜色，如图 4-17 所示。

③ 设置完成后，效果如图 4-18 所示。

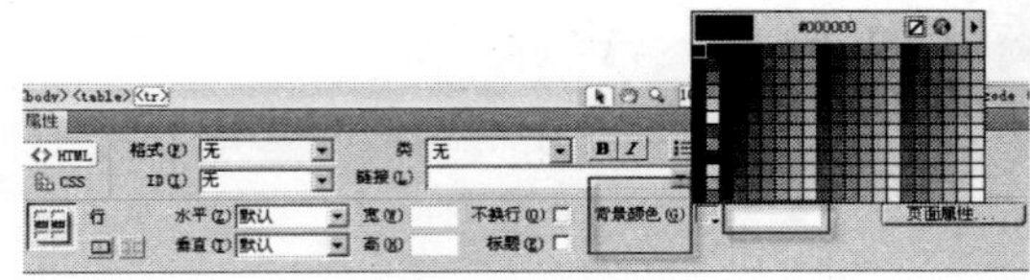

图 4-17　选择颜色

图 4-18　设置颜色后的效果

## 设置表格颜色

① 在新建的文档中单击“插入”|“表格”命令，在打开的“表格”对话框中设置行数为 10、列数为 10、表格宽度为 800 像素，单击“确定”按钮插入表格，如图 4-19 所示。

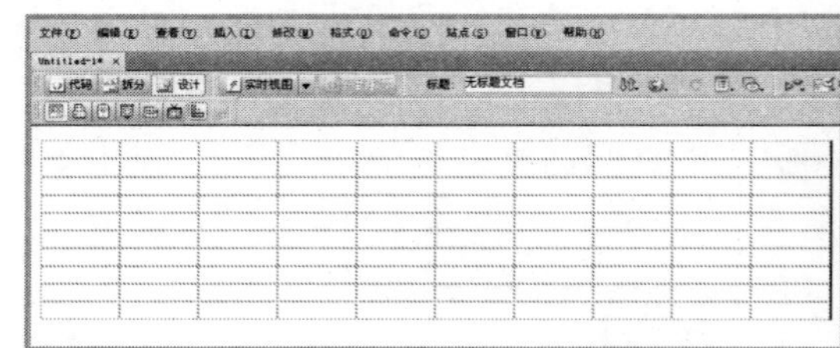

图 4-19　插入表格

② 插入表格后，将文档窗口切换为拆分状态，在代码窗口中输入 bordercolor="blue"代码，如图 4-20 所示。按【Ctrl+S】组合键，保存文档。

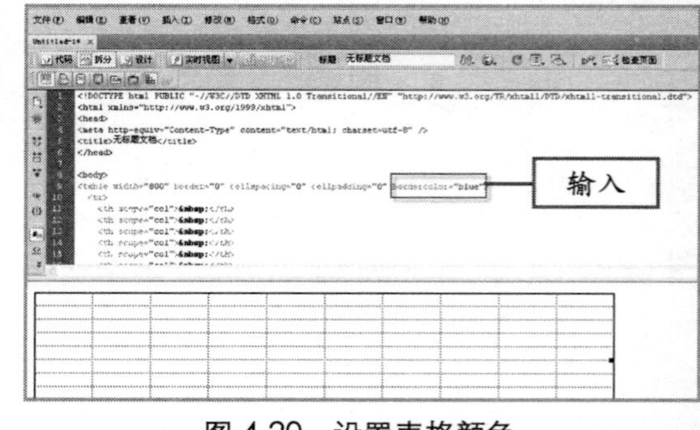


图 4-20　设置表格颜色



说明　在利用表格进行布局时，“边框粗细”一般设置为“0”。

③ 设置完成后，按【F12】键预览，效果如图 4-21 所示。

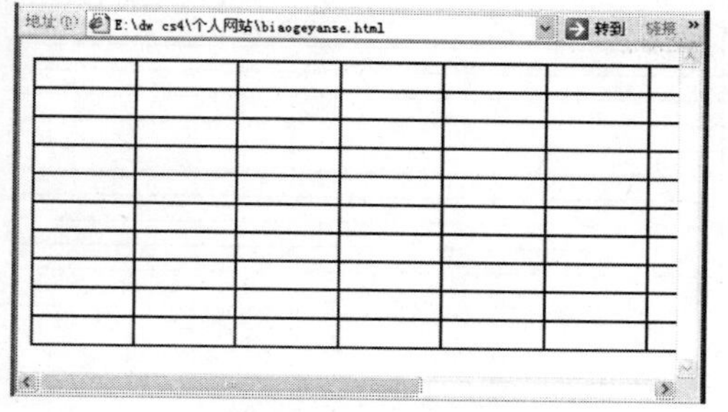

图 4-21　预览效果

## 设置表格边框属性

用户还可以对表格的边框属性进行所需的设置，设置表格边框属性可以使表格更加美观，具体操作步骤如下：

① 在文档中插入一个表格，属性设置如图 4-22 所示。

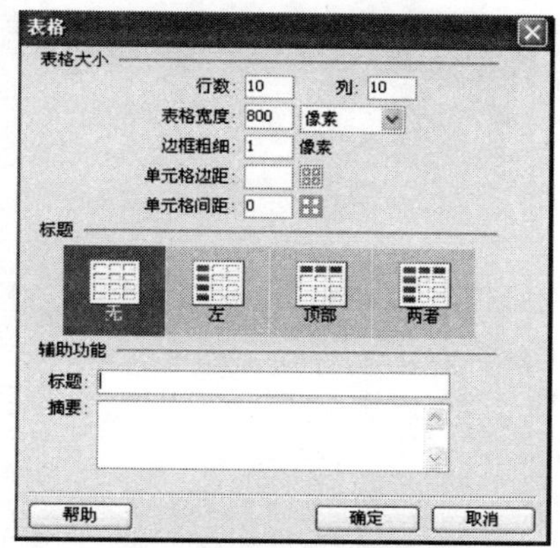

图 4-22　设置表格属性

**知识点拨**

在标签检查器中有两种设置表格的方法，一种是设置表格外边框，一种是设置表格内分隔线。如果要设置表格的外边框，就在标签检查器中单击 frame 属性右边的下拉按钮，在弹出的下拉列表中选择任一选项。

② 插入表格后，单击文档左下角标签选择器中的 table 标签，选中表格，如图 4-23 所示。

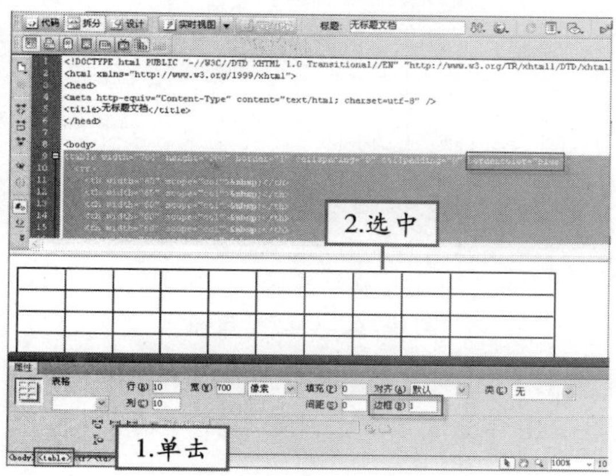


图 4-23　选择 table 标签

③ 单击“窗口”|“标签检查器”命令，打开“标签检查器”面板，如图 4-24 所示。

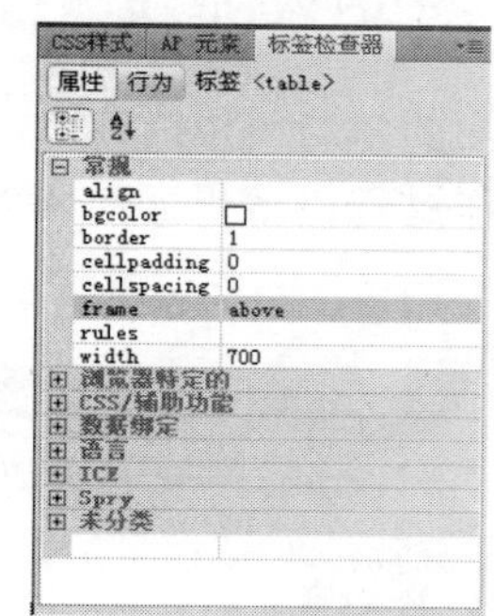

图 4-24　“标签检查器”面板

④ 按【Ctrl+S】组合键保存该文档，再按【F12】键，在 IE 中查看其效果，如图 4-25 所示。

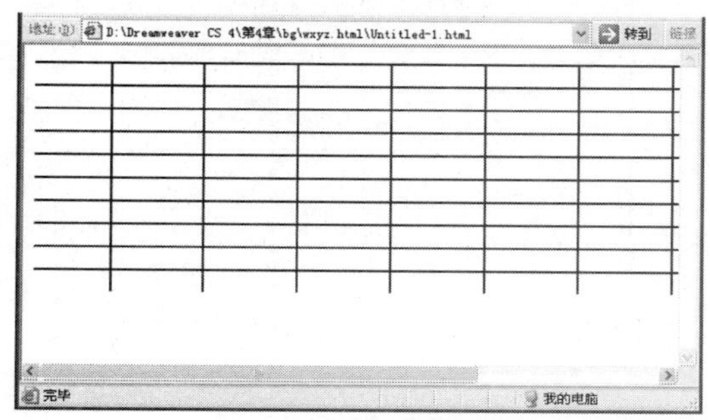

图 4-25　预览效果

## 设置表格内分隔线

① 选中整个表格，然后按【F9】键打开“标签检查器”面板，从中单击 rules 属性右边的下拉按钮，在弹出的下拉列表中选中所需选项，如图 4-26 所示。

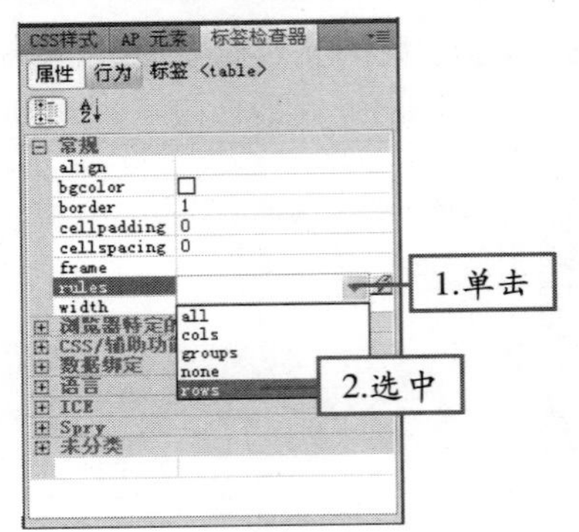


图 4-26　标签检查器

② 按【Ctrl+S】组合键保存该文档，按【F12】键在 IE 中查看效果，如图 4-27 所示。

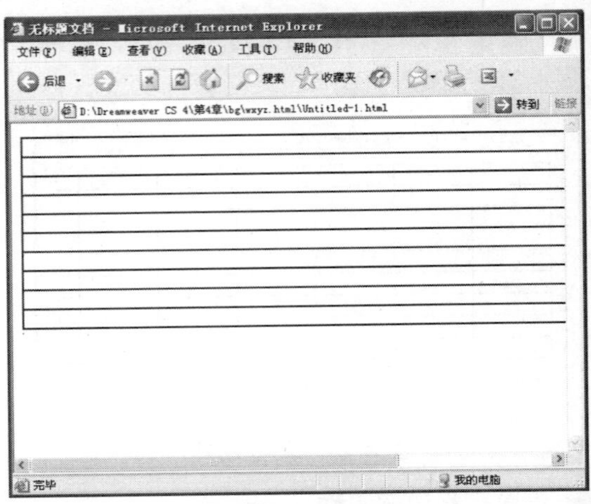


图 4-27　预览效果

## 4.1.3　利用表格进行布局

通过前面的学习，相信读者已经掌握了表格的基本应用。下面是“文学驿站”网站中一个页面的制作过程，效果如图 4-28 所示。

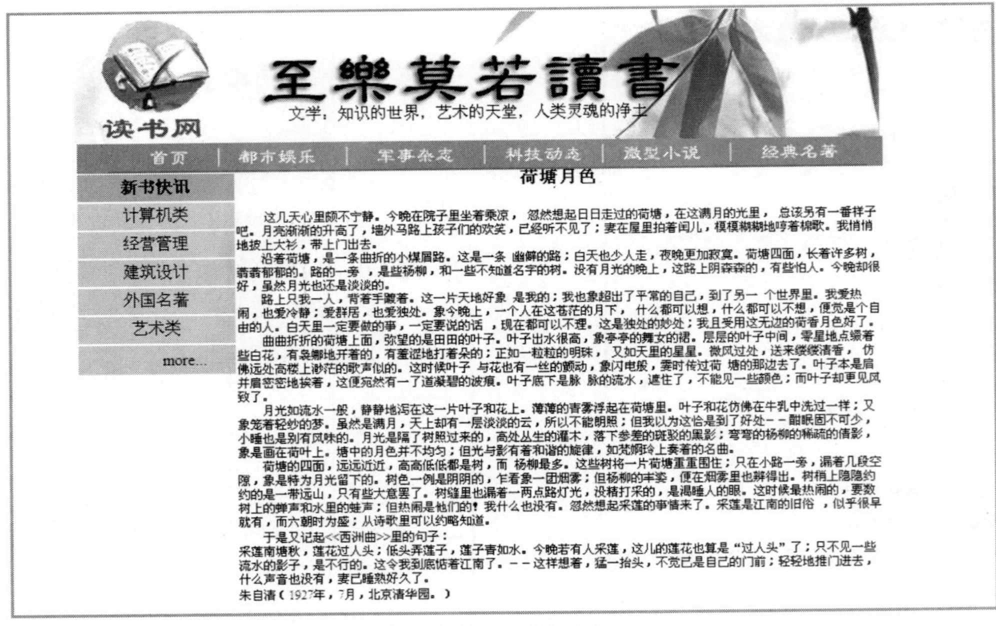


图 4-28　页面效果图

下面通过具体页面布局操作，来了解如何使用表格布局网页。具体操作步骤如下：

**素材文件**　光盘:\素材\第 4 章\LOGO 标志.jpg、ad.jpg、dh.jpg

① 启动 Dreamweaver CS4，新建一个名为“文学驿站”的站点。

② 在站点中新建一个文档，并设置其标题为“文学驿站”，将该页保存到所建站点中，并命名为 index.html，如图 4-29 所示。



**说明**　可以通过设置单元格间距分隔不同单元格内容的间距。

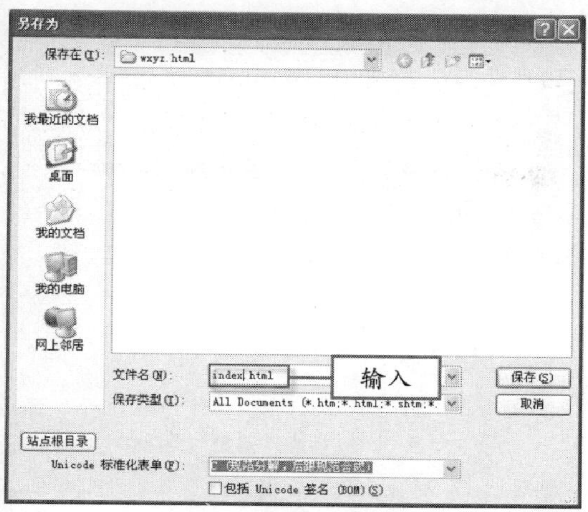


图 4-29 保存页面

③ 在“属性”面板中单击“页面属性”按钮，打开“页面属性”对话框，如图 4-30 所示进行设置。

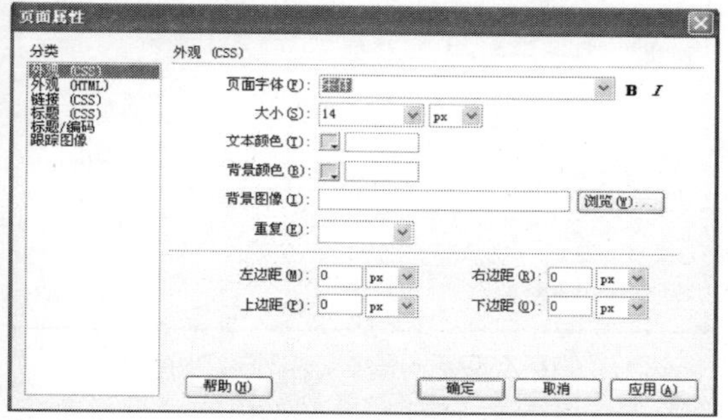


图 4-30 “页面属性”对话框

④ 单击“插入”面板“布局”选项中的“表格”按钮 表格，在打开的“表格”对话框中设置表格为 6 行 3 列，如图 4-31 所示。

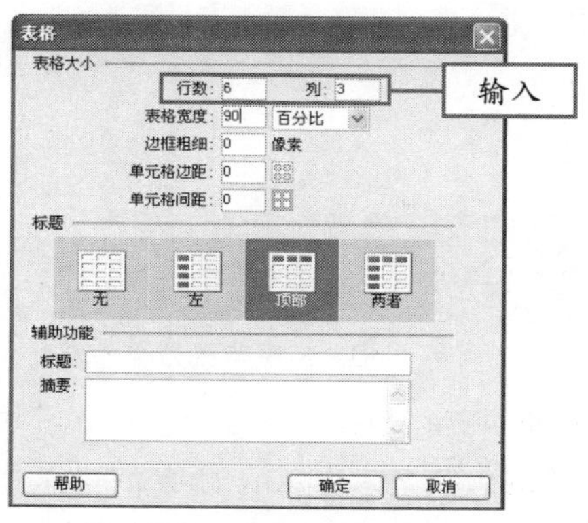


图 4-31 “表格”对话框

⑤ 单击“确定”按钮，将表格插入到文档中，如图 4-32 所示。

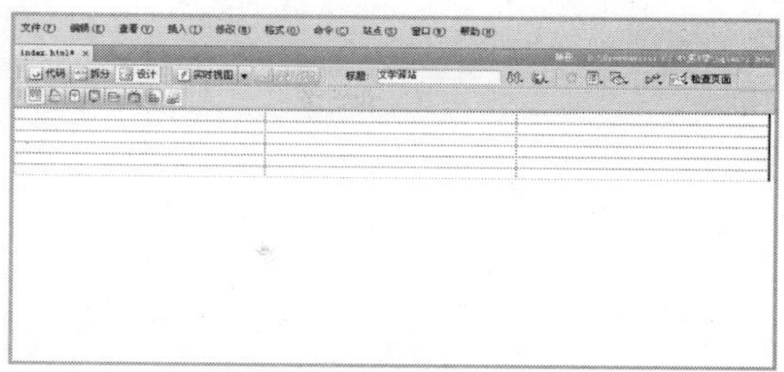

图 4-32 插入表格效果

⑥ 选中表格，在“属性”面板中进行相应的设置，如图 4-33 所示。

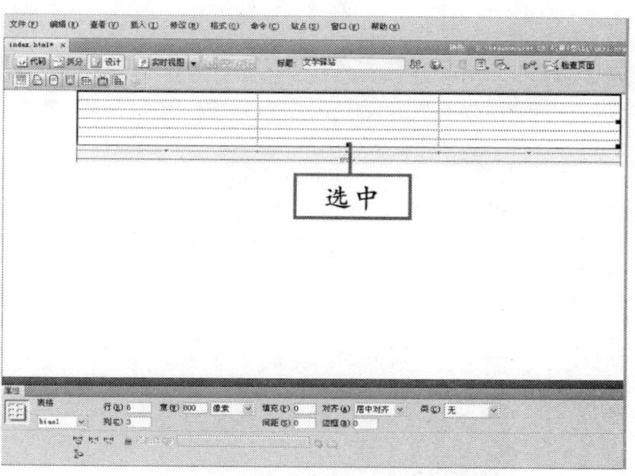


图 4-33 设置表格属性效果

⑦ 将第一列上边的两个单元格合并，并进行适当的调整，然后导入网站的 LOGO 标志，如图 4-34 所示。

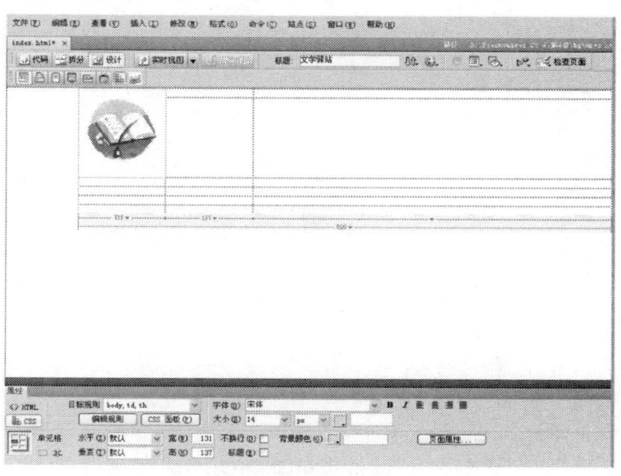

图 4-34 插入 logo

⑧ 将第一二行的二三列单元格合并，并设置其“高”为 131 像素，如图 4-35 所示。

在实际布局中，可以在表格中嵌套表格。 说明

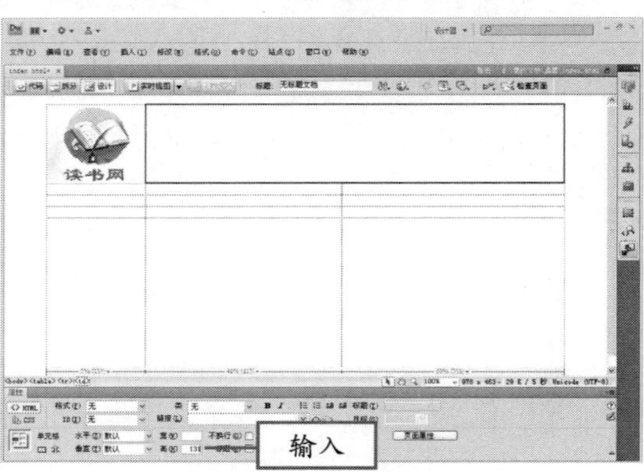

图 4-35　合并后的单元格

⑨ 将光标置入合并后的单元格中，切换文档为拆分形式，将光标置于 colspan="2" 与 scope ="col"之间，如图 4-36 所示。

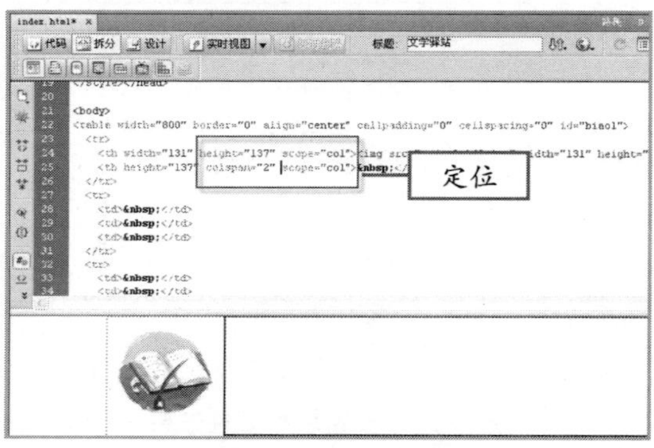

图 4-36　光标放置位置

⑩ 在光标处单击空格键，弹出选择列表，在列表中选择 background 选项，如图 4-37 所示。

图 4-37　选择 background 选项

⑪ 将 background 代码插入到文档窗口中，此时将弹出“浏览”选项，如图 4-38 所示。

图 4-38　弹出“浏览”选项

⑫ 单击“浏览”选项，打开“选择文件”对话框，从中选择所需的图片，如图 4-39 所示。

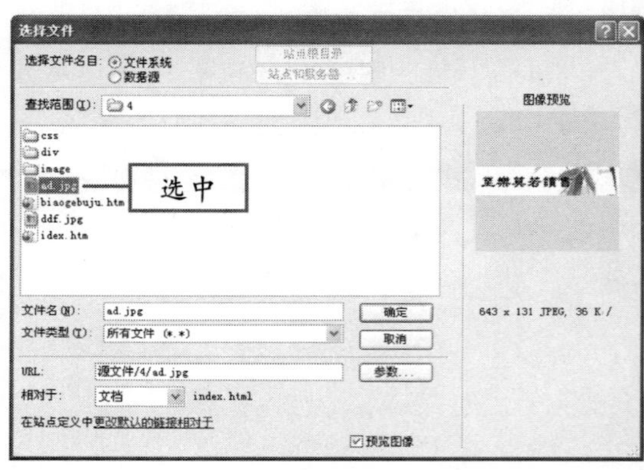

图 4-39　“选择文件”对话框

⑬ 单击“确定”按钮，将所选图片设置为背景图片，如图 4-40 所示。

图 4-40　设置背景效果预览

⑭ 在单元格中输入文字“文学：知识的世界，艺术的天堂，人类灵魂的净土”，如图 4-41 所示。


说明　利用布局时，用户可以固定表格的宽度，也可以按比例设置宽度。

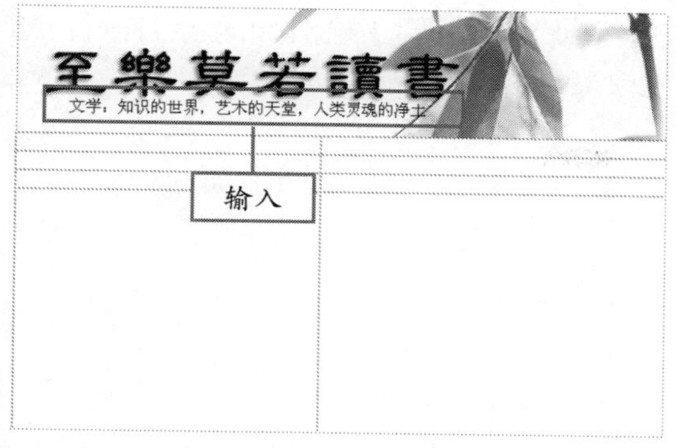


图 4-41　输入文字效果

⑮ 合并第三行的所有单元格，设置其格式为水平居中对齐、垂直居中对齐，高度设为 30 像素，然后在合并后的单元格中插入所需表格，如图 4-42 所示。

图 4-42　插入表格

⑯ 在单元格中插入已制作好的导航条中的按钮，如图 4-43 所示。

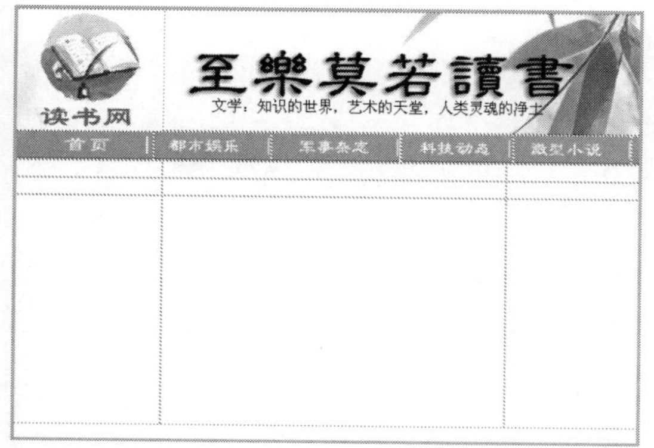


图 4-43　插入导航条按钮

⑰ 调整第四行，将左侧单元格的“宽”设为 131 像素，然后在此单元格中插入所需表格，设置第一个单元格的背景颜色为#CCCCCC，如图 4-44 所示。

图 4-44　插入表格及设置效果

⑱ 在单元格中添加所需内容，如图 4-45 所示。

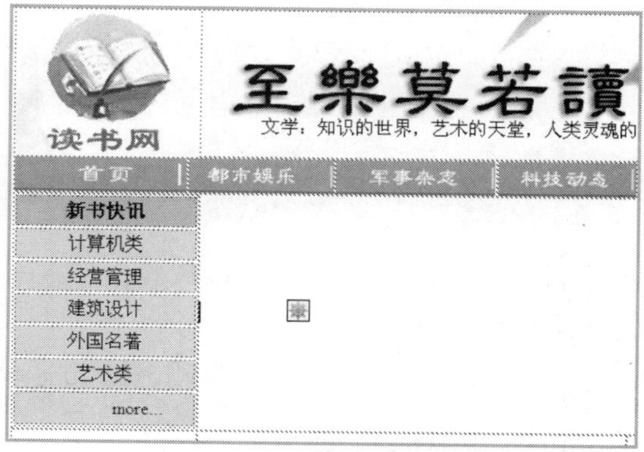


图 4-45　插入栏目内容

⑲ 将中间的单元格宽度设置为 476 像素，从中插入一个两行一列的表格，添加相应的内容，如图 4-46 所示。

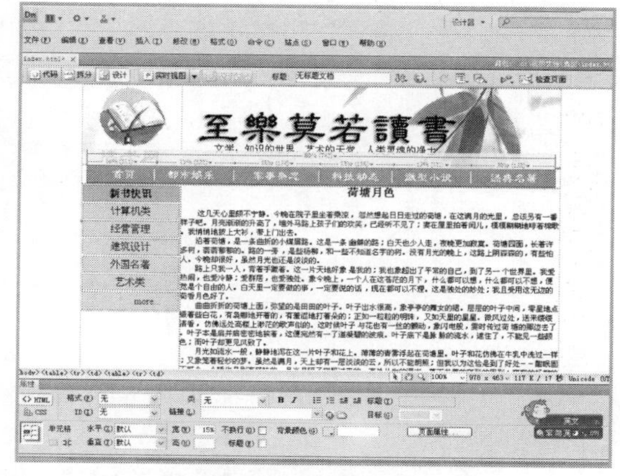


图 4-46　插入网页内容

⑳ 合并第五行并设置此行的格式。插入一个一行九列的单元格，将单元格的格式设置为水平居中对齐，插入相应的菜单和分隔符，如图 4-47 所示。

用户还可以为表格设置背景颜色，以制作简单的背景效果。　说明

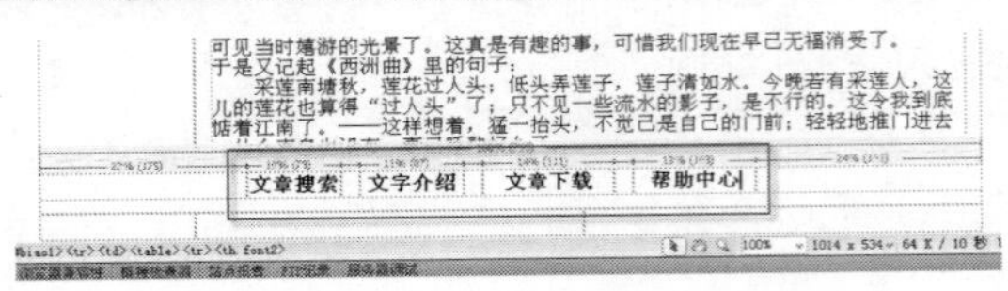


图 4-47　底部导航条

㉑ 合并第六行，设置其格式为水平居中对齐、垂直居中对齐，输入相应的内容，如图 4-48 所示。

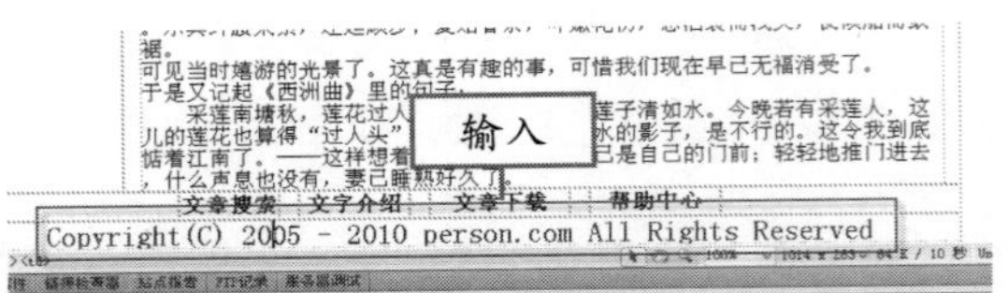


图 4-48　版权信息

㉒ 至此，整个网页的整体布局已经完成，浏览效果如图 4-49 所示。

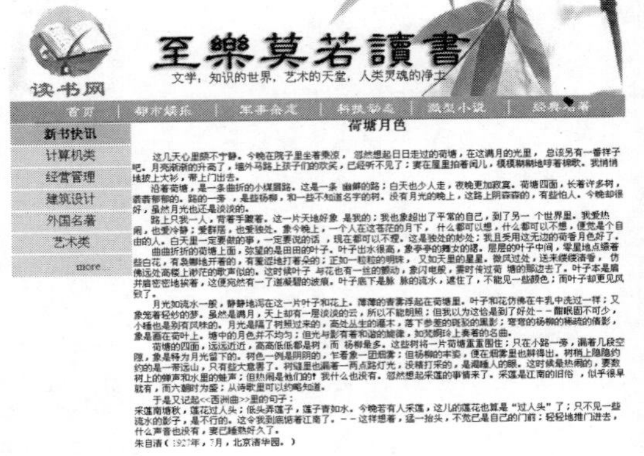


图 4-49　最终效果图

## 4.2　利用层布局页面

层定位有强大的网页定位控制作用，比表格更灵活。层最大的优点就是能够重叠，并可以制作动态效果。

层是通过标记<div>…</div>来实现的，本小节将向读者介绍层的创建和操作。

### 1. 利用面板插入层

定位光标，单击“插入”面板“布局”选项卡中的 绘制 AP Div 按钮，在“文档窗口”中按鼠标左键并拖动绘制一个层，如图 4-50 所示。

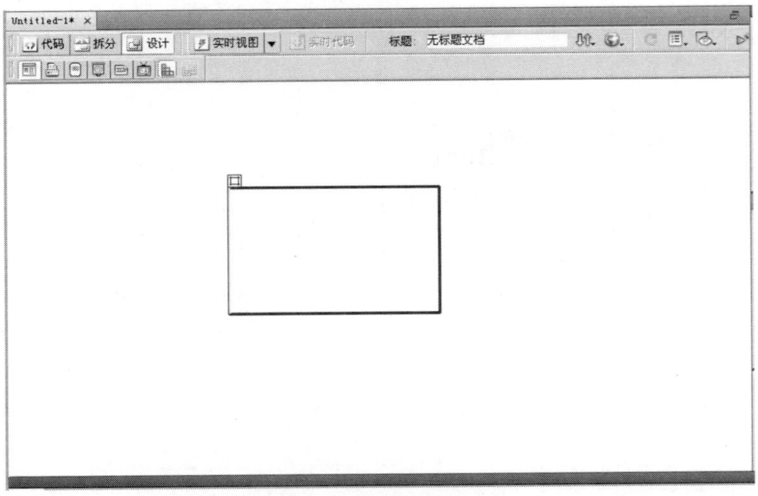

图 4-50　插入任意图层

### 2. 创建嵌套层

单击“编辑”|“首选参数”命令，在打开的“首选参数”对话框中进行所需的设置即可，如图 4-51 所示。



说明　用户还可以为表格设置背景颜色，以制作简单的背景效果。

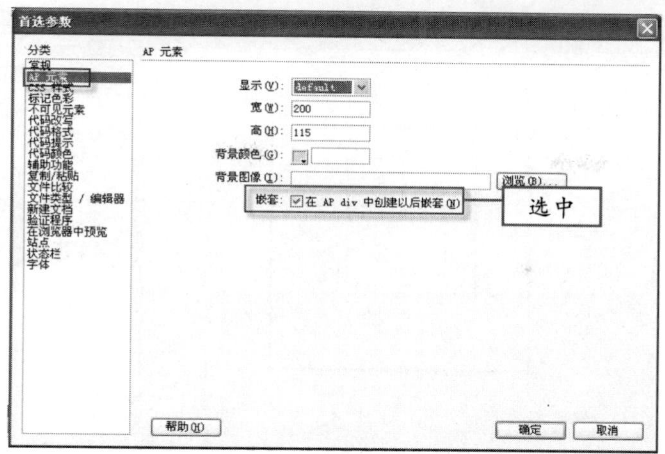


图 4-51　“首选参数”对话框

嵌套图层主要用于将多个层组织在一起，可实现一起移动，同时还可以设置为继承其父层的可见性。

嵌套层的具体操作步骤如下：

1. 定位光标，单击“插入”面板“布局”选项卡中的“绘制 AP Div”按钮。
2. 按住【Ctrl】键，在文档中拖动鼠标绘制一个层，如图 4-52 所示。

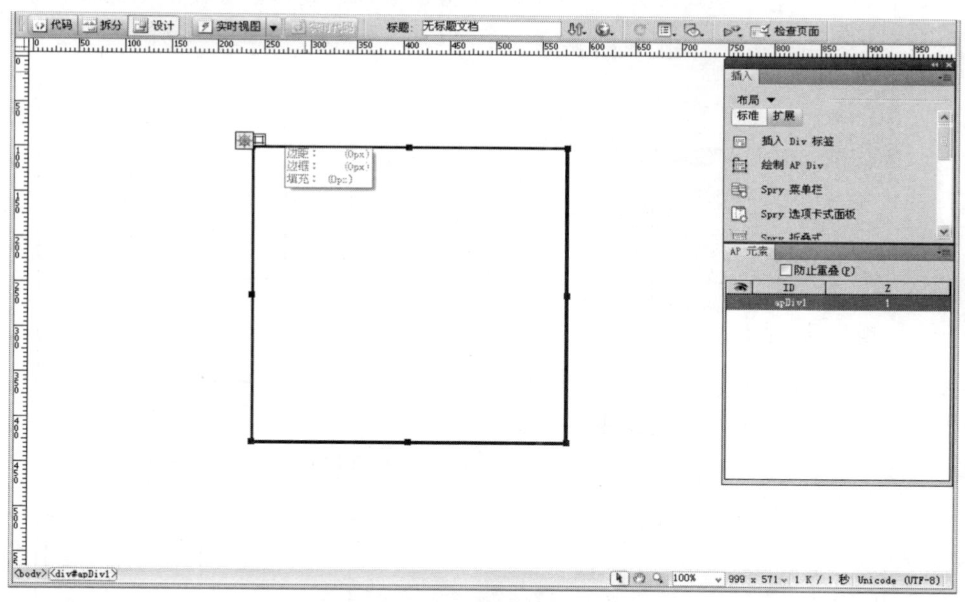


图 4-52　绘制第一个图层

**教你一招**

也可以在文档中插入两个层，然后将一个层拖放到另一个层上，实现层的嵌套。

在完成的第一个层上继续拖动鼠标，绘制出第二个层，即可实现层的嵌套，如图 4-53 所示。

绘制多个层时，按住【Ctrl】键不放，在文档中连续绘制即可。　**说明**

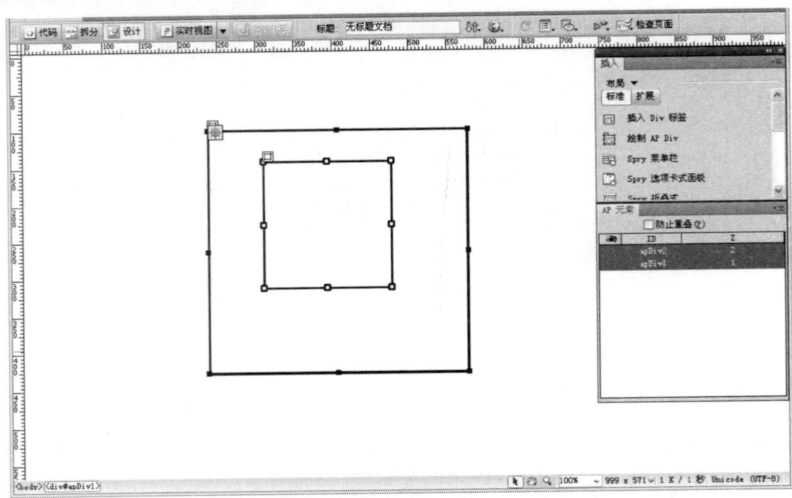

图 4-53　绘制嵌套图层

### 3. 层的基本操作

在 Dreamweaver CS4 文档中，只有选择了图层才可以对图层进行操作。

#### 选择层

① 单击“窗口”|“AP 元素”命令，打开层面板，并从中选择一个图层，如图 4-54 所示。

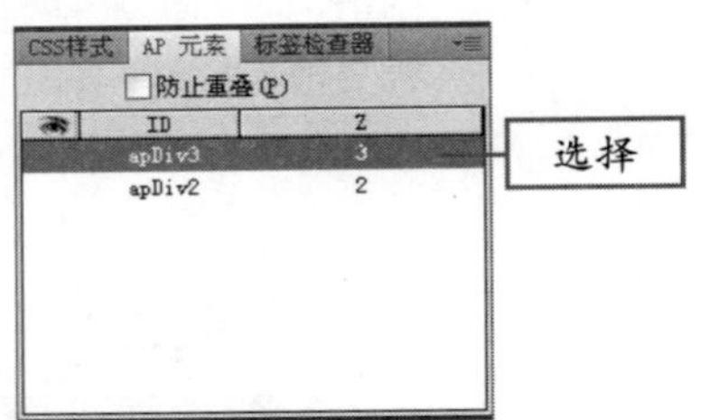


图 4-54　选择图层

② 将鼠标指针移动到层边框上，当鼠标指针变为✥形状时，单击即可选择相应的图层，如图 4-55 所示。

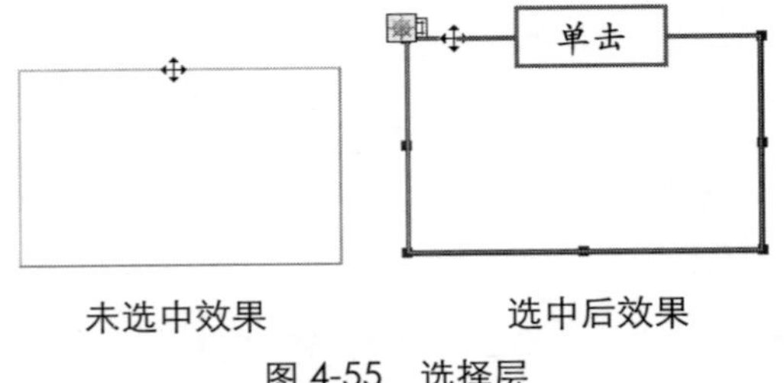


图 4-55　选择层

#### 移动图层

选择图层后，将鼠标指针移动到图层上方的回标记时，鼠标指针变为✥形状，此时拖动鼠标，便可以移动图层到文档中相应的位置，移动前如图 4-56 所示。

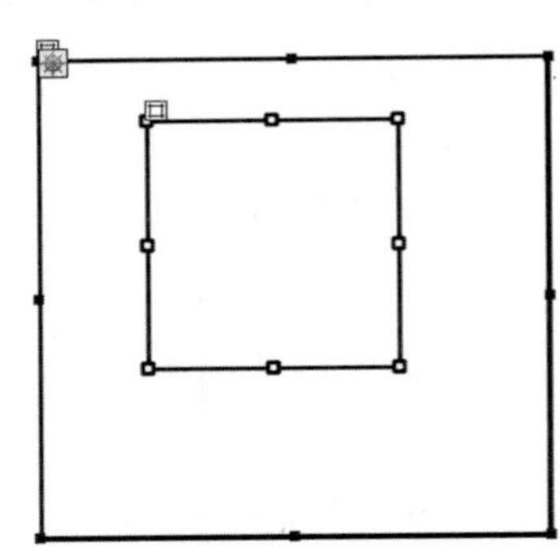

图 4-56　图层移动前

图层移动后如图 4-57 所示。

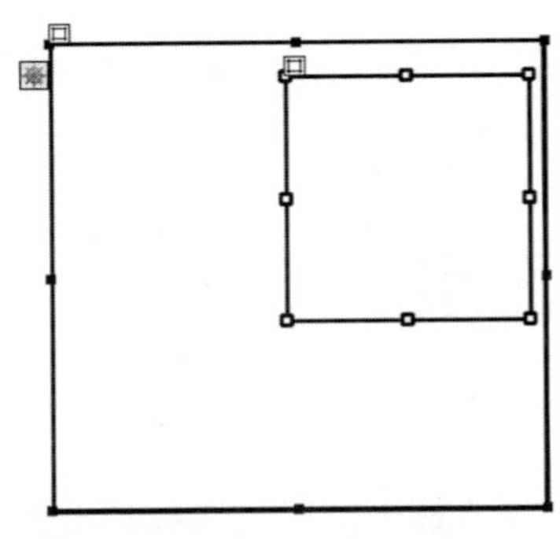

图 4-57　图层移动后



说明　在文档中插入两个层，将一个层拖放到另一个层上，也可以实现层的嵌套。

## 缩放图层

选中图层后，图层的四周将出现控制点，用鼠标拖动控制点即可对图层进行粗略的缩放调整，如图 4-58 所示。

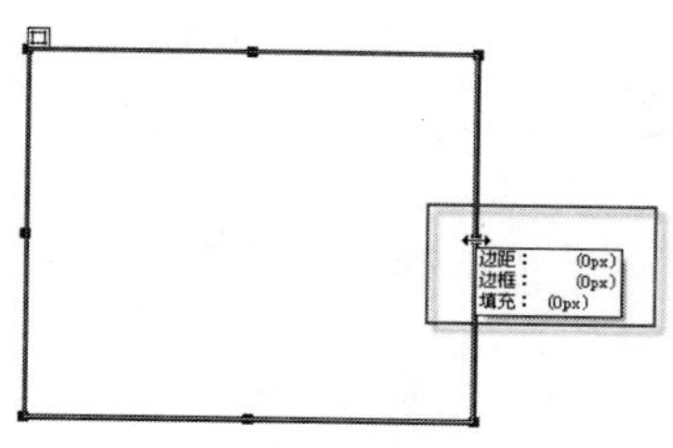

图 4-58　粗略调整

如果要进行图层的精确调整，需要用到"属性"面板。

选择层后，"属性"面板中会显示层的属性，从中设置相应的选项即可进行精确调整，此方法可以同时设定多个层，如图 4-59 所示。

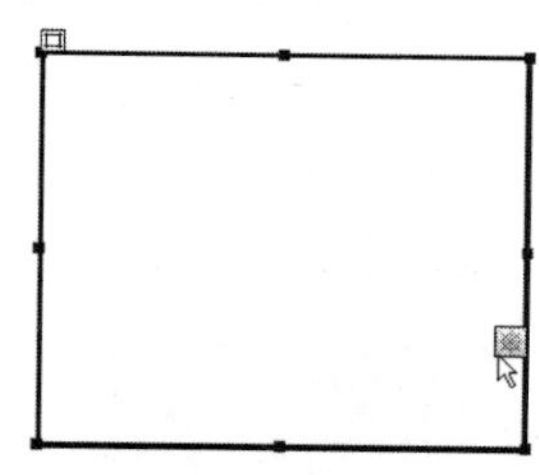

图 4-59　精确调整图层

## 排列层的顺序

首先选择要进行对齐的层，然后单击"修改"|"排列顺序"命令，即可从弹出的子菜单中选择相应的对齐方式，如图 4-60 所示。

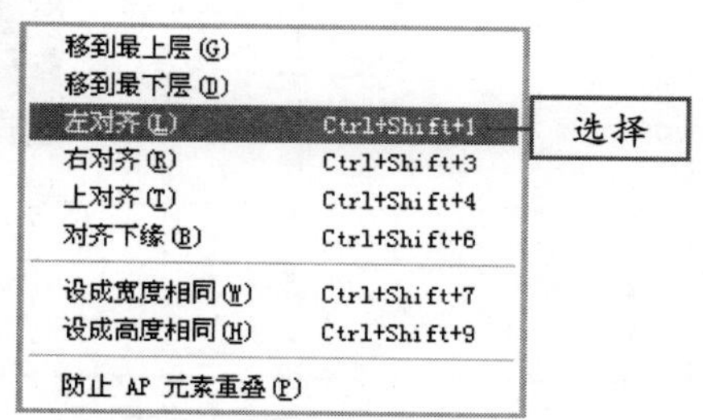


图 4-60　选择对齐方式

① 选择相应的层，如图 4-61 所示。

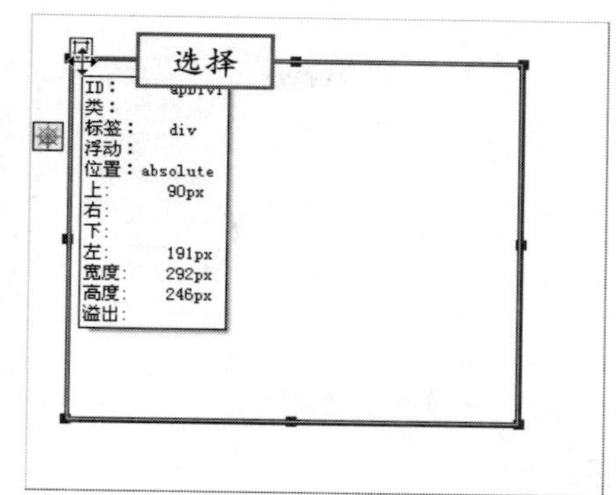


图 4-61　调整前

② 将其移动到最下层，此时，该图层变为虚线显示，如图 4-62 所示。

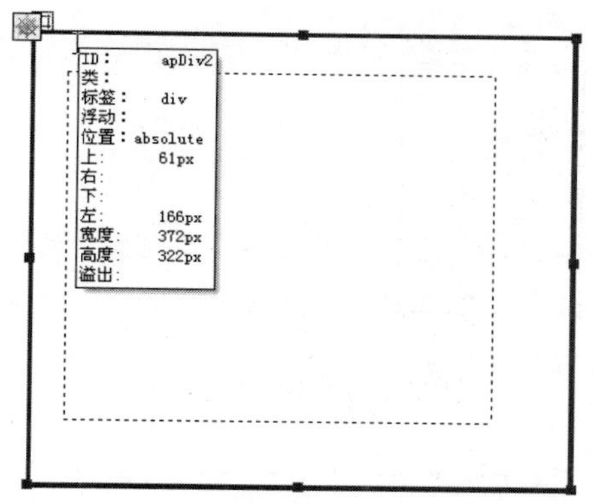

图 4-62　调整后

## 左对齐

① 选择所有的层，如图 4-63 所示。

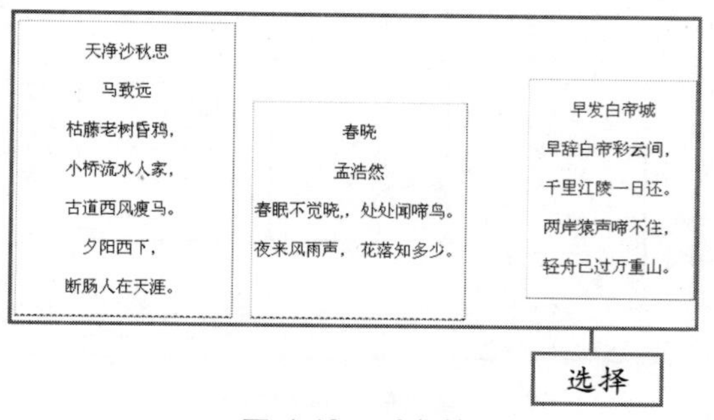


图 4-63　对齐前

② 在应用左对齐时，将以最左侧的层为基准左对齐，如图 4-64 所示。

**说明**　选择层名称即可选中相应的层，若选中父层时，会同时选择其中的嵌套层。

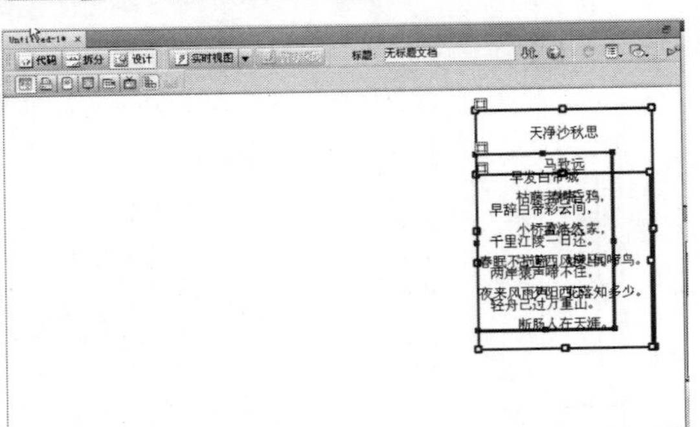

图 4-64　左对齐

## 右对齐

与“左对齐”相似，是将所有选择的层，以最右边的层为基准进行右对齐，也是一个针对多个层的操作，对齐效果如图 4-65 所示。

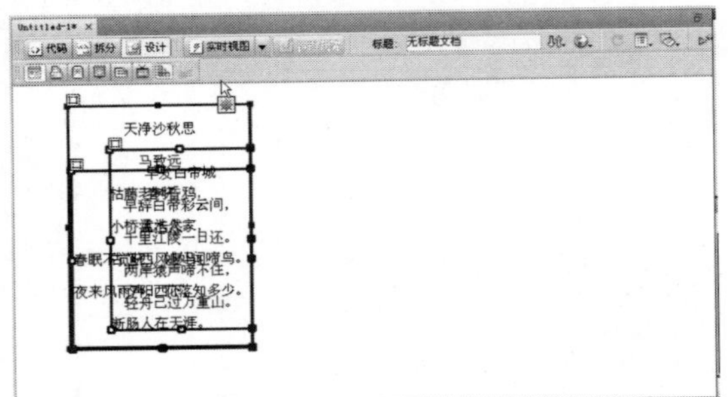

图 4-65　右对齐

## 上对齐

分别将选择的多个层进行上边缘对齐，效果如图 4-66 所示。

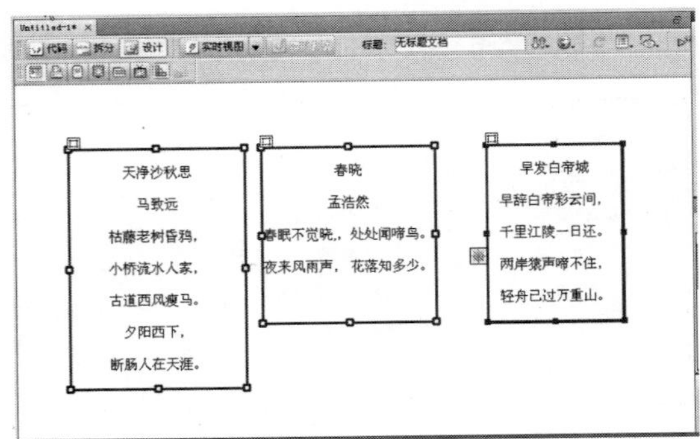


图 4-66　上对齐

## 对齐下边缘

分别将选择的多个层进行下边缘对齐，对齐效果如图 4-67 所示。

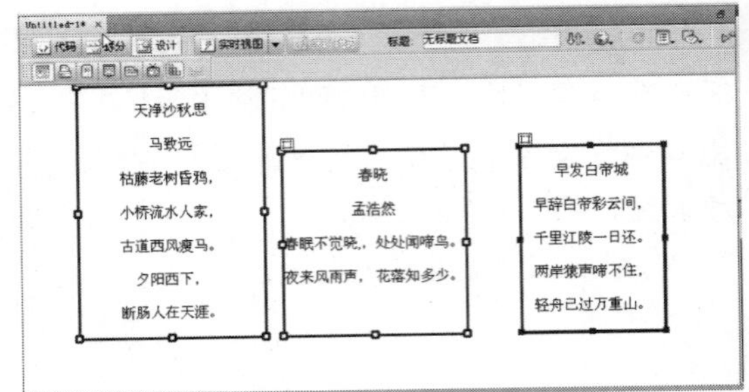


图 4-67　对齐下边缘

## 插入文本

在图层中插入文本的方法有多种，可以直接使用键盘输入文本，也可以将编辑好的文本直接通过复制、剪切方式粘贴到相应的图层中，然后再根据设计的需要来设置文本的段落格式，如图 4-68 所示。

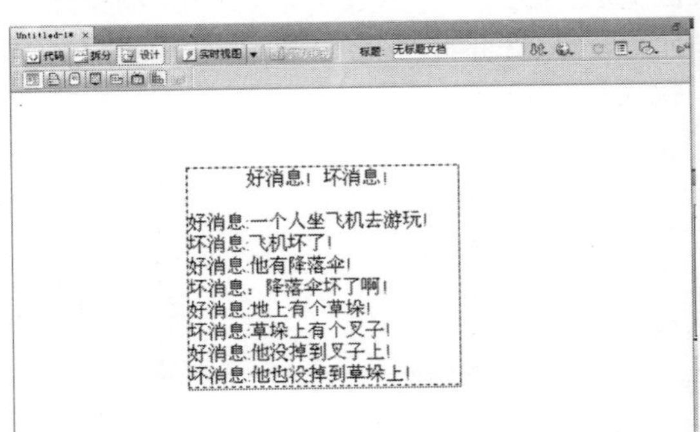


图 4-68　插入文本

## 插入图像

① 将光标定位于层中，单击“插入”|“图片”命令，打开“选择图像源文件”对话框，从中选择目标图像，如图 4-69 所示。

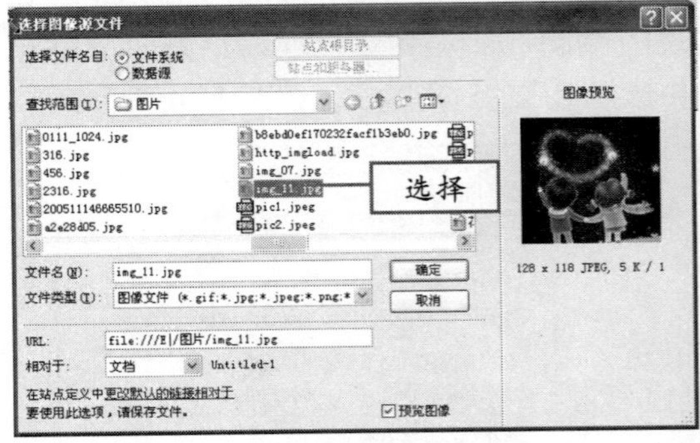


图 4-69　选择目标图像



说明　选中层后，按住【Shift】键，再按上、下、左、右方向键，可快速移动层。

② 单击“确定”按钮，插入图像，如图 4-70 所示。

图 4-70 插入效果

## 在层中插入表格

① 首先选中要插入表格的层。

② 按【Ctrl+Alt+T】组合键，在打开的“表格”对话框中进行所需的设置，然后单击“确定”按钮即可，如图 4-71 所示。

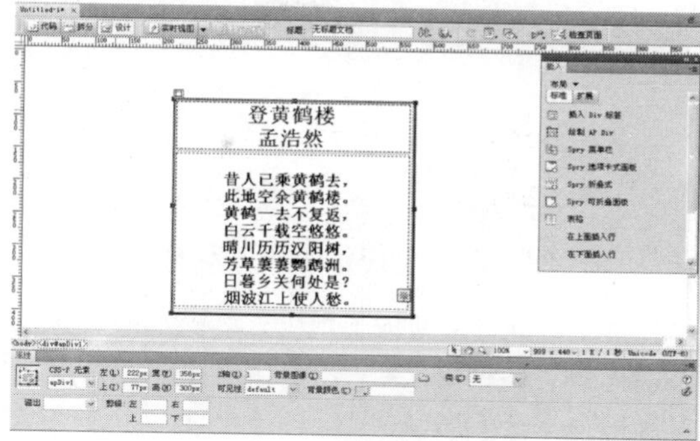


图 4-71 对表格排版

# 4.3 综合实战——层的综合应用

层使网页布局显得简洁明了。下边将讲解如何利用层进行布局，以及如何使用层制作下拉菜单，最终效果如图 4-72 所示。

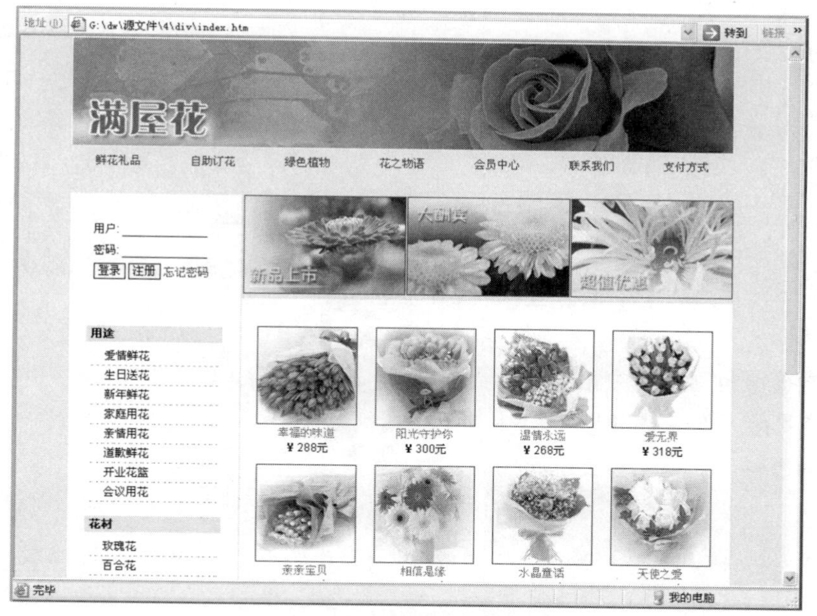


图 4-72 最终效果图

具体操作步骤：

| 素材文件 | 光盘:\素材\第 4 章\images |
|---|---|

① 在 Dreamweaver CS4 中新建一个 HTML 文档，在工具栏的“标题”文本框中输入“满屋花”，然后将文档保存为 index.htm。

② 单击“属性”面板中的“页面属性”按钮，打开“页面属性”对话框，从中进行所需的设置，如图 4-73 所示。

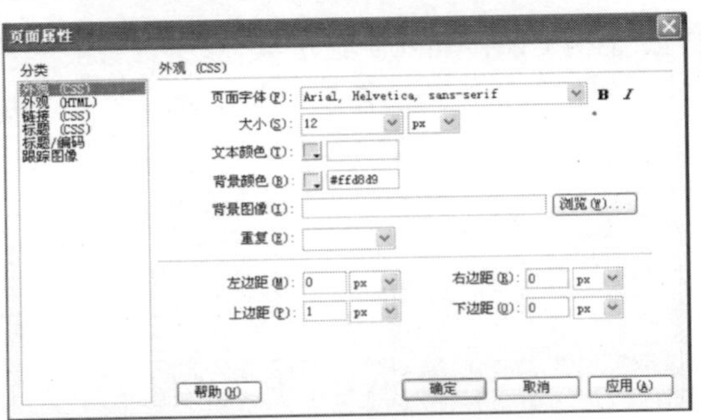

图 4-73 “页面属性”对话框

③ 单击“插入”面板“布局”选项卡中的“绘制 AP Div”按钮，在文档窗口中绘制一个层，其属性如图 4-74 所示。

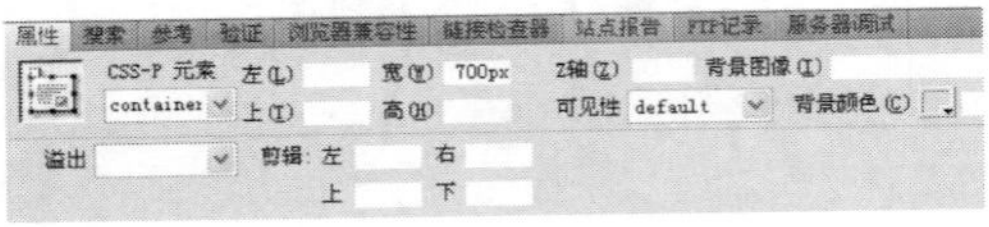

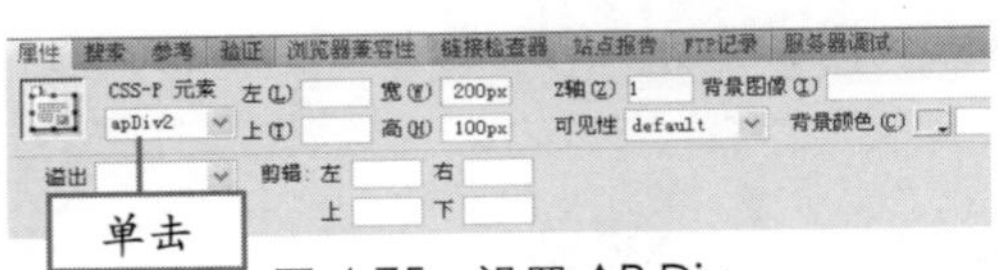

图 4-74 设置 AP Div

④ 将光标置于新绘制的图层中，单击“插入”面板“布局”选项卡中的“绘制 AP Div”按钮，在文档窗口中绘制一个层，其属性设置如图 4-75 所示。

图 4-75 设置 AP Div

⑤ 将光标置于新绘制的图层中，单击“插入”|“图像”命令，打开“选择图像源文件”对话框，从中选择源文件夹中相应文件夹下的图片，并将其导入，如图 4-76 所示。



图 4-76 插入图片

⑥ 在插入图片下方插入一个新的图层，在其代码视图中加入如图 4-77 所示的代码后，效果如图 4-78 所示。

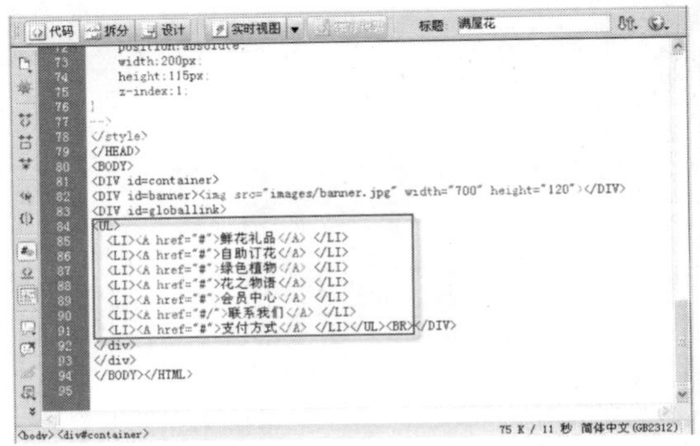

图 4-77 插入代码

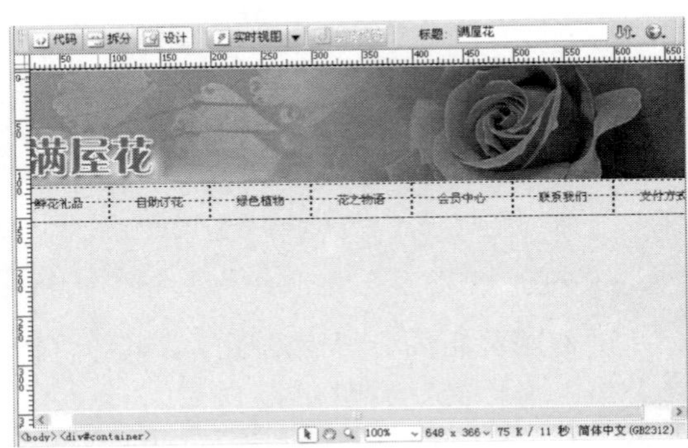


图 4-78 插入代码效果

⑦ 打开代码视图，将光标置于如图 4-79 所示的位置，单击“插入”|“布局对象”|AP Div 命令，插入一个图层，其属性设置如图 4-80 所示。

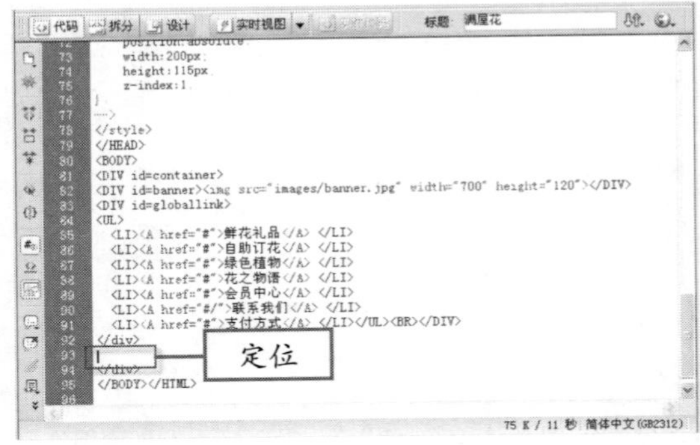


图 4-79 插入位置

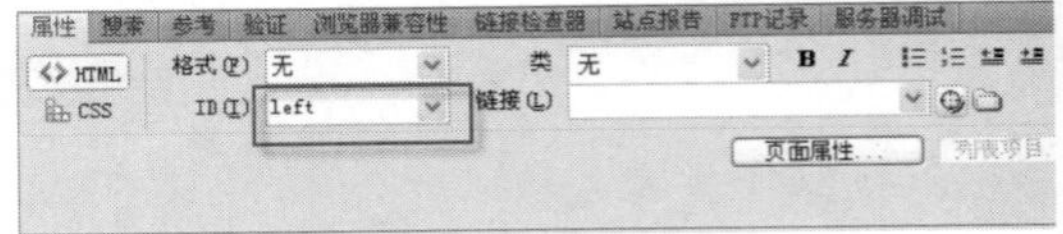

图 4-80 设置 AP Div

⑧ 将光标置于如图 4-81 所示的位置，单击“插入”|“布局对象”|AP Div 命令，插入新层，其属性设置如图 4-82 所示。



说明 在 Dreamweaver 中显示的排版结果与网页中的显示结果不一定相同。

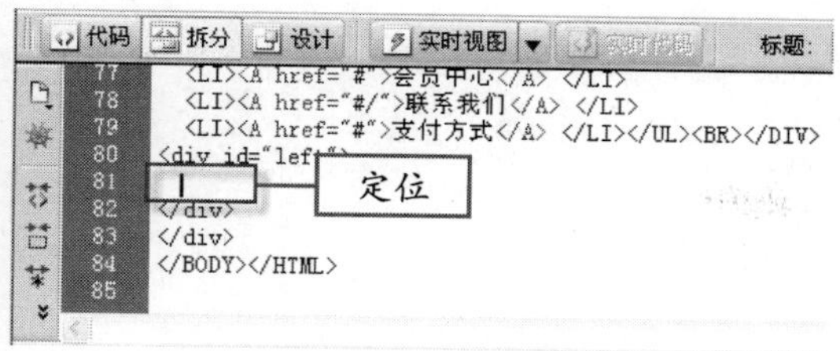

图 4-81　插入位置

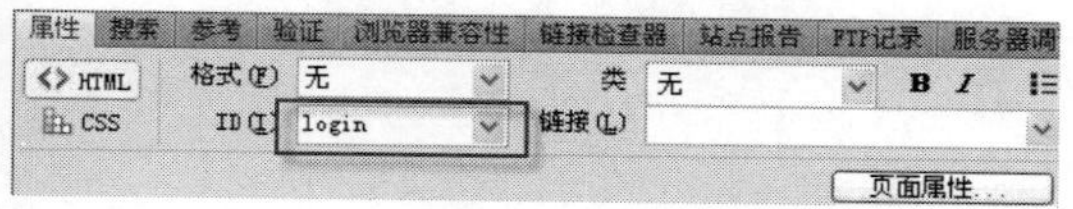

图 4-82　设置 AP Div

⑨ 设置完成，并输入内容后效果如图 4-83 所示。

图 4-83　设置完成效果

⑩ 在如图 4-84 所示的位置，单击“插入”|“布局对象”|AP Div 命令，插入新层，其属性设置如图 4-85 所示，插入内容后的效果如图 4-86 所示。

```
</style>
</HEAD>
<BODY>
<DIV id=container>
<DIV id=banner><img src="images/banner.jpg" width="700" height="120"></DIV>
<DIV id=globallink>
<UL>
  <LI><A href="#">鲜花礼品</A> </LI>
  <LI><A href="#">自助订花</A> </LI>
  <LI><A href="#">绿色植物</A> </LI>
  <LI><A href="#">花之物语</A> </LI>
  <LI><A href="#">会员中心</A> </LI>
  <LI><A href="#/">联系我们</A> </LI>
  <LI><A href="#">支付方式</A> </LI></UL><BR></DIV>
<div id="left">
<DIV id=login>
<FORM>
<P>用户: <INPUT class=text></P>
<P>密码: <INPUT class=text></P>
<P><INPUT class=btn type=button value=登录> <INPUT class=btn type=button value=注册>
<A href="#">忘记 ...</DIV>
|
</div>
</div>
</BODY></HTML>
```

图 4-84　插入位置

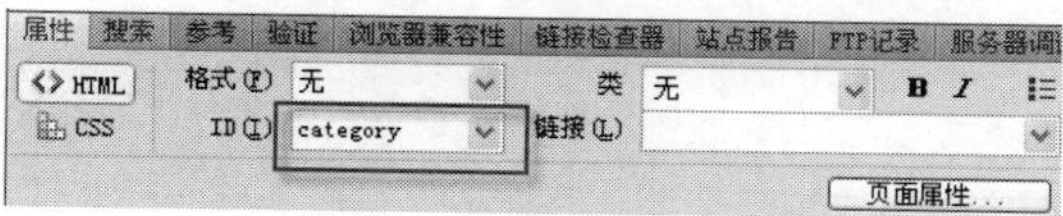

图 4-85　设置 AP Div

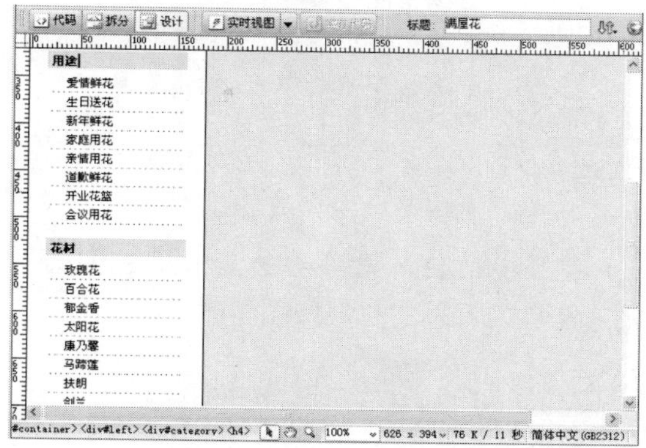

图 4-86　插入层内容

⑪ 将光标放置在如图 4-87 所示的位置，单击“插入”|“布局对象”|AP Div 命令，插入新层，其属性设置如图 4-88 所示，插入该章所对应文件夹中的图片，如图 4-89 所示。

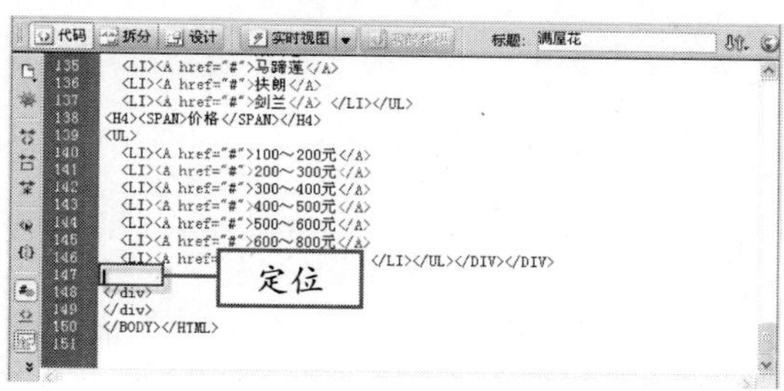

图 4-87　选择位置

图 4-88　设置 AP Div

图 4-89　插入层内容

⑫ 参照步骤 11，插入层 ID 为 recommend 的图层，插入图层内容后的效果如图 4-90 所示。

选中层后，按住【Ctrl】键，按上、下、左、右四个方向键，可精确调整层的位置。　说明

图 4-90　插入图层内容

⑬ 参照步骤 11，插入层 ID 为 new 的图层，插入图层内容后的效果如图 4-91 所示。

图 4-91　插入图层内容

⑭ 参照步骤 11，插入层 ID 为 tips 的图层，插入图层内容后的效果如图 4-92 所示。

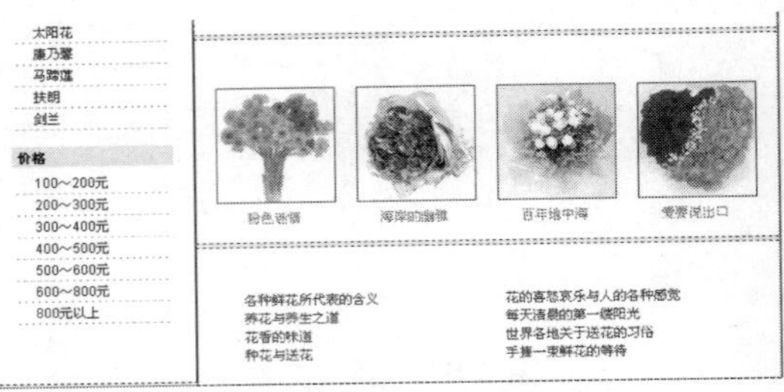


图 4-92　插入层内容

⑮ 按【F12】键保存并预览网页，效果如图 4-93 所示。

图 4-93　预览效果



说明　层与表格之间可以相互转换，用户可以尝试操作。

# 第 5 章 使用 CSS 美化网页

- 新建 CSS 样式
- 使用 CSS 样式
- 编辑 CSS 样式
- 删除 CSS 样式
- CSS 特效使用

Yoyo，CSS 到底是什么呀？我搞不明白。

我也不太清楚，这个问题要请大龙哥给我们讲一讲了。

CSS（cascading style sheet，层叠样式单）是一系列的格式设置规则。利用这些格式规则可以很好地控制页面外观，对页面进行精确的布局定位，设置特定的字体和样式，统一修改及维护更新站点中的各个页面等。

# 5.1 创建 CSS 样式

在默认状态下，新建的空白文档中没有定义任何 CSS 样式，“属性”面板的“样式”下拉列表框中仅显示“无”选项，即没有 CSS 样式。本节将重点介绍如何创建新样式。

## 5.1.1 新建样式

创建 CSS 有多种方法：有内联方式、单个页面嵌入方式、链接到外部样式表文件上等。具体操作中可以根据实际需要来选择所需的方法。

在单个网页中使用 CSS 样式时，可以采用在文档头部嵌入 CSS 样式；在多个网页中用到 CSS 的时候，可以采用外部链接 CSS 文件的方式；当在网页的局部用到 CSS 样式的时候，可以采用内联方式。

① 单击“窗口”|“CSS 样式”命令，打开“CSS 样式”面板，如图 5-1 所示。

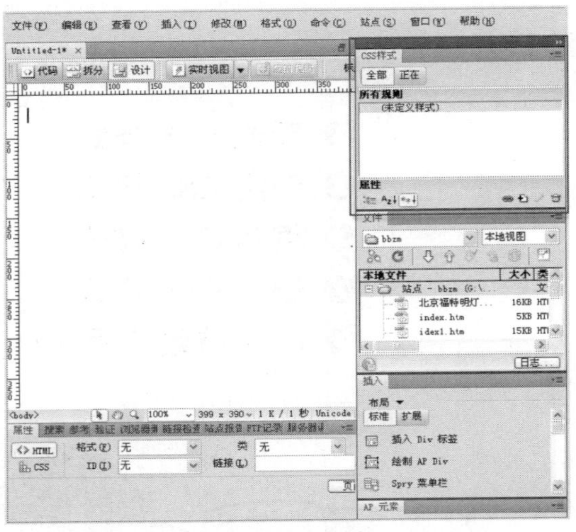

图 5-1 “CSS 样式”面板

② 从中单击“新建 CSS 规则”按钮，打开“新建 CSS 规则”对话框，如图 5-2 所示。

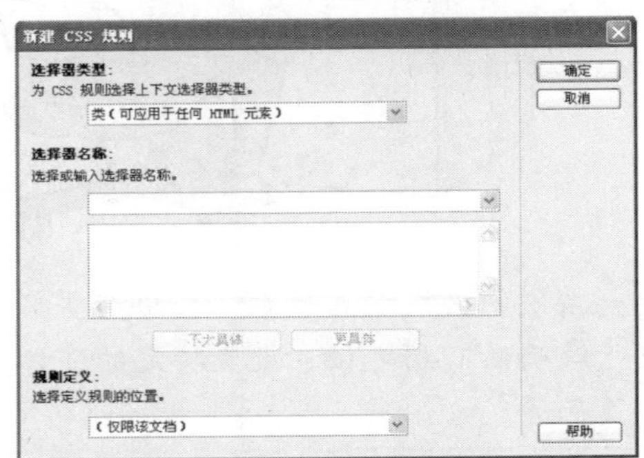

图 5-2 “新建 CSS 规则”对话框

③ 在“选择器名称”组合框中输入“.form”，单击“确定”按钮，打开“.form 的 CSS 规则定义”对话框，如图 5-3 所示。

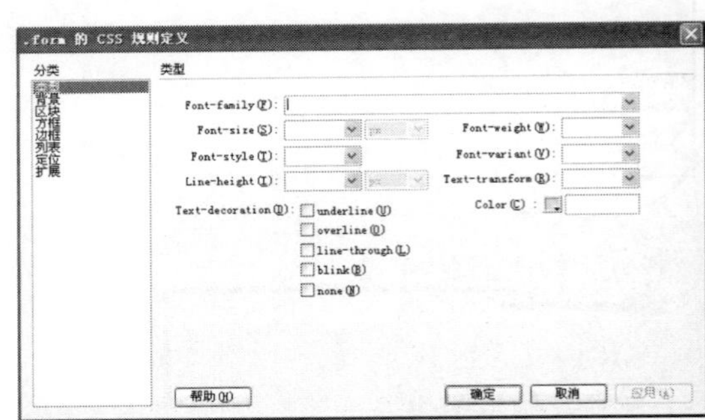

图 5-3 “.form 的 CSS 规则定义”对话框

④ 根据需要进行设置，然后单击“确定”按钮即可完成新建，如图 5-4 所示。

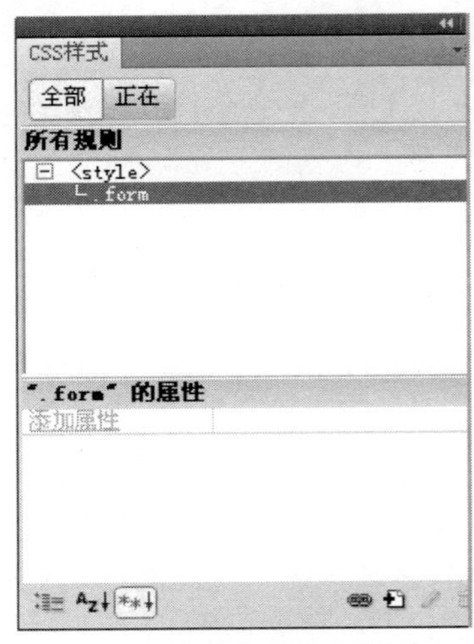

图 5-4 完成 CSS 规则定义



说明 “CSS 样式”面板中存放着当前正在使用的样式。

## 5.1.2　设置新建样式

打开 CSS 样式后，便可以对新建的样式进行设置。

新建一个 CSS 样式，在“新建 CSS 规则”对话框中的“选择器类型”下拉列表框中选择“类（可应用于任何 HTML 元素）”选项，然后在“选择器名称”文本框中输入新建样式的名称，如图 5-5 所示。

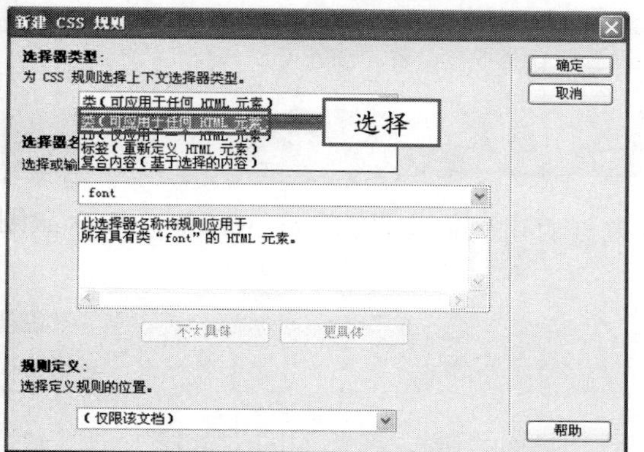


图 5-5　设置“新建 CSS 规则”（一）

**教你一招**

样式名称必须以“.”开头，如果没有输入此符号，Dreamweaver CS4 会自动加上。

用户还可以在“选择器类型”下拉列表框中选择“ID（仅应用于一个 HTML 元素）”选项，则当前规则可以应用于一个 ID 的 HTML 元素，如图 5-6 所示。

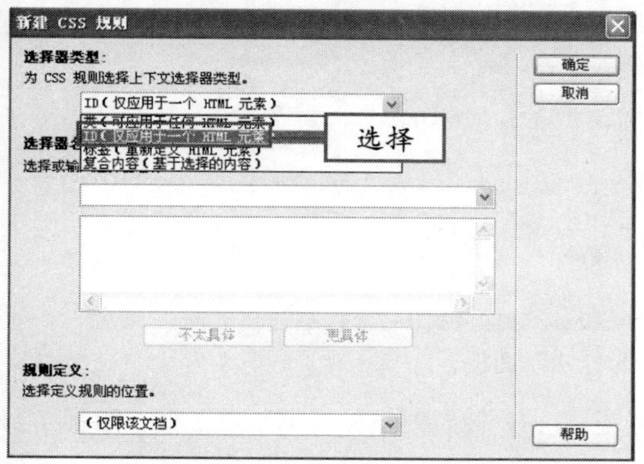


图 5-6　设置“新建 CSS 规则”（二）

**知识点拨**

ID 的值在整个当前网页中是唯一的，即某一个元素定义了 id="aaa"，那么这个网页中其他元素的 id 就不能定义成 aaa，而 class 则可以。

若选择“标签（重新定义 HTML 元素）”选项，则用户可以输入 HTML 标记的名称，或在“选择器名称”组合框中选择一个选择器，如图 5-7 所示。

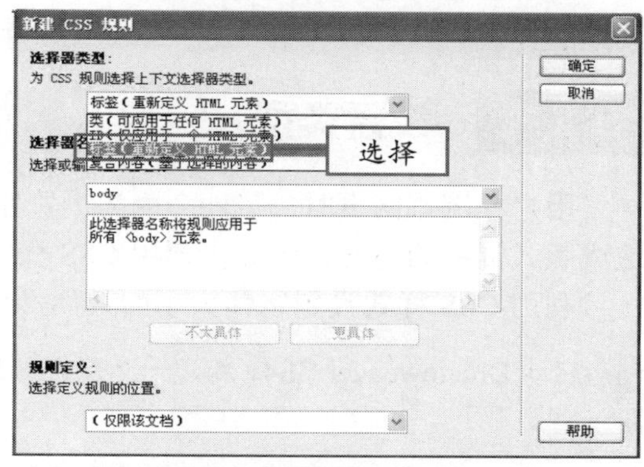


图 5-7　设置“新建 CSS 规则”（三）

在“选择器类型”下拉列表框中选择“复合内容（基于选择的内容）”选项，则用户可以在“选择器名称”组合框中选择一个名称，如图 5-8 所示。

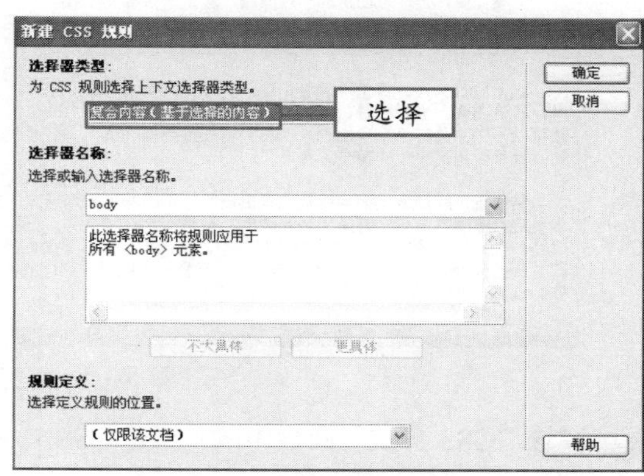


图 5-8　设置“新建 CSS 规则”（四）

CSS 样式的名称中不能包含汉字。　说明

"规则定义"下拉列表框用于设置该规则使用的范围，如"仅限该文档"或"新建样式表文件"，如图 5-9 所示。

CSS 样式可以精确地规定文字等内容的格式，通过 CSS 样式规定的文字不会随浏览器的不同而改变，从而使页面的布局更加"牢固"，并保持页面的美观。

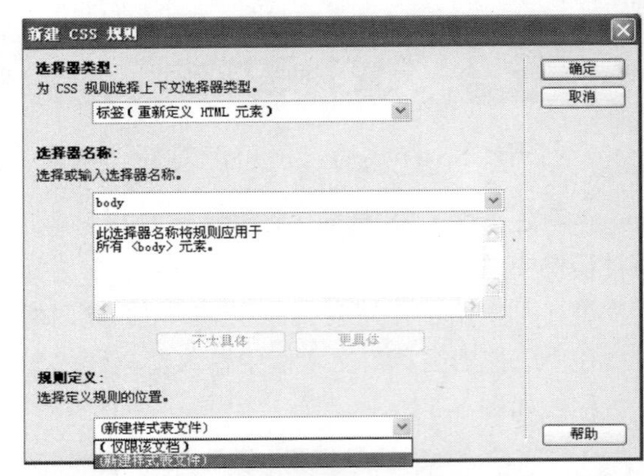


图 5-9　设置"新建 CSS 规则"（五）

## 5.2　设置 CSS 样式

对于已经创建和编辑完成的 CSS 样式，在需要时可以直接套用。本节将介绍如何使用创建的样式。

### 5.2.1　设置类型

用户在浏览网页时，可能会因为浏览器默认字体大小不同，在不同的浏览器中浏览时，造成版式混乱的情况，因此需要用 CSS 样式的类型属性来固定文本的大小。

利用 CSS 样式设置字体大小的具体操作步骤如下：

① 启动 Dreamweaver CS4，新建一个文档并输入所需的文本。打开"CSS 样式"面板，如图 5-10 所示。

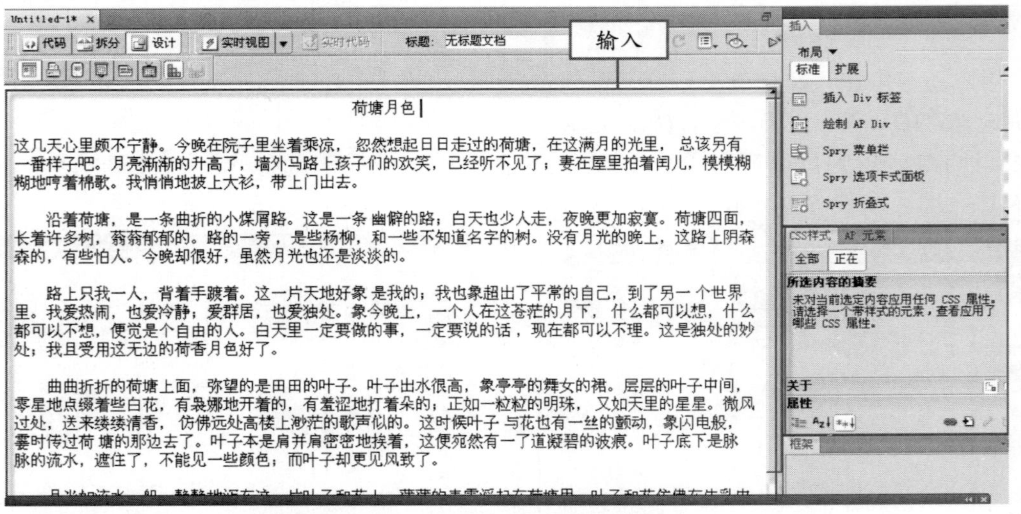


图 5-10　打开"CSS 样式"面板

② 单击"CSS 样式"面板中的"新建 CSS 样式"按钮，打开"新建 CSS 规则"对话框，如图 5-11 所示。


说明　在 CSS 中设置的字号，浏览器无法更改文字的显示大小。

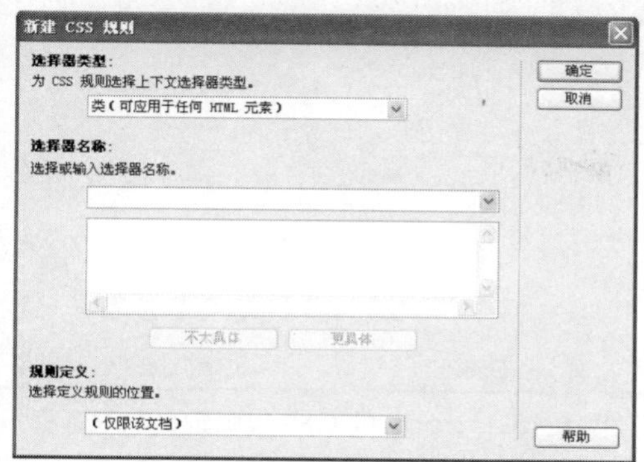

图 5-11　“新建 CSS 规则”对话框

③ 在“选择器名称”组合框中输入.font，单击“确定”按钮，打开“.font 的 CSS 规则定义”对话框，如图 5-12 所示。

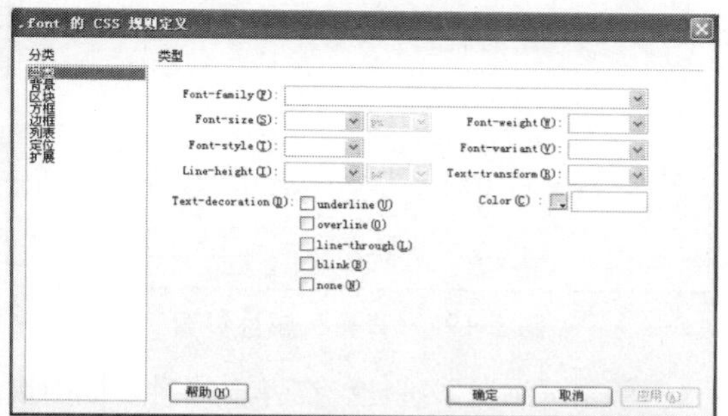

图 5-12　“.font 的 CSS 规则定义”对话框

④ 在“类型”选项中设置 Font-size 为 12px、Line-height 为 16px、Color 为蓝色，如图 5-13 所示。

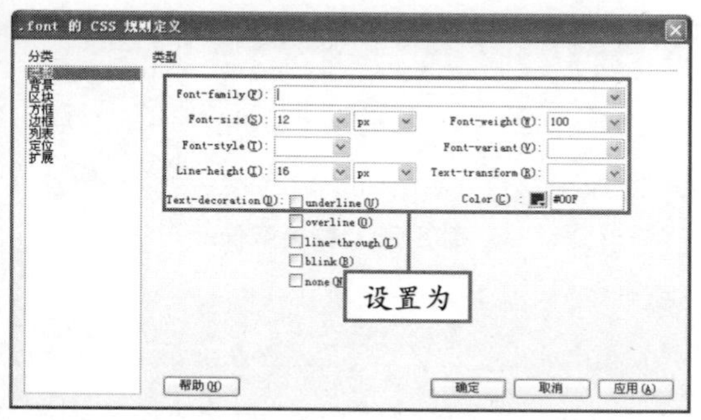


图 5-13　“分类”设置

设置完成后单击“确定”按钮，“CSS 样式”面板如图 5-14 所示。

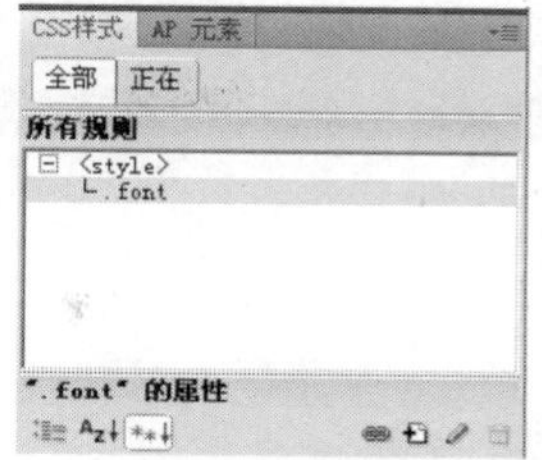

图 5-14　“CSS 样式”面板

⑤ 设置完成后文档中的字体并没有发生变化，选中文本，在“CSS 样式”面板中右击新建的 CSS 样式，在弹出的快捷菜单中选择“套用”命令，文字即发生变化，如图 5-15 所示。

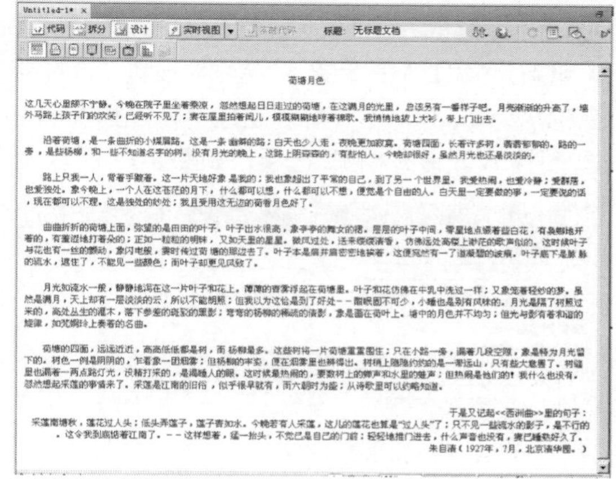

图 5-15　套用规则

## 5.2.2　使用 CSS 设置网页背景

CSS 样式可以固定背景图片，不能平铺居中的图片。在制作网页时，需要把图片和网页文档存放在同一个文件夹中，否则背景图片无法显示。

CSS 样式可以控制网页中使用可见元素。　说明

① 打开上一节保存的页面，单击“CSS 样式”面板中的“新建 CSS 规则”按钮，打开“新建 CSS 规则”对话框，如图 5-16 所示。

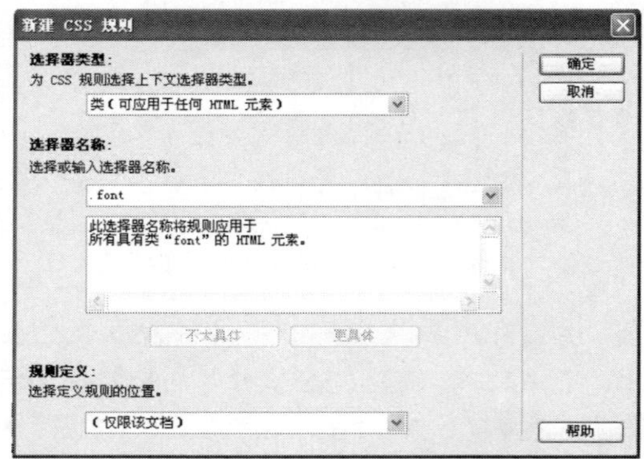

图 5-16 “新建 CSS 规则”对话框

② 在“选择器类型”下拉列表框中选择“标签（重新定义 HTML 元素）”选项，设置“选择器名称”为 body，在“规则定义”下拉列表框中选择“（仅限该文档）”选项，如图 5-17 所示。

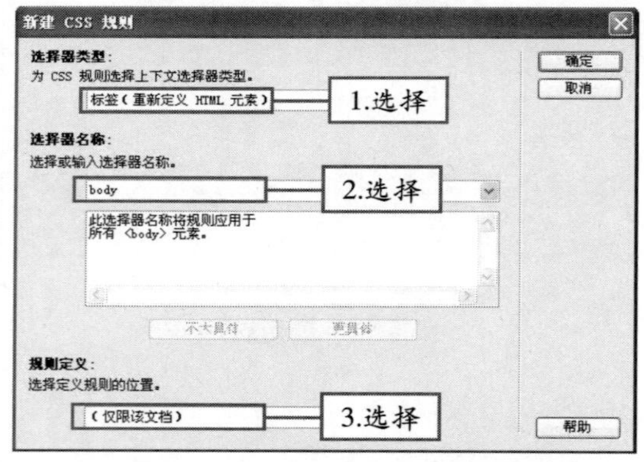


图 5-17 设置“新建 CSS 规则”对话框

③ 单击“确定”按钮，弹出“body 的 CSS 规则定义”对话框，如图 5-18 所示。

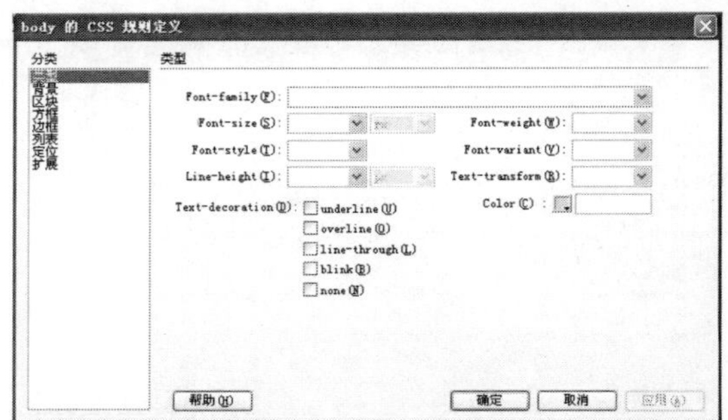

图 5-18 “body 的 CSS 规则定义”对话框

在“背景”选项中进行所需的设置，如图 5-19 所示。

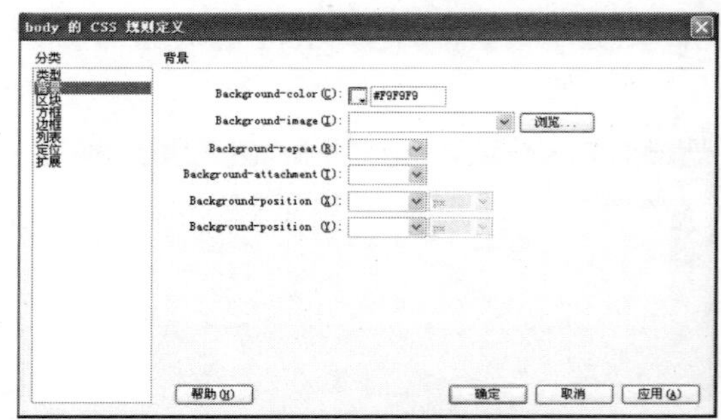

图 5-19 “背景”属性设置

单击“浏览”按钮，在弹出的对话框中选择图片，并设置图片在网页中的位置等属性。

④ 单击“确定”按钮，此时页面将显示背景图像，如图 5-20 所示。

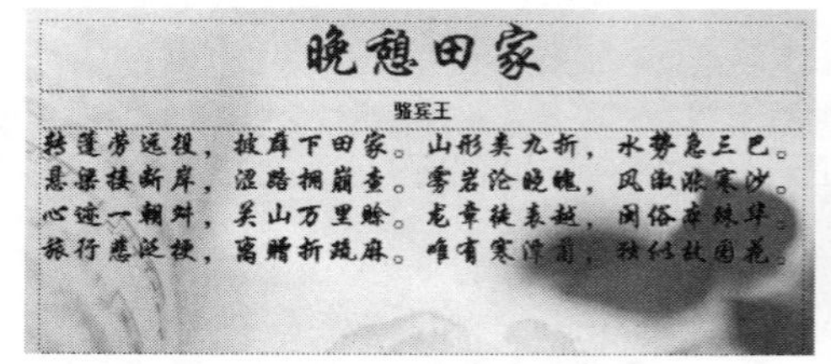


图 5-20 背景图像

## 5.2.3 使用 CSS 设置段落格式

前面学习了如何使用 CSS 定义字体、颜色和背景属性，下面将对定义好的文本进行排版。

### 1. “区块”属性设置

① 新建一个 CSS 样式，并从中进行所需的设置，如图 5-21 所示。

② 单击“确定”按钮，弹出“.font1 的 CSS 规则定义”对话框，从中进行所需的设置即可，如图 5-22 所示。



说明 在设置 CSS 属性中，用户可以选择熟悉的度量单位。

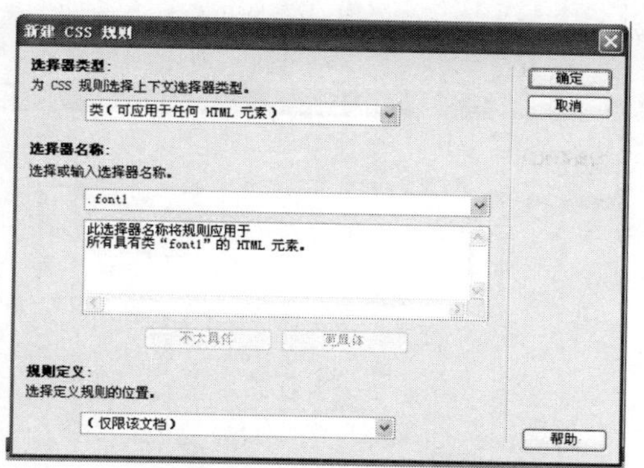

图 5-21　“新建 CSS 规则”对话框

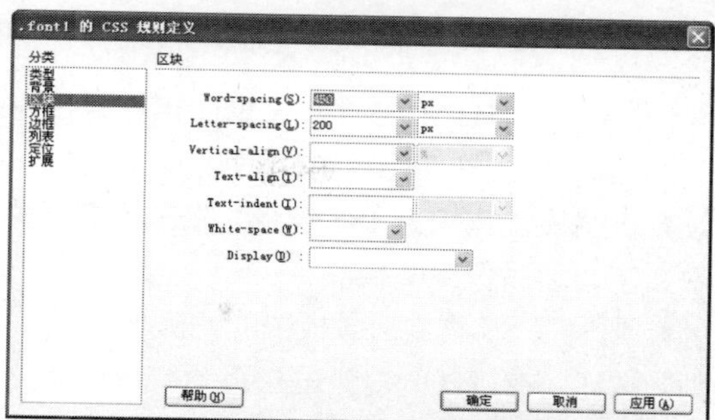

图 5-22　“区块”属性设置

③ 单击“确定”按钮。

## 2. “方框”属性设置

通过设置“CSS 规则定义”对话框中的“方框”属性，可以控制相应元素在页面上的放置方式以及各元素的标签和属性。选择“方框”选项，显示方框相关选项，如图 5-23 所示。

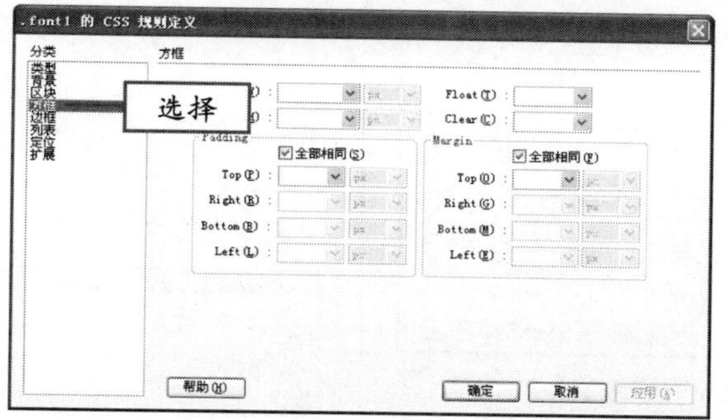


图 5-23　“方框”属性设置

在应用 Padding 和 Margin 时，可以将设置应用于元素的各个边，也可以选择“全部相同”复选框，将所有边设置为相同值。

## 3. “边框”属性设置

CSS 的边框属性可以应用于任何元素，如表格。元素的边框就是围绕对象的一条或多条线条，每个边框有 3 个属性：宽度、样式及颜色，如图 5-24 所示。

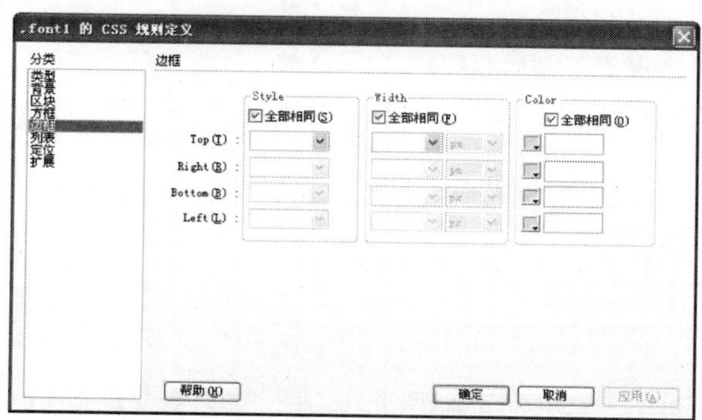

图 5-24　“边框”属性设置

下面利用"边框"属性制作各式各样的边框文字，具体操作步骤如下：

① 新建一个 HTML 文档，设置文档标题栏为"边框文字"。在空白页面中创建 4 个表格，设置表格属性宽均为 185 像素，并在表格中输入文字，然后保存文档。

② 单击"CSS 样式"面板中的"新建 CSS 规则"按钮，在打开的对话框中设置"选择器类型"为"类(可应用于任何 HTML 元素)"、"选择器名称"为".Font"、"规则定义"为"(仅限该文档)"。

③ 单击"确定"按钮，在打开的".Font 的 CSS 规则定义"对话框中进行所需的设置，如图 5-25 所示。

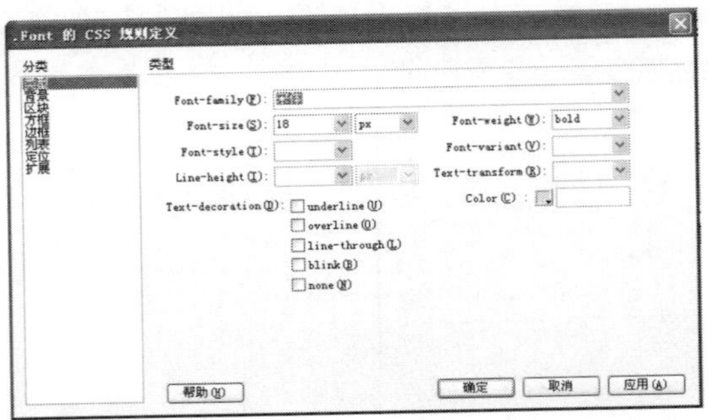

图 5-25 ".Font 的 CSS 规则定义"对话框

④ 在"方框"、"边框"选项中分别进行设置，如图 5-26 和图 5-27 所示。

⑤ 同样，新建其他三个 CSS 样式：.Font1、.Font2、.Font3。设置 CSS 类型中的属性与.Font 的参数相同。

⑥ 在".Font1 的 CSS 规则定义"对话框中选择"区块"、"方框"、"边框"选项，参数设置如图 5-28 ~ 图 5-30 所示。

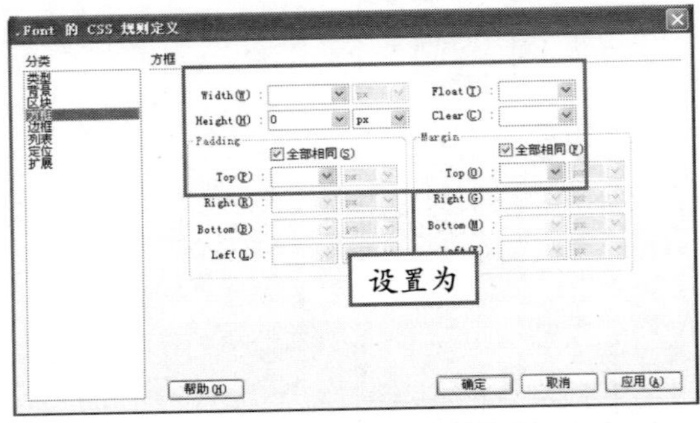


图 5-26 "方框"属性设置

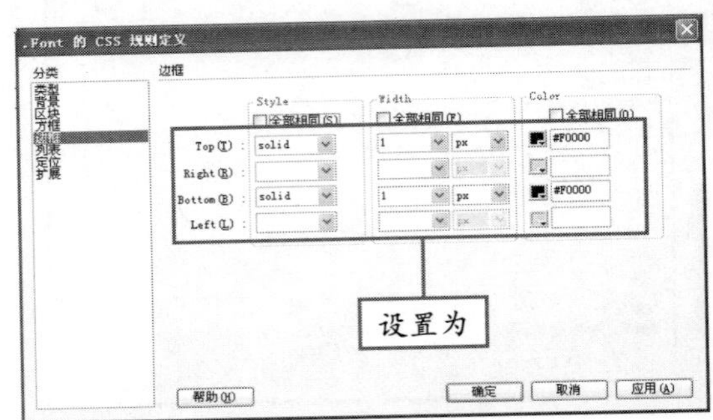


图 5-27 "边框"属性设置

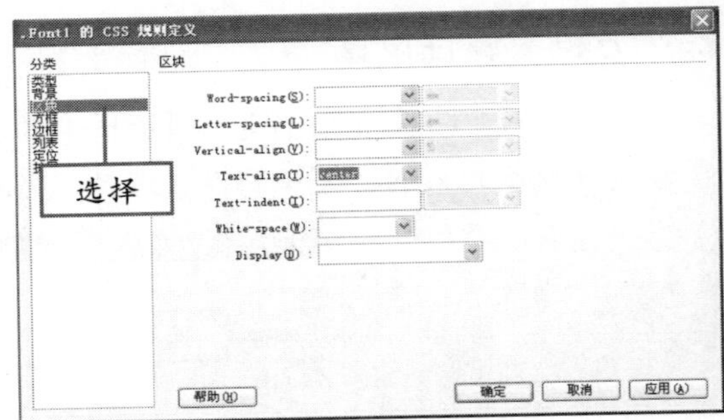


图 5-28 "区块"属性设置

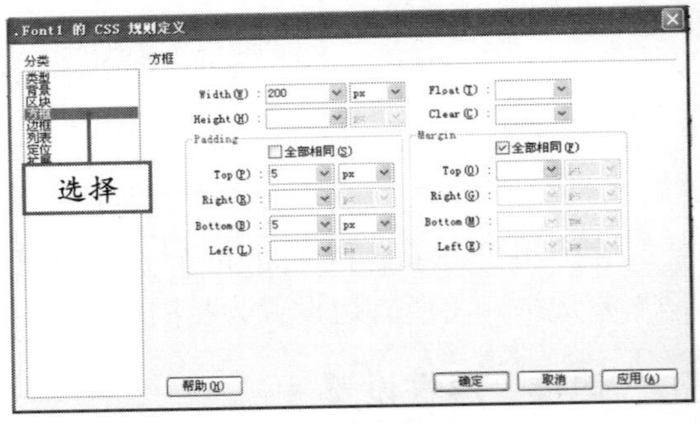


图 5-29 "方框"属性设置

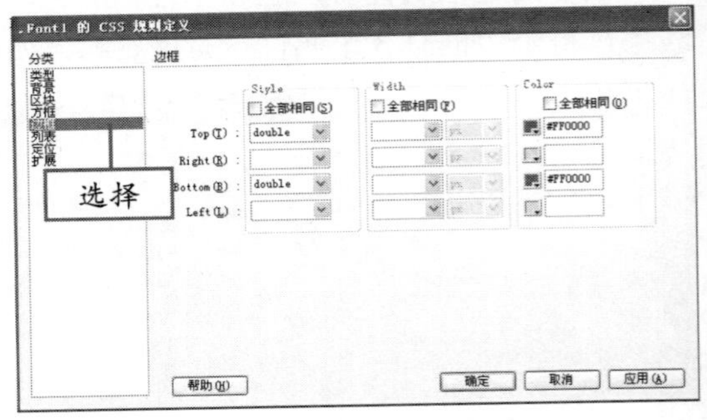


图 5-30 "边框"属性设置

⑦ 根据需要设置.Font2 的 CSS 规则定义，如图 5-31 和图 5-32 所示。


说明 同一个 CSS 样式可以反复使用。

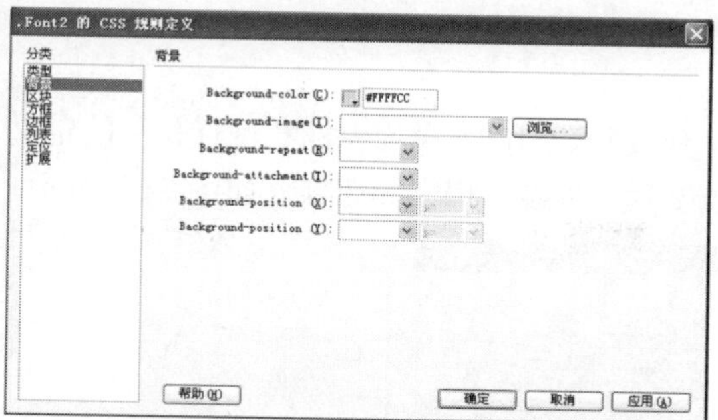

图 5-31　“背景”属性设置

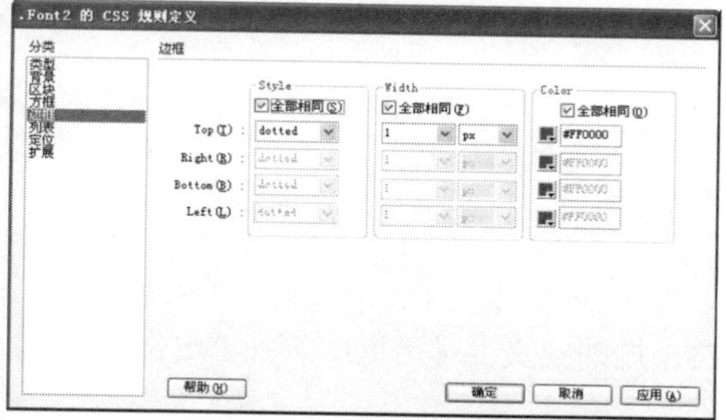

图 5-32　“边框”属性设置

⑧ 同样，设置.Font3 的 CSS 规则定义，如图 5-33 和图 5-34 所示。

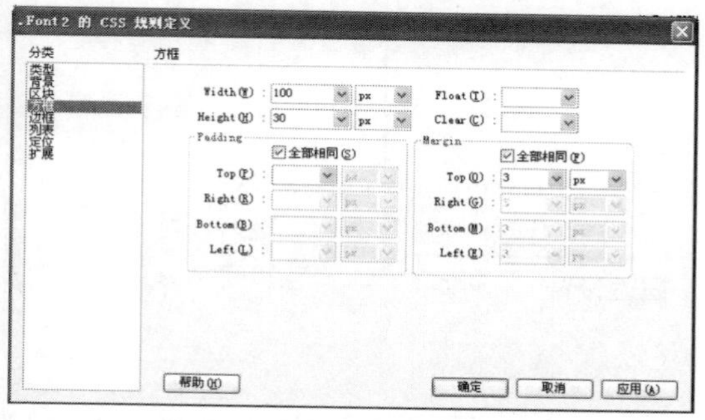

图 5-33　“方框”属性设置

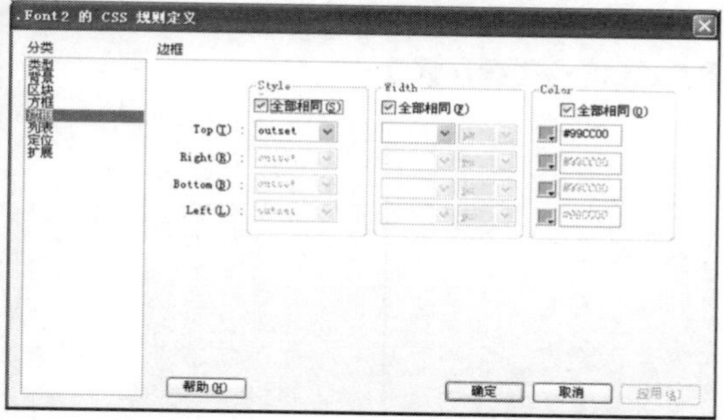

图 5-34　“边框”属性设置

⑨ 在文档中输入所需的文字，选中第一行文字，为其应用“.Font”类，如图 5-35 所示。

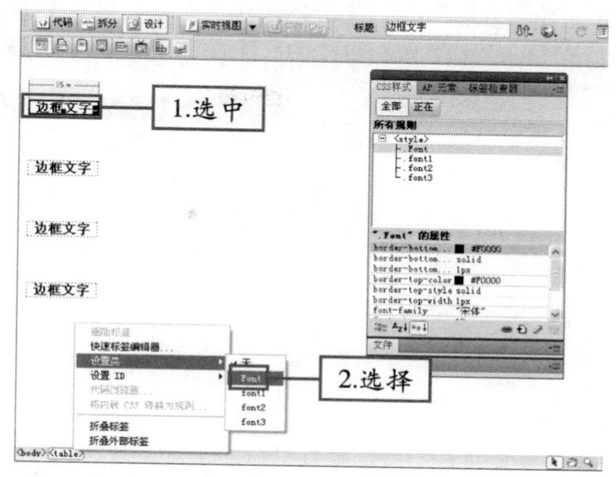


图 5-35　套用 CSS

⑩ 同样为其他文字分别使用 Font1、Font2 和 Font3 样式。保存文档后，在 IE 窗口中预览效果，如图 5-36 所示。

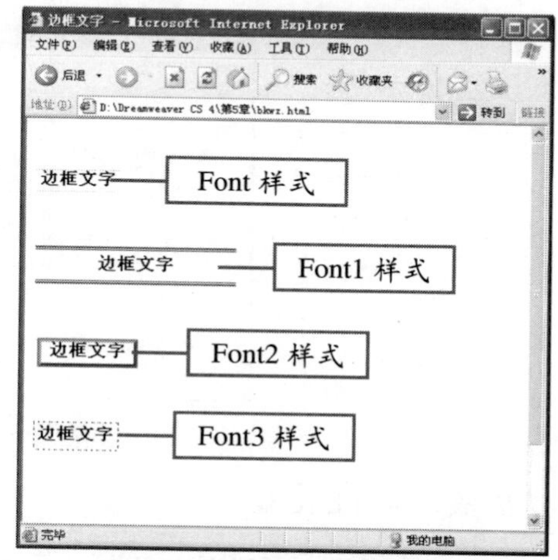


图 5-36　边框文字预览效果

**知识点拨**

对于已经定制好的 CSS 样式，如果用户感到不满意，可对其进行编辑修改或删除后重新创建等操作。

### 4. “列表”属性设置

通过“.font1 的 CSS 规则定义”对话框中的“列表”类别，可对列表标签进行相应的定义设置（如项目符号大小和类型）。选择“列表”选项后，可显示相应的选项，如图 5-37 所示。

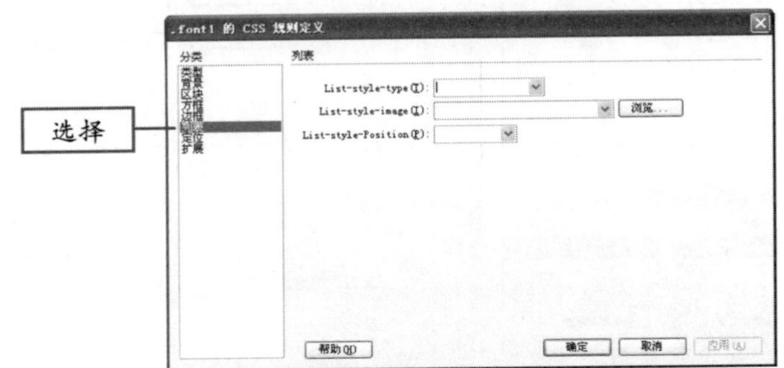


图 5-37 “列表”属性

### 5. “定位”属性设置

“定位”选项可用于定义层，在“.font1 的 CSS 规则定义”对话框中选择“定位”选项，可显示相应的选项，如图 5-38 所示。

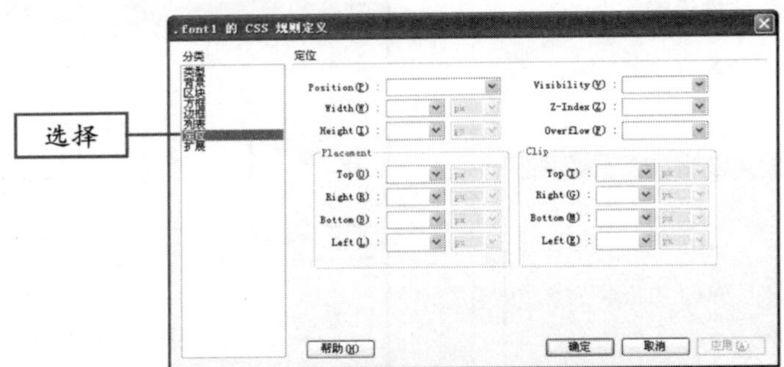


图 5-38 “定位”属性设置

### 6. “扩展”属性设置

在“.font1 的 CSS 规则定义”对话框中，选择“扩展”选项，显示“扩展”选项并进行所需的设置，如图 5-39 所示。

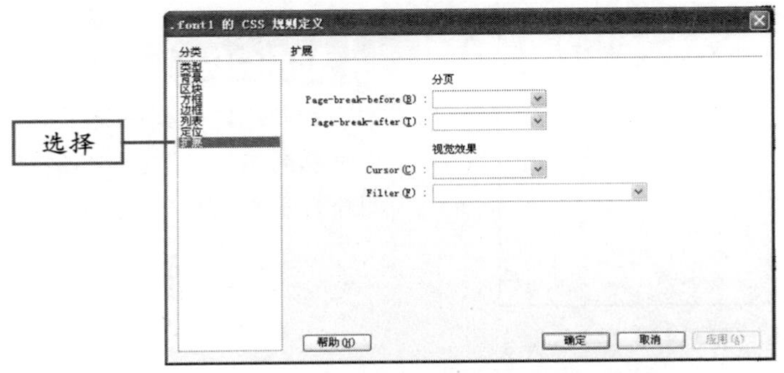


图 5-39 “扩展”属性设置



说明 扩展属性主要用于制作一些网页元素的特效。

# 5.3　使用 CSS 样式

在新建并设置 CSS 样式之后，用户便可以将其应用于网页中了。本节将重点介绍几种常用的使用 CSS 样式的方法。

## 5.3.1　套用 CSS 样式

下面以文本对象套用 CSS 样式为例，介绍 CSS 样式的应用。

① 在文档中选择“窗口”|“CSS 样式”命令，打开“CSS 样式”面板，单击“新建”按钮，打开“新建 CSS 规则”对话框，如图 5-40 所示。

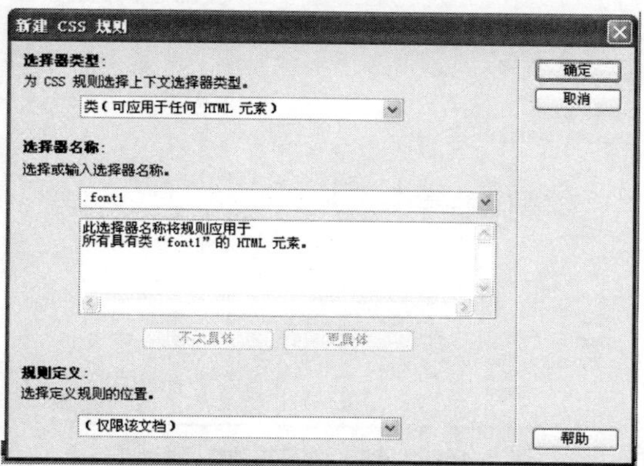


图 5-40　“新建 CSS 规则”对话框

② 设置“选择器类型”为类，名称为“.Font1”，单击“确定”按钮。

③ 在打开的对话框中设置字体为“楷体”、大小为 18px、颜色为#0000FF、光标为 wait、滤镜为 light。

④ 选取文档中相应的文本对象，打开“CSS 样式”面板，从中选择. Font1 样式并右击，在弹出的快捷菜单中选择“套用”命令，如图 5-41 所示。

⑤ 也可以在选择文本后，打开“属性”面板，在“目标规则”下拉列表框中选择.Font1 选项，如图 5-42 所示。

套用 CSS 样式后，相应的文本将受到该样式的控制。

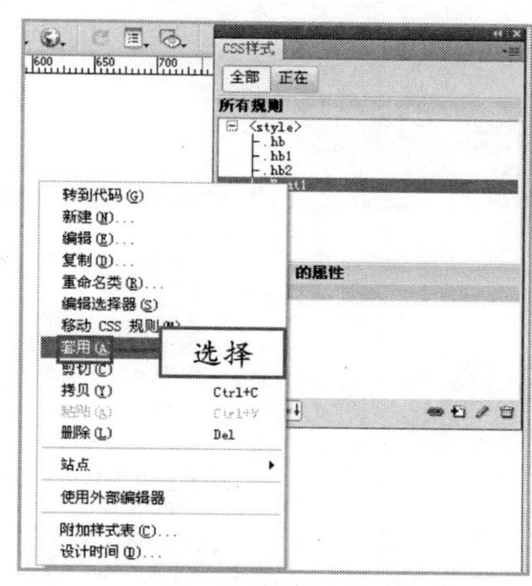


图 5-41　套用规则

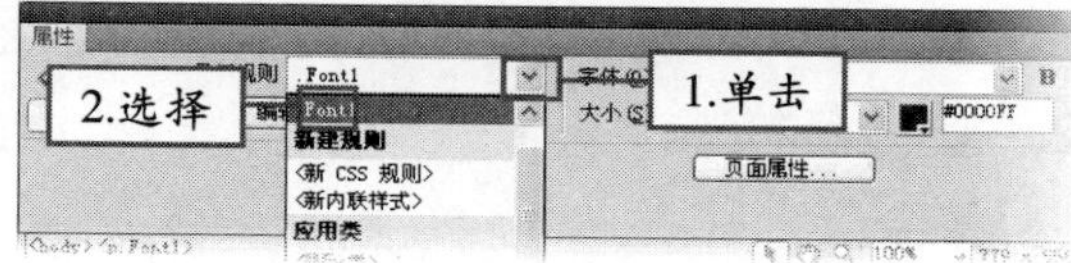


图 5-42　选定规则

⑥ 设置完成后，按【F12】键进行预览，效果如图 5-43 所示。

**故乡的山梨**

一个人谁没有一个故乡呢。对于故乡的留恋，或是说一些回忆，恐怕也全是人人少不下的。

故乡使你留恋的地方太多了，一座山，一丛林，一条小溪，甚而是一些荒坟，都会给你留下清切的影子；故乡使你回忆的事物也太多了，某个乡绅怎样抽大烟，迈方步，或是团总讨小老婆的故事，还有张家长李家短妇人家往还的言谈，以及少妇思奔，大姑娘突起大肚皮，疯狗咬了善人一些碎事，也全是叫人偶一回忆起来就象些活动影片似地给你轮演一回。说到故乡的特产，那就更叫你关怀了，愈是久离故乡的人，愈是关心不忘故乡的特产，有时管叫你渴想得口水直流，为了思念特产得不到手的原故。

但这种特产，却并非都是名贵的东西，即以食品一类来说，肉包子也许就是特产之一，五香豆腐干也可以算是故乡的一种特产，此种食品，全在于地方风味的宝贵，而且更可以进而以某种特产物品或食品传名外方，叫别人一听到某种物品时，不自觉地就会联想起那出产物品的地方来，譬如南翔的包子，南京鸭肾，福建肉松，莱阳梨等全是。

说到梨，故乡也出产一种梨，因为不是种在人家园子里面自己生长在山上的。所以叫作山梨。这些山梨虽然并不出名，外人很少知的，在当地却是家喻户晓的了。由于这种山梨的生长，很可以推想到故乡偏僻落后的社会情形来，若在繁华的省份，人烟稠密的地方，那是无论如何不会让这些山梨自由生长的，大概不等结到七成熟时，早被别人打光了。留待成熟后再摘下来吃的事情，怕是不会有的。

说起故乡的山梨并不象一般梨子那样甜蜜可口，皮嫩如膏，反之，它倒是一身酸味，皮厚得象一层老布，你们也许很以为怪了，这样的山梨，有什么值得不忘的呢。不，我觉得故乡的山梨特别叫我不忘的地方就是它的酸和粗厚的皮！因为它是和一般梨子迥乎不同的。如果让植物学家来解释的话，山梨的酸味和粗厚的外皮，正可以说是为保护自己的身体安全才长着的，因为山丛之中，杂虫甚多，如果它生得又嫩又甜，怕不待成熟早让虫子们蛆光了。果然，山梨里面很少有虫子的。

山梨的外皮虽然粗糙异常，但它的内中肉酿却又嫩又甜，比起本地生梨和天津鸭梨要细致多，而且又富有水分，剥了皮，一口就全吃净吮干了。

山梨的酸味是特别值人不忘的，正象你吃了它的酸味后一样，口中久久不散，而留在你的记忆里

图 5-43　预览效果

## 5.3.2 修改CSS样式

新建 CSS 样式后，用户还可以通过“CSS 样式”面板对已有样式进行修改。下面具体介绍如何修改样式。

### 1. 复制样式

① 打开“CSS 样式”面板，如图 5-44 所示。从中选择要进行复制的样式并右击，弹出的快捷菜单如图 5-45 所示。

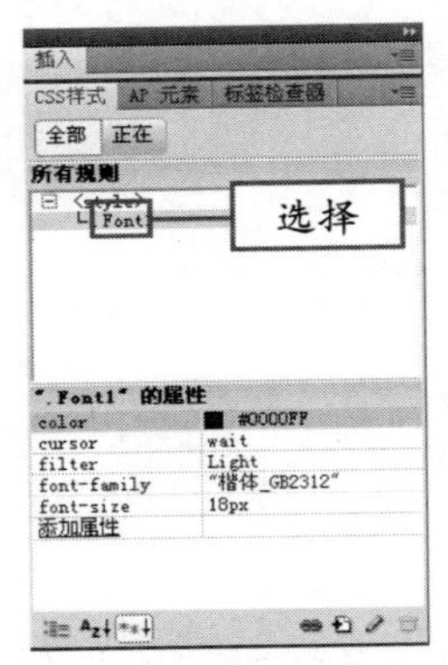


图 5-44 “CSS 样式”面板

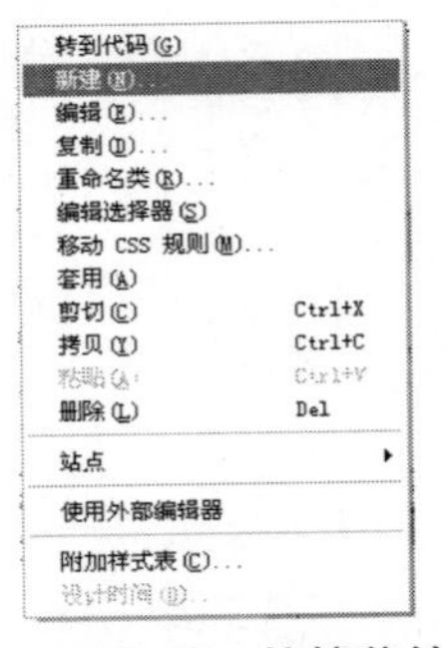


图 5-45 快捷菜单

② 选择“复制”命令，打开“复制 CSS 规则”对话框，如图 5-46 所示。可以从中设置复制后的样式选项，如复制.Font1 样式后，可以得到一个. Font1Copy 复本。

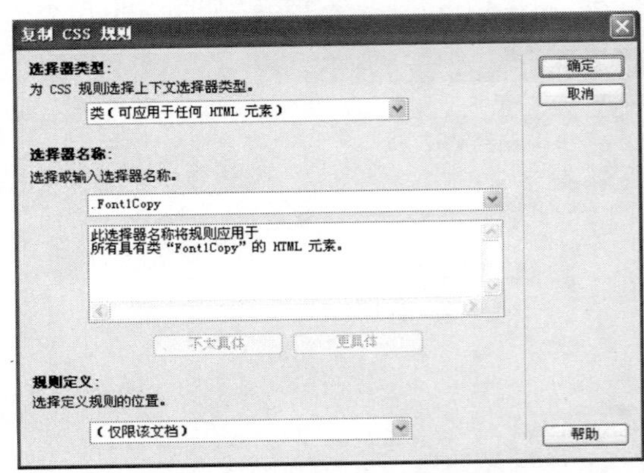


图 5-46 “复制 CSS 规则”对话框

### 2. 重命名样式

① 若要对已有的样式进行重命令，可在右键快捷菜单中选择“重命名”命令，打开“重命名类”对话框，如图 5-47 所示。

② 在该对话框的“新建名称”文本框中输入一个新名称（如.Font2）即可。

图 5-47 “重命名类”对话框

### 3. 修改样式选项

若要对已有的样式进行修改，可以在右键快捷菜单中选择“编辑”命令，或选择要修改的样式，单击“CSS 样式”面板下方的“编辑”按钮，打开 CSS 规则定义对话框，如图 5-48 所示。

从中选择相应的选项进行修改，重新定义样式。如将.Font2 的字体改为“宋体”，大小改为 14px 等，修改后应用此样式的对象也会发生相应的改变。

如果要将某个 CSS 样式删除，可以在右键快捷菜单中选择“删除”命令，即可将 CSS 样式从列表中删除。


说明 外部样式表可以应用于任何页面。

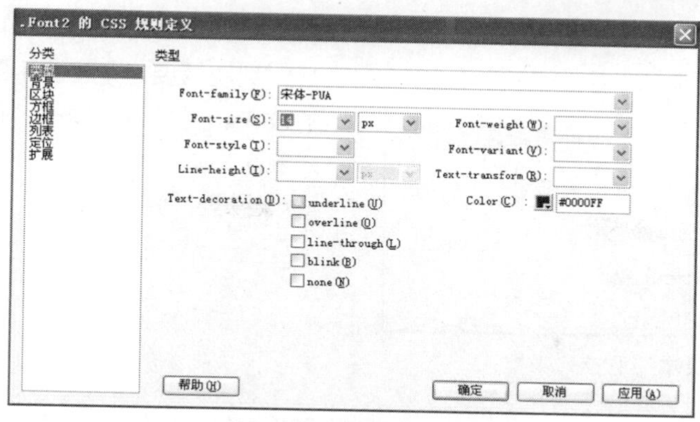


图 5-48　CSS 规则定义对话框

## 5.3.3　连接外部 CSS 样式

外部样式表是一个包含样式并符合 CSS 规范的外部文本文件。当编辑外部样式表后，当前文档中使用该样式的所有对象将发生相应的变化。

① 单击“CSS 样式”面板中的“附加样式表”按钮，打开“链接外部样式表”对话框，如图 5-49 所示。

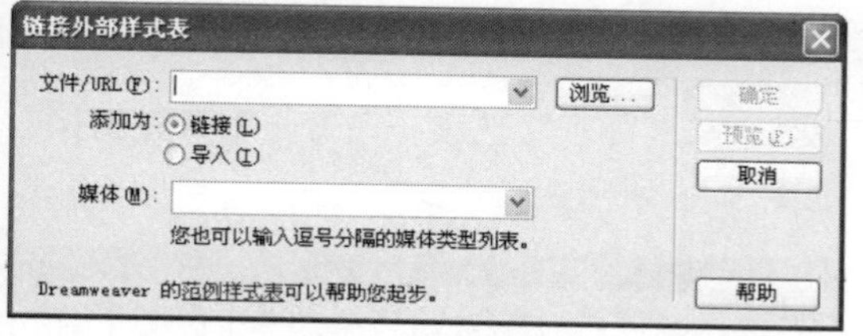


图 5-49　“链接外部样式表”对话框

② 单击“浏览”按钮，选择一个外部 CSS 样式表（见图 5-50），或在“文件/URL”组合框中输入该样式表的路径。

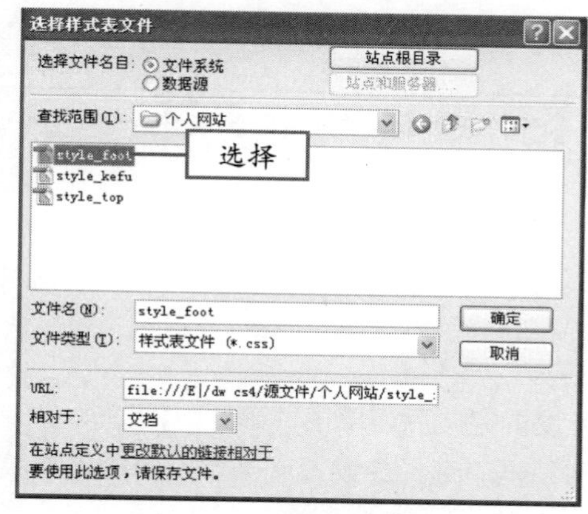


图 5-50　选择外部样式

③ 单击“确定”按钮，然后在“添加为”选项组中设置使用方式，如选择“链接”单选按钮，如图 5-51 所示。

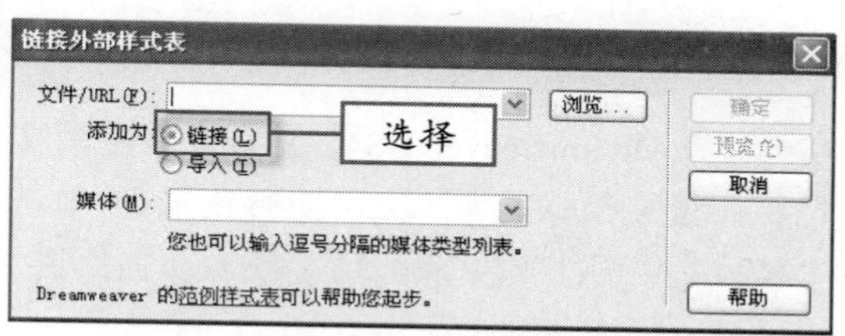


图 5-51　选择“链接”单选按钮

**教你一招**

选择“链接”单选按钮将在 HTML 代码中创建一个 link href 标签，并引用已发布的样式表所在的 URL。

如果要嵌套样式表而不是链接到外部样式表，必须选用“导入”单选按钮，如图 5-52 所示。

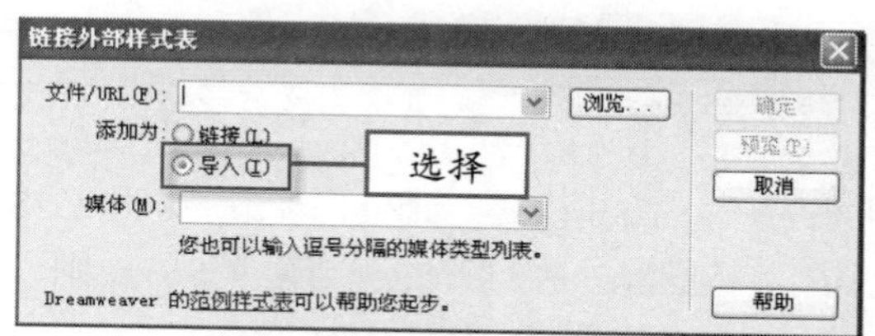


图 5-52　选择“导入”单选按钮

修改样式后，套用该样式的对象将自动更新样式。　说明

④ 在“媒体”下拉列表框中指定样式表的目标媒介，如图 5-53 所示。

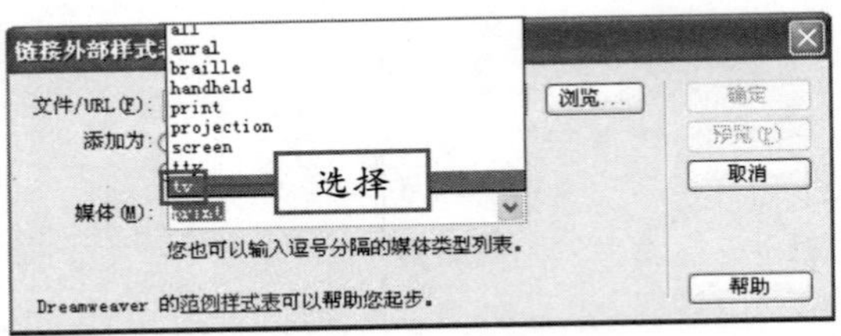


图 5-53 “媒体”下拉列表框

⑤ 单击“预览”按钮，可以查看当前样式是否达到所需要求。若应用的样式没有达到预想的效果，用户可以单击“取消”按钮删除该样式表。

⑥ 若符合需要，则单击“确定”按钮。

## 5.4 CSS 应用案例

本节结合本章前面所讲述的内容，将利用 CSS 样式制作一些特殊的效果，如文字、图像效果，段落效果等。

### 5.4.1 文字特效

本小节将介绍如何利用 CSS 样式制作文字特效。

#### 1. 阴影字

制作阴影字的具体操作步骤如下：

① 打开 Dreamweaver CS4，新建一个空白文档，设置文档标题为“文字阴影效果”。单击“修改”|“页面属性”命令，打开“页面属性”对话框，如图 5-54 所示。

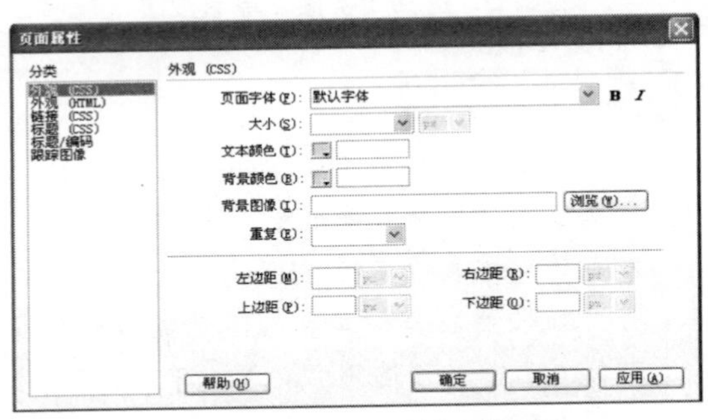


图 5-54 “页面属性”对话框

② 选择“外观”选项，设置一张背景图像，如图 5-55 所示。

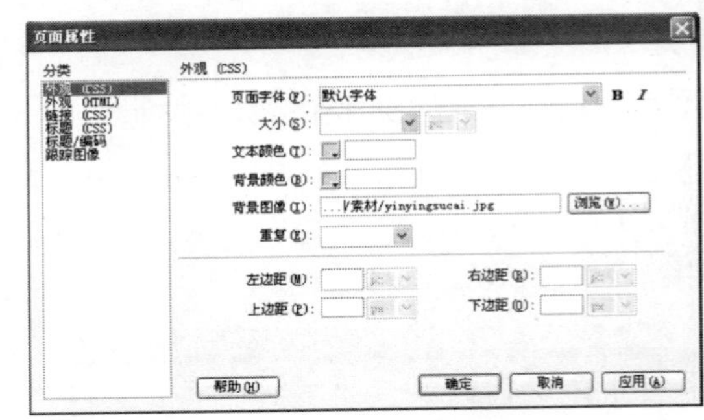


图 5-55 “外观”属性设置

下面设置 CSS 样式。

**素材文件** 光盘:\素材\第 5 章\兔子.jpg

① 打开“CSS 样式”面板，单击“新建 CSS 规则”按钮，在打开的“新建 CSS 规则”对话框中进行设置，如图 5-56 所示。

② 设置完成后，单击“确定”按钮，在打开的对话框中选择并设置“类型”中的各参数，如图 5-57 所示。



**说明** 在 CSS 样式中用户可以编辑制作简单的特殊效果。

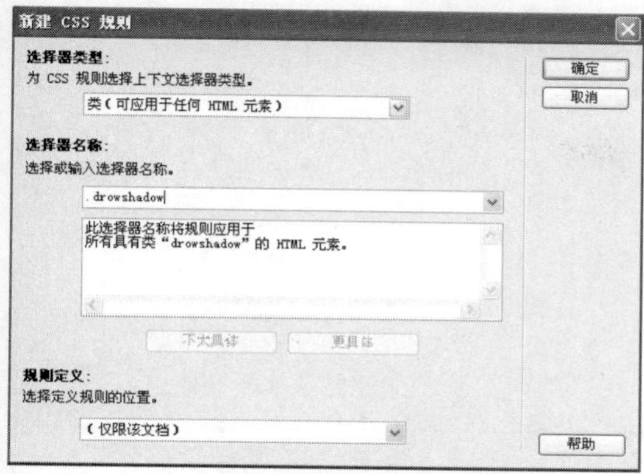

图 5-56 “新建 CSS 规则”对话框

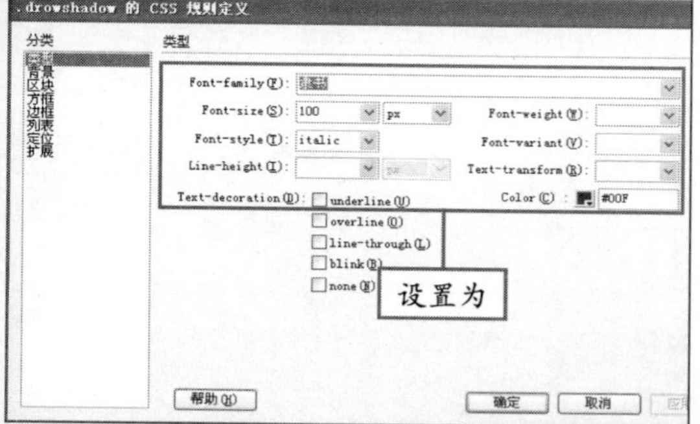


图 5-57 “.drowshadow 的 CSS 规则定义”对话框

③ 设置“扩展”参数为（DrowShadow（Color=#ff0000,Offx=3,Offy=3,Positive=1 )），如图 5-58 所示。

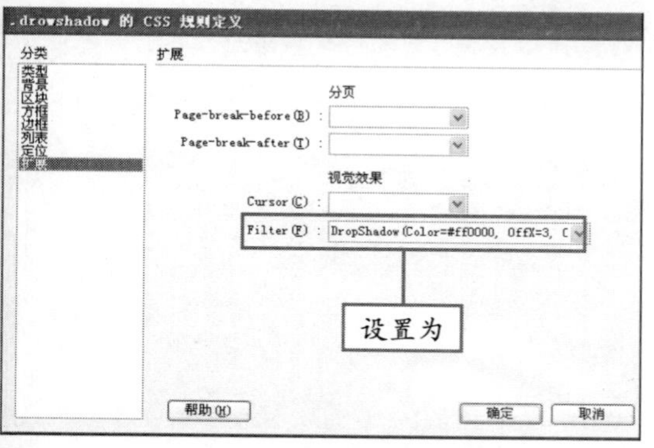


图 5-58 “扩展”属性设置

④ CSS 设置完成后，选中要添加阴影的文字，在“属性”面板中设置“类”为“.drowshadow”，如图 5-59 所示。

图 5-59 设置选中字体样式

⑤ 把阴影效果应用于文字对象。保存文件后的预览效果如图 5-60 所示。

图 5-60 IE 浏览文字阴影效果

## 2. 光晕字

① 打开 Dreamweaver CS4，新建一个空白文档，并插入一个表格，如图 5-61 所示。

② 从中输入所需要的文字“光晕字实例”，打开“CSS 样式”面板，新建一个 CSS 规则，如图 5-62 所示。

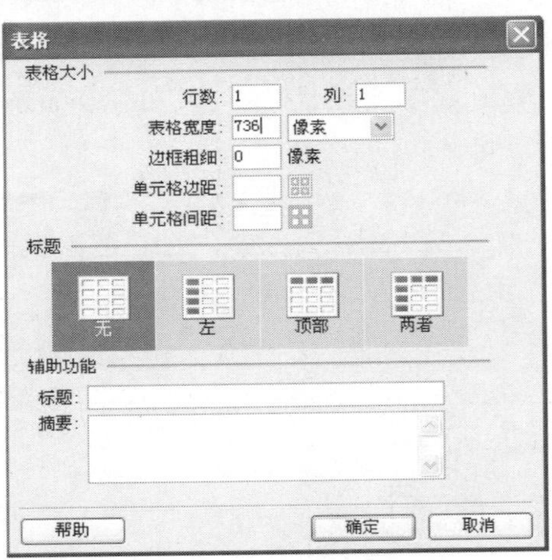

图 5-61 设置表格

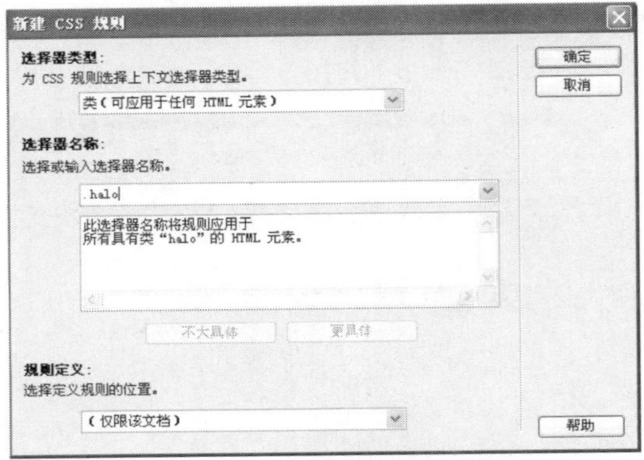

图 5-62 “新建 CSS 规则”对话框

③ 单击“确定”按钮，打开“.halo 的 CSS 规则定义”对话框，设置“类型”选项中的各选项，如图 5-63 所示。

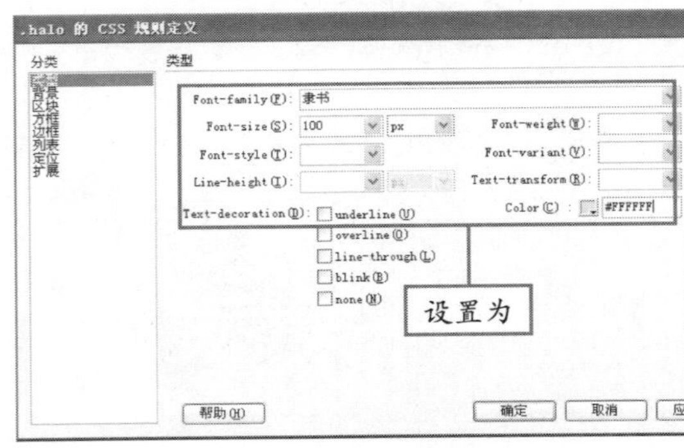


图 5-63 “类型”属性设置

④ 选择“扩展”选项，然后对其进行设置，如图 5-64 所示。

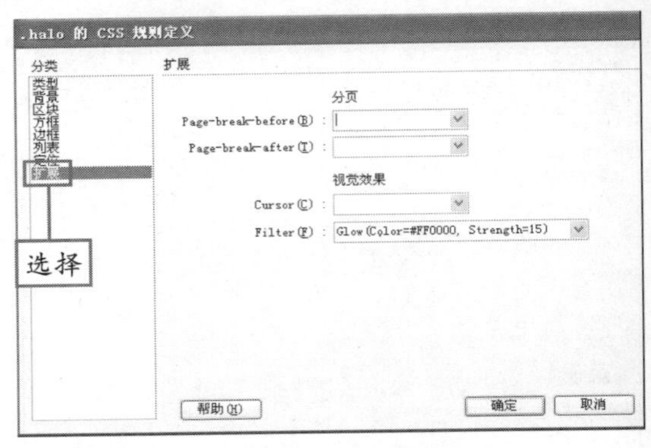


图 5-64 “扩展”属性设置

⑤ 选中单元格，在“属性”面板中设置“类”为 halo，如图 5-65 所示。

图 5-65 选择类

⑥ 按【F12】键预览效果，如图 5-66 所示。

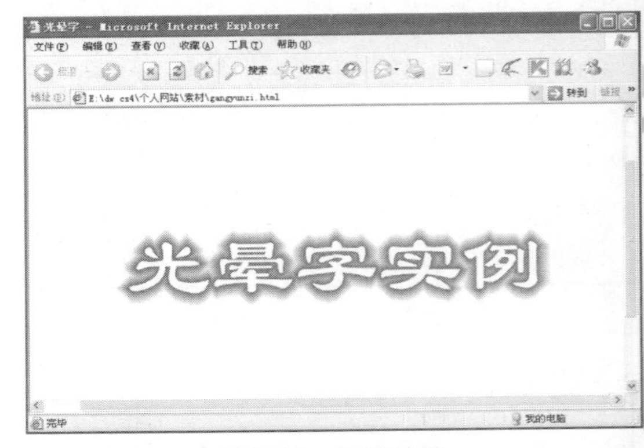


图 5-66 预览效果

说明 对于不需要的样式，用户可以将其删除。

## 5.4.2 段落首字下沉效果

制作段落首字下沉的具体操作步骤如下：

① 新建一个空白文档，设置其标题为“段落首字下沉效果”。在该文档中输入所需的文本内容并保存，如图 5-67 所示。

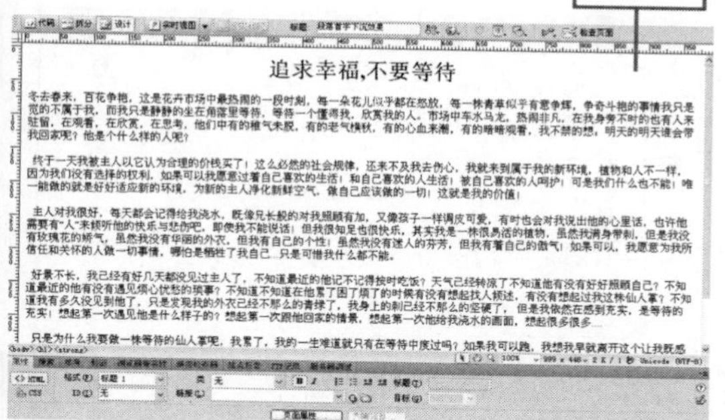


图 5-67　输入文本

② 打开“CSS 样式”面板，新建一个 CSS 规则并进行设置，如图 5-68 所示。

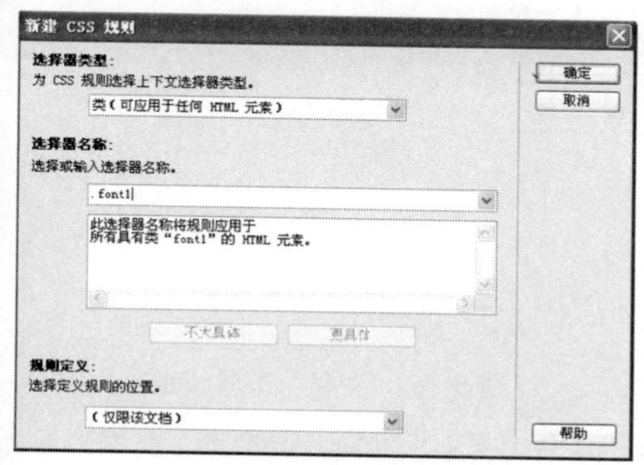


图 5-68　新建 CSS 规则

③ 单击“确定”按钮，在弹出的对话框中设置具体选项，如图 5-69 所示。

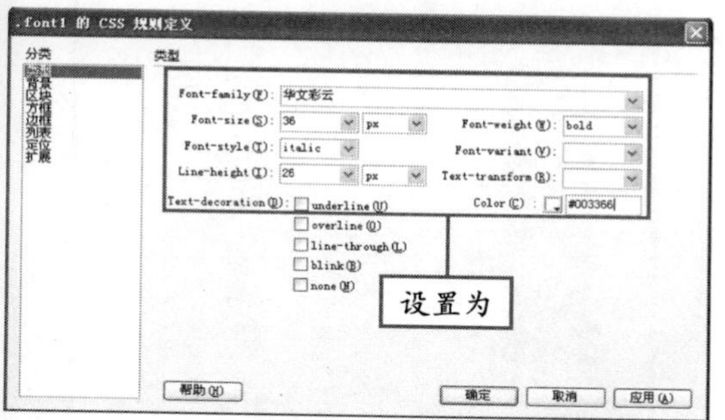


图 5-69　.font1 的 CSS 规则定义设置

④ 在“分类”选项中设置所需的各选项，背景设置如图 5-70 所示；方框设置如图 5-71 所示。

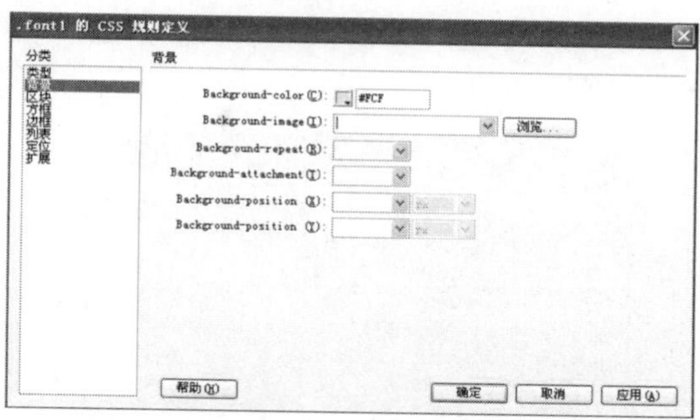


图 5-70　“背景”属性设置

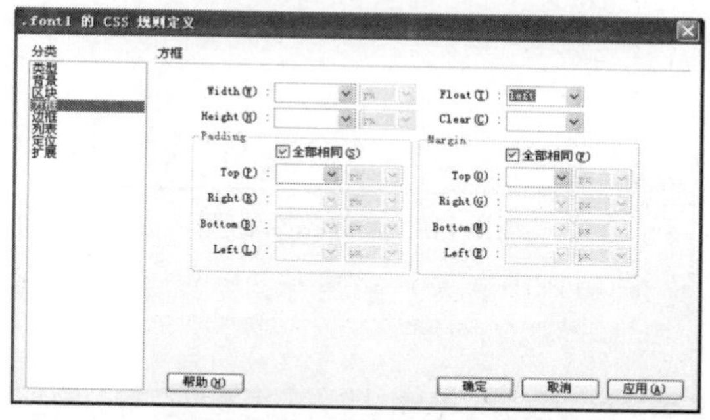


图 5-71　“方框”属性设置

⑤ 在页面中选中段落的第一个字，在“属性”面板中设置“类”为“.font1”，保存文档后，按【F12】键进行浏览效果，效果如图 5-72 所示。

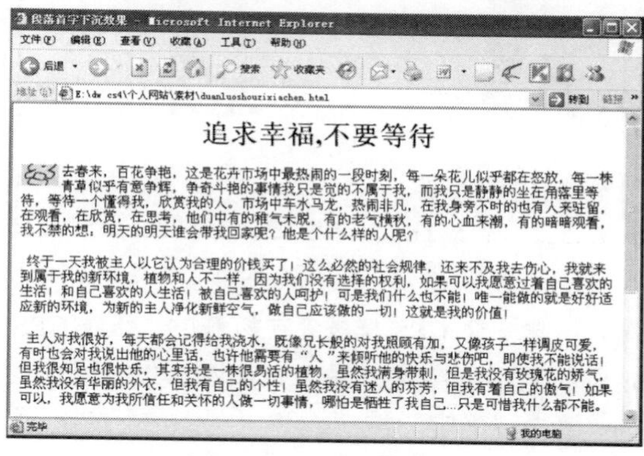


图 5-72　浏览效果

## 5.5 综合实战——图片黑白效果

本实例将利用 CSS 的 Gray 滤镜、Inverter 滤镜和 Xray 滤镜，分别实现图片的黑白效果、底片效果和 X 光效果。

具体操作步骤如下：

素材文件　光盘:\素材\第 5 章\美女.jpg

① 新建一个空白文档，插入表格并进行设置，如图 5-73 所示。

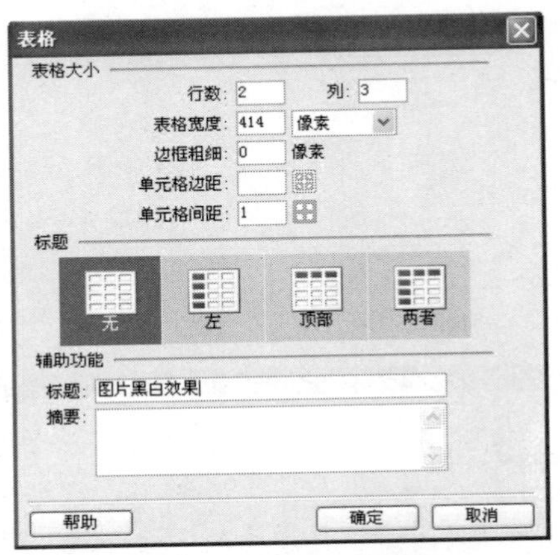

图 5-73　表格属性设置

② 向表格中导入几张图片，结果如图 5-74 所示。

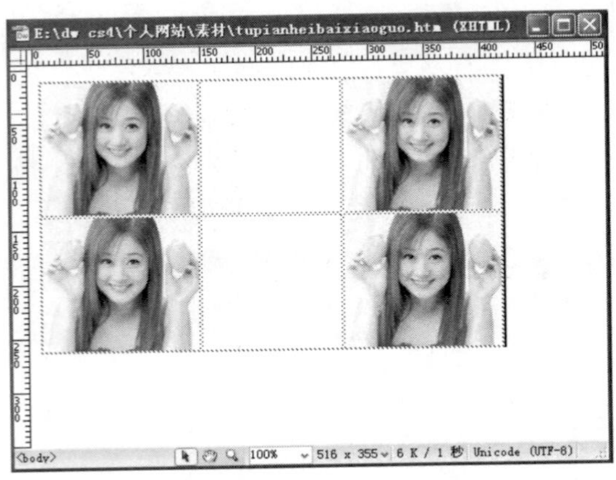

图 5-74　插入图片

③ 新建一个 CSS 样式，在打开的“新建 CSS 规则”对话框中进行设置，如图 5-75 所示。

④ 单击“确定”按钮，弹出“.hb 的 CSS 规则定义”对话框，从中设置“分类”选项中的“扩展”选项，如图 5-76 所示。

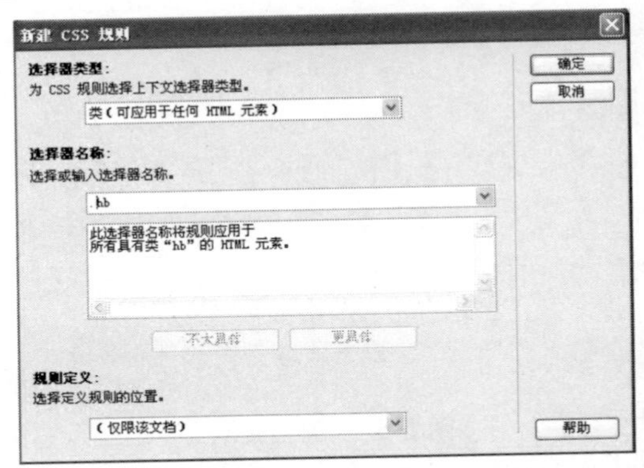

图 5-75　“新建 CSS 规则”对话框

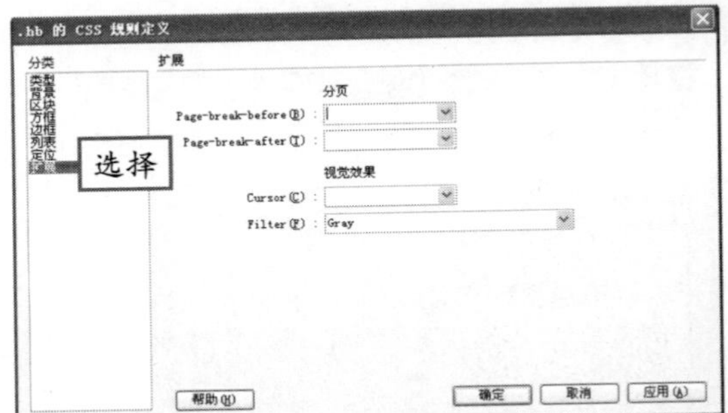


图 5-76　“扩展”属性设置

⑤ 单击“确定”按钮。选中第 1 行第 3 列单元格中的图片，在“属性”面板中选择“类”为.hb，黑白效果完成，如图 5-77 所示。

图 5-77　预览效果



说明　用户可以将设置的 CSS 样式保存为一个单独的文件。

⑥ 参照步骤 2 和步骤 3 的操作方法，新建一个名为.hb1 的 CSS 样式，其规则设置如图 5-78 所示。

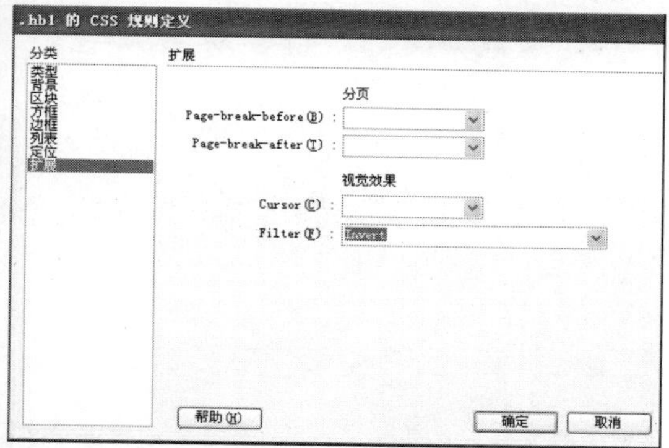


图 5-78　“扩展”属性设置

⑦ 按照步骤 4 的操作方法，将新建的 CSS 样式应用于第 2 行第 1 列单元格中的图片，效果如图 5-79 所示。

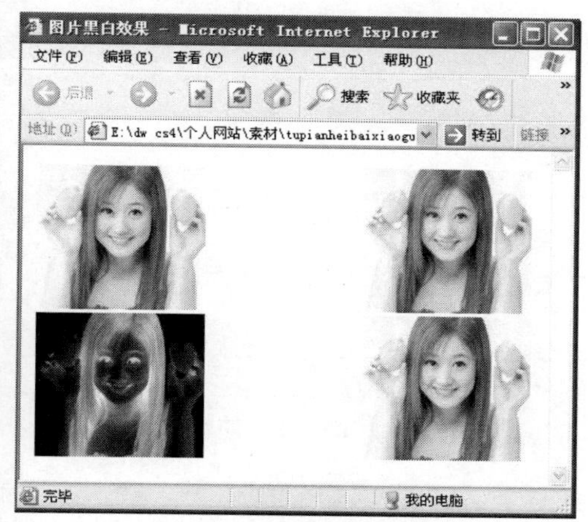


图 5-79　底片效果预览

⑧ 新建一个.hb2 的 CSS 样式，并设置.hb2 的规则，如图 5-80 所示。

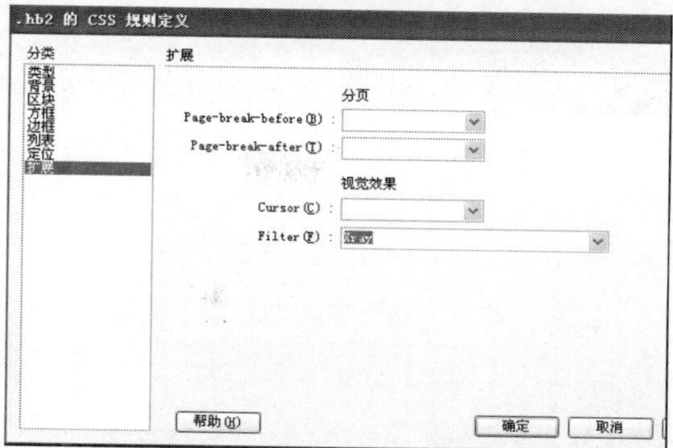


图 5-80　“扩展”属性设置

**知识点拨**

如果需要对页面中应用了样式的文本等内容进行编辑时，可以通过编辑 CSS 样式来完成。

⑨ 按照步骤 4 的操作方法，将.hb2 样式应用于第 2 行第 3 列单元格中的图片。X 光效果制作完成，预览效果如图 5-81 所示。

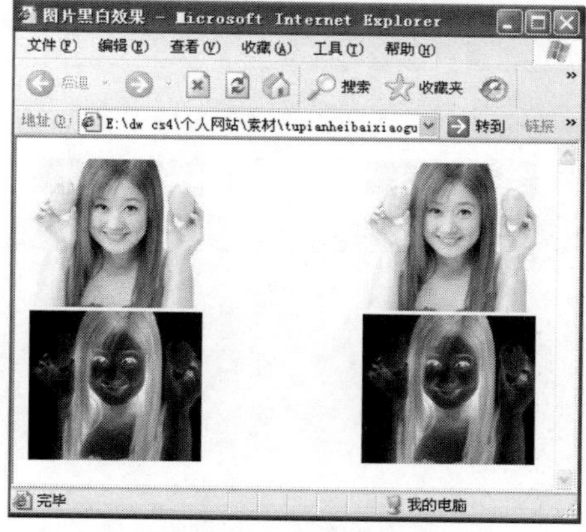


图 5-81　X 光效果预览

对于不需要设置的选项，用户可保持默认设置即可。　说明

读书笔记

# 第6章 使用行为与表单

- 认识行为
- 行为面板的应用
- 表单的应用

Yoyo，利用行为和表单可以制作许多交互性的网页，是吗?

是啊，但我也不知道具体怎么使用，还是请大龙哥给我们讲讲吧!

好的，使用行为和表单可以为访问者与网站管理者之间建立起沟通的桥梁，通过双方意见的交流可以使站点的内容更好地反映访问者的要求和创建者的意图。本章将重点介绍如何使用行为和表单创建动态网页。

# 6.1 行为及其面板简介

所谓行为，就是响应某一事件而执行的操作。行为是一系列使用 JavaScript 程序预定义的页面特效工具，是 JavaScript 在 Dreamweaver 中内置的程序库。

## 6.1.1 行为概述

行为可用来动态响应用户操作，或是实现特定功能的一种方式。行为由对象、事件和动作构成，其中这三部分的意义如下：

### 对象

对象是触发行为的主体，网页中的很多元素都可以称为对象，如整个 HTML 文档、图片、文字、多媒体文件等。

### 事件

事件是触发动态效果的条件。网页事件分为不同的种类，有的与鼠标有关，有的与键盘有关，如单击、按键盘某个键。有的事件还和网页相关，如网页下载完毕、网页切换等。对于同一个对象，不同版本的浏览器所支持事件的种类和多少也不一样。

### 动作

动作是指当单击了相应的事件操作后，所引发的预设动态效果。可以是图片翻转、声音播放等。

## 6.1.2 行为面板

在了解了行为后，下面介绍在 Dreamweaver CS4 中实现行为制作的基本面板——“行为”面板，以及其对应的各个参数。

### 1. 认识“行为”面板

若要显示“行为”面板，可以单击“窗口”|“行为”命令，打开“行为”面板，如图 6-1 所示。

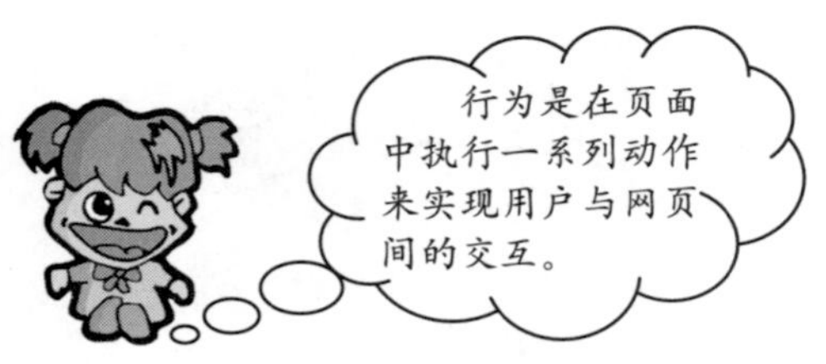

图 6-1 “行为”面板

可以在“行为”面板中进行相应的设置，具体操作步骤如下：


说明　一般行为由事件（event）和对应动作（action）组成。

### 显示设置事件

单击此按钮，可以显示用户对选定对象所设置的行为事件，如图 6-2 所示。

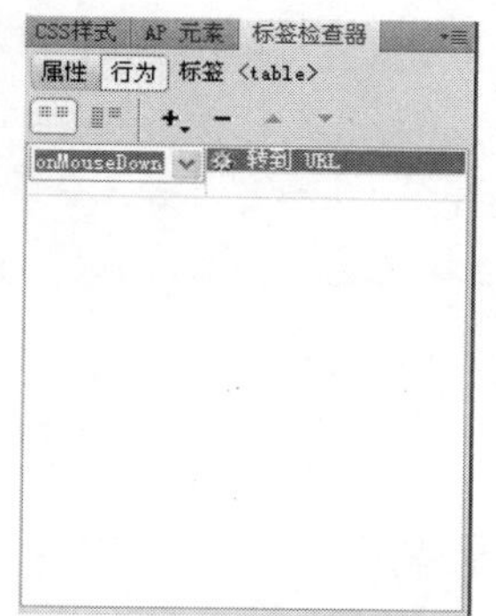


图 6-2　显示事件

### 显示所有事件

单击此按钮，可以显示所有可应用于所选对象的行为事件，如图 6-3 所示。

### 添加行为

可用于设置对象上的动态效果，单击按钮，在打开的下拉菜单中即可显示所有行为。

图 6-3　显示所有事件

### 删除事件

用于删除所选行为。在“行为”面板中选择要删除的行为，单击该按钮即可删除相应的行为。

### 上、下箭头

设置特定事件中所选动作在“行为”面板列表中向上或向下移动，以控制事件的动作以某一特定的顺序发生。

## 2．行为分类

在“行为”面板中，可以为所选对象设置不同的行为，用户可以根据需要选择行为。添加行为时，可单击“添加行为”按钮，在打开的下拉菜单中即可显示所有行为，如图 6-4 所示。

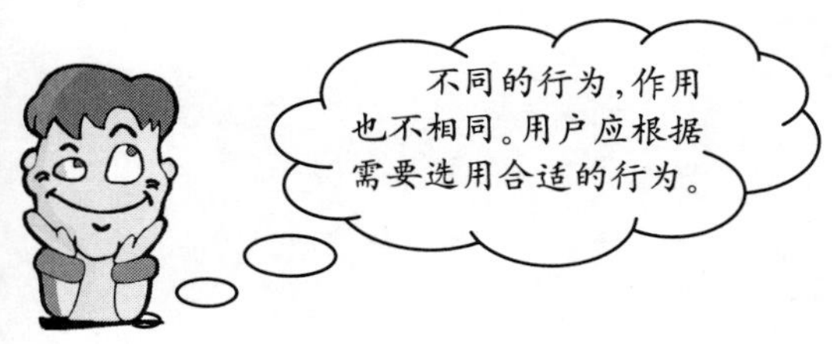

不同的行为，作用也不相同。用户应根据需要选用合适的行为。


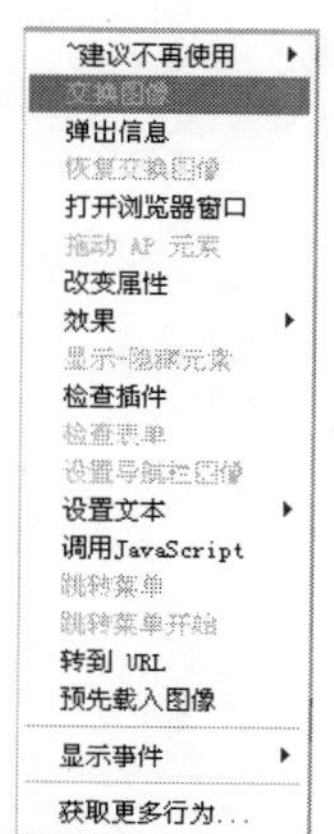


图 6-4　行为下拉菜单

## 3．应用行为

对网页中的对象应用行为的具体操作步骤如下：

① 在文档中选择一个特定的元素，如一个文字链接或一个图片等，作为加载行为的目标。

② 选择所需兼容的浏览器版本。由于不同的浏览器支持的事件不相同，若想让更多的浏览者看到设置的效果，必须选择较低的浏览器选项。通常我们选择 IE 4.0 及以上版本的浏览器。

在行为中，事件由浏览器定义，可以被附加到页面上，也可以被附加到 HTML 标记中。　说明

③ 为对象设置所要应用的动作，如交换图片、隐藏一个层或者是在状态栏中显示一段文字。

④ 为应用的动作设定具体的参数。

**知识点拨**

在“添加行为”下拉菜单中，只有黑色选项可用，灰色为不可应用的行为选项。

关于不同行为的具体应用，在下面部分将会详细介绍。

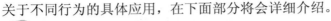

## 6.2 Dreamweaver 内置行为的使用

前面已经介绍过行为的应用及基本使用方法，下面将具体讲述常用行为的使用，并配制了大量的实例。

### 6.2.1 播放声音

使用“播放声音”行为来播放声音，浏览者可以根据自己的爱好控制声音的播放与停止。例如，用户可以设置当鼠标指针滑过按钮时，播放一段声音；或在加载页面时播放音乐。具体操作步骤如下：

① 打开一个文档，从中选择一个按钮，并打开“行为”面板，如图 6-5 所示。

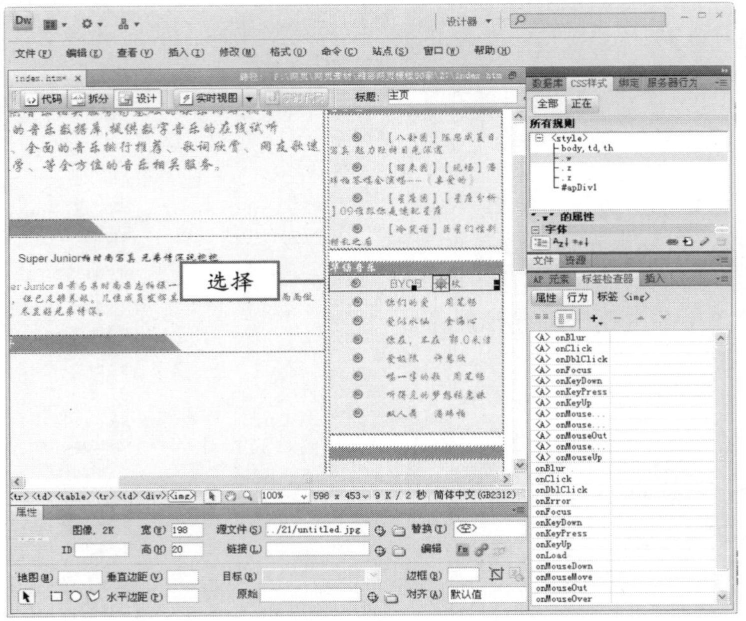


图 6-5 打开“行为”面板

② 单击面板中的“添加行为”按钮，在打开的下拉菜单中选择“建议不再使用”|“播放声音”命令，打开“播放声音”对话框，如图 6-6 所示。

图 6-6 “播放声音”对话框



**说明** 背景音乐一般不设置为通过鼠标事件触发，而是在加载页面后即能播放。

③ 在“播放声音”文本框中输入声音文件的路径；或单击“浏览”按钮，打开“选择文件”对话框（见图 6-7），从中选择所需的文件。

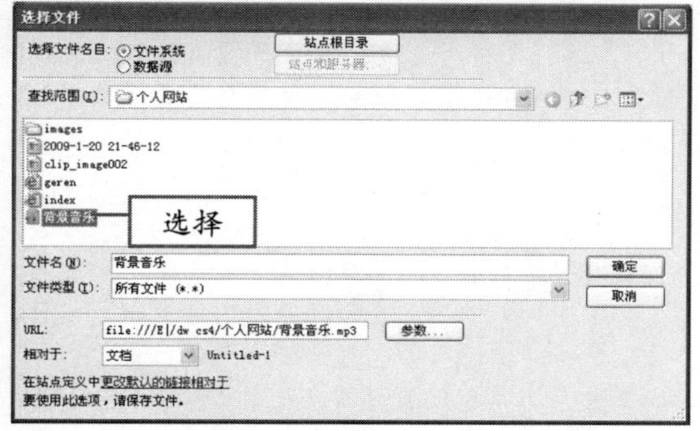


图 6-7　“选择文件”对话框

④ 单击“确定”按钮，将选中此文件，“播放声音”文本框中将显示选中文件的路径，如图 6-8 所示。

图 6-8　“播放声音”对话框

⑤ 设置完成后，单击“确定”按钮。

⑥ 返回“行为”面板，从中选择一种事件 onMouseOver，如图 6-9 所示，到此实例制作完成。

图 6-9　选择事件

## 6.2.2　弹出信息

在网页中弹出信息对话框是一种常见的行为，包括警告信息、提示信息等，它们主要用于提示浏览者在网站中的活动。通常这种对话框中只有一个“确定”按钮，所以使用此动作可以提供信息，而不能为用户提供选择。

例如，当在网页中单击相应的选项时，会弹出一个提示信息，如图 6-10 所示，告诉浏览者网站正在加紧建设中。

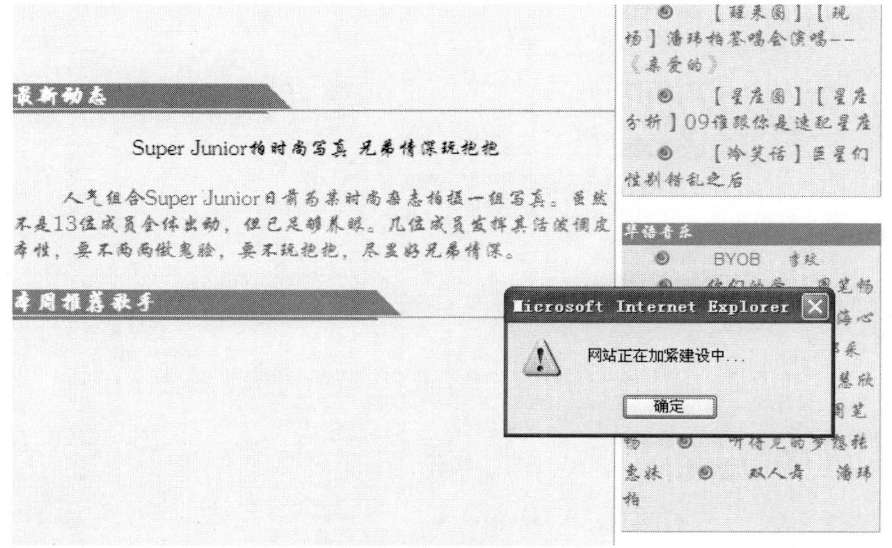


图 6-10　弹出信息

弹出信息大多数情况下是通过相应的事件（多为鼠标事件）触发实现的。　**说 明**

如果要在网页中制作类似的弹出信息，具体操作步骤如下：

① 打开网页，选择要加入弹出信息的对象，然后单击“窗口”|“行为”命令，打开“行为”面板，单击面板中的“添加行为”按钮，如图 6-11 所示。

图 6-11　打开“行为”面板

② 在弹出的下拉菜单中选择“弹出信息”命令（见图 6-11），打开“弹出信息”对话框，如图 6-12 所示。

③ 在“消息”文本框中输入“网站正在加紧建设中...”。

④ 单击“确定”按钮即可。

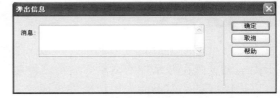

图 6-12　“弹出信息”对话框

⑤ 返回“行为”面板，从中设置触发该事件的行为，如图 6-13 所示。可以从中设置为 onClick。到此，该实例制作完成。

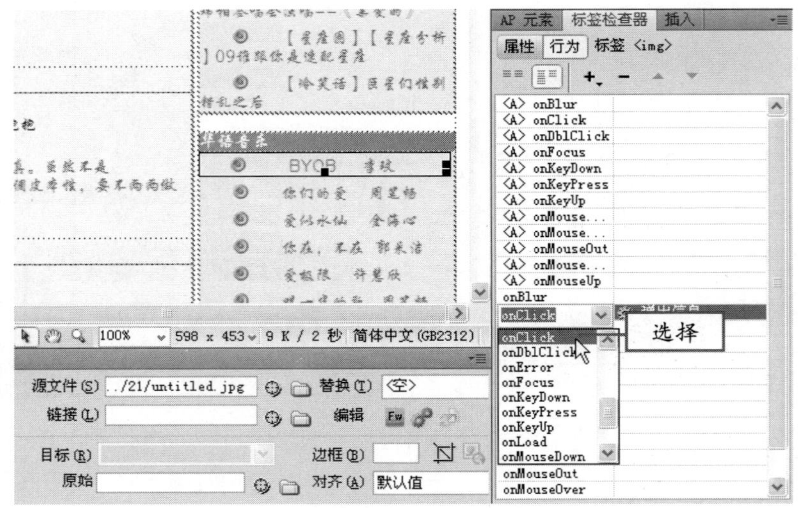


图 6-13　设置事件



**说明**　对于选定的动作，Dreamweaver 会为该动作设定默认事件。

## 6.2.3 设置状态栏文本

使用“设置状态栏文本”行为，可以设置在浏览器窗口底部的状态栏中显示消息。例如，可以使用此行为在状态栏中加入一些欢迎词，具体操作步骤如下：

① 选择“窗口”|“行为”命令，打开“行为”面板，单击“添加行为”按钮，在弹出的下拉菜单中选择“设置文本”|“设置状态栏文本”命令。

② 打开“设置状态栏文本”对话框，如图 6-14 所示。在“消息”文本框中输入“欢迎光临本网站！”。

图 6-14 “设置状态栏文本”对话框

③ 单击“确定”按钮，在浏览器中进行浏览时，效果如图 6-15 所示。

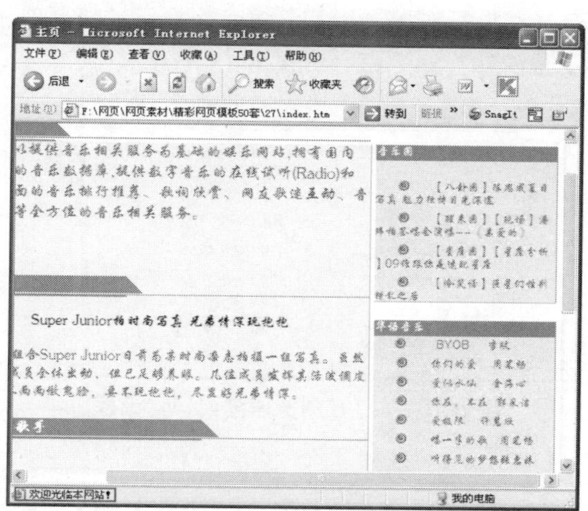


图 6-15 浏览器中的状态栏文本

## 6.2.4 打开浏览器窗口

使用“打开浏览器窗口”动作，可以在一个新的窗口中打开目标页面。用户可以指定新窗口的属性、特性和名称。

例如，在网页中单击一张小图像，如图 6-16 所示。

图 6-16 使用“打开浏览器窗口”动作

这时便可以在另一个网页中打开一张放大的图像，如图 6-17 所示。

图 6-17 打开大图片

如果要实现“打开浏览器窗口”动作，可按以下步骤进行操作：

① 打开一个网页文档，从中选择一张要添加该行为的图片对象，同时打开“行为”面板，单击“添加行为”按钮，在弹出的下拉菜单中选择“打开浏览器窗口”命令，打开“打开浏览器窗口”对话框，如图 6-18 所示。

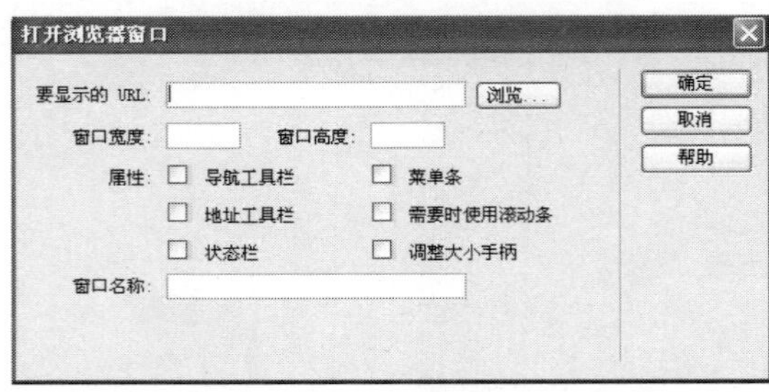


图 6-18 “打开浏览器窗口”对话框

② 单击“要显示的 URL”文本框右侧的“浏览”按钮，打开“选择文件”对话框，从中选择所需的文件，如图 6-19 所示。

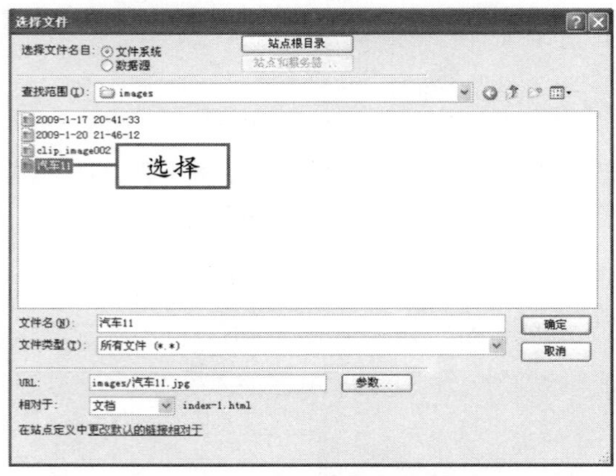


图 6-19 选择文件

③ 单击“确定”按钮，然后在“打开浏览器窗口”对话框中设置“宽度”和“高度”值，如图 6-20 所示。

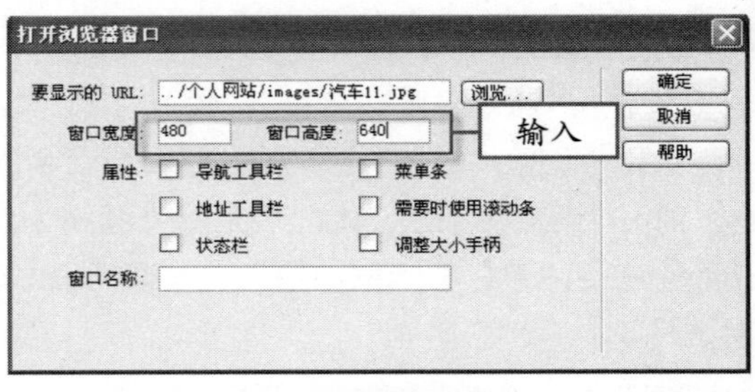


图 6-20 窗口设置

④ 在“属性”选项组中可以选择所需的选项，并在“窗口名称”文本框中输入名称。如果要通过 JavaScript 使用链接指向新窗口或控制新窗口，则应该对新窗口进行命名（此名称不能包含空格或特殊字符）。

⑤ 设置完成后，单击“确定”按钮，返回“行为”面板，如图 6-21 所示。至此，实例设置完成。

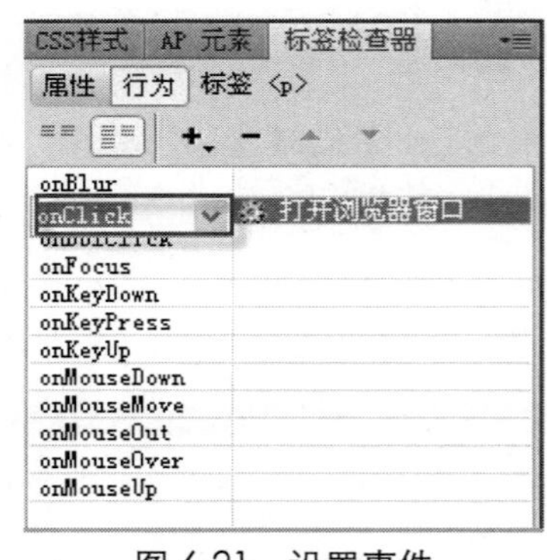


图 6-21 设置事件

## 6.2.5 设置文本域文字

设置文本域文字是指以用户制定的内容替换表单文本域中原有的内容。

具体操作步骤如下：

**素材文件** 光盘:\素材\第 6 章\粉色背景图.jpg

① 在 Dreamweaver CS4 中新建一个文档，单击“插入”|“表格”命令插入一行表格，其属性设置如图 6-22 所示。

② 插入表格后，在“属性”面板中设置表格高为 780 像素，如图 6-23 所示。



**说明** 如果用户想删除行为，可单击“行为”面板上方的 **−** 按钮删除选定的行为。

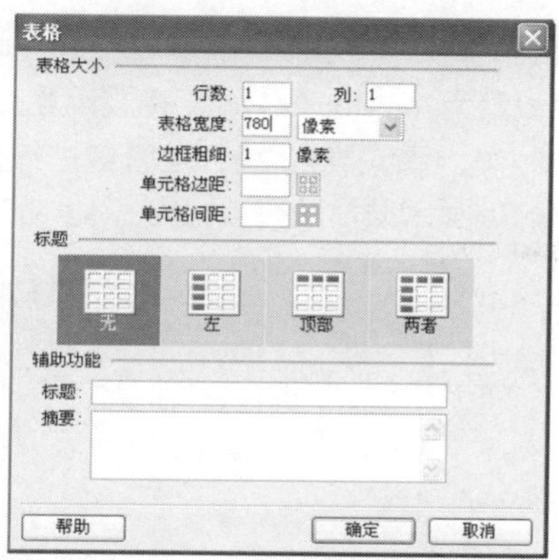


图 6-22　表格属性设置

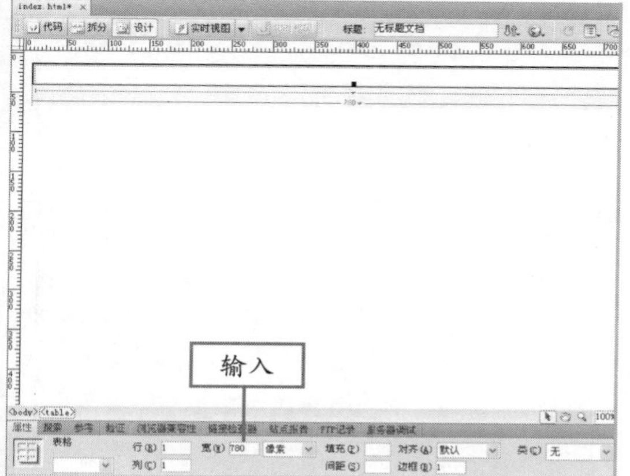


图 6-23　设置表格高度

③ 单击“插入”|“布局对象”|AP Div 命令，在页面中插入图层，图层属性设置如图 6-24 所示。

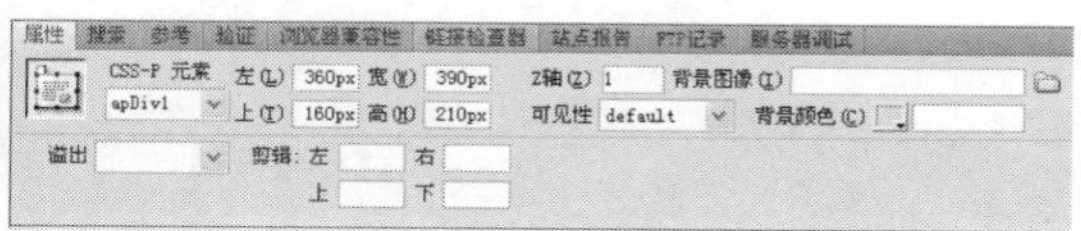

图 6-24　设置图层

④ 设置完成后，将光标置于图层内，单击“插入”|“表单”|“表单”命令，插入红色区域表单，如图 6-25 所示。

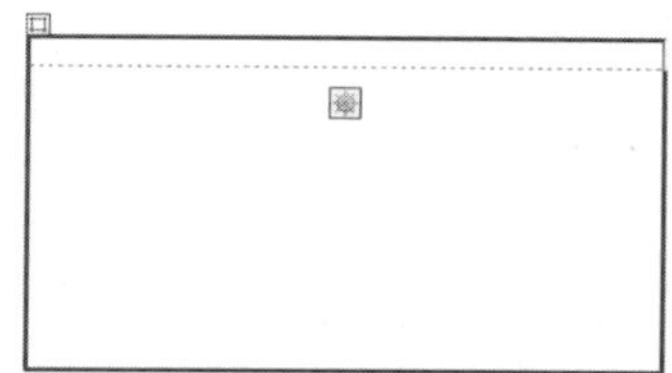

图 6-25　插入表单

⑤ 在红色区域表单中插入一个 3 行 2 列的表格，表格属性设置如图 6-26 所示。

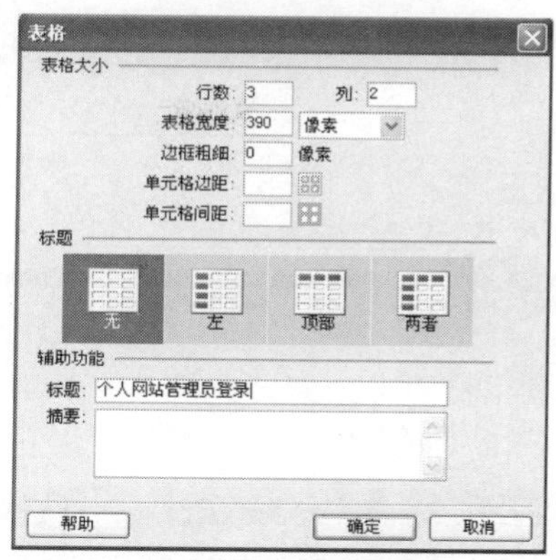


图 6-26　设置表格属性

⑥ 插入表格后如图 6-27 所示。

图 6-27　插入效果

⑦ 调整表格，并在表格各单元格内输入文字或插入表单对象，如图 6-28 所示。

图 6-28　布局表格内容

⑧ 选择“管理员”文本框，将其命名为 admin，并设置其他属性，如图 6-29 所示。

⑨ 选中文本字段 admin，打开“行为”面板，单击“添加行为”按钮 +，在弹出的下拉菜单中选择“设置文本”|“设置文本域文字”命令，打开“设置文本域文字”对话框，设置如图 6-30 所示。

说明　单个事件可以触发多个动作，从而构成一个动作链，实现复杂的事件响应。

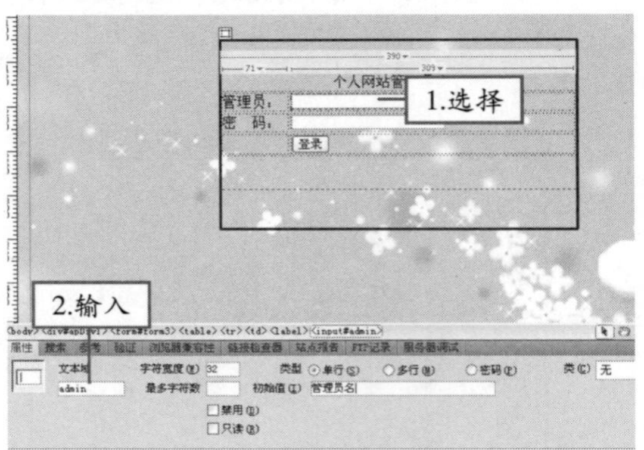

图 6-29 设置字段属性

图 6-30 “设置文本域文字”对话框

⑩ 在“新建文本”文本框中输入所需文字，如图 6-31 所示。

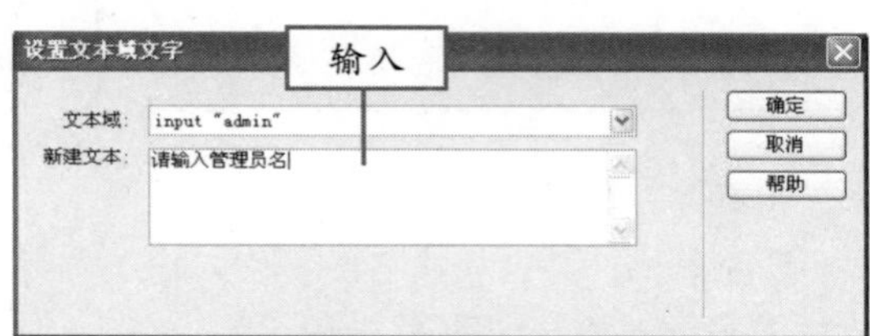


图 6-31 输入文字

⑪ 单击“确定”按钮返回到“行为”面板，将事件设置为 onMouseOver，完成设置文本域文件的制作，保存文档。按【F12】键进行预览，鼠标未经过文本域前的效果如图 6-32 所示。

图 6-32 鼠标未经过文本域时的效果

⑫ 当鼠标经过文本区域时，效果如图 6-33 所示。

图 6-33 鼠标经过文本域时的效果

## 6.3 表单的创建

表单作为接受客户端信息的重要方式，提供了浏览者与网站管理者之间的交互，是网页中常用的一种方式。

### 6.3.1 创建表单

下面介绍如何在 Dreamweaver CS4 中创建表单。新建或打开一个文档，可从中插入一个表单，具体操作步骤如下：

① 将光标定位于文档中要插入表单的位置。

② 选择“插入”面板中的“表单”选项，再单击“表单”按钮 表单 ；或单击“插入”|“表单”|“表单”命令（见图 6-34），即可在文档中插入一个表单域，如图 6-35 所示。



说明 表单由两部分组成：一部分是前台显示程序，另一部分是后台处理程序。

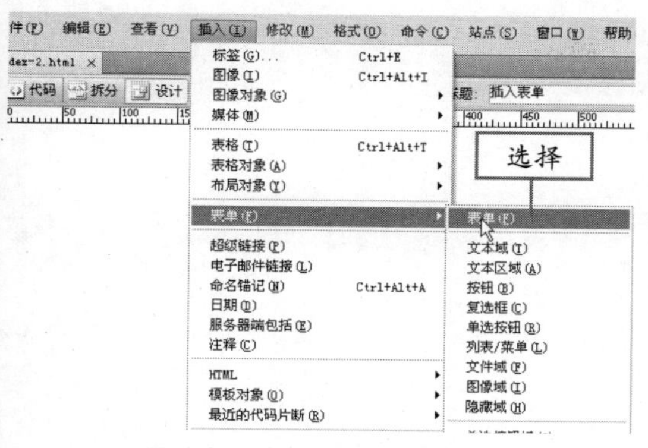


图 6-34　插入表单命令列表

图 6-35　插入表单域

## 6.3.2　插入文本域

在表单中插入文本字段后，浏览者便可以在网页中输入各种信息，常被用做“用户名”或“密码”文本框等。

### 1．插入文本域

在设计视图中插入“文本字段”对象的具体操作步骤如下：

① 在设计视图中，将光标定位于表单区域中。

② 单击“文本字段”按钮，打开“输入标签辅助功能属性”对话框，如图 6-36 所示。

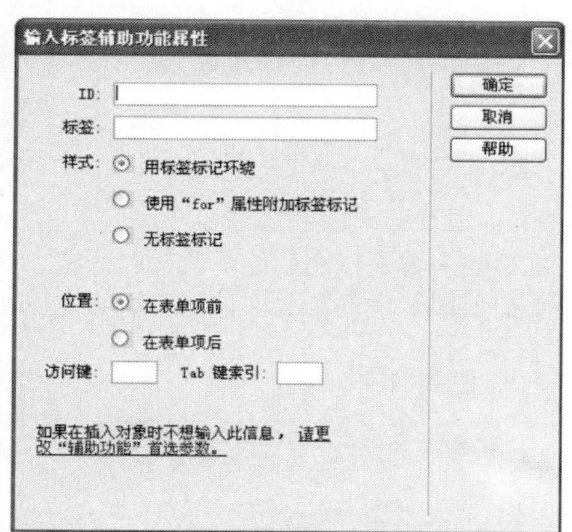

图 6-36　“输入标签辅助功能属性”对话框

③ 设置完成后单击“确定”按钮，即可在文档中插入一个文本字段，如图 6-37 所示。

图 6-37　插入文本字段

### 2．设置文本字段的属性

① 选择插入的文本字段，打开“属性”面板，其中显示了该“文本字段”的属性，如图 6-38 所示。

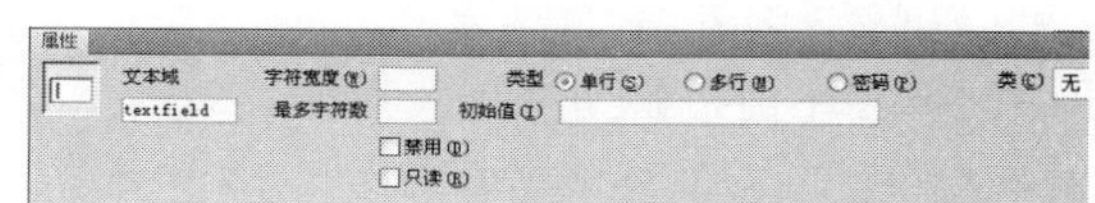

图 6-38　“文本字段”属性面板

说明　选定值是复选框被选中后控件的值，该值提交到服务器后被应用程序处理。

② 在“类型”选项组中选择“密码”单选按钮，即当用户在密码文本域中输入内容后，输入的内容显示为项目符号或星号，如图 6-39 所示。

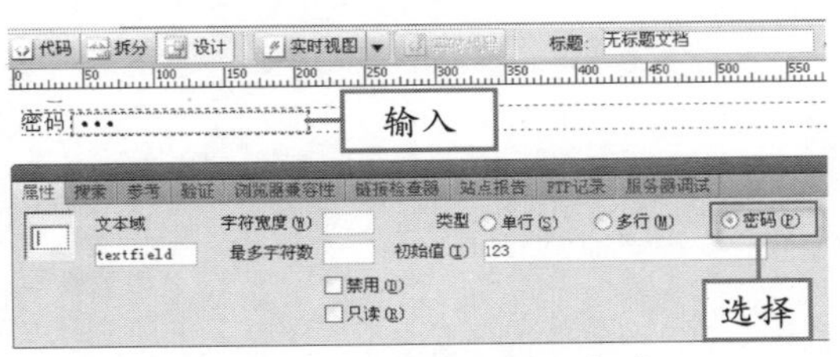


图 6-39　设置密码显示方式

③ 选中“多行”单选按钮，则会在“属性”面板中显示“初始值”列表框，如图 6-40 所示。

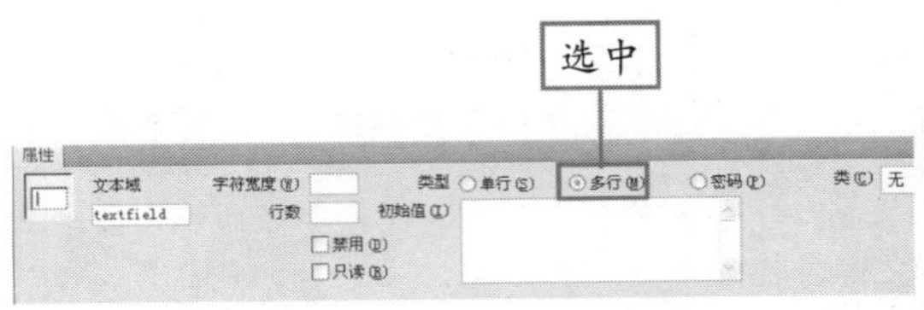


图 6-40　显示“初始值”列表框

## 6.3.3 插入复选框和单选按钮

### 1. 插入复选框

在网页中应用复选框，可为用户提供多个选项，用户可选择其中的一项或多项。下面将详细介绍如何插入复选框及其属性设置。

在文档中插入复选框的具体操作步骤如下：

① 在设计视图下，将光标放置在表单区域内。

② 选择“插入”面板中的“表单”选项，单击其中的“复选框”按钮 复选框，或单击“插入”|“表单”|“复选框”命令，打开“输入标签辅助功能属性”对话框，如图 6-41 所示，从中设置各选项，然后单击“确定”按钮，将复选框插入到文档中。

③ 重复步骤 2，插入多个复选框。

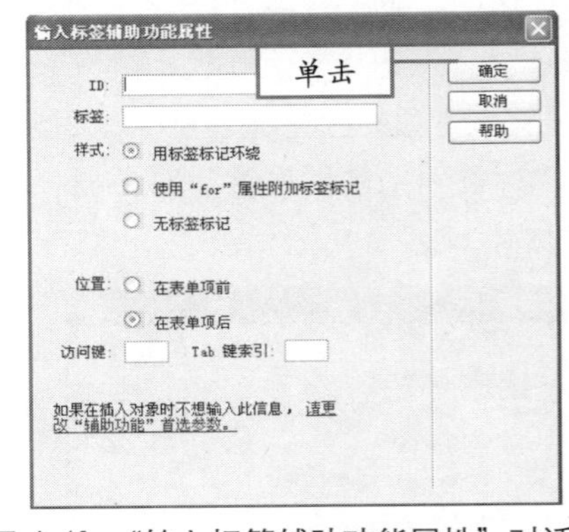


图 6-41　“输入标签辅助功能属性”对话框

④ 选择文档中的复选框，打开“属性”面板，从中可进行有关复选框选项的设置，如图 6-42 所示。

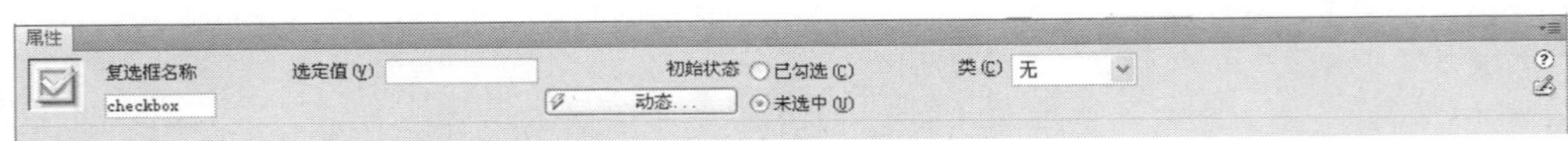

图 6-42　设置“复选框”属性

#### 复选框名称

可以在该文本框中为复选框输入一个名称（此名称不能包含空格或特殊字符），需要注意的是，每个复选框都必须有唯一的名称。

#### 选定值

设置在该复选框被选中时发送给服务器的值。

#### 初始状态

设置在浏览器中载入表单时，该复选框是否被选中。



说明　通常“单选按钮”均成组地使用，且一组“单选按钮”必须具有同一名称。

## 2. 插入单选按钮

如果要求浏览者只能从一组选项中选择一个选项时，可以使用“单选按钮”对象。若要在“插入”面板中插入“单选按钮”对象，可参照如下步骤操作：

1. 在设计视图中，将光标定位于表单区域中相应的位置。
2. 单击“插入”面板“表单”选项中的“单选按钮”按钮 单选按钮，或单击“插入”|“表单”|“单选按钮”命令，在打开的对话框中设置各选项。
3. 设置完成后，单击“确定”按钮，即可在文档表单区域中插入一个单选按钮。

若要同时插入多个单选按钮，可单击“插入”面板“表单”选项卡中的“单选按钮组”按钮 单选按钮组，打开“单选按钮组”对话框，如图 6-43 所示。

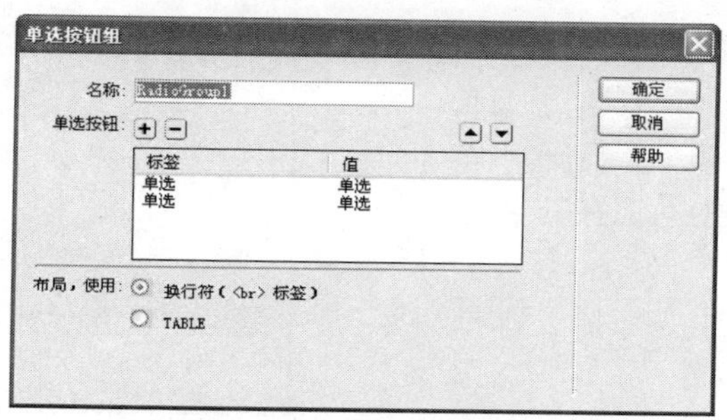


图 6-43 “单选按钮组”对话框

### 名称

可以在文本框中输入一个名称，为该单选按钮组命名。

### 加号⊞和减号⊟按钮

用以向组中添加或删除一个单选按钮。

### “标签”和“值”

“标签”用于为插入的单选按钮命名，该名称在网页中可以显示；“值”用于输入一个提交给服务器处理的值，浏览者无法看到该值。

### ▲和▼按钮

选择一个单选按钮，单击▲或▼按钮可以重新排序。

选择“单选按钮”，打开“属性”面板，可以从中设置“单选按钮”的各选项，如图 6-44 所示。

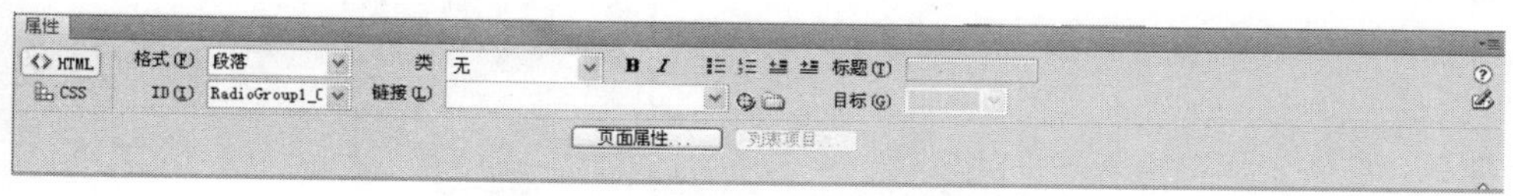


图 6-44 设置“单选按钮”的属性

### 单选按钮

在“单选按钮”文本框中为该对象指定一个名称。对于单选按钮组，必须共用同一名称，才能实现多个“单选按钮”的互斥。

### 选定值

设置单选按钮被选中时发送给服务器的值。

### 初始状态

确定在浏览器中载入表单时，该单选按钮是否被选中。

列表和菜单的作用与单选按钮相似。 说明

## 6.3.4 插入列表和菜单

表单对象“列表/菜单”有两种形式：一种为“列表”形式，另一种为“菜单”形式。在应用过程中，可以根据需要选择一种形式。下面介绍有关“列表/菜单”对象的应用。

### 1. 插入列表/菜单

在设计视图中插入“列表/菜单”对象的具体操作步骤如下：

① 在文档中将光标定位于表单域内。

② 单击“插入”面板“表单”选项中的“列表/菜单”按钮，或单击“插入”|“表单”|“列表/菜单”命令，打开“输入标签辅助功能属性”对话框，可以在其中设置各选项，如图 6-45 所示。

③ 设置完成后，单击“确定”按钮插入列表/菜单。

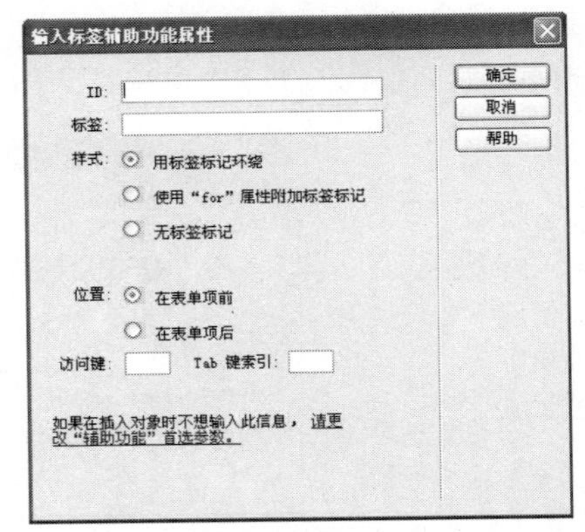


图 6-45 “输入标签辅助功能属性”对话框

### 2. 设置列表/菜单的属性

在文档中插入列表/菜单对象后，其菜单选项的添加可以在“属性”面板中完成。

① 选择列表/菜单，打开“属性”面板，如图 6-46 所示。

图 6-46 设置列表/菜单属性

② 若要将插入的列表/菜单以菜单的形式显示，可以在“属性”面板中设置各个选项如下：

**列表/菜单**：在文本框中输入唯一的名称。

**类型**：选择“菜单”单选按钮，级联菜单可以以下拉列表框的形式显示，如图 6-47 所示。

③ 若选择“列表”单选按钮，所有菜单以带滚动条的列表框的形式显示，如图 6-48 所示。

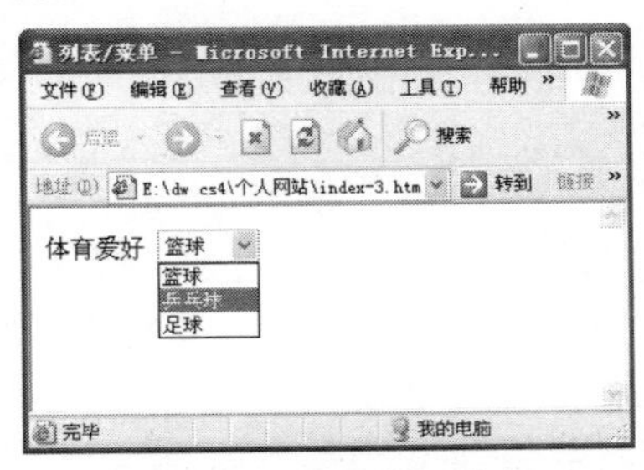


图 6-47 “菜单”形式

**高度**：设置网页中的菜单可同时显示的选项数目，可在文本框中确定其值。此项只在“列表”形式下可用。


说明 文本按钮是标准的浏览器默认按钮样式，它包含需要显示的文本。

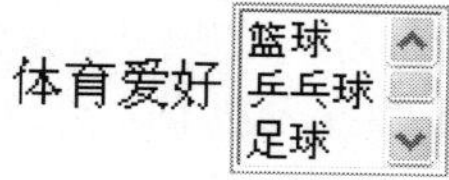


图 6-48　“列表”形式

**选定范围**：指定用户是否可以从列表中选择多个项，只用于“列表”形式下。

**列表值**：单击该按钮，打开“列表值”对话框（见图 6-49），可以在该对话框中向菜单中添加菜单项。

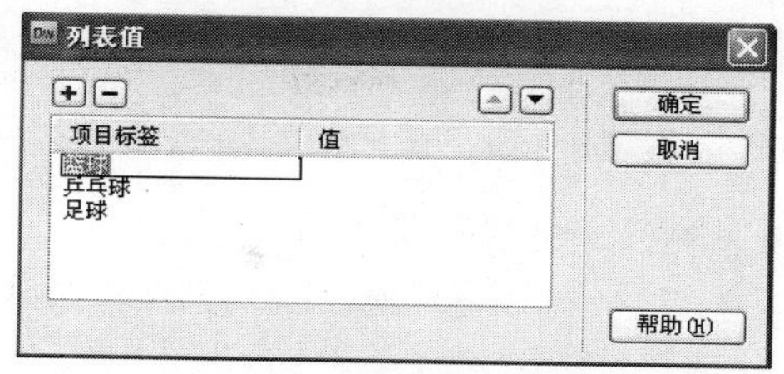


图 6-49　“列表值”对话框

**初始化时选定**：设置列表中默认选择的菜单项，可根据需要进行设置。

## 6.3.5　插入按钮

通过脚本的支持，单击相应的按钮，可以将表单信息提交到服务器，或者重置该表单。标准表单按钮带有“提交”、“重置”或“发送”标签，用户还可以根据需要分配其他已经在脚本中定义的处理任务。

### 1. 插入按钮

表单中的按钮一般放置在表单的最后，用于实现相应的操作，如提交、重置等。在文档中插入“按钮”对象的具体操作步骤如下：

① 在设计视图中，将光标定位于表单区域相应的位置。

② 单击“插入”面板“表单”选项中的“按钮”按钮［按钮］，在打开的对话框中设置相应的选项，即可在文档表单区域中插入一个按钮。

### 2. 设置按钮属性

选择相应的按钮，打开“属性”面板，如图 6-50 所示。

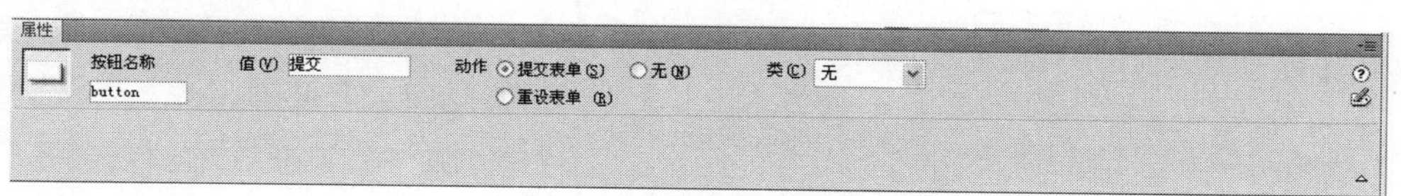


图 6-50　设置“按钮”属性

**值**

显示在按钮上的说明文字，如“提交”按钮［提交］。

**动作**

选择其中的选项决定按钮可以实现的特定功能，如“提交表单”、“重设表单”、“无”。

## 6.3.6　创建跳转菜单

在浏览器中浏览含有跳转菜单的网页时，单击菜单旁边的下拉按钮▼，在弹出的下拉菜单中选择所需项目，即可跳转到相应的网页上去。该功能在 Dreamweaver CS4 中可以通过“跳转菜单”来实现。下面将详细介绍“跳转菜单”的应用方法。

跳转菜单的主要作用是控制页面的链接与跳转。　说明在 Dreamweaver CS4 中插入“跳转菜单”对象的具体操作步骤如下：

① 将光标定位于文档中合适的位置。

② 单击“插入”面板“表单”选项中的“跳转菜单”按钮［跳转菜单］，或单击“插入”|“表单”|“跳转菜单”命令，打开“插入跳转菜单”对话框，如图 6-51 所示。

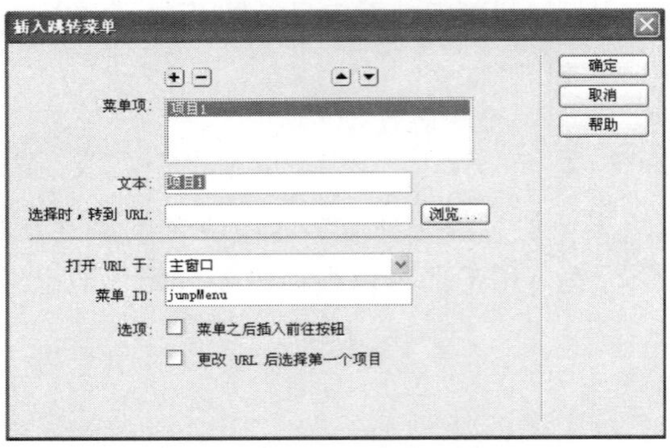


图 6-51 “插入跳转菜单”对话框

③ 在“插入跳转菜单”对话框中，可设置各个选项。

④ 在“选择时，转到 URL”文本框中输入菜单项名称所对应网站的网址，如图 6-52 所示。

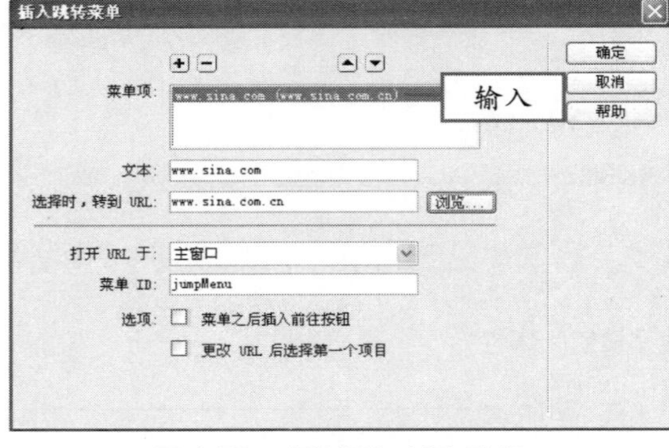


图 6-52 直接添加 URL 路径

⑤ 也可以单击“浏览”按钮［浏览...］，在打的“选择文件”对话框中选择一个本地文件为链接的目标，如图 6-53 所示。

图 6-53 “选择文件”对话框

**知识点拨**

打开 URL 于：可以在此下拉列表框中选择文件打开的窗口，如选择“主窗口”选项，可以使目标文件在同一窗口中打开。

菜单 ID：可以为菜单命名，以便于被脚本程序调用。

选项：如果选中了“菜单之后插入前往按钮”复选框，则会在跳转菜单的后面添加一个“前往”按钮，如图 6-54 所示。

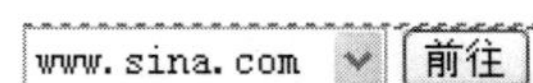


图 6-54 插入“前往”按钮

## 6.4 综合实战——添加行为

下面将制作一个添加行为的网页，具体操作步骤如下：

① 新建一个空白文档，并在“标题”文本框中输入“行为制作实例”，如图 6-55 所示。

② 在“行为”面板中单击“设置文本”|“置状态栏文本”命令，在打开的“设置状态文本”对话框中设置参数，如图 6-56 所示。



说明 表单的工作原理其实就是典型的客户端/服务器关系模式。

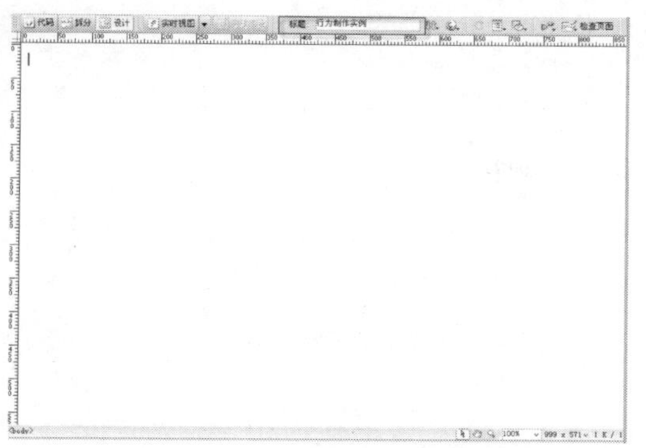

图 6-55　设置标题文本

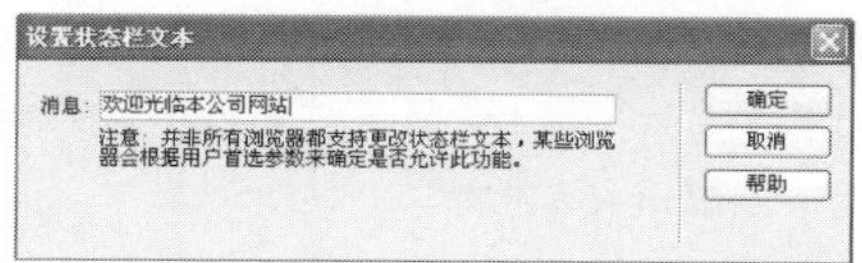


图 6-56　“设置状态栏文本”对话框

③ 用表格等元素布局网页素材文件为 6/buju.htm，网页布局如图 6-57 所示。

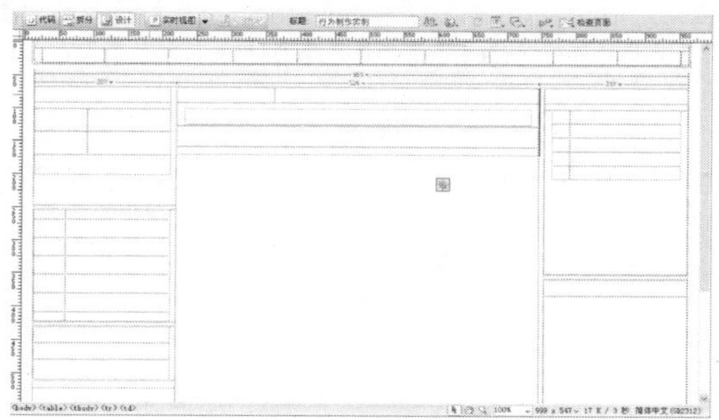

图 6-57　网页布局

④ 插入文本元素与图片元素后效果如图 6-58 所示。

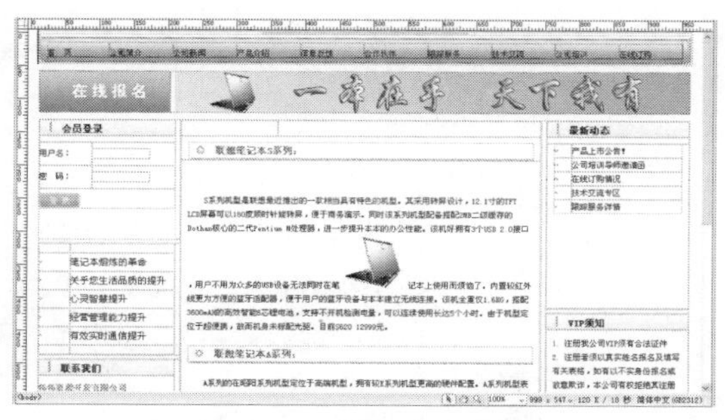

图 6-58　插入网页元素

⑤ 选中“首页”文字后，单击“属性”面板中的“浏览文件”按钮，在打开的对话框中设置参数如图 6-59 所示，为“首页”文字添加链接。

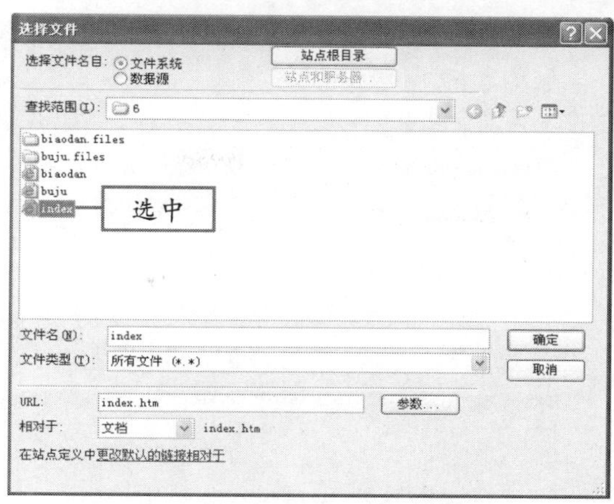


图 6-59　为首页文字添加链接

⑥ 重复步骤 5 的添加链接操作，为导航条的所有文字添加链接。选中如图 6-60 所示的图片，为图片添加链接。

图 6-60　为图片添加链接

⑦ 单击“属性”面板中的“浏览文件”按钮，设置参数如图 6-61 所示，为选中的图片添加链接。

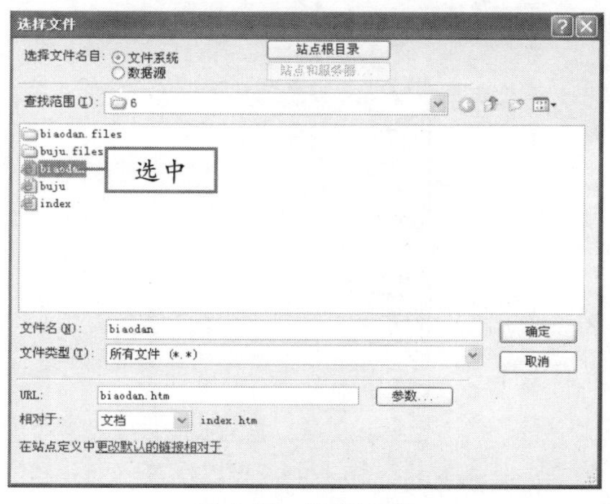


图 6-61　选择文件

用于处理表单数据的服务器端技术主要有 Macromedia ColdFusion、ASP 和 PHP。 说明

⑧ 选中要在新的浏览器窗口中打开的图片，如图 6-62 所示。

图 6-62　选择要添加行为的图片

⑨ 单击“添加行为”按钮，在弹出的下拉菜单中选择“打开浏览器窗口”命令，在打开的“选择文件”对话框中选择图片，如图 6-63 所示。

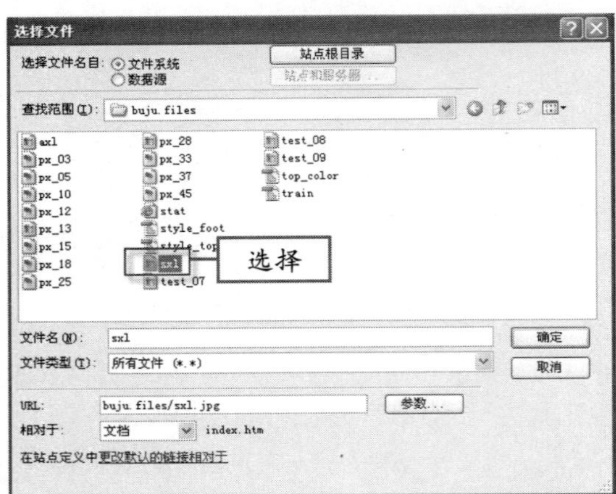


图 6-63　选择图片

⑩ 在“行为”面板上为其设置行为，如图 6-64 所示。

图 6-64　设置行为

⑪ 选择弹出提示信息的图片，如图 6-65 所示。

图 6-65　选择弹出提示信息的图片

⑫ 单击“行为”面板中的“添加行为”按钮在弹出的下拉菜单中选择“弹出信息”命令，在打开的“弹出信息”对话框中输入弹出的信息，如图 6-66 所示。

图 6-66　“弹出信息”对话框

⑬ 单击“确定”按钮，在“行为”面板中为“弹出信息”设置相应的事件，如图 6-67 所示。

图 6-67　设置弹出信息事件

⑭ 弹出信息设置完成后，按【F12】键保存并预览效果，如图 6-68 所示。

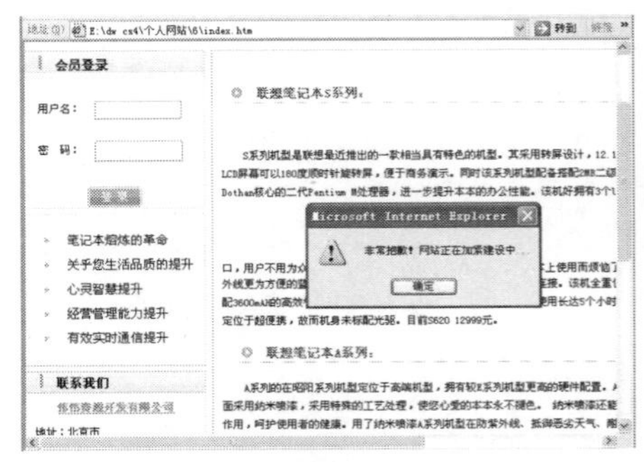


图 6-68　弹出信息预览


**说明**　URL 的长度应限制在 8 192 个字符内，否则将会导致意外或失败的处理效果。

⑮ 在 index.htm 制作完成后，为其中的“在线报名”制作报名页，其中布局如图 6-69 所示（布局源文件为 6/biaodanbuju.htm）。

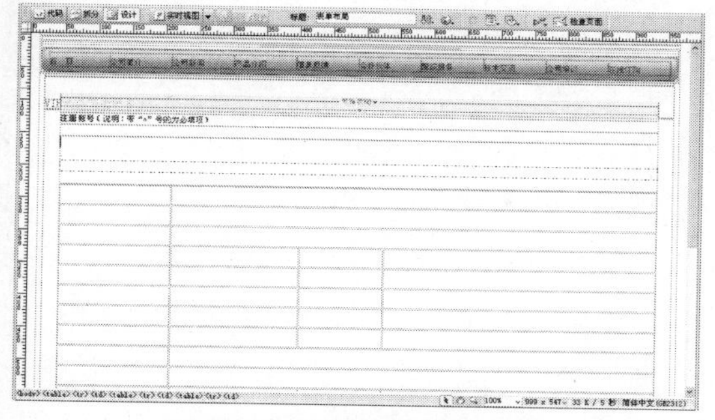

图 6-69　布局在线报名页面

⑯ 单击“插入”|“表单”|“表单”命令，插入一个表单，然后在表单中单击“插入”|“表单”|“单选按钮组”命令，插入单选按钮组，如图 6-70 所示。

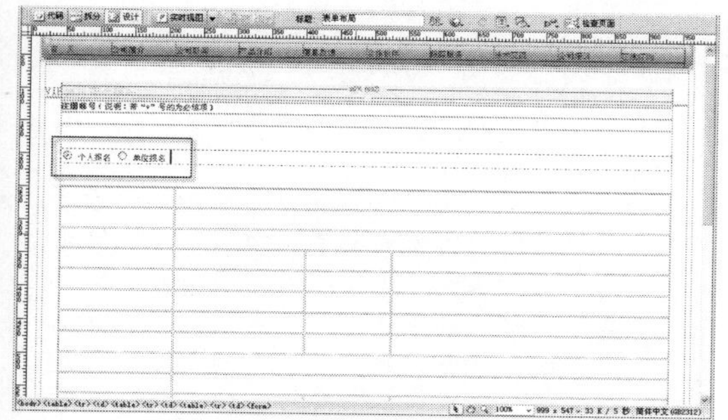

图 6-70　插入单选按钮组

⑰ 在申请 VIP 会员时需要提交姓名等文本信息，这里就需要插入文本域，单击“插入”|“表单”|“文本域”命令，插入后的效果如图 6-71 所示。

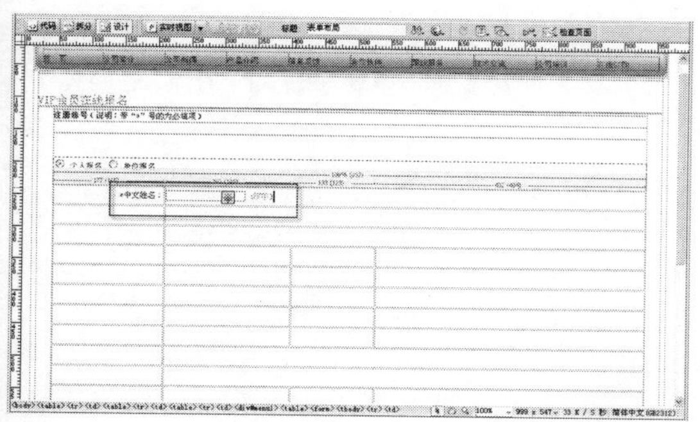

图 6-71　插入文本域

⑱ 单击“插入”|“表单”|“列表/菜单”命令插入表单，如图 6-72 所示。

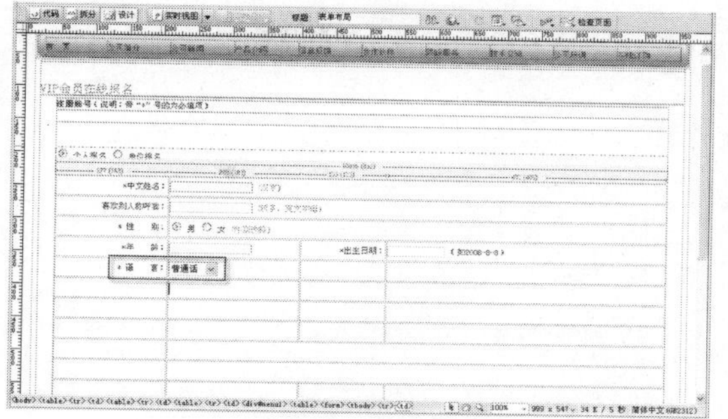

图 6-72　插入列表/菜单

**知识点拨**

其他列表/菜单插入方法同上，这里不再赘述。

⑲ 单击“插入”|“表单”|“文本区域”命令，在其中插入文本区域，如图 6-73 所示。

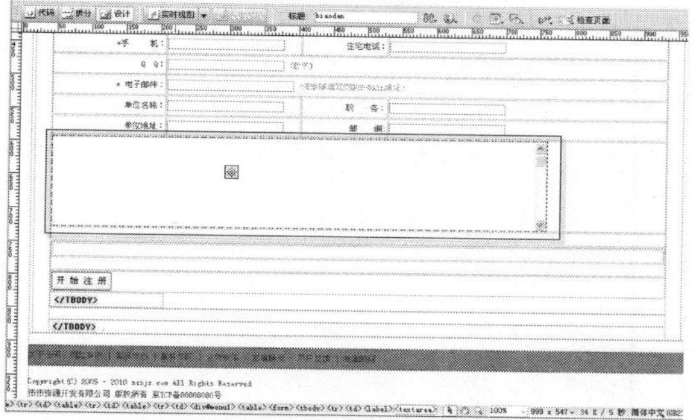

图 6-73　插入文本区域

⑳ 选中新插入的文本区域，在“属性”面板的“初始值”中输入内容，如图 6-74 所示。

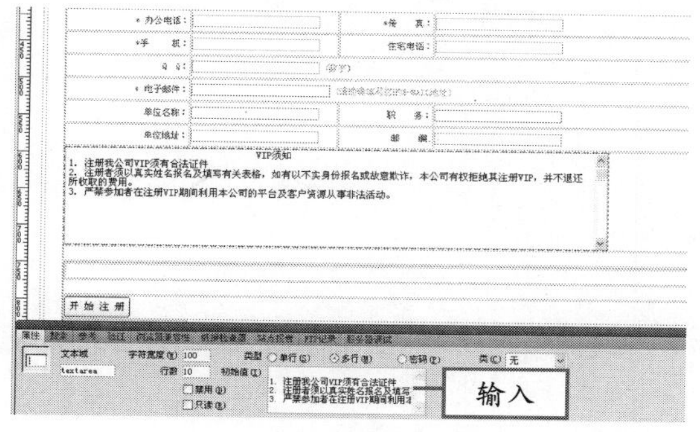


图 6-74　设置文本区域

表单域表明了表单元素的填充范围，只有在表单域中的内容才能作为表单的一部分。　说明

㉑ 单击“插入”|“表单”|“按钮”命令，在其中插入按钮，如图 6-75 所示。

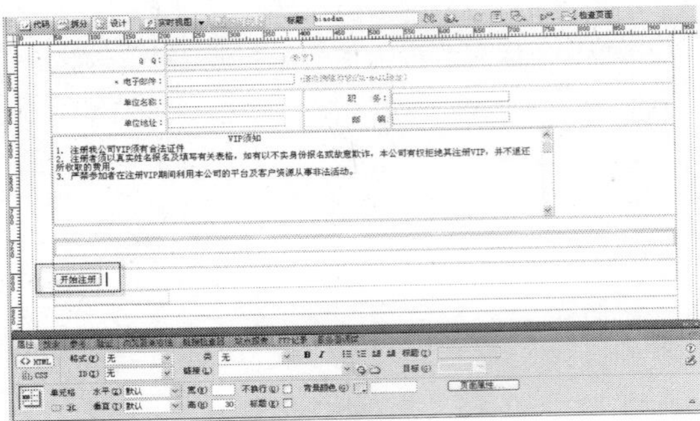

图 6-75　插入按钮

㉒ 按【F12】键保存并预览，效果如图 6-76 所示。

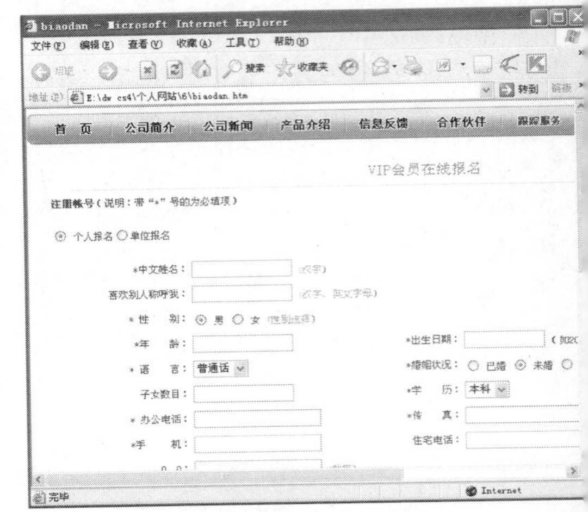


图 6-76　预览效果

读书笔记

说明　要修改选定动作的属性，可在“行为”面板右栏中直接双击相应行为的动作。

# 第7章 创建动态交互网页

- 搭建服务器平台
- 创建数据库
- 连接数据库
- 显示数据库

Yoyo，我想在网页上制作一个留言板，怎么制作呢？

这是动态交互网页，应该需要创建和连接数据库，还是请教一下大龙哥吧！

是的，创建动态交互网页需要搭建服务器平台，并要创建和连接相应的数据库来实现信息交互。本章我们就来学习一下有关动态交互网页的知识吧！

# 7.1 搭建服务器平台

网站制作完成后，需要专门的平台进行测试。下面向读者介绍如何设置动态网页的测试平台。

## 7.1.1 IIS的安装

如果系统是Windows 2000 Server或者Windows 2000 Advance版本，则无须安装IIS，其他版本的系统，则需要用户手动安装IIS管理器。具体操作步骤如下：

① 单击“开始”|“设置”|“控制面板”命令，在打开的“控制面板”窗口中双击“添加/删除程序”图标，打开“添加或删除程序”窗口，如图7-1所示。

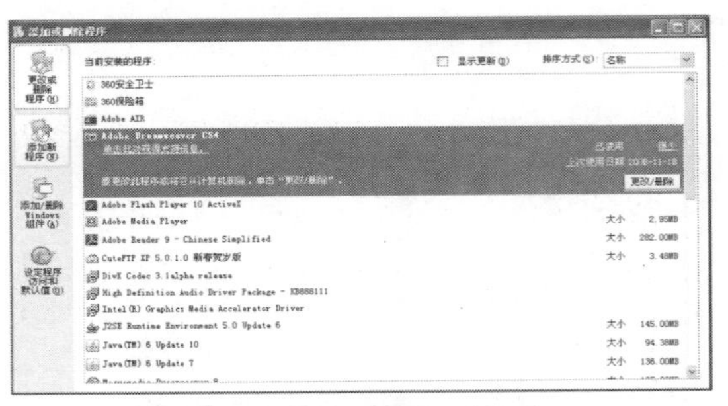

图7-1 “添加或删除程序”窗口

② 在“添加或删除程序”窗口中单击“添加/删除Windows组件”按钮，弹出如图7-2所示的“Windows组件向导”对话框。

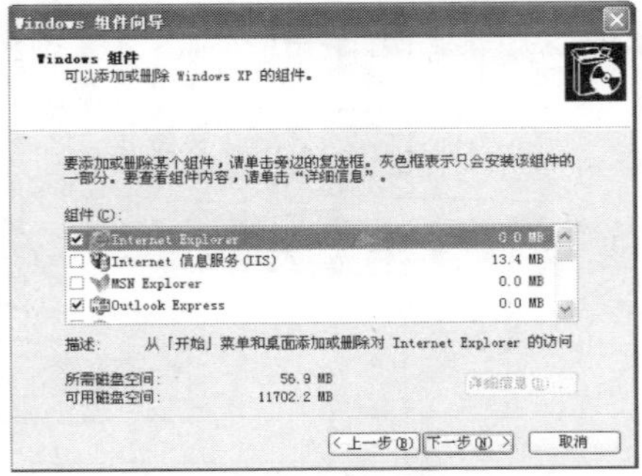

图7-2 “Windows组件向导”对话框

③ 在该对话框的“组件”列表框中选择“Internet信息服务（IIS）”选项，如图7-3所示。

④ 单击“下一步”按钮，打开“正在配置组件”对话框，用户只需选择安装文件所在的位置即可安装，如图7-4所示。

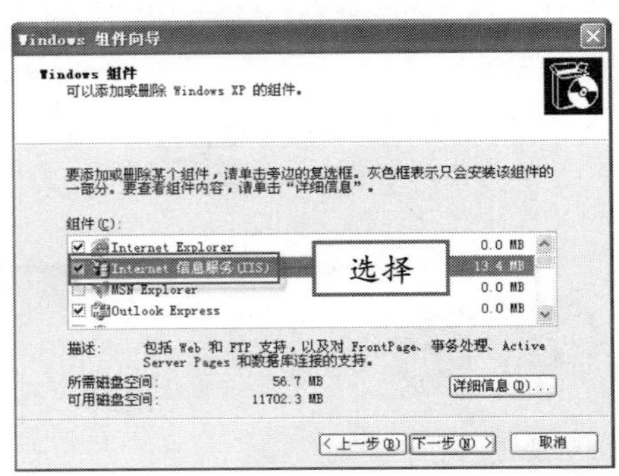


图7-3 “Windows组件”对话框

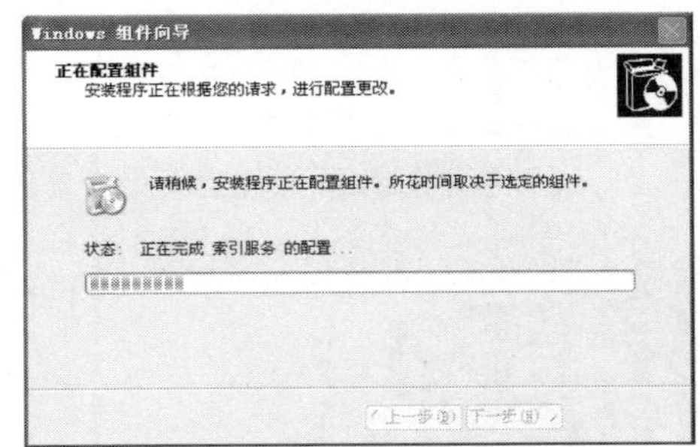

图7-4 “正在配置组件”对话框

⑤ 单击“下一步”按钮完成安装，打开“完成‘Windows组件向导’”对话框，如图7-5所示。

图7-5 “完成‘Windows组件向导’”对话框

⑥ 单击“完成”按钮，完成IIS的安装。


说明 IIS可以在系统盘中直接安装，也可以从相关网站下载安装。

## 7.1.2 配置服务器

### 1. 设置虚拟目录

① 在盘符下新建一个名为 HWS 的文件夹。

② 单击“开始”|“设置”|“控制面板”命令，在打开的“控制面板”窗口中双击“管理工具”图标，如图 7-6 所示。

图 7-6　双击“管理工具”图标

③ 在打开的“管理工具”窗口中双击“Internet 信息服务”图标，打开如图 7-7 所示的“Internet 信息服务”窗口。

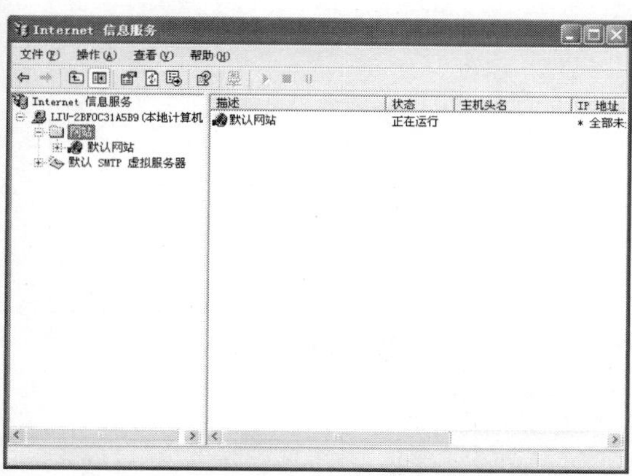

图 7-7　“Internet 信息服务”窗口

④ 右击“默认网站”选项，在弹出的快捷菜单中选择“新建”|“虚拟目录”命令，如图 7-8 所示。

⑤ 在打开的“虚拟目录创建向导”对话框中单击“下一步”按钮，如图 7-9 所示。

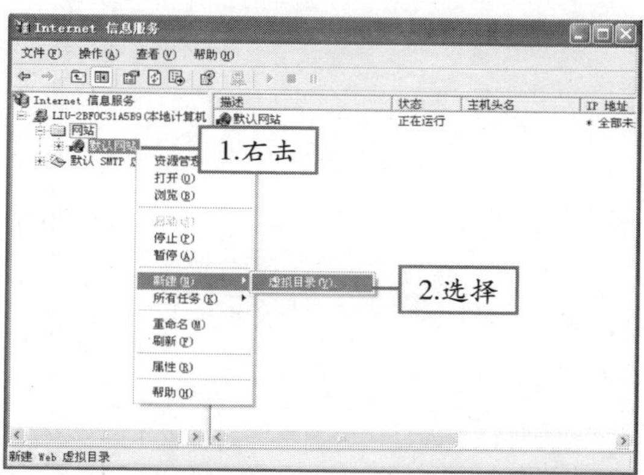


图 7-8　选择“新建”|“虚拟目录”命令

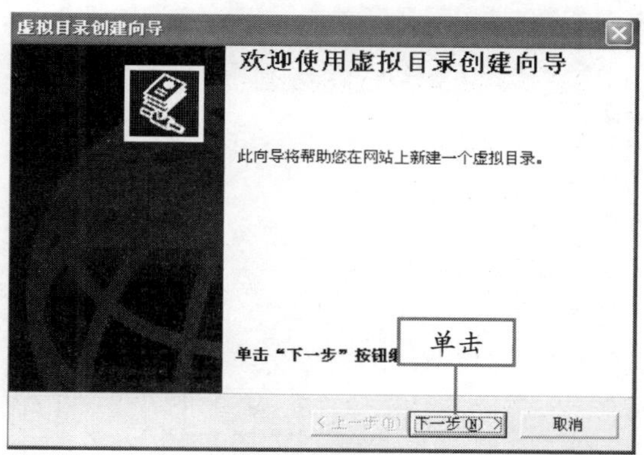


图 7-9　“虚拟目录创建向导”对话框

⑥ 在打开的“虚拟目录别名”对话框中设置虚拟目录别名，如图 7-10 所示，然后单击“下一步”按钮。

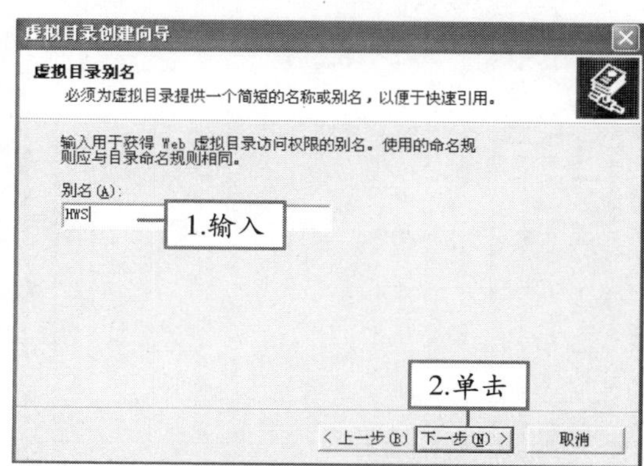


图 7-10　“虚拟目录别名”对话框

说明　虚拟目录是用户存放测试网站的文件夹。

⑦ 在打开的“网站内容目录”对话框中设置网站内容存放的位置，如图 7-11 所示，单击“下一步”按钮。

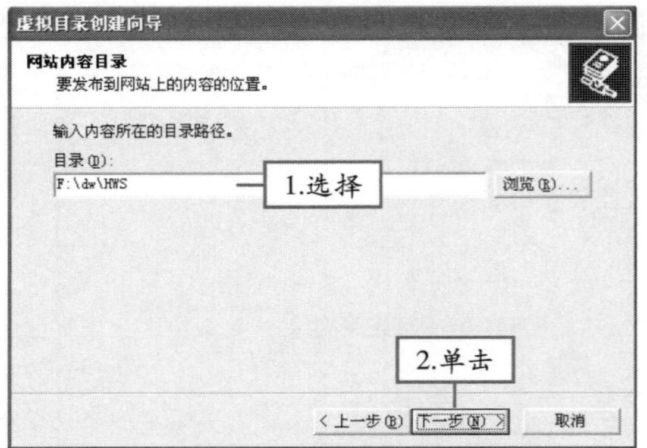


图 7-11 “网站内容目录”对话框

⑧ 在打开的“访问权限”对话框中设置访问权限，如图 7-12 所示，单击“下一步”按钮。

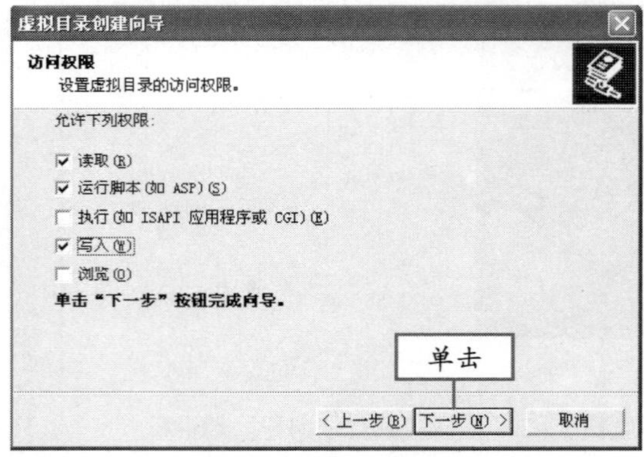


图 7-12 “访问权限”对话框

⑨ 设置完成，结果如图 7-13 所示。

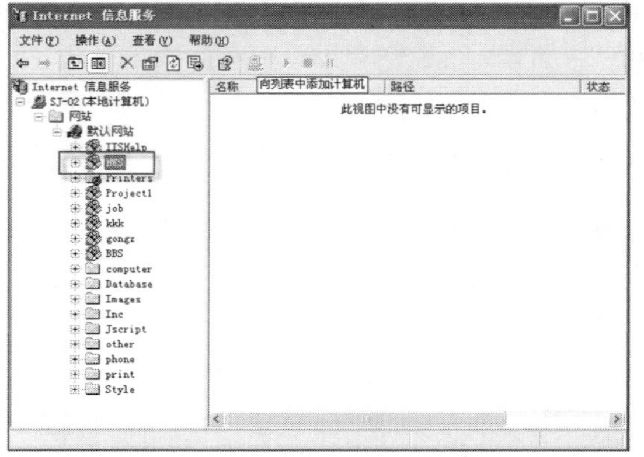


图 7-13 虚拟目录设置完成

⑩ 右击“默认网站”选项，在弹出的快捷菜单中选择“站点”|“新建站点”命令，在打开的对话框中设置参数，如图 7-14 所示。

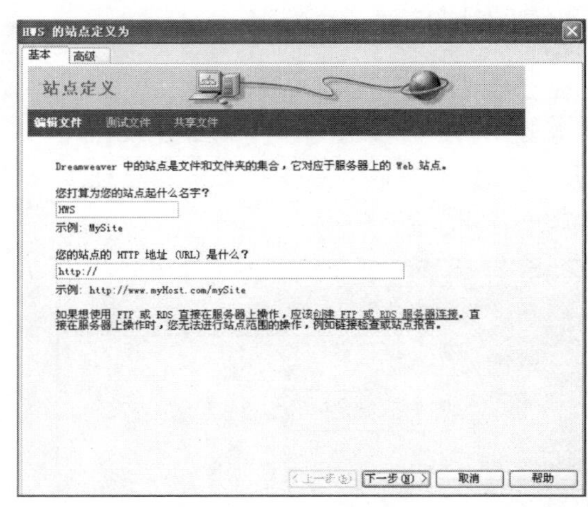


图 7-14 站点定义

⑪ 设置完成后单击“下一步”按钮，在打开的对话框中保持默认设置，如图 7-15 所示。

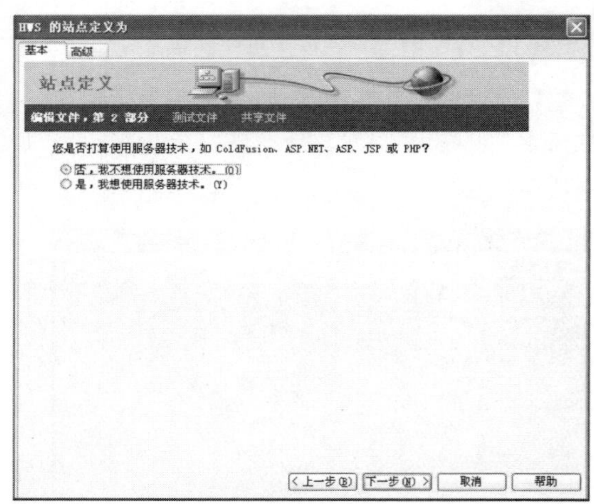


图 7-15 编辑文件第 2 部分

**知识点拨**

若用户是在本地计算机上进行网站测试，则选择第一项即可。

⑫ 单击“下一步”按钮，在打开的对话框中根据所建站点的位置选择文件的存储路径，如图 7-16 所示。

⑬ 单击“下一步”按钮，在打开的对话框中的共享文件中进行设置，如图 7-17 所示。



**说明** 虚拟目录的默认位置在 C 盘，但用户可以根据需要进行更改。

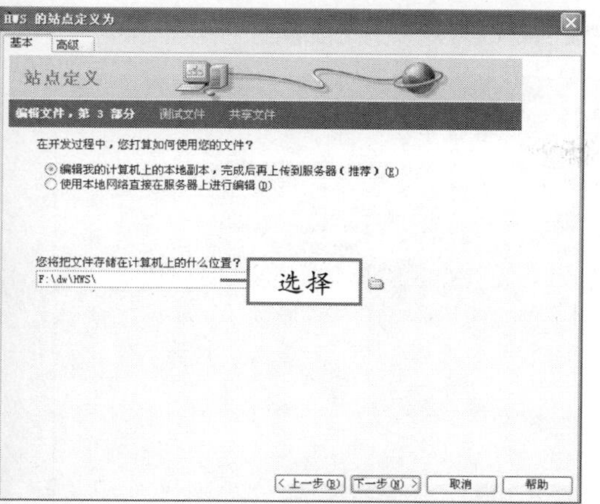


图 7-16　选择文件存储路径

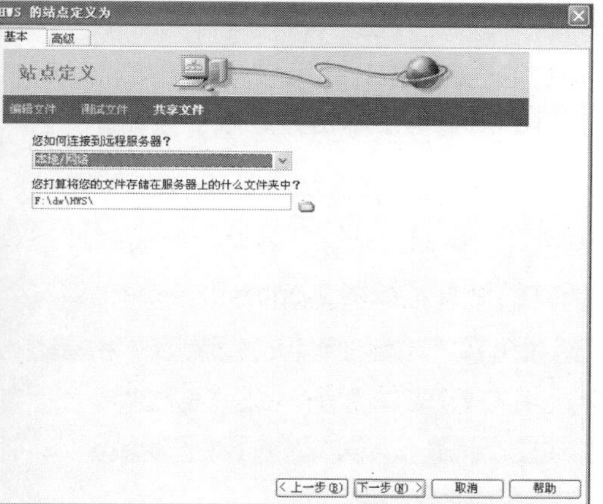


图 7-17　共享文件设置

⑭ 单击“下一步”按钮，在打开的对话框中进行所需的设置，如图 7-18 所示。

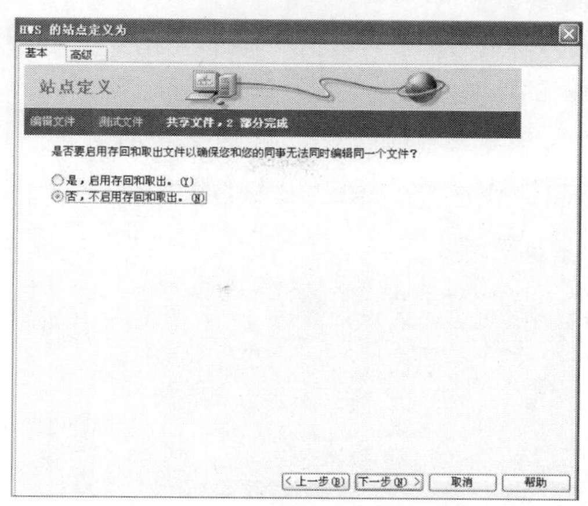


图 7-18　共享文件 2 设置

⑮ 单击“下一步”按钮，打开站点定义设置的总结对话框，如图 7-19 所示，单击“完成”按钮即可。

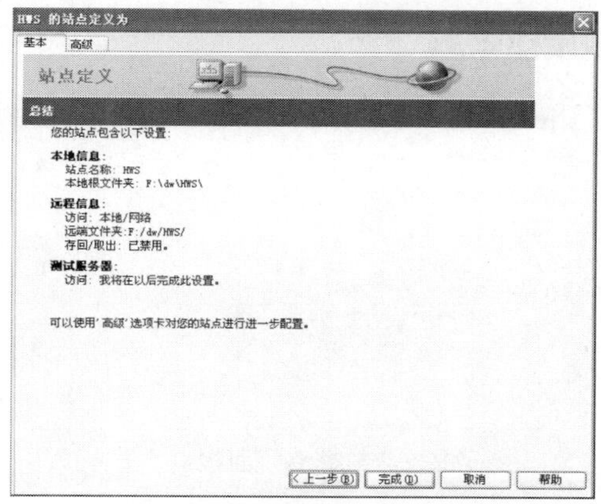


图 7-19　站点定义设置总结

## 编辑站点

在创建站点并设置虚拟目录后，即可根据实际需要编辑站点，具体操作步骤如下：

① 打开 Dreamweaver CS4，并打开“文件”面板，如图 7-20 所示。

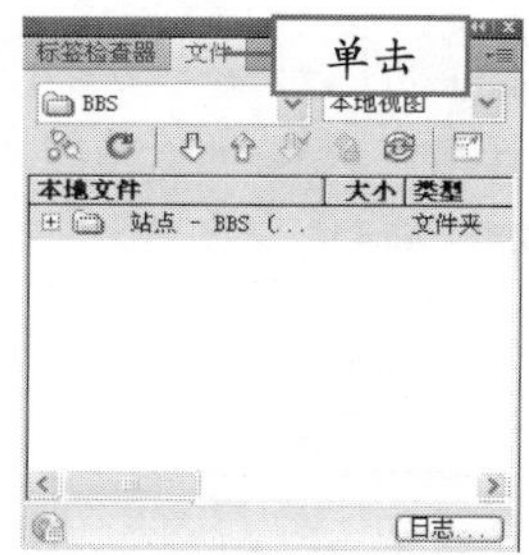


图 7-20　“文件”面板

② 在“文件”面板中选择相应的站点，并选择“管理站点”选项，如图 7-21 所示。

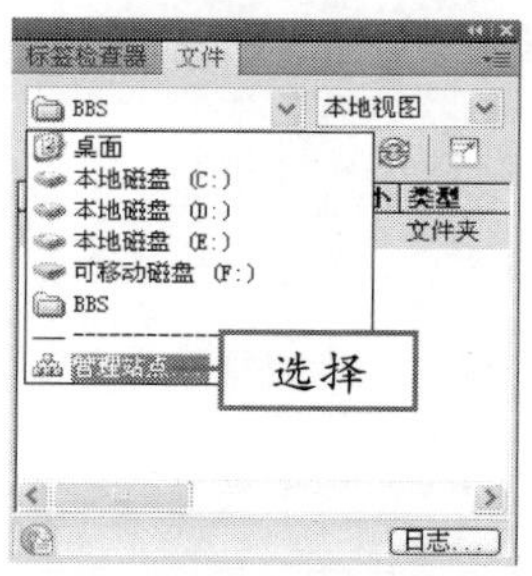


图 7-21　选择“管理站点”选项

说明　用户在 Dreamweaver 中新建站点时，可以将其直接建立在虚拟目录中。

③ 在打开的对话框中单击“编辑”按钮，弹出“BBS 的站点定义为”对话框，选择“高级”选项卡，并设置本地信息，如图 7-22 所示。

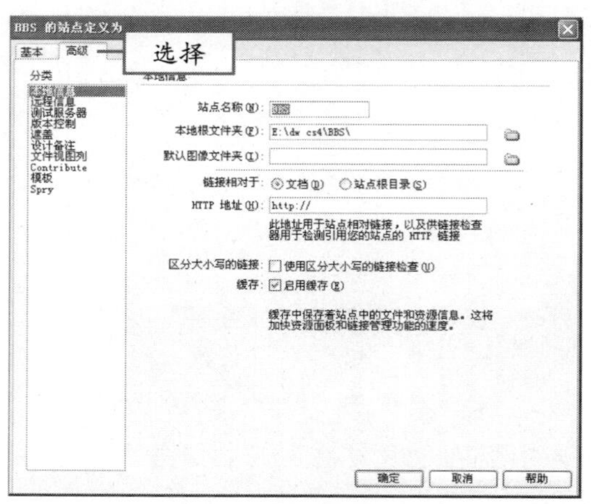


图 7-22　设置“本地信息”

④ 设置远程信息，如图 7-23 所示。

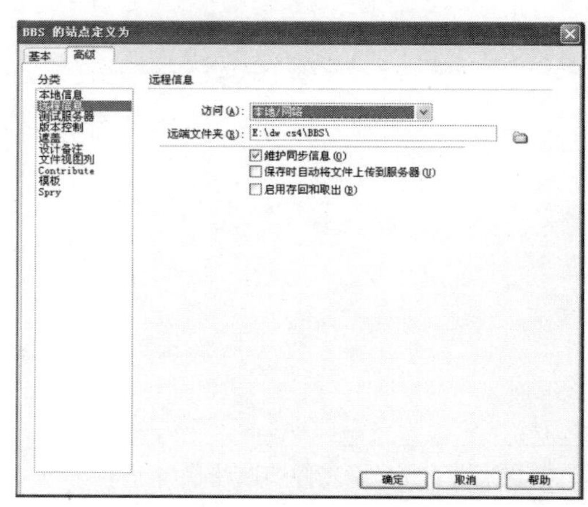


图 7-23　设置“远程信息”

⑤ 单击“确定”按钮，完成服务器编辑，然后在打开的对话框中单击“完成”按钮即可。

### 3. 测试服务器

① 在 Dreamweaver CS4 中，单击“窗口”|“数据库”命令，打开“数据库”面板，如图 7-24 所示。

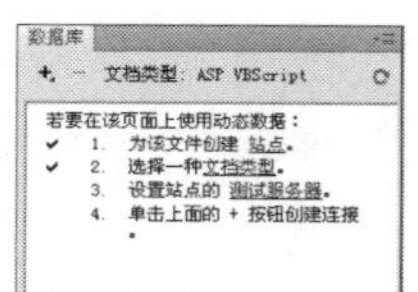


图 7-24　“数据库”面板

② 单击“数据库”面板中的“测试服务器”超链接，打开“BBS 的站点定义为”对话框，在“基本”选项卡中进行所需的设置，如图 7-25 所示。

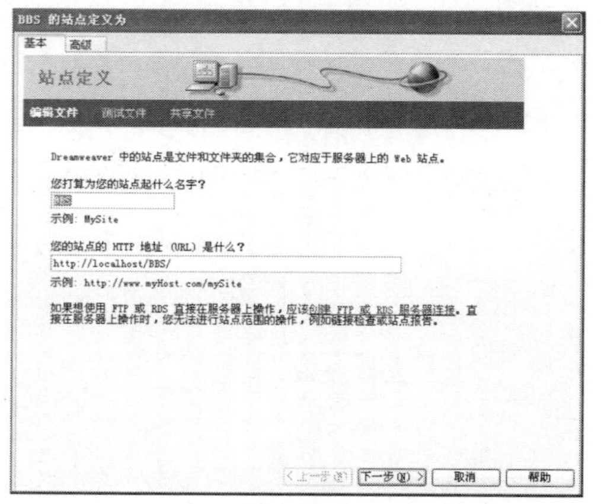


图 7-25　“编辑文件”选项设置

③ 单击“下一步”按钮，在打开的对话框中进行所需的设置，如图 7-26 所示。

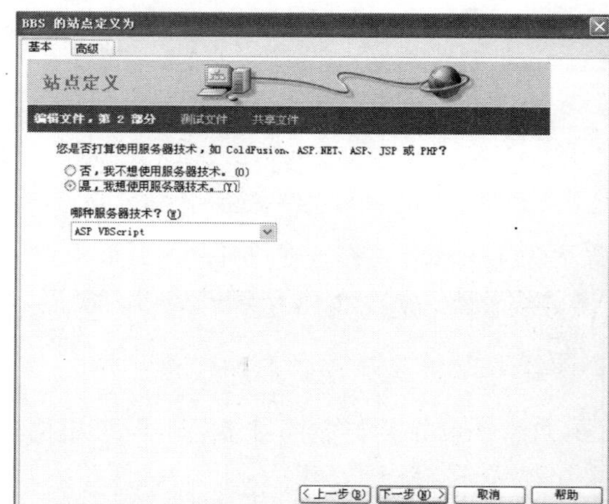


图 7-26　“编辑文件，第 2 部分”设置

在此，用户需要选择相应的编程语言，目前流行的编程语言为 ASP 和.NET。

④ 单击“下一步”按钮，在打开的对话框中进行如图 7-27 所示的设置。

⑤ 单击“下一步”按钮，在打开的对话框中进行如图 7-28 所示的设置。



说明　用户也可以将制作的站点全部复制到虚拟目录中进行测试。

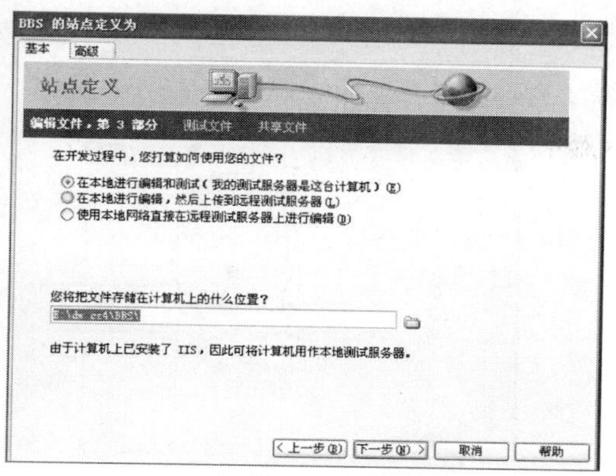


图 7-27　“编辑文件，第 3 部分”设置

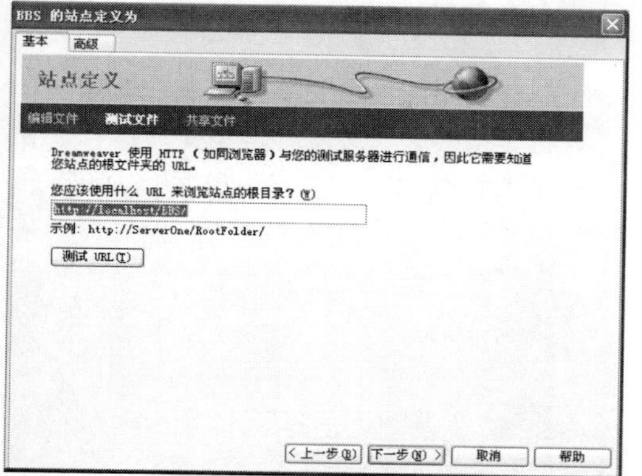


图 7-28　“测试文件”设置

⑥ 单击“测试文件”对话框中的“测试 URL”按钮，如果成功则打开如图 7-29 所示的提示框。

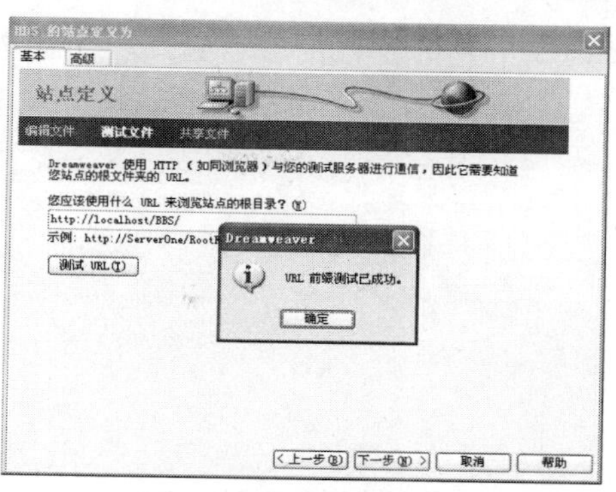


图 7-29　提示测试结果

⑦ 单击“确定”按钮，然后单击“下一步”按钮，在打开的对话框中进行设置，如图 7-30 所示。

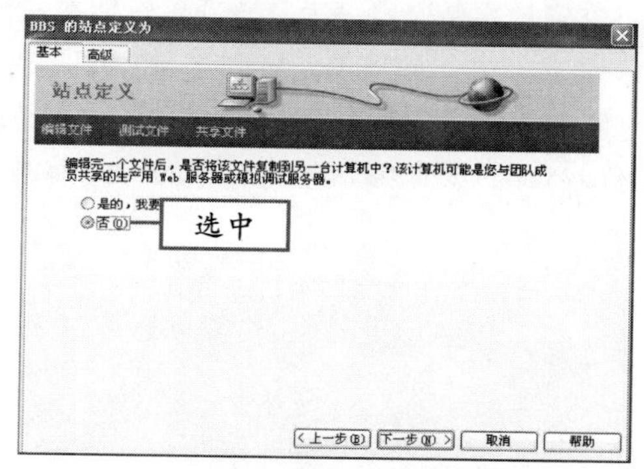


图 7-30　设置是否使用远程服务器

⑧ 单击“下一步”按钮，并在打开的对话框中单击“完成”按钮即可。

## 7.2　创建数据库

创建 Access 数据库的操作步骤如下：

① 打开 Access 应用程序，可以看到在窗口的右侧为“新建文件”任务窗格，如图 7-31 所示。

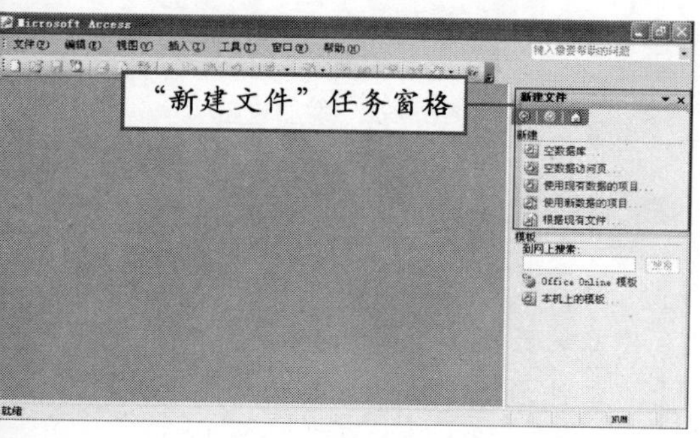


图 7-31　“新建文件”任务窗格

② 在“新建文件”任务窗格中单击“空数据库”超链接，打开“文件新建数据库”对话框，如图 7-32 所示。

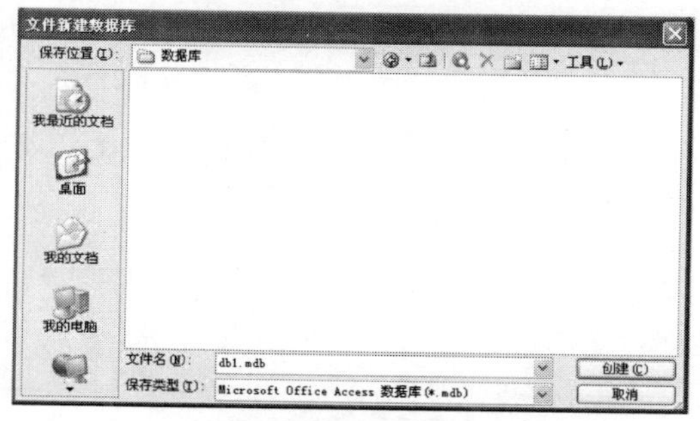


图 7-32　“文件新建数据库”对话框

Access 多用于创建中小型、数据量不是太大的数据库。　**说明**

③ 此时将打开“数据库”窗口，如图 7-33 所示。

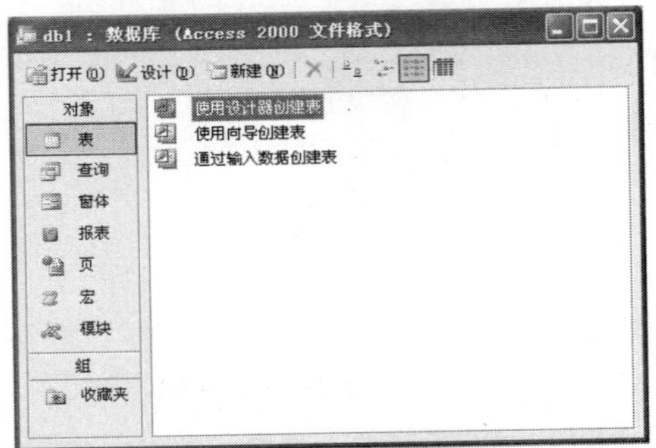


图 7-33 “数据库”窗口

④ 在窗口左侧选择“表”选项，然后在右侧的列表中双击“使用设计器创建表”选项。打开“表 1”窗口，如图 7-34 所示。

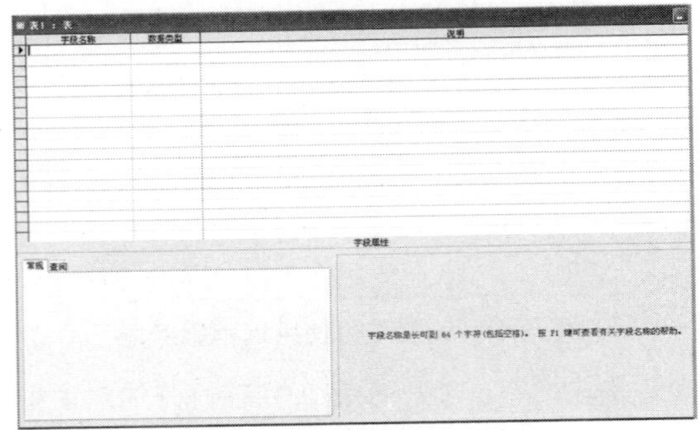

图 7-34 “表 1”窗口

⑤ 在“字段名称”选项下面的表格中输入一个名称，即可创建数据库中的一个项目，如图 7-35 所示。

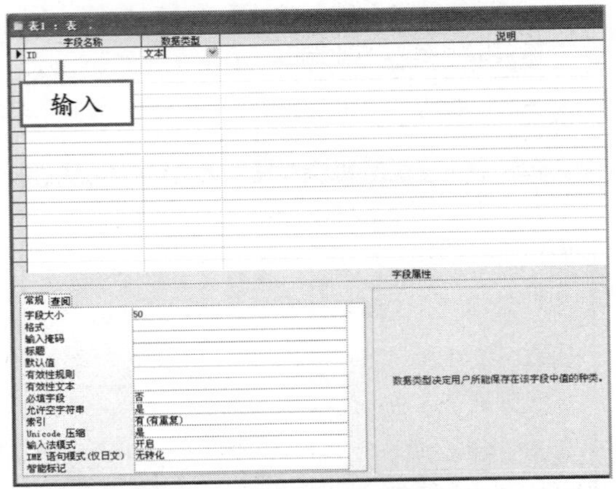


图 7-35 添加数据

⑥ 在 ID 行的“数据类型”下拉列表框中选择所需的数据类型选项，如图 7-36 所示。

图 7-36 选择“数据类型”

**知识点拨**

在“数据类型”下拉列表中选择一种数据类型，如“文本”类型，其属性设置如图 7-37 所示。

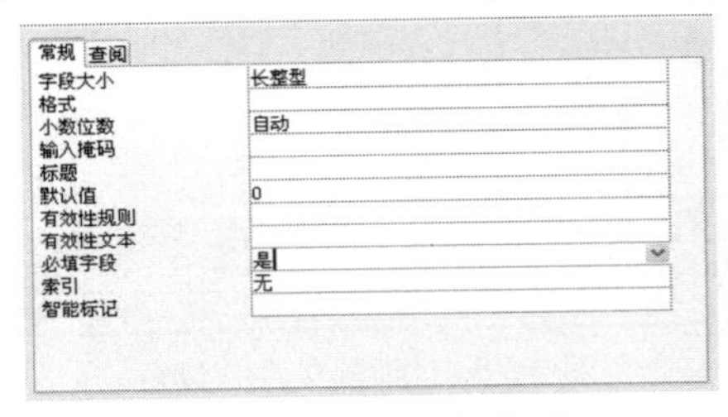


图 7-37 “文本”类型

⑦ 利用相同的方法设置其他选项，然后为所创建的数据库表格添加一个主键，最终完成数据库表格，如图 7-38 所示。

| 字段名称 | 数据类型 |
| --- | --- |
| ID | 文本 |
| PWD | 数字 |
| RPWD | 数字 |
| name | 文本 |
| sex | 文本 |
| e_mail | 文本 |
| M_Phone | 文本 |

图 7-38 添加主键

**教你一招**

在“保存位置”下拉列表框中为将要建立的数据库选择一个存储位置，然后在“文件名”下拉列表框中为所创建的数据库命名，单击“创建”按钮即可。


说明 用户可根据前台设计，添加所需的数据项。

## 7.3　连接数据库

在动态页面中，最重要的就是后台数据库的连接，以便于更新页面数据。离开了数据库，动态页面也就无从谈起。下面介绍 ODBC 数据库的连接以及字符串的定义。

在动态页面的制作中，创建 ODBC 数据源的方式有多种。下面讲述两种常用的方式。

### 1. 在控制面板中创建 ODBC 数据源

创建 ODBC 数据源的具体操作步骤如下：

① 单击“开始”|“设置”|“控制面板”命令，打开“控制面板”窗口，如图 7-39 所示。

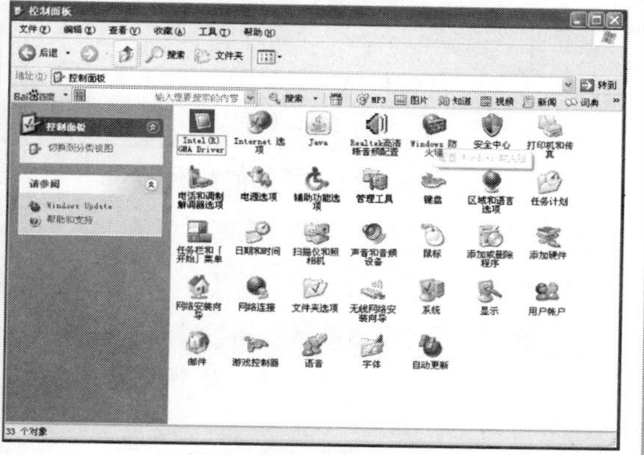

图 7-39　“控制面板”窗口

② 双击“管理工具”图标，打开“管理工具”窗口，如图 7-40 所示。

图 7-40　“管理工具”窗口

在该窗口中双击“数据源（ODBC）”图标，打开“ODBC 数据源管理器”对话框，选择“系统 DNS”选项卡，如图 7-41 所示。

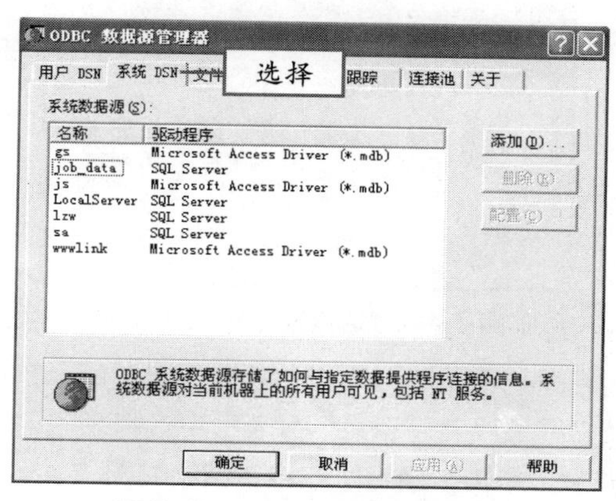


图 7-41　“系统 DNS”选项卡

③ 在“系统数据源”列表框中选择对应的数据库，如果没有则单击“添加”按钮，打开“创建新数据源”对话框，如图 7-42 所示。

图 7-42　“创建新数据源”对话框

从中选择 Access 数据库的驱动程序，单击“完成”按钮，打开“ODBC Microsoft Access 安装”对话框，在该对话框中进行设置，如在“数据源名”文本框中输入名称，如图 7-43 所示。

④ 在“数据库”选项组中单击“选择”按钮，打开“选择数据库”对话框，如图 7-44 所示。

如果不设置 ODBC 数据源，将不能向数据库中输入信息。　说明

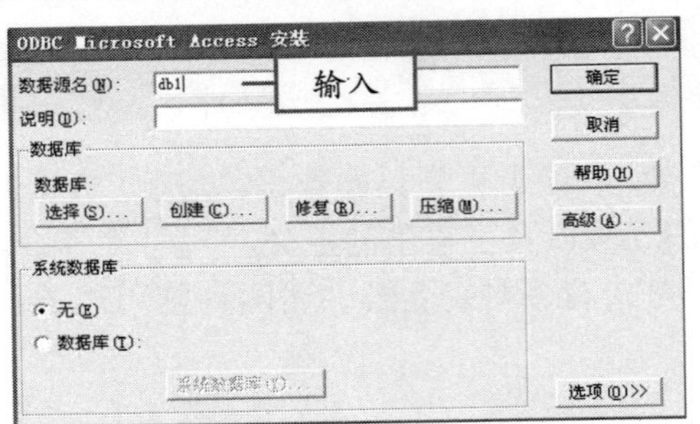

图 7-43 “ODBC Microsoft Access 安装”对话框

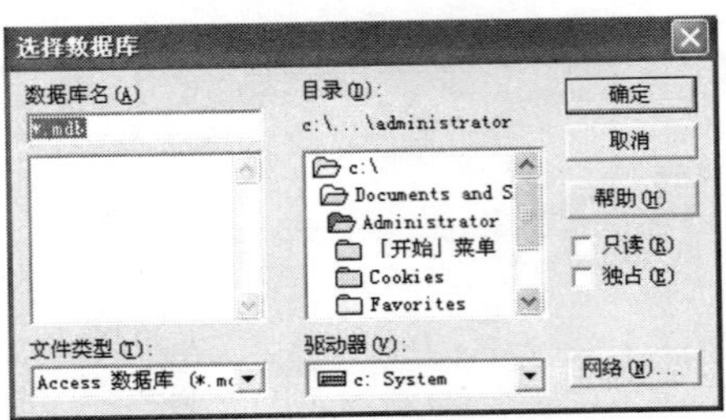

图 7-44 “选择数据库”对话框

5 在“驱动器”下拉列表框中选择目标数据库的位置，在“目录”列表框中选择相应的文件夹，单击“确定”按钮，结果如图 7-45 所示。

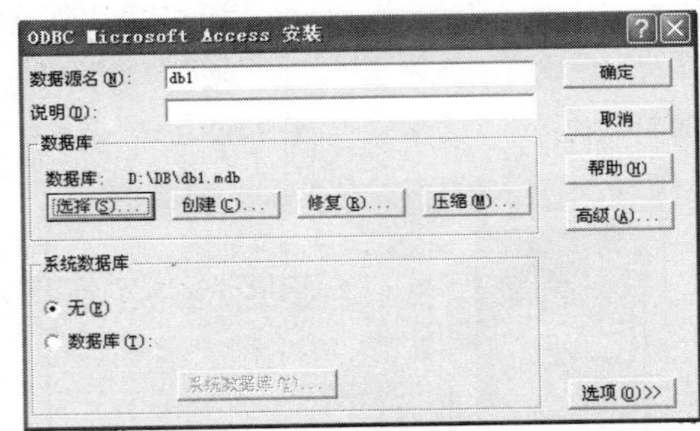

图 7-45 设置数据库位置

6 设置完成后，单击“确定”按钮，在“系统 DNS”选项卡中可以看到所选择的数据库出现在“系统数据源”列表框中，如图 7-46 所示，从中选择所需的数据库。

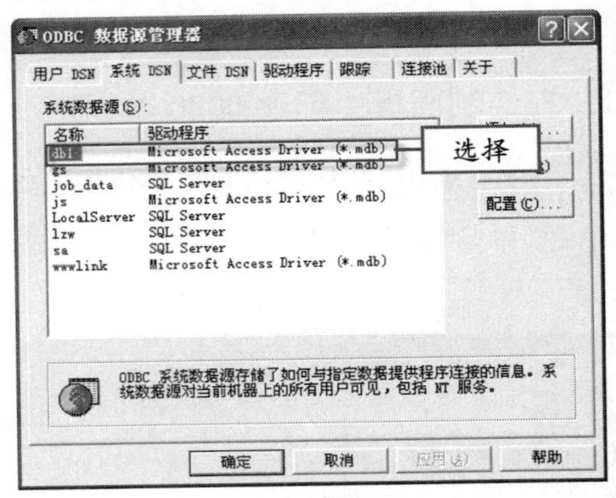

图 7-46 选择添加的数据库

7 选择“驱动程序”选项卡（见图 7-47），选择 Access 的驱动程序，单击“确定”按钮。

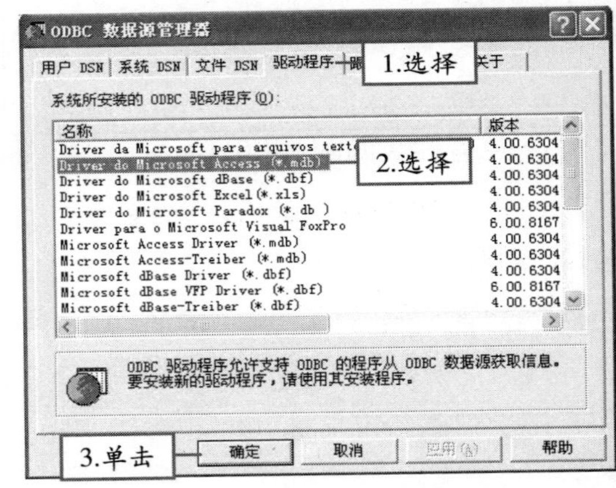

图 7-47 选择 Access 驱动程序

## 2. 在 Dreamweaver 中创建 ODBC 数据源

在 Dreamweaver CS4 应用程序中创建 ODBC 数据源的具体操作步骤如下：

1 在 Dreamweaver CS4 应用程序中单击“窗口”|“数据库”命令，打开“数据库”面板。

2 单击加号按钮+，在弹出的下拉菜单中选择“数据源名称”命令，打开“数据源名称”对话框，设置参数如图 7-48 所示。

3 单击“测试”按钮，测试数据库连接是否成功，如图 7-49 所示。

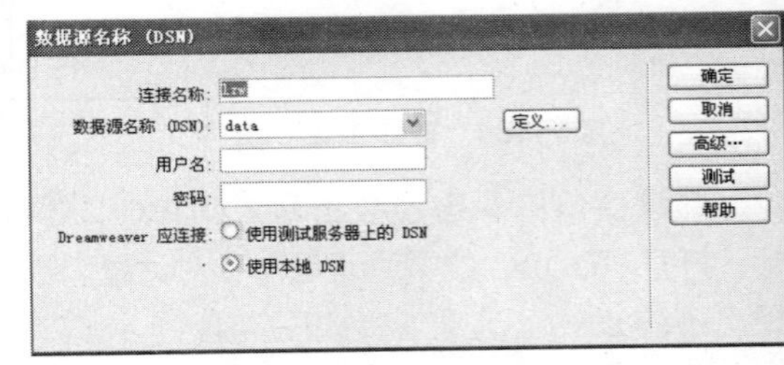

图 7-48 “数据源名称”对话框


说明 在 Dreamweaver 中创建 ODBC 数据源比在 Access 中创建 ODBC 数据源简便。

图 7-49　连接数据库成功

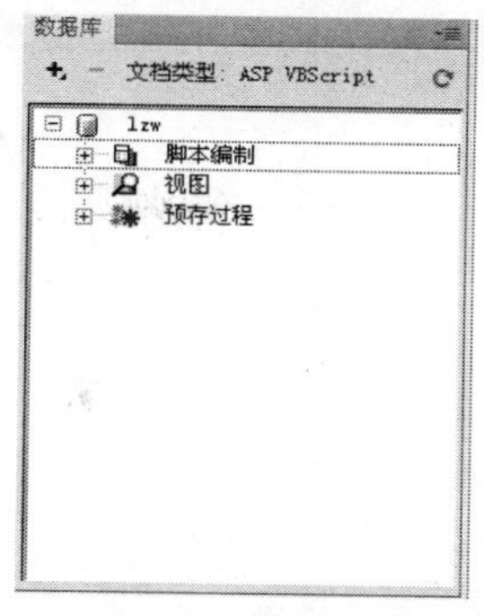

图 7-50　数据库连接

如果还没有在 ODBC 中设置连接，则可以单击“定义”按钮，进入到系统 DNS 中进行设置。

④ 单击“确定”按钮，返回“数据源名称（DSN）”对话框，单击“确定”按钮，完成数据库的连接，如图 7-50 所示。

⑤ 成功连接数据库后，自动生成了一个连接文件，位置在自动生成的 Connections 文件夹中，还可以在 Dreamweaver 数据库标签内看到 mdb 文件内的各个字段，如图 7-51 所示。

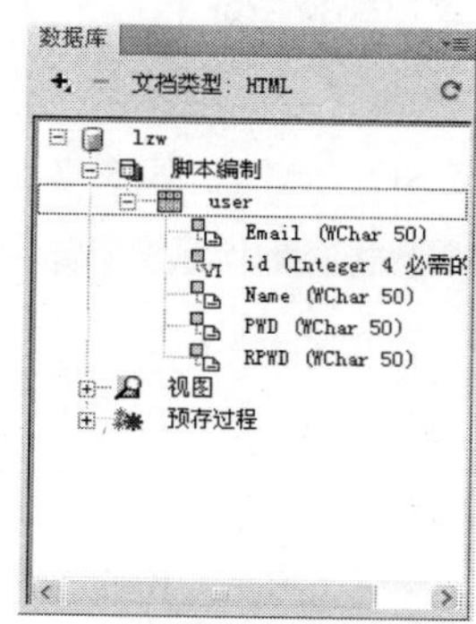

图 7-51　数据库字段

## 7.4　显示数据库

正确连接数据库文件后，通过选择“绑定”面板中的添加“记录集（查询）”命令可实现数据库的显示。

显示数据库的具体操作步骤如下：

① 单击“绑定”面板中的加号按钮，在弹出的下拉菜单中选择“记录集（查询）”命令，如图 7-52 所示。

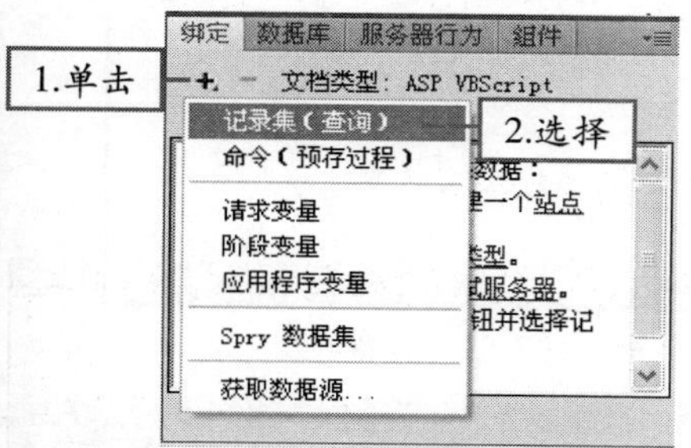


图 7-52　选择“记录集（查询）”命令

② 在打开的“记录集”对话框中进行所需的设置，如图 7-53 所示。

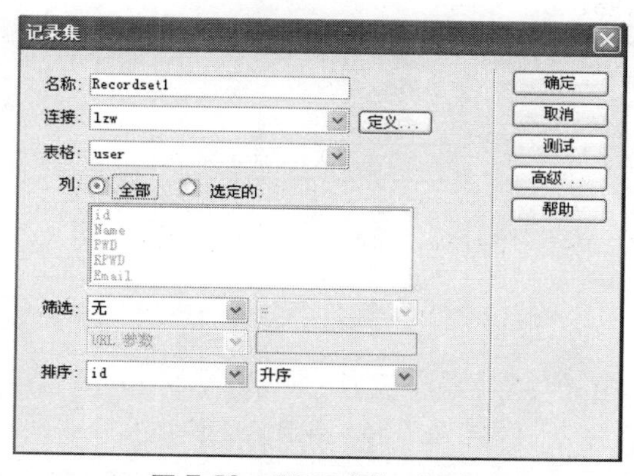

图 7-53　“记录集”对话框

③ 单击“记录集”对话框中的“测试”按钮，如果测试成功，打开“测试 SQL 指令”对话框，如图 7-54 所示。

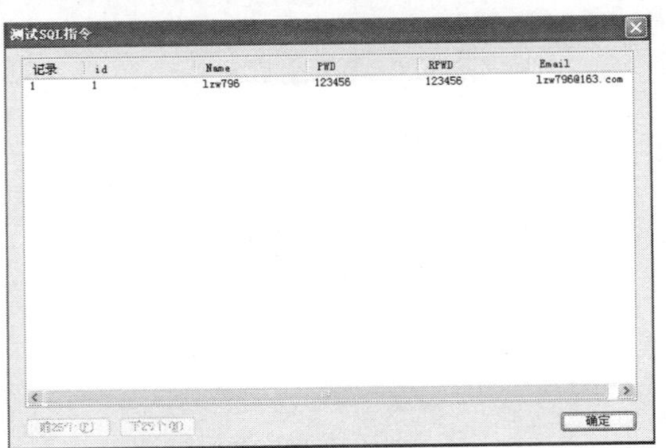


图 7-54 “测试 SQL 指令”对话框

④ 单击“记录集”对话框中的“高级”按钮，可以自动生成 SQL 语句，如图 7-55 所示。

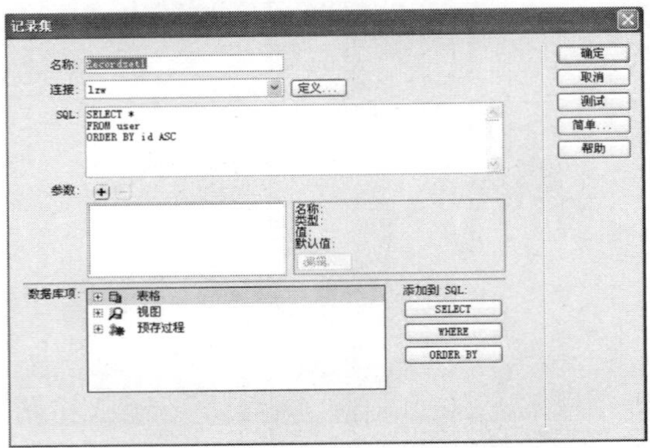


图 7-55 自动生成的 SQL 语句

⑤ 单击“记录集”对话框中的“确定”按钮，绑定记录集，所有数据库中的字段都显现出来，如图 7-56 所示。

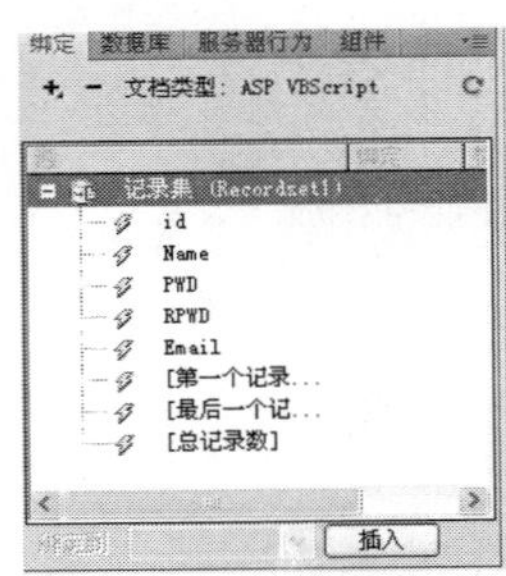


图 7-56 绑定记录集

⑥ 单击“插入”|“数据对象”|“动态数据”|“动态表格”命令，打开“动态表格”对话框，如图 7-57 所示。

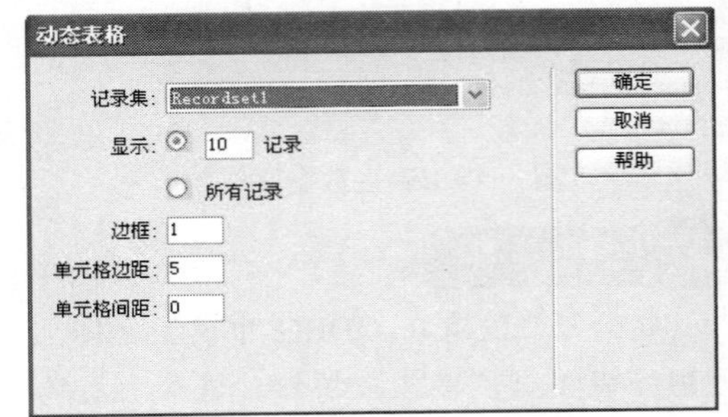


图 7-57 “动态表格”对话框

⑦ 单击“确定”按钮，此时动态表格效果如图 7-58 所示。

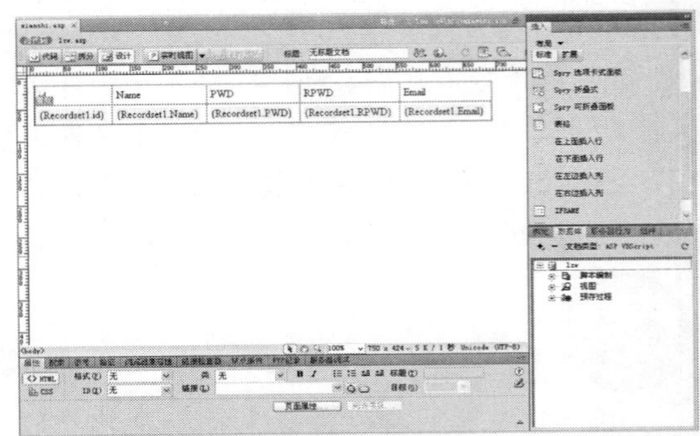

图 7-58 插入动态表格

⑧ 按【F12】键预览，效果如图 7-59 所示。

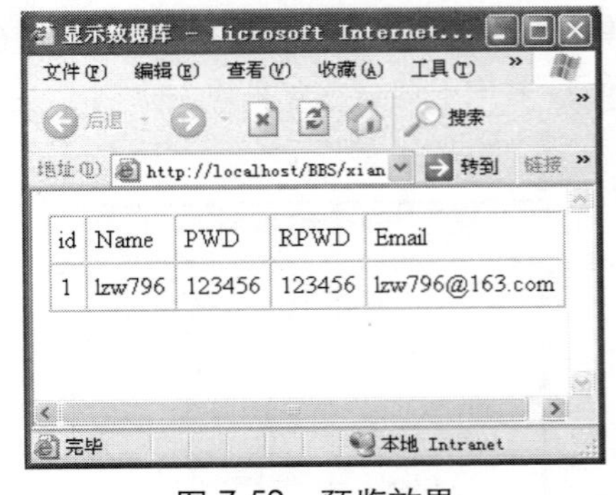


图 7-59 预览效果

## 7.5 综合实战——制作商务留言板

前面介绍了动态网页平台的搭建，下面通过一个实例来练习动态平台的使用以及动态页面的制作及设置。

新建一个名为“商务 BBS”的站点。



说明 绑定的过程就是将前后台数据对应连接的过程。

① 新建一个空白 Access 数据库，并将其保存为 data.mdb，从中新建 main 表、admin 表（见图 7-60），main 表和 admin 表的设计视图如图 7-61 和图 7-62 所示。

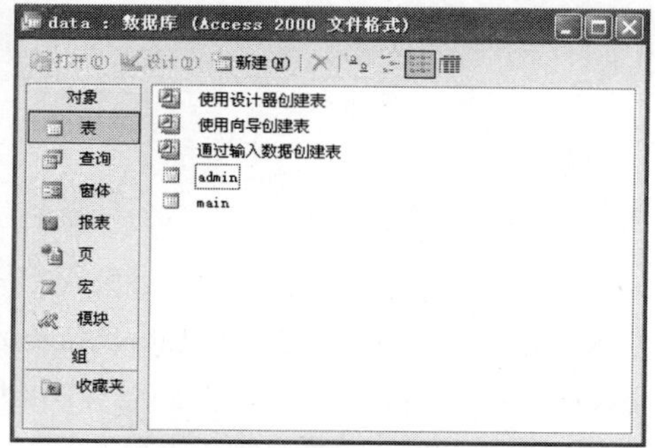


图 7-60　data 数据库

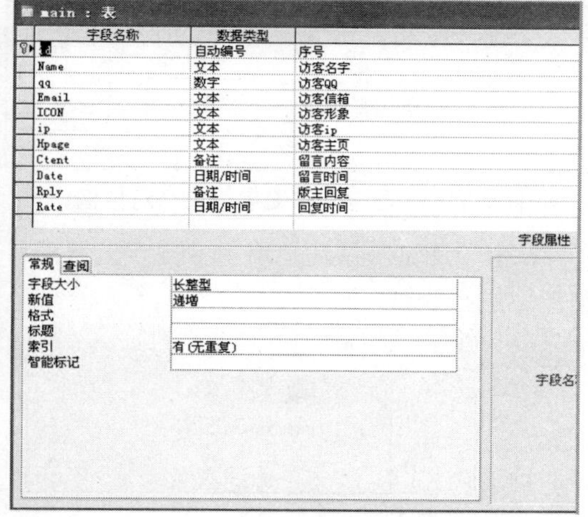


图 7-61　main 表设计视图

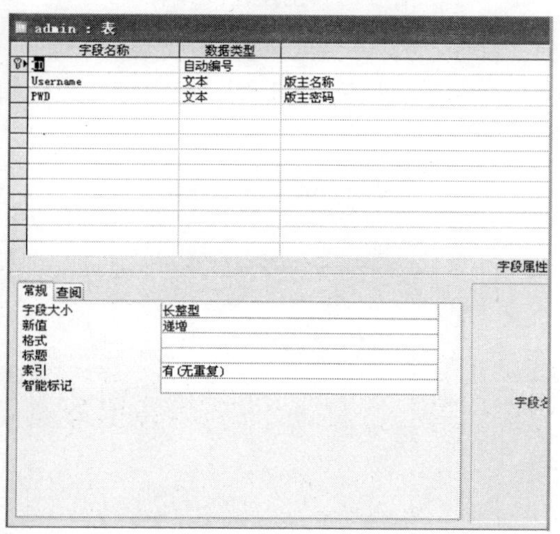


图 7-62　admin 表设计视图

② 在 Dreamweaver CS4 中新建一个 ASP VBScript 页面，并将其存储为 index.asp。修改页面标题为“留言板首页”，如图 7-63 所示。

图 7-63　新建文档并设置标题

③ 单击“插入”|“表格”命令，在打开的“表格”对话框中进行如图 7-64 所示的设置。

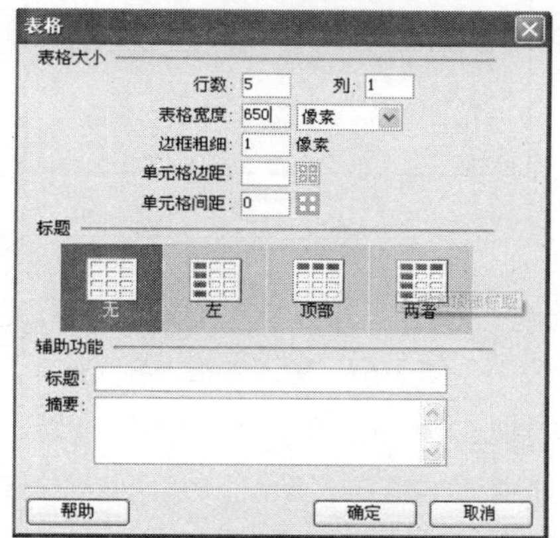


图 7-64　表格属性设置

④ 单击“确定”按钮，在“属性”面板中设置表格居中，如图 7-65 所示。

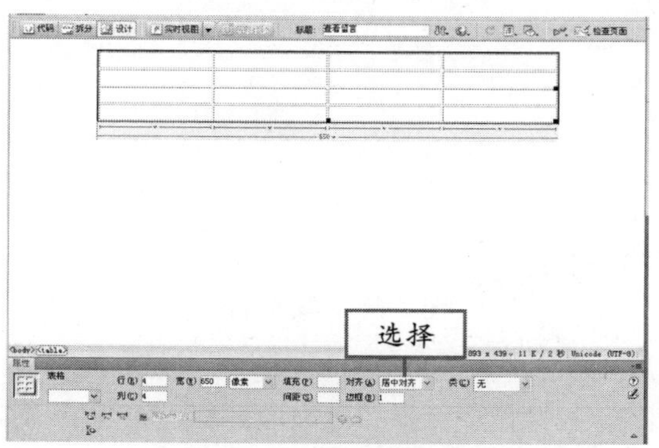


图 7-65　插入并设置表格居中

说明　通常一个站点中会包含多个数据表。

⑤ 插入表格并进行布局，如图 7-66 所示（源文件为 dw/SWBBS/liuyanbanbuju.asp）。

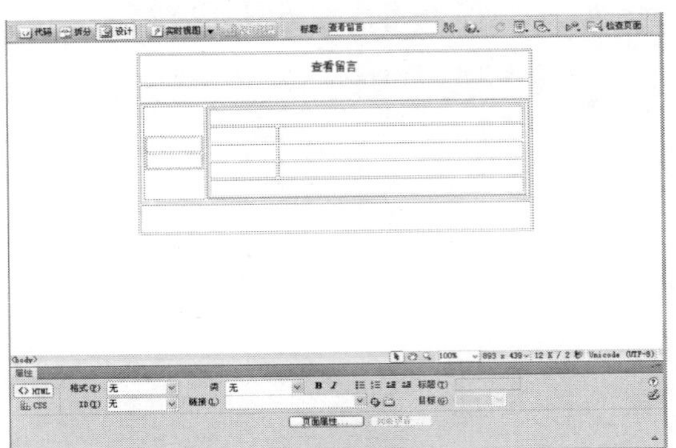

图 7-66　表格布局

⑥ 在表格中输入所需的内容，如图 7-67 所示。

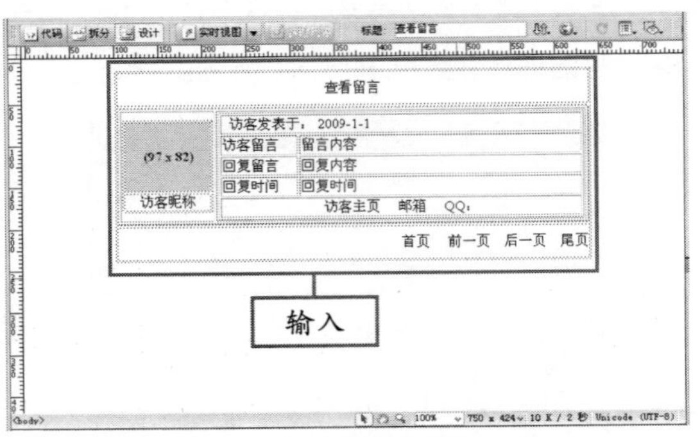


图 7-67　输入表格内容

⑦ 继续输入文本，并为“留言”、“查看”、“管理”分别添加链接，地址分别为 insert.asp、index.asp、login.asp ，效果如图 7-68 所示。

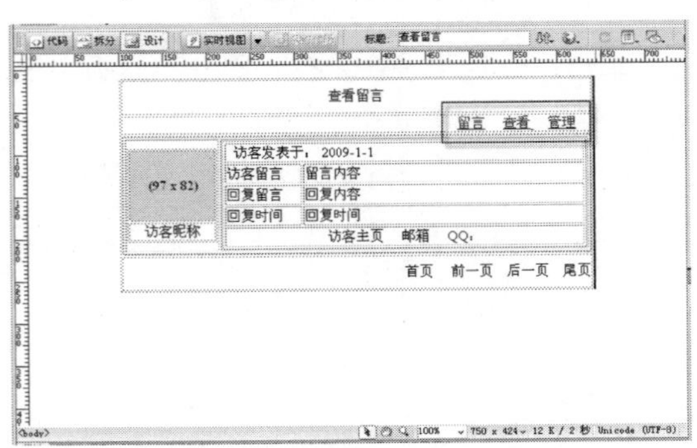


图 7-68　添加链接

⑧ 单击“数据库”面板中的 + 按钮，在弹出的下拉菜单中选择“数据源名称（DSN）”命令，如图 7-69 所示。

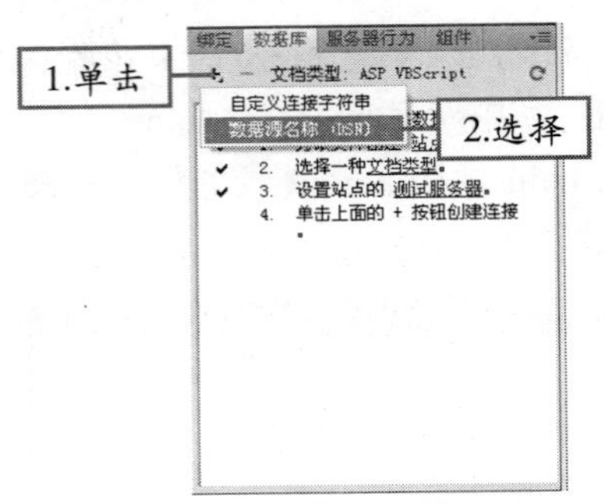


图 7-69　选择“数据源名称（DSN）”命令

⑨ 打开“自定义链接字符串”对话框，在“连接字符串”文本框中输入（"DRIVER={Microsoft Access Driver (*.mdb)};DBQ=G:\dw\SWBBS\database\data.mdb"），如图 7-70 所示。

图 7-70　“自定义链接字符串”对话框

⑩ 单击“测试”按钮，将对“自定义链接字符串”进行测试，如图 7-71 所示。

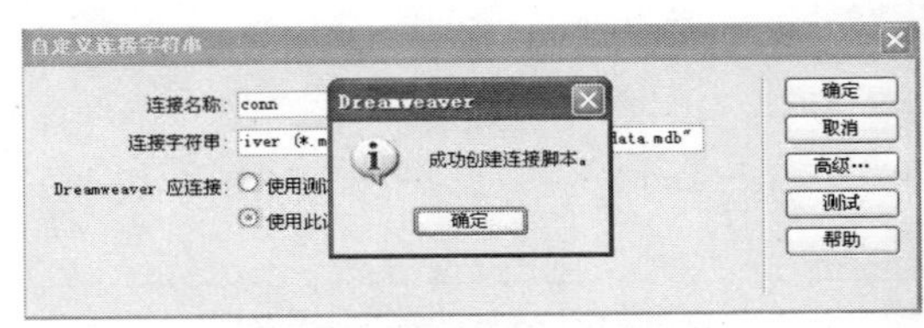


图 7-71　创建连接脚本

⑪ 测试成功，并生成 ASP 和数据库的连接，单击“确定”按钮，此时的“数据库”面板如图 7-72 所示。

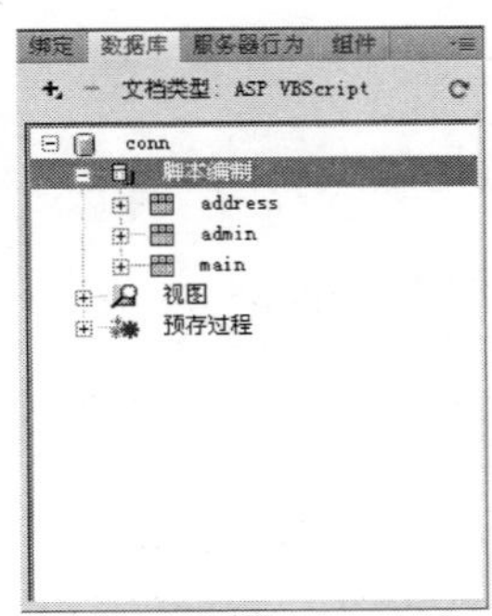


图 7-72　“数据库”面板



说明　在编辑程序时所有标点均为半角，否则将连接失败。

⑫ 单击“窗口”|“绑定”命令，打开“绑定”面板，在“绑定”面板中单击 按钮，然后选择所需的命令，如图 7-73 所示。

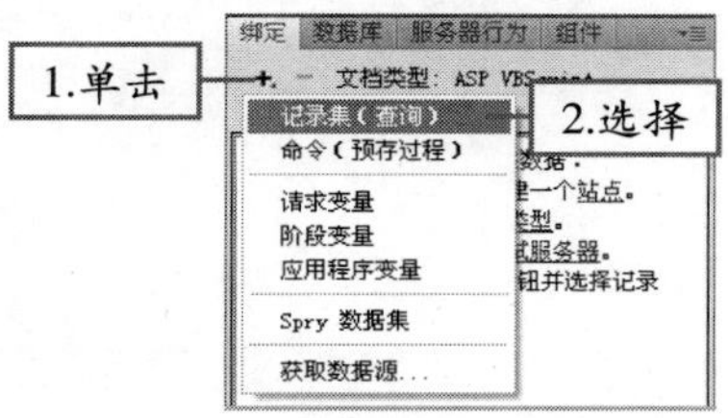


图 7-73　选择命令

⑬ 打开“记录集”对话框，从中进行如图 7-74 所示的设置。

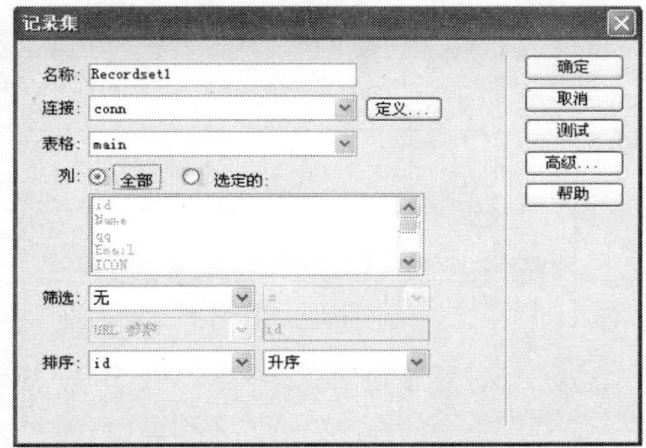


图 7-74　“记录集”对话框

⑭ 单击“测试”按钮，打开“测试 SQL 指令”对话框，并显示测试数据库中的内容，如图 7-75 所示。

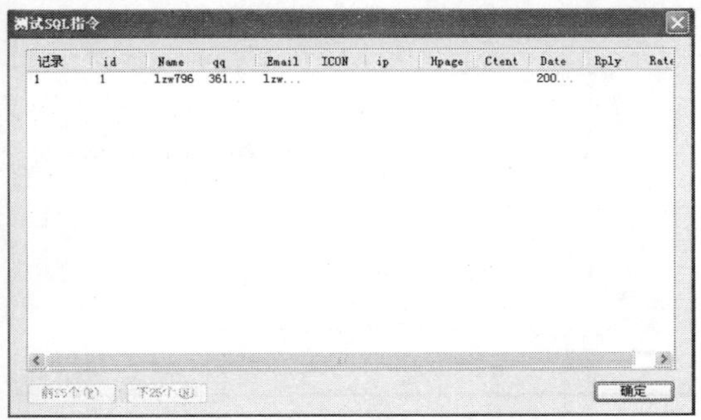


图 7-75　“测试 SQL 指令”对话框

⑮ 单击“确定”按钮，完成数据库的绑定，如图 7-76 所示。

⑯ 打开“绑定”面板，在如图 7-77 所示的选项上按住鼠标左键，并将其拖放到头像图片处，释放鼠标左键，完成头像的绑定。

图 7-76　“绑定”面板

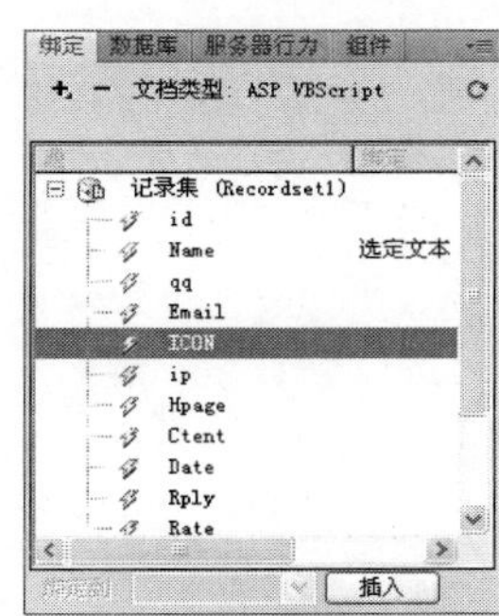


图 7-77　选择绑定选项

绑定头像前头像占位符如图 7-78 所示。

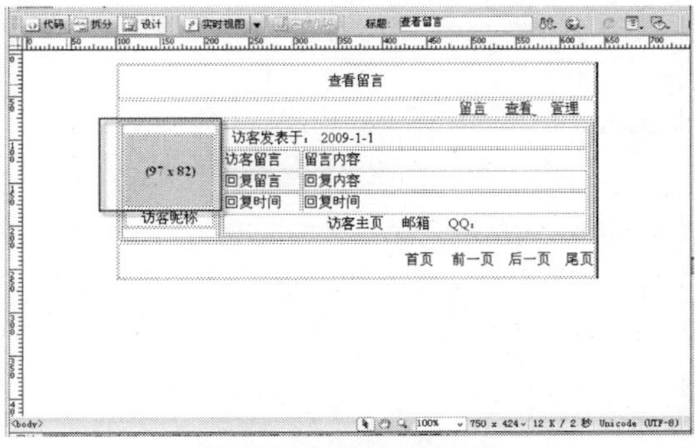


图 7-78　绑定头像前

绑定头像后头像占位符如图 7-79 所示。

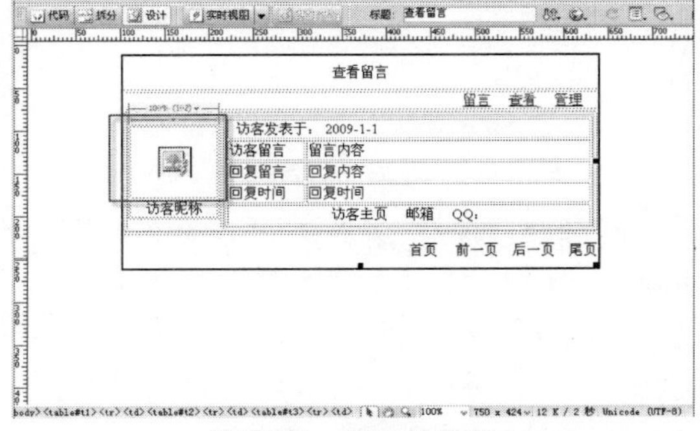


图 7-79　绑定头像后

说明　绑定数据时，一定要将其正确对应，否则不能正确显示。

⑰ 利用同样的方法，完成“访客昵称”的绑定，如图 7-80 所示。

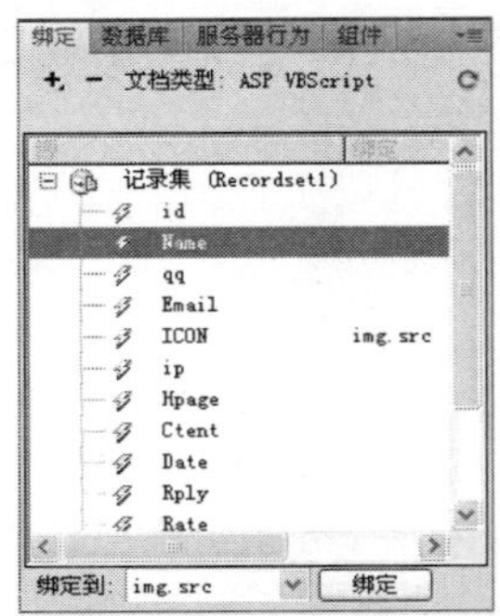


图 7-80　选择绑定选项

绑定“访客昵称”前，“访客昵称”占位符如图 7-81 所示。

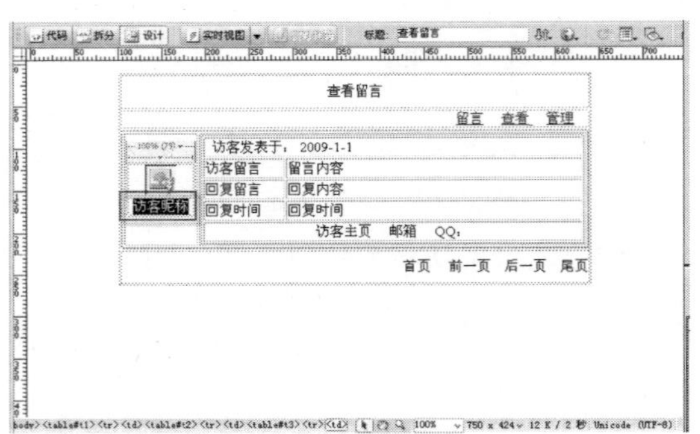


图 7-81　绑定“访客昵称”前

绑定“访客昵称”后效果如图 7-82 所示。

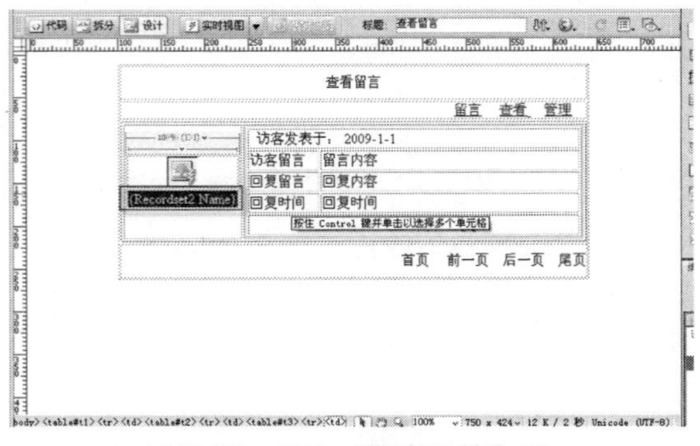


图 7-82　绑定“访客昵称”后

⑱ 同理将 Name 绑定在“访客发表于：2009-1-1 4:12:42”中的“访客”上、Date 绑定在“2009-1-1 4:12:42”上，“留言内容”、“回复内容”、“回复时间”绑定在相应的字段上，绑定后如图 7-83 所示。

图 7-83　绑定内容

⑲ 选中文字“访客主页”，单击“属性”面板中的“浏览文件”按钮，在打开的“选择文件”对话框中进行所需的设置，如图 7-84 所示。

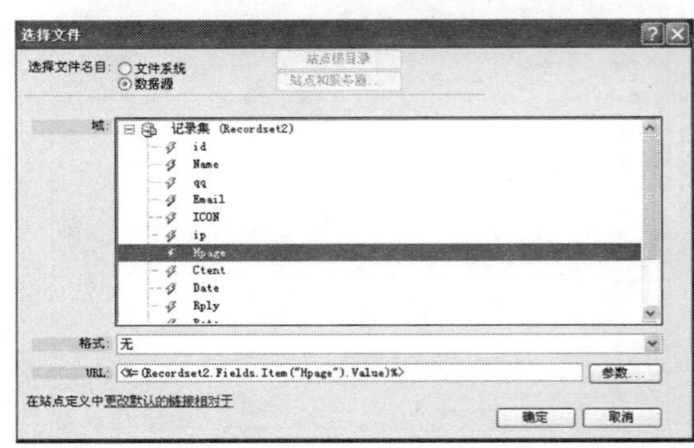


图 7-84　添加“访客主页”链接

⑳ 同理添加“邮箱”链接，不同的是在邮箱链接前面需要加上 mailto:，如图 7-85 所示。

图 7-85　添加“邮箱”链接

㉑ 完成绑定后，效果如图 7-86 所示。

㉒ 此时，所有的数据都绑定完毕，但留言板只会显示一条留言记录，所以还需要设定重复域和翻页，将光标置于头像所在单元格内，然后选中表格 t2 中的<tr>，如图 7-87 所示。

说明　绑定成功后，将显示其与数据库中相应的字段名称。

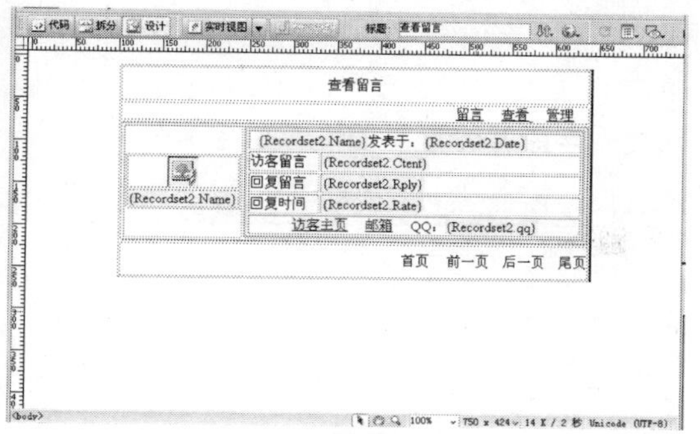

图 7-86　添加连接内容

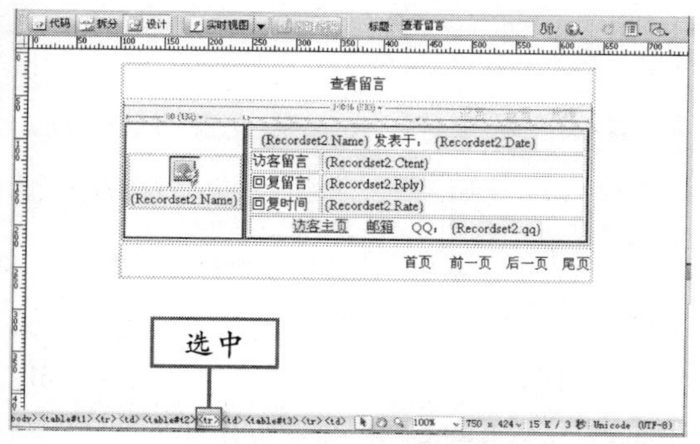


图 7-87　选择重复域

打开“服务器行为”面板，单击 按钮，在弹出的下拉菜单中选择“重复区域”命令，在打开的“重复区域”对话框中进行设置，如图 7-88 所示。

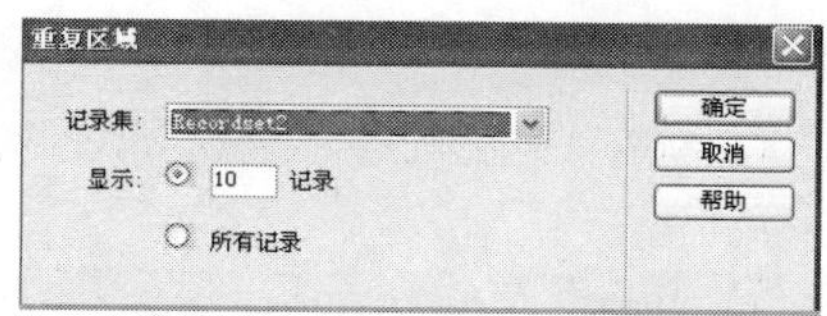


图 7-88　“重复区域”对话框

㉓ 单击“确定”按钮，单击“服务器行为”面板中的 按钮，在弹出的下拉菜单中选择所需的命令，如图 7-89 所示。

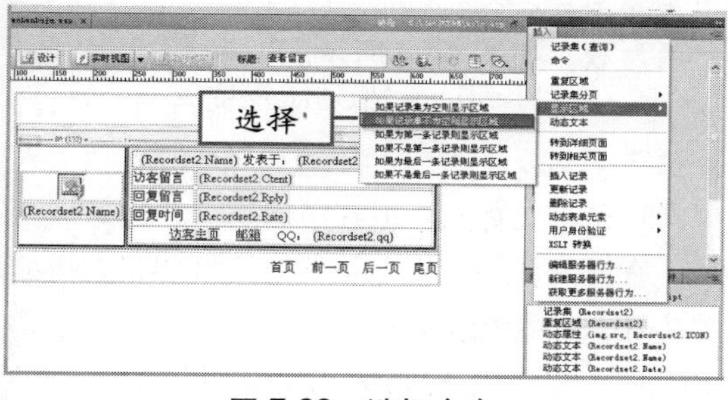


图 7-89　选择命令

在打开的“如果记录集不为空则显示区域”对话框中，设置所需选项，如图 7-90 所示。

图 7-90　“如果记录集不为空则显示区域”对话框

选择文本“首页”，打开“服务器行为”面板，单击上方的 按钮，在弹出的下拉菜单中选择如图 7-91 所示的命令，以添加上翻页功能。

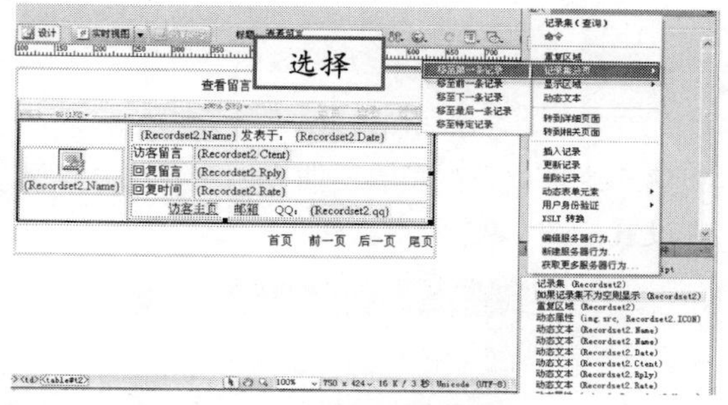


图 7-91　添加上翻页功能

在打开的“移至第一条记录”对话框中设置参数，如图 7-92 所示。

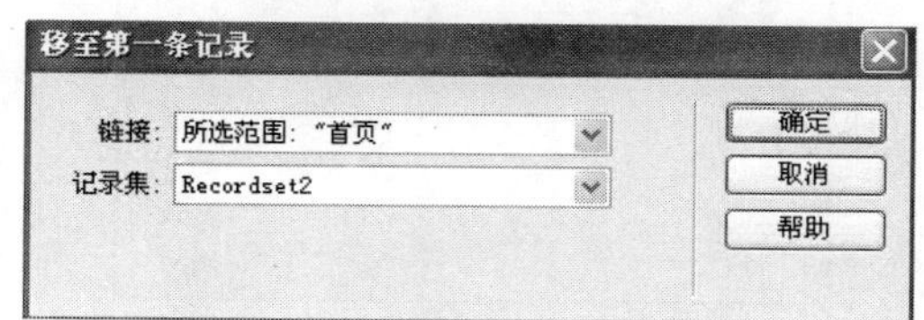


图 7-92　“移至第一条记录”对话框

㉔ 按照相同的方法给“前一页”、“后一页”、“尾页”添加翻页功能，如图 7-93 所示。

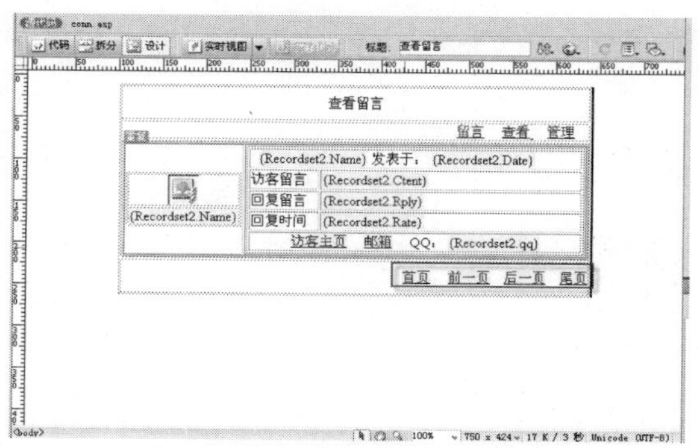

图 7-93　添加翻页功能

用户还可以设置在一页中同时显示多条记录，如留言板中的留言记录。　说明

㉕ 按【F12】键保存并预览效果，如图 7-94 所示。

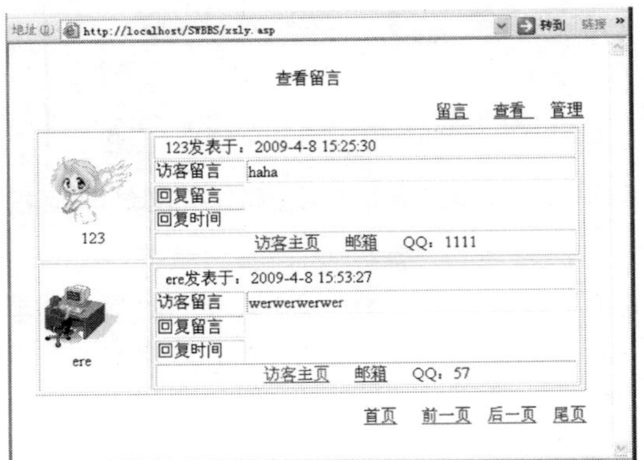


图 7-94 预览效果

㉖ 新建一个名为 insert.asp 的文件，然后从中新建一个表单，在表单里插入一个表格，其属性设置如图 7-95 所示。

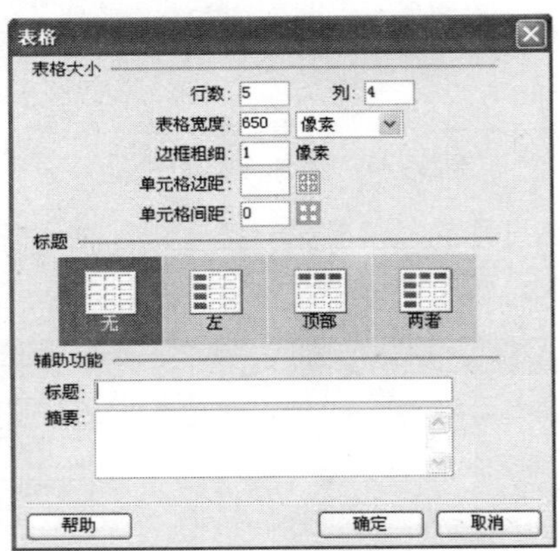


图 7-95 表格属性设置

㉗ 调整表格格式，并输入相应的文字，如图 7-96 所示。

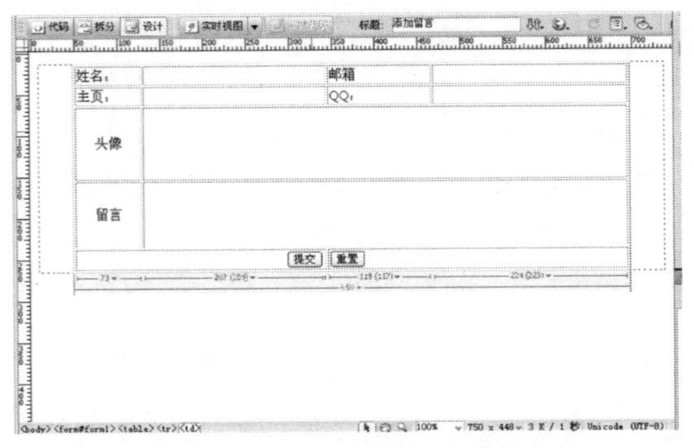


图 7-96 布局表格并输入表格内容

㉘ 将光标定位于“姓名”右侧的单元格中，单击“插入”|“表单”|“文本域”命令，添加文本字段并设置其属性，如图 7-97 所示。

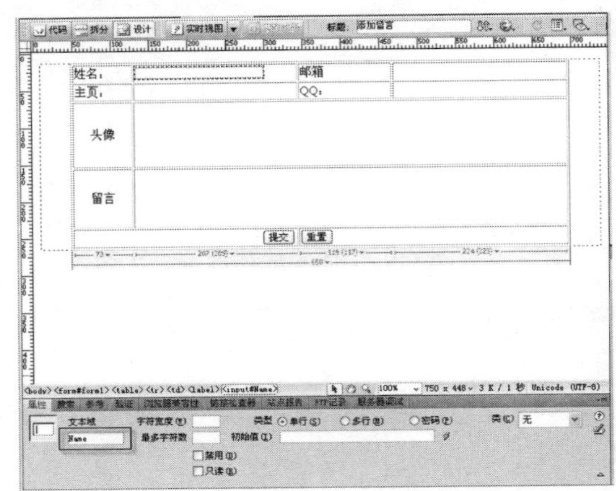


图 7-97 添加文本字段并设置文本域

㉙ 为“邮箱”、“主页”、“QQ”、“留言”添加相应的表单，并分别设置“文本域”为 Email、Hpage、qq、Ctent，如图 7-98 所示。

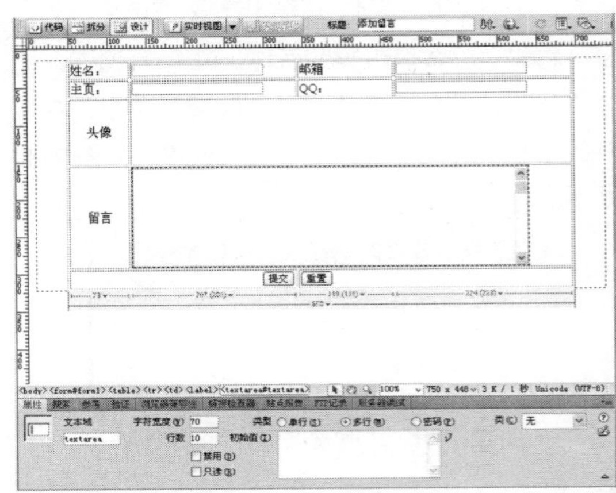


图 7-98 添加表单

㉚ 在“头像”单元格后方的单元格中插入用户头像图片，然后添加对应的单选按钮组并均命名为 tx，如图 7-99 所示。

㉛ 选中整个表格，打开“服务器行为”面板，单击 ⊞ 按钮，在弹出的下拉菜单中选择“插入记录”命令，如图 7-100 所示。

在打开的“插入记录”对话框中，进行如图 7-101 所示的设置。



**说明** 在调用图片时，图片可能会变形，因此要限制上传图片的尺寸。

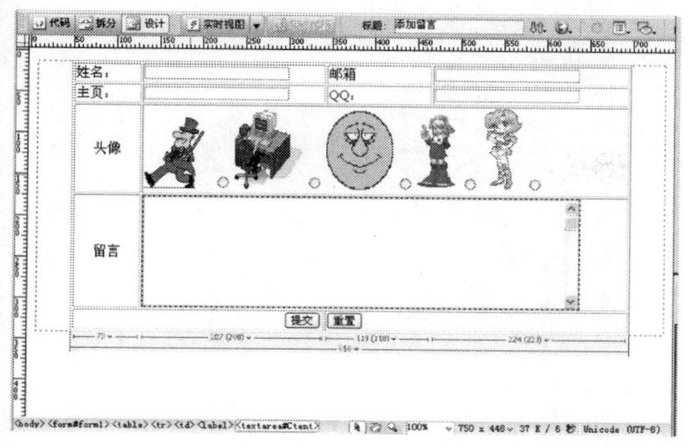

图 7-99 添加头像

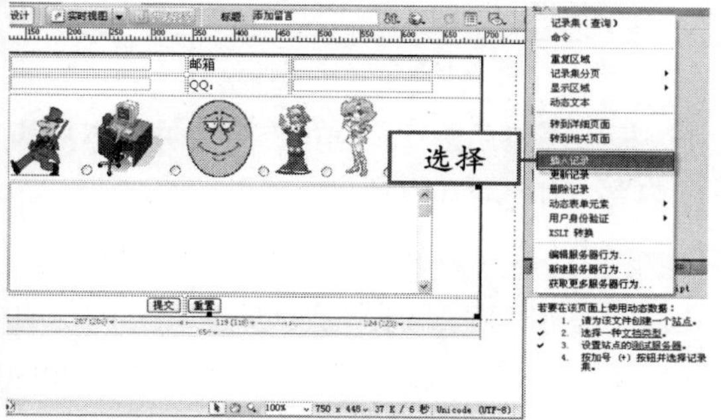


图 7-100 选择“插入记录”命令

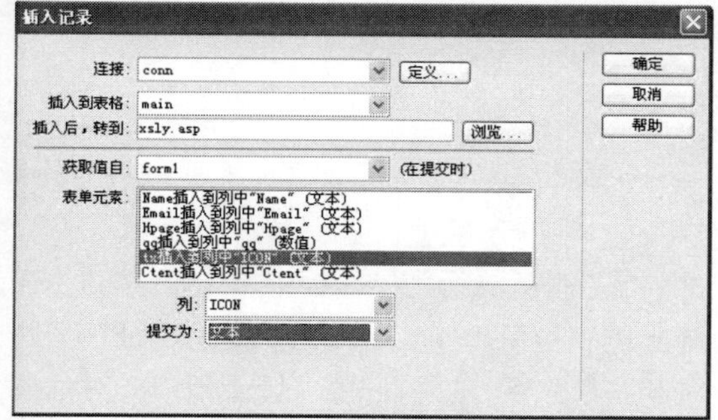


图 7-101 “插入记录”对话框

32 签写留言时，为了避免错误信息的输入，需要添加表单提交时的错误检查功能。打开“行为”面板，单击 按钮，从弹出的下拉菜单中选择“检查表单”命令，在打开的“检查表单”对话框中进行如图 7-102 所示的设置。

单击“确定”按钮，完成表单提交的错误检查功能。

33 管理页 glxsly.asp 与留言板首页 index.asp 功能相似，可以直接把 index.asp 另存为 glxsly.asp，然后将“进入管理”改为“退出管理”，最后加上管理功能，如图 7-103 所示。

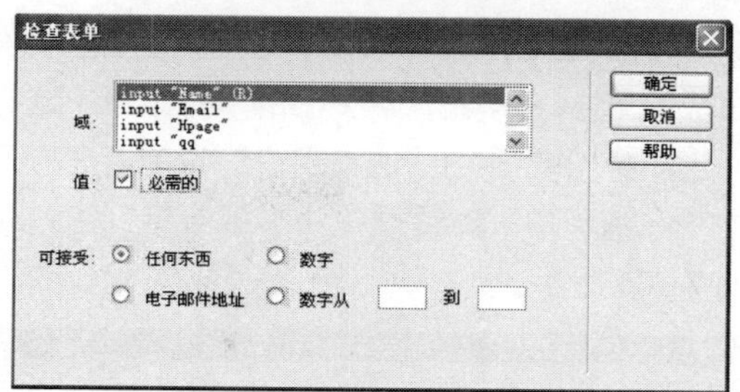


图 7-102 “检查表单”对话框

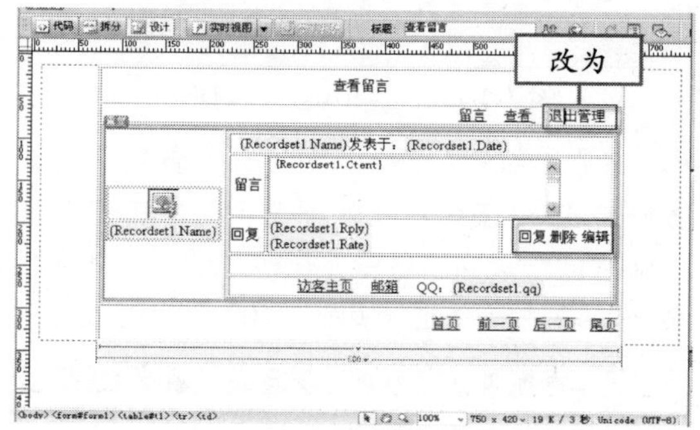


图 7-103 管理页面

34 打开“行为”面板，单击 按钮，从弹出的下拉菜单中选择“用户身份验证”|“限制对页的访问”命令，如图 7-104 所示。

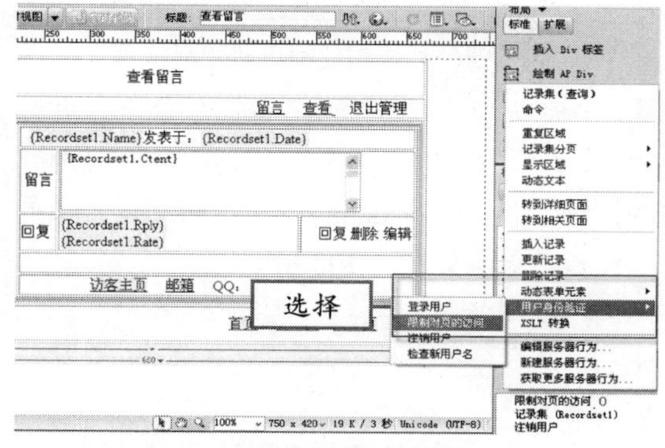


图 7-104 选择“限制对页的访问”命令

35 在打开的“限制对页的访问”对话框中，进行如图 7-105 所示的设置。

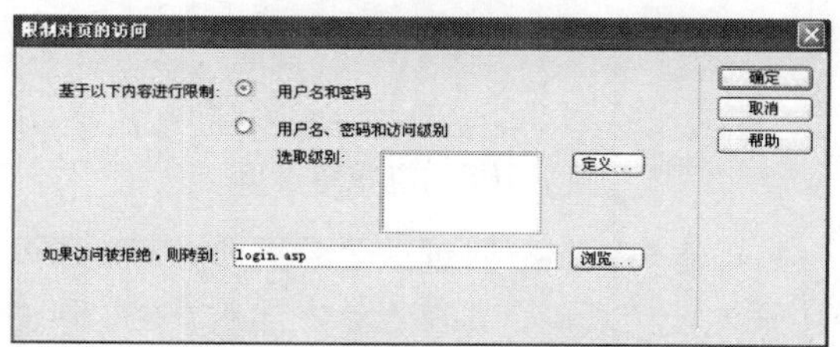


图 7-105 “限制对页的访问”对话框

为了设置不同的浏览权限，可以添加相应的身份系统。 说明

㊱ 选中“退出管理”文本，在“服务器行为”面板中单击⊕按钮，从弹出的下拉菜单中选择“用户身份验证”|“注销用户”命令，在打开的“注销用户”对话框中添加服务器行为，如图7-106所示。

图7-106 “注销用户”对话框

㊲ 选中“编辑”文本，在“服务器行为”面板中单击⊕按钮，在弹出的下拉菜单中选择“转到详细页面”命令，在打开的“转到详细页面”对话框中进行如图7-107所示的设置。

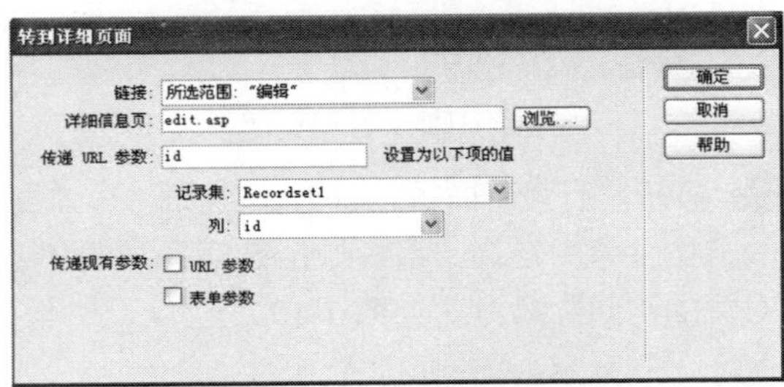

图7-107 “转到详细页面”对话框

㊳ 分别选中“回复”和“删除”文字，并设置“回复”的详细页面选择huifu.asp；“删除”的详细信息页选择del.asp。完成转到详细页面的设置，结果如图7-108所示。

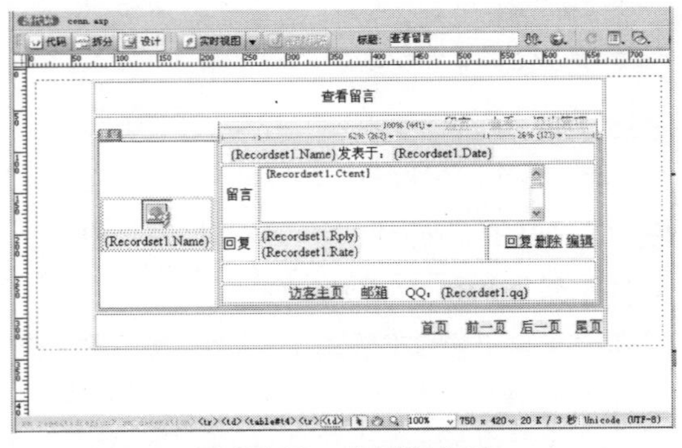

图7-108 查看留言页

㊴ 新建login.asp管理员登录页面，在新建页中插入一个表单，并在表单内插入表格，表格属性设置如图7-109所示。

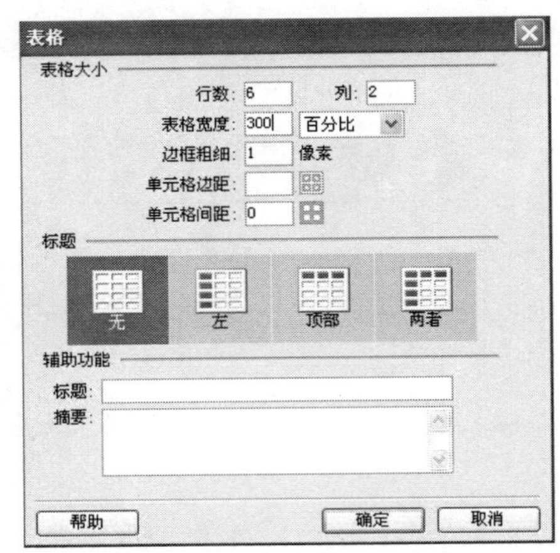

图7-109 表格属性设置

㊵ 插入表格后进行适当的布局，并输入所需的内容，如图7-110所示。

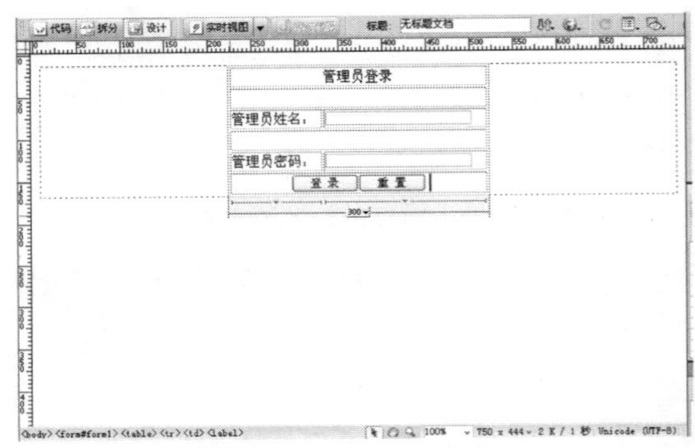

图7-110 布局登录页

㊶ 在“服务器行为”面板中单击⊕按钮，在弹出的下拉菜单中选择“用户身份验证”|“登录用户”命令，在打开的“登录用户”对话框中进行如图7-111所示的设置。

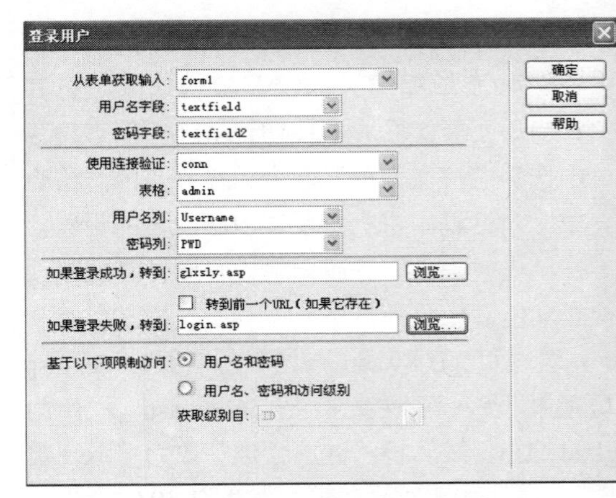

图7-111 “登录用户”对话框



说明 为便于网站的管理维护，用户需要将不同的部分、内容放入不同的数据库。

㊷ 保存 login.asp。打开站点文件夹下 data.mdb 数据库中的 admin 数据库表，在 Username 字段下输入用户名 admin，在 pwd 字段下输入用户密码 admin，管理员登录页面设计完毕，如图 7-112 所示。

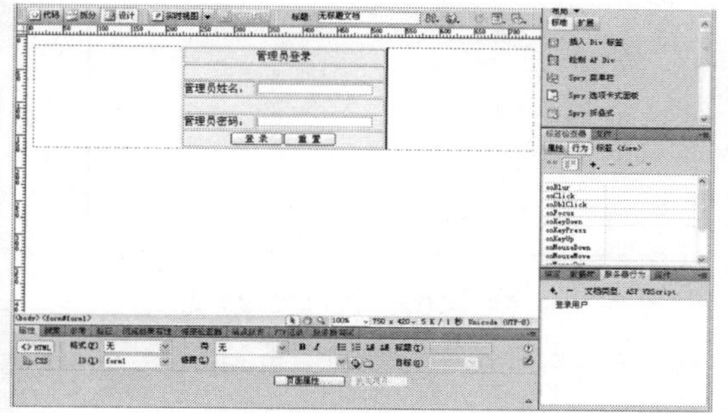

图 7-112　管理员登录页面

㊸ 新建 del.asp 删除页面，在新建页中插入一个表单，在表单内插入一个表格，表格的属性设置如图 7-113 所示。

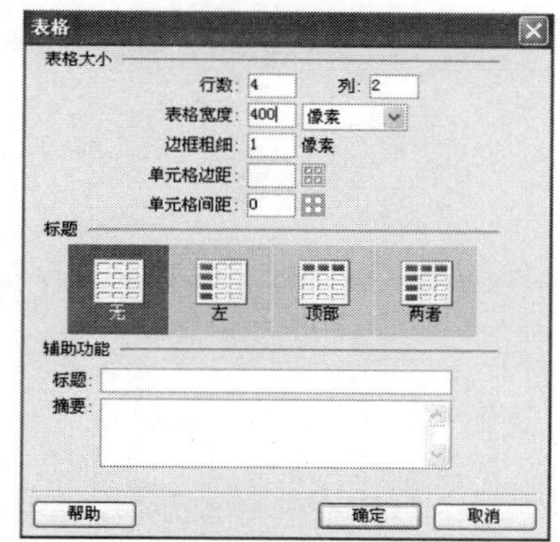

图 7-113　表格属性设置

㊹ 插入表格后进行布局，并输入表格内容，如图 7-114 所示。

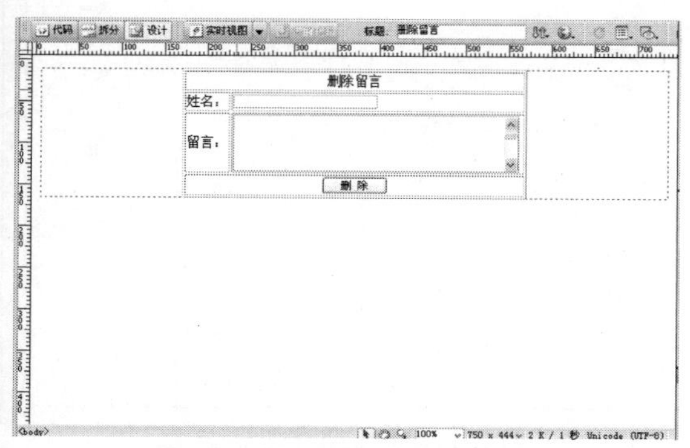

图 7-114　布局删除页

㊺ 在“绑定”面板中单击 ⊞ 按钮，在弹出的下拉菜单中选择“记录集”命令，在打开的“记录集”对话框中进行如图 7-115 所示的设置。

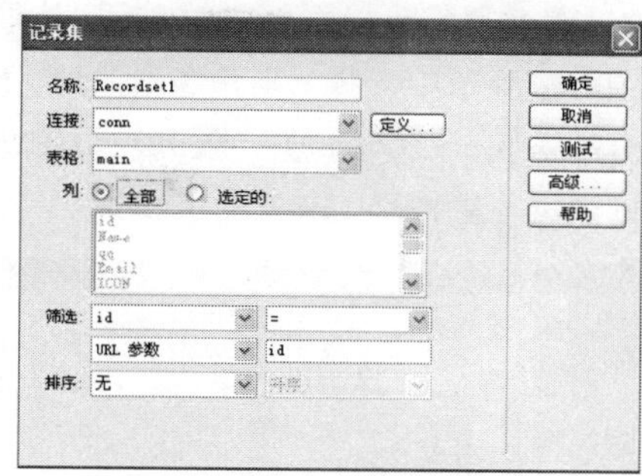

图 7-115　“记录集”对话框

㊻ 选中姓名对应的文本字段，在“属性”面板中进行设置，如图 7-116 所示。

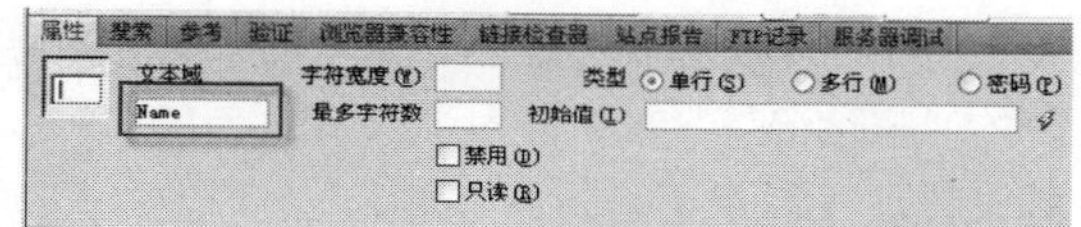

图 7-116　文本字段属性设置

㊼ 单击“服务器行为”面板中的 ⊞ 按钮，在弹出的下拉菜单中选择“动态表单元素”|“动态文本字段”命令，在打开的对话框中单击 ⚡ 按钮，并在打开的“动态数据”对话框中进行设置，如图 7-117 所示。

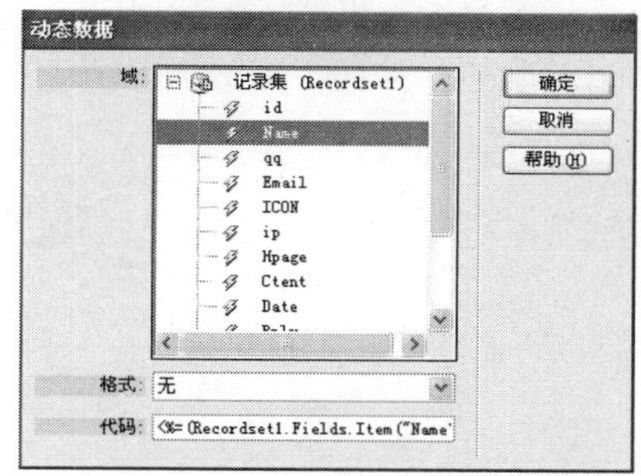

图 7-117　“动态数据”对话框

㊽ 单击“确定”按钮，返回到“动态文本字段”对话框，进行如图 7-118 所示的设置。

图 7-118　“动态文本字段”对话框

49 留言内容动态数据绑定的方法与步骤 47 绑定的方法相同，按照步骤 47 一一对应绑定即可。

50 在“服务器行为”面板中单击⊞按钮，在弹出的下拉菜单中选择“用户身份验证”|“限制对页的访问”命令，打开“限制对页的访问”对话框，进行如图 7-119 所示的设置。

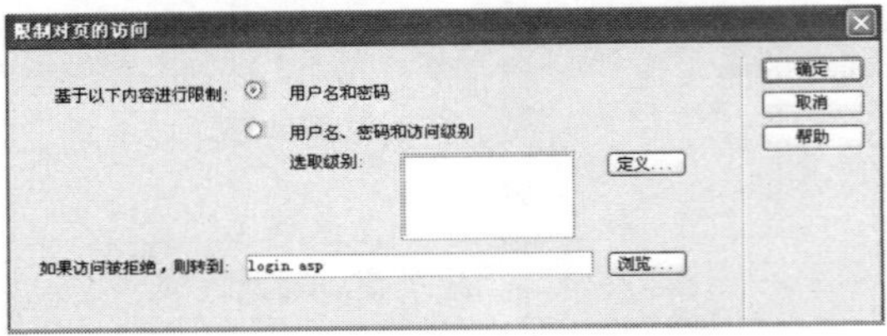

图 7-119 “限制对页的访问”对话框

51 在“服务器行为”面板中单击⊞按钮，在弹出的下拉菜单中选择“删除记录”命令，在打开的“删除记录”对话框中进行如图 7-120 所示的设置。

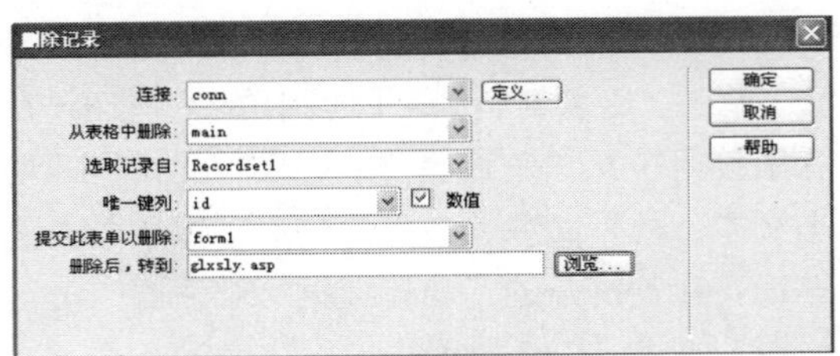

图 7-120 “删除记录”对话框

52 单击“确定”按钮，完成删除留言页的制作，如图 7-121 所示。

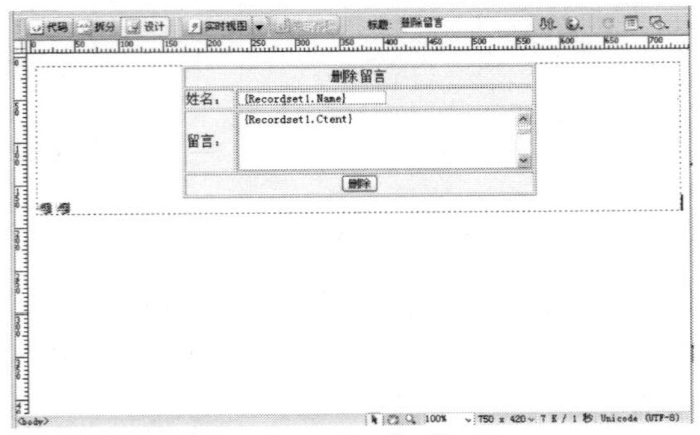

图 7-121 删除留言页

53 创建 huifu.asp 回复页面，在页面中插入表单，并在表单内添加表格，表格的属性设置如图 7-122 所示。

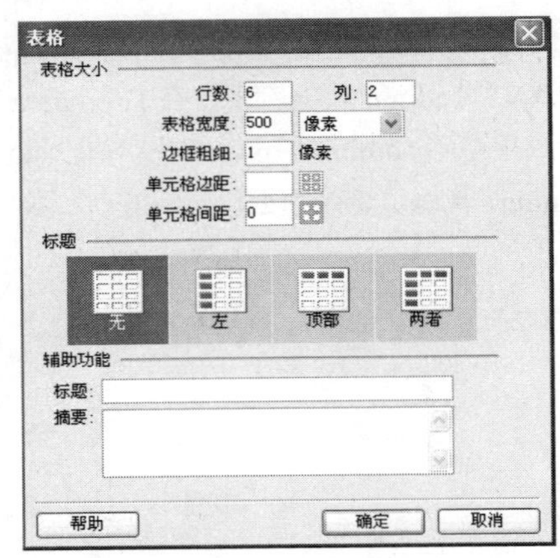

图 7-122 表格属性设置

54 布局表格并输入表格内容，结果如图 7-123 所示。

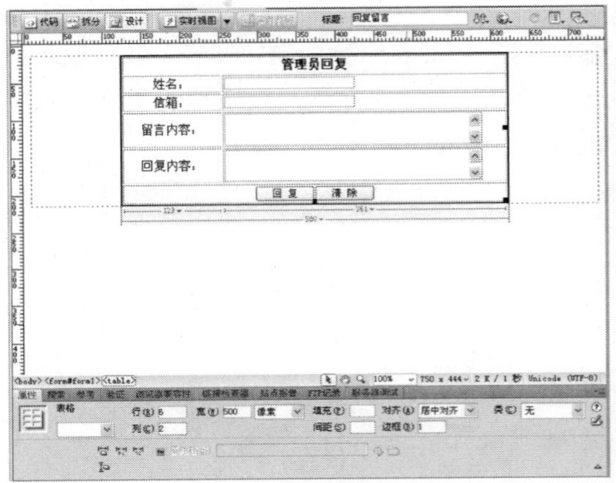

图 7-123 布局表格

55 在“绑定”面板中单击⊞按钮，在弹出的下拉菜单中选择“记录集(查询)”命令，在打开的“记录集”对话框中进行如图 7-124 所示的设置。

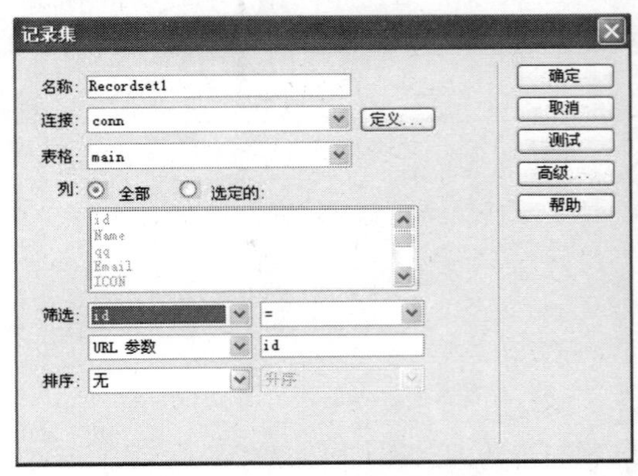

图 7-124 “记录集”对话框



说明 当用户创建了相应的数据库表后，还需要建立一个管理后台，以便于管理数据。

56 添加动态数据：选中“姓名”对应的文本字段，在“属性”面板中进行设置，如图 7-125 所示。

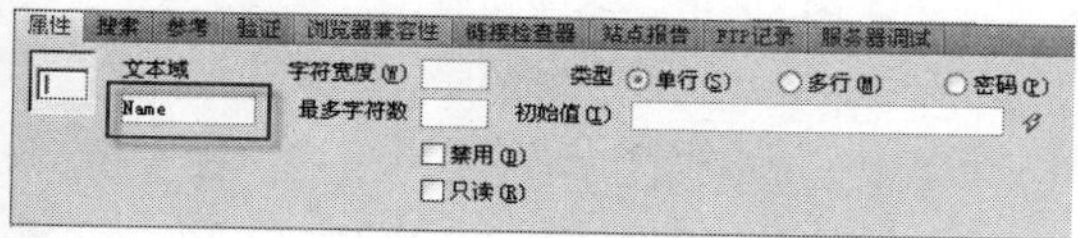

图 7-125　文本字段属性设置

在“服务器行为”面板中单击 按钮，在弹出的下拉菜单中选择“动态表单元素”|“动态文本字段”命令，在打开的“动态文本字段”对话框中单击 按钮，并在打开的“动态数据”对话框中进行设置，如图 7-126 所示。

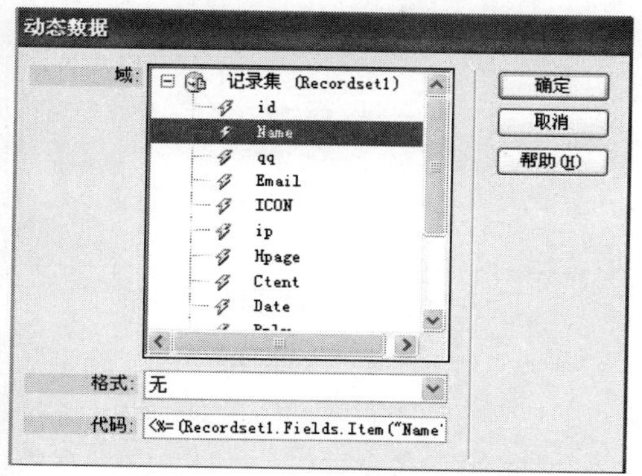

图 7-126　“动态数据”对话框

单击“确定”按钮，返回到“动态文本字段”对话框，进行如图 7-127 所示的设置。

图 7-127　“动态文本字段”对话框

57 其他内容动态数据绑定的方法与姓名绑定的方法相同，按照步骤 54 的方法一一对应绑定即可。

58 在“服务器行为”面板中单击 按钮，在弹出的下拉菜单中选择“用户身份验证”|“限制对页的访问”命令，在打开的“限制对页的访问”对话框中进行设置，如图 7-128 所示。

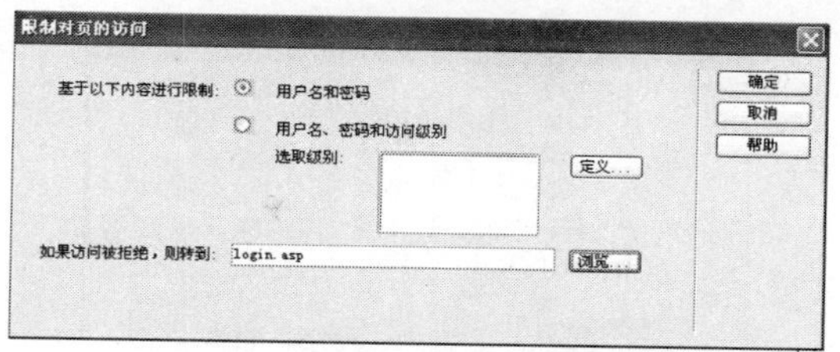

图 7-128　“限制对页的访问”对话框

59 在“服务器行为”面板中单击 按钮，在弹出的下拉菜单中选择“更新记录”命令，在打开的“更新记录”对话框中进行设置，如图 7-129 所示。

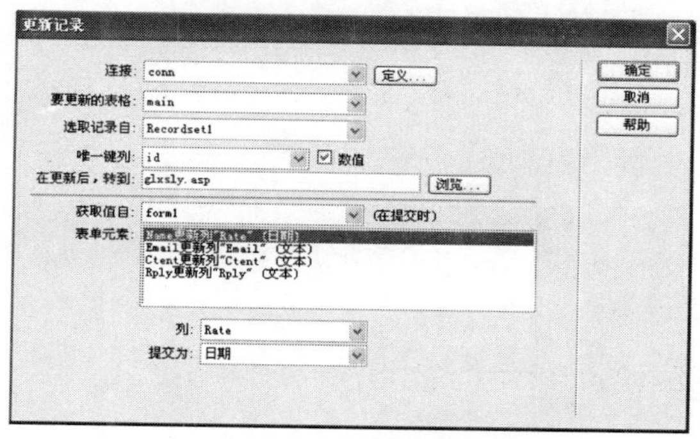

图 7-129　“更新记录”对话框

60 单击“确定”按钮，回复留言页编辑完成，如图 7-130 所示。

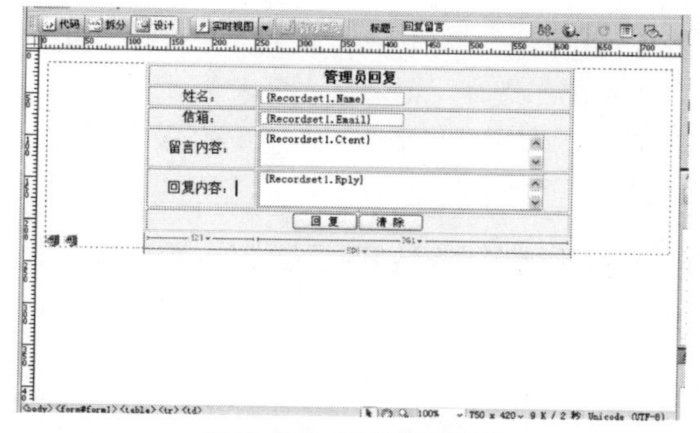

图 7-130　回复留言页

61 新建文件 edit.asp 编辑页面，在新建页面中添加一个表单，在表单内添加表格，表格属性设置如图 7-131 所示。

在链接数据库时，应保持选项对应，否则无法正常显示。


在多数情况下，管理员不会直接进入到数据表中编辑数据。　说明

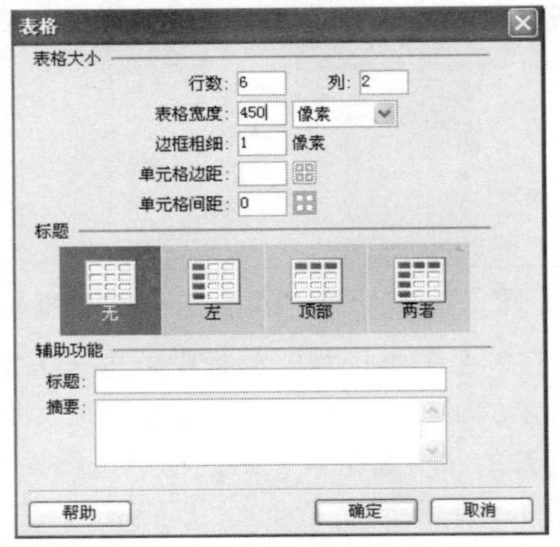


图 7-131　表格属性设置

布局表格并输入相关内容，如图7-132所示。

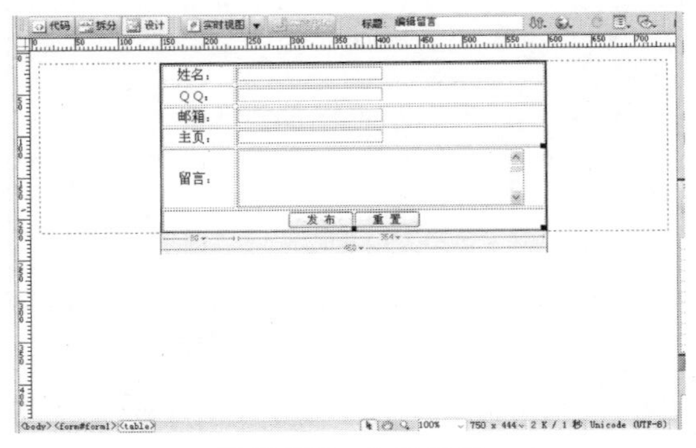


图 7-132　布局表格

62 在“绑定”面板中单击 按钮，在弹出的下拉菜单中选择“记录集(查询)”命令，在打开的“记录集”对话框中进行设置，如图 7-133 所示。

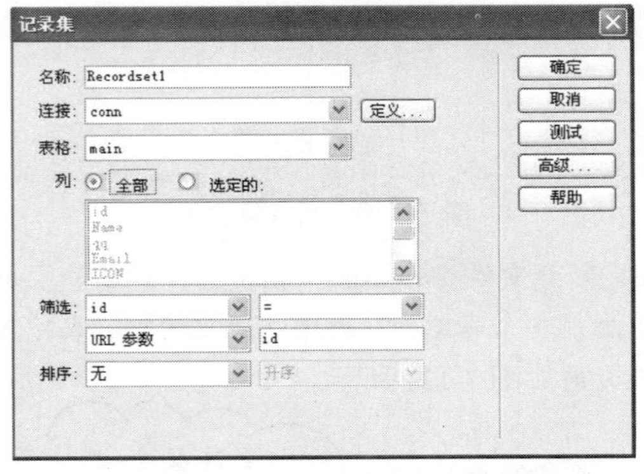


图 7-133　“记录集”对话框

63 选中姓名对应的文本字段，在“属性”面板中进行设置，如图 7-134 所示。

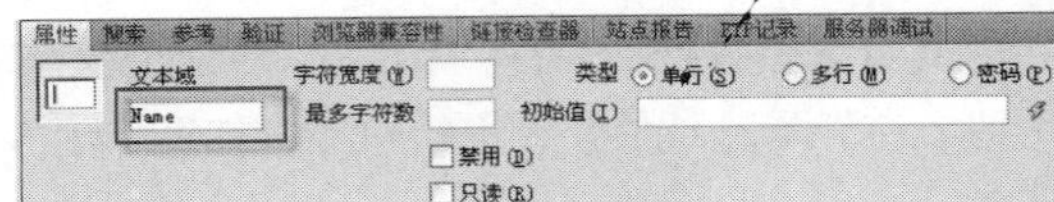


图 7-134　文本字段属性设置

在“服务器行为”面板中单击 按钮，然后在弹出的下拉菜单中选择“动态表单元素”|“动态文本字段”命令，在打开的“动态文本字段”对话框中单击 按钮，并在打开的“动态数据”对话框中进行设置，如图 7-135 所示。

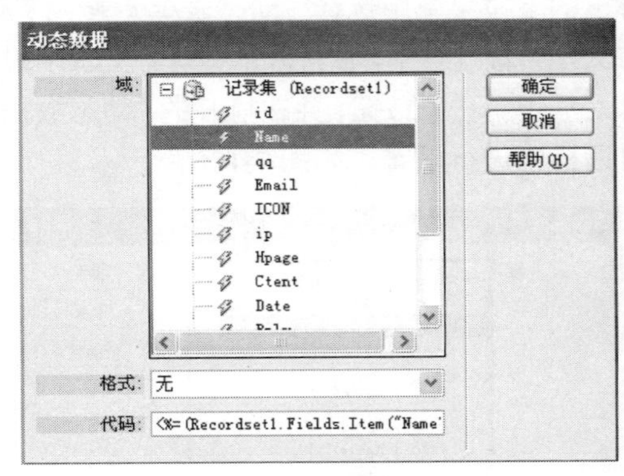


图 7-135　“动态数据”对话框

单击“动态数据”对话框中的“确定”按钮，返回到“动态文本字段”对话框，进行如图 7-136 所示的设置。

图 7-136　“动态文本字段”对话框

64 其他内容动态数据绑定的方法与姓名绑定的方法相同，按照步骤 62 的方法一一对应绑定即可。

65 在“服务器行为”面板中单击 按钮，在弹出的下拉菜单中选择“用户身份验证”|“限制对页的访问”命令，在打开的“限制对页的访问”对话框中进行设置，如图 7-137 所示。


说明　在创建数据表时，主键必须是唯一且不可重复的。

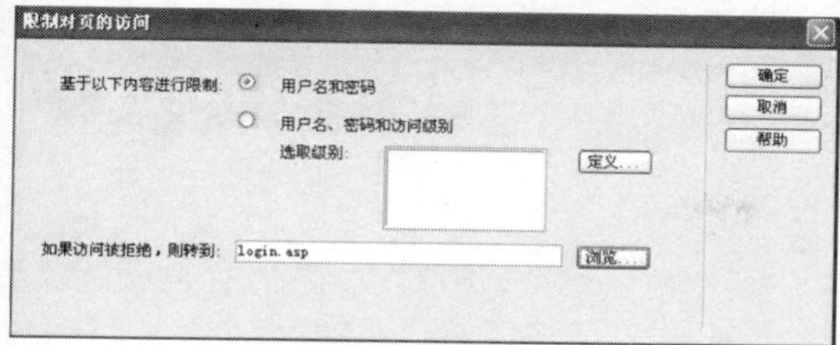


图 7-137　“限制对页的访问”对话框

66 在“服务器行为”面板中单击 + 按钮，在弹出的下拉菜单中选择“更新记录”命令，在打开的“更新记录”对话框中进行设置，如图 7-138 所示。

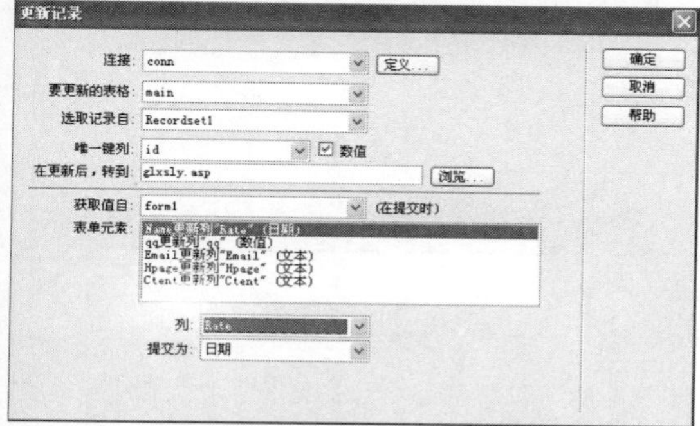


图 7-138　“更新记录”对话框

67 单击“确定”按钮，编辑留言页编辑完成，如图 7-139 所示。

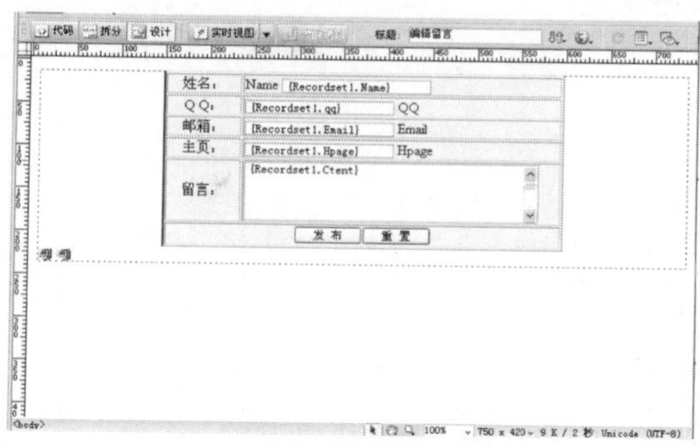


图 7-139　编辑留言页

68 至此，整个留言板系统功能全部做好，读者还可以结合样式、背景图片等功能对留言板页面进行美化。

**教你一招**

动态网页的作用并不是仅限于此，它还可以制作其他功能。

读书笔记

 在虚拟目录中，用户只可设置一个默认主页。

# 第 8 章 初识 Flash CS4

Yoyo，使用 Flash 可以制作许多有趣的动画，是吗？

- Flash CS4 的安装
- 使用“时间轴”面板
- 使用标尺和网格

是啊，Flash 动画在网页设计中的作用也越来越重要了。

说得对，本章我们就先来认识一下最新版本的动画制作软件 Flash CS4，它在原有版本的基础上做了更多的改进，其功能更为强大，设计更加人性化，操作起来也更加灵活、方便。

## 8.1 Flash CS4 的安装

Flash CS4 是 Adobe 公司最新推出的套装软件，该版本对产品的外观和功能等均做了进一步的改进与增强。

① 双击 Flash CS4 的安装程序，程序将检测系统配置文件，如图 8-1 所示。

图 8-1　Flash CS4 安装界面

② 检测完成后，将打开一个对话框，提示用户输入软件序列号，如图 8-2 所示。

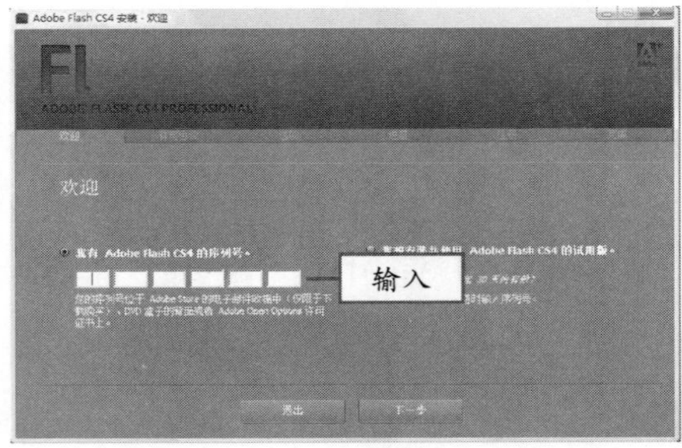


图 8-2　Flash CS4 序列号输入界面

③ 输入序列号后，单击“下一步”按钮，将会提示用户阅读 Flash CS4 的许可协议，单击“接受”按钮继续安装软件，如图 8-3 所示。

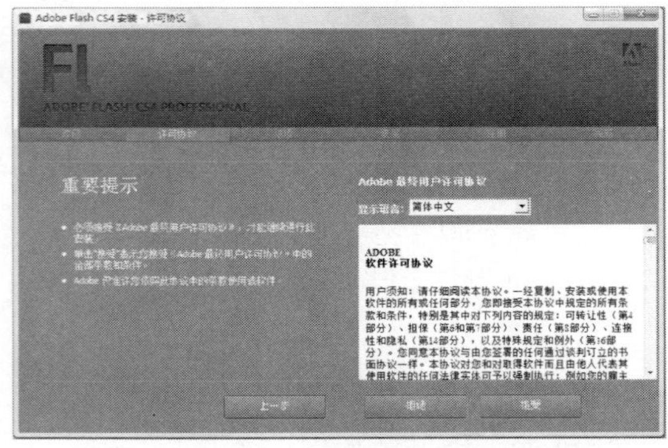


图 8-3　Flash CS4 安装许可协议

④ 此时，将打开 Flash CS4 的组件配置界面，用户可根据自己的实际需要对软件语言和组件进行定制，如图 8-4 所示。

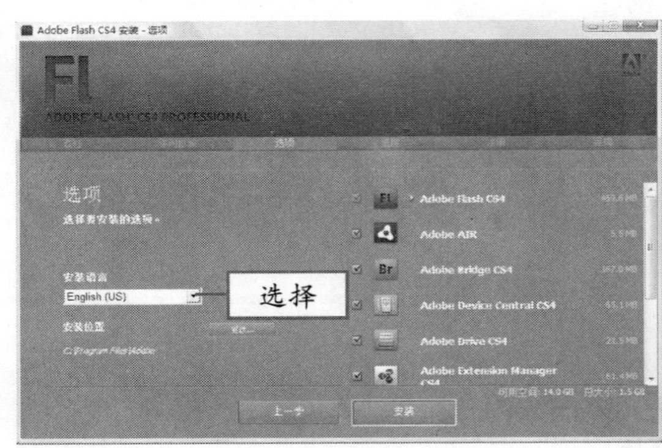


图 8-4　组件选择界面

⑤ 选择所需的组件后，安装程序便会自动启动，如图 8-5 所示。

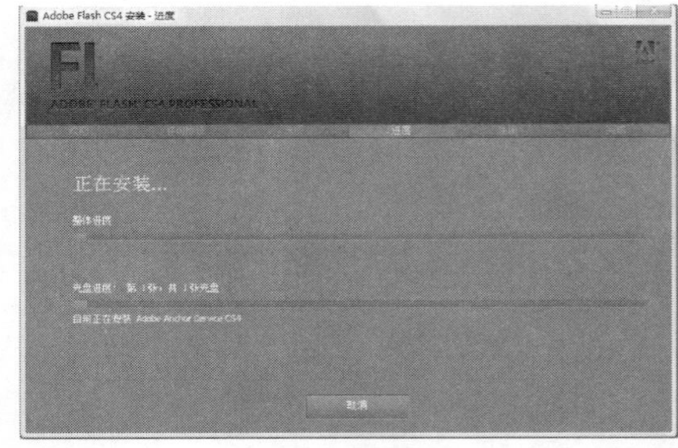


图 8-5　安装过程

⑥ 安装进度结束之后，将会弹出如图 8-6 所示的界面。

⑦ 单击“退出”按钮即可。图 8-7 所示为该软件的主界面。

**说明**　Flash CS4 较旧版本而言，功能增强了许多，但对计算机的配制要求也高了很多。

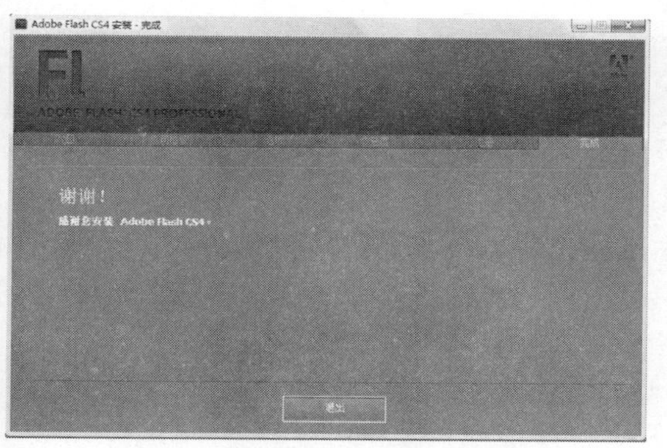

图 8-6　Flash CS4 安装成功界面

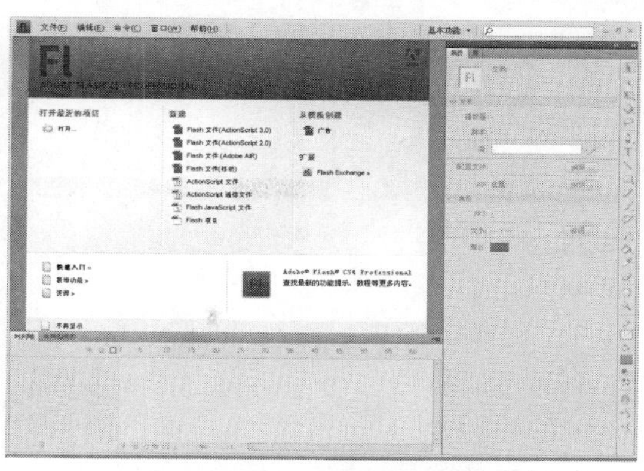

图 8-7　Flash CS4 软件主界面

## 8.2　Flash CS4 的工作环境

Flash CS4 与该软件的旧版相比有较大的改变，其人性化的设计方式最大限度地增加了工作区域，从而更加有利于设计人员的使用。下面将详细介绍 Flash CS4 的工作环境。

### 8.2.1　Flash CS4 界面简介

① 在桌面上双击 Flash CS4 图标，即可启动 Flash CS4，其开始页如图 8-8 所示。

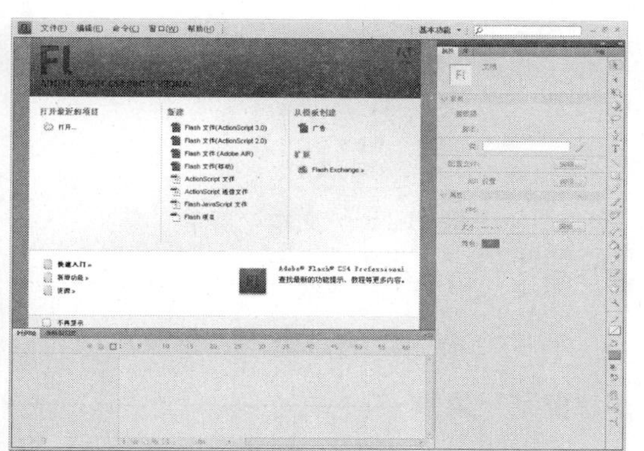

图 8-8　Flash CS4 的开始页

② 在开始页中单击“新建”栏中的“Flash 文件”超链接，即可新建并打开一个 Flash 文件，如图 8-9 所示。

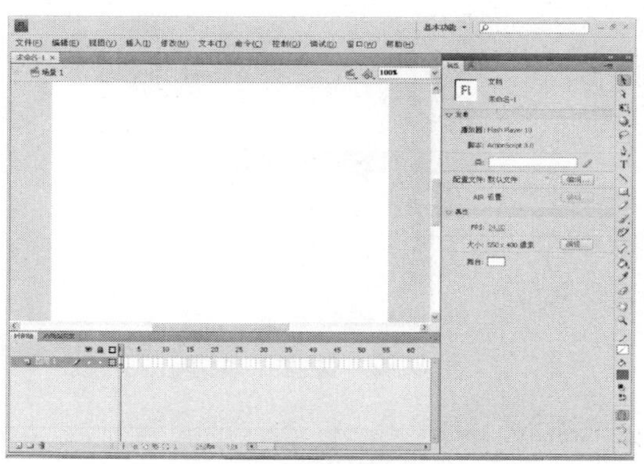

图 8-9　Flash 文档

Flash CS4 的工作界面主要由以下几部分组成：

#### 1. 菜单栏

菜单栏由“文件”、“编辑”、“视图”、“插入”、“修改”、“文本”、“命令”、“调试”、“控制”、“窗口”和“帮助”11 个菜单组成，其中汇集了 Flash CS4 的所有命令。

**“文件”菜单**

该菜单包含了所有相关文件的操作，如“新建”、“打开”、“保存”等命令，如图 8-10 所示。

**“编辑”菜单**

该菜单包含了常用的“撤销”、“剪切”、“复制”、“查找”和“替换”等命令，如图 8-11 所示。

说明：Flash CS4 界面的显著特点是最大限度地利用了可用空间。

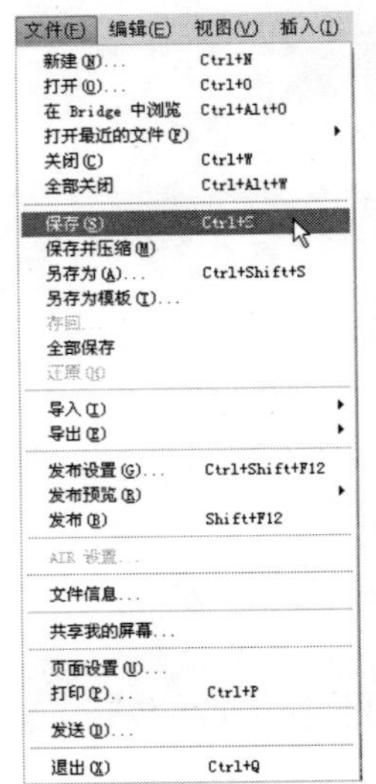

图 8-10 “文件”菜单　图 8-11 “编辑”菜单

## “视图”菜单

视图窗口的缩放，辅助标尺、网格、辅助线的开启与关闭，与对象对齐方式等功能对应的命令均包含在该菜单中，如图 8-12 所示。

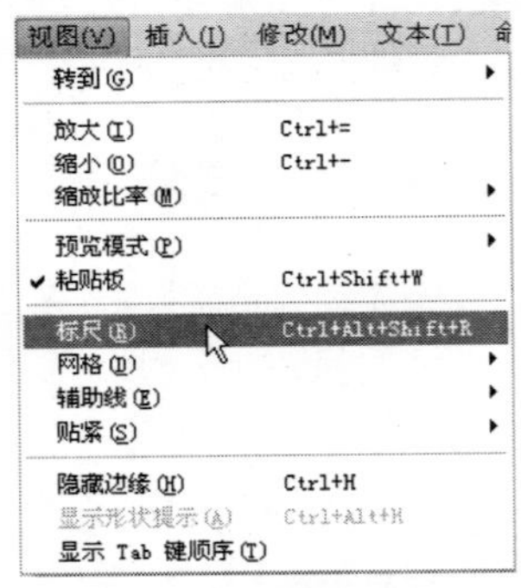


图 8-12 “视图”菜单

## “插入”菜单

该菜单主要包括有关新元件的插入、时间轴上的各种对象（图层、关键帧等）的插入以及时间轴特效和场景的插入等命令，如图 8-13 所示。

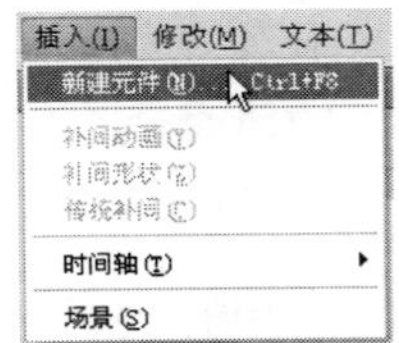


图 8-13 插入菜单

## “修改”菜单

该菜单主要针对 Flash 文档、元件、形状、时间轴以及时间轴特效，此外还包括工作区中各元件实例的变形、排列、对齐等命令，如图 8-14 所示。

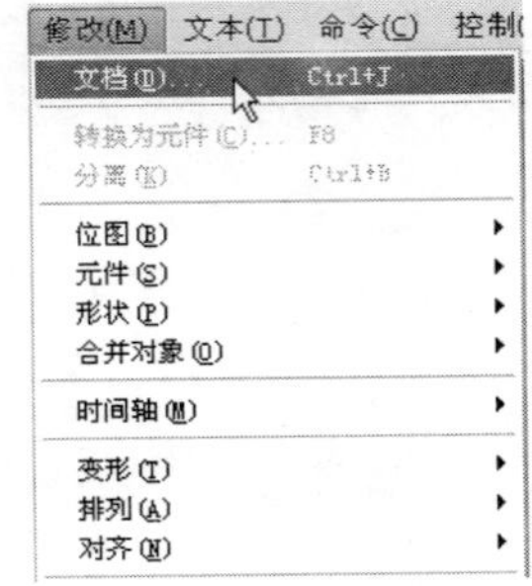


图 8-14 修改菜单

## “文本”菜单

该菜单主要用于设置文本字体、大小、样式等，如图 8-15 所示。

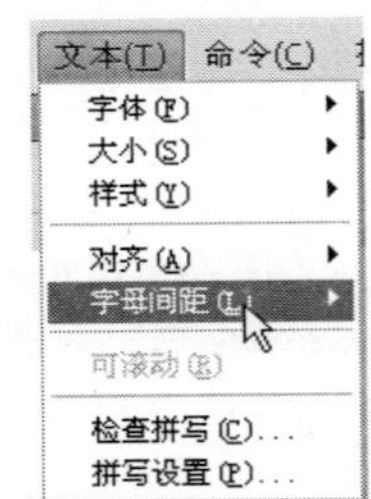


图 8-15 “文本”菜单

## “命令”菜单

有关“命令”的命令均在该菜单中。

## “控制”菜单

该菜单中主要包含影片的测试以及影片播放时的控制命令，如图 8-16 所示。

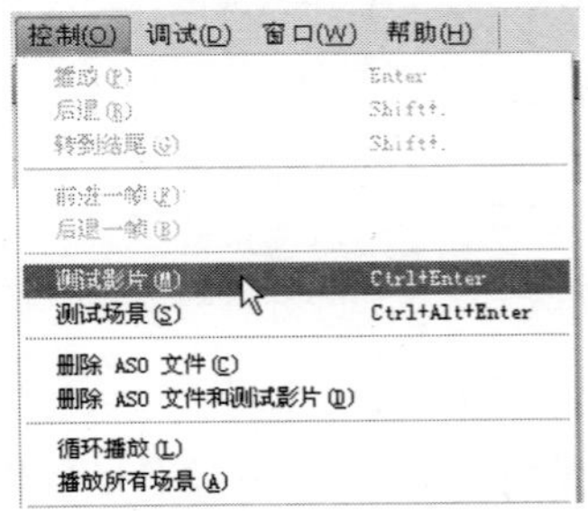


图 8-16 “控制”菜单



**说明** 对于常用的命令，用户可熟记其快捷键，以方便操作。

**“调试”菜单**

该菜单用于调试当前影片中的动作脚本。

**“窗口”菜单**

该菜单主要用于控制各种面板、窗口的开启与关闭，如图 8-17 所示。

**“帮助”菜单**

该菜单主要包含了各种获取帮助的方式。

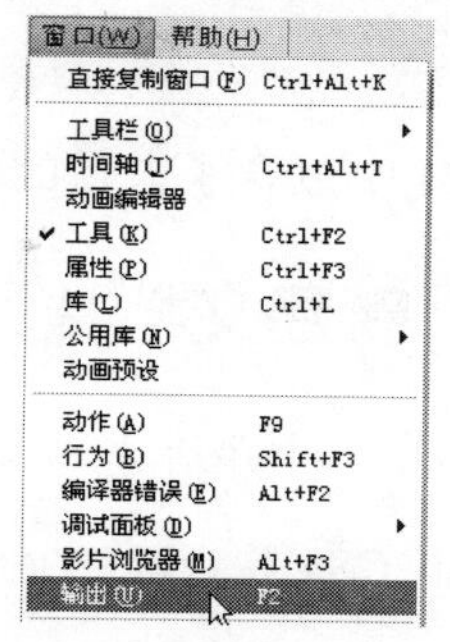

图 8-17　“窗口”菜单

## 2.“时间轴”面板

“时间轴”面板主要由图层和帧两部分组成，如图 8-18 所示。

**知识点拨**

时间轴是组织和管理动画的面板，所有的动画均需要用到“时间轴”面板。

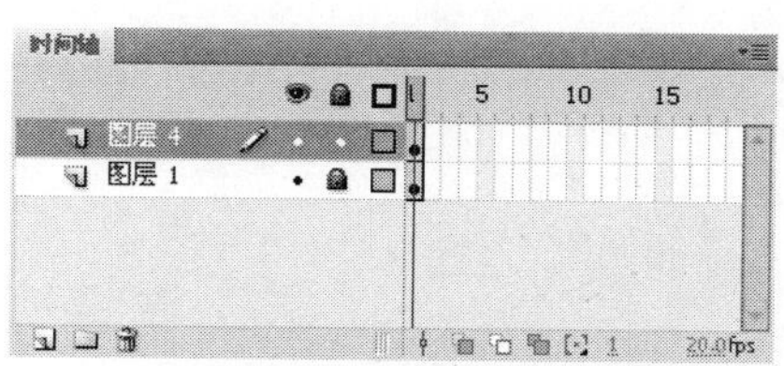

图 8-18　“时间轴”面板

## 3. 工具箱

工具箱包括了 Flash CS4 的选取工具、文本工具和绘图工具等，如图 8-19 所示。

**教你一招**

在 Flash CS4 中，用户可以根据自己的使用习惯摆放工具箱的位置，也可以将其调整为单栏、双栏或多栏形式。图 8-19 所示为多栏排列方式。

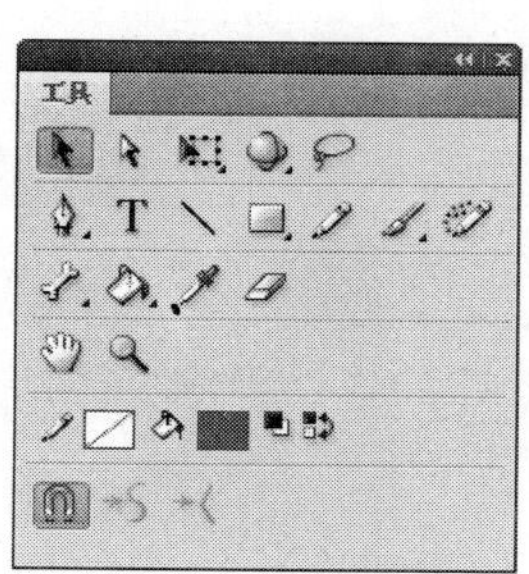

图 8-19　工具箱

## 4. 舞台

在 Flash CS4 中制作动画的工作区域称为“舞台”，是进行动画创作和播放的主要区域，如图 8-20 所示。

图 8-20　舞台

说明　单击工具箱中的工具按钮，可快速选择相应的工具。

### 5. 面板

Flash CS4 中包含了大量的面板，利用这些面板可以方便地查看和修改对象的各种属性。

## 8.2.2 新建文档并设置属性

启动 Flash CS4 并新建一个文档，然后利用“文档属性”对话框对其进行调整。

① 打开 Flash CS4 并新建一个空白文档，如图 8-21 所示。

图 8-21　新建文档

② 单击“修改”|“文档”命令，打开“文档属性”对话框，如图 8-22 所示。

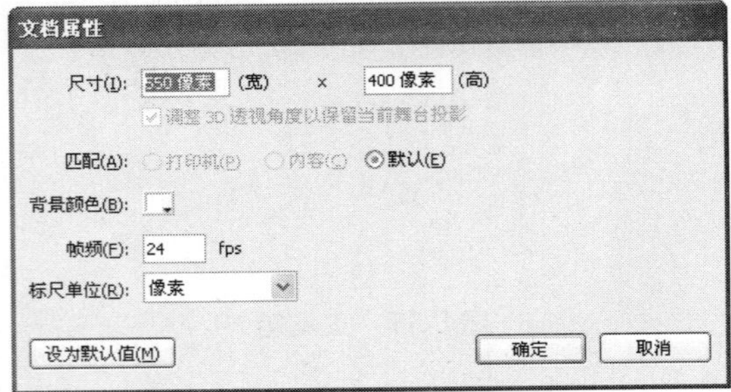

图 8-22　“文档属性”对话框

③ 在该对话框的“尺寸”文本框中输入所需的尺寸，如图 8-23 所示。

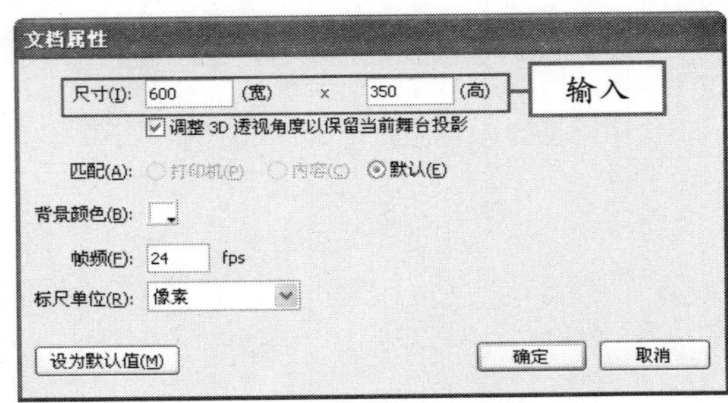

图 8-23　设置文档属性

④ 在背景颜色右侧单击颜色井，并在打开的面板中选择所需的颜色，如图 8-24 所示。

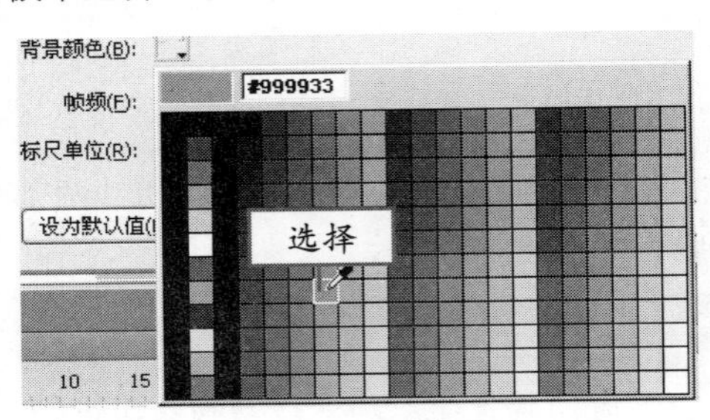

图 8-24　设置背景颜色

⑤ 在帧频选项中可设置当前文档中动画的播放速度，如图 8-25 所示。

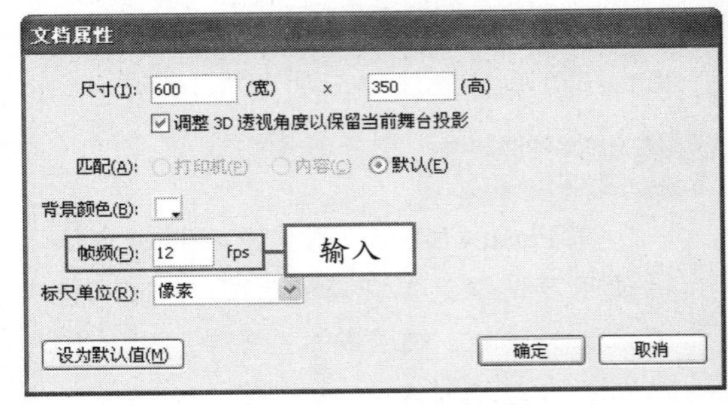

图 8-25　设置帧频

⑥ 在“标尺”下拉列表框中选择“厘米”选项，如图 8-26 所示。

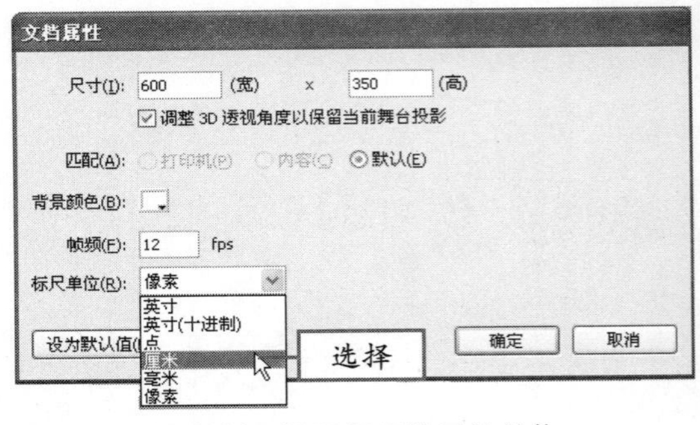

图 8-26　设置标尺使用的单位


说明　舞台是放置动画实例的地方，用户可以在此添加、组织、编辑动画实例。

在利用 Flash CS4 制作完成一个动画后，往往需要预览和测试一个动画是否达到了预期的目标。可以用以下三种方法进行预览和测试。

- 要测试一个简单的动画、基本的交互性控件或一段声音，可以单击“控制”|“播放”命令，如图 8-27 所示。

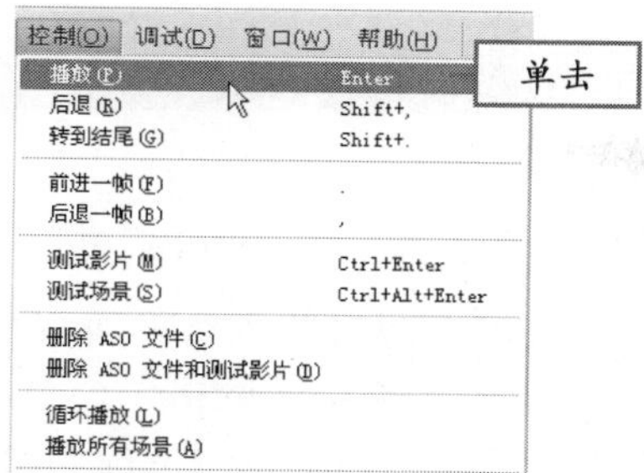


图 8-27　单击“控制”|“播放”命令

- 要测试所有的动画或交互式控件，可以单击“控制”|“测试影片”命令或单击“控制”|“测试场景”命令，打开一个独立的播放器来测试，如图 8-28 所示。

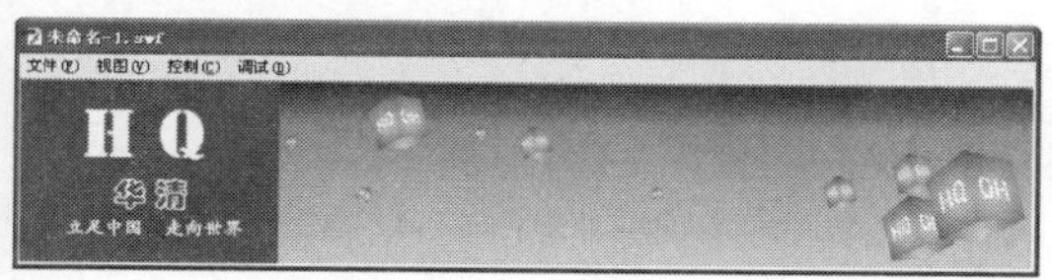

图 8-28　测试动画

- 若要在网络浏览器中测试一个动画，则可单击“文件”|“发布预览”| HTML 命令，如图 8-29 所示。

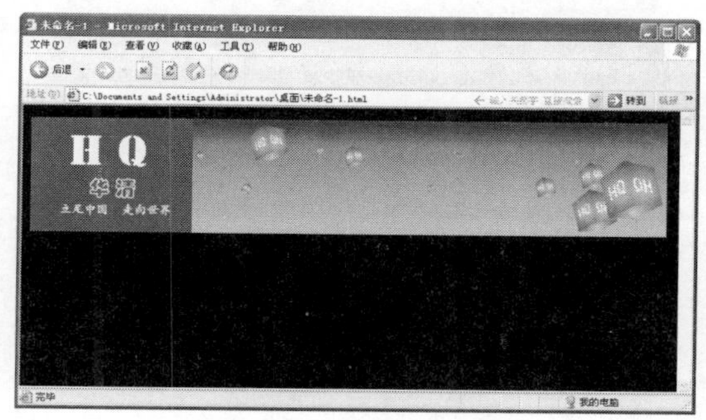

图 8-29　网页测试动画

用户还可以按【Ctrl+Enter】组合键测试动画。


## 8.2.3　使用“时间轴”面板

“时间轴”面板是动画编排的主要场所，用户可以在该面板中设置一系列参数，如图 8-30 所示。

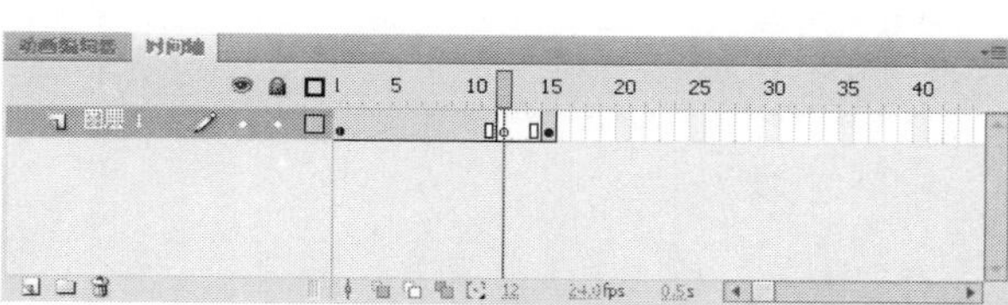

图 8-30　“时间轴”面板

“时间轴”面板主要由帧、图层和播放头组成，其中的每一行代表着一个图层的运动：左边是图层的描述，右边是与之对应的帧格。

## 8.2.4　使用标尺和网格

使用标尺可以方便快速地测量画面距离。单击“视图”|“标尺”命令，即可在工作区中显示标尺，显示标尺的工作区如图 8-31 所示。

若要改变标尺的单位，可以单击“修改”|“文档”命令，在弹出的“文档属性”对话框中设置标尺的单位，如图 8-32 所示。

设置文档属性可以控制导出动画的属性。　说明

图 8-31　显示标尺的工作区

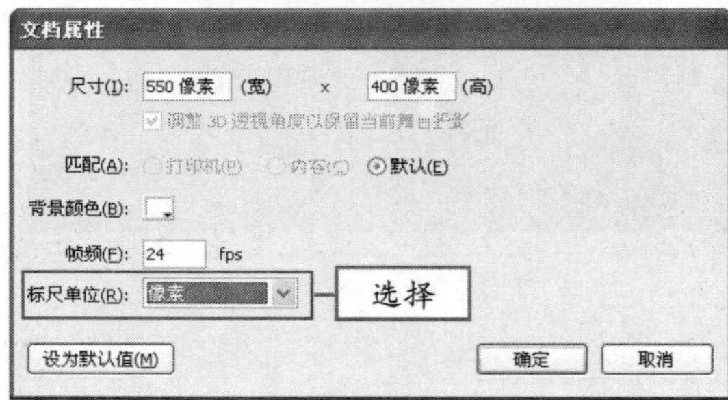


图 8-32　“文档属性”对话框

网格的作用是帮助用户准确地在画面上定位一个对象或对齐多个图形。要显示网格，可以单击“视图”|“网格”|“显示网格”命令，显示网格的工作区如图 8-33 所示。

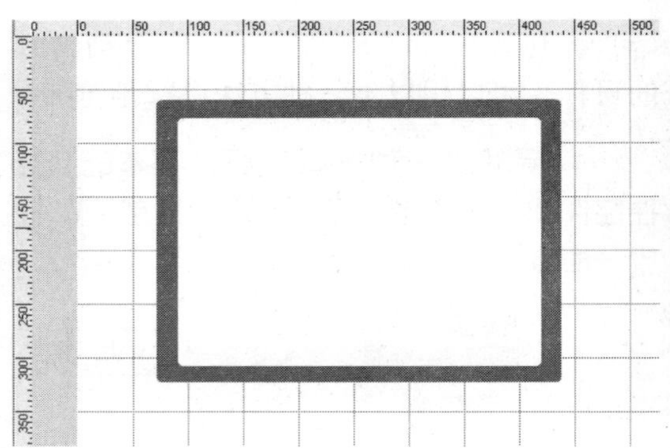

图 8-33　显示网格的工作区

若要修改网格的大小，可以单击“视图”|“网格”|“编辑网格”命令，然后在打开的“网格”对话框中修改网格的大小，如图 8-34 所示。

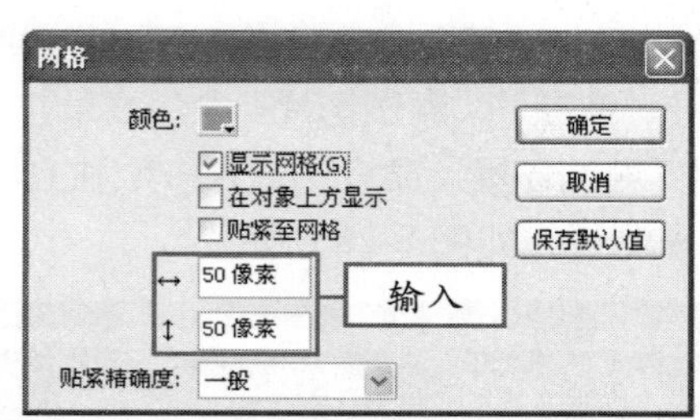


图 8-34　“网格”对话框

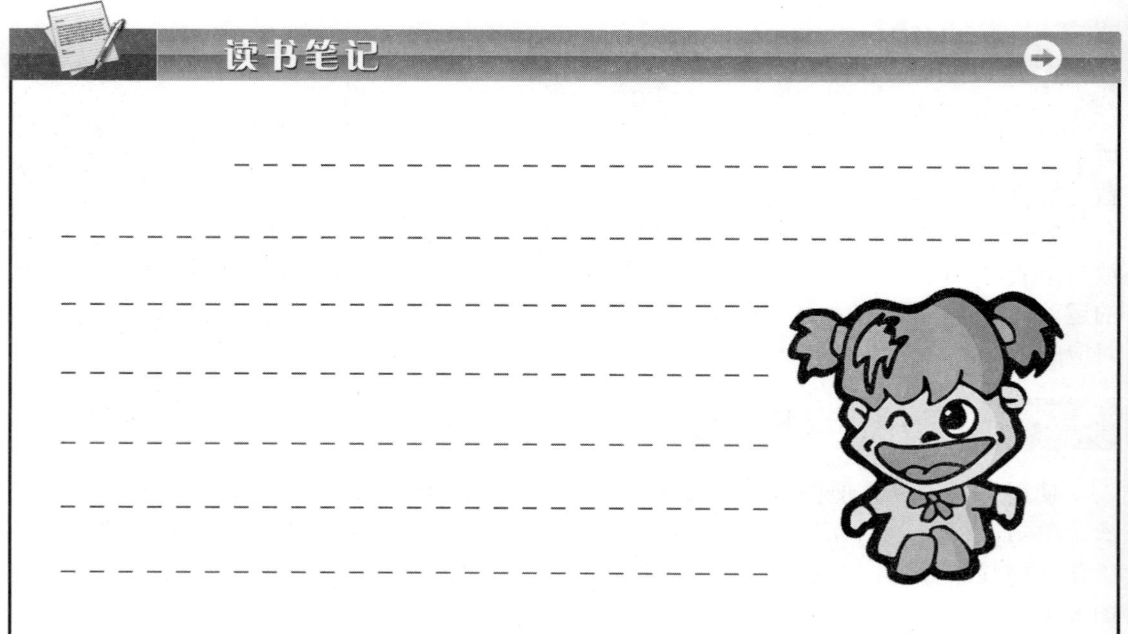




说明　在默认情况下，当用户移动实例到辅助线附近时，实例对象可自动吸附到辅助线上。

# 第9章 使用 Flash CS4 绘图

Yoyo，利用 Flash 的工具也可以绘图吗？

当然了，它绘制的还是矢量图呢！

- 使用基本绘图工具
- 使用图像编辑工具
- 绘图练习

利用 Flash 自带的绘图工具可以绘制一些简单的图形，若要绘制复杂的图形则需要通过其他软件进行，如 Photoshop、CorelDRAW 等。本章主要学习如何使用 Flash 绘制图形。

# 9.1 基本工具的使用

## 9.1.1 绘图工具

在 Flash CS4 中，绘图工具有多个，其作用各不相同。绘制图形时选择合适的工具，不仅可以提高绘图的质量，而且可以加快绘图的速度。下面介绍绘图工具的使用及其设置。

### 1. 线条工具

线条工具对应的是绘图工具箱中的＼按钮，利用它可以完成绘制不同形式线条的操作。

① 单击线条工具按钮，然后打开“属性”面板，从中设置所需的属性，如图 9-1 所示。

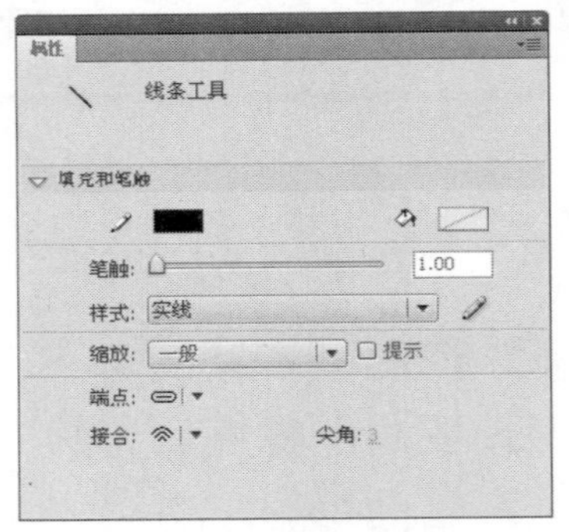


图 9-1 线条工具的“属性”面板

② 在舞台上按住鼠标左键并进行拖动，即可绘制线条，如图 9-2 所示。

图 9-2 绘制线条

③ 选择所绘制的线条，然后在“属性”面板的“样式”下拉列表框中选择合适的线型，如图 9-3 所示。

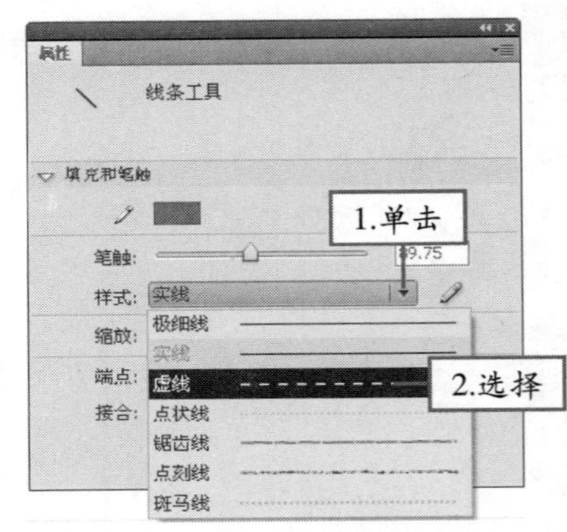


图 9-3 在“属性”面板中设置线条线型

④ 设置所需的属性后，图像效果如图 9-4 所示。

图 9-4 更改线条属性效果

#### 设置线条样式

在 Flash CS4 中，允许用户在一条直线上套用另一条直线的颜色、宽度和线型。下面将通过一个实例来讲解，具体操作步骤如下：

① 在舞台中随意绘制两条颜色、线宽和线型不同的直线 A 和直线 B，如图 9-5 所示，在本例中将把直线 A 的格式套用在直线 B 上。

② 选取绘图工具箱中的滴管工具，在工作区中鼠标指针会变成滴管形状。当鼠标指针悬停在直线 A 上方时，会变成有铅笔下标的滴管形状，如图 9-6 所示。



说明 直线绘图时，可先绘制轮廓，然后根据需要填充相应的颜色。

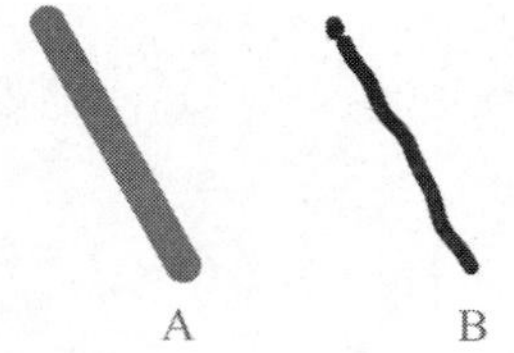


图 9-5　两条不同属性的直线

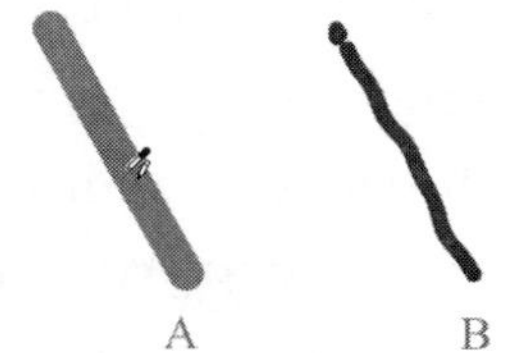


图 9-6　选择滴管工具后的鼠标指针

③ 在直线 B 上单击，鼠标指针会变成墨水瓶形状，如图 9-7 所示。此时，表示直线 A 的格式已经被“吸取”。

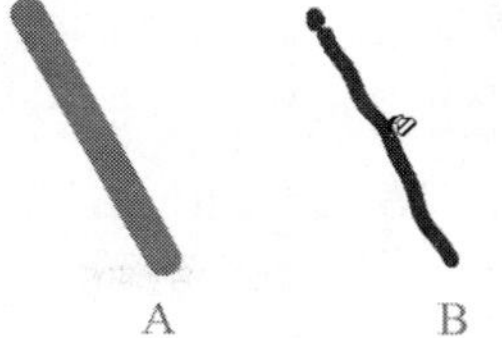


图 9-7　吸取格式

④ 将鼠标指针移动到直线 B 上方并单击，将直线 A 的格式“浇灌”在直线 B 上，如图 9-8 所示。

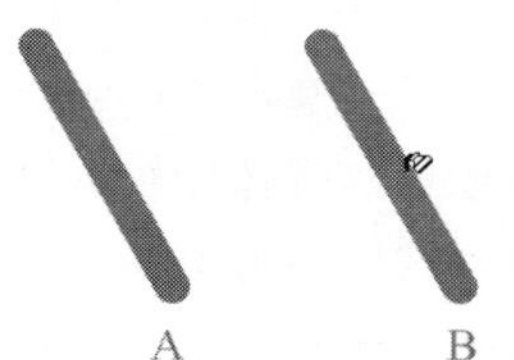


图 9-8　应用格式

### 设置笔触的样式

除了上面讲解的预设线条样式以外，在“属性”面板下方，还允许用户自定义线条样式，如图 9-9 所示。

**知识点拨**

在设置笔触样式时，用户若选中相应的线条，则设置完成后该线条将发生相应的改变，该操作可用于编辑已有的线条。

图 9-9　设置笔触样式

## 2. 多边形工具

多边形工具包括矩形工具、椭圆工具等，主要用于绘制一些常见的规则形状。

### 矩形工具

矩形工具可用来绘制矩形。在工具箱中选取矩形工具即可进行绘制，绘制的图形如图 9-10 所示。

图 9-10　绘制矩形

在选择矩形工具后，用户还可以在工具箱的底部设置绘制的图形是否为对象，或是否紧贴已绘制的对象进行绘图，如图 9-11 所示。

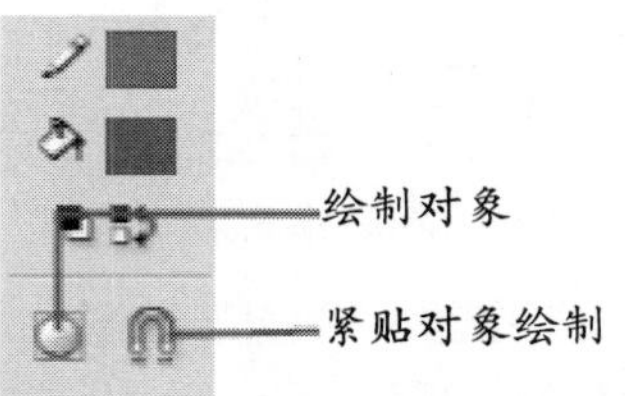


图 9-11　设置矩形参数

#### 椭圆工具

在工具箱中选取椭圆工具，然后在舞台中拖动鼠标，即可绘制出椭圆图形，如图 9-12 所示。

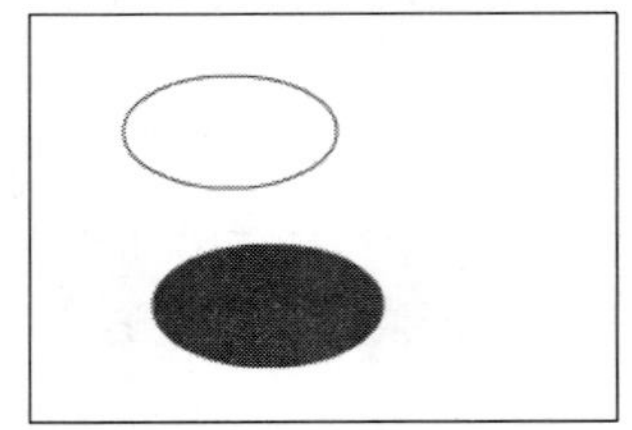

图 9-12　绘制的椭圆

用户可以在“属性”面板中对所绘图形的笔触进行设置，具体设置方法与直线属性的设置相同，这里不再赘述。

如果要取消对椭圆图形的填充，则在选中椭圆对象后，单击“颜色”栏中的“填充色”颜色井，在弹出的面板中单击☐按钮即可。

#### 基本矩形工具

基本矩形工具绘制的图形为对象，其基本操作方法与矩形工具相同。但基本矩形工具绘制图形后，可以在“属性”面板中再进行调整，如图 9-13 所示。

图 9-13　圆角矩形

当用户绘制了一个圆角矩形后，可在“属性”面板中设置该矩形的圆角，如图 9-14 所示。

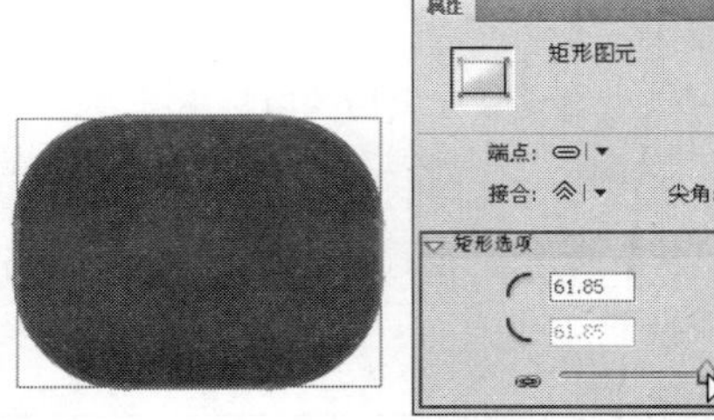


图 9-14　设置矩形的圆角

**教你一招**

在“属性”面板中设置的矩形圆角的值越大，则角度就越大，画出来的形状越圆滑。

### 3. 铅笔工具

在 Flash 程序中，铅笔工具是一种功能很强的绘图工具，使用铅笔工具可以绘制各种各样的曲线和复杂的图形。

① 选取铅笔工具，然后在弹出的选项中单击“伸直”按钮，即可弹出相应的下拉菜单，如图 9-15 所示。

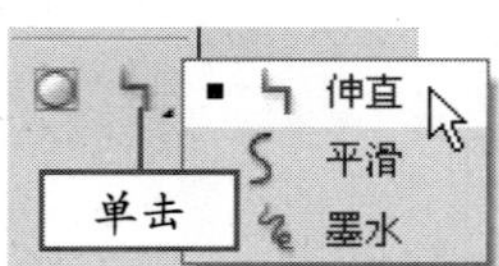


图 9-15　铅笔模式菜单

② 如果用户从中选择“伸直”选项，则绘制的曲线的弧度将被忽略而显示为直线，较大的弧度将显示为尖锐的棱角，如图 9-16 所示。

图 9-16　“伸直”的效果

③ 如果用户选择“平滑”选项，则在舞台上拖动鼠标绘制曲线，得到的效果如图 9-17 所示。

图 9-17　“平滑”的效果



**说明**　绘制的矩形，其轮廓与填充色是两个不同的对象，可分别进行编辑。

④ 如果用户选择“墨水”选项，则在舞台上拖动鼠标绘制曲线，得到的效果如图 9-18 所示。

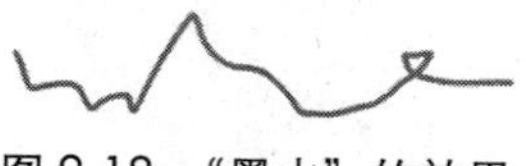

图 9-18 “墨水”的效果

**知识点拨**

对于直线的这些选项，用户也可以应用于已绘制的直线，即选择已绘制的直线，然后单击相应的选项即可。

## 4. 刷子工具

刷子工具可以在舞台上绘制出不同色彩的图形，也可以为各种图形对象着色。

① 在工具箱中选取刷子工具，其“选项”栏的显示如图 9-19 所示。

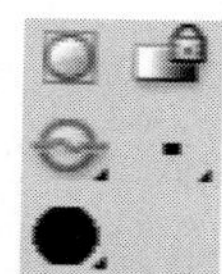

图 9-19 刷子工具选项栏

② 单击其中的“刷子模式”按钮，将弹出如图 9-20 所示的下拉菜单。

图 9-20 刷子模式选择

③ 从中设置不同的绘图模式，并绘制出不同的图形，如图 9-21 所示。

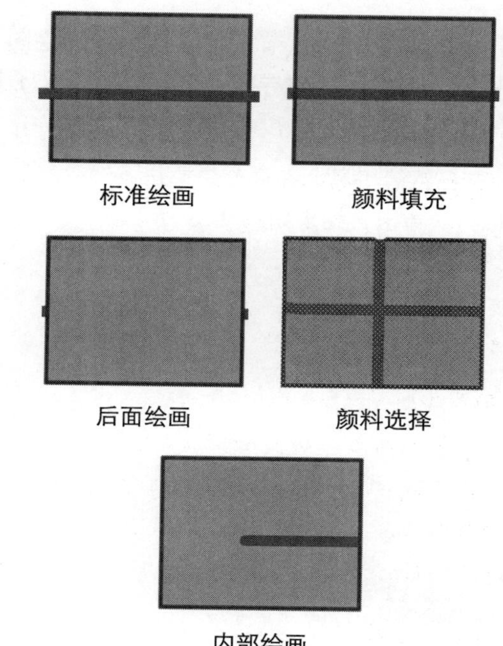


图 9-21 不同刷子模式的效果

如果用户在绘制图形前单击“锁定填充”按钮，则刷子可处于锁定填充状态。该功能主要应用于带有渐变色和位图的图形上。具体操作步骤如下：

① 选择刷子工具，然后在选项区中单击“锁定填充”按钮。

② 单击填充色井，在弹出的面板中选择所需的颜色，如图 9-22 所示。

③ 利用刷子工具在舞台上进行绘制，结果如图 9-23 所示。

④ 取消“锁定填充”，然后再利用刷子工具在舞台中进行绘制，则颜色不能融合为一体，如图 9-24 所示。

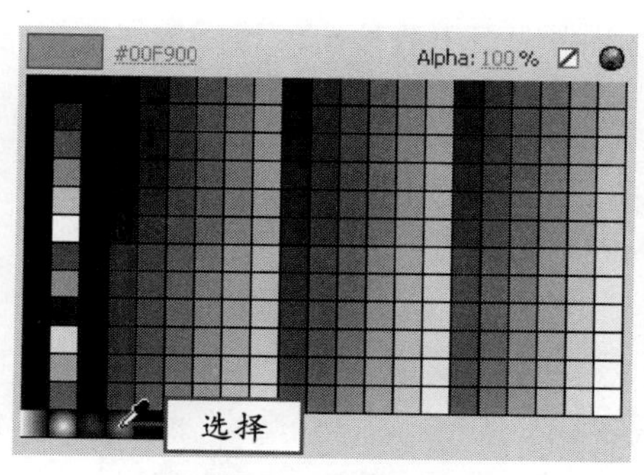


图 9-22 选择填充色

在 Flash 绘图中，刷子工具是一个重要的绘制工具，可当做画笔使用。 说明

图 9-23　使用锁定

图 9-24　不使用锁定

### 5. 钢笔工具

钢笔工具是通过节点来绘制曲线的绘图工具，使用该工具可绘制出各种不规则的封闭路径和不规则的运动向导线，这些路径定义了直线或曲线的变化和特点，包括直线的角度、长度，曲线的弧度、长度、方向等。

① 选择钢笔工具，在舞台中单击，然后移动鼠标再次单击，结果如图 9-25 所示。

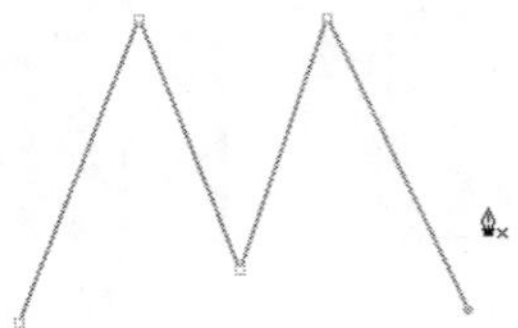

图 9-25　绘制直线段

② 如果用户需要绘制曲线，则只需按住鼠标左键并进行拖动即可，如图 9-26 所示。

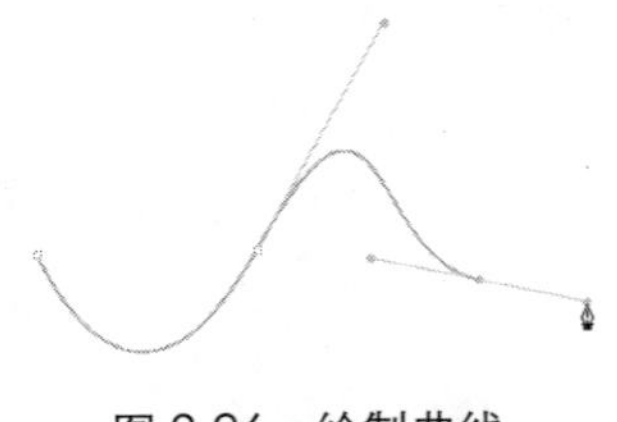

图 9-26　绘制曲线

## 9.1.2 选择工具

选择工具用于选择所需的对象，Flash 中设置有可以选择整个对象的选择工具，也有用于选择部分对象的部分选择工具。下面将介绍如何使用选择工具。

### 1. 选择工具

单击选择工具按钮，然后按住鼠标左键并进行拖动即可选择对象，如图 9-27 所示。

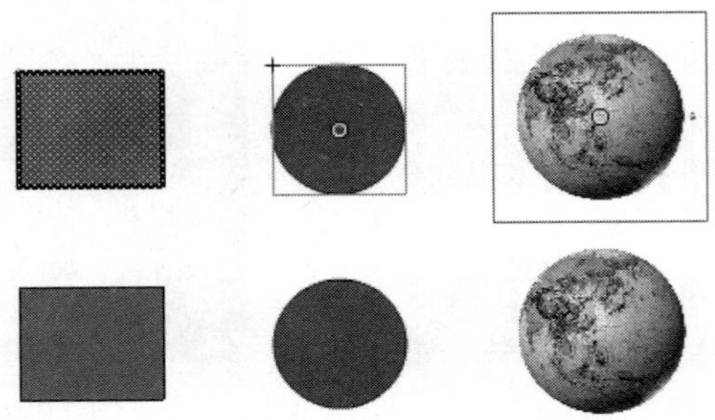

图 9-27　使用选择工具选中对象的不同状态



说明　在绘制时选择工具不仅用于选择对象，还用于编辑对象。

① 利用矩形工具在图中绘制一个矩形，如图 9-28 所示。

图 9-28　绘制矩形

② 单击选择工具按钮，将鼠标指针移动到矩形的上边缘，如图 9-29 所示。

③ 将鼠标指针放置于矩形的右边上，按住【Alt】键，然后按住鼠标左键并进行拖动即可，如图 9-30 所示。

图 9-29　移动鼠标指针

图 9-30　调整图形的曲线形状和拐角

**知识点拨**

当需要在一条直线上调整出直角时，按住【Alt】键，然后按住鼠标左键并进行拖动即可。

当选中选择工具时，其选项如图 9-31 所示。

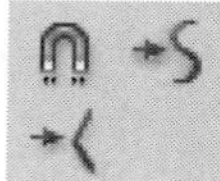

图 9-31　选择工具选项

① 选择铅笔工具，在舞台中绘制一个圆，如图 9-32 所示。

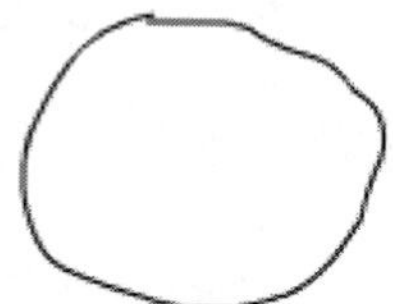

图 9-32　绘制圆

② 利用选择工具选中绘制的圆，然后单击工具箱的“选项”栏中的“平滑”按钮，结果如图 9-33 所示。

③ 如果单击“伸直”按钮，则效果如图 9-34 所示。

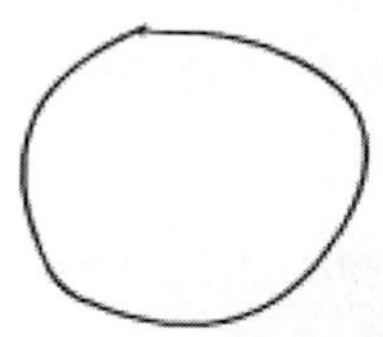

图 9-33　伸直线条

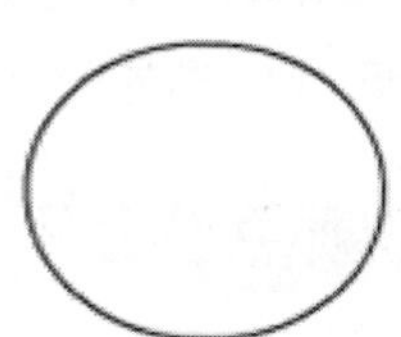

图 9-34　平滑和伸直图形

## 2．部分选取工具

部分选取工具的作用和选择工具相似，不同的是它主要用于调整路径对象的节点或节点上控制句柄的位置，从而使路径产生局部变形的效果。

① 选择文本工具，并在舞台中输入一个“牛”字，如图 9-35 所示。

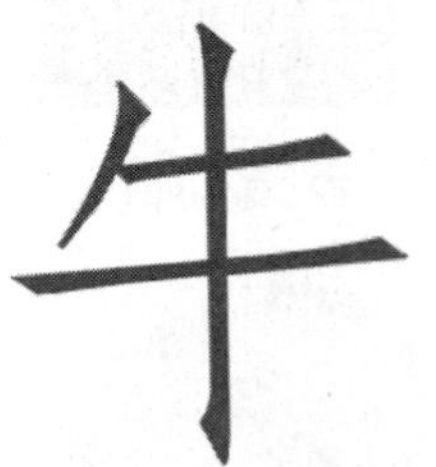

图 9-35 输入文本

② 按【Ctrl+B】组合键将文本分离。选择部分选取工具，对路径上的节点进行变形操作，如图 9-36 所示。

图 9-36 变形线条

### 3. 套索工具

套索工具可用来选择对象，与选择工具不同的是，套索工具选择的对象可以是不规则图形，也可以是多边形的图形。

① 选择套索工具，然后在图片中所需的位置按住鼠标左键并拖动进行选取，如图 9-37 所示。

图 9-37 使用套索工具

② 单击选项中的“魔术棒”按钮，在图像中单击，即可将鼠标指针处颜色相近的区域选中，如图 9-38 所示。

图 9-38 使用魔术棒选取对象

③ 单击“魔术棒设置”按钮，在打开的“魔术棒设置”对话框中可设置相应的参数，如图 9-39 所示。

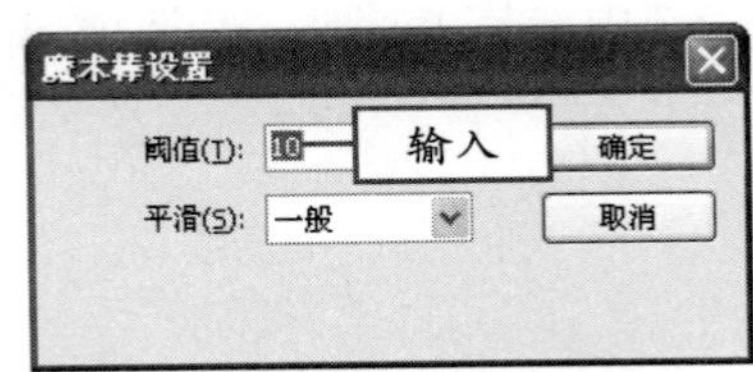


图 9-39 “魔术棒设置”对话框

④ 单击“多边形模式”按钮，则可以选择由多条直线段组成的多边形区域，如图 9-40 所示。

图 9-40 多边形选择工具

## 9.1.3 颜色设置工具

填充工具主要用于为图形元素填充颜色。在 Flash 的工具箱中，填充工具包括墨水瓶工具、颜料桶工具、滴管工具以及填充变形工具，下面将分别对其使用方法进行介绍。

### 1. 墨水瓶工具

① 新建一个 Flash 文档，然后利用矩形选择工具在舞台中绘制一个如图 9-41 所示的矩形。


说明 墨水瓶工具只能用于改变轮廓的颜色。

图 9-41　绘制矩形

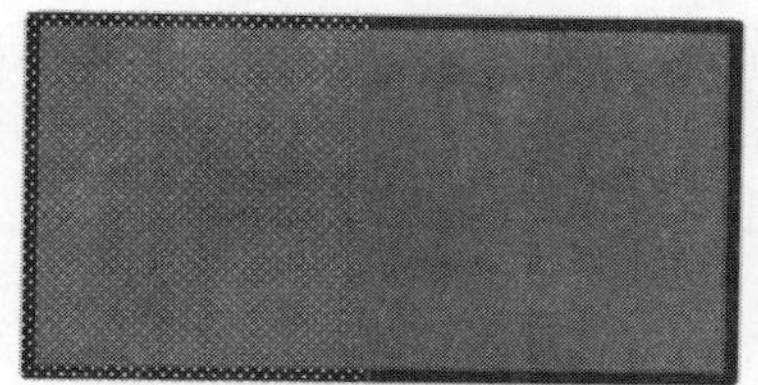

图 9-42　选择部分图像

② 利用选择工具选择矩形的一部分，如图 9-42 所示。

③ 选取墨水瓶工具，并设置合适的颜色。在图形上单击需要更改颜色的线段即可，如图 9-43 所示。

图 9-43　修改部分线条颜色

用户也可以使用墨水瓶工具来改变线条的宽度。

① 使用铅笔工具绘制一段曲线，如图 9-44 所示。

图 9-44　绘制曲线

② 打开“属性”面板，然后设置“笔触”的大小，选择一段曲线，然后用墨水瓶单击所选曲线即可，如图 9-45 所示。

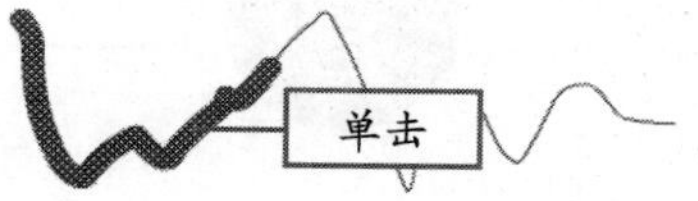


图 9-45　用墨水瓶工具修改线宽

## 2. 颜料桶工具

颜料桶工具可以用所选择的颜色填充封闭区域，这个封闭区域可以是空白区域，也可以是已有颜色的区域。

① 利用绘图工具在舞台中绘制一个如图 9-46 所示的图形。

图 9-46　绘制图形

图 9-47　填充黑色

② 选取颜料桶工具，设置填充颜色为黑色，然后在图形中进行填充，如图 9-47 所示。

③ 设置填充色为粉红色，对图形的面部进行填充，效果如图 9-48 所示。

图 9-48　填充面部

说明　当吸管工具吸取相应的颜色后，将变为相应的颜色填充工具。

另外，在填充图形时，有时因绘图没有封闭而不能填充图形，此时可根据需要选择相应的封闭模式，如图 9-49 所示。

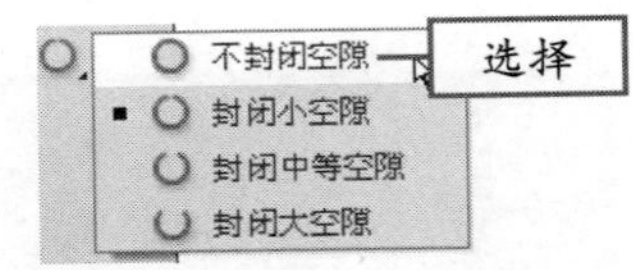

图 9-49　选择封闭模式

### 3. 滴管工具

滴管工具可以吸取舞台上对象的颜色作为填充颜色，也可以将一个图形对象的填充颜色和边框属性应用到其他对象中。

① 选取滴管工具，然后将鼠标指针移动到图像上，单击所需吸取的填充色部分，如图 9-50 所示。

**教你一招**

滴管工具不仅可以吸取轮廓色，还可以吸取填充色。

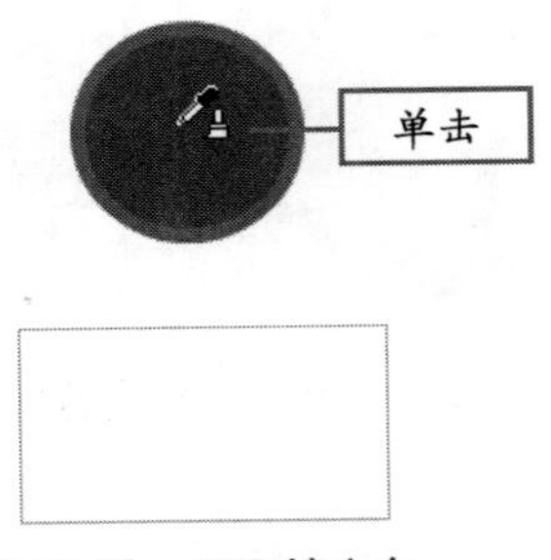

图 9-50　吸取填充色

② 吸取填充色后鼠标指针将变成形状，在另一个图形中单击即可，如图 9-51 所示。

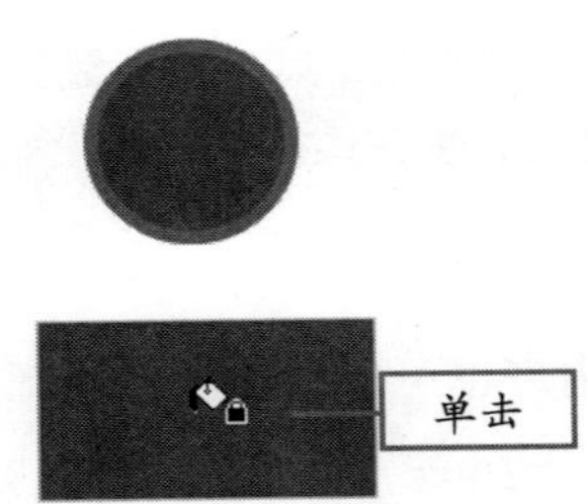

图 9-51　填充图形

③ 如果选取滴管工具后，单击圆的边框，则鼠标指针变成形状，然后单击所要更改的图形边框即可，如图 9-52 所示。

图 9-52　吸取边框属性

### 4. 填充变形工具

填充变形工具主要用于调节图形的过渡填充，包括缩放、旋转、倾斜填充图案等。

① 在舞台中绘制一个渐变填充的椭圆，在工具箱中选取填充变形工具，单击椭圆的填充色，将在椭圆的中心和四周显示出变形句柄，如图 9-53 所示。

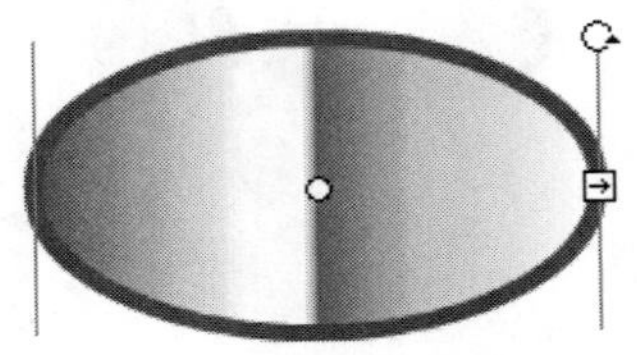
图 9-53　绘制渐变

② 将鼠标指针移动到中心变形的句柄上，拖动该句柄即可使所有填充图案发生相应的变形，如图 9-54 所示。

图 9-54　使用中心变形句柄得到的效果


说明　填充变形工具只能对渐变色进行编辑。

③ 将鼠标指针移动到底边线的旋转变形句柄上，拖动鼠标则可旋转变形填充的图案，如图 9-55 所示。

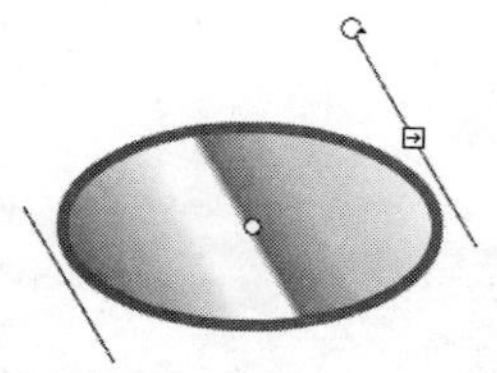

图 9-55 旋转变形效果

④ 如果将鼠标指针移动到底边的中心变形句柄上并拖动鼠标，则可放大或缩小变形填充的图案，如图 9-56 所示。

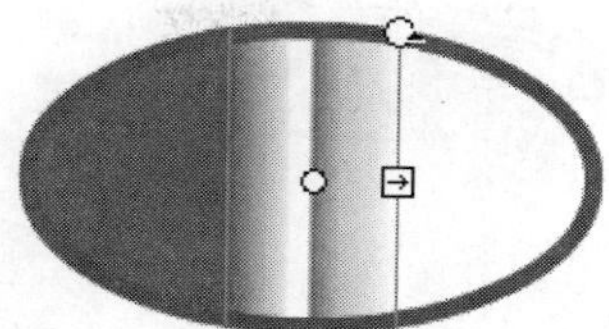

图 9-56 缩小变形填充图案

## 9.1.4 变形工具

工具箱中的缩放工具可用来对页面或动画场景进行放大或缩小操作，这样可以更加有效地观察图形和动画场景。

① 选取缩放工具，单击“选项”栏中的“放大”按钮，此时鼠标指针变为🔍形状，在舞台上单击即可放大当前工作区中的图像，如图 9-57 所示。

图 9-57 放大图像

② 如果单击“缩小”按钮，此时鼠标指针将变为🔍形状，在舞台上单击，图像将缩小为原来的一半，如图 9-58 所示。

图 9-58 缩小图像

放大图像后可以进行精确操作。

是啊，用户还可以通过放大文档来改变图形大小。



## 9.1.5 文本工具

文本工具是一个非常重要的工具，它可以在舞台中输入所需的文本信息，从而弥补图像所不能表达的信息。另外，文字也可以制作出各种效果，以达到衬托图形的目的。

### 1. 静态文本

**素材文件** 光盘:\素材\第 9 章\牛年.jpg

① 选择文本工具，然后在舞台中输入所需的文本，如图 9-59 所示。

② 打开“属性”面板，对文本的格式进行设置，如图 9-60 所示。

**说明** 分离文本通常本也称做打散文本。

图 9-59　输入文本

图 9-60　文本工具的“属性”面板

③ 选中输入的文本，连续按两次【Ctrl+B】组合键，或单击“修改”|“分离”命令，产生的效果如图 9-61 所示。

图 9-61　分离文本

④ 利用选择工具对文本进行变形处理，效果如图 9-62 所示。

图 9-62　变形文本

## 2. 动态文本

① 选择文本工具，并在“属性”面板中选择“动态文本”选项，如图 9-63 所示。

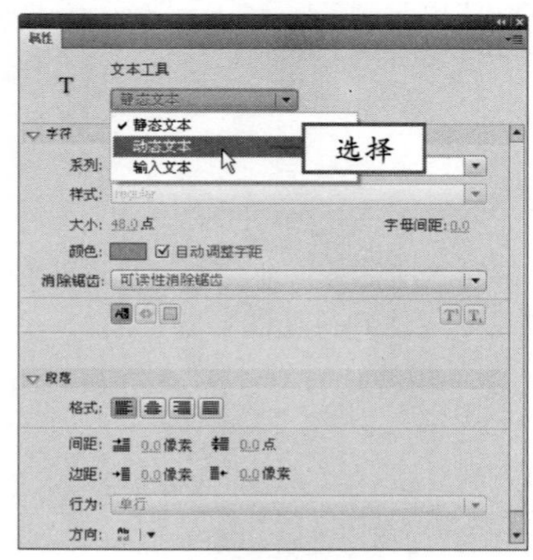

图 9-63　设置动态文本

② 在舞台中按鼠标左键进行拖动，即可绘制一个动态文本框，如图 9-64 所示。

图 9-64　绘制动态文本框

动态文本常用于调用并显示已有的文本。


 说明　输入文本多用于接受浏览者输入的文本信息。

### 3. 输入文本

① 选择文本工具，然后在“属性”面板中选择“输入文本”选项，并设置其他所需的选项，如图 9-65 所示。

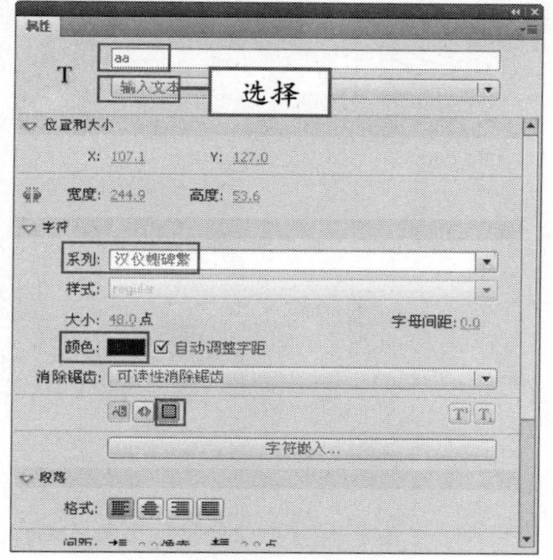


图 9-65　设置输入文本

② 在舞台中按住鼠标左键并进行拖动，绘制出一个输入文本框。按【Ctrl+Enter】组合键测试动画，即可在测试窗口中输入文本，如图 9-66 所示。

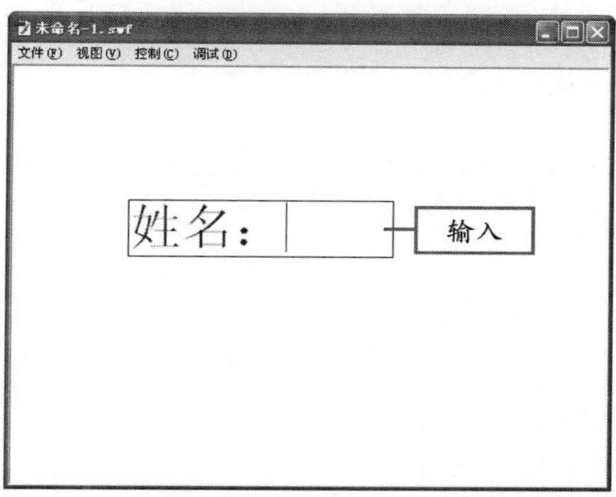


图 9-66　输入文本

## 9.2　绘制图形

为巩固前面所学的知识，下面结合前面所学的绘图工具练习绘制图形。

### 9.2.1　绘制建筑物

绘制建筑物是 Flash 绘图中经常遇到的情况之一。绘制建筑物时，需要用户把握好图形的比例及颜色的应用，以便于制作出透视效果。下面介绍如何绘制建筑物图形。

### 1. 绘制小屋

① 选择矩形工具，并设置笔触颜色为黑色，设置填充色为无，绘制出两个矩形，如图 9-67 所示。

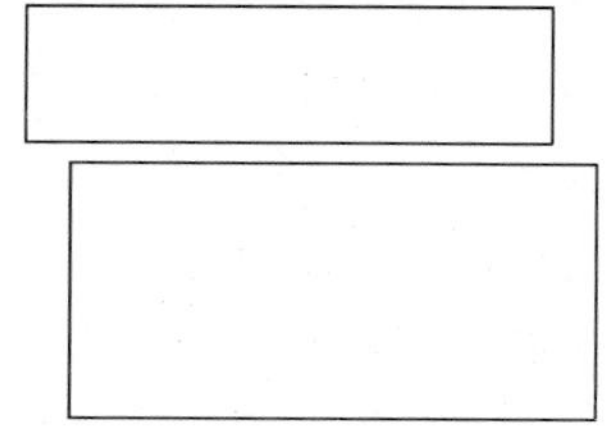

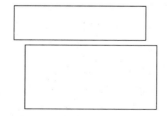

图 9-67　绘制矩形

② 利用任意变形工具，将上方的矩形进行变形，如图 9-68 所示。

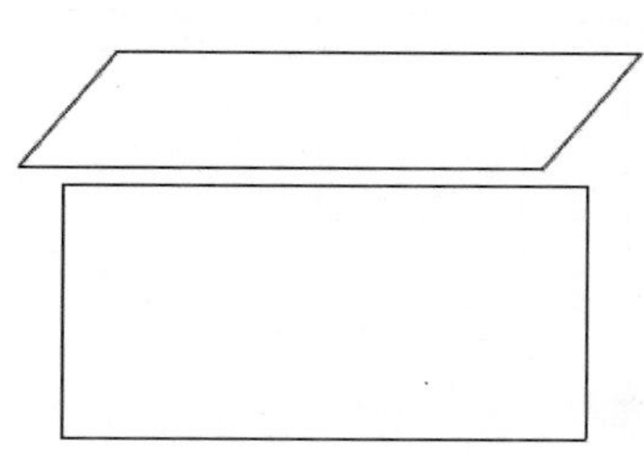

图 9-68　变形图形

③ 用线条工具将两个图形的边连接起来，如图 9-69 所示。

④ 用线条工具绘制出屋顶的侧面，如图 9-70 所示。

在编辑图形时，用户需要特别注意图形的透视效果。　说明

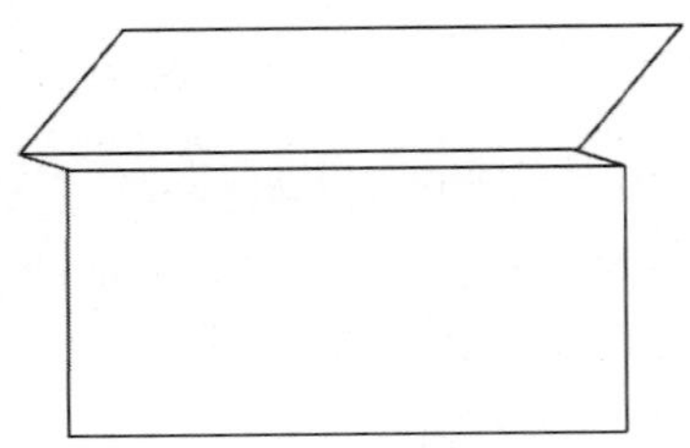

图 9-69　连接图形

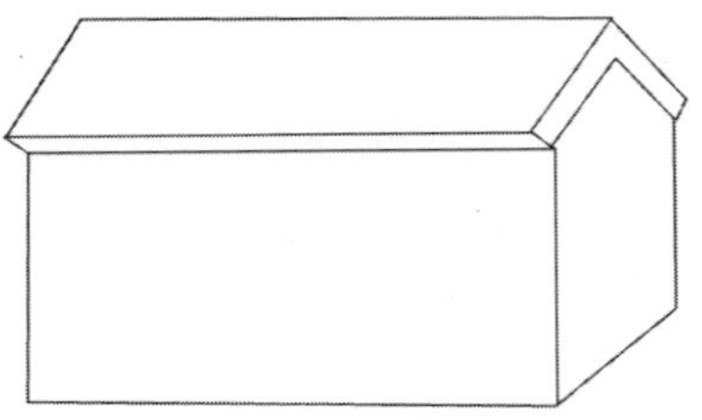

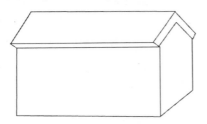

图 9-70　绘制侧面

⑤ 利用绘图工具绘制出门的形状，如图 9-71 所示。

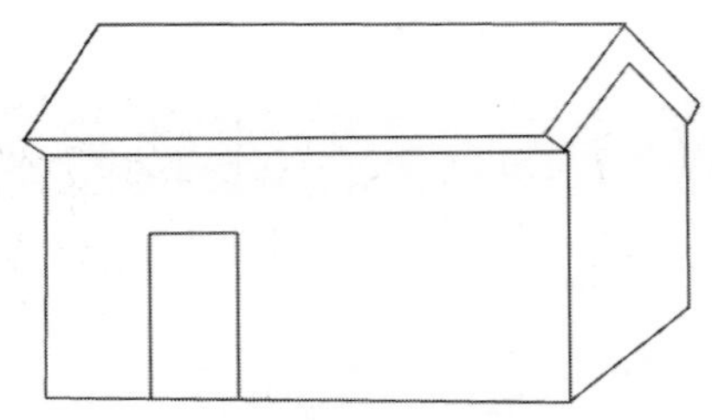

图 9-71　绘制门

⑥ 利用矩形工具和直线工具绘制出窗户的形状，如图 9-72 所示。

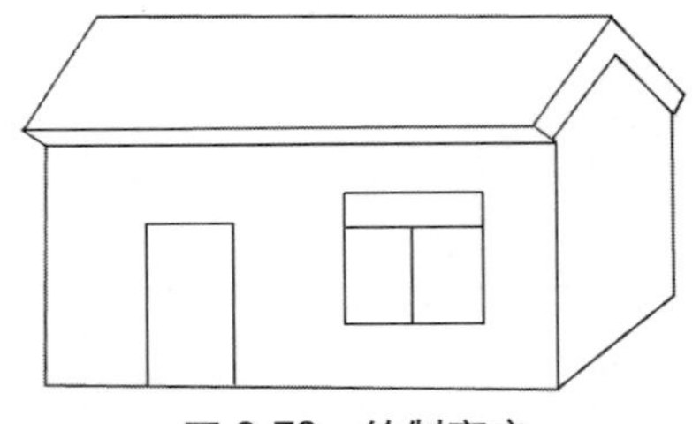

图 9-72　绘制窗户

⑦ 选择窗户图形，打开“属性”面板，将线条颜色设置为浅蓝色并加粗，如图 9-73 所示。

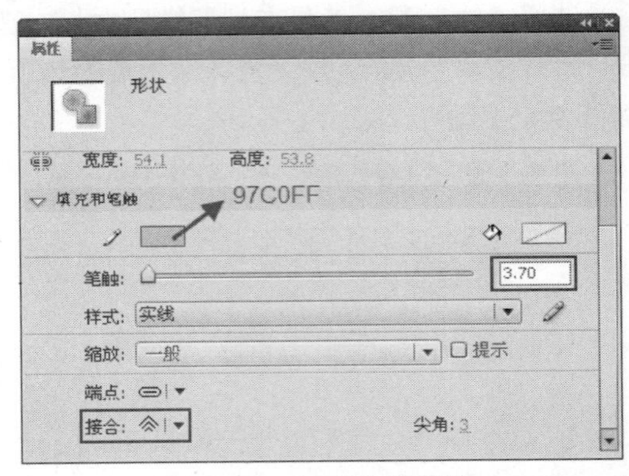


图 9-73　设置窗户线条

⑧ 设置完成后，窗户效果如图 9-74 所示。

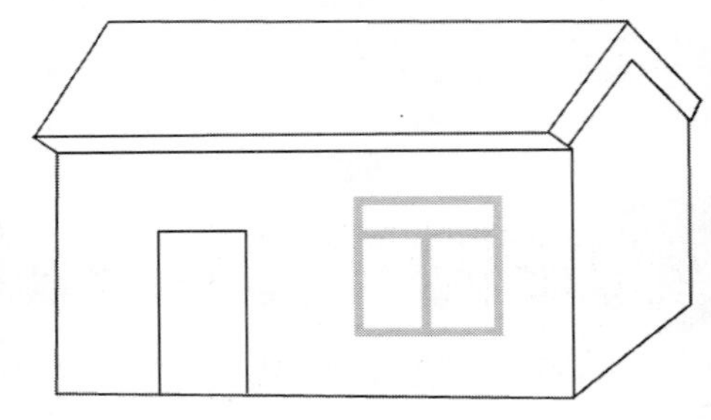

图 9-74　窗户效果

⑨ 选择颜料桶工具为所绘制的图形进行着色，效果如图 9-75 所示。

图 9-75　为绘制的图形着色

## 2．绘制广告中的楼房

① 新建一个 600px×200px 的文档，如图 9-76 所示。

② 选择矩形工具，在舞台中绘制一个与舞台大小相当的矩形，如图 9-77 所示。

图 9-76　新建文档



说明　如果绘制的所有图形均在同一图层中，则图形将进行叠加。

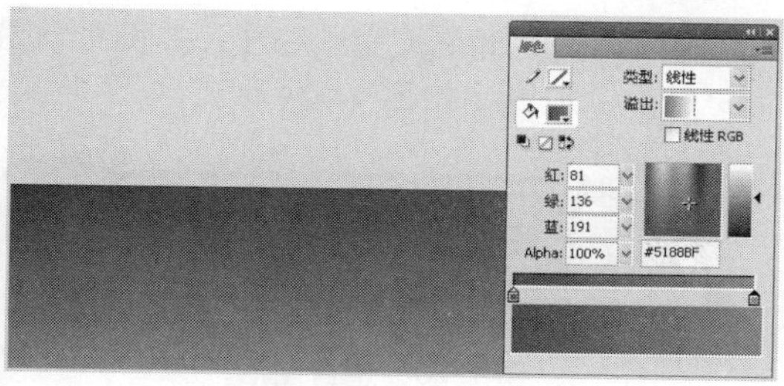


图 9-77　绘制矩形

③ 新建一个图层，利用绘图工具绘制远处的楼房，如图 9-78 所示。

图 9-78　绘制远处的楼房

④ 新建一个图层，绘制近处的楼房，如图 9-79 所示。

图 9-79　绘制近处的楼房

⑤ 新建一个图层，并利用直线工具绘制一个星星，如图 9-80 所示。

⑥ 按【F8】键将绘制的星星图形转换为图形元件，如图 9-81 所示。

图 9-80　绘制星星

图 9-81　转换星星图形为元件

⑦ 将星星复制多个，并适当调整其位置、大小、角度等参数，如图 9-82 所示。

图 9-82　添加星星

**专家解疑**

在绘图时，远近景主要是通过颜色进行区分的。近景绘图相对要细致一些。

## 9.2.2　绘制网页要素

### 1. 绘制按钮

**素材文件**　光盘:\素材\第 9 章\按钮.fla

① 新建一个 Flash 文档，然后选择矩形工具在文档中绘制一个矩形，如图 9-83 所示。

图 9-83　绘制矩形

② 在该矩形中再绘制一个矩形，并将里面矩形的填充色删除，效果如图 9-84 所示。

图 9-84　绘制矩形并删除填充色

**说明**　在绘制图形时，用户可以多创建几个图层，以便于后期进行修改。

③ 选择绘制的图形，打开“属性”面板，从中设置笔触的宽度为 4.8px，如图 9-85 所示。

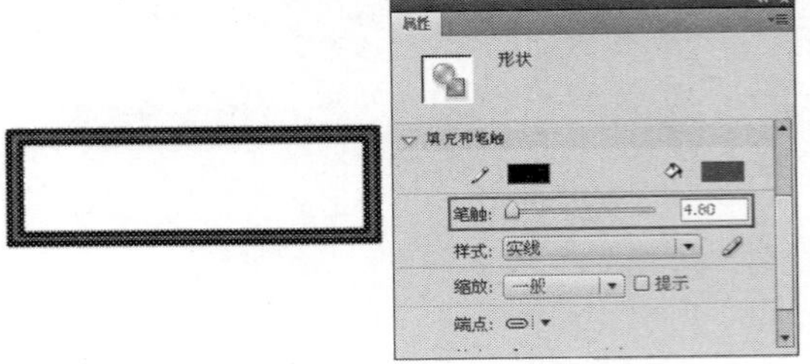


图 9-85 设置笔触的大小

④ 利用任意变形工具对该矩形进行变形处理，并删除其中的一部分边，如图 9-86 所示。

图 9-86 编辑图形

⑤ 选择墨水瓶工具，将该图形的边缘缺口闭合，如图 9-87 所示。

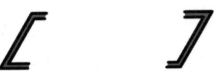

图 9-87 封闭缺口

⑥ 选择直线工具，在图形中绘制两条直线，如图 9-88 所示。

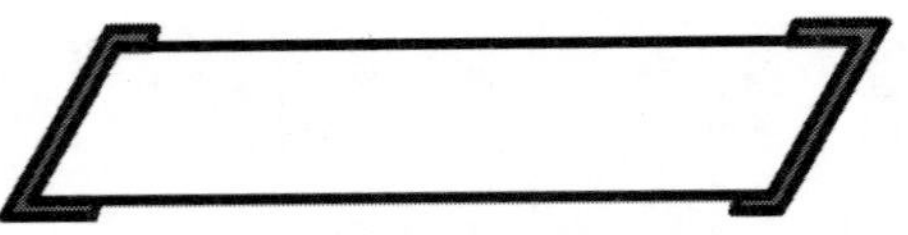

图 9-88 绘制直线

⑦ 新建一个图层，然后利用矩形工具绘制一个矩形，如图 9-89 所示。

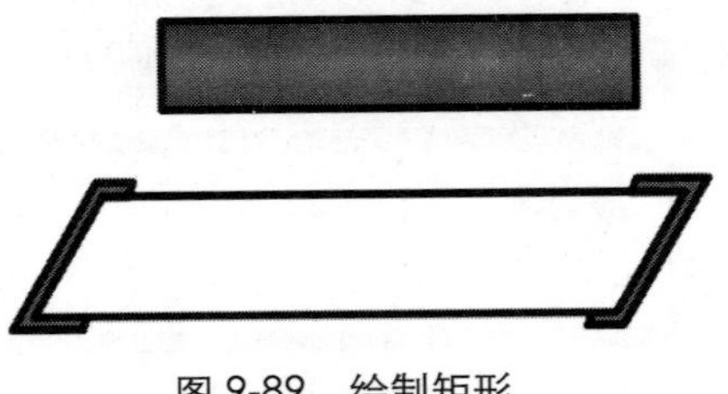

图 9-89 绘制矩形

⑧ 将绘制的矩形进行变形处理，并将两个图形进行重合放置，如图 9-90 所示。

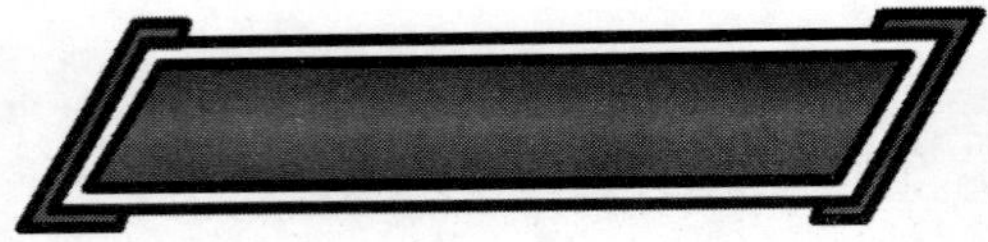

图 9-90 重合图形

⑨ 选择颜料桶工具，然后设置填充色为 #F5B35C，在第一个图形中填充颜色，效果如图 9-91 所示。

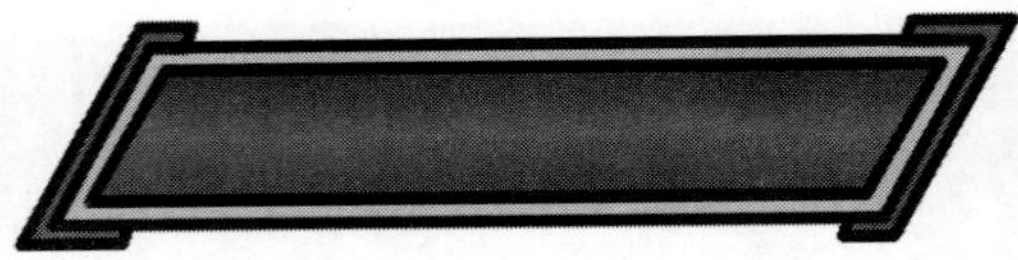

图 9-91 填充颜色

⑩ 选择直线工具，在“图层 2”上绘制两条直线，如图 9-92 所示。

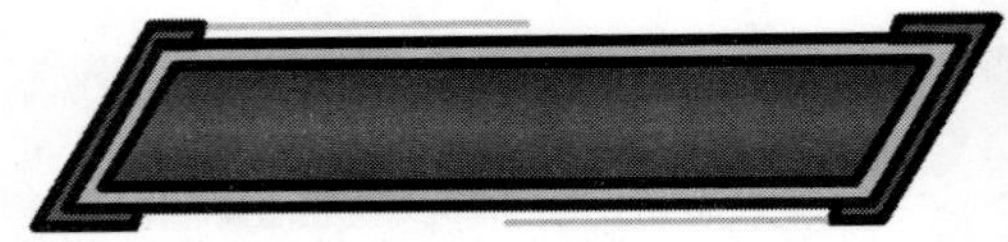

图 9-92 绘制两条直线

⑪ 选择矩形工具，绘制一个小矩形，然后将其进行变形，并放置于直线的顶端；复制一个绘制的图形，将其放置于另一条直线的顶端，如图 9-93 所示。

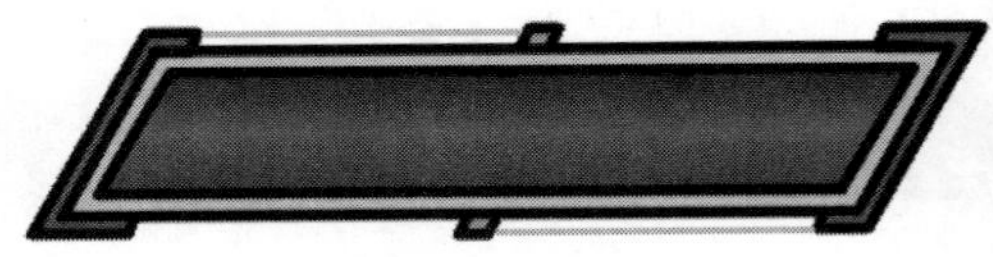

图 9-93 绘制平行四边形

⑫ 新建一个图层，然后利用文本工具输入所需的文本，如图 9-94 所示。

图 9-94 输入文本


说明 绘制图形时可以先画大概外形，然后对细节进行编辑。

⑬ 将输入的文本复制一个，并将其颜色设置为灰色，然后将其转换为图形元件，如图 9-95 所示。

图 9-95　复制文本

⑭ 在“属性”面板中将其副本文本的 Alpha 值调整为 24%，如图 9-96 所示。

⑮ 将原文本移动回原处，并向右下方移动，如图 9-97 所示。

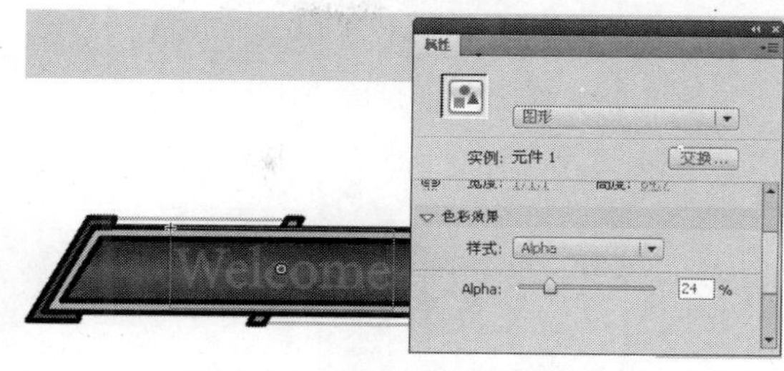

图 9-96　调整图形的透明度

图 9-97　按钮效果

## 2. 素材图片绘制

**素材文件**　光盘:\素材\第 9 章\小喇叭.fla

① 新建一个 Flash CS4 文档，然后利用直线工具在舞台中绘制一个如图 9-98 所示的图形。

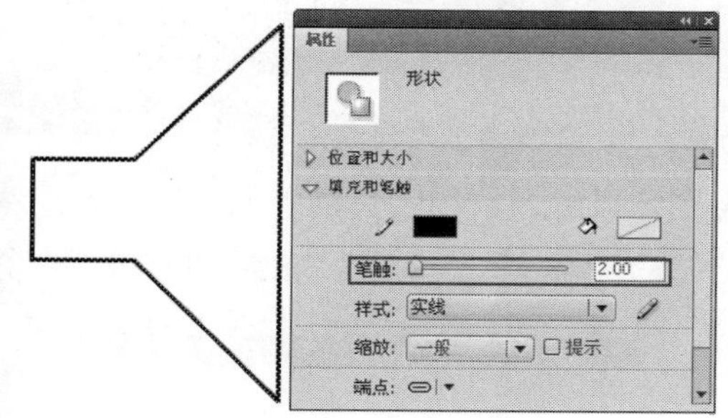

图 9-98　绘制图形

② 利用颜料桶工具为绘制的图形填充蓝色，如图 9-99 所示。

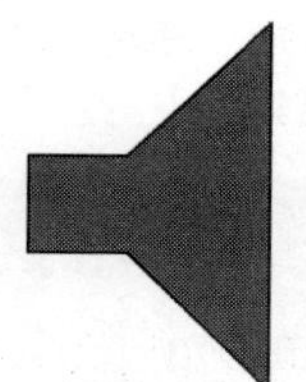

图 9-99　填充颜色

③ 选择钢笔工具在该图形上绘制一个如图 9-100 所示的图形。

④ 利用选择工具选择所绘制图形中的填充色，如图 9-101 所示。

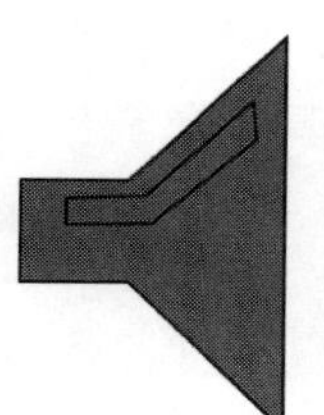

图 9-100　绘制形状

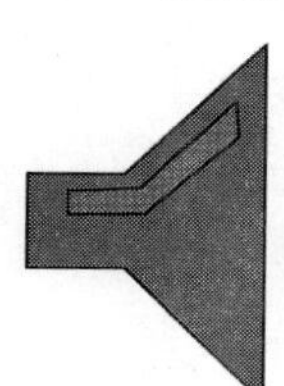

图 9-101　选择填充色

⑤ 单击工具箱中的填充颜色井，在弹出的面板中选择白色，如图 9-102 所示。

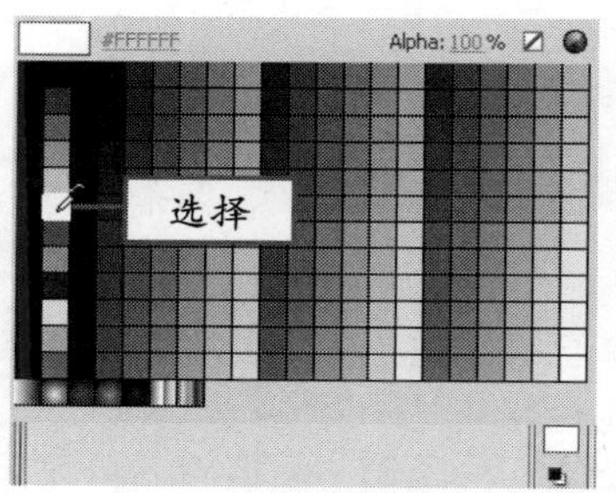


图 9-102　选择填充色

通常，Flash 绘制的图形颜色较单调，因此多用于绘制简单图形。　**说明**

⑥ 利用选择工具选中白色图形的边框，然后将其删除，如图 9-103 所示。

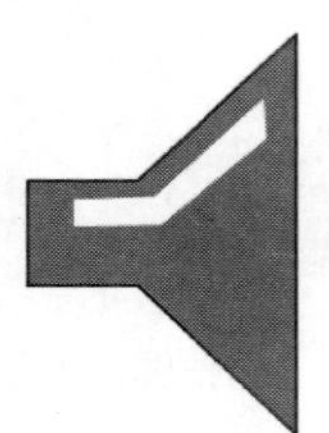

图 9-103　删除边框

⑦ 选择直线工具，绘制一条直线，如图 9-104 所示。

图 9-104　绘制直线

⑧ 利用选择工具将该直线进行调整，如图 9-105 所示。

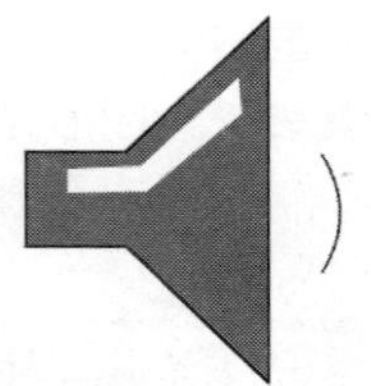

图 9-105　调整直线

⑨ 利用同样的方法，再绘制两条相同的曲线，如图 9-106 所示。

**知识点拨**

绘制曲线时，多数情况下是由直线调整变化来的。

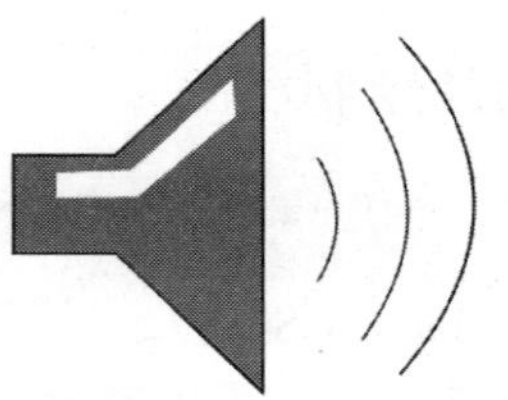

图 9-106　绘制曲线

## 9.3　综合实战 —— 绘制网站效果图

下面将利用本章所学知识绘制一个网站的效果图，以练习绘图工具的使用。

| 素材文件 | 光盘:\素材\第 9 章\网页设计.fla |
| --- | --- |

① 新建一个 600px×470px 大小的文档。利用矩形工具在其中绘制两个矩形，如图 9-107 所示。

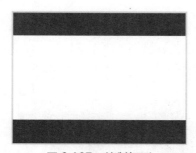

图 9-107　绘制矩形

② 选择直线工具，在舞台中绘制几条曲线，如图 9-108 所示。

③ 封闭绘制的图形，然后从中填充所需的颜色，如图 9-109 所示。

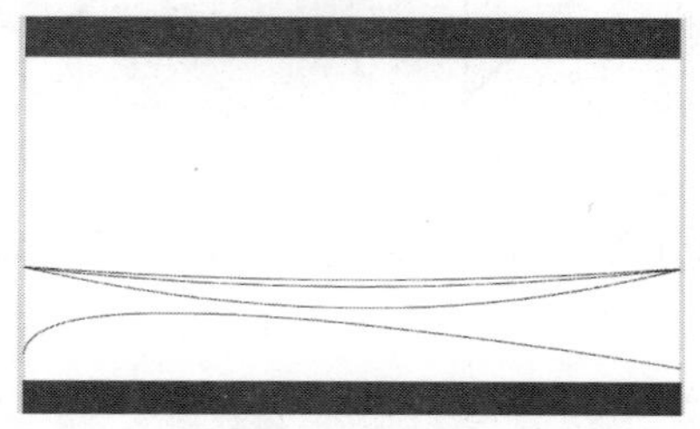

图 9-108　绘制曲线

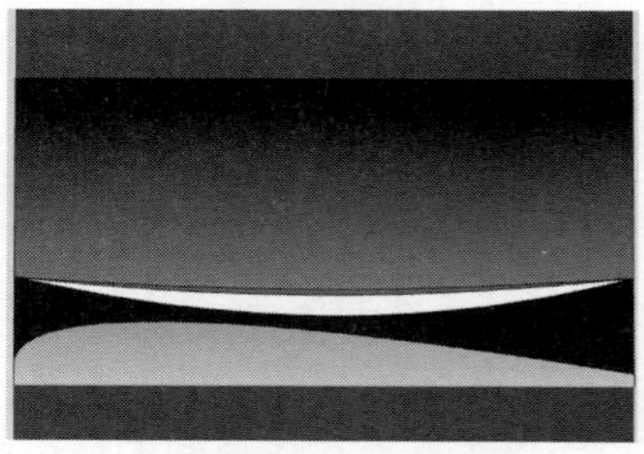

图 9-109　填充颜色



说明　在绘制图形时，若不需要轮廓，可将其颜色调整为无色。

④ 删除所有线条，效果如图 9-110 所示。

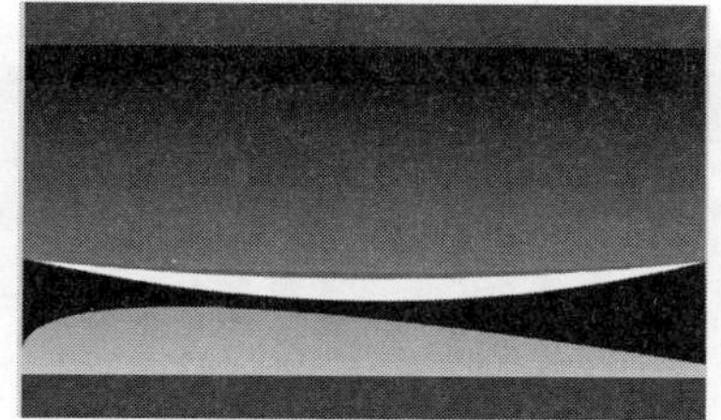

图 9-110　删除线条

⑤ 新建一个图层，利用椭圆工具在其中绘制一个圆，并填充渐变色，如图 9-111 所示。

图 9-111　绘制圆

⑥ 新建一个图层。选择钢笔工具，绘制一个如图 9-112 所示的半月形。

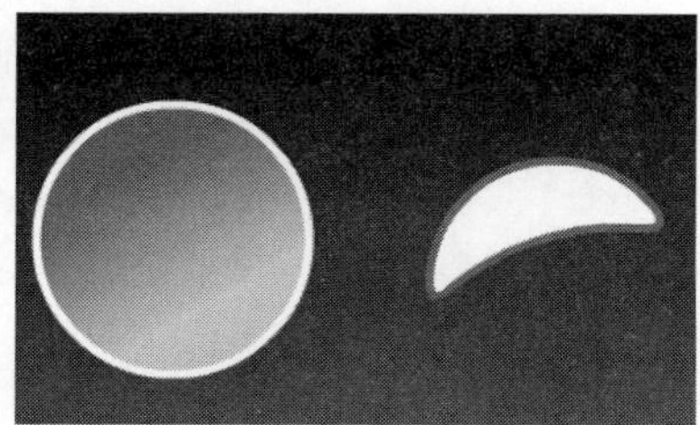

图 9-112　绘制半月形

⑦ 删除边框。在“属性”面板中将填充色的不透明度调整为 25%，如图 9-113 所示。

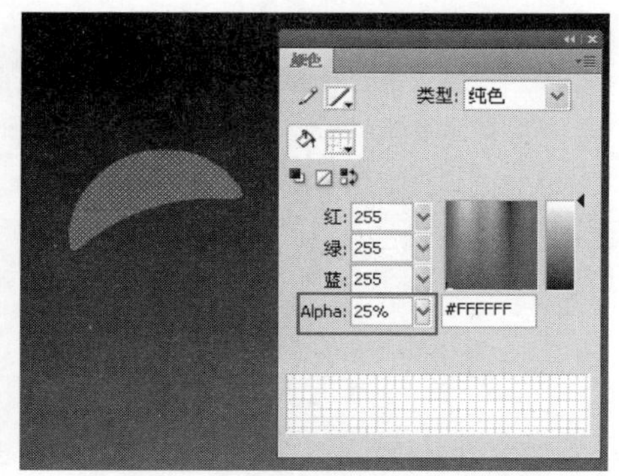


图 9-113　调整填充色的不透明度

**知识点拨**

在没有转换为元件之前，调整不透明度后的图形不能与其他图形重合；如果必须重叠，则可以将该图形单独放置在同一图层上。

⑧ 将调整后的图形移动到圆的上方，如图 9-114 所示。

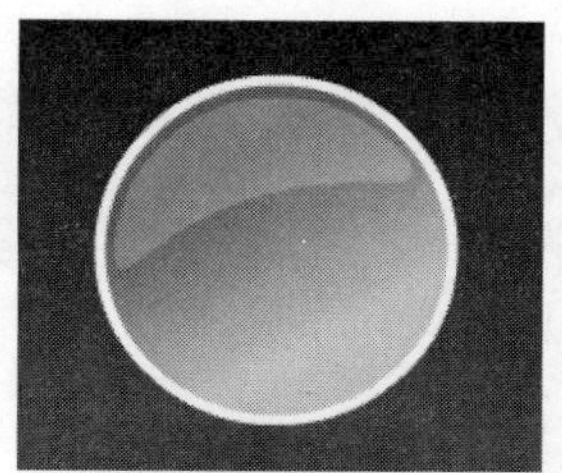

图 9-114　移动图形

⑨ 新建一个图层，利用直线工具在其中绘制一个如图 9-115 所示的图形。

图 9-115　绘制图形

⑩ 利用同样的方法在其他按钮上绘制图形，如图 9-116 所示。

图 9-116　绘制其他按钮

⑪ 利用直线工具将绘制的按钮连接起来，如图 9-117 所示。

在绘制类似的图形时，用户可以复制已绘制图形并加以修改即可。 说明

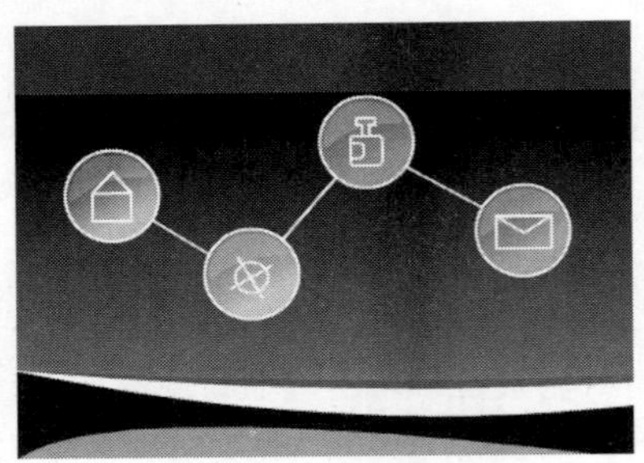

图 9-117　连接图形

⑫ 新建一个图形，导入杯子图形，如图 9-118 所示。

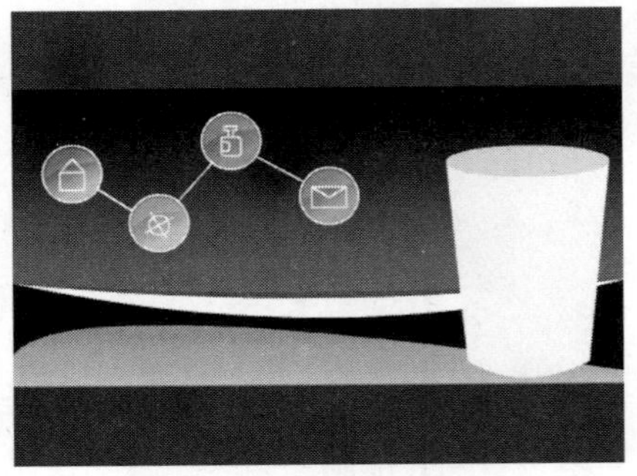

图 9-118　导入杯子图形

⑬ 利用文本工具，在杯子上输入所需的文本内容即可，如图 9-119 所示。

图 9-119　添加文字

另外，用户还应掌握其他辅助工具的使用，如手形工具等。

 说明　导入的图形多为位图（Photoshop 绘制的图形）。

以随时使用其中的元件，并且可以对元件或其他对象进行编辑。而系统自带的库元件不能在库中进行编辑，只能调出使用。

## 10.2.1 “库”面板的使用

### 1. “库”面板简介

① 按【Ctrl+L】组合键或单击“窗口”|“库”命令，可打开当前动画文件的“库”面板，如图 10-25 所示。

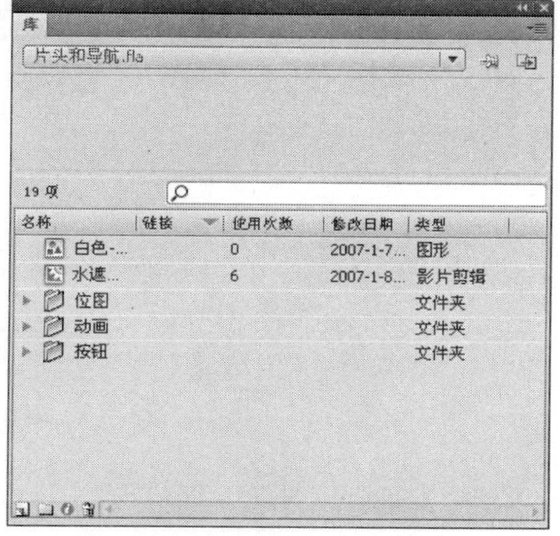

图 10-25 “库”面板

② 从中选择相应的元件，然后单击该面板右上角的下拉按钮，即可在弹出的快捷菜单中选择相应的命令，如图 10-26 所示。

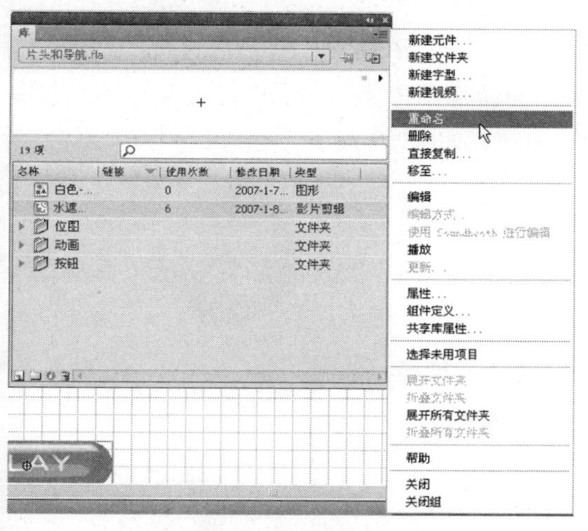

图 10-26 元件操作命令

③ 如选择“重命名”命令，即可对所选择的元件进行重命名处理，如图 10-27 所示。

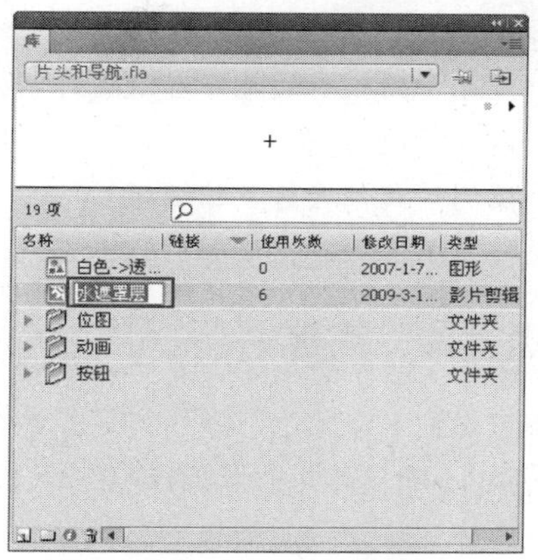

图 10-27 重命名元件

④ 若选择“直接复制”命令，将打开如图 10-28 所示的“直接复制元件”对话框，从中进行相应的设置即可。

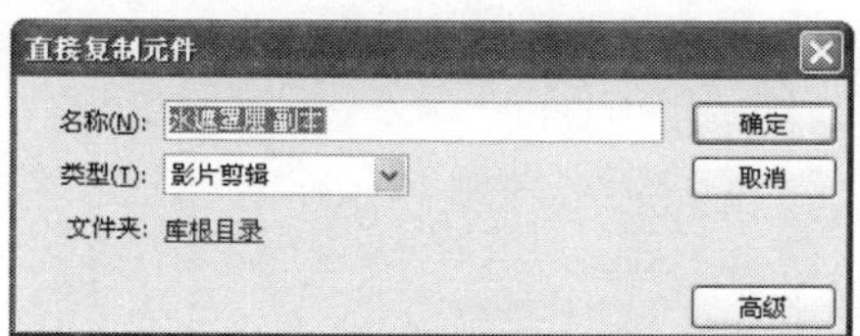


图 10-28 “直接复制元件”对话框

⑤ 单击“确定”按钮，即可复制所选择的元件，如图 10-29 所示。

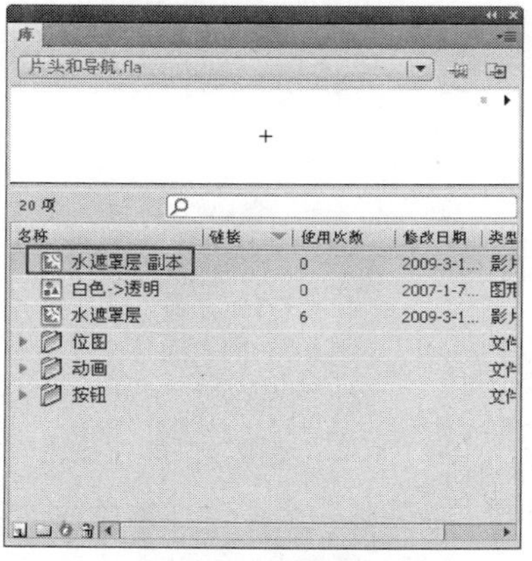

图 10-29 复制元件

另外，当“库”面板中的元件过多时，用户还可以使用该面板中的查找功能。

在“库”面板的查找对话框中输入相应的名称，即可单独显示符合条件的元件，如图 10-30 所示。

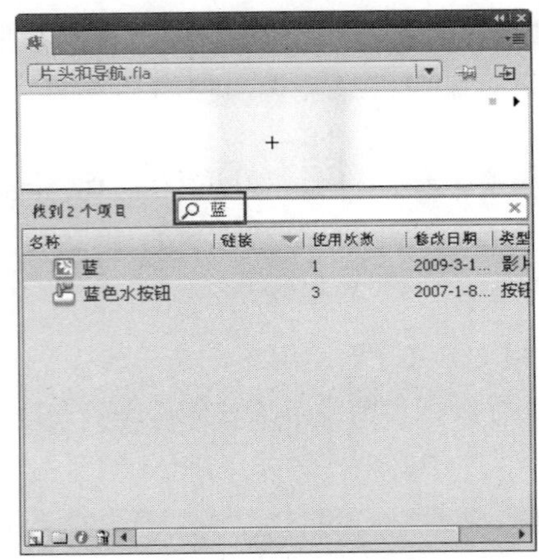

图 10-30　查找元件

**知识点拨**

“库”面板中的元件可以随时调出，并可以重复使用。在舞台中用户还可以对各个实例的属性进行单独编辑。

## 2．“公共库”面板

① 单击“窗口”|“公用库”|“按钮”（或“声音”、“类”）命令，可打开如图 10-31 所示的“库”面板。

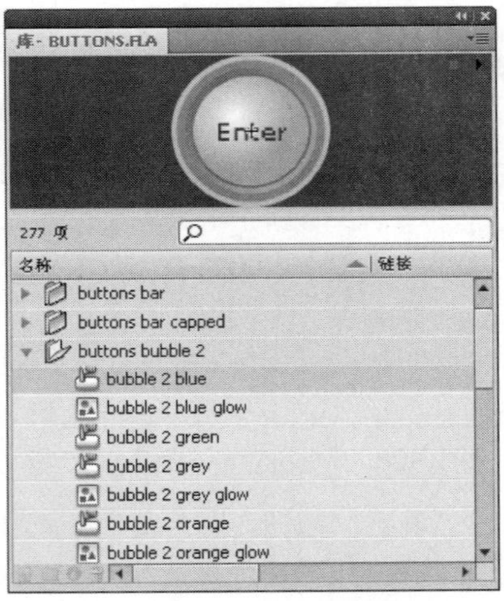

图 10-31　公用库面板

② 从中选择一个按钮，然后用鼠标将其拖动到舞台上，如图 10-32 所示。

图 10-32　使用公共库按钮

③ 此时，拖入舞台中的按钮将被自动添加到该文档的库中，如图 10-33 所示。

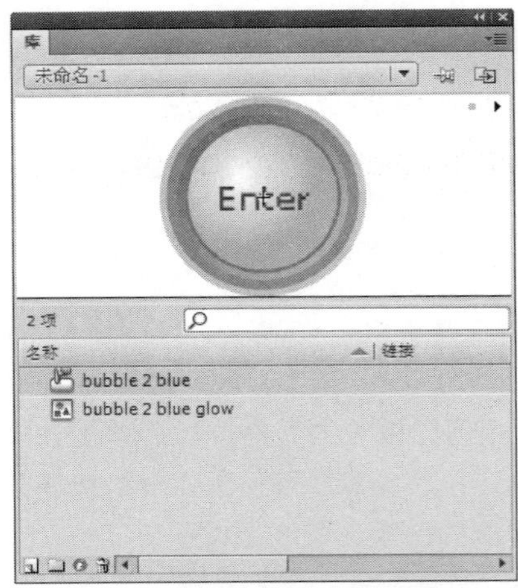

图 10-33　添加按钮

④ 用鼠标双击舞台中的按钮实例，进入该按钮内部，如图 10-34 所示。

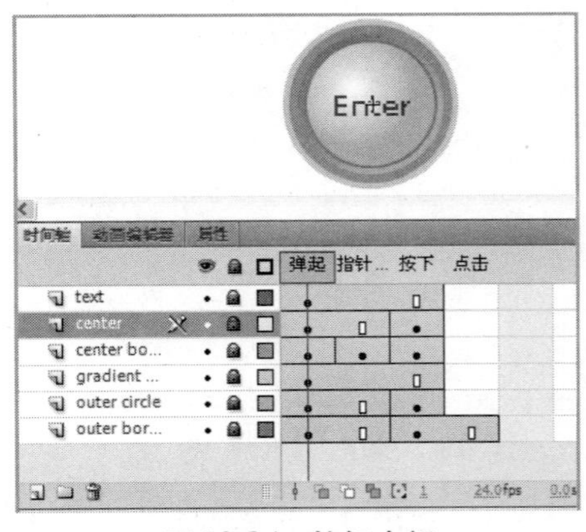

图 10-34　按钮内部

 说明　当用户修改元件时，舞台中所有相应的实例均将发生改变。

⑤ 用户可以在该舞台中对按钮进行编辑。将时间轴中所有的图层解锁，选择名称文本所在的图层，将其修改为所需的名称，如图 10-35 所示。

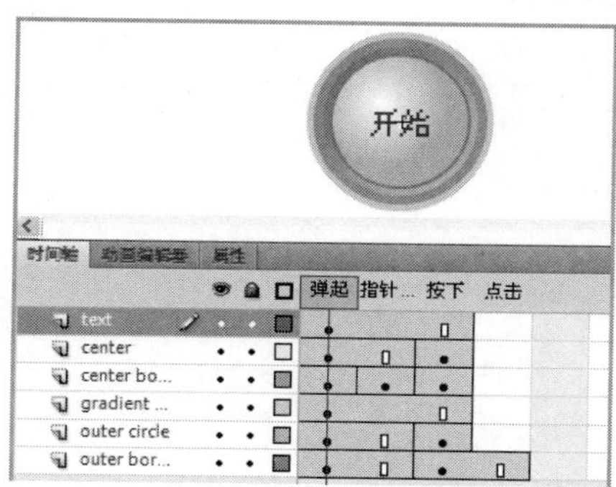

图 10-35 修改名称

⑥ 用户也可以对该按钮图形中的某一部分进行修改，如图 10-36 所示。

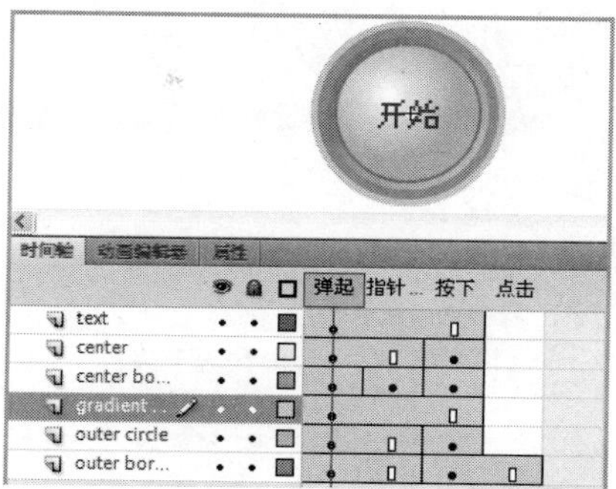

图 10-36 修改图形的颜色

另外，还有声音公共库，下面介绍如何使用声音公共库。

① 单击“窗口”|“公用库”|“声音”命令，可打开如图 10-37 所示的面板。

图 10-37 声音公共库

② 该库中提供了大量的声音素材，用户可根据需要选择使用。其使用方法与按钮相同，只需要将其拖入舞台中即可，如图 10-38 所示。

图 10-38 声音素材

**专家解疑**

添加声音后，用户只能在时间轴上看到相应的波形效果，而在舞台上则没有添加任何元件。

③ 在声音的波形上单击，然后打开“属性”面板，如图 10-39 所示。

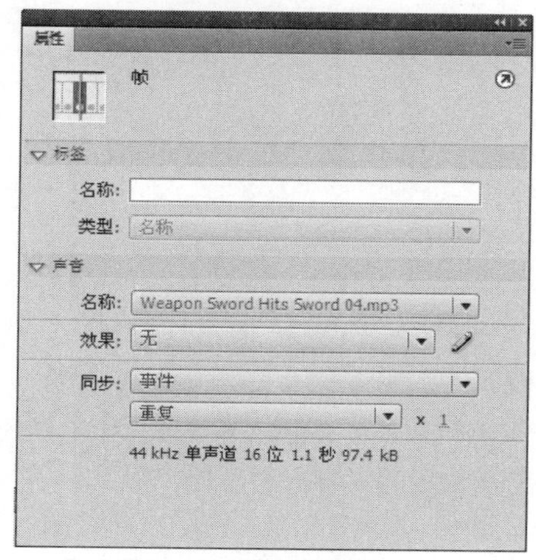

图 10-39 声音属性

④ 单击“效果”下拉按钮，并选择相应的效果，如图 10-40 所示。

⑤ 当选择“自定义”选项时，将打开相应声音编辑对话框，如图 10-41 所示。

当用户使用公共库中的元件时，该元件将被自动添加到当前文档的库中。 **说明**

⑥ 从中用户可单击添加控制点，然后调整声音的效果。

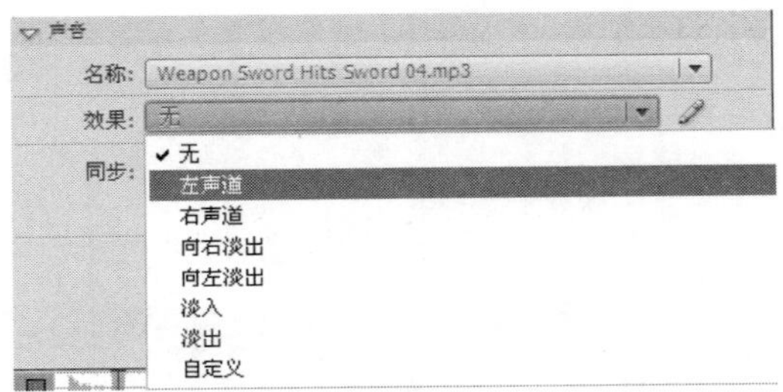


图 10-40　选择声音效果

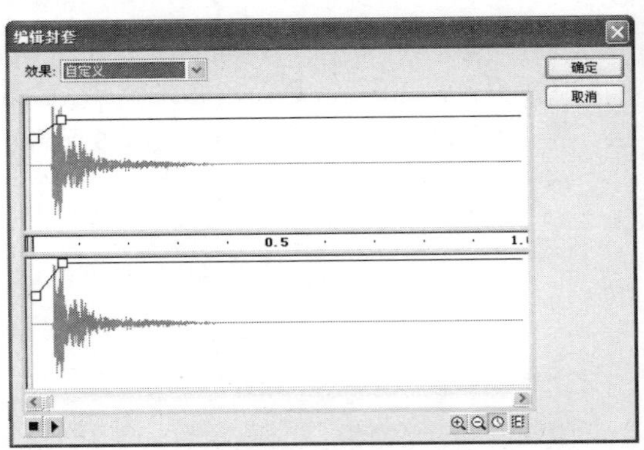


图 10-41　自定义声音效果

## 3. 元件的分类管理

当库中有多个元件时，为了便于使用和管理，需要将所需元件进行分类。

① 在“库”面板中单击新建文件夹按钮，即可新建一个文件夹，如图 10-42 所示。

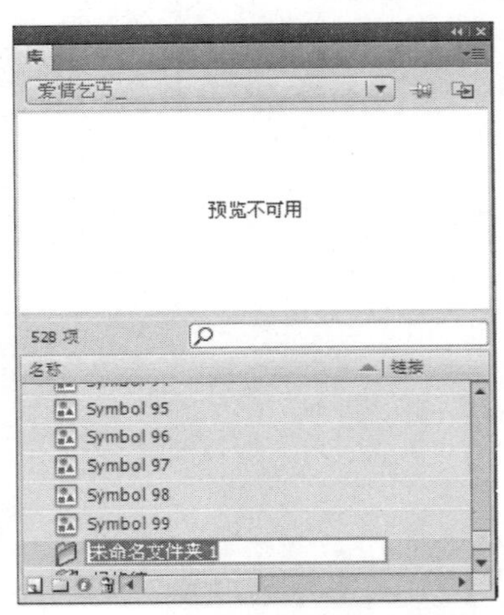


图 10-42　新建文件夹

② 根据需要对该文件夹进行命名，如按场景、类型等进行命名，如图 10-43 所示。

③ 选择相应的元件并将其拖到该文件夹上即可，如图 10-44 所示。

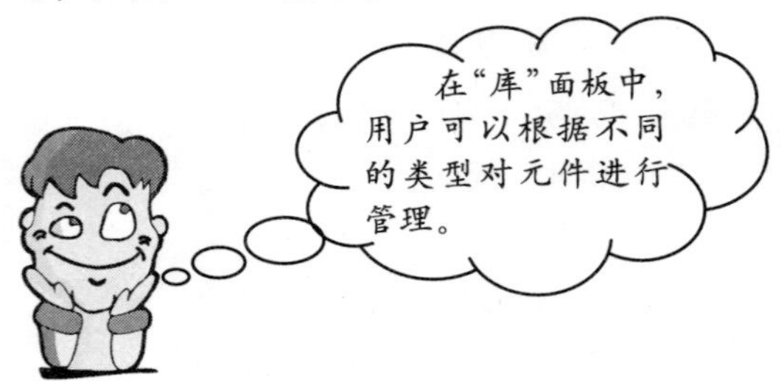

在“库”面板中，用户可以根据不同的类型对元件进行管理。

图 10-43　重命名文件夹

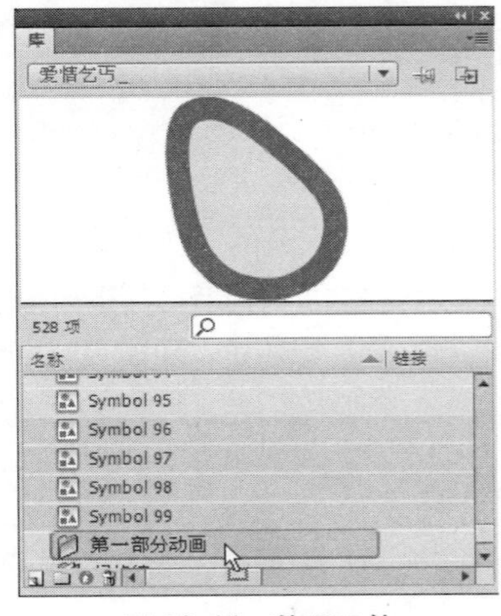


图 10-44　整理元件



说明　用户可以将同一类元件放置于一个文件夹中，以方便查找与修改。

### 10.2.2　实例及其设置

当将元件从库面板拖入到舞台后，该元件将变为动画实例，下面介绍有关实例的使用及设置。

实例是动画中实际存在的对象，它是元件的动画表现形式。

① 打开一个 Flash 文档，然后从库中拖动一个元件到舞台中，如图 10-45 所示。

图 10-45　选择实例

② 打开“属性”面板，如图 10-46 所示。

③ 从中可以设置所需实例的大小、色彩等，如图 10-47 所示。

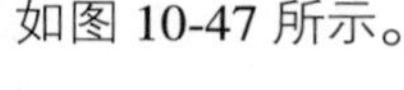

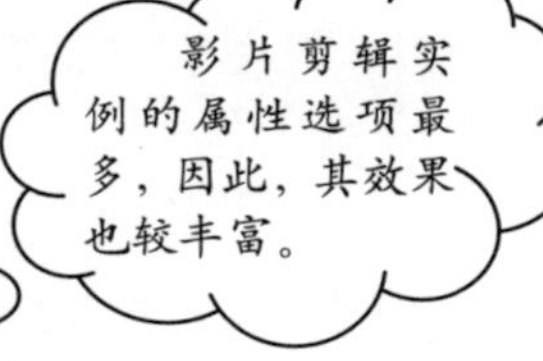

图 10-46　影片实例属性

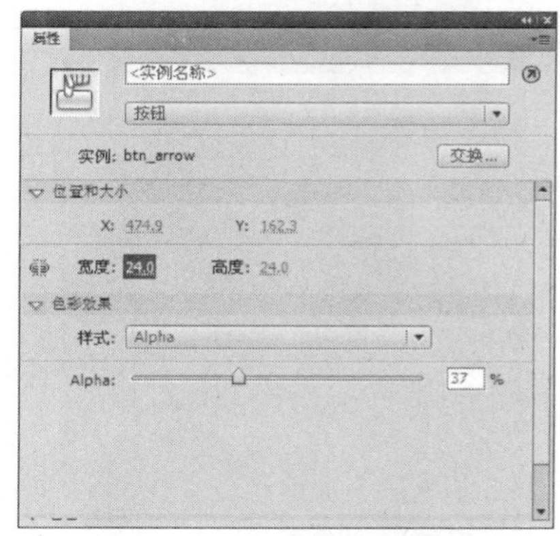


图 10-47　设置实例属性

## 10.3　综合实战——制作与应用元件

下面将通过一个实例详细介绍如何进行元件的制作与应用，具体操作步骤如下：

① 新建一个 400px×300px 像素的文档，选择直线工具在其中绘制一个小草的叶子，如图 10-48 所示。

图 10-48　绘制小草的叶子

② 利用同样的方法绘制其他叶子，并删除边框，如图 10-49 所示。

图 10-49　绘制其他叶子

不同的实例，其属性选项也不尽相同。　**说明**

③ 利用选择工具选择所绘制的图形，如图 10-50 所示。

图 10-50 选择图形

④ 按【F8】键，将其转换为图形元件“小草”，如 10-51 所示。

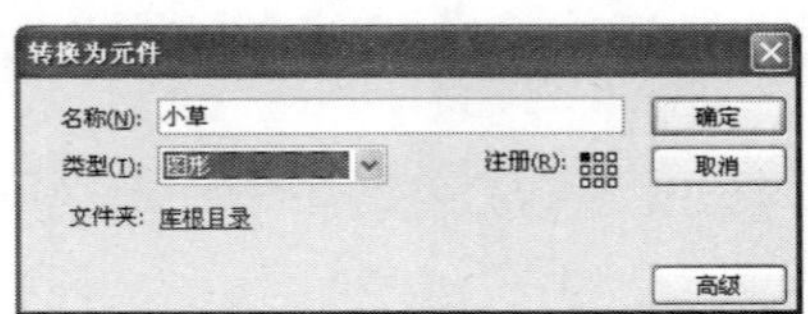


图 10-51 制作小草元件

⑤ 打开“库”面板，即可看到新建的图形元件，如图 10-52 所示。

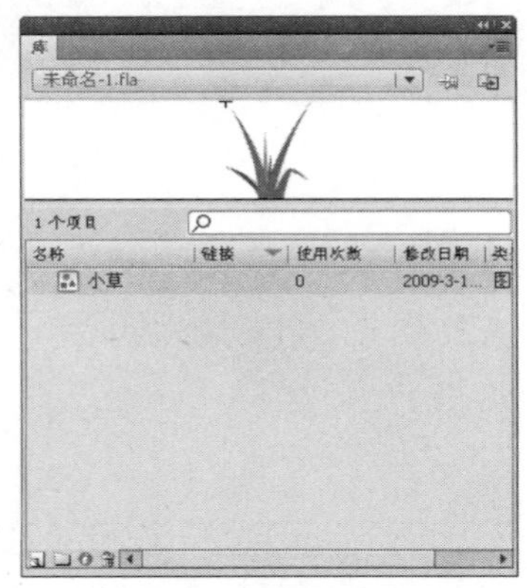


图 10-52 库中的元件

⑥ 利用矩形工具在舞台中绘制一个舞台大小的矩形，如图 10-53 所示。

图 10-53 绘制矩形

⑦ 打开“颜色”面板，从中设置填充色（蓝—浅蓝—棕黄—白），如图 10-54 所示。

图 10-54 设置填充色

⑧ 利用颜料桶工具在矩形中进行填充，效果如图 10-55 所示。

图 10-55 填充效果

⑨ 按【F8】键，将其转换为图形元件，如图 10-56 所示。

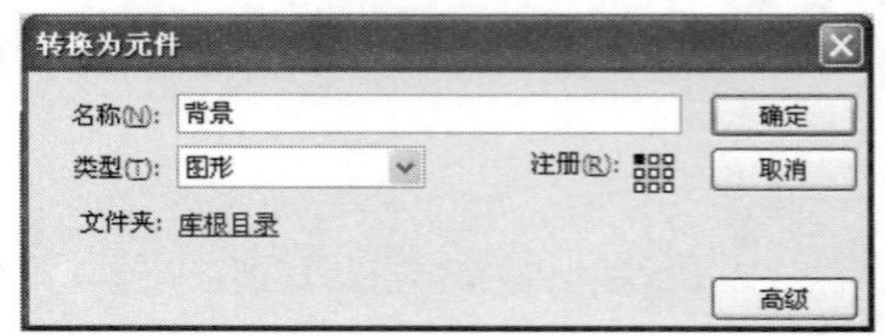


图 10-56 制作背景元件

⑩ 删除舞台中的对象，利用椭圆工具绘制一朵云彩，如图 10-57 所示。

图 10-57 绘制云朵



说明 绘制图形时，颜色的明暗度也是反映图形立体效果的一个重要指标。

⑪ 按【F8】键将其转换为元件，如图 10-58 所示。

图 10-58　制作云朵元件

⑫ 将制作好的背景元件拖入舞台，然后拖入小草元件并复制出多个，适当调整副本的大小与位置，如图 10-59 所示。

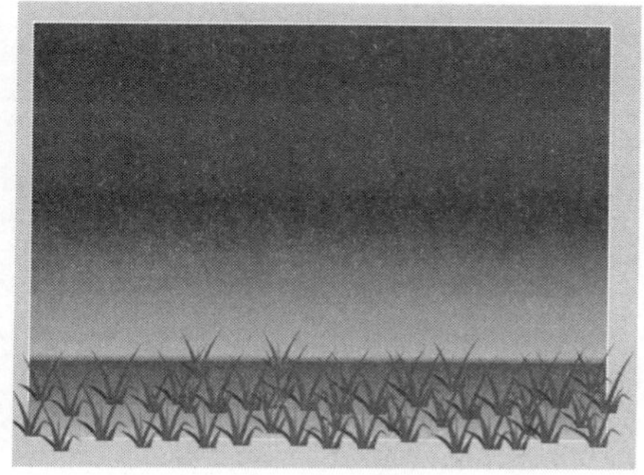

图 10-59　向舞台中添加元件

⑬ 拖入云朵元件，如图 10-60 所示。

图 10-60　添加云朵元件

⑭ 选择云朵元件，打开“属性”面板，如图 10-61 所示。

⑮ 在“滤镜”选项中单击添加滤镜按钮，在弹出的菜单中选择“模糊”选项，如图 10-62 所示。

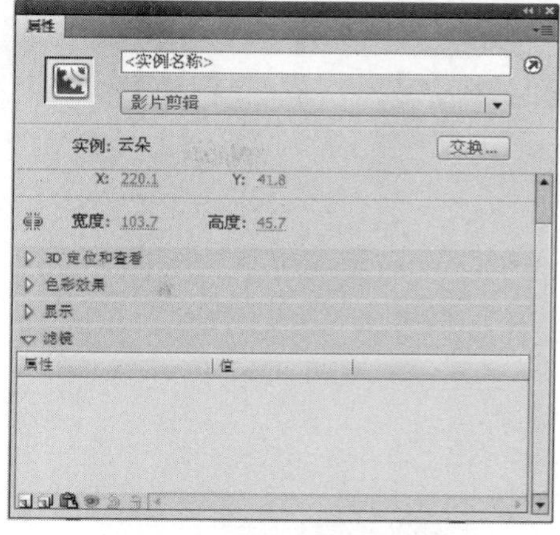


图 10-61　影片剪辑属性

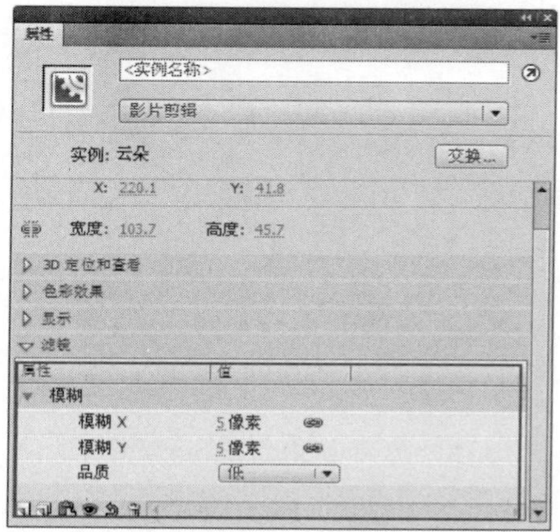


图 10-62　添加模糊滤镜

⑯ 将模糊值均改为 8，最终效果如图 10-63 所示。

图 10-63　应用滤镜效果

滤镜效果越多，将占用越多的计算机资源。　说明

读书笔记

# 第11章 Flash CS4动画制作入门

前面学了这么多，现在该学习制作动画了吧?

- 认识时间轴
- 了解动画分类
- 了解 ActionScript 3.0
- 制作卷轴动画

是啊，大龙哥，快给我们讲讲如何制作动画吧！

别着急！本章将详细介绍有关动画的分类及各种动画的制作方法。通过本章的学习，大家就会制作各种简单的动画了，记住要多动手练习。

# 11.1 时间轴简介

"时间轴"面板主要用于组织和控制影片中的内容，使这些内容随着时间的推移而发生相应的变化。

## 11.1.1 时间轴

时间轴是由帧、图层、时间轴标尺和播放头组成的。

① 新建一个 Flash CS4 文档，"时间轴"面板默认停靠在在舞台下方，如图 11-1 所示，

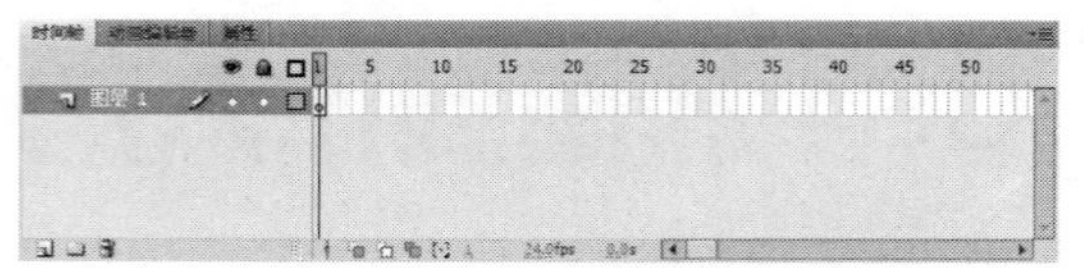

图 11-1 "时间轴"面板

② 单击该面板右上角的▾≡按钮，弹出如图 11-2 所示的菜单。

图 11-2 时间轴设置菜单

③ 从中选择"预览"命令，即可看到时间轴会有所变化，如图 11-3 所示。

④ 利用矩形工具在舞台中绘制一个矩形，此时即可在时间轴中显示相应的图像，如图 11-4 所示。

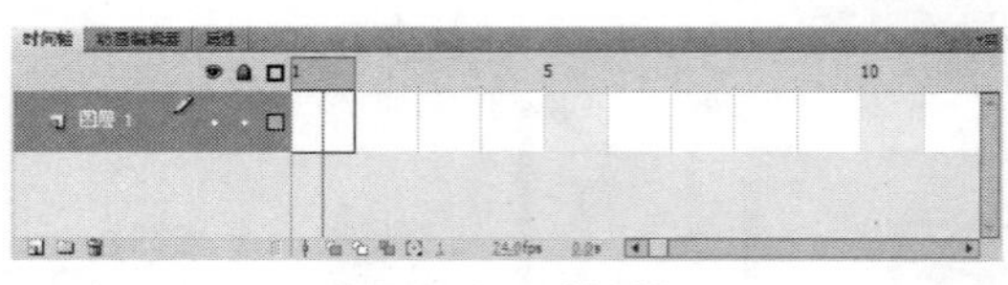

图 11-3 时间轴

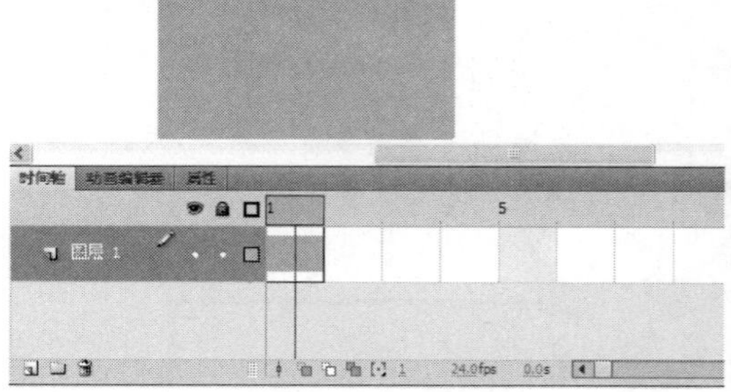

图 11-4 绘制矩形

⑤ 在时间轴面板底的帧频上按住鼠标左键，并左右拖动鼠标，即可改变当前文档中动画的播放速度，如图 11-5 所示。

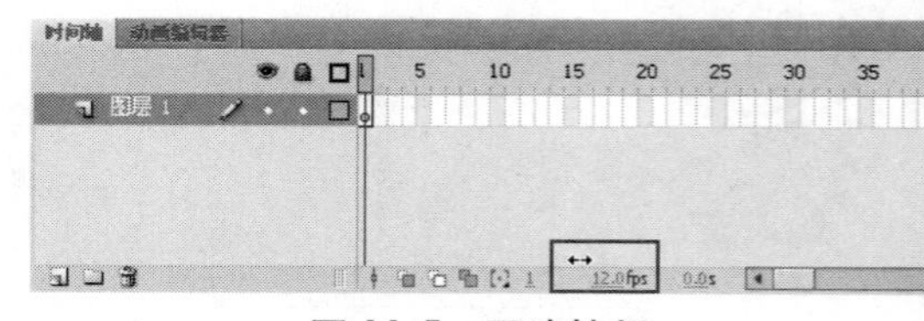

图 11-5 更改帧频

## 11.1.2 图层

新建 Flash 文档时系统会自动新建一个图层——图层 1，用户也可以根据需要创建新图层，新建的图层会自动排列在当前图层的上方。

### 1. 普通层

普通层是系统默认创建的图层。普通层中可以放置最基本的动画元素，如矢量对象、位图对象等。使用普通层可以将多个帧（多幅画面）按着一定的顺序播放，从而形成动画。



说明 时间轴最重要的组成部分是帧、图层、时间轴标尺和播放头。

**素材文件**　光盘:\素材\第 11 章\熊猫.jpg

① 新建 Flash 文档后，单击“时间轴”面板中的“新建图层”按钮，即可新建一个普通图层，如图 11-6 所示。

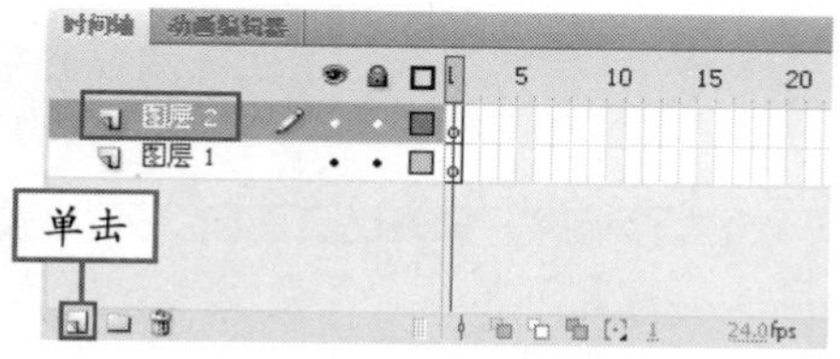


图 11-6　新建普通图层

② 单击“文件”|“导入”|“导入到舞台”命令，在打开的“导入”对话框中选择一张图片，如图 11-7 所示。

图 11-7　“导入”对话框

③ 单击“打开”按钮，即可将所选图片导入到舞台中，如图 11-8 所示。

图 11-8　导入图片

④ 利用鼠标单击“图层 1”，然后利用同样的方法导入另一张图片，如图 11-9 所示。

⑤ 此时，第一张图片遮住了第二张图片。选择“图层 2”，然后单击该图层中眼睛图标下该的小黑点，将该图层隐藏，如图 11-10 所示。

图 11-9　导入图片

图 11-10　隐藏图层

**知识点拨**

图层相当于透明的纸，只要上方图层中的对象遮不住下方图层，则可以透过相应的区域看到下方图层中的对象。

⑥ 选择“图层 1”中的对象并对其进行缩放操作，如图 11-11 所示。

图 11-11　调整图像

⑦ 显示“图层 2”，在“图层 1”中单击小锁的下方的小黑点，将其锁定，如图 11-12 所示。

图 11-12 锁定图层

⑧ 对“图层 1”中的对象进行调整，如图 11-13 所示。

图 11-13 调整图像

**专家解疑**

当锁定图层后，用户便不可以再对该图层中的对象进行编辑，该功能可防止用户误操作当前图层外的对象。

在编辑多个对象时，为了方便操作，用户可以只显示对象的轮廓。

① 新建一个文档，在其中绘制两个矩形，如图 11-14 所示，

图 11-14 绘制矩形

② 在当前图层中单击小方框下方的小方框，如图 11-15 所示。

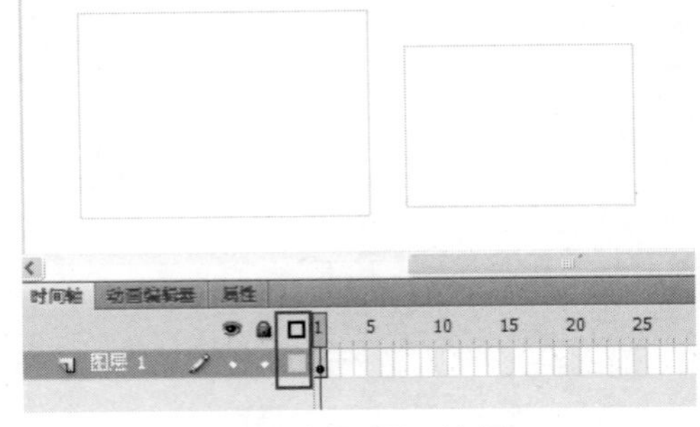

图 11-15 显示边框

③ 选择小矩形，将其移动到大矩形的上方，如图 11-16 所示。

图 11-16 移动图形

④ 再次单击当前图层中的小方框，即可显示图形的填充色，如图 11-17 所示。

图 11-17 显示矩形填充色

⑤ 选取选择工具，并在小矩形内单击，然后将选择的填充色删除，效果如图 11-18 所示。

图 11-18 删除填充色



**说明** 图层按制作动画时的功能可分为三个类别，分别是普通层、引导层和遮罩层。

## 2. 图层的编辑

创建图层后，用户可以对图层进行编辑，图层的编辑主要包括选取图层、移动图层、重命名图层、删除图层及图层的转化等操作。

### 选取图层

① 打开一个 Flash 源文件，如图 11-19 所示。

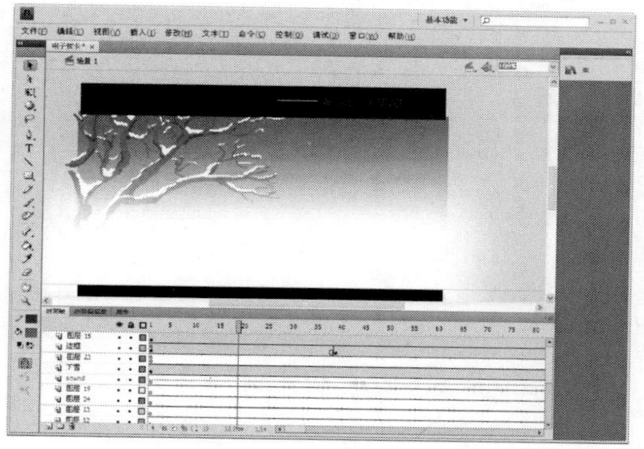

图 11-19 打开一个 Flash 源文件

② 单击某一个图层即可将其选中，如图 11-20 所示。

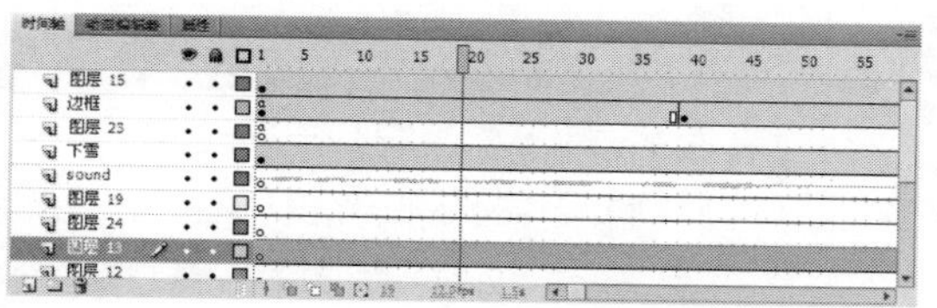

图 11-20 选择图层

被选中的图层呈蓝色显示。

③ 如果用户需要选取相邻的多个图层，则在选取第一个图层后，按住【Shift】键单击要选取的最后一个图层，则两个图层之间的所有层将被选取，如图 11-21 所示。

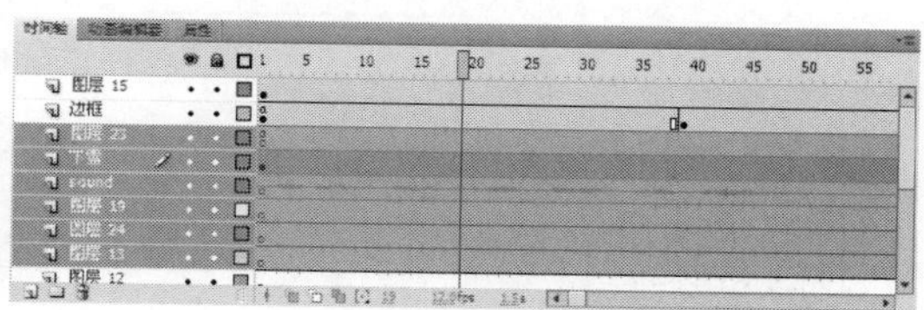

图 11-21 选择相邻图层

④ 如果用户需要选取多个不相邻的图层，则在按住【Ctrl】键的同时依次单击需要选取的图层即可，如图 11-22 所示。

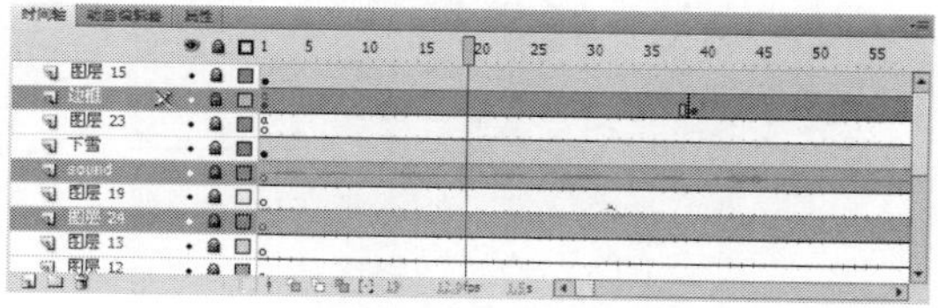

图 11-22 选取相间图层

在选择图层的
同时，将会选择该
图层中的所有帧。


### 移动图层

① 单击需要移动的图层，如图 11-23 所示。

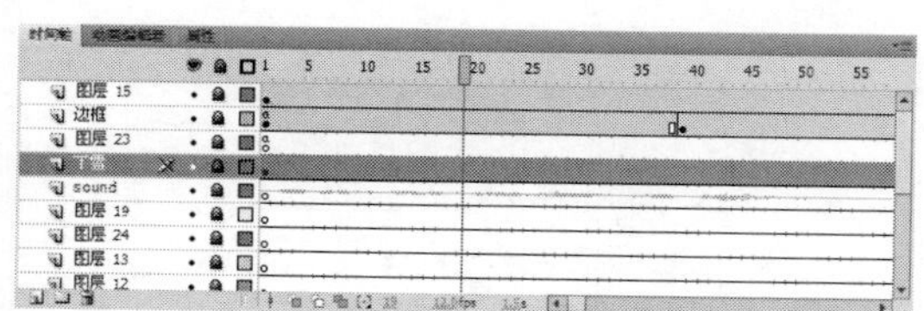

图 11-23 选择所需图层

② 按住鼠标左键拖动该层到相应的位置后释放鼠标，如图 11-24 所示。

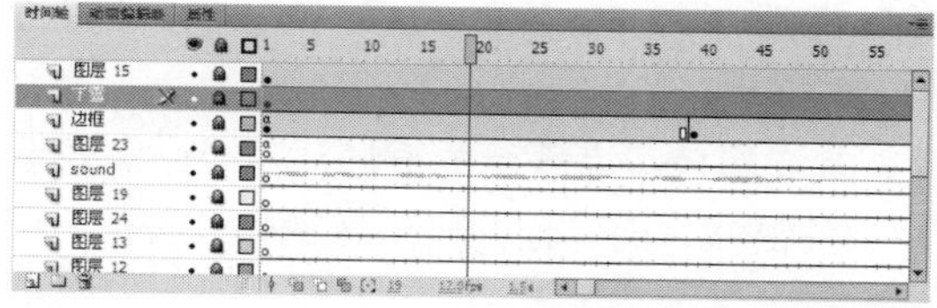

图 11-24 移动图层

说明：移动图层将会改变图层中对象的层次。

### 重命名图层

Flash 默认的层名为“图层 1”、“图层 2”等，为了便于识别各图层放置的动画对象，可对图层进行重命名。

① 双击需要重命名的图层，此时层名称以反白显示，如图 11-25 所示。

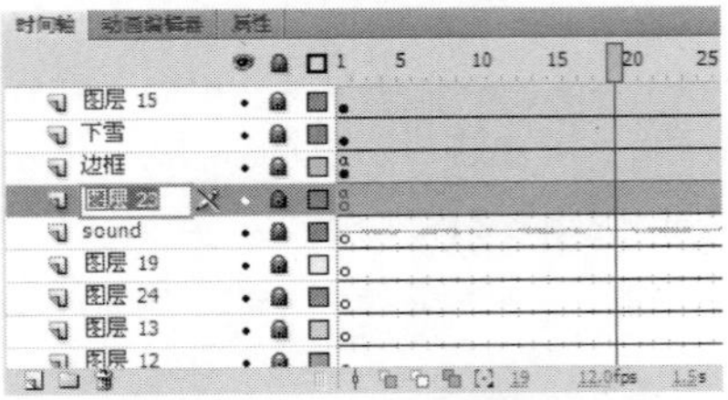

图 11-25　双击图层名称

② 在反白区域输入新名称，按【Enter】键确认即可，如图 11-26 所示。

图 11-26　重命名图层

### 删除图层

① 选择需要删除的图层，如图 11-27 所示。

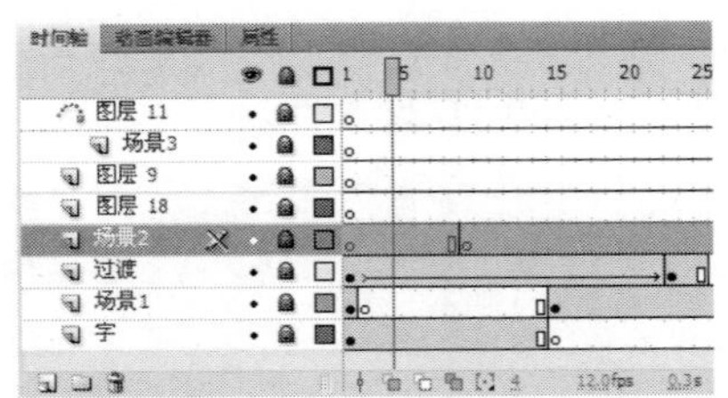

图 11-27　选择图层

② 单击“删除图层”按钮，即可删除图层，如图 11-28 所示。

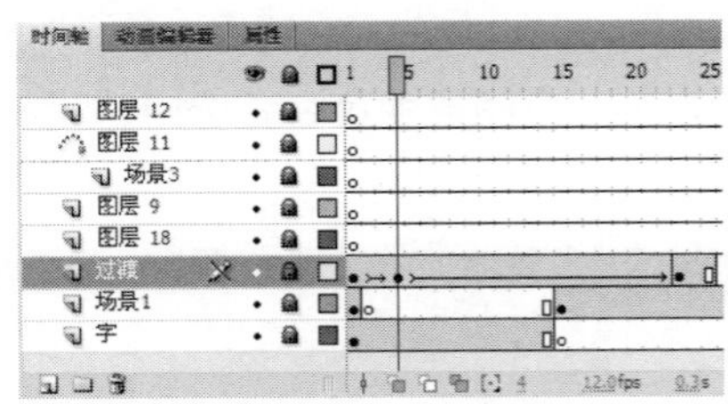

图 11-28　删除图层

**知识点拨**

直接用鼠标将欲删除的图层拖动到“删除图层”按钮上；或右击欲删除的图层，在弹出的快捷菜单中选择“删除图层”命令，均可删除图层。

## 11.1.3 帧

动画和电影的原理一样，都是利用了人的视觉暂留原理，动画中的帧相当于一张电影胶片。在制作 Flash 动画时，用户只要定义了起始和结束关键帧，Flash 就会根据指令和帧的数量来调整图片的变化过程和动画完成的时间。

① 打开一个 Flash 源文件，其时间轴如图 11-29 所示。

② 其中黑色实点表示关键帧，空心白点表示空白关键帧，而其他帧则为普通帧。

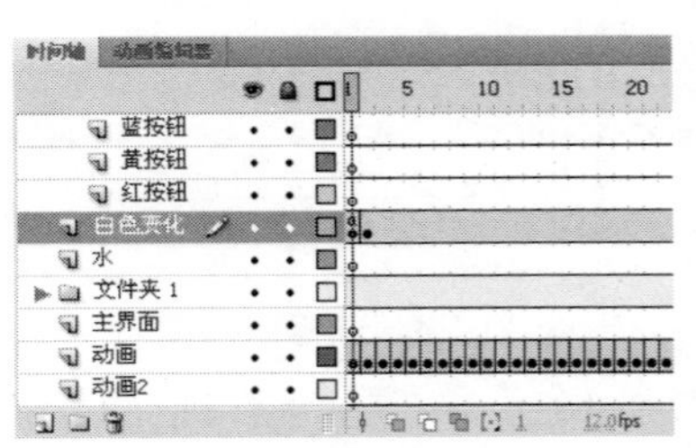

图 11-29　时间轴中的帧



说明　帧就是指“时间轴”面板中的小方格。

### 1. 关键帧

关键帧在制作动画的过程中是非常关键的，它既可以定义一个过程的起点和终点，又可以定义另一个过程的开始，只有定义了关键帧，Flash 才能自动完成动画过程。

① 在时间轴中选择需要添加关键帧的位置，如图 11-30 所示。

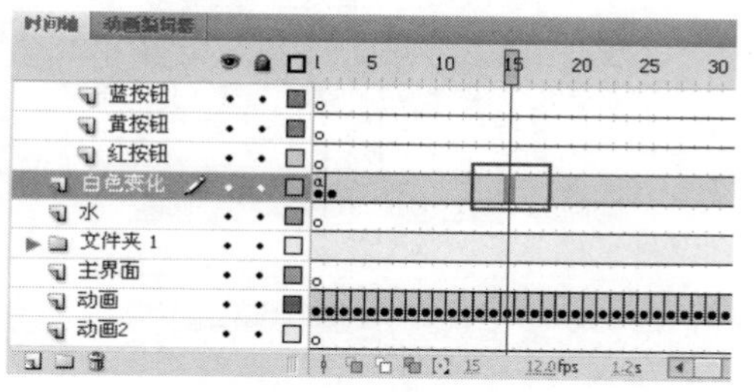


图 11-30　选择帧

② 按【F6】键，即可在所选位置插入一个关键帧，如图 11-31 所示。

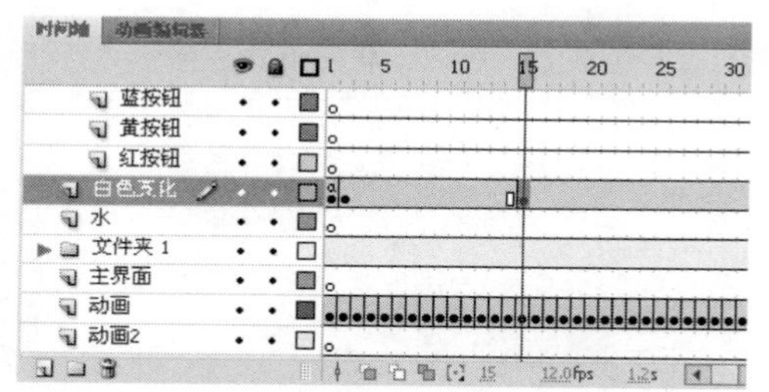


图 11-31　插入关键帧

③ 用户也可以在相关的位置右击，在弹出的快捷菜单中选择“插入关键帧”命令，如图 11-32 所示。

④ 另外，用户还可以单击“插入”｜“时间轴”｜“关键帧”命令添加关键帧，如图 11-33 所示。

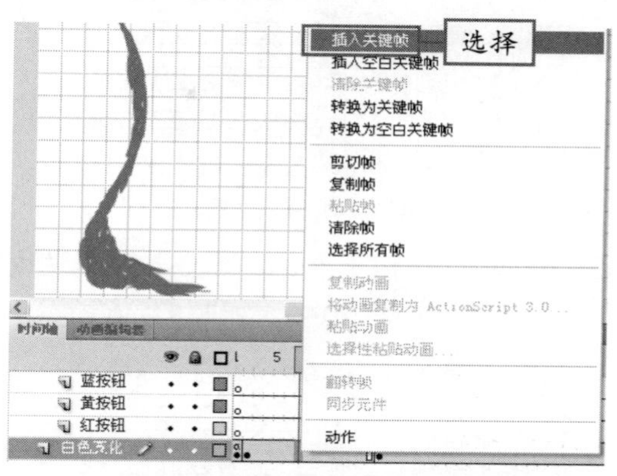


图 11-32　利用右键菜单命令插入关键帧

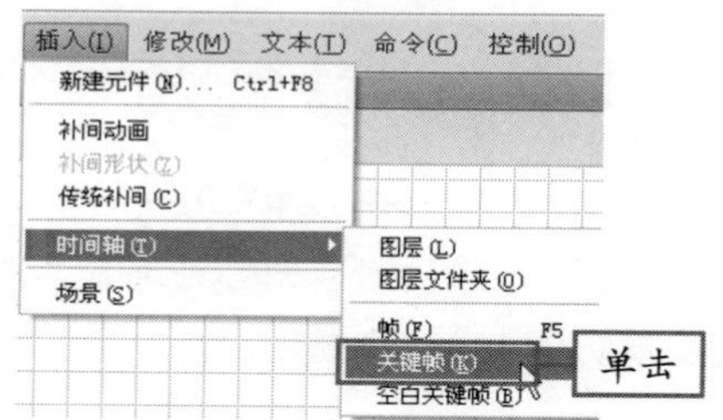


图 11-33　插入关键帧

⑤ 图 11-34 所示为利用菜单或快捷键插入的关键帧。

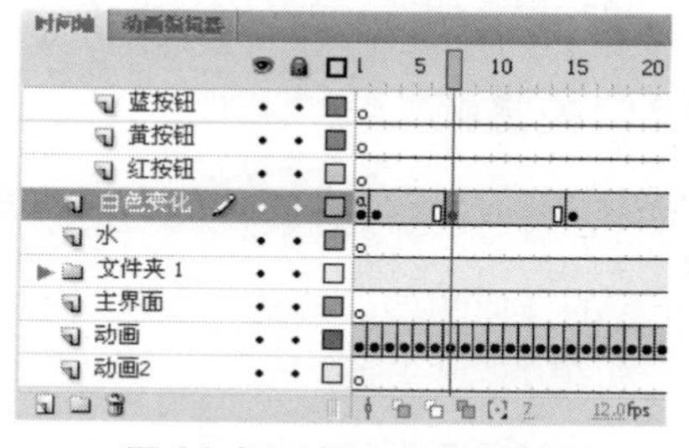


图 11-34　插入的关键帧

**知识点拨**

插入关键帧的位置必须是存在有动画元素的帧，否则只能插入空白关键帧。

### 2. 普通帧

普通帧用于延长关键帧的内容，或作为两关键帧间动作的过渡，不能对其中任一普通帧进行编辑。

所有添加到舞台中的实例均需要将其放置于关键帧中。　说明

① 在如图 11-35 所示的时间轴中，灰色部分即为普通帧。

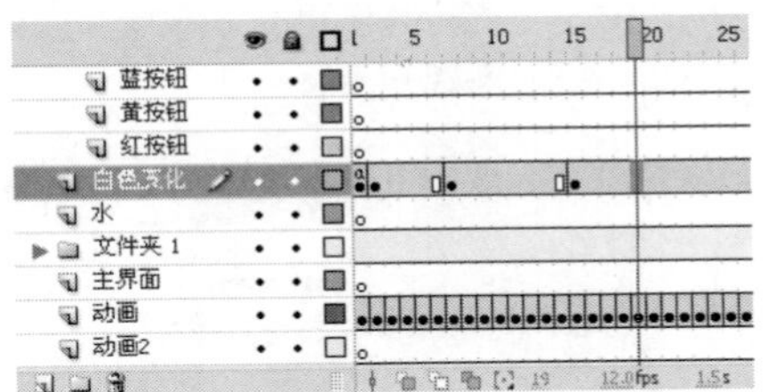

图 11-35 时间轴

② 普通帧可以用于改变时间长度、动画速度。选择当前图层的第 10 帧，如图 11-36 所示。

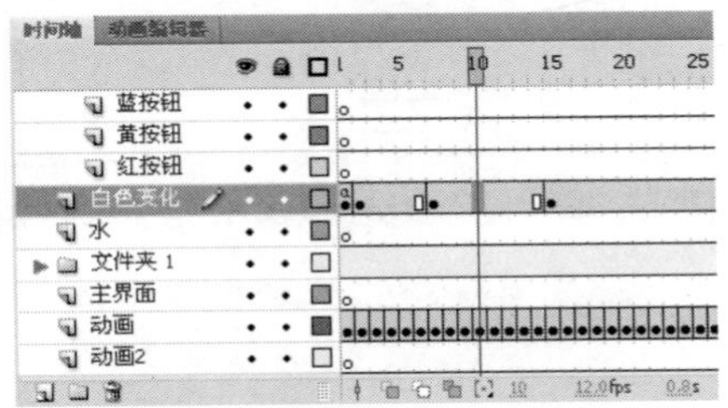

图 11-36 选择第 10 帧

③ 按【F5】键插入普通帧，增加该段普通帧的长度，如图 11-37 所示。

④ 选择该图层第二个关键帧与第三个关键帧间的所有普通帧，如图 11-38 所示。

⑤ 在选中的帧上右击，在弹出的快捷菜单中选择“删除帧”命令，如图 11-39 所示。

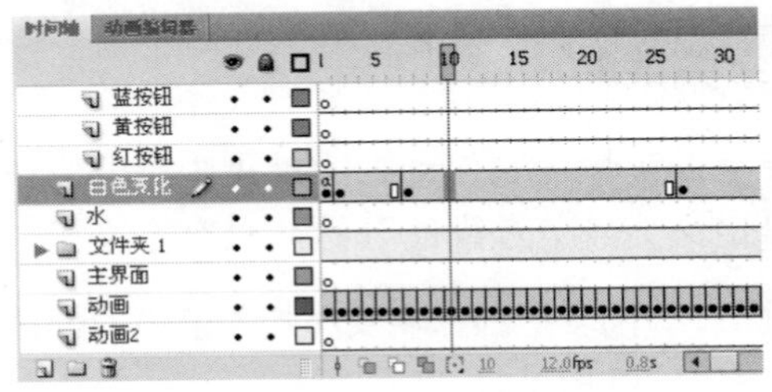

图 11-37 插入普通帧

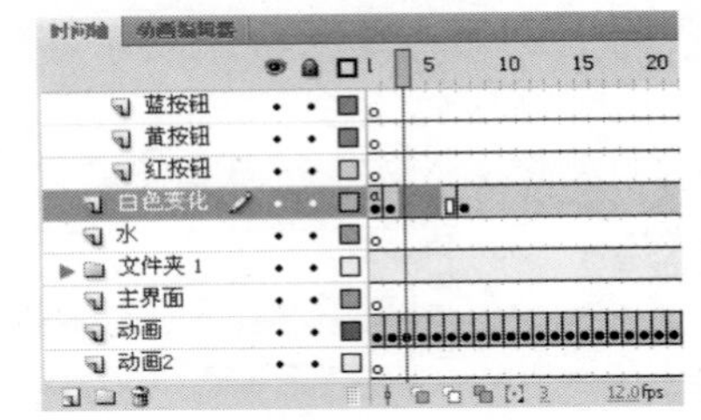

图 11-38 选择多个普通帧

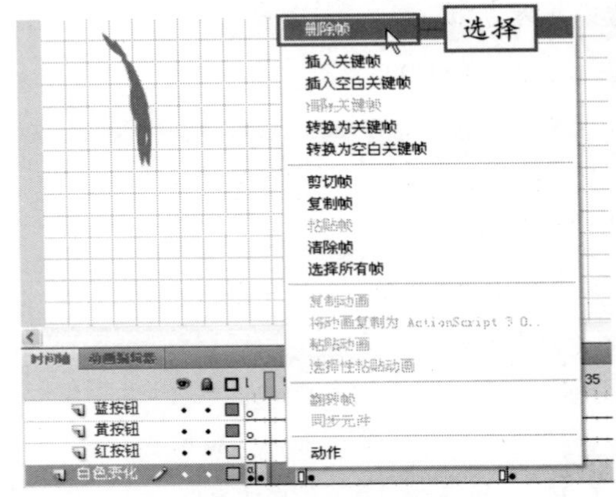


图 11-39 删除普通帧

## 3. 空白关键帧

如果关键帧里没有旋转任何对象，这种关键帧称为空白关键帧。

① 新建的任何图层，其第一个帧均为空白关键帧，如图 11-40 所示。

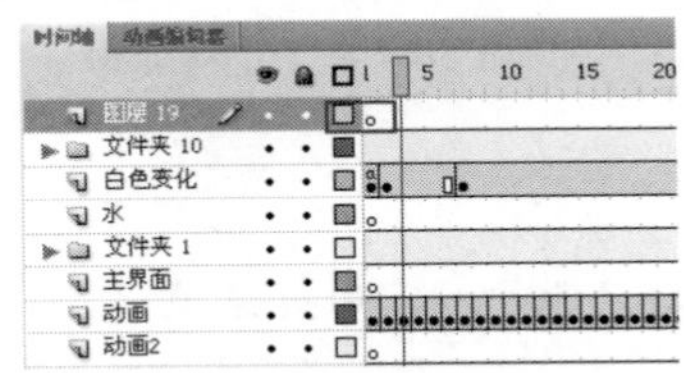

图 11-40 空白关键帧

② 如果用户需要在某一位置插入空白关键帧，则可以在该处右击，弹出的快捷菜单如图 11-41 所示。

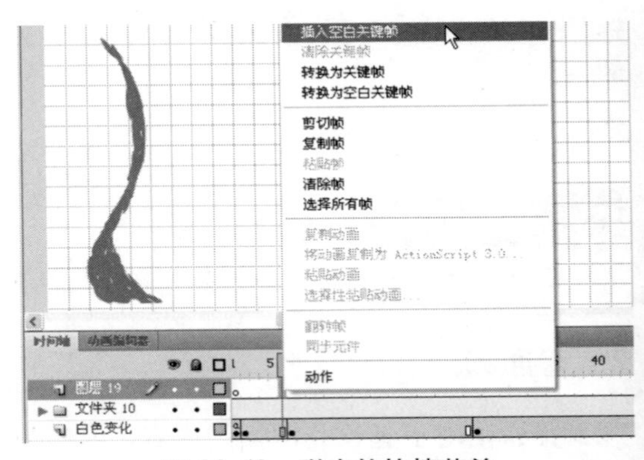


图 11-41 弹出的快捷菜单



说明 只要在空白关键帧中添加了对象，其就将转换为关键帧。

③ 选择“插入空白关键帧”命令添加空白关键帧，如图 11-42 所示。

**教你一招**

在“时间轴”面板中选中相应的位置，按【F5】键可插入帧，按【F6】键可插入关键帧，按【F7】键可插入空白关键帧。

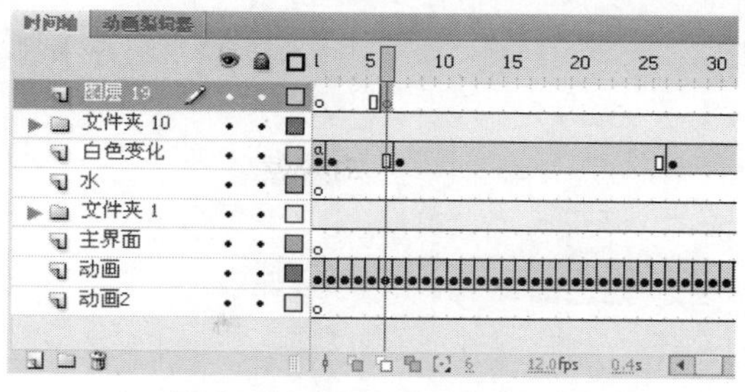


图 11-42　插入空白关键帧

# 11.2 动画分类

在 Flash 中存在多种动画形式，为了便于制作动画，用户需根据将要制作的动画选择合适的制作方式。一般情况下，一个动画中可能需要用到多种动画制作方式。

## 11.2.1 补间形状动画

补间动画只需要用户绘制有限的关键帧，关键帧之间的过渡帧由 Flash 自动生成。补间动画有两种不同的类型，即动作补间和形状补间。

在形状补间中，两个关键帧中的对象形状不同，Flash 将生成关键帧之间形状的过渡，从而形成动画。

① 新建一个 Flash 空白文档，利用文本工具在舞台中输入几个字符，如图 11-43 所示。

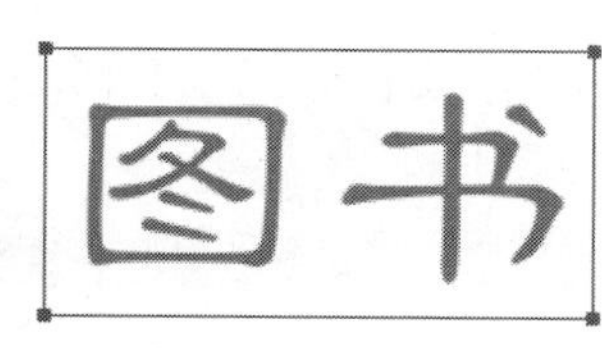


图 11-43　输入字符

② 按【Ctrl+B】组合键两次，将输入的文本分离，如图 11-44 所示。

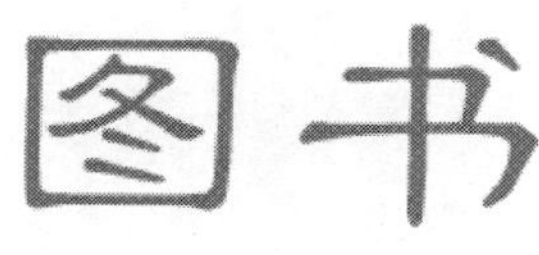


图 11-44　分离文本

③ 在当前图层的第 15 帧处插入一个空白关键帧，然后在舞台中输入所需的文本，如图 11-45 所示。

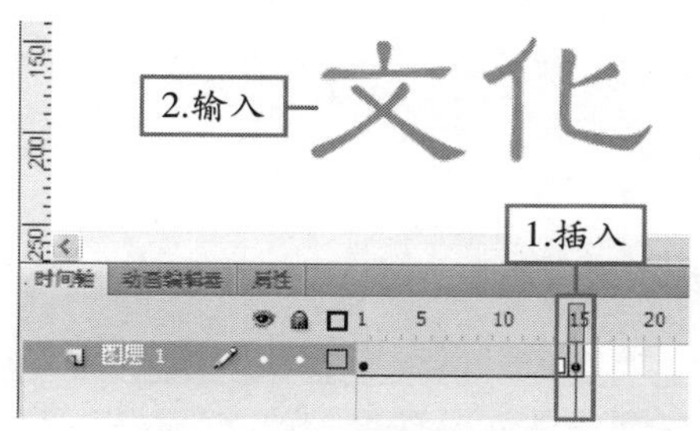


图 11-45　添加空白关键帧

④ 在两个关键帧之间的任意帧上右击，在弹出的快捷菜单中选择“创建补间形状”命令，如图 11-46 所示。

⑤ 此时时间轴如图 11-47 所示，表示动画创建成功。

⑥ 按【Ctrl+Enter】组合键，测试动画效果，如图 11-48 所示。

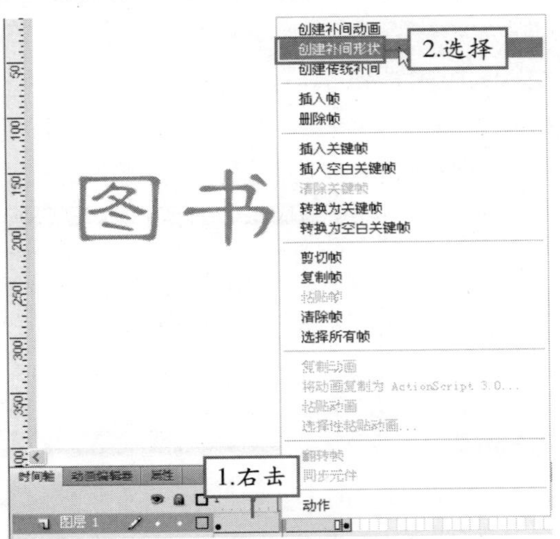


图 11-46　选择创建动画的命令

图 11-47　创建动画

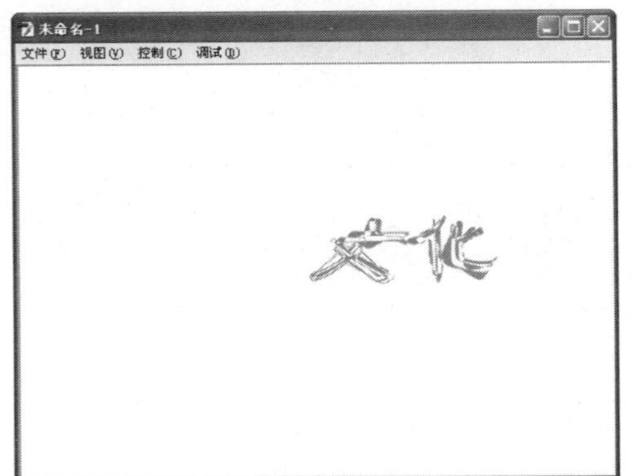

图 11-48　测试动画

**知识点拨**

补间形状动画不仅可以改变动画对象的颜色、大小，还可以改变其形状，但其动画对象不能是元件。

另外，还可以制作图形大小变化动画。

① 新建一个 Flash 空白文档，利用椭圆工具在其中绘制一个图形，如图 11-49 所示。

图 11-49　绘制图形

② 利用选择工具选取椭圆中的填充色，然后按【Delete】键将其删除，如图 11-50 所示。

图 11-50　删除填充

③ 选择椭圆框，按【F8】键将其转换为影片剪辑元件，如图 11-51 所示。

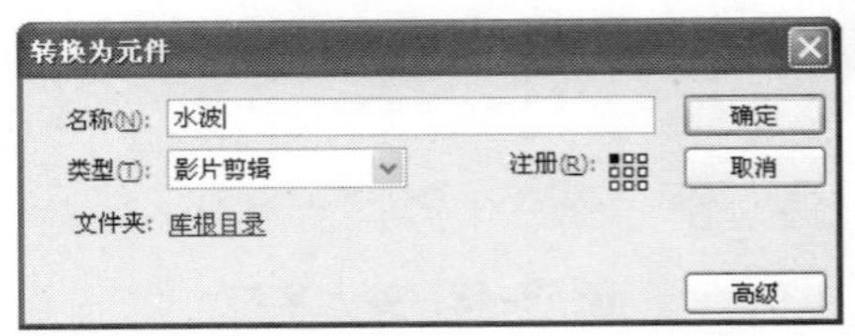


图 11-51　“转换为元件”对话框

④ 单击“确定”按钮，然后双击该元件进入元件内部舞台，如图 11-52 所示。

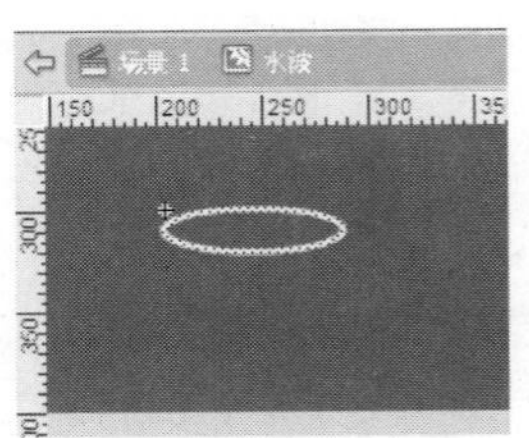

图 11-52　进入元件内部舞台



说明　用于制作补间形状动画的对象必须是打散的对象。

⑤ 在当前时间轴的第 25 帧处插入一个关键帧，然后将该帧中的图形进行放大处理，如图 11-53 所示。

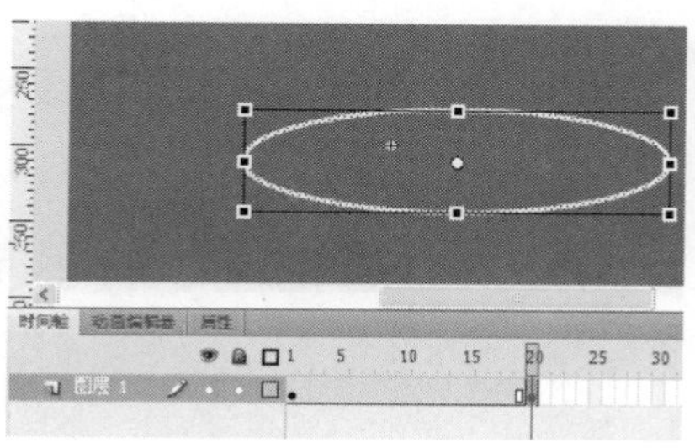

图 11-53　放大图像

⑥ 在两个关键帧之间的帧上右击，在弹出的快捷菜单中选择“创建补间形状”命令，测试动画，如图 11-54 所示。

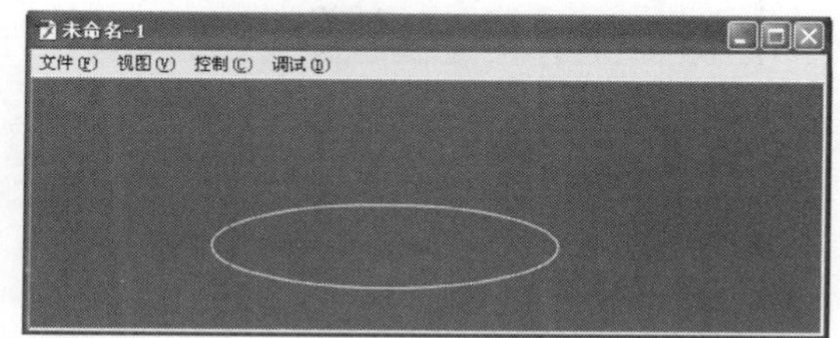


图 11-54　测试动画

## 11.2.2　传统补间动画

在动作补间中，两个关键帧中的对象位置不同，Flash 将生成两个关键帧之间位置的过渡，从而形成连续的运动。

① 新建一个 600px×150px 的 Flash 文档，然后将舞台背景设置为深灰色，如图 11-55 所示。

图 11-55　设置文档属性

② 选择直线工具在其中绘制一些直线，如图 11-56 所示。

图 11-56　绘制直线

③ 新建一个图层，锁定“图层 1”。选择矩形工具，在其中绘制一个无边框矩形，如图 11-57 所示。

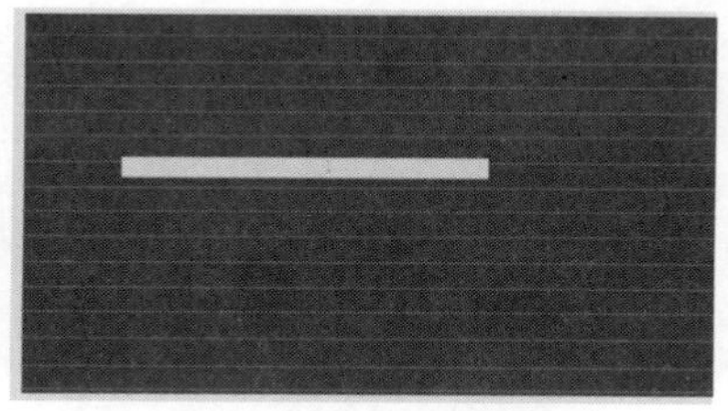

图 11-57　绘制矩形

④ 选择所绘制的矩形，打开“颜色”面板，调整其颜色，如图 11-58 所示。

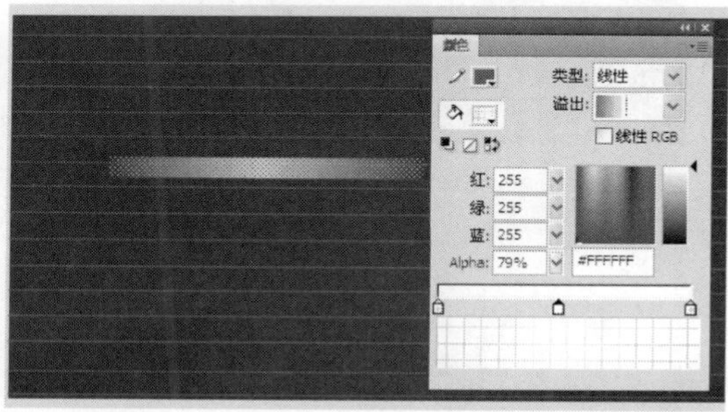


图 11-58　调整渐变色

⑤ 利用选择工具对图形进行适当的调整，如图 11-59 所示。

图 11-59　调整图像

⑥ 选择该图形，然后按【F8】键将其转换为元件，如图 11-60 所示。

说明　传统补间动画用于制作外形不变，而位置、颜色等其他属性改变的动画。

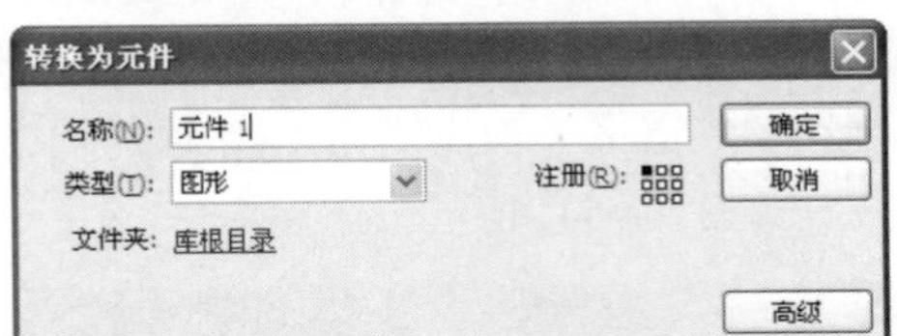
图 11-60　转换为元件

⑦ 单击“确定”按钮。再次按【F8】键将其转换为影片剪辑元件，如图 11-61 所示。

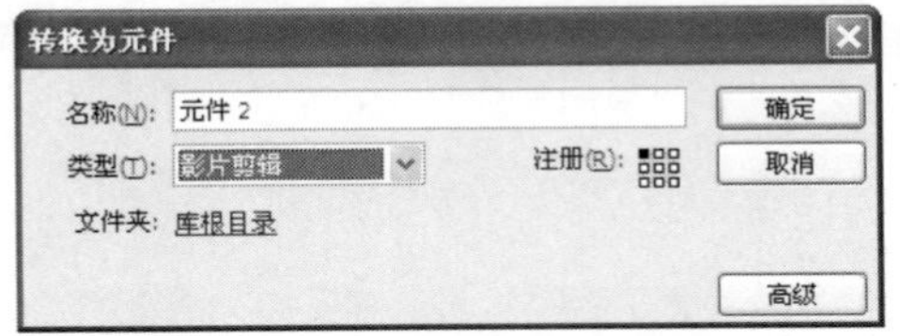
图 11-61　转换为影片剪辑元件

⑧ 双击该元件进入影片元件的内部，在当前图层的第 35 帧处插入一个关键帧，如图 11-62 所示。

图 11-62　调整关键帧中元件的位置

⑨ 在关键帧间的普通帧上右击，在弹出的快捷菜单中选择“创建传统补间”命令，如图 11-63 所示。

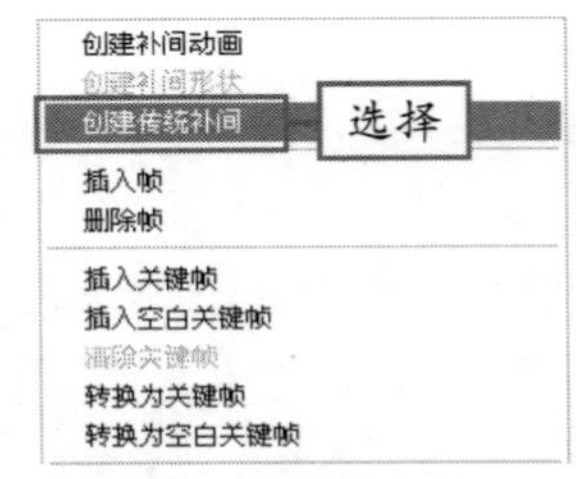

图 11-63　创建动画

专家解疑

由于当前舞台中的动画对象是元件，故“创建补间形状”命令不可用。

⑩ 将制作的影片剪辑多次拖入到舞台中，并进行适当的排列与缩放，如图 11-64 所示。

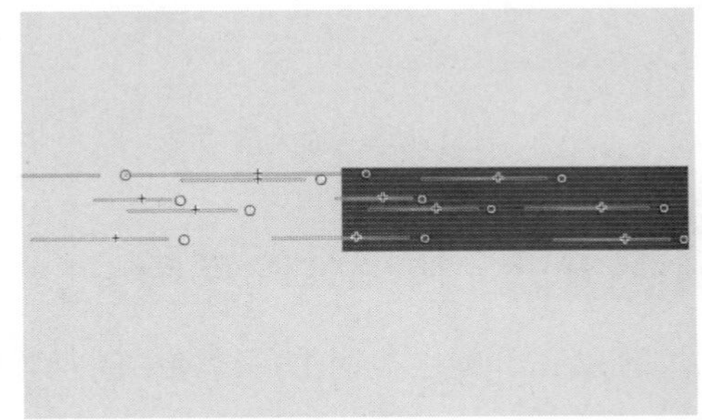
图 11-64　调整实例的大小与位置

⑪ 选择所需的实例，然后在“属性”面板中调整其 Alpha 值，如图 11-65 所示。

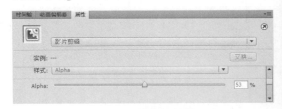

图 11-65　调整实例的透明度

⑫ 按【Ctrl+Enter】组合键测试影片，效果如图 11-66 所示。

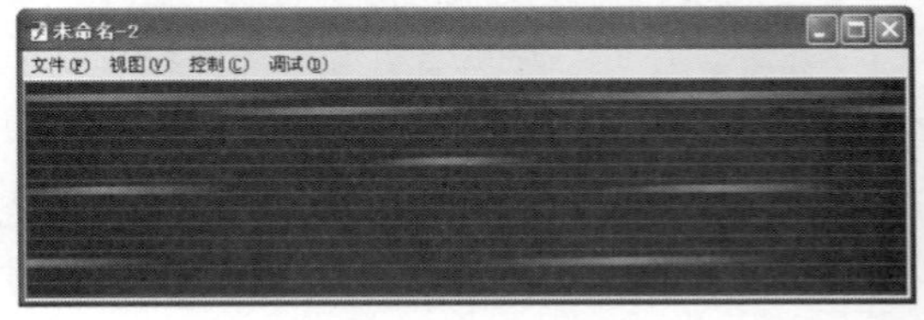
图 11-66　测试影片

## 11.2.3　补间动画

补间动画是 Flash CS4 版本中新增加的动画形式，该动画形式制作动画更为灵活，也便于调整动画过程。下面介绍该动画的制作过程。



说明　对于传统补间动画来说，一个动画过程中只能存在一个实例。

**素材文件**　光盘:\素材\第 11 章\小天使.jpg

① 新建一个动画文档，设置其属性如图 11-67 所示。

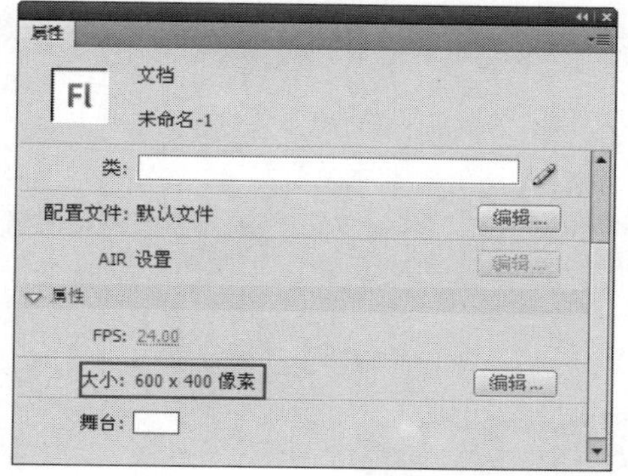


图 11-67　设置文档属性

② 按【Ctrl+R】组合键导入一张图片，如图 11-68 所示。

图 11-68　导入图片

③ 选中导入的图片，按【F8】键将其转换为图形元件，如图 11-69 所示。

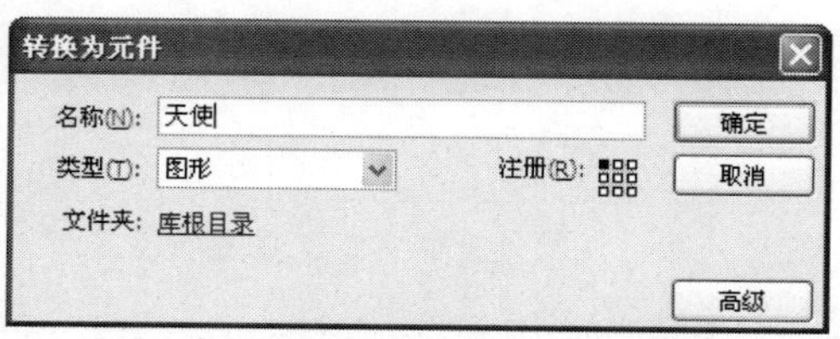


图 11-69　转换为图形元件

④ 将当前图层的帧延长至第 60 帧处，然后在帧上右击，在弹出的快捷菜单中选择“创建补间动画”命令，如图 11-70 所示。

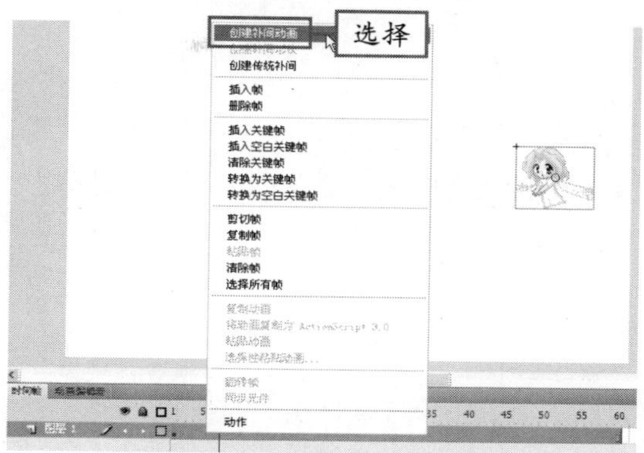


图 11-70　选择“创建补间动画”命令

⑤ 单击第 60 帧，然后在舞台中拖动图片，如图 11-71 所示。

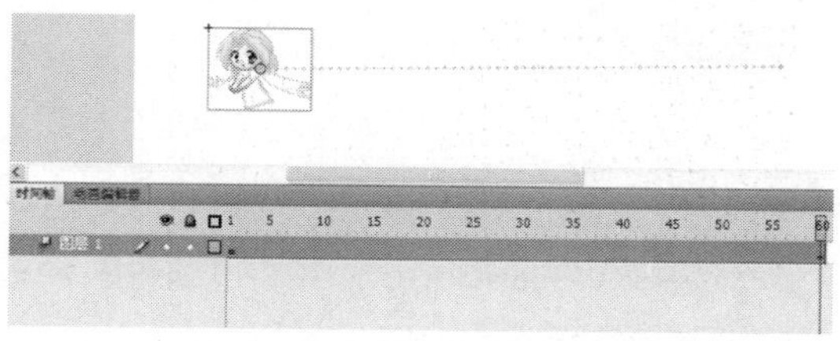

图 11-71　移动图片

**知识点拨**

此时，可以看到舞台中有一条直线，它表示当前动画对象的运动轨迹，其中具有与动画帧数相同的节点数。

⑥ 第 60 帧处将有一个小黑点，如图 11-72 所示。

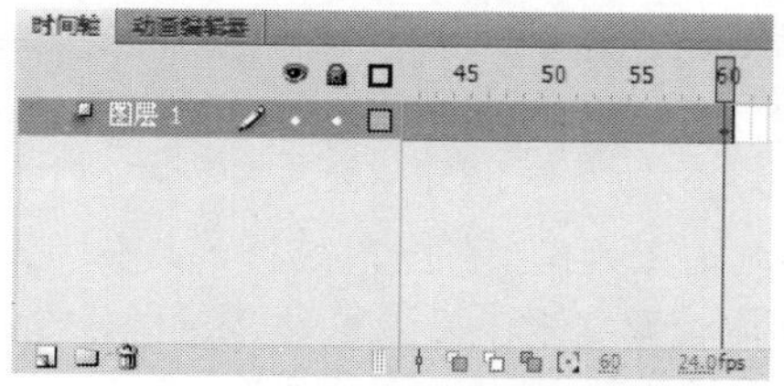


图 11-72　关键帧标志

⑦ 该运动轨迹具有直线的属性，用户可利用选择工具对其进行调整，如图 11-73 所示。

补间动画只需要一个存放动画实例的关键帧即可。　**说明**

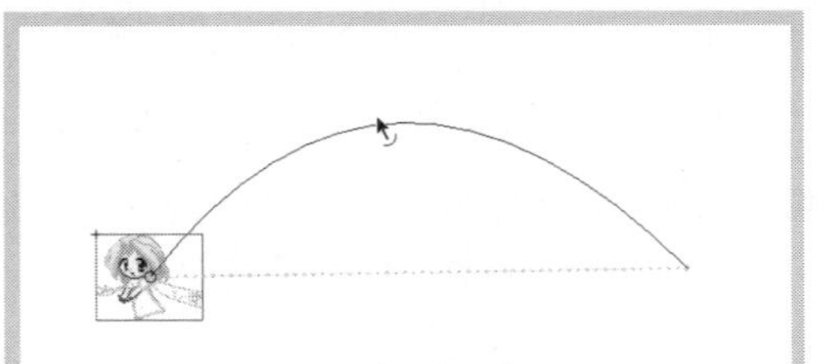

图 11-73　编辑路径

⑧ 用户还可以对路径的局部进行调整，如图 11-74 所示。

图 11-74　编辑路径的局部

⑨ 编辑完成后，动画对象将按照该路径进行移动，如图 11-75 所示。

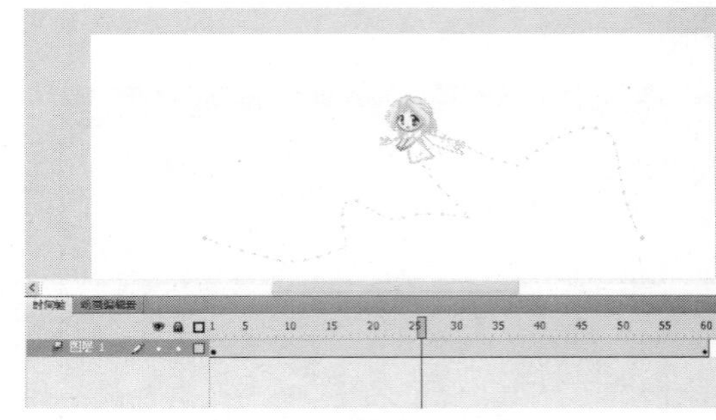

图 11-75　动画路径

该动画形式只需一个关键帧即可，且用户可以调整动画过程的任意一个普通帧处的动画对象的情况。

## 11.2.4 逐帧动画制作

逐帧动画是一种比较原始的动画制作方法，其原理是先把动画中的分解动作一帧一帧地制作出来，然后把它们连续播放，利用人们视觉停留效果，形成连续播放的动画。

① 新建一个 Flash 文档，并在“属性”面板中进行参数设置，如图 11-76 所示。

图 11-76　设置文档属性

② 单击工具栏中的文本工具，并在“属性”面板中设置文本工具的属性，如图 11-77 所示。

图 11-77　设置文本工具的属性

③ 在舞台中单击，然后输入数字 5，如图 11-78 所示。

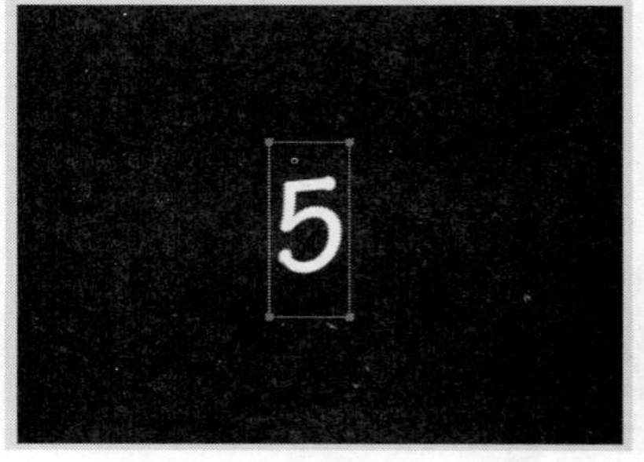


图 11-78　输入数字“5”



说明　逐帧动画可以制作更复杂的动画，但制作过程比较烦琐。

④ 单击第 2 帧，然后按【F6】键插入一个关键帧，然后在舞台中输入数字 4，如图 11-79 所示。

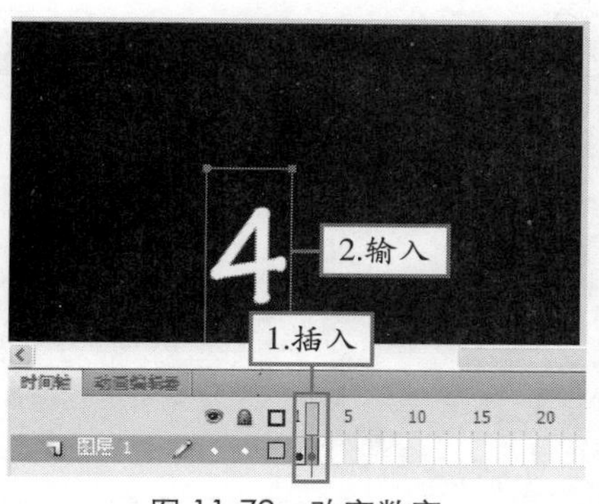

图 11-79　改变数字

⑤ 重复上述步骤，创建数字 3、2、1 和文字 GO，如图 11-80 所示。

图 11-80　输入相关文字

⑥ 选择“控制”｜“测试影片”命令，测试影片，如图 11-81 所示。

⑦ 新建一个图层，将其拖动到时间轴的最底层，锁定“图层 1”，然后在新建图层中绘制一个圆环，如图 11-82 所示。

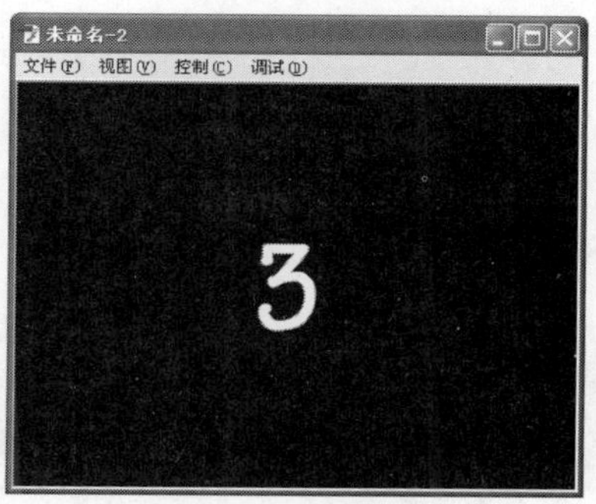
图 11-81　测试影片

图 11-82　绘制圆环

⑧ 选择直线工具在其中绘制 4 条直线，如图 11-83 所示。

图 11-83　绘制直线

⑨ 选择“文件”|“保存”命令，将该文档保存为“逐帧动画”。

逐帧动画可以通过导入已有的动作序列图片来制作，也可以通过绘图工具来制作。

## 11.2.5　其他动画制作

另外，Flash 中还提供了其他动画制作方式，如引导层动画、遮罩层动画等。

### 1. 引导层动画

利用引导层可让对象按照事先绘制好的路径来运动。

素材文件　光盘:\素材\第 11 章\星空.jpg

① 在 Flash 中新建一个 500px×500px 的空白文档。按【Ctrl+R】组合键导入一张图片，如图 11-84 所示。

图 11-84　创建新元件

② 锁定图层，新建一个图层。选择椭圆工具在其中绘制一个白色无边框的圆，如图 11-85 所示。

图 11-85　绘制正圆

③ 选择圆，按【Shift+F9】组合键打开“颜色”面板，如图 11-86 所示。

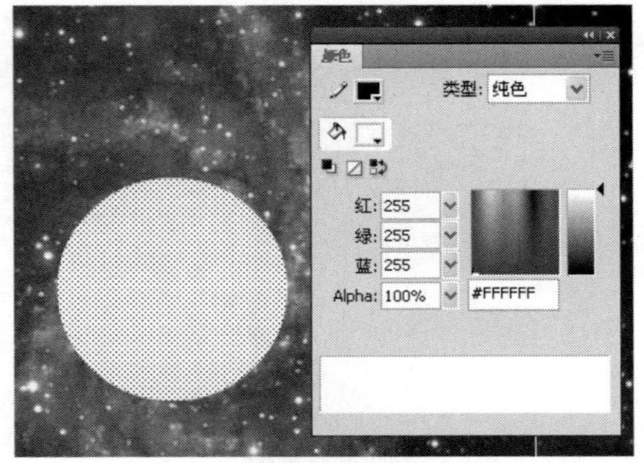


图 11-86　“颜色”面板

④ 从中将该填充色设置为白色到白色的渐变，如图 11-87 所示。

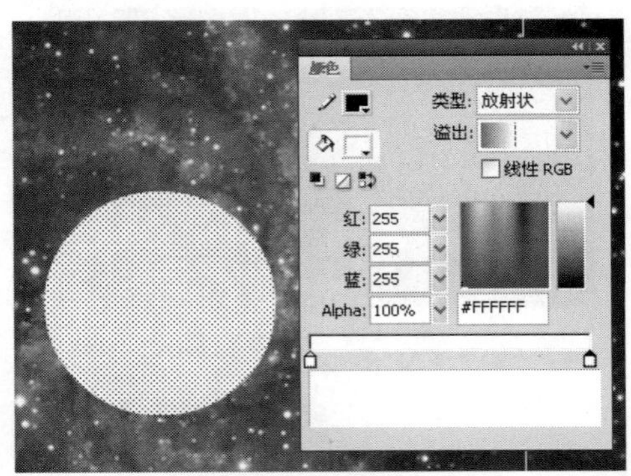


图 11-87　编辑填充色

⑤ 从中添加一个色标，并将外部色标的 Alpha 值设置为 0%，如图 11-88 所示。

图 11-88　调整色标

⑥ 关闭颜色窗口，渐变后效果如图 11-89 所示。

图 11-89　渐变后的图形效果

⑦ 锁定当前图层。新建一个图层，利用椭圆工具在舞台中绘制一个小球，如图 11-90 所示。


说明　引导层处于被引导图层之上。

图 11-90　绘制小球

⑧ 将小球转换为图形元件，如图 11-91 所示。

图 11-91　转换为图形元件

⑨ 将图层中的帧延长至第 50 帧，如图 11-92 所示。

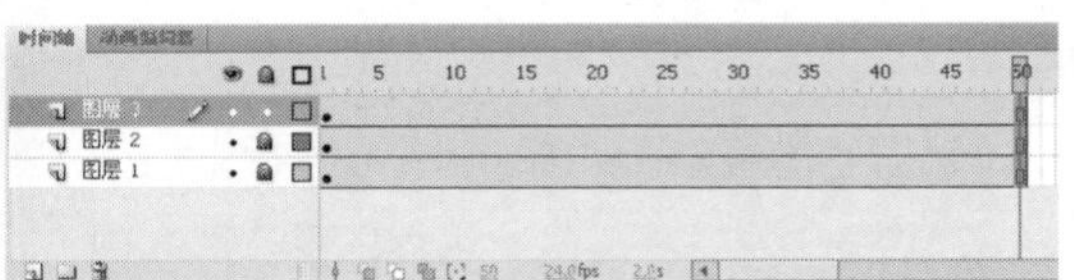

图 11-92　延长帧

⑩ 新建一个图层，然后在其中绘制一个椭圆轮廓，如图 11-93 所示。

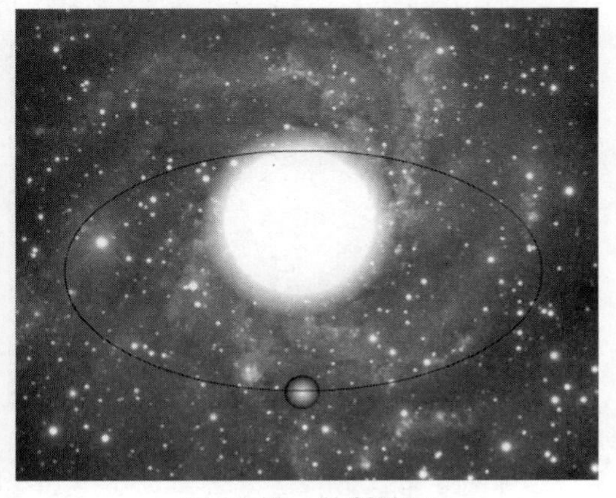

图 11-93　绘制椭圆

⑪ 将椭圆路径断开，如图 11-94 所示。

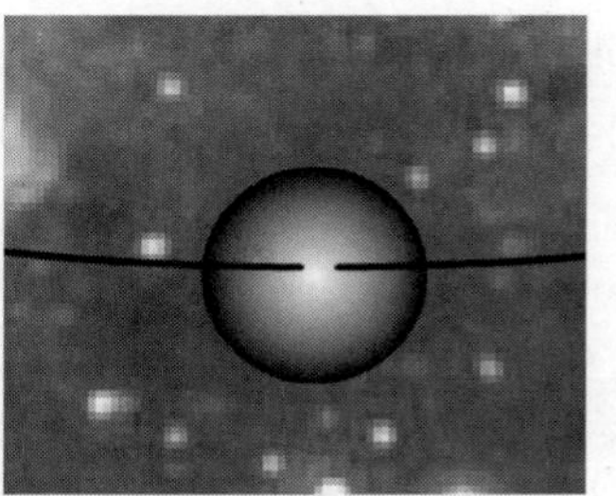

图 11-94　断开椭圆路径

⑫ 在“图层 3”的第 50 帧上插入一个关键帧，并对该图层中的对象创建传统动画，如图 11-95 所示。

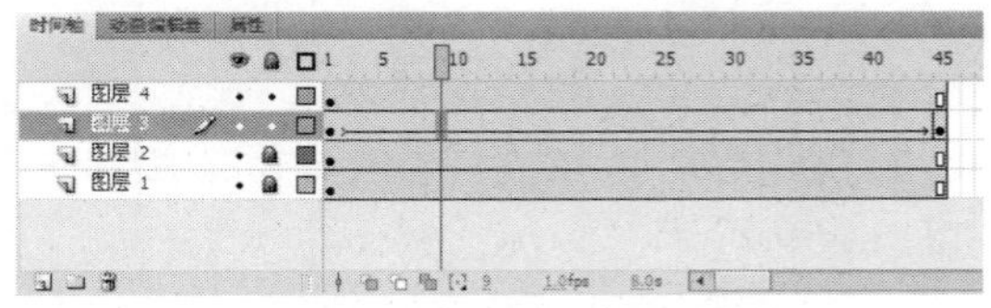

图 11-95　创建动画

⑬ 选择“图层 3”中的第 1 帧，将小球拖放到路径的一端，如图 11-96 所示。

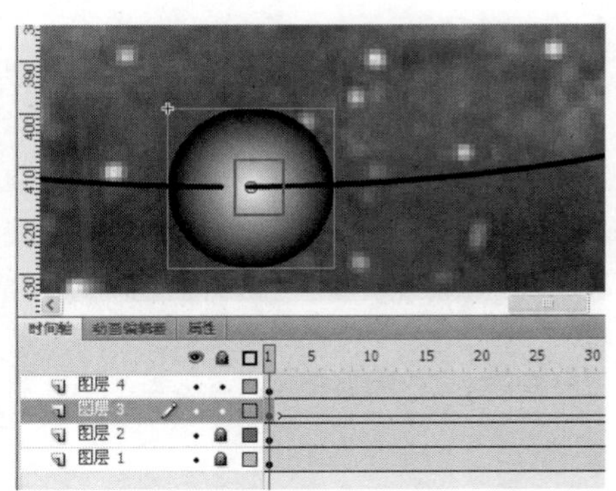

图 11-96　设置第 1 帧处的图形

⑭ 选择“图层 3”中的第 50 帧，将小球拖放到路径的另一端，如图 11-97 所示。

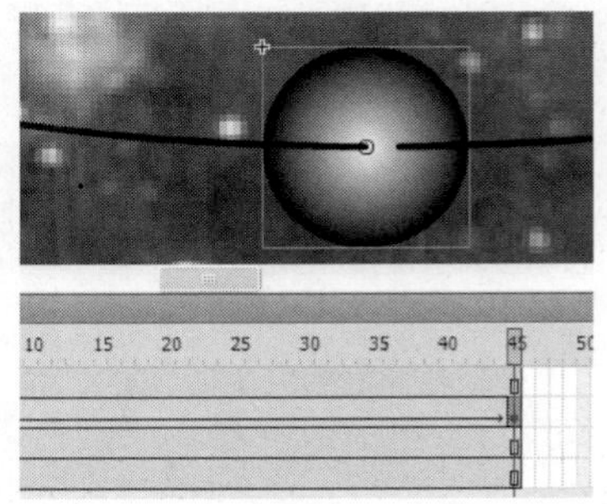

图 11-97　设置第 50 帧处的图形

在引导层中将引导线绘制成什么样的形状，对象就会沿着什么样的轨迹运动。　说明

⑮ 在“图层 4”上右击，在弹出的快捷菜单中选择“引导层”命令，如图 11-98 所示。

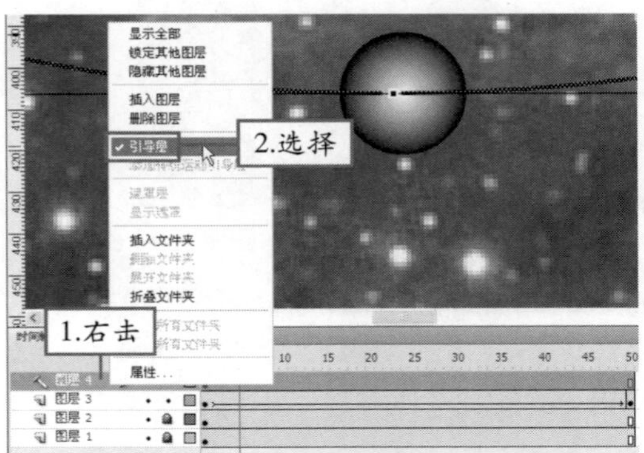


图 11-98　选择“引导层”命令

⑯ 在“图层 3”上按住鼠标左键并向上拖动，如图 11-99 所示。

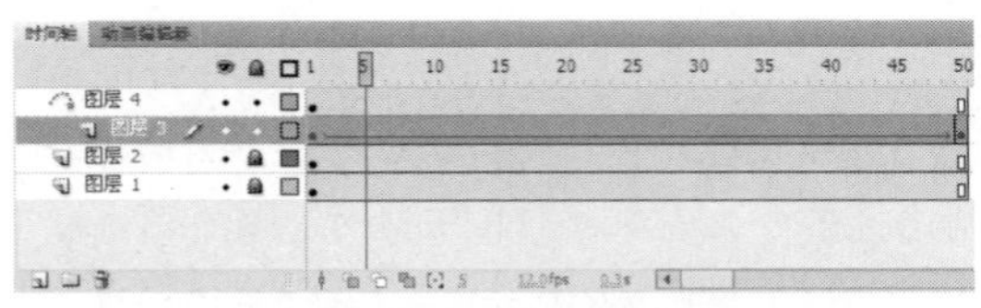

图 11-99　引导层

⑰ 在“图层 3”的第 25 帧处插入一个关键帧，然后选择前 25 帧中的任意一帧，如图 11-100 所示。

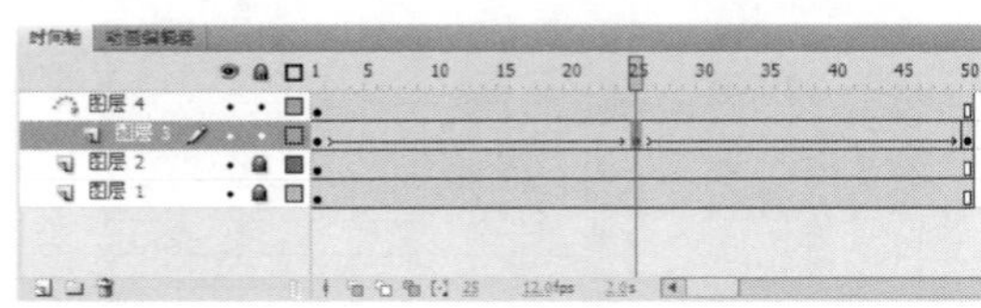

图 11-100　添加关键帧

⑱ 打开“属性”面板，从中设置所需的选项，如图 11-101 所示。

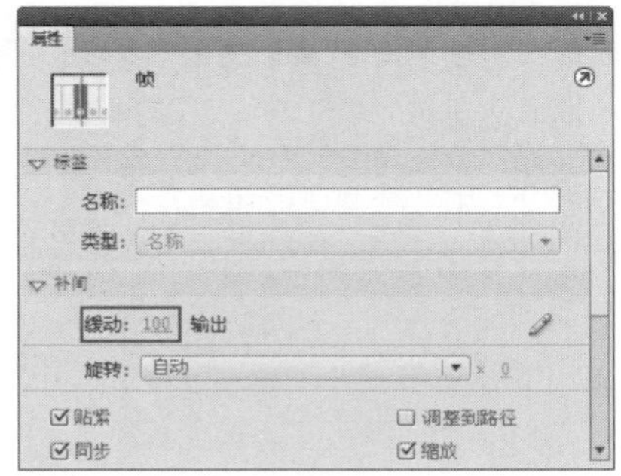

图 11-101　设置“缓动”选项

⑲ 利用同样的方法，设置后半部分动画（其值为 −100），然后将第 25 帧处的小球实例缩小，如图 11-102 所示。

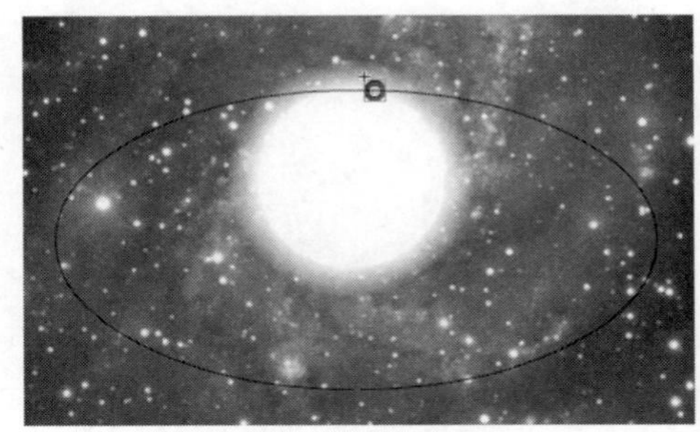

图 11-102　缩小小球

⑳ 将“图层 2”调整到所有图层的上方，如图 11-103 所示。

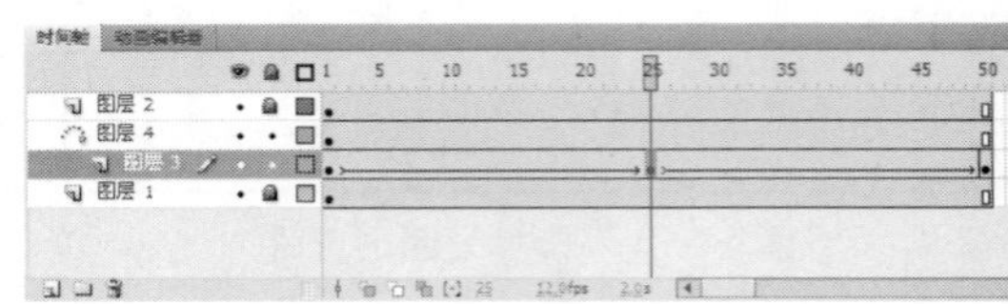

图 11-103　调整图层

㉑ 按【Ctrl+Enter】组合键测试动画，如图 11-104 所示。

图 11-104　测试动画

**知识点拨**

引导层中的路径在测试动画或导出的影片中并不显示。



说明　“缓动”选项可以产生变速效果：负值时加速，正值时减速。

## 2. 遮罩层动画

遮罩层动画是由至少两个层组合起来完成的，一个层作为改变的对象，另一个层作为遮罩的对象。

**素材文件**　光盘:\素材\第 11 章\ t .png

① 在 Flash 中新建一个空白文档，并设置其属性，如图 11-105 所示。

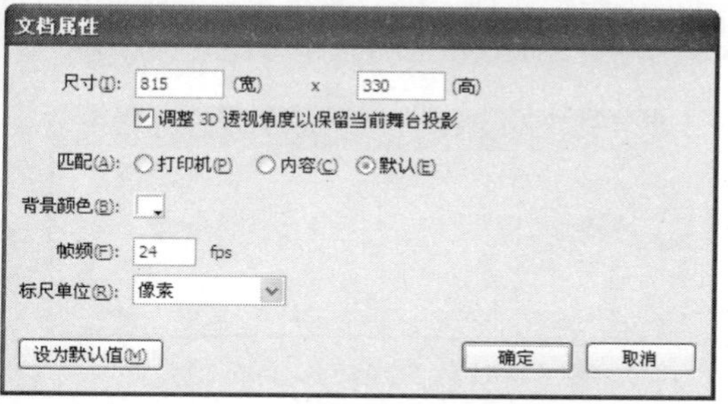


图 11-105　设置文档属性

② 单击“文件”|“导入”|“导入到舞台”命令，在舞台中导入素材图像，并调整好图像的大小及位置，如图 11-106 所示。

图 11-106　导入图像

③ 选择导入的图像并将其复制，然后新建图层，按【Ctrl+Shift+V】组合键在新图层中进行原位粘贴，将复制的图像分离，如图 11-107 所示。

图 11-107　分离图像

④ 隐藏“图层 1”，然后选择魔术棒工具，并设置其属性如图 11-108 所示。

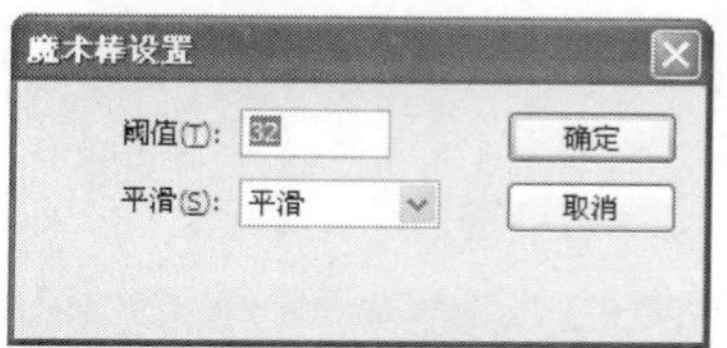


图 11-108　设置魔术棒

⑤ 利用魔术棒工具选择水流，如图 11-109 所示。

图 11-109　选择水流

⑥ 按【Ctrl+C】组合键将其复制。将当前图层中的对象删除，按【Ctrl+Shift+V】组合键在新图层中进行原位粘贴，如图 11-110 所示。

图 11-110　粘贴图像

⑦ 选择橡皮擦工具，擦除水流以外的图形，如图 11-111 所示。

图 11-111　擦除多余图像

遮罩层动画主要用于控制显示对象的方式，也可以用于制作特殊效果。　说明

⑧ 在“时间轴”面板中新建一个图层，从中绘制一些矩形，如图 11-112 所示。

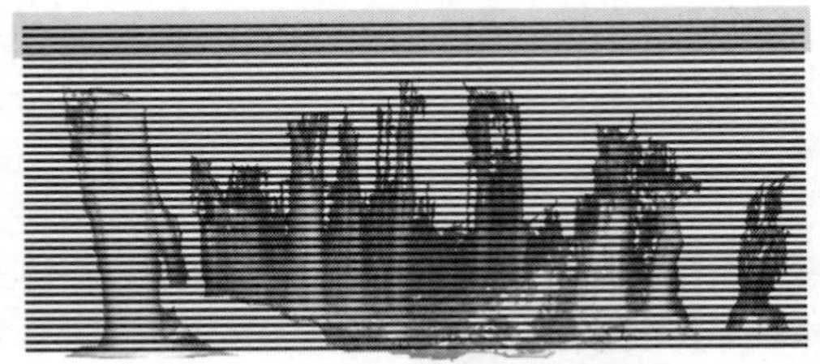

图 11-112 绘制矩形条

⑨ 选择所有矩形条，按【F8】键将其转换为元件，如图 11-113 所示。

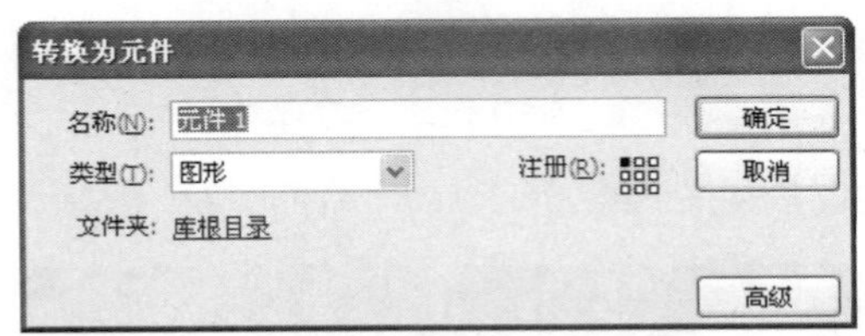


图 11-113 转换为图形元件

⑩ 将所有图层中的帧延长到第 60 帧，并在“图层 3”的最后一帧插入一个关键帧，如图 11-114 所示。

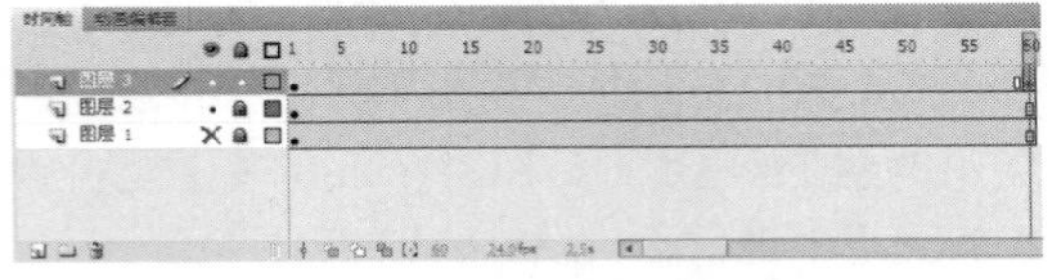

图 11-114 延长帧

⑪ 将“图层 3”最后一帧中的实例向下移动，如图 11-115 所示。

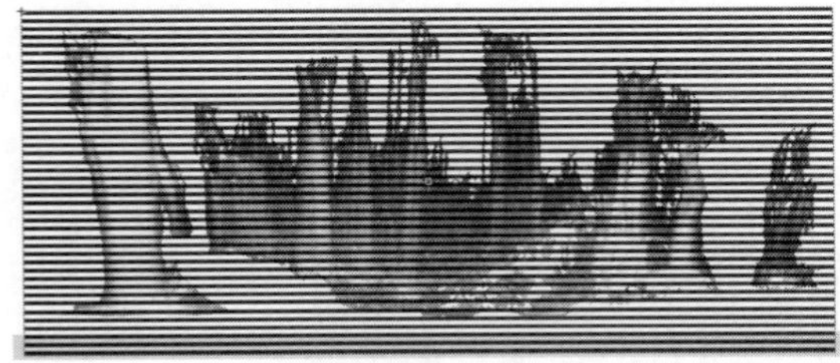

图 11-115 移动实例

⑫ 为“图层 3”中的实例创建传统动画，然后在该图层上右击，在弹出的快捷菜单中选择“遮罩层”命令，如图 11-116 所示。

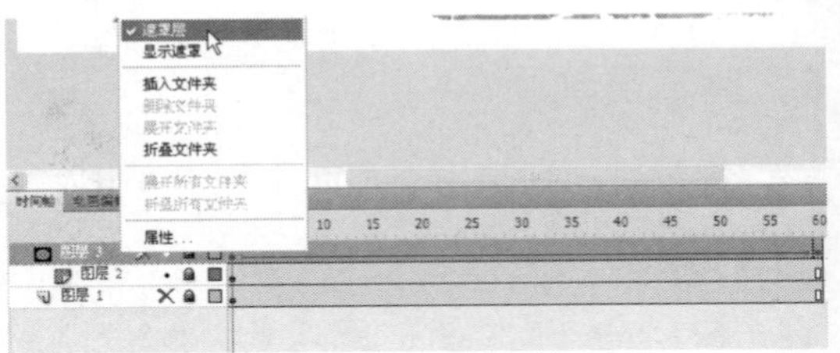


图 11-116 设置遮罩

⑬ 将“图层 1”显示，将“图层 2”解锁并将其中的图形转换为影片剪辑元件，如图 11-117 所示。

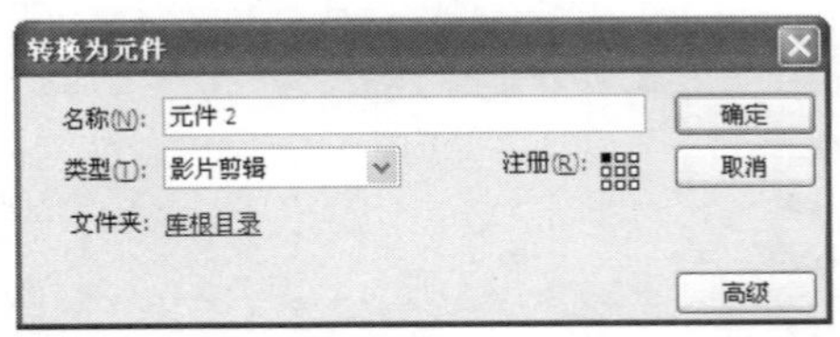


图 11-117 转换为影片剪辑元件

⑭ 打开“属性”面板，从中设置该实例的模糊效果，如图 11-118 所示。

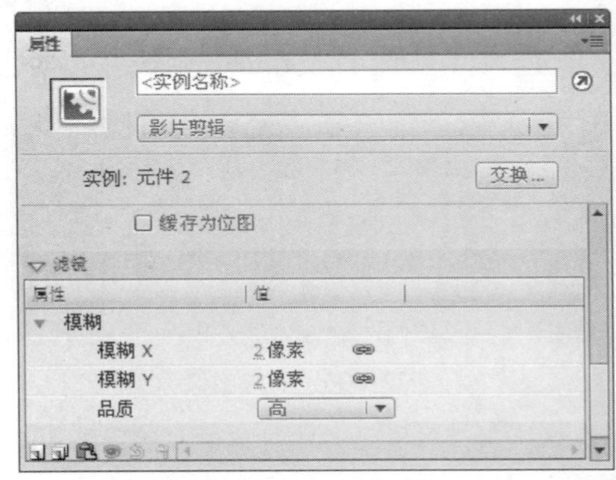


图 11-118 设置实例滤镜

⑮ 设置完成后，显示并锁定所有图层。按【Ctrl+Enter】组合键测试动画，如图 11-119 所示。

图 11-119 测试动画


说明 在制作动画时，应根据动画的需要选择合适的动画制作方式。

# 11.3　了解 ActionScript 3.0

Flash 动画的魅力就在于其巧妙的脚本控制和灵活的交互设置，这也是它在动画制作方面能够占据主导地位的原因之一。ActionScript 3.0 的脚本编写功能超越了 ActionScript 的早期版本。它旨在方便创建拥有大型数据集和面向对象的可重用代码库的高度复杂应用程序。

## 11.3.1　ActionScript 3.0 简介

使用 ActionScript 3.0 脚本，可以通过直接添加在关键帧上或与库文件相关联的脚本实现场景内容的交互。

动作脚本（ActionScript，简称脚本）是用户在 Flash 内开发应用程序时所使用的语言。动画之所以具有交互性，是通过对按钮、关键帧或影片剪辑添加动作脚本来实现的。当某事件发生或某条件成立时，就会发出命令来执行已设置的动作脚本。

### 1. 脚本版本

① 打开 Flash CS4 应用程序，在欢迎界面中共有两种版本的文档供用户选择，如图 11-120 所示。

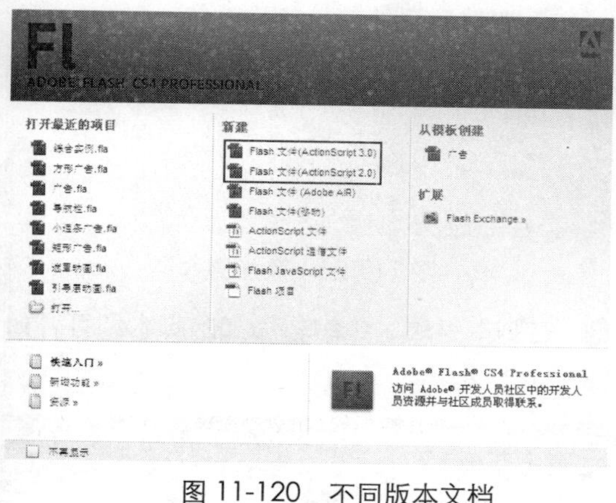

图 11-120　不同版本文档

② 当用户单击 ActionScript 3.0 版本的文档后，在 Flash 文档中按【F9】键打开“动作—帧”面板，如图 11-121 所示。

③ 其中左上部分可选择并使用不同版本的脚本，如图 11-122 所示。

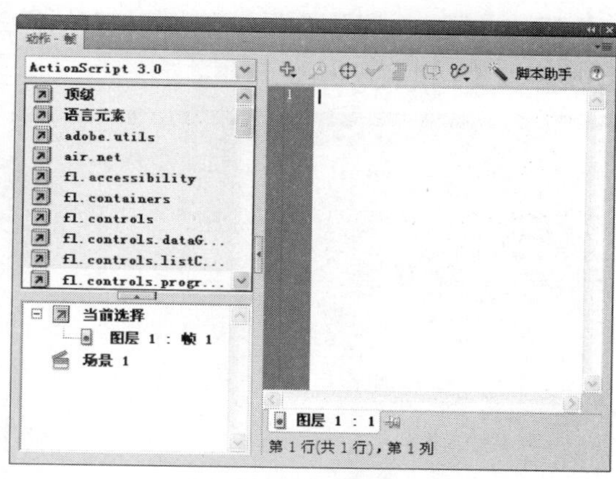

图 11-121　动作脚本

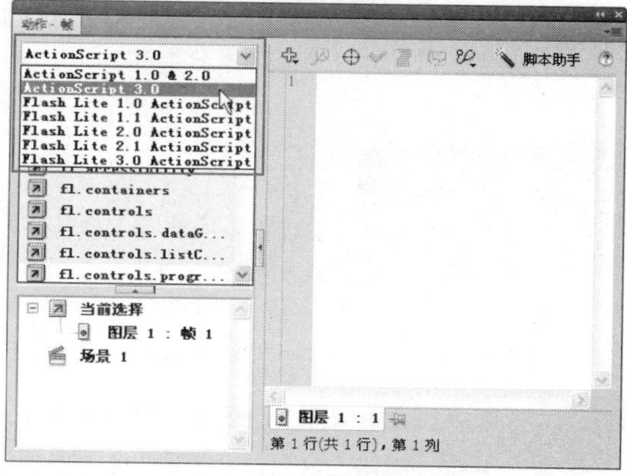

图 11-122　选择脚本版本

ActionScript 3.0 作为 Flash 的最新版本，其书写更为规范。　说明

④ 右侧为脚本编辑区，从中可编写脚本，如图 11-123 所示。

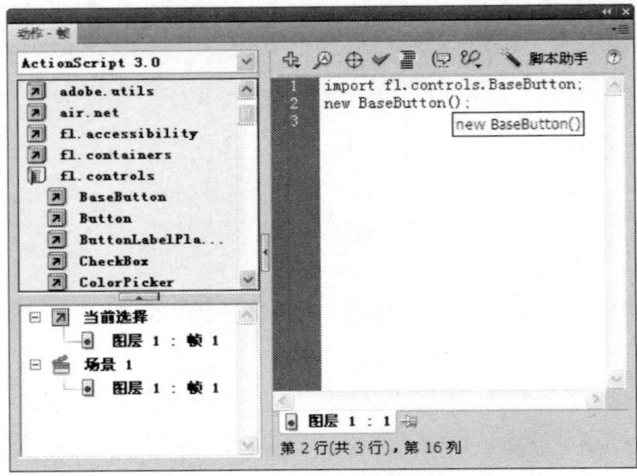
图 11-123 编写脚本

⑤ 另外，用户还可以单击右上角的“脚本助手”按钮，使用脚本助手模式进行编写，这对初学者非常有利，如图 11-124 所示。

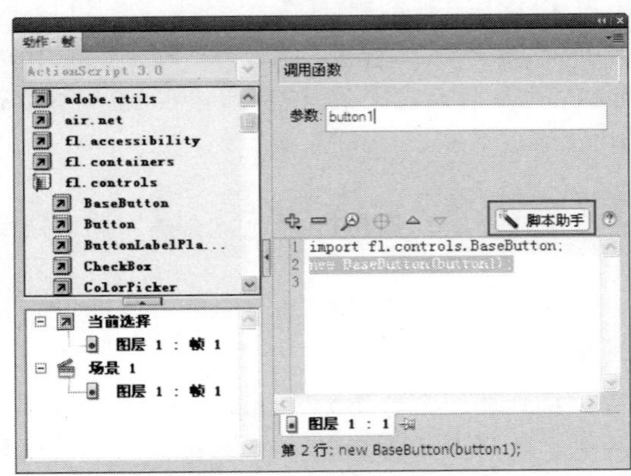
图 11-124 助手模式

## 2. 编写脚本

① 打开“脚本—帧”面板，在左侧打开所需的脚本分类，如图 11-125 所示。

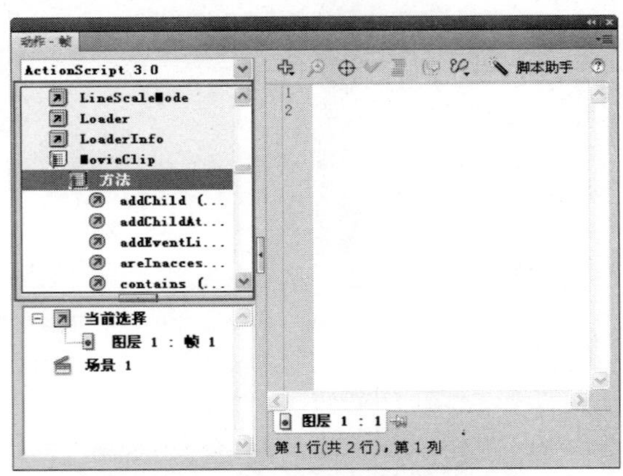
图 11-125 选择脚本分类

**知识点拨**

ActionScript 3.0 脚本只能添加到关键帧中，而不能再添加到实例上。

② 在所需的脚本上双击，即可将其添加到脚本编辑区并显示相应的提示，如图 11-126 所示。

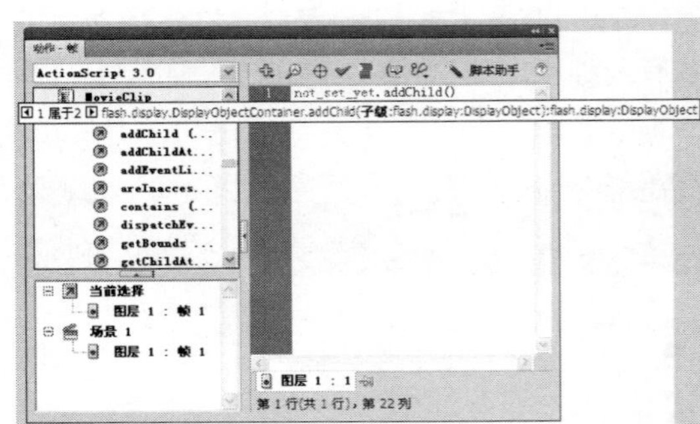
图 11-126 添加脚本

③ 在脚本编辑区中编辑添加的脚本即可，如图 11-127 所示。

图 11-127 编辑脚本



说明 当写书代码完毕后，用户可以单击图 11-127 中的对号按钮，以检测代码的正确性。

### 3. ActionScript 3.0 设置

① 单击“编辑”|“首选参数”命令，打开“首选参数”对话框，如图 11-128 所示。

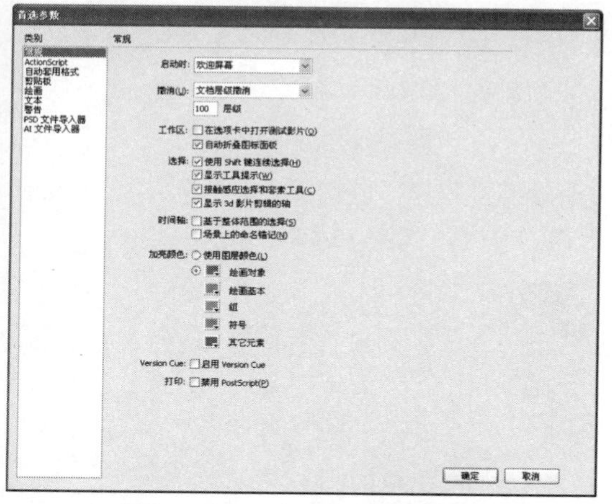

图 11-128　“首选参数”对话框

② 在该对话框的左侧选择 ActionScript 选项，此时，将显示相关的脚本选项，如图 11-129 所示。

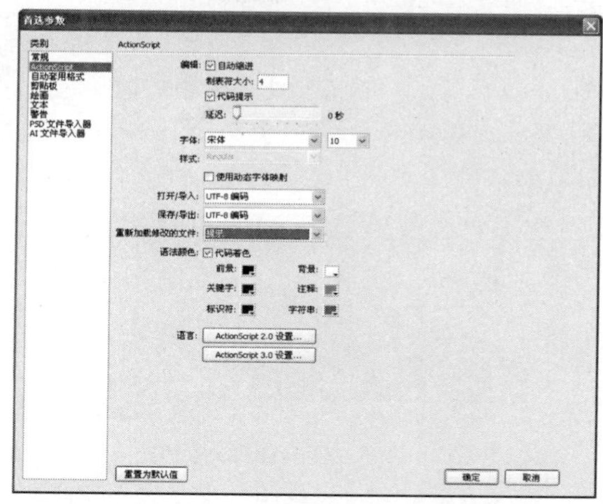

图 11-129　设置脚本相关属性

③ 在该对话框中用户可以根据需要设置脚本的相关情况。

## 11.3.2　ActionScript 3.0 的使用

下面通过制作一个实例，向读者介绍 Flash 脚本的使用方法。

素材文件　光盘:\素材\第 11 章\人物.png

① 新建一个 Flash 文档，并设置其大小为 430px×260px，如图 11-130 所示。

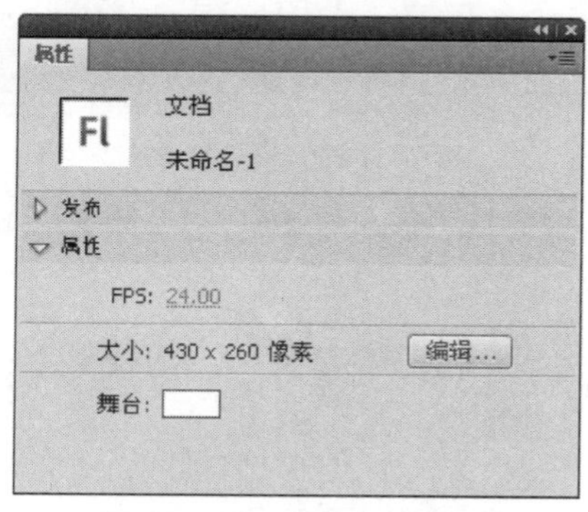


图 11-130　设置文档属性

② 按【Ctrl+R】组合键导入一张素材图像，如图 11-131 所示。

③ 锁定该图层。新建图层，选择矩形工具在其中绘制一个圆角矩形，如图 11-132 所示。

图 11-131　导入图像

图 11-132　绘制矩形

④ 调整该矩形的填充色，如图 11-133 所示。

说明　脚本在 Flash 中主要用于控制动画的播放。

图 11-133　调整填充色

⑤ 选择该矩形，按【Ctrl+B】组合键将其分离。然后将其转换为元件，并进入其内部舞台，如图 11-134 所示。

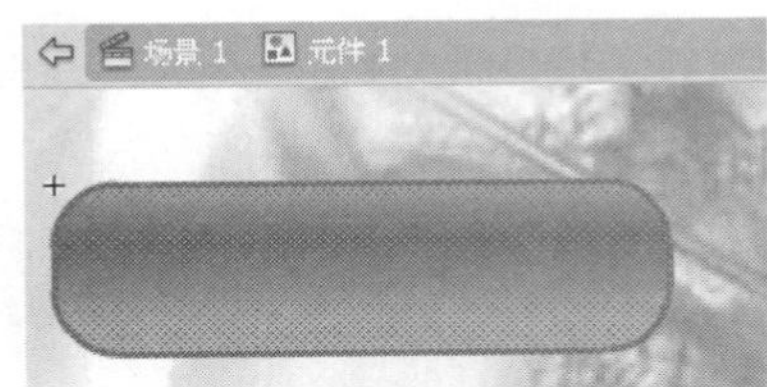

图 11-134　转换图形为元件

⑥ 新建图层，在其中绘制一个半透明的白色圆角矩形，如图 11-135 所示。

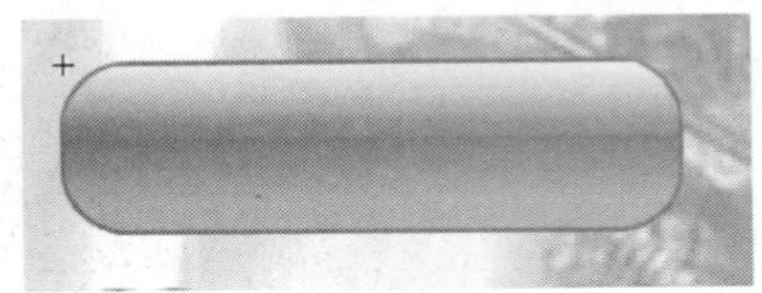
图 11-135　添加高光

⑦ 返回主场景。将制作的实例转换为按钮元件，如图 11-136 所示。

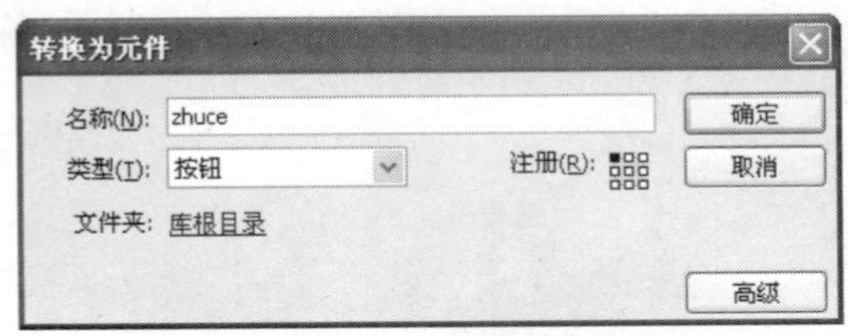

图 11-136　转换为按钮元件

⑧ 双击该实例进入其舞台进行编辑，如图 11-137 所示。

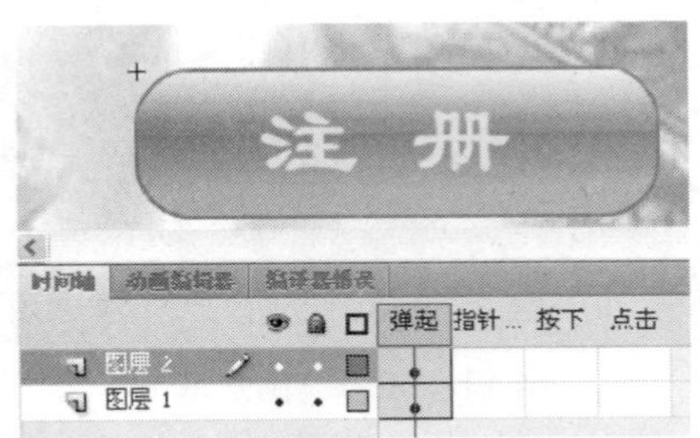

图 11-137　编辑该实例

⑨ 编辑经过状态时的图形，如图 11-138 所示。

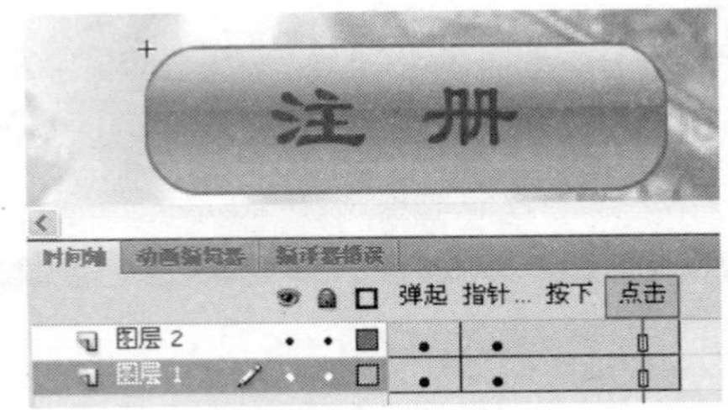

图 11-138　编辑状态

⑩ 返回主场景。新建图层，在其中输入其他所需的文本，如图 12-139 所示。

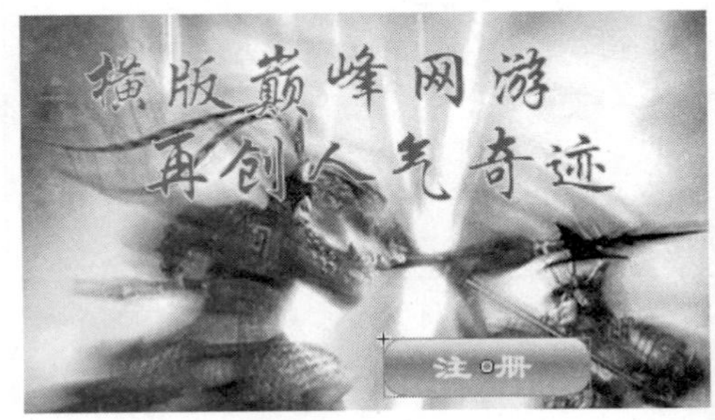

图 12-139　输入文本

⑪ 输入其他所需的文本，如图 12-140 所示。

图 11-140　输入文本

⑫ 新建图层，将其命名为 as，如图 11-141 所示。

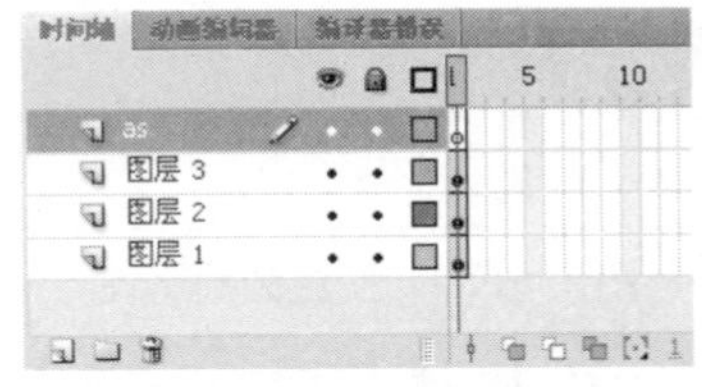

图 11-141　新建图层

⑬ 选择制作的按钮，在“属性”面板中将其命令为 bBtn，如图 11-142 所示。


说明　在制作动画过程中，用户应合理管理图层，以便于修改。

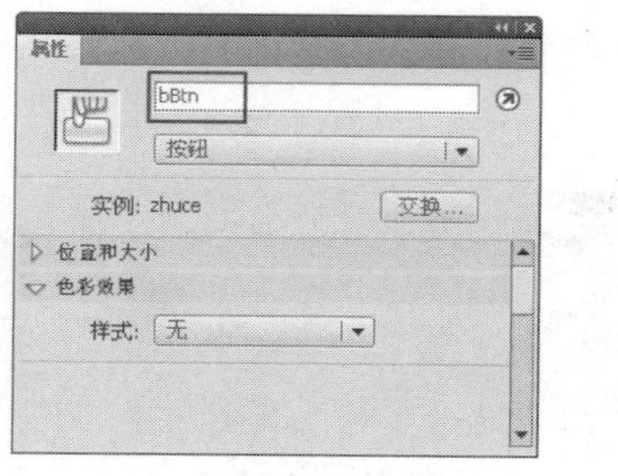


图 11-142　命名按钮

⑭ 选择 as 图层的第一帧，然后按【F9】键打开"动作—帧"面板，并从中输入所需的脚本，如图 11-143 所示。

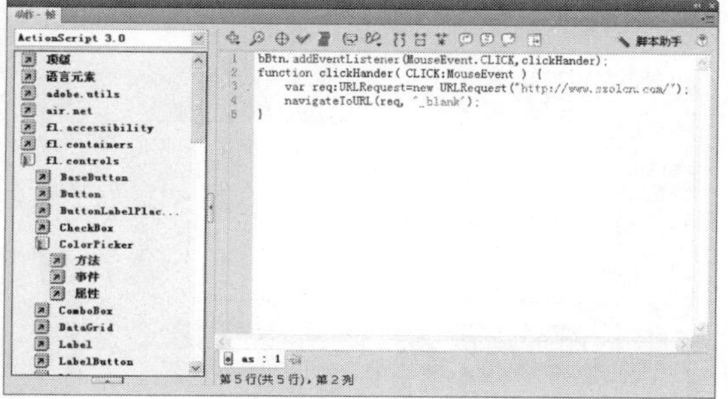


图 11-143　添加脚本

⑮ 按【Ctrl+Enter】组合键测试动画，如图 11-144 所示。

图 11-144　测试动画

⑯ 单击"注册"按钮，即可打开相应的网页，如图 11-145 所示。

图 11-145　打开的网页

## 11.4　综合实战——制作卷轴动画

本实例将制作一个卷轴动画，其中主要用到了传统运动动画和遮罩层等。通过本实例的学习，可以巩固前面所学知识，并熟悉动画的制作。

**素材文件**　光盘:\素材\第 11 章\bg.jpg、002.jpg

① 新建一个 Flash 空白文档，属性设置如图 11-146 所示。

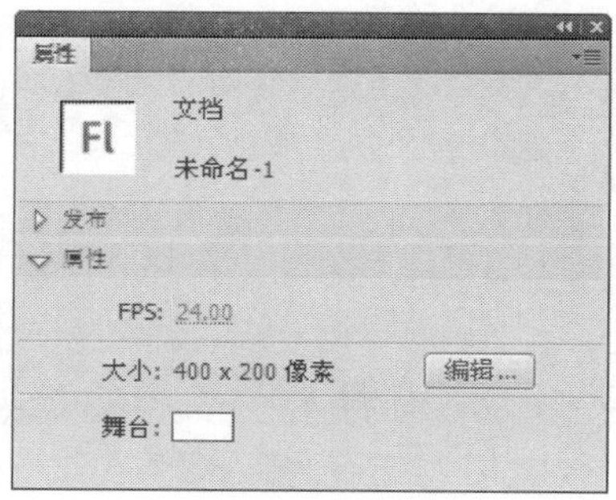


图 11-146　文档属性设置

② 利用矩形工具在舞台中绘制一个背景，如图 11-147 所示。

图 11-147　绘制背景

③ 新建一个图层，导入"光盘:\素材\第 11 章\bg.jpg"文件，如图 11-148 所示。

图 11-148　导入背景图片

④ 将该背景图片复制多个并进行拼接，效果如图 11-149 所示。

图 11-149　背景拼接效果

⑤ 选择所有的图片，并将其转换为图形元件，如图 11-150 所示。

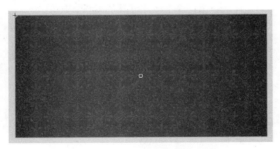

图 11-150　转换为图形元件

⑥ 打开“属性”面板，调整该元件的透明度，如图 11-151 所示。

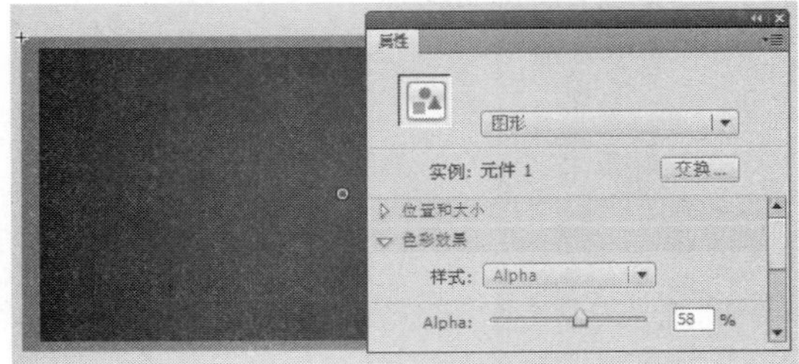


图 11-151　调整元件的透明度

⑦ 锁定当前图层，新建图层，在其中绘制一个矩形，如图 11-152 所示。

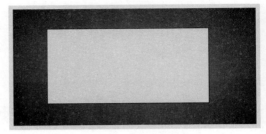

图 11-152　绘制矩形

⑧ 在该矩形中再绘制一个小矩形，如图 11-153 所示。

图 11-153　绘制小矩形

⑨ 从中导入一张图像“光盘\素材\第 11 章\002.jpg”，并进行适当的调整，如图 11-154 所示。

图 11-154　导入并调整图像

⑩ 将该图像分离并将其中的一部分导入小矩形中，如图 11-155 所示。

图 11-155　导入图像



说明　大动画效果通常是由多个小动画组成的。

⑪ 新建图层，在其中绘制一个矩形，并将其转换为图形元件。将所有图层中的帧延长到第 40 帧，如图 11-156 所示。

图 11-156　绘制矩形并延长帧

⑫ 将第 40 帧处的矩形进行放大处理，并创建动画，如图 11-157 所示。

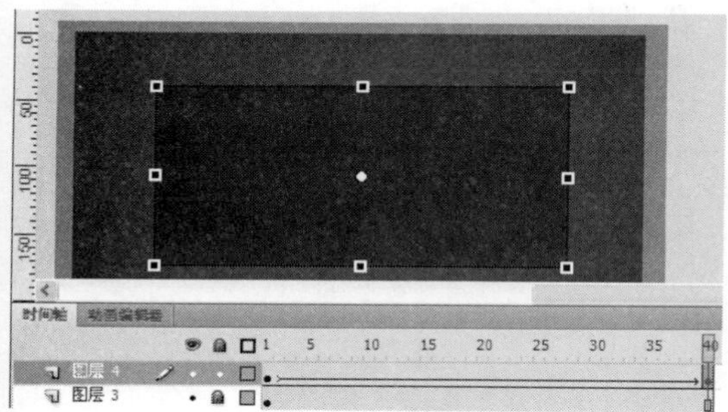

图 11-157　创建动画

⑬ 将当前图层设置为遮罩图层，如图 11-158 所示。

图 11-158　设置遮罩层

⑭ 新建图层，在其中绘制一个卷轴图形，如图 11-159 所示。

⑮ 将绘制的图形转换为图形元件，复制一个到新图层中，并调整其位置，如图 11-160 所示。

图 11-159　绘制卷轴

图 11-160　复制卷轴

⑯ 在当前图层的第 40 帧插入关键帧，然后创建该实例的动画，如图 11-161 所示。

图 11-161　创建卷轴动画

⑰ 打开按钮公共库，从中拖入两个按钮，如图 11-162 所示。

图 11-162　添加按钮

ActionScript 3.0 脚本在 Flash 文档中只能添加到关键帧上。　说明

⑱ 打开“属性”面板，分别为两个按钮命名，如图 11-163 所示。

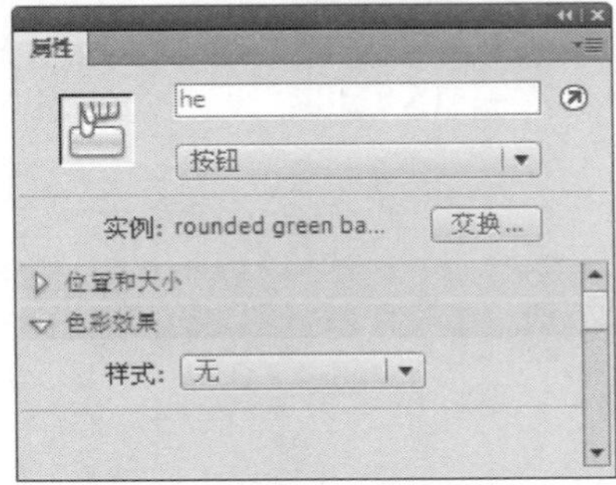


图 11-163　为按钮命名

⑲ 新建图层，按【F9】键打开“动作—帧”面板，并在其中输入相关的脚本，如图 11-164 所示。

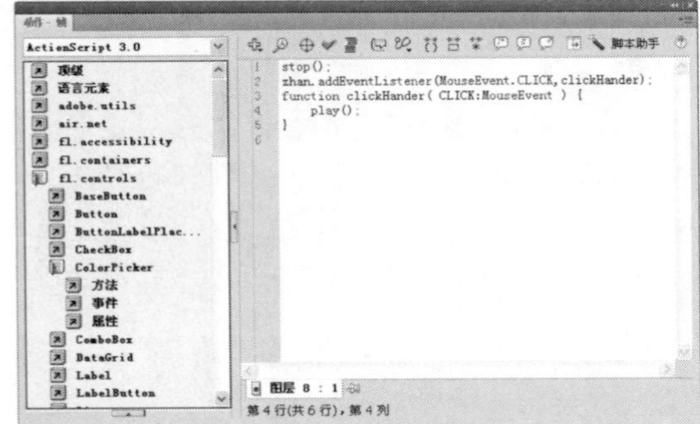


图 11-164　添加播放脚本

⑳ 添加第二个按钮的功能脚本，如图 11-165 所示。

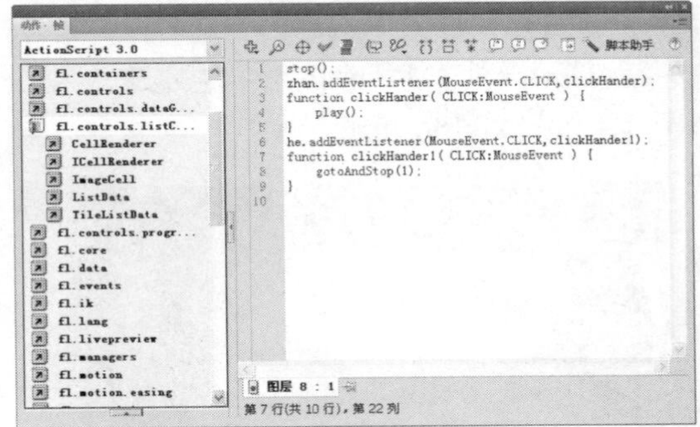


图 11-165　添加功能脚本

㉑ 在第 50 帧处插入一个关键帧，并在其中输入脚本 stop();，如图 11-166 所示。

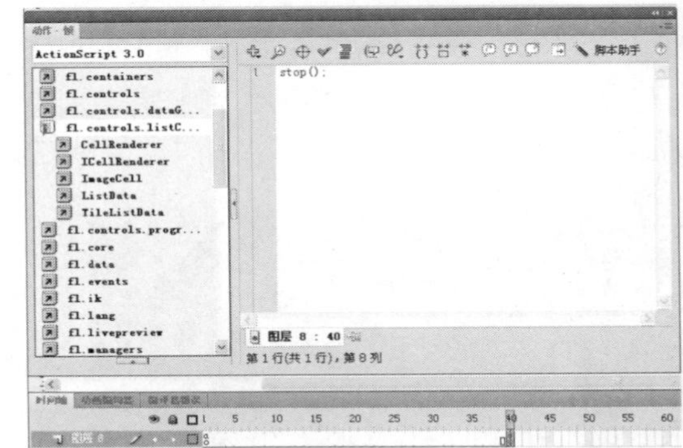


图 11-166　添加停止脚本

㉒ 按【Ctrl+Enter】组合键测试动画，如图 11-167 所示。

图 11-167　测试动画



说明　ActionScript 3.0 脚本在编写上具有更好的规范性。

# 第12章 网页动画设计与制作

- 制作动画按钮
- 制作网页广告
- 制作横幅动画广告

网站上的动画太漂亮了，要是我也能制作就好了！

我也想学，一起让大龙哥给我们讲解一下吧！

好的，网页动画现在已经成为网站设计的重要组成部分。本章我们就来学习如何利用 Flash 制作动画按钮，以及制作网页广告和横幅动画广告。

## 12.1 动画按钮制作

下面将介绍如何利用 Flash 制作网页中的导航栏，将其应用于网页中为网页增色，使制作的页面更加生动。

**素材文件** 光盘:\素材\第 12 章\按钮效果\i01.png、i02.png、i03.png、i04.png、i05.png

① 打开 Flash CS4，新建空白文档，文档属性设置如图 12-1 所示。

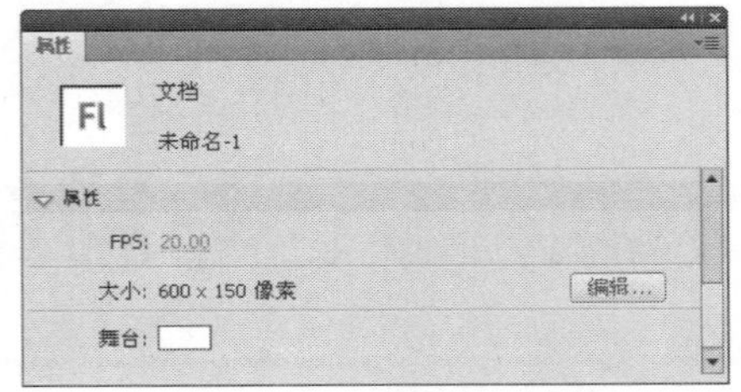


图 12-1 文档属性设置

② 选择矩形工具，在舞台中绘制一个如图 12-2 所示的矩形。

图 12-2 绘制矩形

③ 利用选择工具对该矩形进行适当的调整，如图 12-3 所示。

图 12-3 调整图形

④ 按【Shift+F9】组合键，打开“颜色”面板，从中进行相应的调整，如图 12-4 所示。

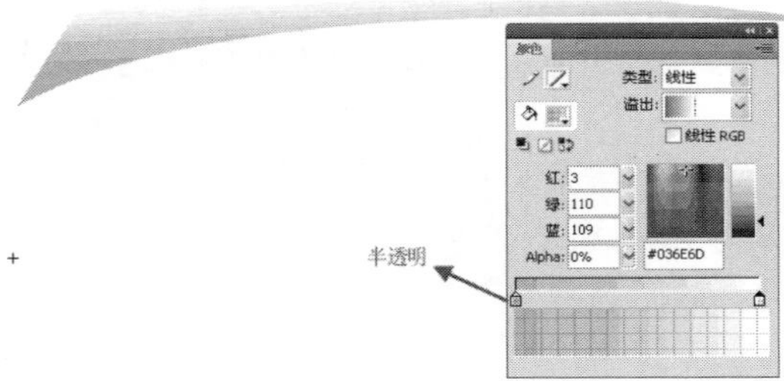


图 12-4 编辑填充色

⑤ 选择该图形，将其转换为元件，如图 12-5 所示。

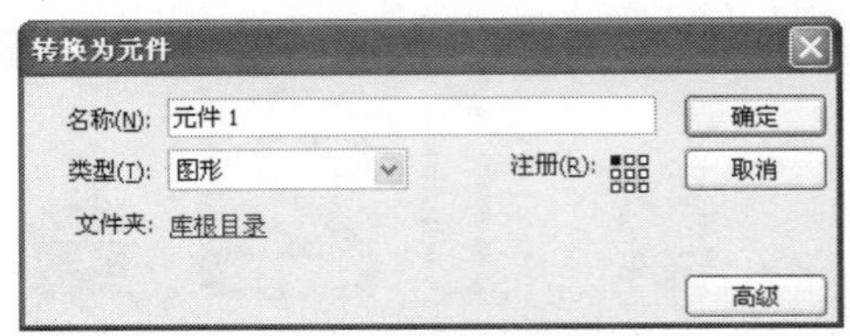


图 12-5 转换为元件

⑥ 利用同样的方法绘制一个类似的图形，并将其转换为图形元件，如图 12-6 所示。

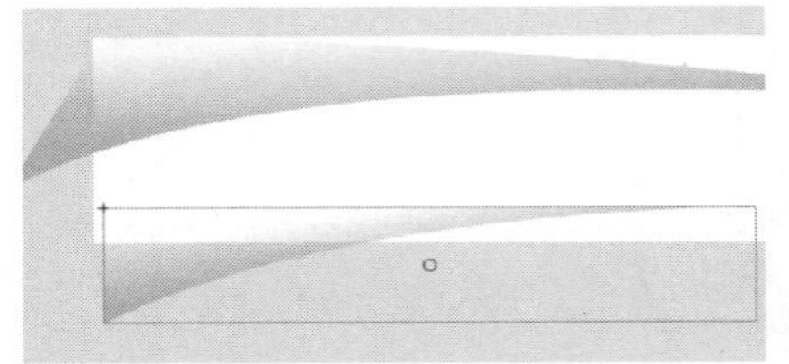

图 12-6 绘制图形

⑦ 绘制一个与舞台长度相同的矩形，如图 12-7 所示。

图 12-7 绘制矩形

⑧ 打开“颜色”面板，并从中进行相应的调整，如图 12-8 所示。

在填充渐变色时，用户可以随意填充渐变色，然后再利用“颜色”面板及填充变形工具进行编辑。

 **说 明** 对于复制得到的实例最好在“属性”面板中编辑其属性，以保持其他同元件实例不变。

图 12-8　调整填充色

⑨ 利用变形工具对该图形进行变形处理，如图 12-9 所示。

图 12-9　压缩图形

⑩ 将前面绘制的两个图形元件拖入舞台中，如图 12-10 所示。

图 12-10　拖入元件

⑪ 锁定该图层，新建一个图层。按【Ctrl+F8】组合键，新建一个元件，如图 12-11 所示。

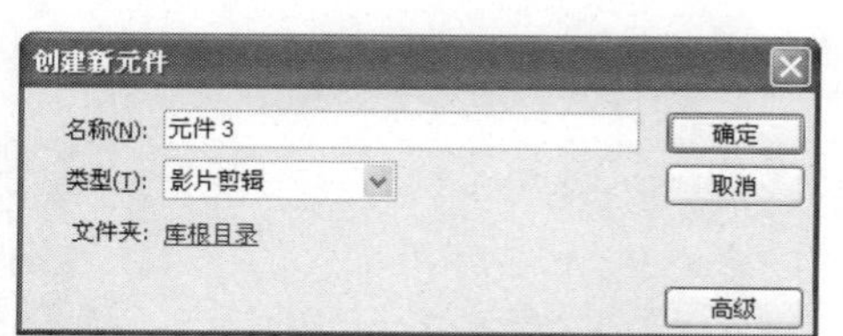


图 12-11　创建新元件

⑫ 导入"光盘:\素材\第 12 章\按钮效果\i02.png"文件，如图 12-12 所示。

对于导入的
图像，可将其打
散后进行编辑。

图 12-12　导入图像

⑬ 选择导入的图像，将其转换为按钮元件，并进入按钮元件的舞台。

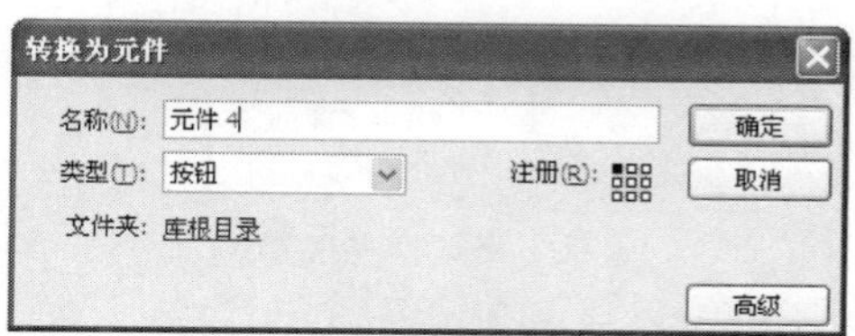


图 12-13　转换为按钮元件

⑭ 在该舞台中对按钮的各个状态进行编辑，如图 12-14 所示。

图 12-14　编辑元件

⑮ 选择"指针经过"帧处的图形，将其转换为影片剪辑元件，并进入其内部舞台，如图 12-15 所示。

图 12-15　转换为影片剪辑元件

对于按钮元件来说，"单击"帧多数情况下不需要制作效果。　说明

⑯ 选择图形将其转换为图形元件。在当前图层的第 8 帧处插入一个关键帧，然后将该帧处的图形向上移动，如图 12-16 所示。

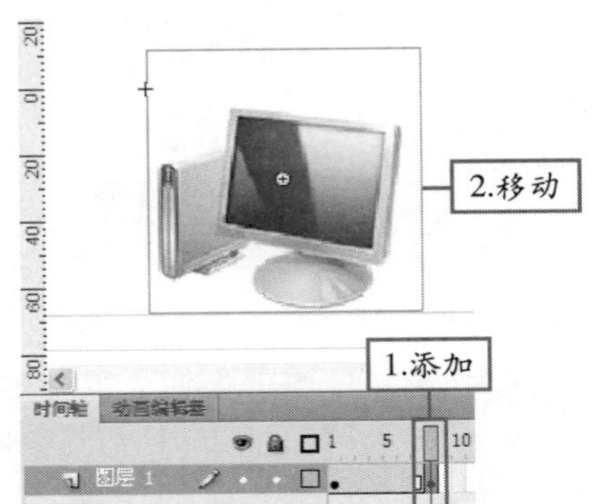


图 12-16　添加关键帧

⑰ 创建传统动画，如图 12-17 所示。

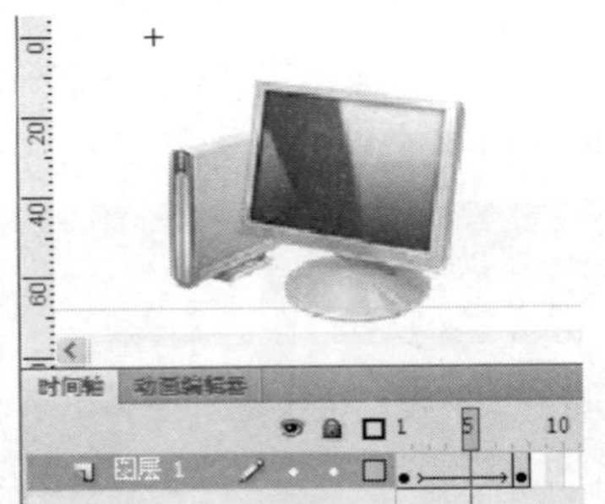


图 12-17　创建传统动画

⑱ 选择第 8 帧，打开“动作-帧”面板，从中添加脚本“stop();”，如图 12-18 所示。

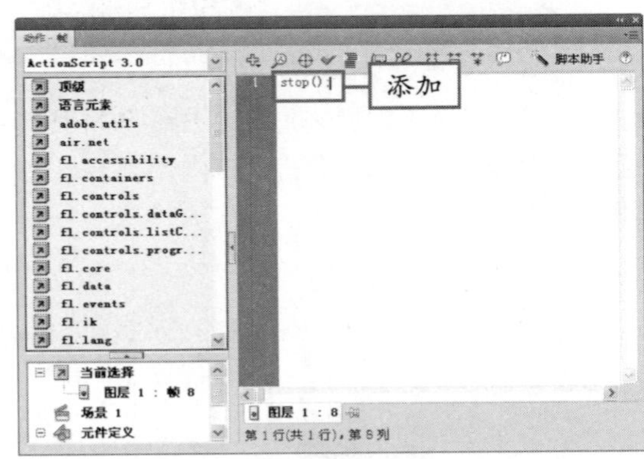


图 12-18　添加脚本

⑲ 返加舞台，在时间轴中添加一个图层，在其第 8 帧处添加一个关键帧，并在该图标的下方输入所需文本，如图 12-19 所示。

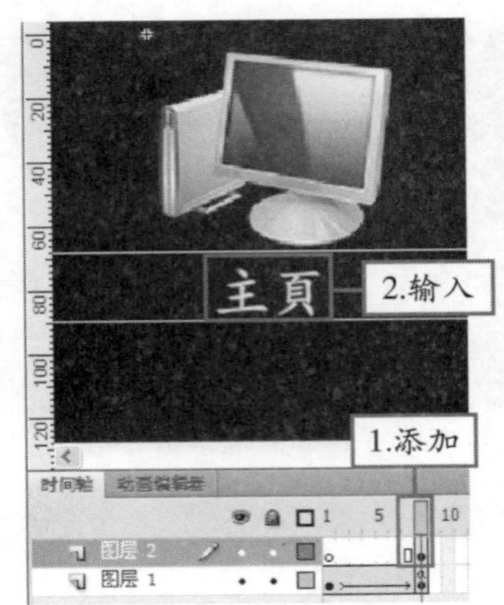


图 12-19　添加文本

⑳ 选择舞台中的所有对象，返回按钮舞台中，在“单击”帧上插入一个空白关键帧，并将复制的图形进行粘贴，如图 12-20 所示。

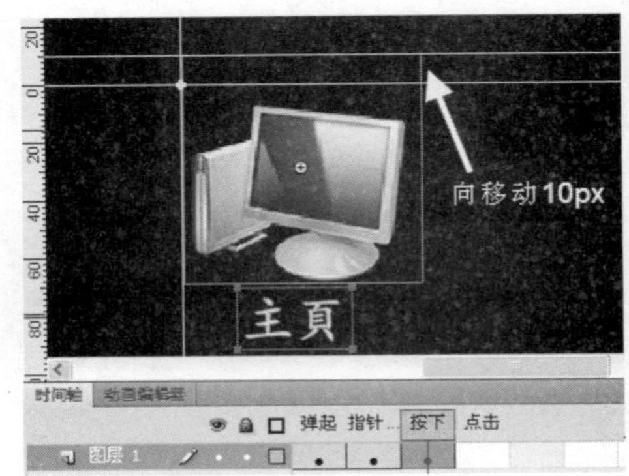


图 12-20　粘贴图像

㉑ 利用同样的方法，导入相应的图形并制作其他按钮，如图 12-21 所示。

图 12-21　制作其他图形按钮

㉒ 导出动画进行测试，如图 12-22 所示。

图 12-22　测试动画



说明　在添加动作脚本时，用户最好新建一个专门的图层，以便于查找和修改。

## 12.2　网页广告制作

Flash 制作的网页广告到处可见，该广告形式灵活、生动，可以吸引人的眼球，从而广受大众的欢迎。下面将详细介绍如何设计与制作此类广告。

### 1．横幅广告的制作

在横幅广告中，其体现形式是以文字动画为主，下面将通过实例详细介绍。

**素材文件**　光盘:\素材\第 12 章\高楼.jpg

① 新建一个 778px×145px 的文档，其属性设置如图 12-23 所示。

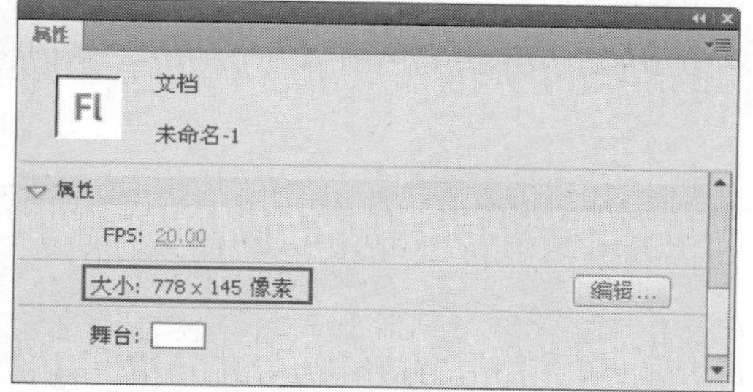


图 12-23　文档属性设置

② 导入“光盘:\素材\第 12 章\高楼.jpg”文件，并进行适当的调整，如图 12-24 所示。

图 12-24　导入图像

③ 选择文本工具在舞台中输入所需的文本，如图 12-25 所示。

图 12-25　输入文本

④ 选择文本，按【Ctrl+B】组合键将其分离，如图 12-26 所示。

图 12-26　分享文本

⑤ 选择中间的圆点，将其向上移动到文本的中间，并调整文本的位置，如图 12-27 所示。

图 12-27　调整文本的位置

⑥ 再次选择输入的文本，按【F8】键，将其转换为影片剪辑元件，如图 12-28 所示。

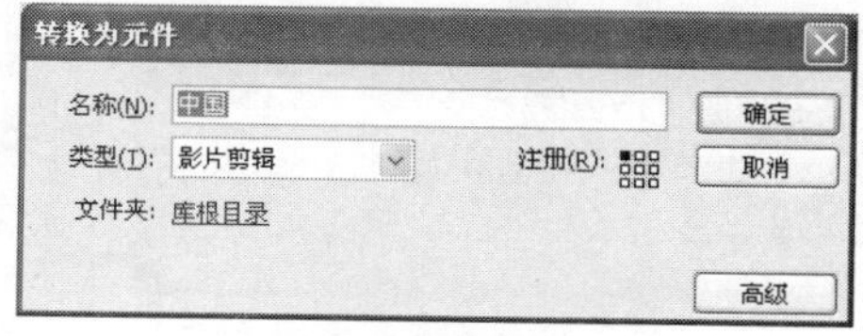


图 12-28　转换为影片剪辑元件

⑦ 打开“属性”面板，从中为该影片实例添加发光效果，如图 12-29 所示。

在调整图像时，用户可以先拖入 4 条辅助线，以确定舞台的范围。　说明

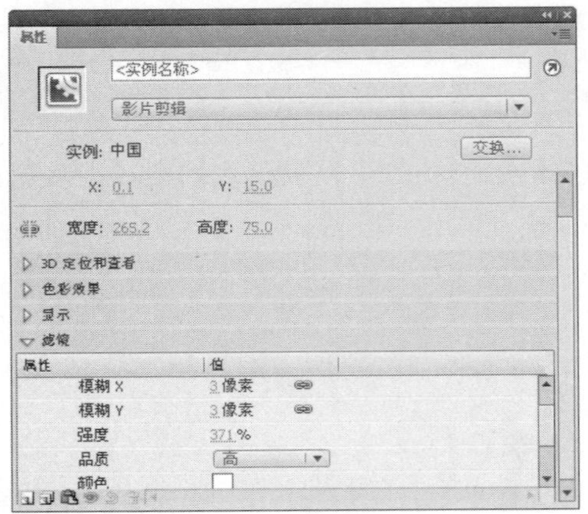

图 12-29　添加滤镜效果

⑧ 此时，图像效果如图 12-30 所示。

图 12-30　文本发光效果

⑨ 新建一个图层，利用文本工具在舞台中输入如图 12-31 所示的文本。

图 12-31　输入其他文本

⑩ 选择所有文本，按【Ctrl+B】组合键，将其打散为单个文字，如图 12-32 所示。

图 12-32　打散文字

⑪ 选择上排文本，然后将其转换为影片剪辑元件，如图 12-33 所示。

图 12-33　转换为影片剪辑元件

⑫ 双击该文本进入该元件舞台，选择所有文字后右击，在弹出的快捷菜单中选择“分散到图层”命令，如图 12-34 所示。

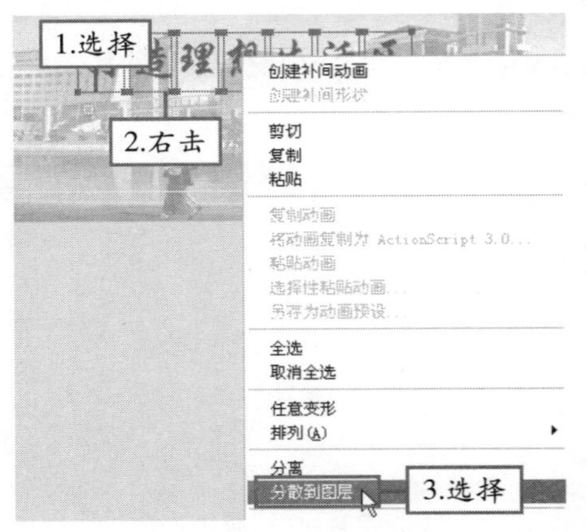


图 12-34　选择“分散到图层”命令

⑬ 将文字分散到图层后，“时间轴”面板显示效果如图 13-35 所示。

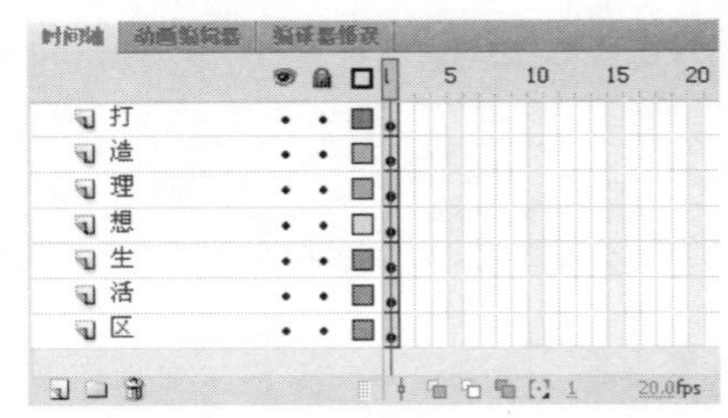


图 12-35　分散文字

⑭ 选择“打”字，将其转换为图形元件，并在其图层第 10 帧处插入一个关键帧，如图 12-36 所示。

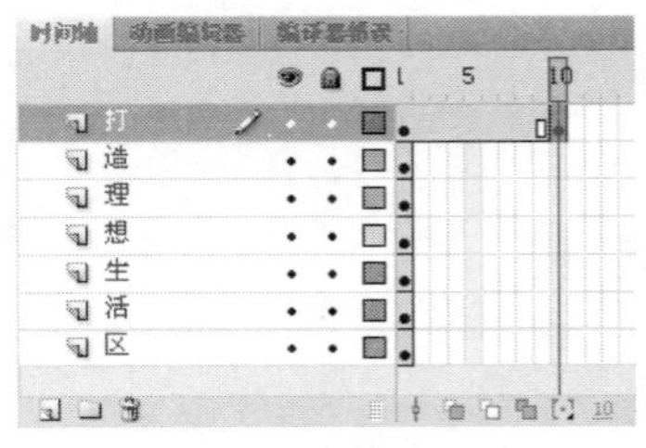


图 12-36　插入关键帧



说明　在分散文字时，如果用户选择所需的文字，则会多出一个原图层（为空层）。

⑮ 将第 1 帧处的图形进行压缩，并创建传统动画，如图 12-37 所示。

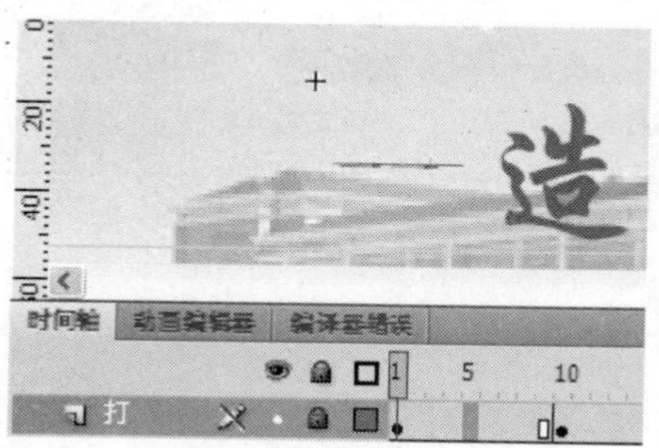

图 12-37　创建动画

⑯ 以同样的方法制作“造”字的动画，然后将该图层中的所有帧向后移动 5 帧，如图 13-38 所示。

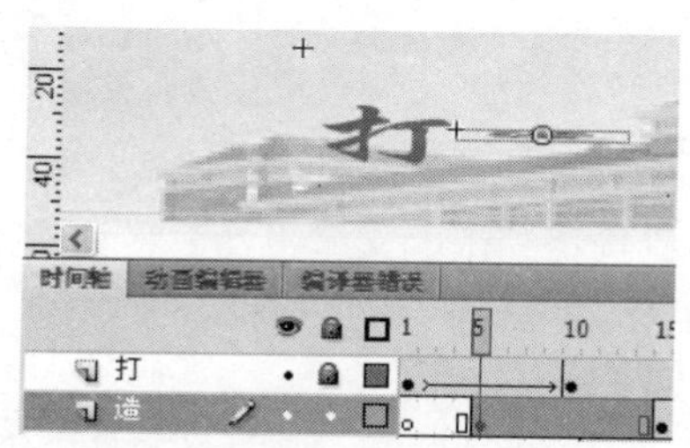

图 12-38　创建动画并移动帧

⑰ 创建其他字的动画，并依次向后移动 5 帧，如图 12-39 所示。

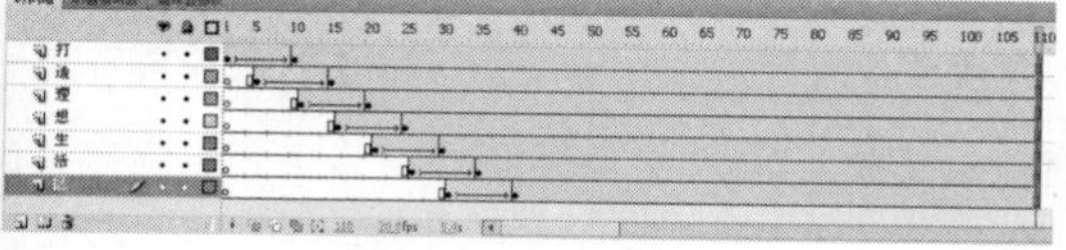

图 12-39　创建动画

⑱ 返加主场景。选择下排文字，然后将其转换为影片剪辑元件，并利用同样的方法制作动画，如图 12-40 所示。

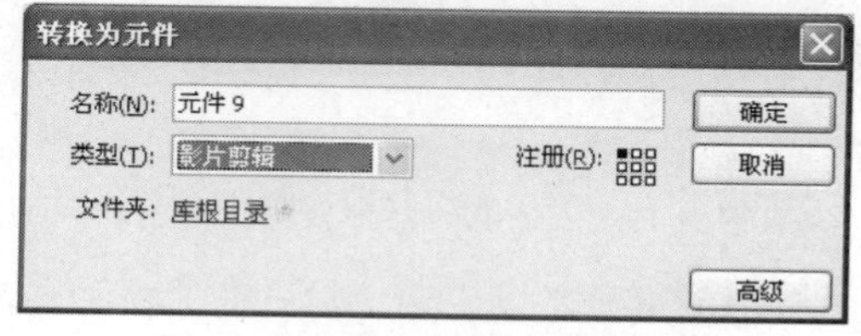


图 12-40　转换为影片剪辑元件

⑲ 进入该元件的舞台，并创建相似的动画，如图 12-41 所示。

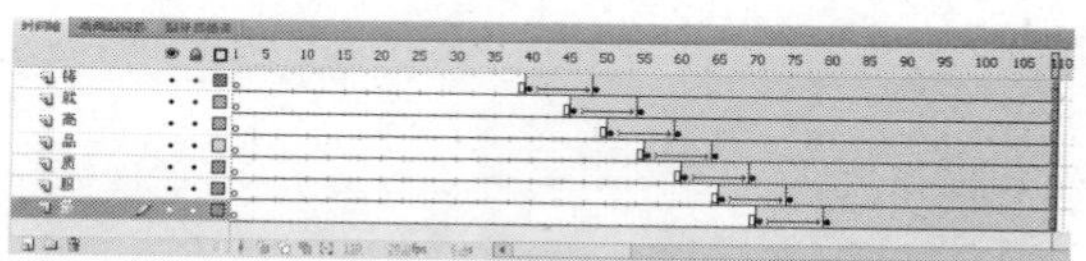

图 12-41　创建动画

**知识点拨**

该段动画从第 40 帧开始，可承接上排文字动画。

⑳ 新建一个图层，从中添加装饰，然后按【Ctrl+Enter】组合键测试动画，如图 12-42 所示。

图 12-42　测试动画

## 2. 小通条广告的制作

① 新建一个 270px×60px 的空白文档，其属性设置如图 12-43 所示。

广告栏的大小由网页中的位置大小决定。

图 12-43　文档属性设置

说明　在打散文字后，一定要将文字转换为元件，然后再制作动画。

② 绘制一个舞台大小的矩形，如图 12-44 所示。

图 12-44　绘制矩形

③ 选择该矩形的填充色，然后在“颜色”面板中进行调整，如图 12-45 所示。

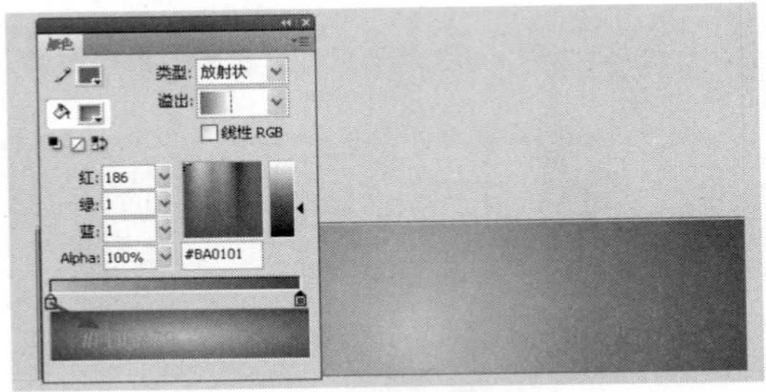

图 12-45　设置填充色

④ 新建一个图层，从中输入所需的文本，如图 12-46 所示。

图 12-46　输入文本

⑤ 将所输入的文本全部选中，然后按【Ctrl+B】组合键两次，将文本打散，如图 12-47 所示。

图 12-47　打散文本

⑥ 按【F8】键将其转换为图形元件，如图 12-48 所示。

图 12-48　转换为图形元件

⑦ 新建一个图层，从中输入所需文本，如图 12-49 所示。

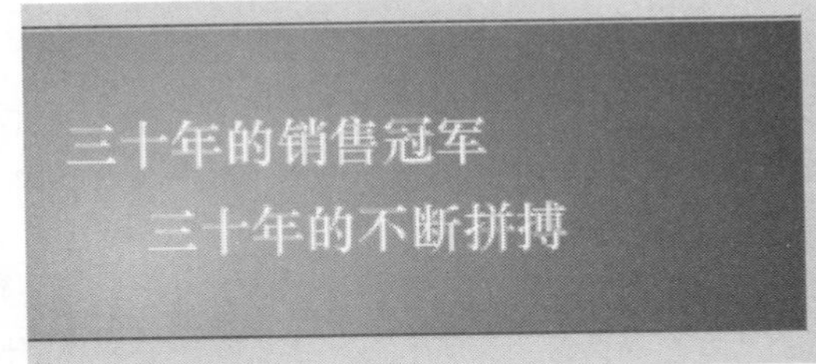


图 12-49　输入文本

⑧ 分别选择输入的文本，然后将其转换为元件，如图 12-50 所示。

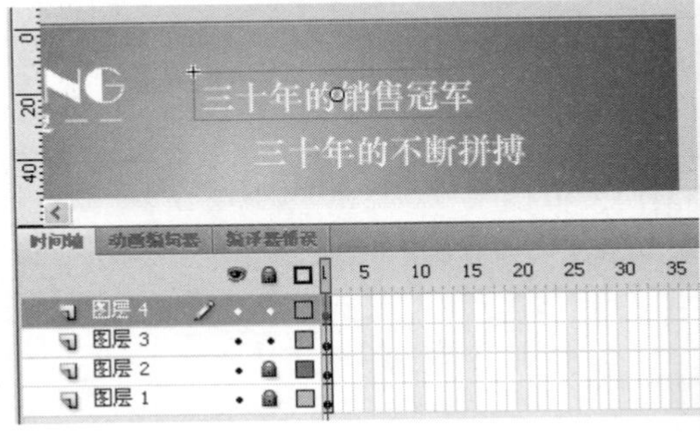


图 12-50　转换为元件

⑨ 延长所有帧到第 50 帧，如图 12-51 所示。

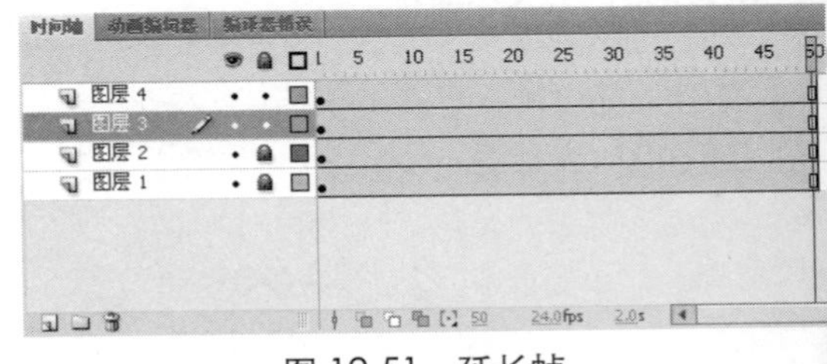


图 12-51　延长帧

⑩ 在上两个图层的第 10 帧插入关键帧，然后分别将第一帧处的实例进行移动，如图 12-52 所示。

 说明　在制作文本动画时，用户应先将其打散为图像，以保持文字不变形。

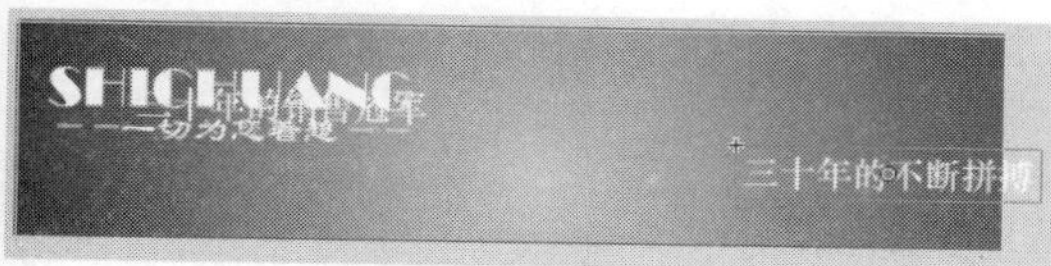

图 12-52　移动文本实例

⑪ 分别选择文本实例，然后将其 Alpha 值调整为 0，如图 12-53 所示。

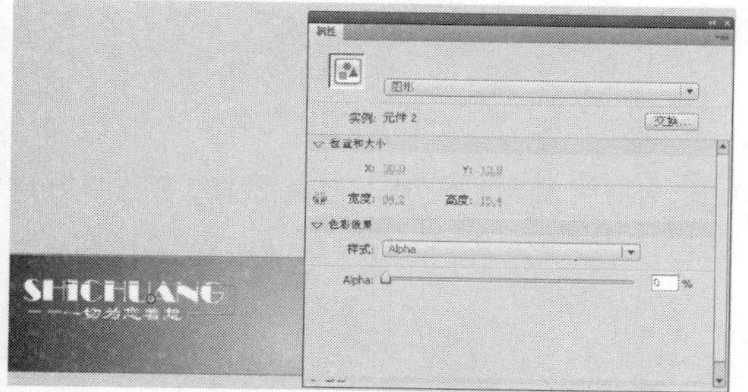

图 12-53　调整透明度

⑫ 分别为这两个图层中的实例创建动画，如图 12-54 所示。

图 12-54　创建动画

⑬ 在上边两个图层的第 25 帧和第 30 帧处插入关键帧，并对第 30 帧处的实例进行调整，如图 12-55 所示。

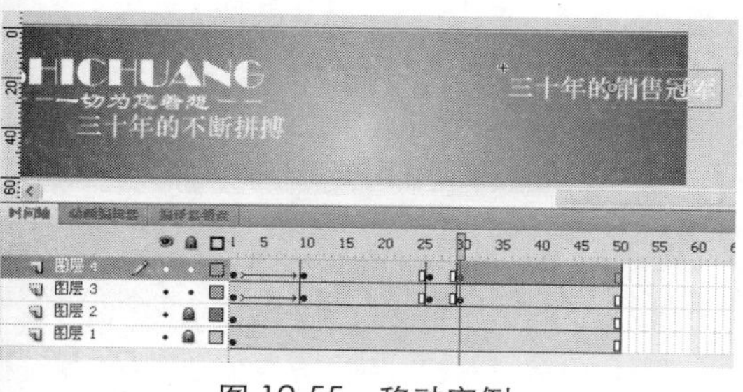

图 12-55　移动实例

⑭ 将第 30 帧处的图像的 Alpha 值调整为 0，并创建动画，如图 12-56 所示。

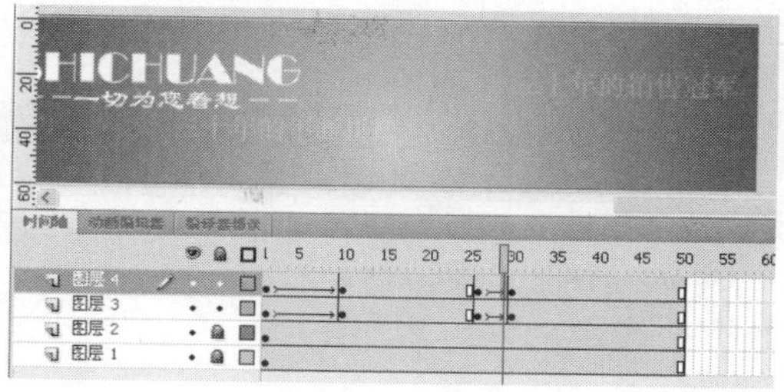

图 12-56　创建动画

⑮ 利用同样的方法创建另一个动画，如图 12-57 所示。

图 12-57　创建动画

⑯ 选择"图层 2"中的实例，然后在该图层的第 65 帧和第 80 帧之间创建动画，如图 12-58 所示。

图 12-58　创建动画

⑰ 按【Ctrl+Enter】组合键测试动画，如图 12-59 所示。

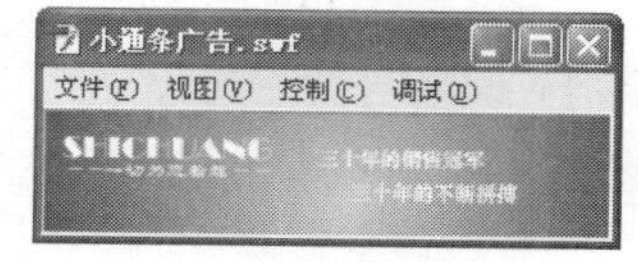

图 12-59　测试动画

**知识点拨**

横幅广告的尺寸一般较大，多见于页面的显眼位置，可以通过 Flash 制作一些动态文字、图片等，将广告的信息传递给浏览者，然后将广告链接到相关的网站上，从而实现广告作用。

如果用户绘图技术不高，可从网上下载所需的图片，并导入文档中使用。　说明

### 3．对联式广告

① 新建一个 100px×330px 的空白文档，如图 12-60 所示。

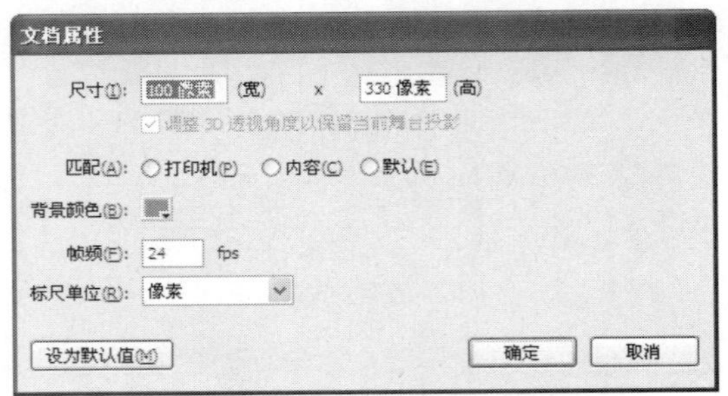
文档属性

尺寸(I)：100 像素 (宽) x 330 像素 (高)
调整 3D 透视角度以保留当前舞台投影
匹配(A)：○打印机(P) ○内容(C) ○默认(E)
背景颜色(B)：
帧频(F)：24 fps
标尺单位(R)：像素
设为默认值(M) 确定 取消

图 12-60 “文档属性”对话框

② 选择矩形工具，在舞台上绘制一个矩形条，如图 12-61 所示。

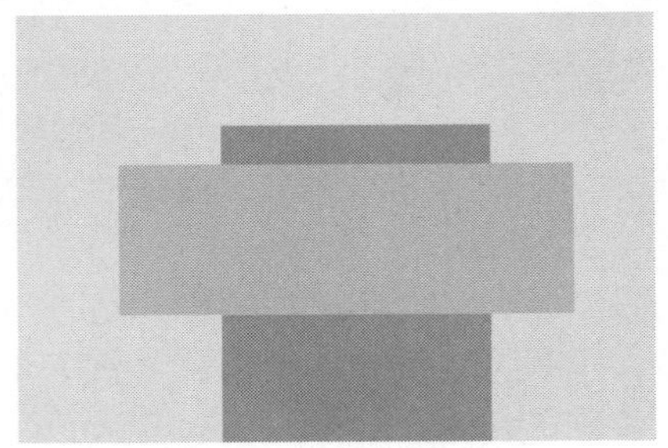

图 12-61 绘制矩形

③ 选择文本工具，在矩形条上输入所需文本，如图 12-62 所示。

图 12-62 输入文本

④ 按两次【Ctrl+B】组合键，将文本打散，如图 12-63 所示。

图 12-63 打散文本

⑤ 选择打散后的文本，将其删除，如图 12-64 所示。

图 12-64 删除文本

⑥ 将该图层进行旋转放置，如图 12-65 所示。

图 12-65 放置图形

⑦ 利用同样的方法制作另一图形，并将其放置于底部，如图 12-66 所示。

图 12-66 绘制图形


说明 为了便于制作文字效果，用户可以在计算机中多安装一些字体。

⑧ 利用文本工具在舞台中输入相关文本，如图 12-67 所示。

图 12-67　输入文本

⑨ 利用直线工具从中绘制一个五角星，如图 12-68 所示。

图 12-68　绘制五角星

⑩ 将该图形移动到绘制的灰色矩形条上，并复制出 4 个副本，如图 12-69 所示。

图 12-69　复制副本

⑪ 选择颜料桶工具，为绘制的五角星填充黄色，然后将边框删除，如图 12-70 所示。

图 12-70　填充颜色

⑫ 新建一个图层，将绘制的五角星复制到新图层中，如图 12-71 所示。

图 12-71　复制五角星

⑬ 将复制的五角星全部改为白色，并将其转换为影片剪辑元件，然后更改其大小，如图 12-72 所示。

图 12-72　修改五角星

⑭ 双击该元件进入其舞台，然后选择全部五角星将其转换为图形元件。在第 40 帧处插入一个关键帧，以制作五角星平移动画，如图 12-73 所示。

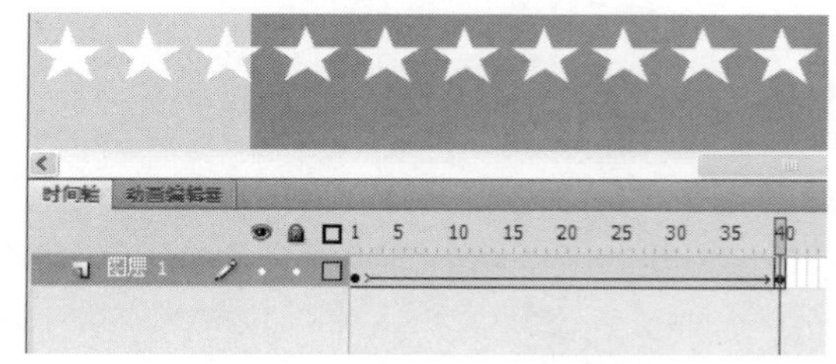


图 12-73　创建动画

⑮ 返回主场景。将制作的影片实例复制一个，并进行水平翻转，然后移动其位置，如图 12-74 所示。

说明　文字打散后，将具有矢量图形的特点，用户可为其添加边框等。

图 12-74　复制实例

⑯ 新建一个图层，然后从中输入所需的文本，如图 12-75 所示。

图 12-75　输入文本

⑰ 选择所有文本，按【Ctrl+B】组合键将其打散，如图 12-76 所示。

图 12-76　打散文本

⑱ 选择“国际城”文本，将其转换为图形元件，如图 12-77 所示。

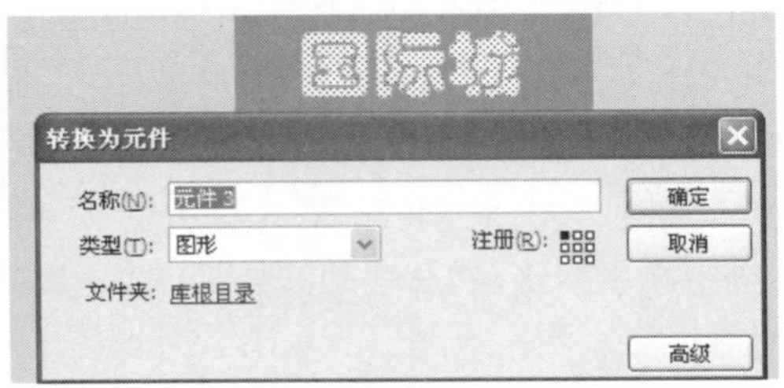

图 12-77　转换为图形元件

⑲ 利用同样的方法，分别将横线和其下部的文本转换为图形元件，然后延长所有图层中的帧到第 60 帧，如图 12-78 所示。

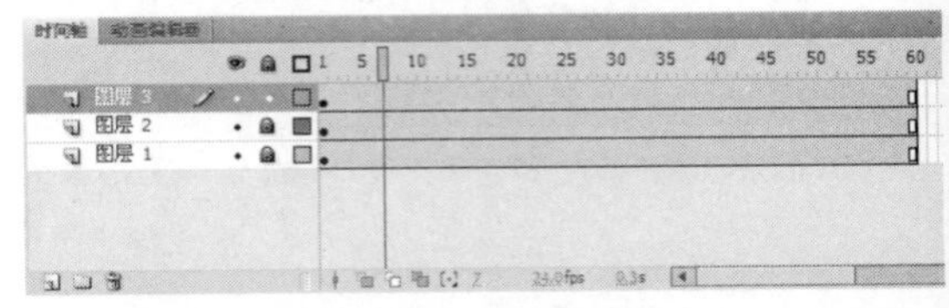

图 12-78　延长帧

⑳ 删除横线与其下部的实例，如图 12-79 所示。

图 12-79　删除实例

㉑ 在国际城文本实例所在图层的第 10 帧处插入一个关键帧，然后将第 1 帧处的图像向上移动并调整其透明度，如图 12-80 所示。

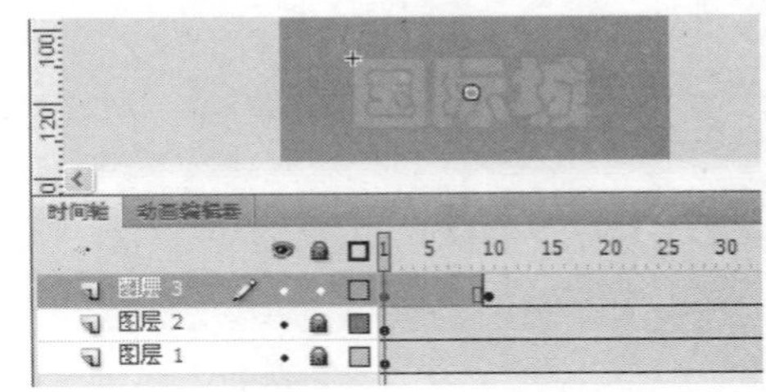

图 12-80　编辑第 1 帧处的图像

㉒ 在第 1～10 帧间创建动画，如图 12-81 所示。

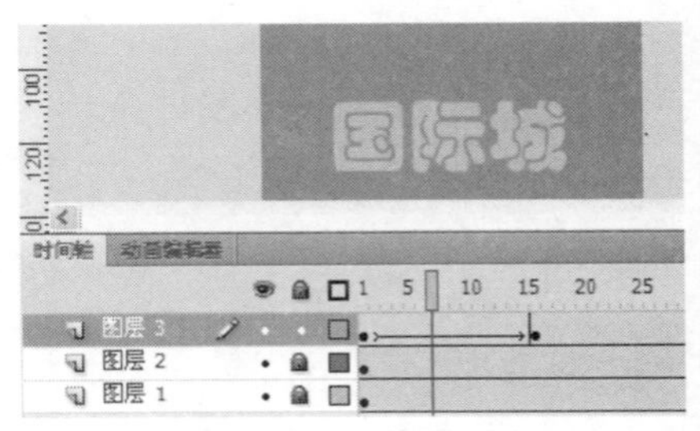

图 12-81　创建动画

 说明　对于一些类似的动画，只需将其相应的元件进行翻转、变形等处理即可使用。

㉓ 新建一个图层，将直线元件拖入舞台中，参照上步制作动画，如图 12-82 所示。

图 12-82　创建动画

㉔ 同样新建图层并创建另一个动画，如图 12-83 所示。

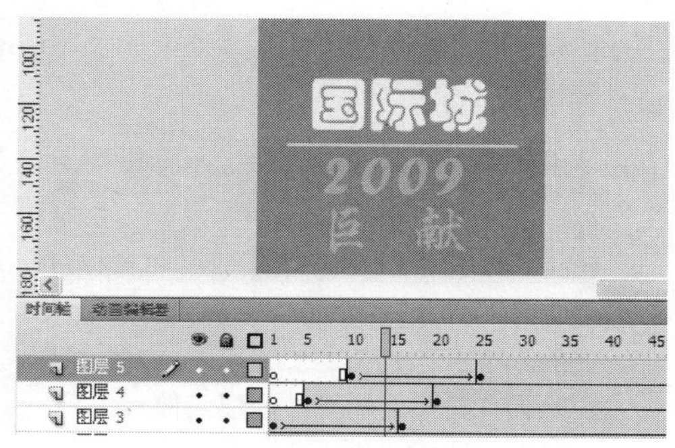


图 12-83　创建动画

㉕ 新建一个图层，在第 45 帧处插入一个关键帧，然后分别输入所需文本，如图 12-84 所示。

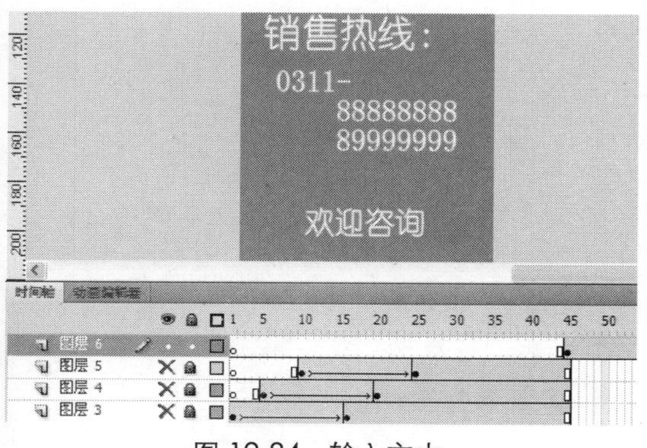


图 12-84　输入文本

㉖ 将输入的文本分类转换为元件，然后分别放置于不同的图层中，如图 12-85 所示。

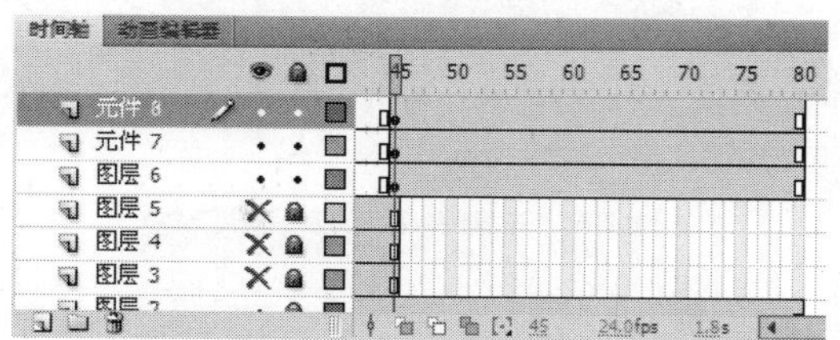


图 12-85　分散元件

㉗ 分别利用 15 帧制作文字从两侧进入的动画，如图 12-86 所示。

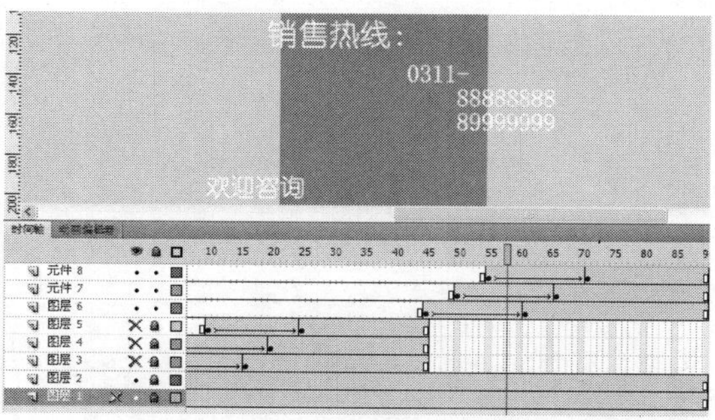


图 12-86　创建动画

㉘ 创建完成后，按【Ctrl+Enter】组合键测试动画，如图 12-87 所示。

图 12-87　测试动画

## 12.3　综合实战——制作横幅动画广告

下面将综合运用前面所学的知识，制作一个网页顶部经常使用的横幅动画广告。具体操作步骤如下：

灵活性是文字效果的最大特点之一，用户可直接利用字体或进行编辑后再使用。　说明

**素材文件** 光盘:\素材\第 12 章\综合实例\背景.jpg、照相机.JPG、1～7.jpg

① 新建一个 792px×198px 的空白文档，其属性设置如图 12-88 所示。

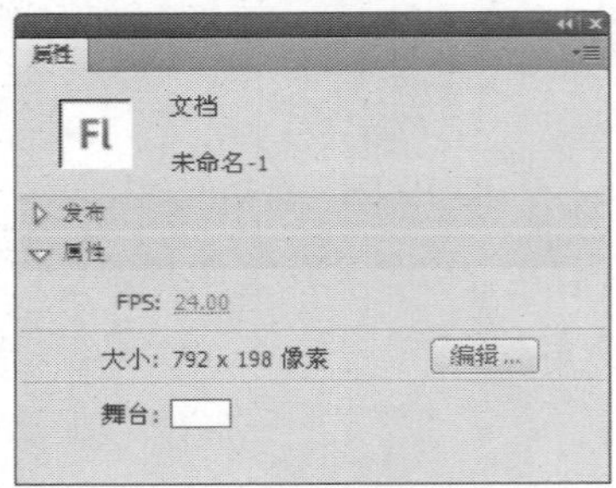


图 12-88 文档属性设置

② 导入“光盘:\素材\第 12 章\综合实例\背景.jpg”文件，如图 12-89 所示。

图 12-89 导入背景素材

③ 新建一个图层，导入“光盘:\素材\第 12 章\综合实例\照相机.JPG”文件，如图 12-90 所示。

图 12-90 导入照相机素材

④ 适当调整素材大小并将其分离，如图 12-91 所示。

图 12-91 调整素材

⑤ 利用魔棒工具选择背景颜色，并将其删除，如图 12-92 所示。

图 12-92 删除背景颜色

⑥ 按【F8】键将其转换为图形元件，如图 12-93 所示。

图 12-93 转换为图形元件

⑦ 再次按【F8】键，将其转换为影片剪辑元件，然后双击该元件进入其舞台，如图 12-94 所示。

图 12-94 转换为影片剪辑元件

⑧ 将该元件复制一个，然后将其垂直翻转，并调整其透明度，如图 12-95 所示。

图 12-95 复制并垂直翻转

 **说明** 直线转换为填充后，将不再具有线条的属性，用户可按填充属性进行编辑。

⑨ 返回主场景。选择制作的实例，然后将其转换为影片剪辑元件，如图 12-96 所示。

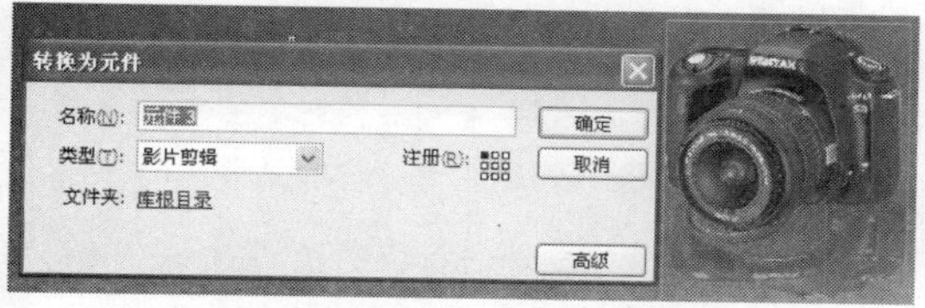

图 12-96　转换为影片剪辑元件

⑩ 双击进入该元件内部，制作该实例从舞台外飞入舞台的动画，如图 12-97 所示。

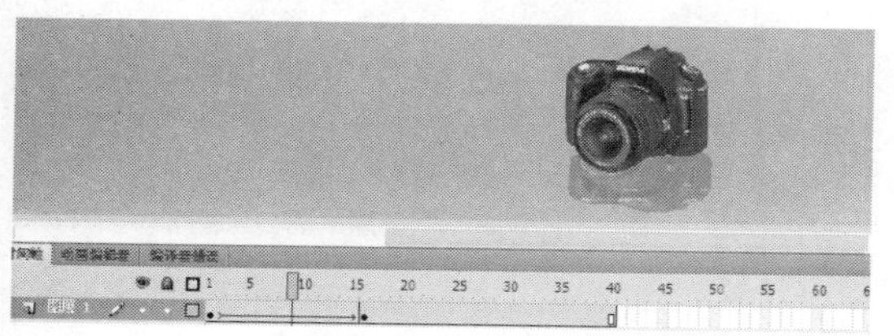

图 12-97　制作动画

⑪ 新建图层，然后利用文本工具输入所需的文本，如图 12-98 所示。

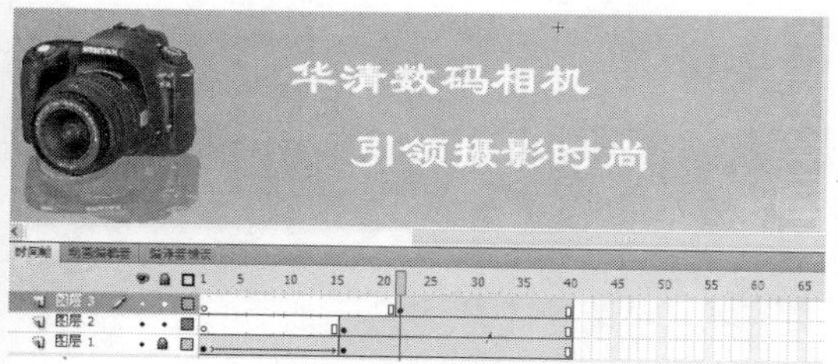


图 12-98　输入文本

⑫ 分别将输入的文本分离并转换为图形元件。分别制作文本元件向上移动并渐显的动画，如图 12-99 所示。

图 12-99　制作动画

⑬ 调整时间轴的相关帧，如图 12-100 所示。

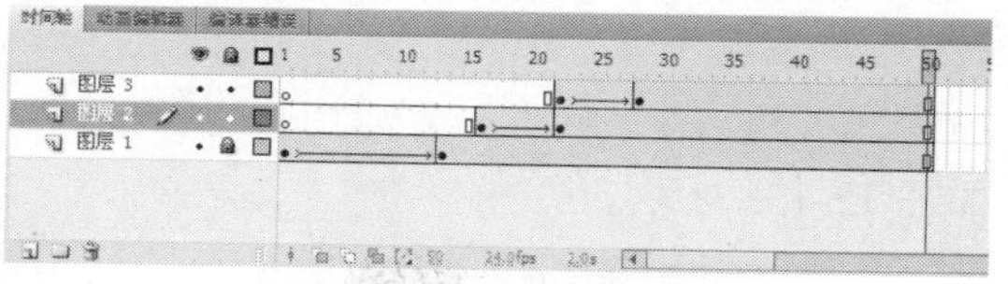

图 12-100　调整帧

⑭ 返回主场景，将所有帧延长到第 50 帧，如图 12-101 所示。

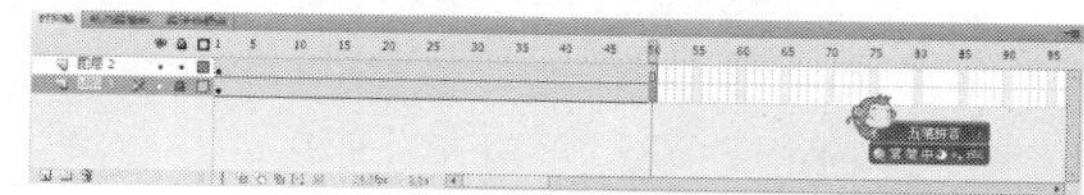

图 12-101　延长帧

⑮ 新建一个图层并在第 51 帧处插入一个关键帧，然后导入光盘中相应文件夹中的图像，如图 12-102 所示。

图 12-102　导入图像

⑯ 选择所有导入的图形，然后按【F8】键将其转换为图形元件，如图 12-103 所示。

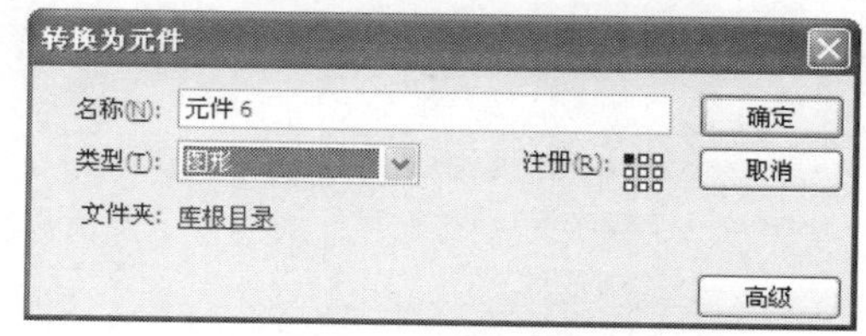


图 12-103　转换为图形元件

⑰ 双击该元件进入其内部舞台，如图 12-104 所示。

图 12-104　进入元件舞台

⑱ 选择所有图像，单击“窗口”|“对齐”命令，打开“对齐”面板，单击相应的按钮，如图 12-105 所示。

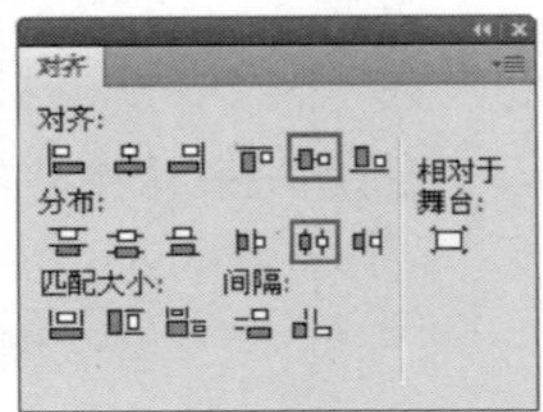


图 12-105 “对齐”面板

⑲ 返回主场景，调整图像元件的位置，如图 12-106 所示。

图 12-106 调整实例位置

⑳ 返回主场景，将图层 1 和图层 3 中的帧延长到第 140 帧，然后制作图形元件左移动画，如图 12-107 所示。

图 12-107 创建动画

㉑ 新建一个图层，在第 51 帧处插入一个关键帧，然后利用文本工具输入所需的文本，如图 12-108 所示。

图 12-108 输入文本

㉒ 在第 100 帧插入一个空白关键帧，并输入其他文本，如图 12-109 所示。

图 12-109 创建元件

㉓ 将所有文本分离，在第 94 帧和第 97 帧处插入关键帧，并将第 97 帧处的图形删除掉；然后从中绘制一个图形，并创建形变动画，如图 12-110 所示。

图 12-110 创建动画

㉔ 导出测试动画，如图 12-111 所示。

图 12-111 测试动画

 说明 在制作立体图形时，需要注意其透视效果及各部分的比例。

# 第13章 Photoshop CS4应用基础

- 使用基本工具
- 使用常用面板
- 绘制与编辑路径

Yoyo，Photoshop也可以处理网页图像吗？

当然可以了，它是专业的图像处理工具，在网页设计领域应用非常广泛。

Yoyo说得对！Photoshop CS4是最新版本的图形图像处理软件，它在功能方面又有了进一步的改进和增强。本章将重点学习Photoshop CS4软件的基础知识及操作方法。

# 13.1 Photoshop CS4 概述

Photoshop CS4 作为 Photoshop 系列软件的最新版本，在继承旧版软件的基础上做了改进。尤其是用户界面，它打破了传统的软件界面，采用了全新的设计方案，从而最大限度地利用了界面。

## 13.1.1 Photoshop CS4 界面简介

安装完成后，打开 Photoshop CS4 即可看到其工作界面，如图 13-1 所示。

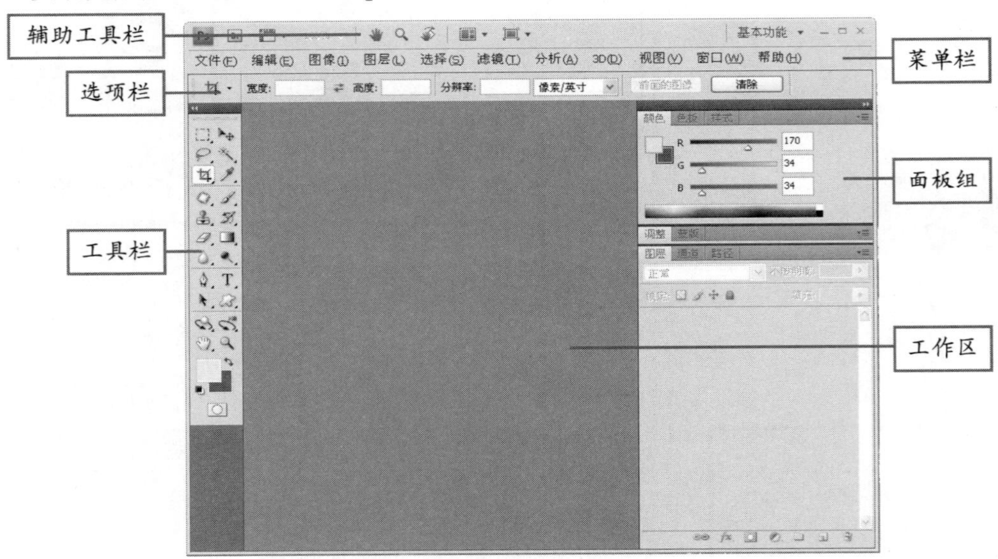


图 13-1 Photoshop CS4 工作界面

### 辅助工具栏

通过该工具栏中的选项，用户可以根据自己的爱好或实际需要修改工具界面及图像窗口。

### 菜单栏

该栏中显示了 Photoshop CS4 所有的菜单，其中 3D 菜单是 Photoshop CS4 新增的菜单。这些菜单中几乎包含了所有的命令。

### 选项栏

当选择相应的工具后，可在该栏中显示相应的工具选项，通过设置其选项可以控制所选工具的操作结果。

### 工具箱

工具箱是所有工具的集合面板，其中集合了 Photoshop 中的所有工具。用户可以根据需要设置单、双栏显示方式。

### 工作区

该区域主要用于存放并显示当前正在编辑的图像窗口。

### 面板组

面板组通常停靠在程序窗口的右侧，主要用于调整与图像有关的各种属性。

## 13.1.2 Photoshop CS4 的基本操作

下面介绍 Photoshop CS4 的基本操作。


说明 Photoshop CS4 同其他软件一样，改变最大之处就是其界面更加人性化。

## 1. 新建文档

### 方法一：

在打开的程序窗口中，按【Ctrl+N】组合键，打开“新建”对话框，新建所需文档。

### 方法二：

在程序窗口中单击“文件”｜“新建”命令，打开“新建”对话框并从中进行相应的编辑，如图 13-2 所示。

从中设置相应的选项后，单击“确定”按钮即可新建所需的文档，如图 13-3 所示。

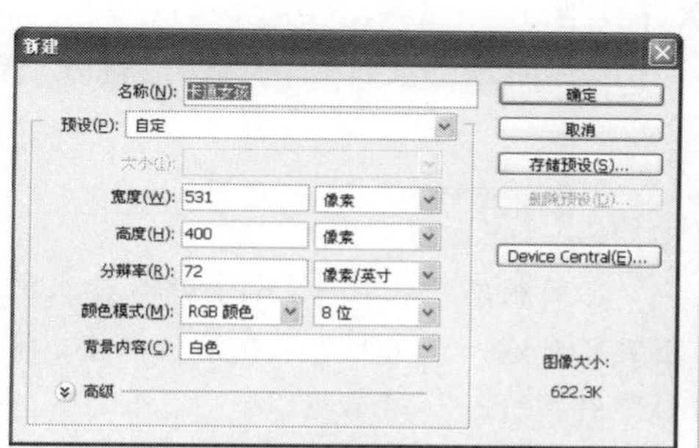

图 13-2 “新建”对话框

图 13-3 新建文档

## 2. 保存文档

当编辑文档完成后，可单击“文件”｜“存储”命令（或按【Ctrl+S】组合键），在打开的“存储”对话框中进行所需的设置，如图 13-4 所示。

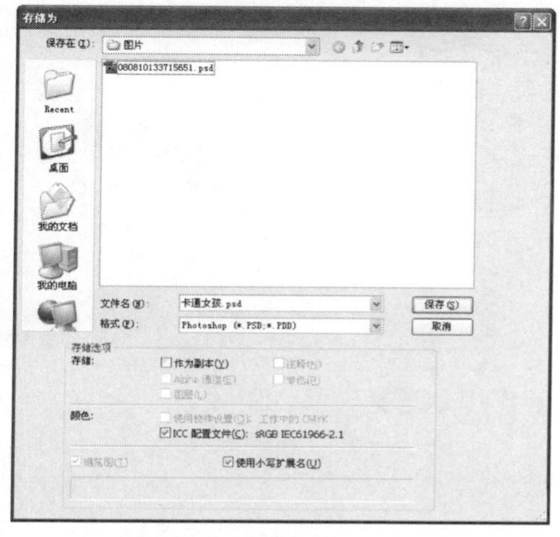

图 13-4 “存储为”对话框

**知识点拨**

如果当前编辑的文档用户已经保存过，或是直接打开的原有文档，则当用户执行上述操作时，将不会弹出“存储为”对话框。

当用户需要将当前已保存过的文档存储为其他格式，可单击“文件”｜“存储为”命令（或按【Ctrl+Shift+S】组合键），弹出“存储为”对话框，并从中选择所需的格式，然后单击“保存”按钮即可。

在新建文档时，用户可以根据做图需要新建相应的文档。　说明

**知识点拨**

其中，PSD 格式是 Photoshop 的默认存储格式。

### 3．打开文件

利用 Photoshop CS4 打开已有文档的方式有多种，最常用的操作方法如下：

单击“文件”｜“打开”命令，打开“打开”对话框，从中进行相应的设置，如图 13-5 所示。

图 13-5 “打开”对话框

其中主要选项的含义如下：

- **查找范围：**单击该下拉按钮，从中可选择目标文件所在的位置。
- **文件显示区：**当打开相应的目标文件夹后，在该显示区中选择所需的文件。
- **文件类型：**在该下拉列表中选择相应的文件类型。

当选择所需的文件后，单击“打开”按钮即可。

**知识点拨**

在旧版本中，按【Ctrl】键双击灰色区域可新建一个文档。而在该版本中，将会弹出“打开”对话框。

## 13.2 Photoshop CS4 基本工具的使用

Photoshop CS4 基本工具的使用较旧版没有变化，只是增加了一些编辑三维图形的工具。下面将重点介绍基本工具的使用。

### 13.2.1 移动工具

移动工具是 Photoshop 中较常用的工具之一，其作用是选择、移动对象。

**素材文件** 光盘:\素材\第 13 章\星空.jpg

① 利用 Photoshop CS4 打开一幅图像，如图 13-6 所示。



**说明** 在新旧版本中，有一些快捷键的功能不再相同，使用过旧版本的用户需要注意。

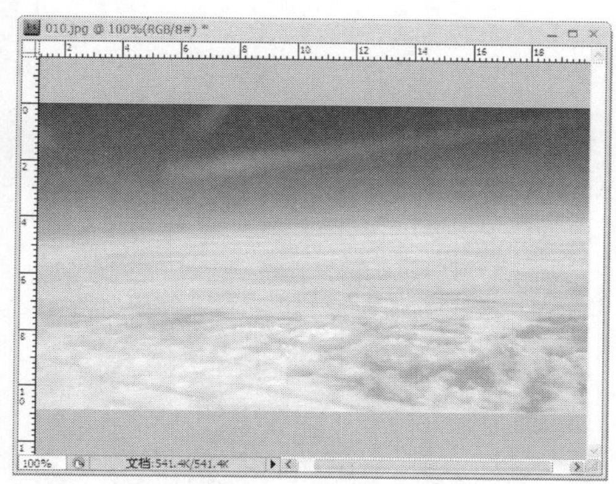
图 13-6　打开素材图像

② 单击“图层”|“复制图层”命令，打开“复制图层”对话框，从中进行设置，如图 13-7 所示。

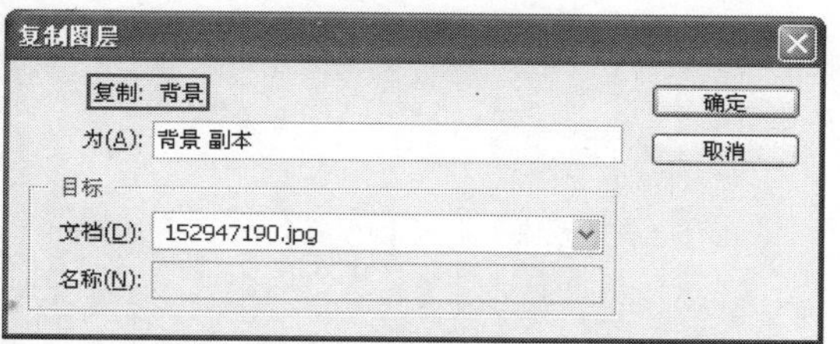

图 13-7　“复制图层”对话框

③ 保持默认设置，单击“确定”按钮复制一个背景图层，如图 13-8 所示。

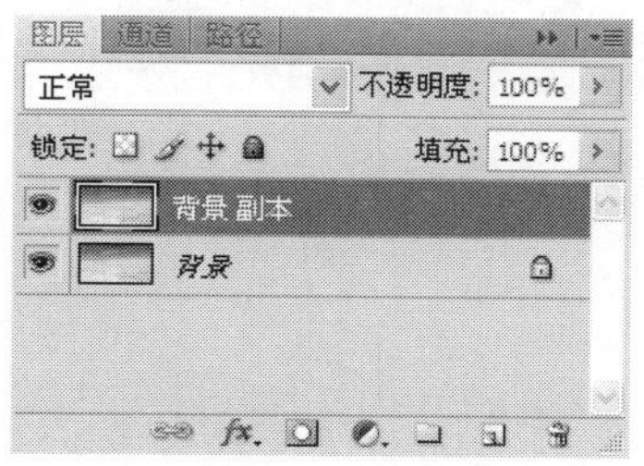

图 13-8　复制图层

④ 选择工具箱中的“移动工具”，然后在图像窗口中按住鼠标左键并拖动鼠标，即可移动当前图层中的图像，如图 13-9 所示。

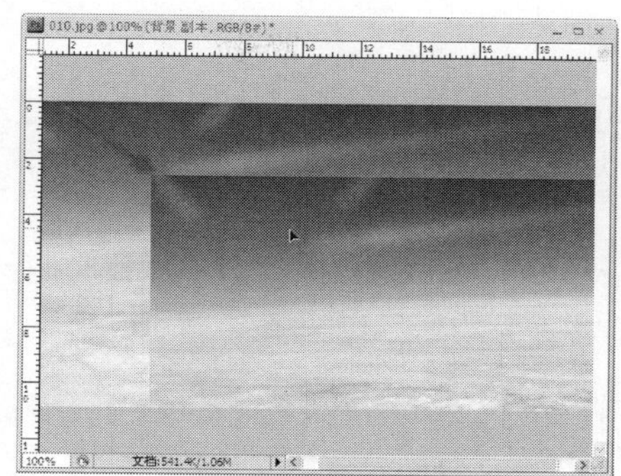
图 13-9　移动图像

**知识点拨**

将鼠标指针移动到当前档的名称上，然后按住鼠标左键并拖动鼠标，即可将当前图像以窗口的形式进行显示。

⑤ 若当前图像窗口中有多个图层中的图像重叠，用户可在图像窗口中右击，在弹出的快捷菜单中选择相应的图层，即可选中对应的图像，如图 13-10 所示。

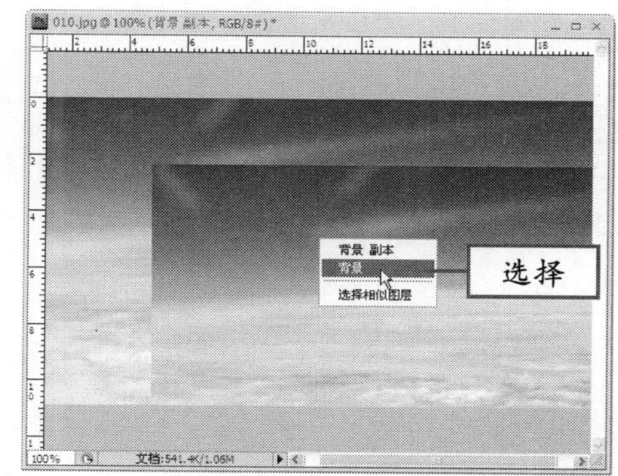

图 13-10　选择图像

## 13.2.2　创建选区工具

选区在 Photoshop 中是一个很重要的概念，选区的应用非常广泛，下面介绍如何利用工具创建选区。

### 1. 矩形选区工具

| 素材文件 | 光盘:\素材\第 13 章\熊猫.jpg、形状.jpg |
|---|---|

选择图像后，按键盘上的方向键也可以移动所选对象。　说明

① 打开光盘中的素材图像，如图 13-11 所示。

图 13-11　素材图像

② 选择工具箱中的“矩形选区工具”，然后在图像窗口中按住鼠标左键并进行拖动，即可创建一个矩形选区，如图 13-12 所示。

图 13-12　创建矩形选区

## 2. 创建椭圆选区

椭圆选区的创建同矩形选区相似，具体操作方法如下：

① 在矩形选区上按住鼠标左键不放，在弹出的下拉菜单中选择“椭圆选框工具”，如图 13-13 所示。

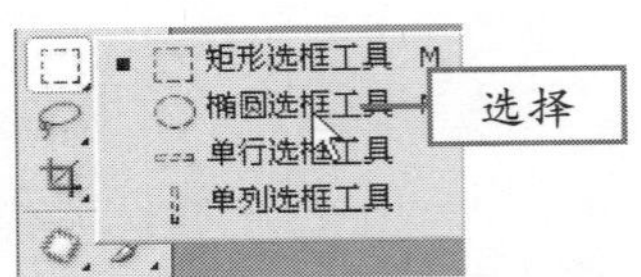


图 13-13　选择“椭圆选框工具”

② 在图像窗口中按住鼠标左键并进行拖动，即可创建一个椭圆选区，如图 13-14 所示。

图 13-14　创建椭圆选区

## 3. 磁性选择工具

磁性选择工具可以选择对象边界与背景清晰的目标。

① 选择磁性选择工具，然后在对象与背景的边界处单击，沿交界移动鼠标，如图 13-15 所示。

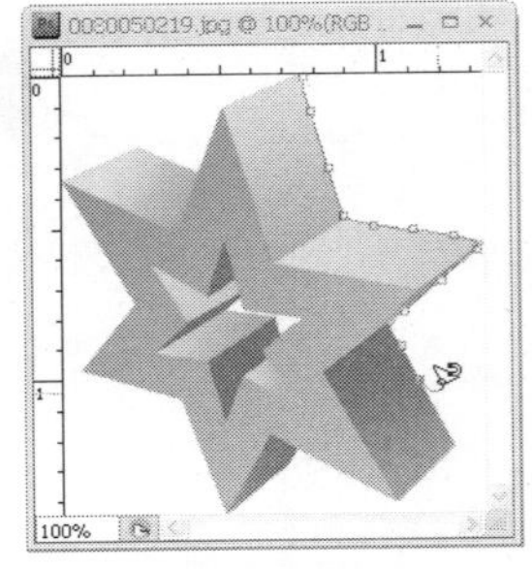

图 13-15　移动鼠标添加节点

② 当鼠标指针再次回到起始点时，单击即可创建选区，如图 13-16 所示。

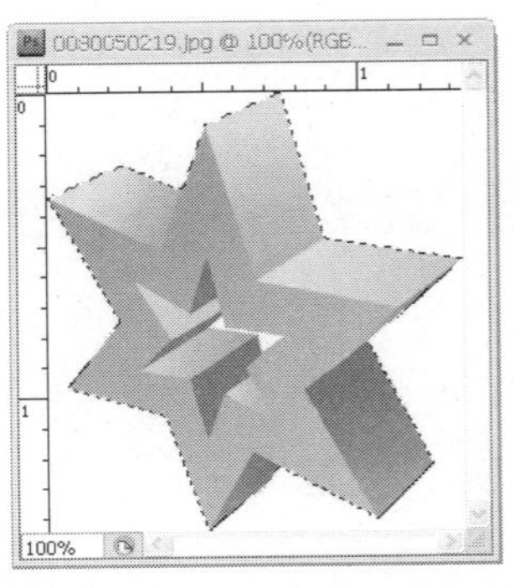

图 13-16　创建选区


说明　“多边形套索工具”多用于选择边界整齐的几何图形。

### 4. 魔棒工具

利用魔棒工具，可以快速选择与单击点处相似的颜色。

素材文件 光盘:\素材\第 13 章\时尚女孩.jpg

① 打开光盘中的素材图像，如图 13-17 所示。

图 13-17 打开素材图像

图 13-18 选择背景

② 选择工具箱中的魔棒工具，然后在背景色上单击，即可将背景选中，如图 13-18 所示。

③ 如果要选择的目标是人物，则可以单击"选择" | "反向"命令（或按【Ctrl+Shift+I】组合键），将选区反选，如图 13-19 所示。

对于该组中的快速选择工具，则在选取过程中可以连续单击，以添加可选区域。

图 13-19 反选选区

### 5. 移动选区

当创建选区后，将绘制选区工具放置于选区内，即可变为一个空心的箭头工具，此时按住鼠标左键并进行拖动，即可移动选区，如图 13-20 所示。

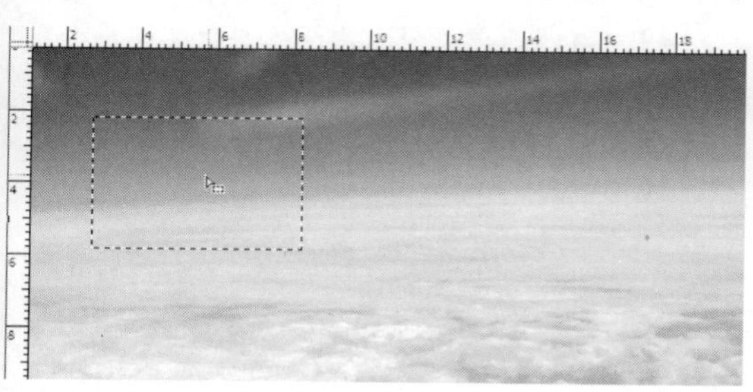

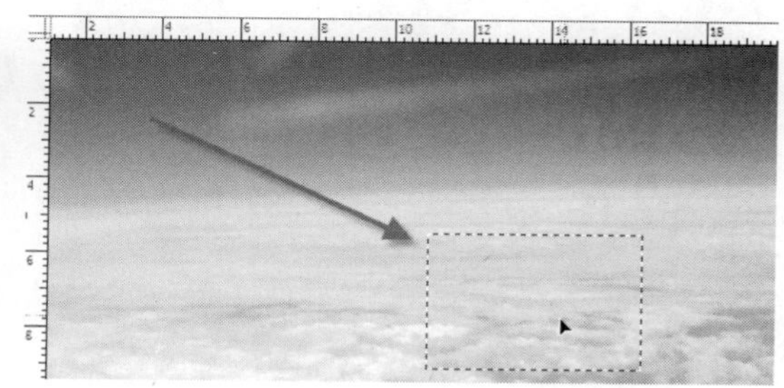

图 13-20 移动选区

说明 创建选区是 Photoshop 中非常重要的一个功能，其使用频率非常高。

**知识点拨**

如果移动选区时，用户选择的是移动工具，则将会把选区中的图像移动。

## 13.2.3 裁切图像工具

下面将主要介绍如何利用 Photoshop 切割网页图像。

**素材文件** 光盘:\素材\第 13 章\main_2.jpg

### 1. 切片工具

① 打开光盘中的素材图像，如图 13-21 所示。

图 13-21 打开图像

② 选择移动工具，并在标尺上向下拖动相应的辅助线，如图 13-22 所示。

图 13-22 添加辅助线

③ 选择裁切工具，然后按照创建选区的方法创建切片，如图 13-23 所示。

图 13-23 创建切片

④ 利用同样的方法在图像中创建其他所需的切片，如图 13-24 所示。

图 13-24 创建切片

⑤ 创建完成后，单击“文件” | “存储为 Web 和设备所用格式”命令，或按【Alt+Shift+Ctrl+S】组合键进行导出，如图 13-25 所示。

 **说明** “魔棒工具”多用于选择大面积区域颜色相同或相近的部分，如单色背景。

图 13-25 “存储为 Web 和设备所用格式”对话框

⑥ 单击该对话框底部的“存储”按钮，打开“将优化结果存储为”对话框，从中选择所需的存储位置、类型，如图 13-26 所示。

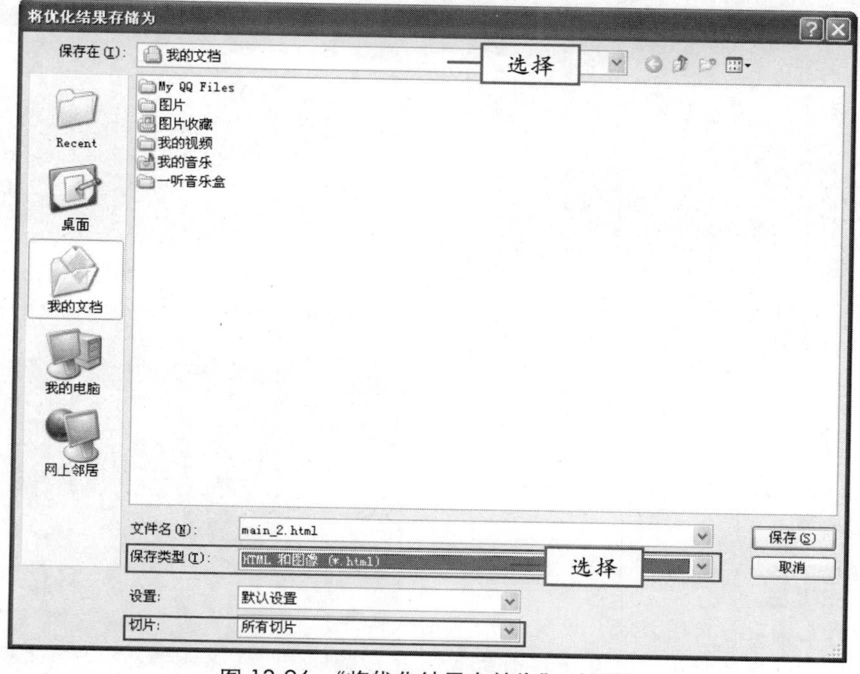


图 13-26 “将优化结果存储为”对话框

⑦ 单击“保存”按钮，如图 13-27 所示即为保存后的文件。

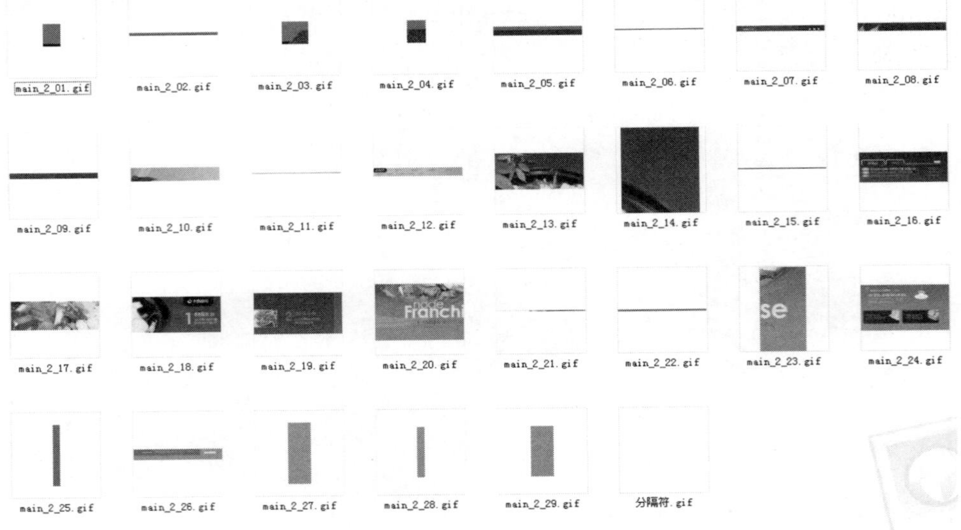


图 13-27 切片

## 2. 切片选择工具

① 选择该工具组中的切片选择工具，然后在图像窗口中选中相应的切片，如图 13-28 所示。

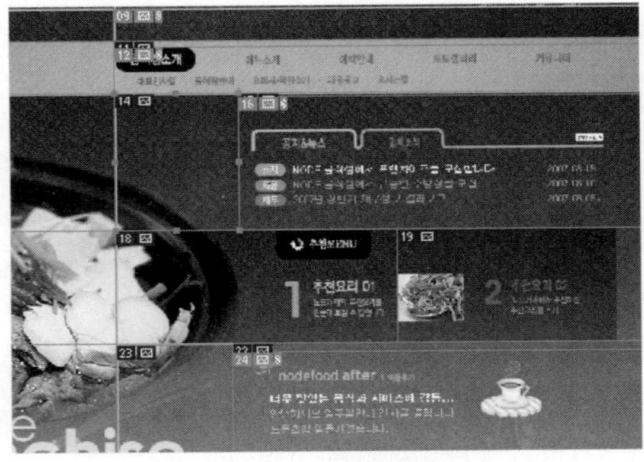

图 13-28 选择切片

② 按住鼠标左键并进行拖动，即可移动该切片，如图 13-29 所示。

③ 按【Delete】键，即可删除该切片，如图 13-30 所示。

当切割完成后导出图片时，没有被切片覆盖的部分也将被导出，其尺寸将由与其相邻的图片决定。

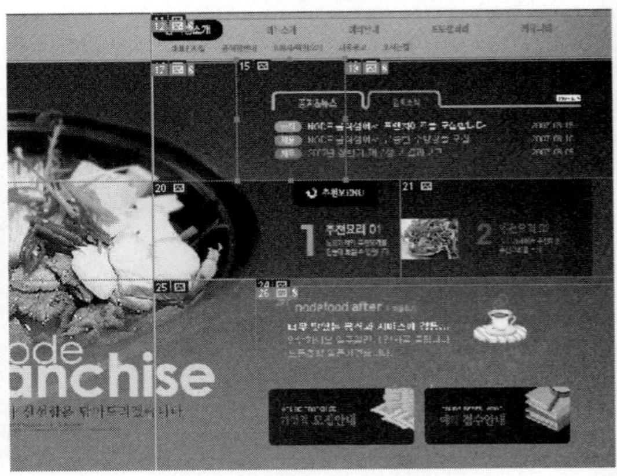

图 13-29 移动切片

图 13-30 删除切片



说明 切片选择工具主要用于修改网页中的切片。

## 13.2.4　图像修改工具

在修改图像的过程中，会遇到各种问题，Photoshop CS4 中提供了多种图像修改工具，下面将对图像修复工具进行介绍。

### 1．橡皮擦工具

橡皮擦可以分为橡皮擦工具、背景橡皮擦工具、魔术橡皮擦工具三种类型。

#### 橡皮擦工具

橡皮擦工具可擦除当前图层中笔触所经过的图形对象。如果在打开的图像中进行擦除，即可擦除当前图层中的图形，如图 13-31 所示。

图 13-31　擦除图像

#### 背景橡皮擦工具

利用背景橡皮擦工具可以擦除图像中主体外的背景，如图 13-32 所示。

图 13-32　擦除背景

**教你一招**

在擦除过程中，笔触中心点表示所取样的背景色，在笔触范围内所有与取样点相同或相近的颜色均将被擦除。

#### 魔术橡皮擦工具

魔术橡皮擦工具的作用相当于魔术棒工具与橡皮擦工具的组合，利用它可以擦除图像中与取样点颜色相似的颜色。

图 13-33 所示为利用魔术橡皮擦工具擦除后的效果。

图 13-33　擦除图像

### 2．填充工具

填充工具分为两种，一是渐变工具，一是油漆油工具，其主要用于为绘制的选区等填充所需的颜色。

“渐变工具”用于填充渐变色，具体操作步骤如下：

① 新建一个文档，然后利用选区工具在图像窗口中绘制一个选区，如图 13-34 所示。

② 选择渐变工具，在选项栏中单击渐变颜色条，然后在弹出的“渐变编辑器”窗口中进行所需的设置，如图 13-35 所示。

图 13-34　创建选区

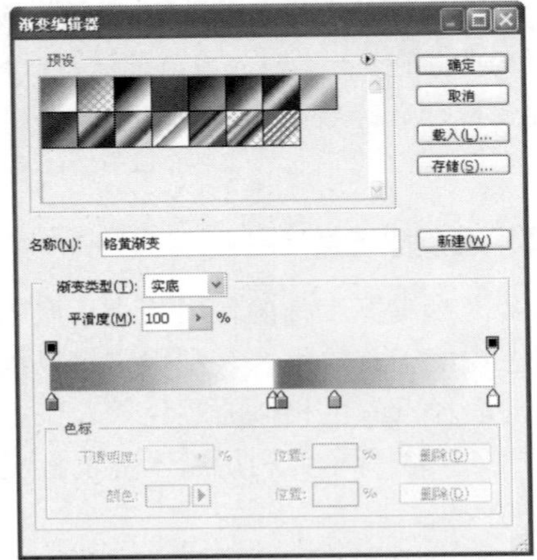
图 13-35　“渐变编辑器”窗口

③ 从中用户可设置渐变色及其透明度，删除或增加相应的颜色。设置完成后，单击“确定”按钮即可。将鼠标指针移入选区内，然后按住鼠标左键进行拖动，即可填充设置的渐变色，如图 13-36 所示。

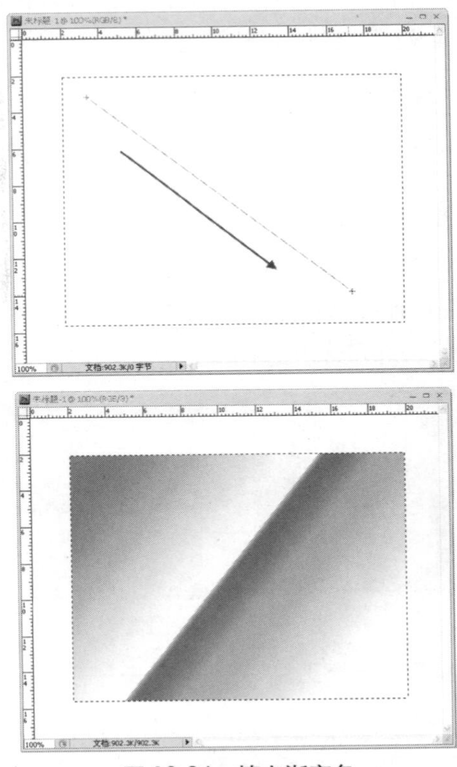
图 13-36　填充渐变色

④ 取消选区即可。如果用户是针对整个编辑区进行填充，则可以直接拖动进行填充。

“油漆桶工具”用于填充纯色，具体操作步骤如下：

① 在工具箱中选择油漆桶工具，然后在工具箱中单击前景色，在打开的“拾色器”对话框中设置相应的颜色，如图 13-37 所示。

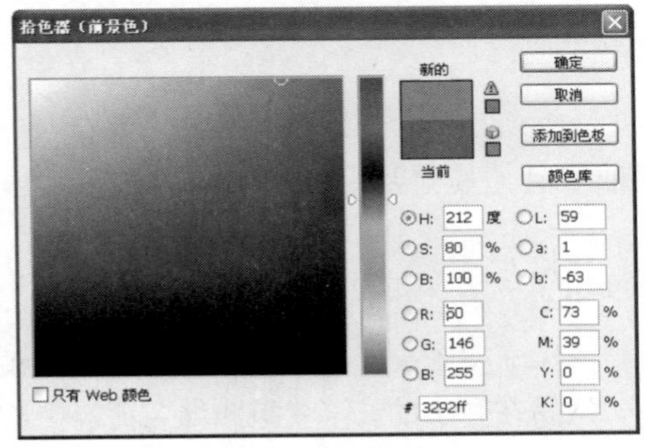
图 13-37　“拾色器”对话框

② 设置完成后，单击“确定”按钮，然后在文档编辑区中所需的位置单击即可，如图 13-38 所示。

图 13-38　填充颜色



说明　图像修改工具主要用于对图像进行简单修复或处理，以制作出所需的效果。

### 3．锐化与模糊

该组工具主要用于对图像的清晰度进行调整。其中，锐化是通过增强相邻颜色的对比度来增加图像的清晰度，模糊则是减弱相邻颜色的对比度来降低图像的清晰度。

锐化工具可以使图像变得相对清晰，但也会使图像画面看起来较尖锐。具体操作步骤如下：

**素材文件** 光盘:\素材\第 13 章\蜗牛.jpg、绿竹.jpg

① 在 Photoshop CS4 中打开光盘中的素材图像，如图 13-39 所示。

图 13-39 素材图像

② 在工具箱中选择锐化工具，然后在图像中进行涂抹，效果如图 13-40 所示。

图 13-40 锐化后的图像

模糊工具可以使图像变得相对模糊，从而使图像画面看起来较柔和。具体操作步骤如下：

① 打开光盘中的素材图像，如图 13-41 所示。

图 13-41 素材图像

② 选择模糊工具，然后在图像中相应的位置进行涂抹，即可产生模糊效果，如图 13-42 所示。

图 13-42 模糊效果

**教你一招**

在制作锐化或模糊效果时，其产生的最终效果与笔触的设置有关。如可以设置制作效果的柔和过渡等。

### 4．减淡与加深

减淡与加深工具主要是针对图像的颜色深浅进行操作，减淡工具可以使图像的颜色变浅，而加深工具可以使图像颜色变深。

**素材文件** 光盘:\素材\第 13 章\松山.jpg、骆驼.jpg

减淡工具的具体使用方法及效果如下：

① 利用 Photoshop CS4 打开光盘中的素材图像，如图 13-43 所示。

图 13-43　素材图像

② 选择减淡工具，并调整其笔触，然后在图像中的适当位置进行涂抹，即可使相应位置处的颜色变浅，如图 13-44 所示。

图 13-44　减淡效果

加深工具的具体使用方法及效果如下：

① 利用 Photoshop CS4 打开光盘中的素材图像，如图 13-45 所示。

图 13-45　素材图像

② 选择加深工具，并在图像窗口中的适当位置进行涂抹，即可加深相应的区域，如图 13-46 所示。

图 13-46　加深效果

## 13.2.5　矢量图形的绘制与修改

矢量绘图工具是 Photoshop 中非常重要的绘图工具组，其绘制和修改图形更为容易，因此在绘图时通常使用矢量工具。当绘制完成后，还可以根据需要将其转化为位图。

### 1．钢笔工具组

钢笔工具组主要用于绘制图形，其中包括 5 个子工具，如图 13-47 所示。

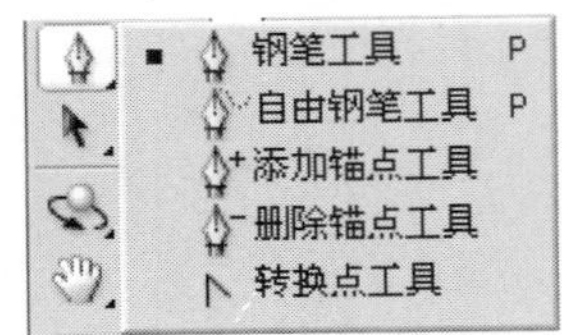


图 13-47　钢笔工具组

- **钢笔工具：**利用该工具可以通过添加锚点的方式绘制各种所需的图形。
- **自由钢笔工具：**该工具的使用方式与铅笔工具（或画笔工具）相似，按住鼠标左键并进行拖动即可绘制所需的形状。
- **添加锚点工具：**该工具主要用于编辑所


说明　减淡工具或加深工具主要用于修改图像的色调。

绘制的形状，作用是在当前路径上增加锚点。

**删除锚点工具：**该工具与添加锚点工具的作用相反，用于删除当前路径上多余的锚点。

**转换点工具：**该工具可以将当前路径上的直锚点转化为圆滑锚点，或将圆滑锚点转化为直锚点。

利用钢笔工具绘图的具体操作步骤如下：

① 选择钢笔工具，在图像窗口中单击，即可添加一个锚点，然后在其他位置单击添加另一个锚点，如图 13-48 所示。

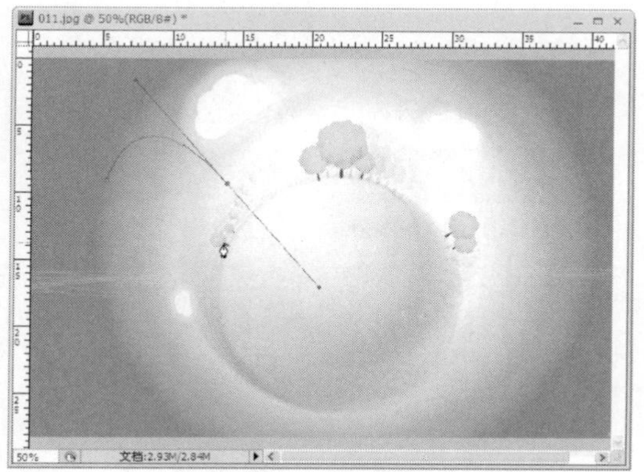

图 13-48　添加锚点

② 继续添加其他锚点，以完成所需的形状，如图 13-49 所示。

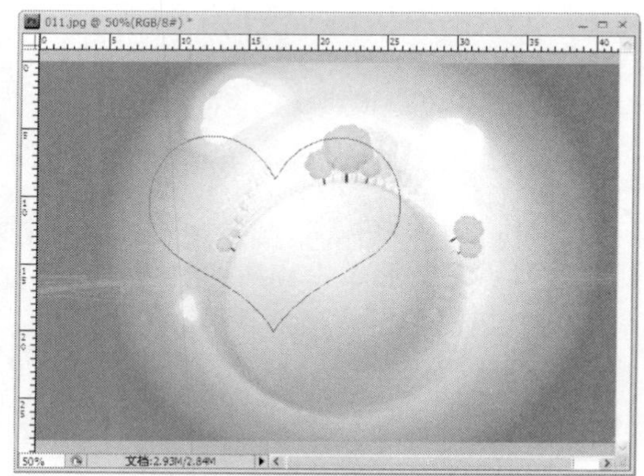

图 13-49　添加其他锚点

**知识点拨**

在添加锚点时，如果用户单击，则可以添加一个直锚点；如果按住鼠标左键并拖动鼠标，即可添加一个圆滑锚点。当绘制完成后，用户只需要单击起始锚点闭合形状即可。

利用自由钢笔工具绘图的具体操作步骤如下：

选择自由钢笔工具，并在图像窗口中单击并拖动鼠标，绘制所需的形状即可，如图 13-50 所示。

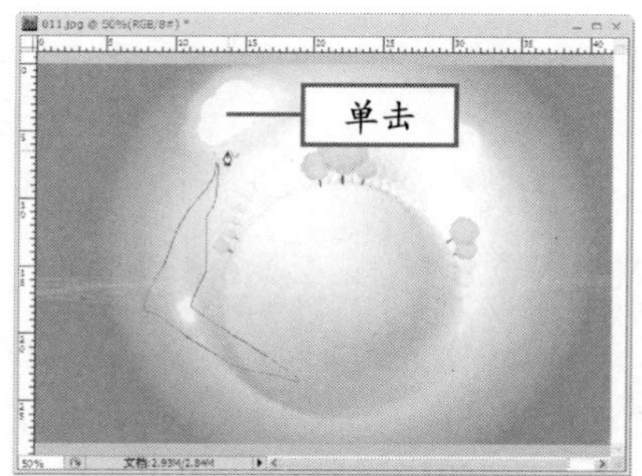


图 13-50　绘制形状

**教你一招**

在绘制形状的过程中，无须用户添加锚点，Photoshop 程序会根据形状自动添加锚点，如图 13-51 所示。

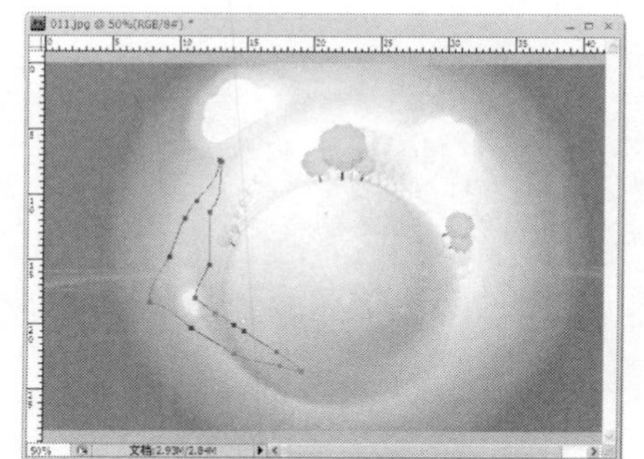

图 13-51　自由绘制形状的锚点

当编辑形状时，就需要用到该工具组中其他 3 种工具。

当绘制的形状上没有足够的锚点时，用户可以选择添加锚点工具，然后在形状上相应的位置单击即可，如图 13-52 所示。

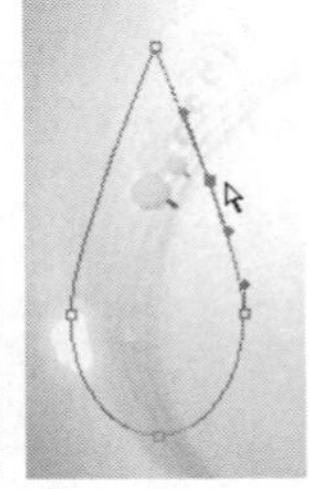

图 13-52　添加锚点

同样，如果形状上有多余的锚点，可选择删除锚点工具并单击相应的锚点即可，如图 13-53 所示。

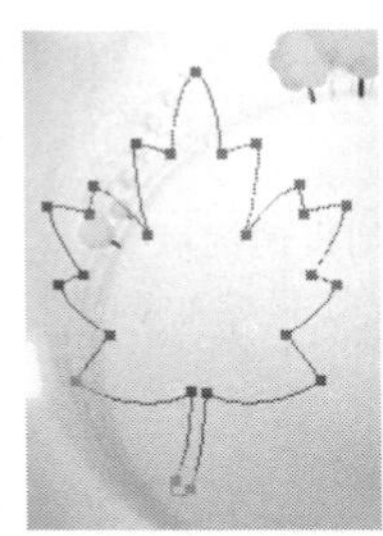
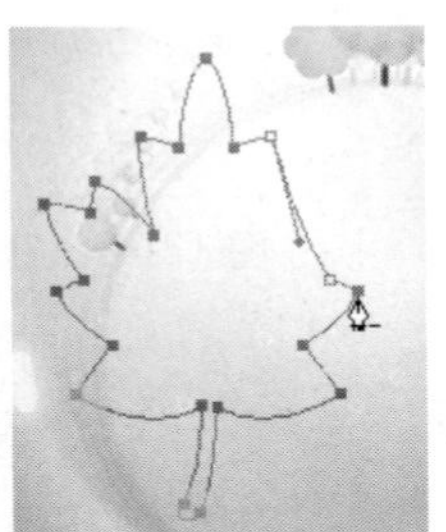

图 13-53　删除锚点

另外，如果用户要转化当前锚点的状态，可选择转换点工具，然后在相应的锚点上单击，如图 13-54 所示。

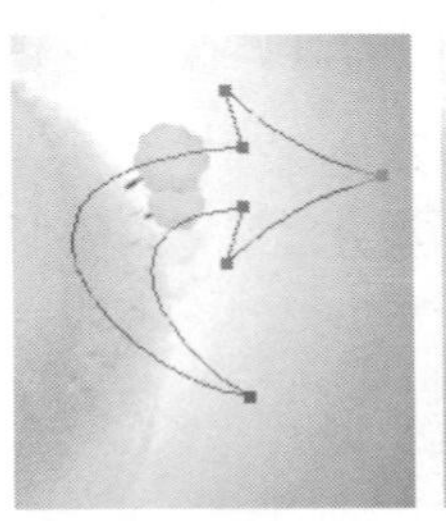
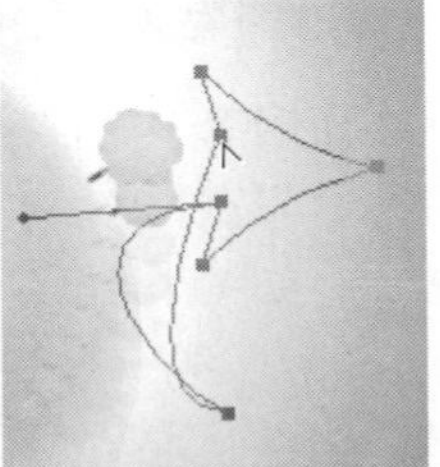

图 13-54　转化锚点

**知识点拨**

当把圆滑锚点转化为直锚点时，只需单击相应的锚点即可；而将直锚点转化为圆滑锚点时，则需要在该锚点上按住鼠标左键并拖动，以生成圆滑的锚点，如图 13-55 所示。

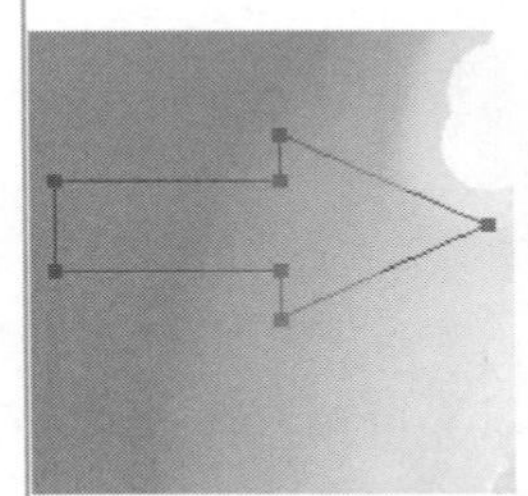
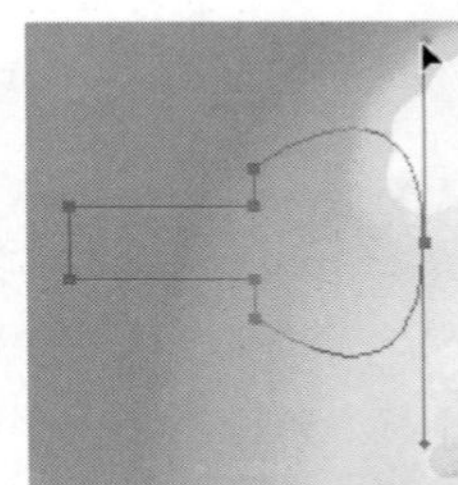

图 13-55　转化锚点

## 2. 路径选择工具

该工具组中包含有两个工具，即路径选择工具、直接选择工具。其中，路径选择工具可用于对整个路径的位置进行调整，而直接选择工具则是针对形状中锚点的位置进行调整。

路径选择工具的使用方法如下：

1. 利用路径选择工具选择需要移动的形状，如图 13-56 所示。

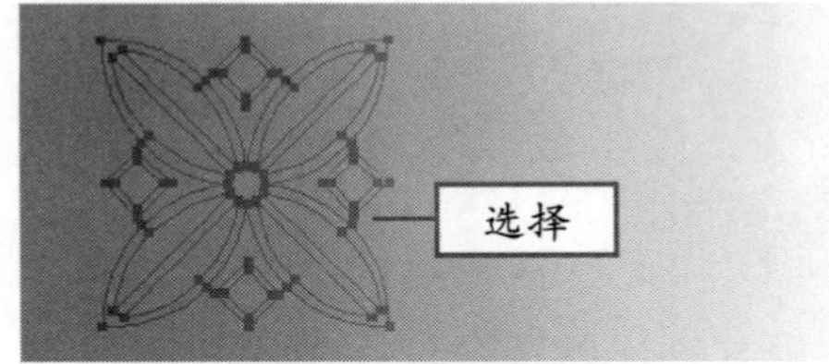


图 13-56　选择形状

2. 在形状上按住鼠标左键并拖动，即可移动当前路径的位置，如图 13-57 所示。

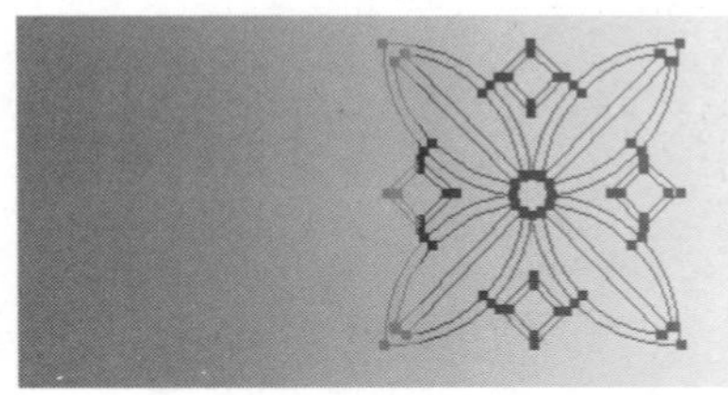

图 13-57　移动形状



说明　矢量图形可以方便地进行修改，因此矢量图形是 Photoshop 绘图的一个重要方式。

## 13.4　综合实战——打造绚丽背景

前面介绍了 Photoshop CS4 的基本知识，下面将利用 Photoshop CS4 制作一个绚丽的背景。

① 在 Photoshop CS4 中新建一个文档，其大小为 300px×500px，然后用渐变工具填充由黑色到暗蓝色的椭圆渐变，如图 13-87 所示。

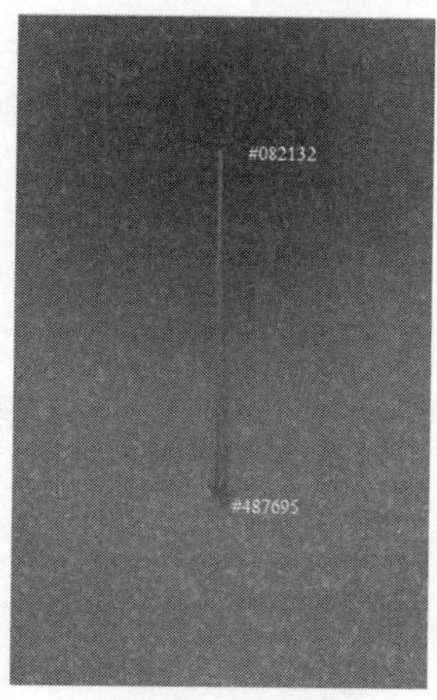


图 13-87　填充椭圆渐变

② 选择画笔工具，调整笔触大小为 230px、硬度为 0。新建一个图层，在图像窗口的中底部单击绘制一个白色的圆，如图 13-88 所示。

图 13-88　绘制白色圆

③ 单击"图层"｜"新建调整图层"｜"色彩平衡"命令，创建一个新的颜色调整图层，并在"调整"面板中进行如图 13-89 所示的设置。

④ 此时，图像的效果如图 13-90 所示。

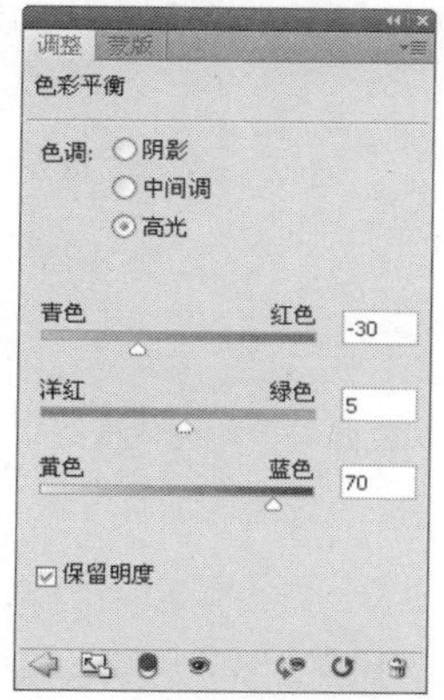


图 13-89　设置"调整"面板

图 13-90　图像效果

**教你一招**

在进行涂抹时可以先从外面涂抹，然后再由内至外进行拖动。

⑤ 新建一个图层，并将其调整到"色彩平衡"调整图层的下方。选择画笔工具，并设置其笔触大小为 28px、硬度为 0，然后按住【Shift】键，利用画笔在白色圆的中心位置向窗口上方绘制一条直线，如图 13-91 所示。

图 13-91　绘制直线

⑥ 新建一个图层，设置画笔工具的笔触为240px、硬度为 0，然后在新图层上与白圆重合的地方单击，如图 13-92 所示。

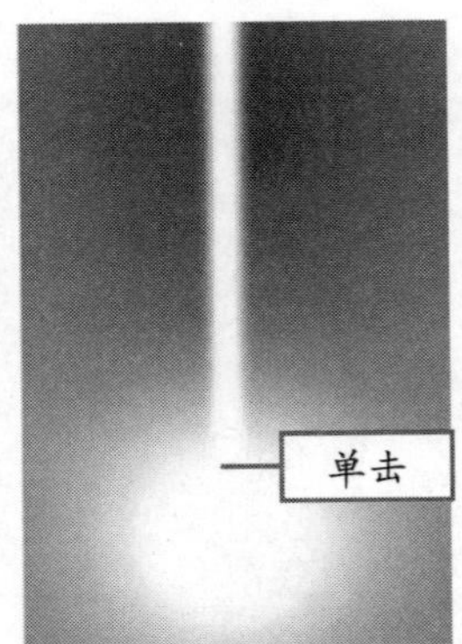

图 13-92　绘制白色圆

⑦ 选择涂抹工具，设置其强度为 50%，并设置其笔触为不规则的形状，然后在图像窗口中进行涂抹，如图 13-93 所示。

图 13-93　涂抹白色圆

⑧ 选择橡皮工具，并设置其不透明度为 10%，笔触大小为 28px 且为不规则的形状画笔，然后在上一步编辑的图形上面任意单击多次，增加一些雾状的、模糊的纹理效果，如图 13-94 所示。

图 13-94　制作雾状效果

⑨ 新建一个图层，将其置于“背景”图层的上方，然后利用画笔工具在图像窗口中绘制几个如图 13-95 所示的白点。

图 13-95　绘制白点

⑩ 利用上面介绍过的方法，使用涂抹工具涂抹，并用橡皮擦工具擦出杂乱模糊的纹理效果，如图 13-96 所示。

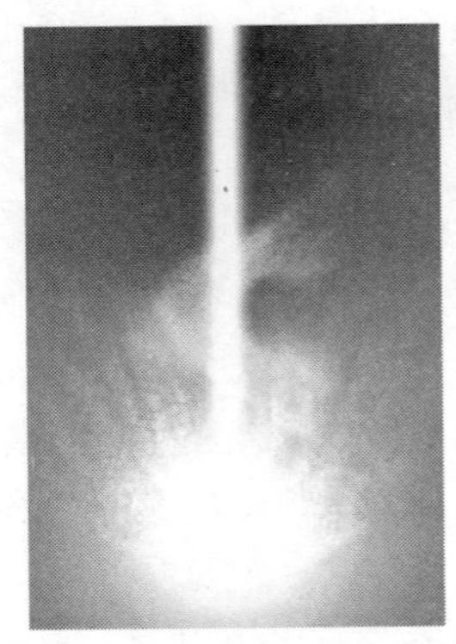
图 13-96　制作杂乱模糊的纹理效果


说明　按住【Ctrl】键的同时单击某一图层的名称，可以快速地选中该层中所有的对象。

⑪ 选择画笔工具，设置其笔触大小为 4px、硬度为 0；并在“画笔”面板中设置“画笔笔尖形状”、“形状动态”、“散布”三个选项并选中“平滑”复选框，如图 13-97~图 13-99 所示。

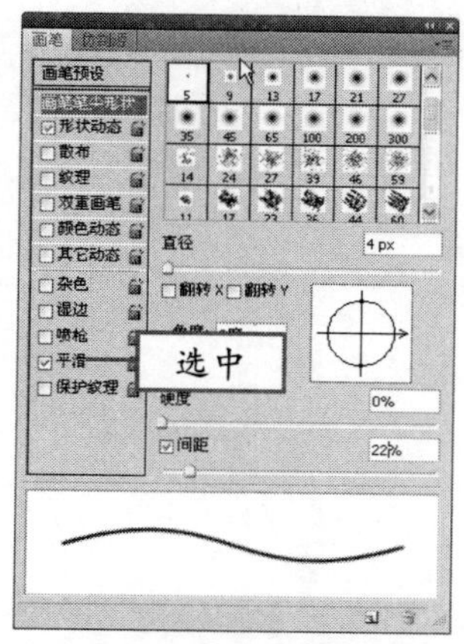


图 13-97 设置画笔笔尖形状

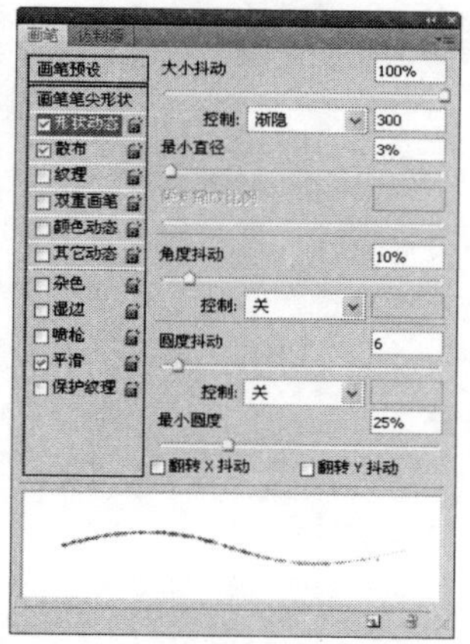


图 13-98 设置形状动态

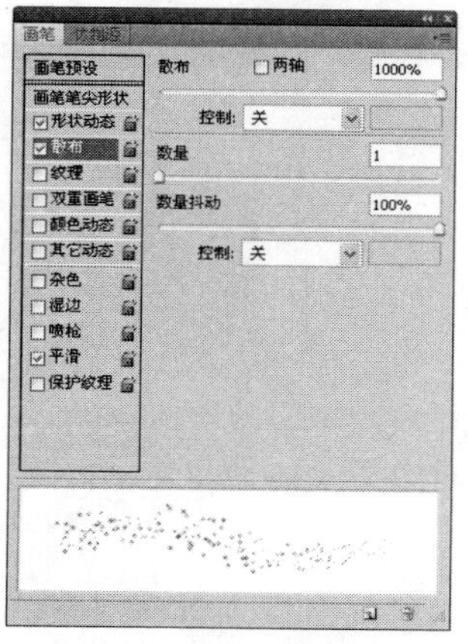


图 13-99 设置散布

⑫ 新建一个图层，用笔刷工具从光的中心位置开始向上绘制几条光线，如图 13-100 所示。

图 13-100 绘制光线

⑬ 重新选择画笔笔触，并在图像窗口中再绘制几条光线，效果如图 13-101 所示。

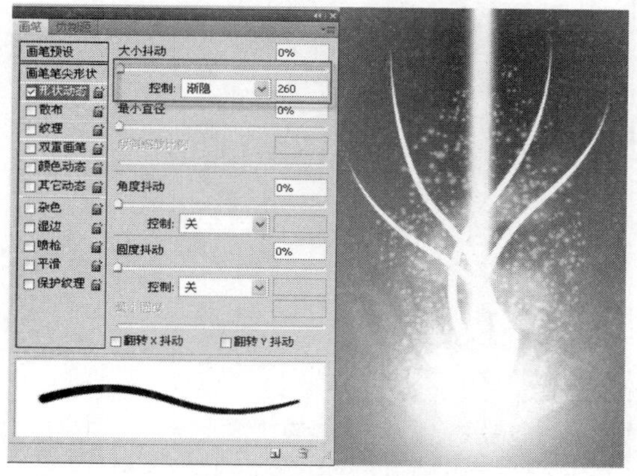


图 13-101 绘制曲线

⑭ 最后，利用画笔工具为图像添加一些修饰效果，如图 13-102 所示。

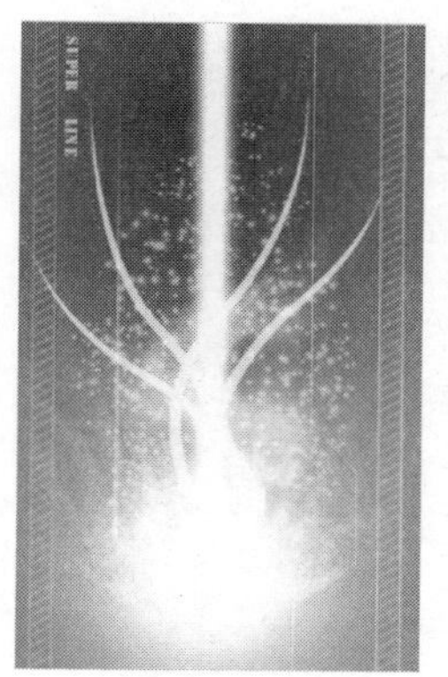


图 13-102 最终效果图

说明 选中某一图层时，按键盘上的数字可以改变活动层的透明度。

## 读书笔记

# 第 14 章 使用 Photoshop 处理网页图像

- 调整图像的外形
- 处理图像的色调
- 使用各种滤镜
- 制作图像特效

大龙哥，如何才能制作出绚丽多彩的网页效果呢？

是啊，大龙哥，快给我们讲一讲吧！

好的！本章我们就来学习如何调整图像的色彩与色调，以及如何使用滤镜制作出一些当前流行的图像效果。学完了这些，想制作绚丽多彩的网页效果就很简单了！

# 14.1 调整图像的外形

在网页设计中，图像的尺寸、大小都有严格的要求，应在保持适合要求的情况下，追求更小的图片设计。下面将介绍如何对图片的外形进行调整和编辑。

## 14.1.1 调整图像的大小

前面已介绍过如何利用裁剪工具简单调整图片的尺寸，下面介绍利用菜单编辑图像，如修改图像的分辨率等。

**素材文件** 光盘:\素材\第 14 章\水.jpg、蓝天.jpg

### 1. 调整图像大小

① 利用 Photoshop CS4 打开光盘中的素材图像，如图 14-1 所示。

图 14-1 素材图像

② 从图 14-1 的状态栏中可以看到，该图像的大小为 1.16MB。单击“调整”|“图像大小”命令，打开“图像大小”对话框，如图 14-2 所示。

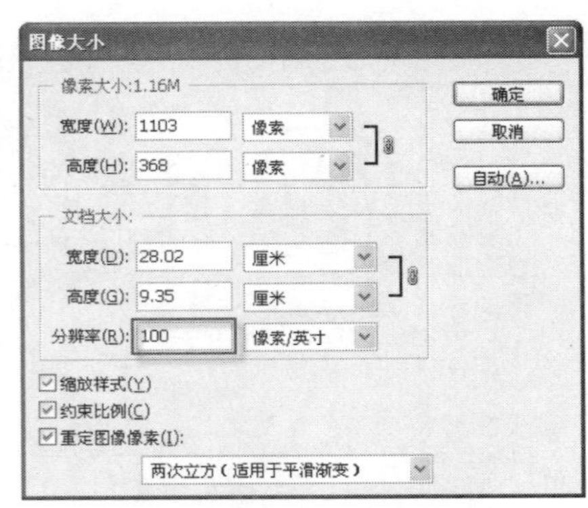


图 14-2 “图像大小”对话框

③ 其中显示了当前图像的属性，用户可根据需要从中进行所需的设置。如将该图像的分辨率设置为 72 像素/英寸，即可更改图像的大小，如图 14-3 所示。

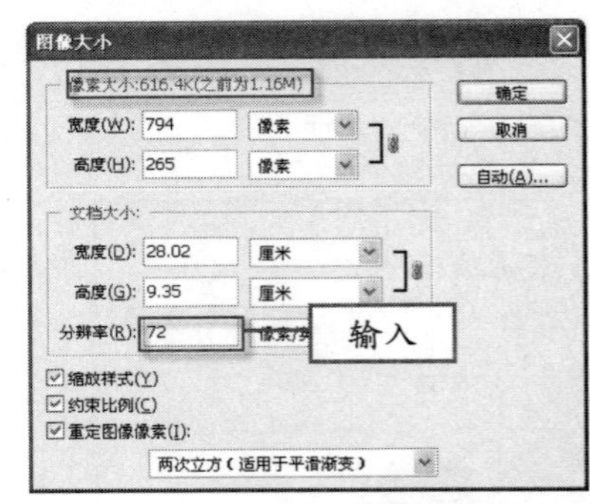


图 14-3 更改图像分辨率

④ 此时图像变小，其尺寸也相应的变小了。单击“确定”按钮，图像效果如图 14-4 所示。

图 14-4 更改后的图像

### 2. 调整文档大小

如果不需要更改全部的图像，还可以通过更改文档的大小来调整图像的大小。

① 利用 Photoshop CS4 打开光盘中的素材图像，如图 14-5 所示。

② 单击“调整”|“画布大小”命令，打开“画布大小”对话框，如图 14-6 所示。


说明 在制作图像时，用户可根据需要设置文档的相关属性。

## 14.2.2 调整图像的亮度/对比度

“亮度/对比度”命令可用于调整图像的亮暗程度，或用于调整图像中不同部分的对比度。下面将主要介绍有关该命令的使用方法。

素材文件　光盘:\素材\第 14 章\鸽子.jpg

① 利用 Photoshop CS4 打开光盘中的素材图像，如图 14-31 所示。

图 14-31　素材图像

② 单击“图像”｜“调整”｜“亮度/对比度”命令，打开“亮度/对比度”对话框，如图 14-32 所示。

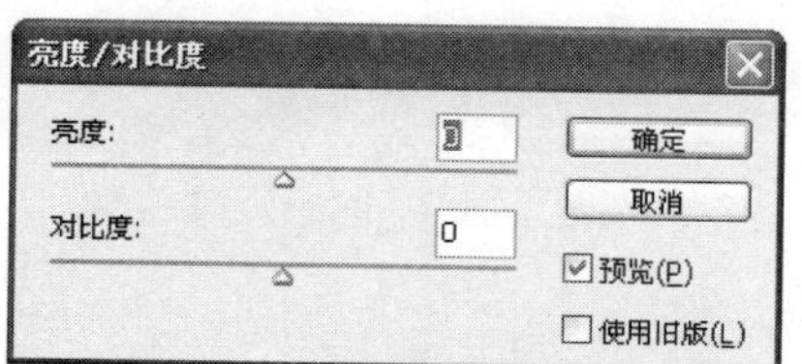


图 14-32　“亮度/对比度”对话框

**知识点拨**

利用该命令可以调整照片的曝光问题，另外，还可以配合其他工具制作一些物殊效果。

③ 在该对话框中调整“亮度”选项，即可更改全图的明暗度，如图 14-33 所示。

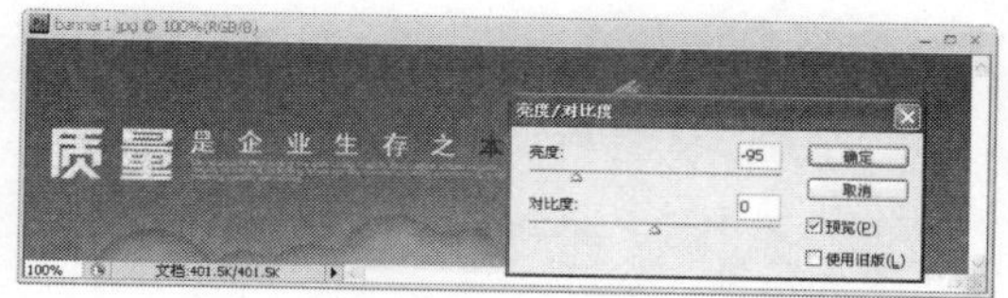

将图像亮度降低

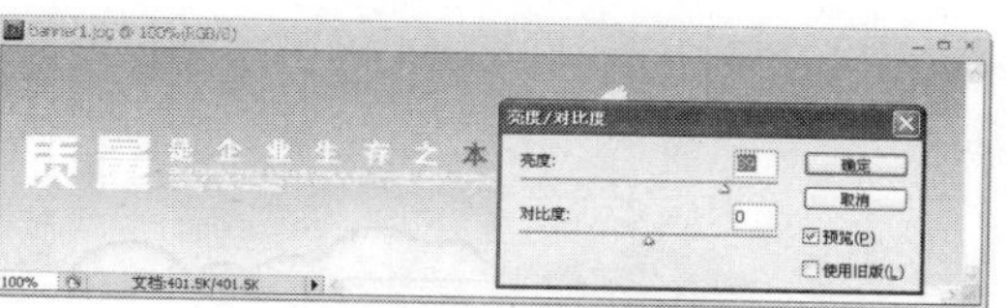

将图像亮度增加

图 14-33　调整图像亮度

④ 在该对话框中调整图像的“对比度”选项，即可改变全图的对比度，如图 14-34 所示。

降低图像对比度

增加图像对比度

图 14-34　调整图像的对比度

## 14.2.3 调整图像的色阶与色彩平衡

“色阶”与“色彩平衡”命令同样可用于调整图像的明暗度及颜色，下面将具体介绍这两个命令的使用方法。

素材文件　光盘:\素材\第 14 章\茶.png、人物.png、高楼.png

### 1．“色阶”命令

“色阶”命令的使用方法与“亮度/对比度”命令基本相似，下面通过实例进行详细介绍。

说明　“亮度/对比度”命令同样用于调整图像色调的深浅。

① 利用 Photoshop CS4 打开光盘中的素材图像，如图 14-35 所示。

图 11-35 素材图像

② 单击“图像”|“调整”|“色阶”命令，打开“色阶”对话框，如图 14-36 所示。

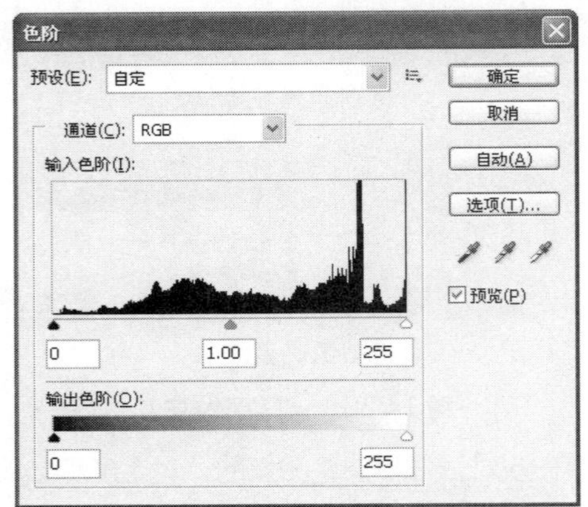


图 14-36 “色阶”对话框

③ 从中用户可以设置需要调整的通道，以确定需要调整的范围；然后在“输入色阶”选项中设置需要调整的值，如图 14-37 所示。

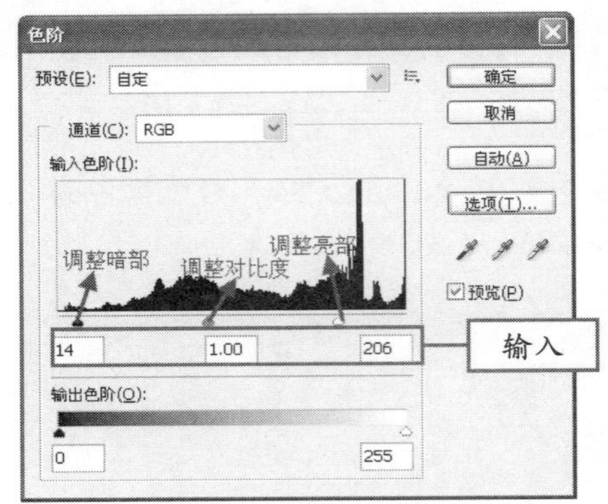


图 14-37 设置“输入色阶”选项

④ 设置完成后单击“确定”按钮，则图像效果如图 14-38 所示。

图 14-38 图像效果

## 2.“色彩平衡”命令

“色彩平衡”命令可用于调整图像的颜色，如调整图像偏色问题、制作单色图像等，下面将详细介绍该命令的使用方法。

### 制作单色图像

① 利用 Photoshop CS4 打开光盘中的素材图像，如图 14-39 所示。

图 11-39 素材图像

② 按【Ctrl+Shift+U】组合键，将当前图像变为黑白图像，如图 14-40 所示。

图 14-40 去色处理

③ 单击“图像”|“调整”|“色彩平衡”命令，打开“色彩平衡”对话框，并从中进行所需的设置，如图 14-41 所示。

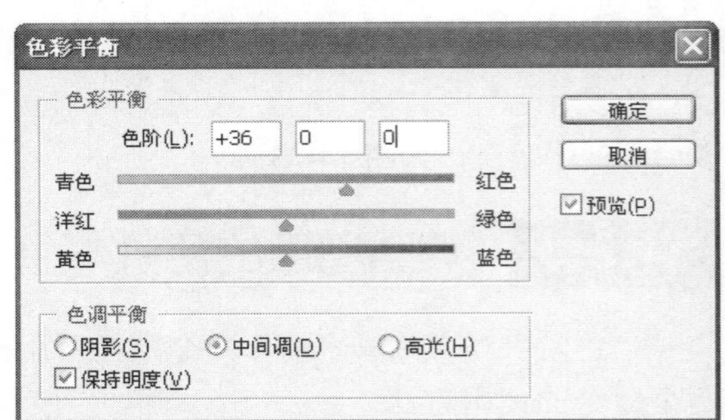


图 14-41 “色彩平衡”对话框

④ 设置完成后单击“确定”按钮即可，效果如图 14-42 所示。

 说明 色彩平衡命令主要用于调整图像的色彩，可用于纠正图像偏色问题。

图 14-42　单色图像效果

### 调整偏色照片

利用“色彩平衡”命令还可以调整图像的偏色问题，但在调整时需要根据实际情况进行调整，具体操作步骤如下：

① 利用 Photoshop CS4 打开光盘中的素材图像，如图 14-43 所示。

图 14-43　素材图像

② 单击“图像”|“调整”|“色彩平衡”命令，打开“色彩平衡”对话框，从中进行所需的设置，如图 14-44 所示。

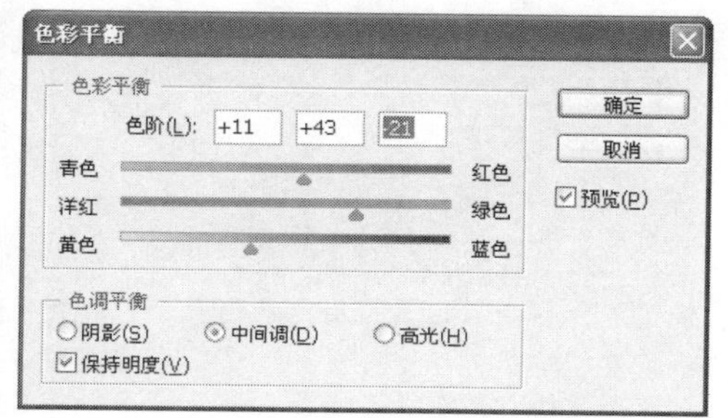


图 14-44　“色彩平衡”对话框

③ 设置完成后，单击“确定”按钮即可，效果如图 14-45 所示。

图 14-45　调整结果

### “色调均化”命令

使用“色调均化”命令时，系统会将图像中最亮的像素转换为白色，将最暗的像素转换为黑色，其余的像素也会随之进行相应的调整。

① 用 Photoshop CS4 打开光盘中的素材图像，如图 14-46 所示。

图 14-46　素材图像

② 单击“图像”|“调整”|“色调均化”命令，效果如图 14-47 所示。

图 14-47　色调均化效果

## 14.3　滤镜的使用

滤镜是 Photoshop 的一大特色，使用滤镜可以快速制作一些特殊效果，如风吹效果、球面化效果、浮雕效果、光照效果、模糊效果和云彩效果等。本章将对其中几个主要滤镜进行讲解。

色彩调整是 Photoshop 中最常用的操作，主要用于调整图版的色彩或制作色彩效果。 说明

## 14.3.1 “风格化”滤镜组

“风格化”滤镜组的主要作用是移动选区内图像的像素，以提高像素的对比度，从而产生印象派及其他风格化作品的效果。

### 1．“风”滤镜

利用“风”滤镜可以制作出风吹的效果，下面通过实例进行讲解。

① 用 Photoshop CS4 新建一个文档，并输入文字，如图 14-48 所示。

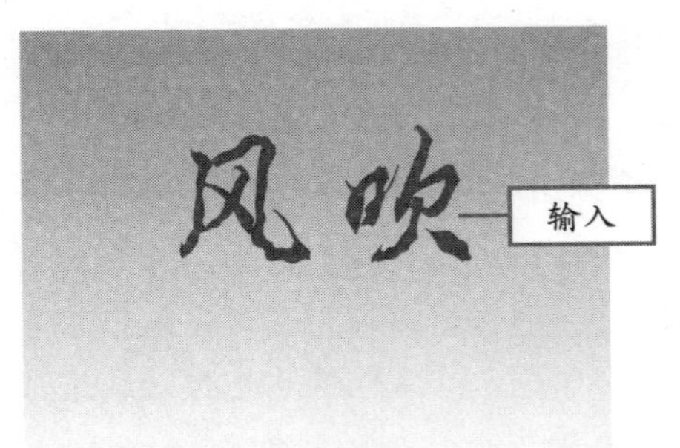

图 14-48　输入文字

② 将文本图层进行栅格化，并将文档顺时针旋转 90°，如图 14-49 所示。

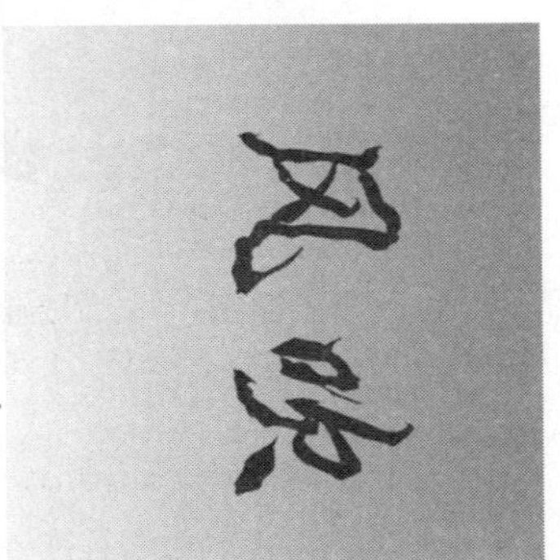
图 14-49　旋转文档

③ 单击“滤镜”|“风格化”|“风”命令，打开“风”对话框，并从中进行所需的设置，如图 14-50 所示。

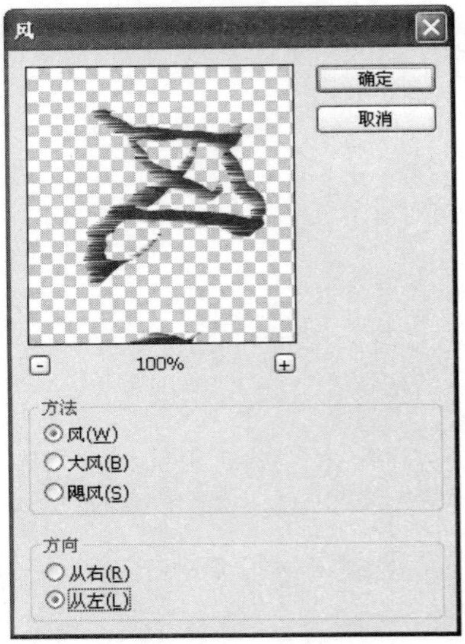

图 14-50　“风”对话框

④ 设置完成后，单击“确定”按钮，并将文档逆时针旋转 90°，效果如图 14-51 所示。

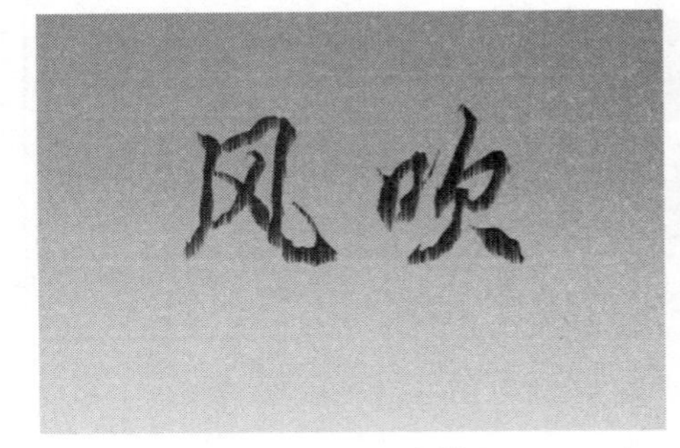

图 14-51　风吹效果

### 2．“拼贴”滤镜

拼贴滤镜根据对话框中指定的值将图像分成多块瓷砖状，从而产生一种瓷砖效果。

| 素材文件 | 光盘:\素材\第 14 章\国庆.png |
|---|---|



说明　“风”滤镜选项的选择主要根据线条的粗细来决定。

① 利用 Photoshop CS4 打开光盘中的素材图像，如图 14-72 所示。

图 14-72　素材图像

② 在“图层”面板中新建一个图层，并在该图层中填充白色。单击“滤镜”｜“渲染”｜“云彩”命令，如图 14-73 所示。

图 14-73　应用“云彩”滤镜

③ 打开“图层”面板，并从中设置“图层 1”的图层模式为“滤色”，如图 14-74 所示。

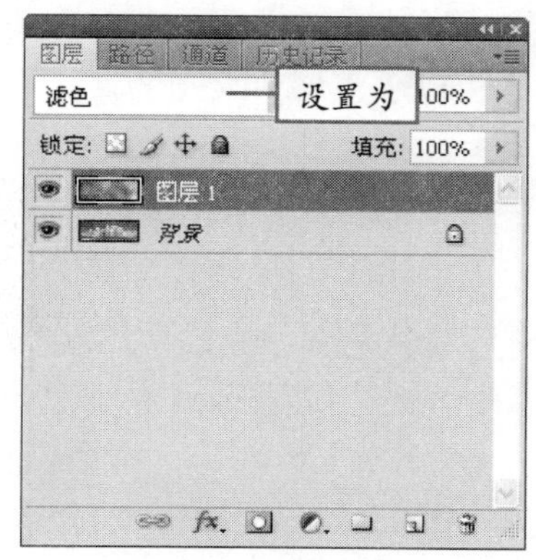


图 14-74　设置图层模式

④ 此时，图像窗口中的图像如图 14-75 所示。

图 14-75　图像效果

⑤ 选择“背景”图层，单击“图像”｜“调整”｜“亮度/对比度”命令，在打开的"亮度/对比度"对话框中将图像的亮度降低，如图 14-76 所示。

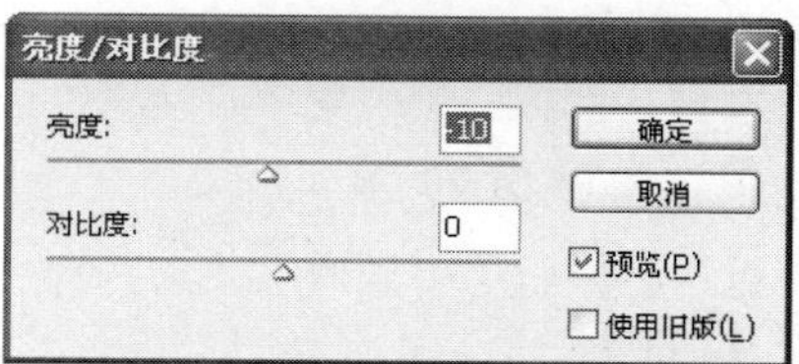


图 14-76　调整图像的亮度

⑥ 此时，即可在图像上添加薄雾效果，如图 14-77 所示。

图 14-77　添加薄雾效果

**知识点拨**

“云彩”滤镜和“分层云彩”滤镜的主要作用均是生成云彩，但两者产生云彩的方法不同，“云彩”滤镜是利用前景色和背景色之间的随机像素值将图像转换为柔和的云彩；而“分层云彩”滤镜则是将图像进行“云彩”滤镜处理后，再反白图像。

## 2．“光照效果”滤镜

该滤镜是一个设置复杂、功能极强的滤镜，它的主要作用是产生光照效果，通过光源、光色选择、聚焦和定义物体反射特性等来展现绘图效果。下面将通过实例进行详细讲解。

**素材文件**　光盘:\素材\第 14 章\日出.png、11.png

“滤色”图层模式可以过滤掉当前图像中的黑色与灰色，只显示白色。　**说明**

① 利用 Photoshop CS4 打开光盘中的素材图像，如图 14-78 所示。

图 14-78 素材图像

② 单击“滤镜”｜“渲染”|“光照效果”命令，并在打开的“光照效果”对话框中进行所需的设置，如图 14-79 所示。

③ 设置完成后，单击“确定”按钮，图像效果如图 14-80 所示。

在“光照效果”对话框中可以根据需要选择不同的光源。

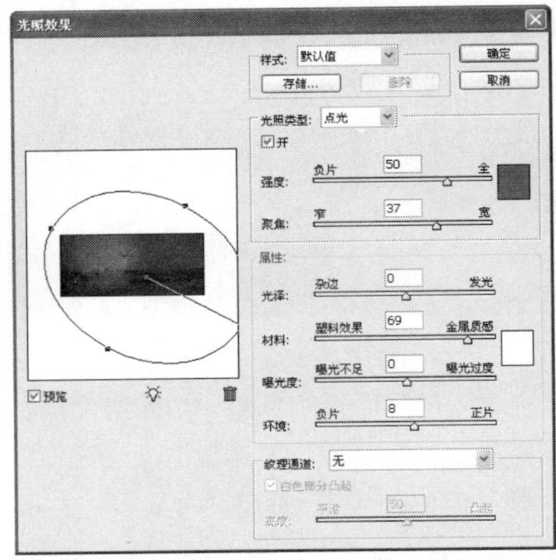


图 14-79 “光照效果”对话框

图 14-80 图像效果

### 3．“镜头光晕”滤镜

该滤镜可在图像中生成摄像机镜头眩光效果，用户还可以手工调节眩光位置。

① 利用 Photoshop CS4 打开光盘中的素材图像，如图 14-81 所示。

图 14-81 素材图像

② 单击“滤镜”｜“渲染”|“镜头光晕”命令，并在打开的“镜头光晕”对话框中进行所需的设置，如图 14-82 所示。

③ 设置完成后单击“确定”按钮，图像效果如图 14-83 所示。

使用滤镜后可以按【Ctrl+F】组合键多次应用该命令，以达到所需的效果。

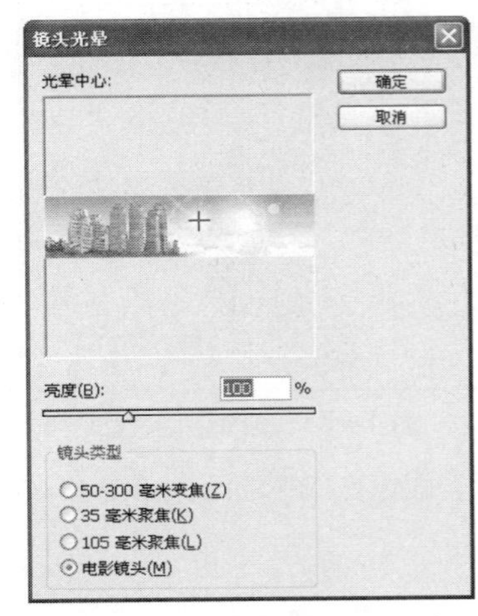


图 14-82 “镜头光晕”对话框

图 14-83 图像效果



说明 多数图层模式效果需要两个以上图层，如“滤色”，若当前只有一个图层，则该滤镜无效。

## 14.4　综合实战——制作炫彩背景

下面将在前面学习的基础上制作两个背景图像实例，以巩固本章所学知识并练习滤镜的使用。

① 在 Photoshop 中新建一个 600px×600px 的文档，如图 14-84 所示。

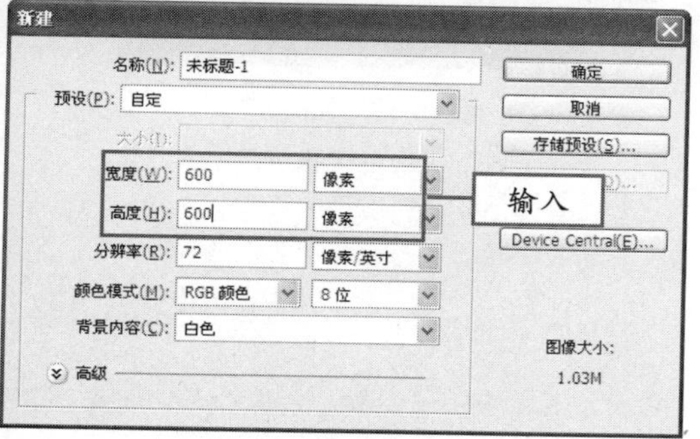


图 14-84　“新建”对话框

② 将背景填充为黑色。单击“滤镜”|“渲染”|“镜头光晕”命令，打开“镜头光晕”对话框，并从中进行所需的设置，如图 14-85 所示。

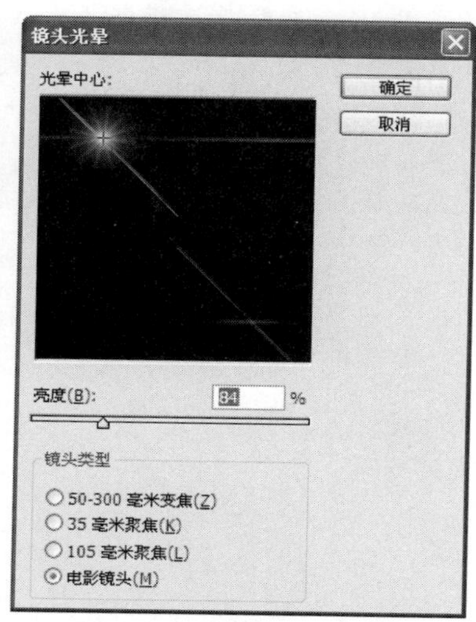


图 14-85　“镜头光晕”对话框

③ 重复应用两次该滤镜，并分别做适当的调整，得到的效果如图 14-86 所示。

④ 单击“滤镜”|“扭曲”|“极坐标”命令，并在打开的“极坐标”对话框中进行所需的设置，如图 14-87 所示。

图 14-86　添加光照

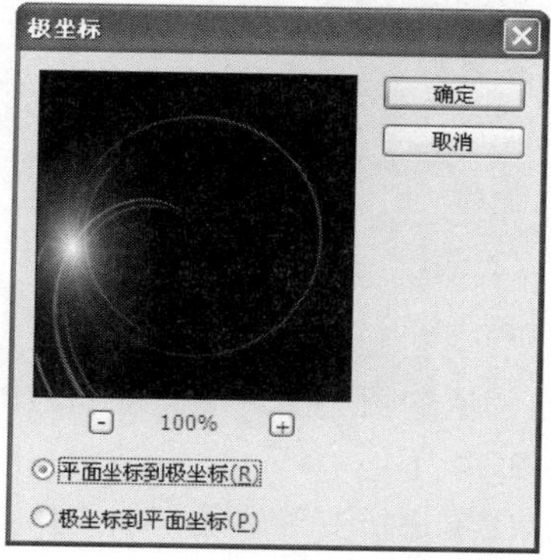


图 14-87　“极坐标”对话框

⑤ 单击“确定”按钮，此时的图像效果如图 14-88 所示。

图 14-88　图像效果

⑥ 新建一个图层，从中填充彩色渐变，如图 14-89 所示。

图 14-89　填充彩色渐变

⑦ 同样，对该图层应用“极坐标”滤镜，如图 14-90 所示。

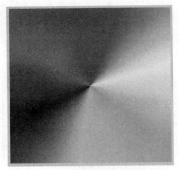

图 14-90　“极坐标”滤镜效果

⑧ 将该图层的图层模式设置为“叠加”，效果如图 14-91 所示。

⑨ 对该图层进行变形处理，效果如图 14-92 所示。

⑩ 选用裁切工具对文档进行适当的裁切，最终效果如图 14-93 所示。

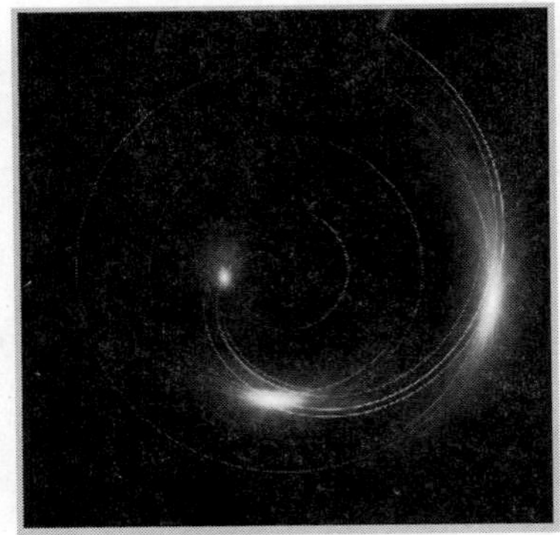
图 14-91　图像效果

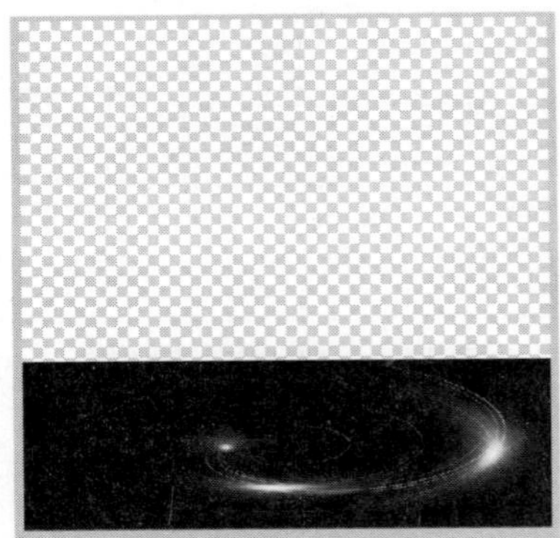
图 14-92　变形处理

图 14-93　最终效果

# 第 15 章 制作网页特效与版面

- 制作特效文字
- 制作按钮
- 制作网页板块
- 制作网站首页

Photoshop 的功能真强大，太好用了！

呵呵，其实我们只了解了一小部分而已。请大龙哥讲一讲吧！

是的，Photoshop 在网页图像制作和处理方面的功能特别强大。本章将详细介绍如何利用 Photoshop CS4 制作特效文字、按钮、网页板块和网站首页等。本章的知识很重要，大家要认真学习，学会融会贯通，举一反三。

# 15.1 特效文字的制作

特效文字在网页制作中主要是运用在图片的制作上，包括通栏广告、图片广告、banner图片等。通过制作特效文字，可以帮助了解文字工具、滤镜、图层样式、自由变换、复制图层等的应用方法。

## 15.1.1 磨砂涂鸦文字制作

**素材文件** 光盘:\素材\第 15 章\儿童.psd

① 打开 Photoshop CS4，单击“文件”|“新建”命令，新建一个文档，如图 15-1 所示。

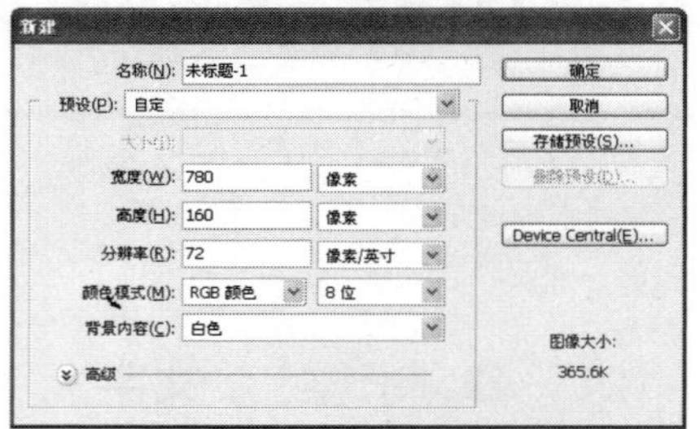

图 15-1 “新建”对话框

② 设置前景色为# 1e8d00，按【Alt+Delete】组合键，填充前景色，如图 15-2 所示。

图 15-2 填充前景色

③ 单击“滤镜”|“杂色”|“添加杂色”命令，在打开的“添加杂色”对话框中依次设置“数量”为 20%，高斯分布，单色，如图 15-3 所示。

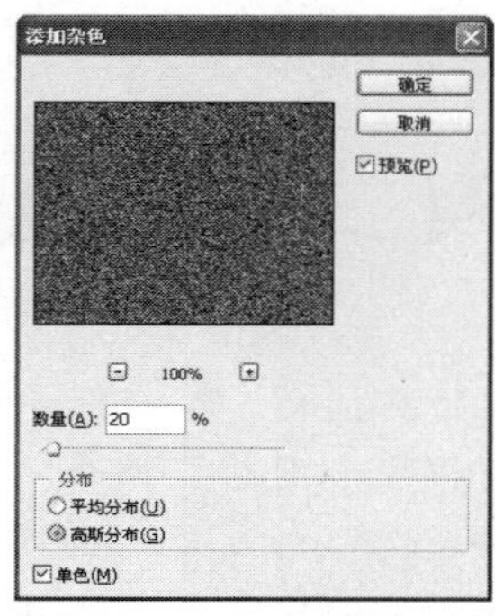

图 15-3 “添加杂色”对话框

④ 选择“横排文字工具”，输入文字“乐悠悠乐园”，设置文字颜色为# 023591，设置文字属性如图 15-4 所示。

图 15-4 设置文字属性

⑤ 输入文字后，效果如图 15-5 所示。

图 15-5 输入文字

⑥ 栅格化文字图层，然后再复制图层，如图 15-6 所示。

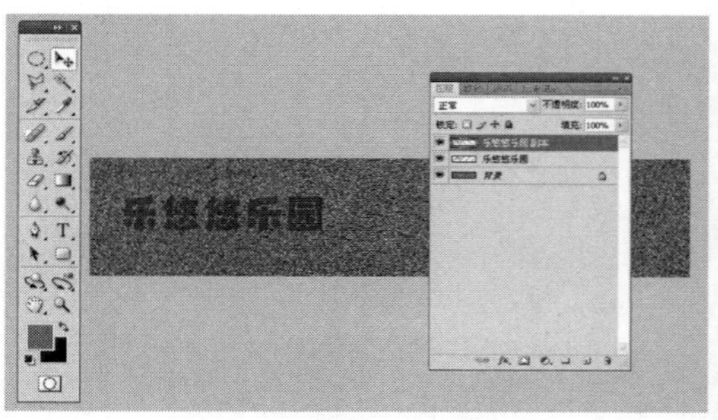


图 15-6 栅格化文字图层

 **说明** 文字在传递信息时更为直观，掌握较多的文字特效制作将有助于美化网页效果。

⑦ 选择“乐悠悠乐园副本”图层，然后双击图层，添加图层样式“描边”，如图 15-7 所示。

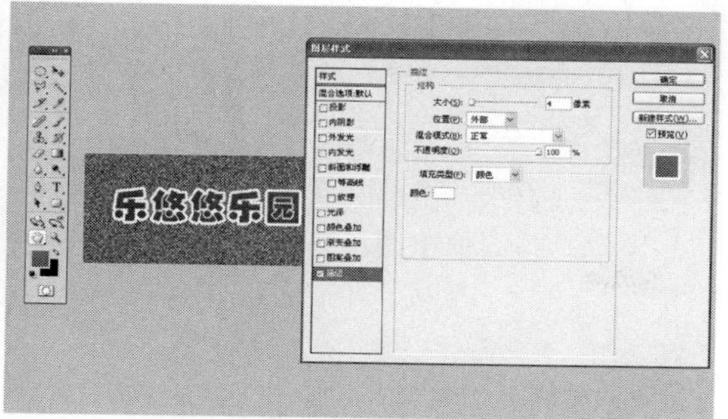

图 15-7　添加图层样式“描边”

⑧ 选择“乐悠悠乐园”图层，按【Ctrl+↓】组合键、【Ctrl+→】组合键各 8 次，将图层移动出少许来，如图 15-8 所示。

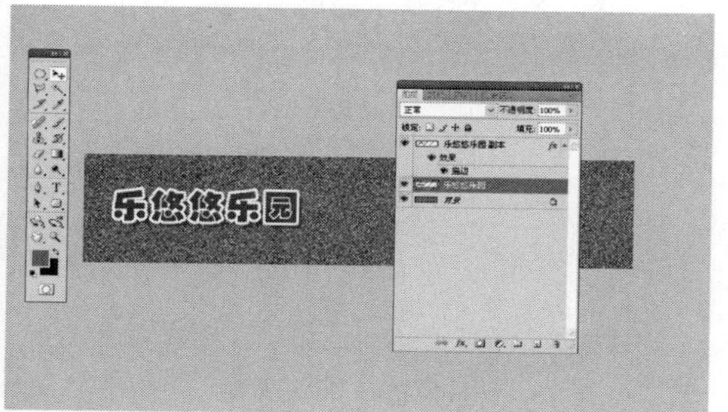

图 15-8　移动“乐悠悠乐园”图层

⑨ 按【Ctrl+U】组合键，打开“色相/饱和度”对话框，调整“乐悠悠乐园”图层的色相/饱和度，如图 15-9 所示。

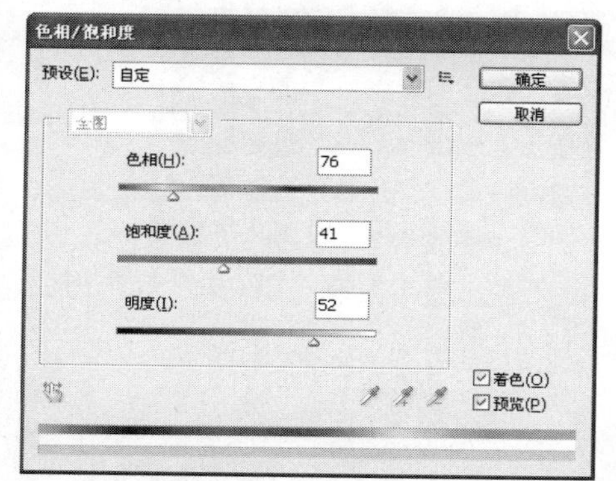


图 15-9　调整图层的色相/饱和度

⑩ 调整完毕后单击“确定”按钮，效果如图 15-10 所示。

图 15-10　调整后的效果

⑪ 选择“乐悠悠乐园副本”图层，按【Ctrl+E】组合键向下合并图层，这样“乐悠悠乐园副本”图层和“乐悠悠乐园”图层就合并为一个图层，如图 15-11 所示。

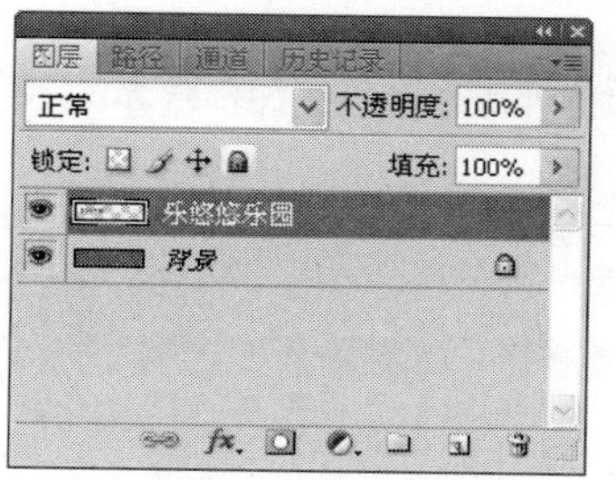


图 15-11　向下合并图层

⑫ 载入“乐悠悠乐园”图层的选区，单击“编辑”|“描边”命令，打开“描边”对话框，设置描边颜色为黑色，如图 15-12 所示。

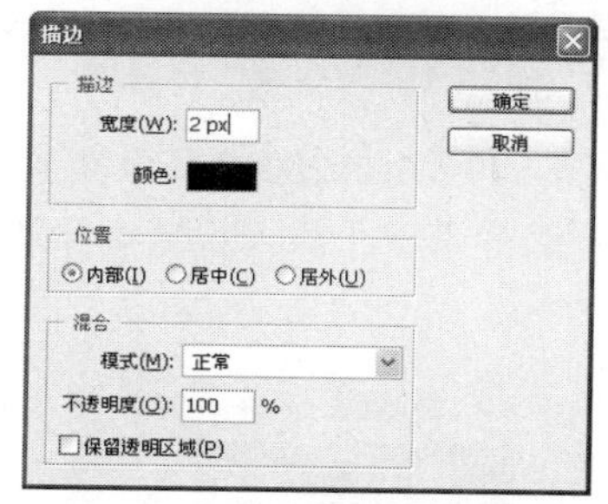


图 15-12　“描边”对话框

⑬ 描边完毕后，效果如图 15-13 所示。

图 15-13　描边后的效果

⑭ 单击“滤镜”|“杂色”|“添加杂色”命令，在打开的“添加杂色”对话框中依次设置“数量”为 20%，高斯分布，单色，单击“确定”按钮，如图 15-14 所示。

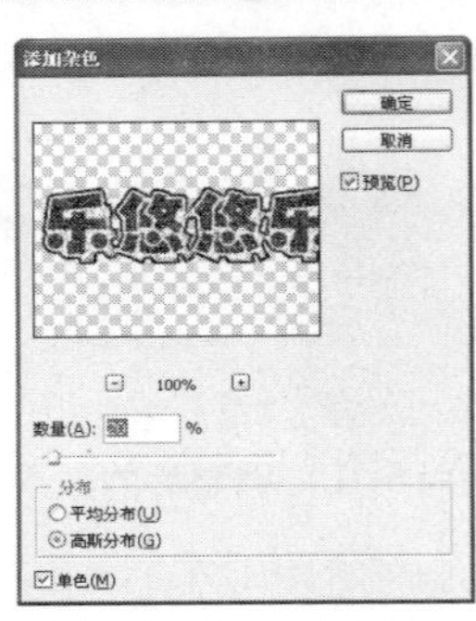
图 15-14　添加杂色

⑮ 打开“光盘:\素材\第 15 章\儿童.pad”文件，把人物拖到文件中，然后调整位置，即可完成最终效果，如图 15-15 所示。

图 15-15　拖入素材

## 15.1.2 金属文字效果的制作

**素材文件**　光盘:\素材\第 15 章\红绸.psd、戒指.psd

① 打开 Photoshop CS4，单击“文件”|“新建”命令，新建一个文档，如图 15-16 所示。

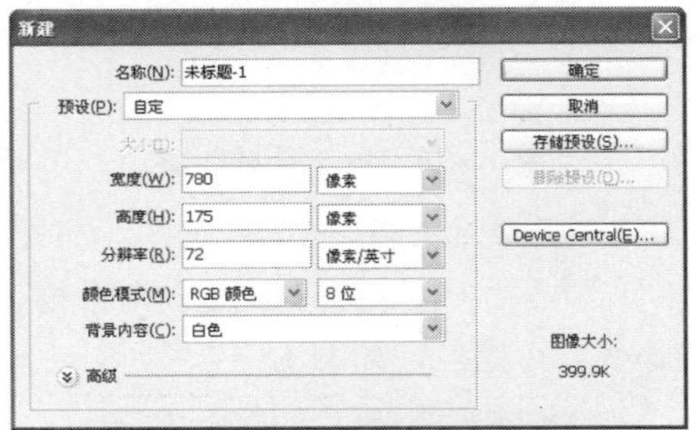
图 15-16　“新建”对话框

② 设置前景色为#620000，设置背景色为#000000，选择渐变工具，设置渐变属性，如图 15-17 所示。

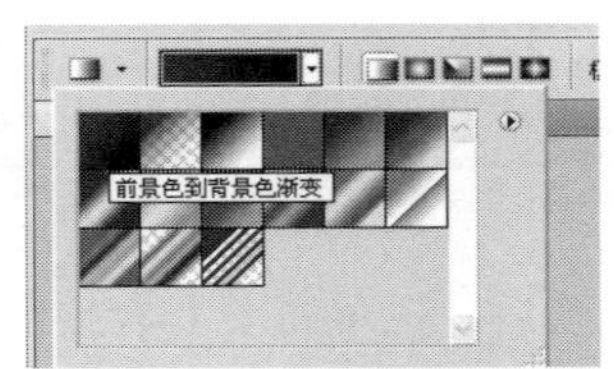
图 15-17　设置渐变属性

③ 在“背景”图层上从左向右绘制渐变，如图 15-18 所示。

图 15-18　绘制渐变后的效果

④ 打开“光盘:\素材\第 15 章\红绸.psd”文件，将“红绸.psd”文件的图层拖入窗口，如图 15-19 所示。

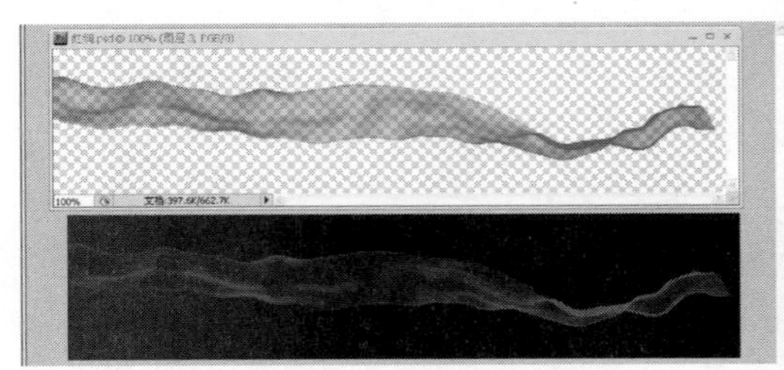
图 15-19　拖入素材

⑤ 选择横排文字工具，输入文字“曼婉钻石我心永恒”，设置文字颜色为#4b4b4b，再设置文字属性，如图 15-20 所示。

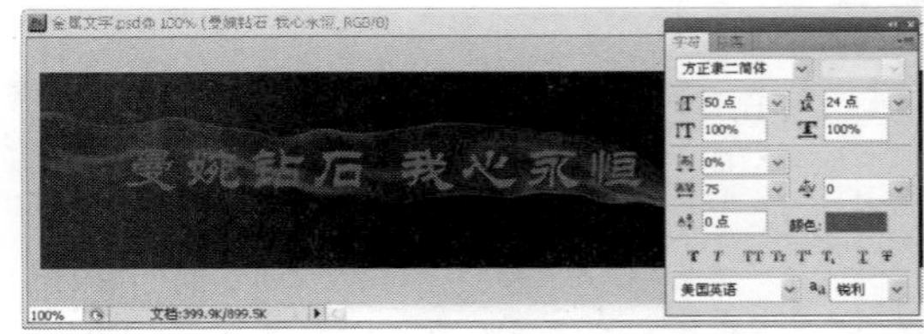
图 15-20　设置文字属性

⑥ 将文字图层再复制一层，文字颜色为白色，如图 15-21 所示。

图 15-21　复制文字图层


说明　平面设计是将不同的基本图形，按照一定的规则在平面上组合成图案的。

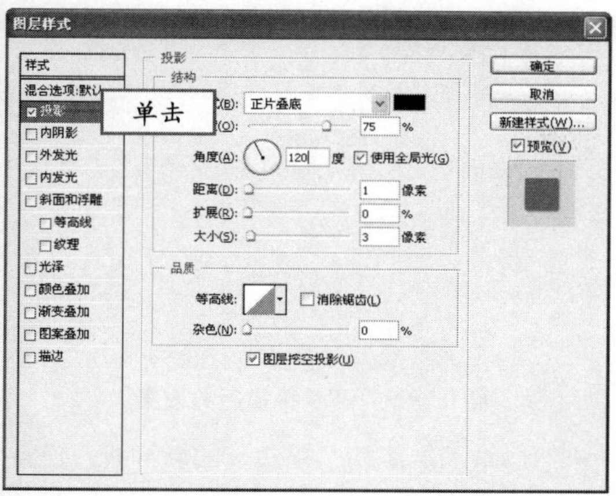


图 15-80　添加“投影”图层样式

21 最终效果如图 15-81 所示。

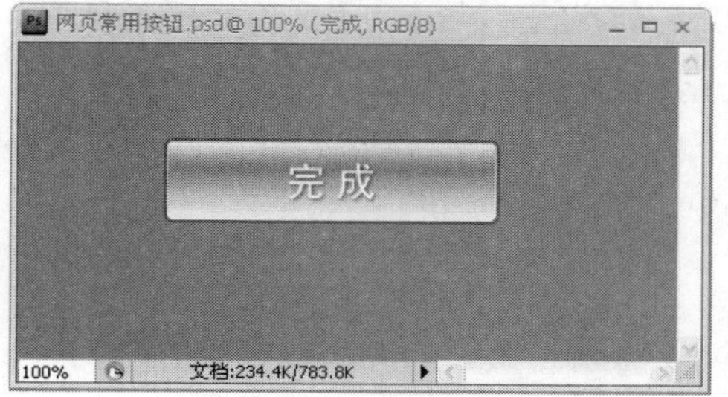

图 15-81　最终效果

**教你一招**

如果用户对按钮效果制作不是太熟悉，可以上网搜索一些相关资料，当熟练后再培养自己的制作习惯。

## 15.2.2　用图层样式制作漂亮水晶按钮

1 单击“文件”|“新建”命令，新建一个文档，如图 15-82 所示。

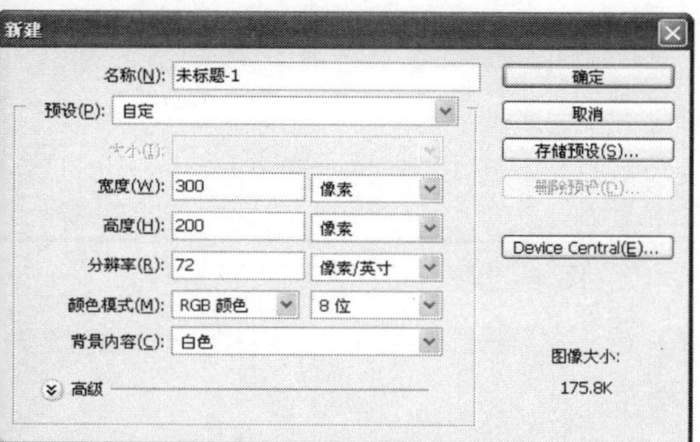

图 15-82　“新建”对话框

2 选择矩形选框工具，绘制一个选区，如图 15-83 所示。

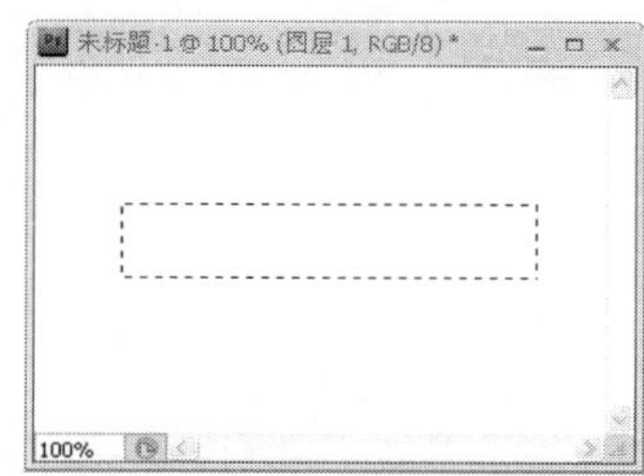

图 15-83　绘制选区

3 新建一个图层，用任意颜色填充选区，然后按【Ctrl+D】组合键取消选区，如图 15-84 所示。

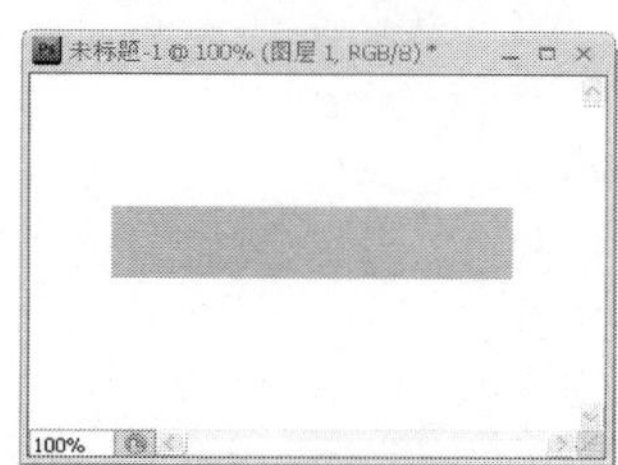

图 15-84　填充选区

4 选择“图层 1”，给图层添加“渐变叠加”图层样式，如图 15-85 所示。

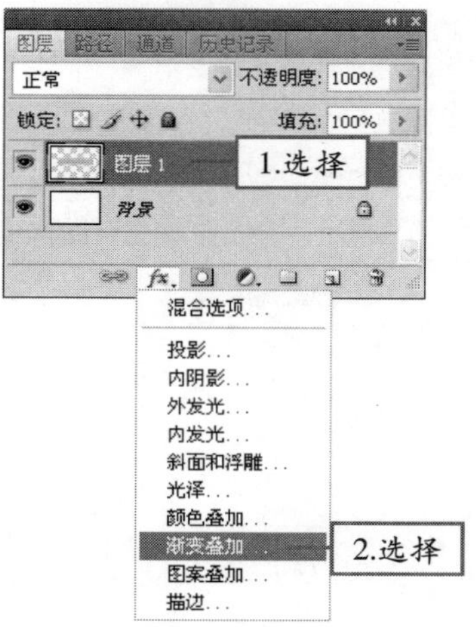


图 15-85　添加“渐变叠加”图层样式

5 设置“渐变叠加”图层样式的参数，如图 15-86 所示。

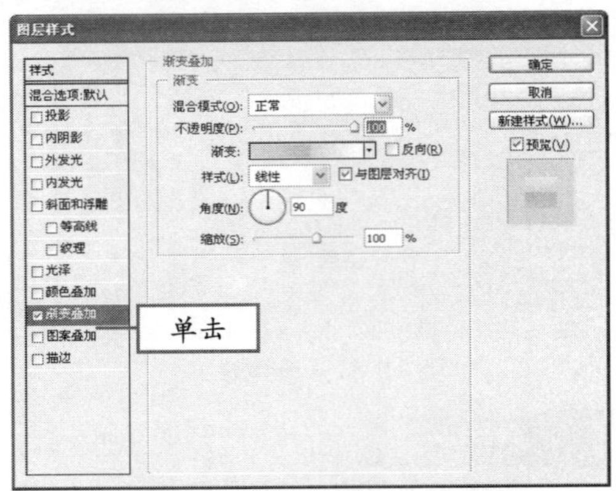

图 15-86　设置“渐变叠加”图层样式的参数

⑥ 设置渐变颜色从左到右依次为#fbd573、#ffb700、#ffd468、#fff7de，位置从左到右依次为：0%、53%、58%、100%，如图 15-87 所示。

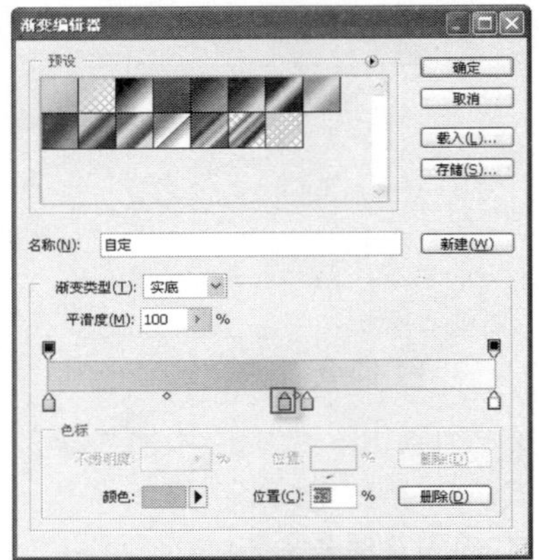
图 15-87　设置渐变颜色

⑦ 从左到右选择第三个色标，将位置调整为 53%，如图 15-88 所示。

图 15-88　调整色标位置

⑧ 渐变叠加后的效果如图 15-89 所示。

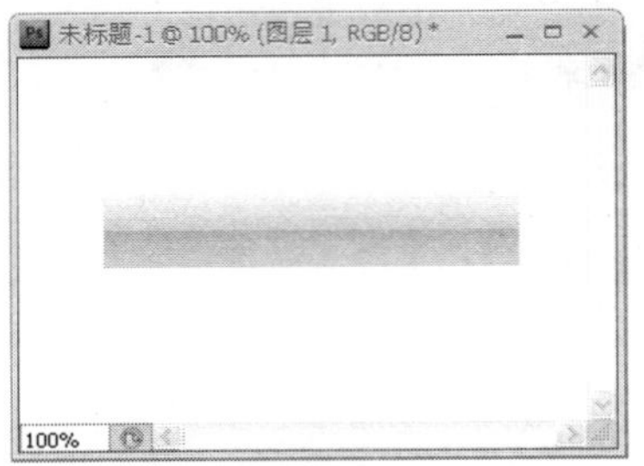
图 15-89　渐变叠加后的效果

⑨ 然后给图层添加“描边”图层样式，设置“描边”颜色为#e47600，如图 15-90 所示。

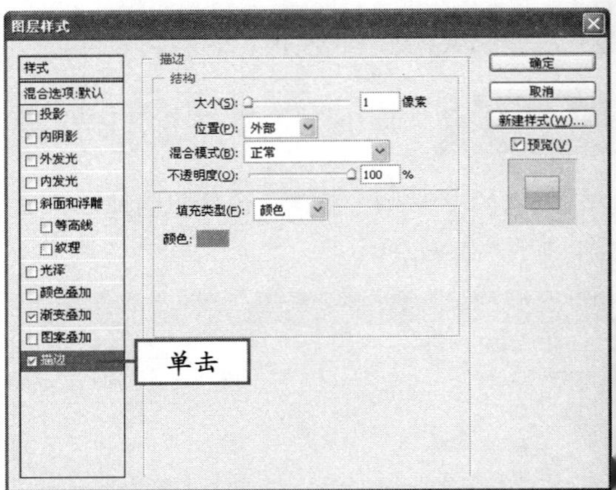

图 15-90　添加“描边”图层样式

⑩ 给图层添加“内发光”图层样式，如图 15-91 所示。

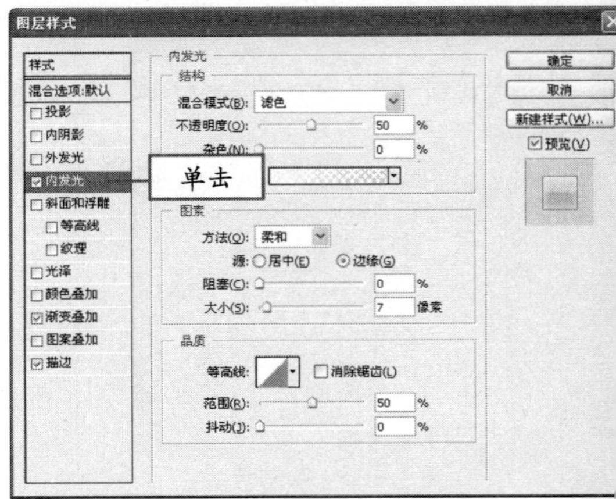

图 15-91　添加“内发光”图层样式

⑪ 最终效果如图 15-92 所示。


说明　对于同一对象，用户不应使用过多的图层样式，否则容易给人眼花缭乱的感觉。

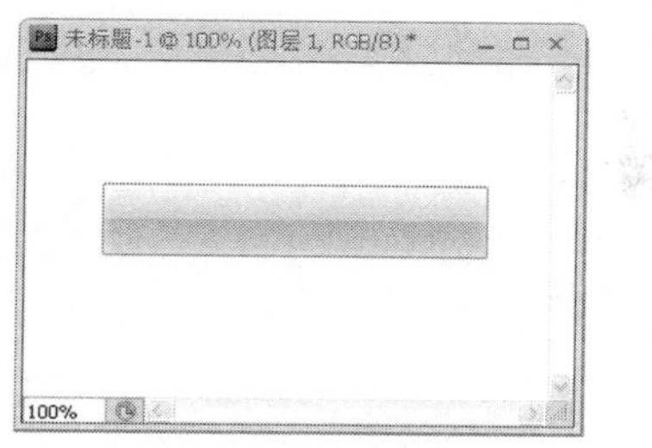

图 15-92　最终效果

水晶效果可是
目前较流行的特效
之一，要学会噢！

## 15.3　网页板块的制作

图片在网页中占有很大的比例，下面主要介绍广告图片的制作。

### 15.3.1　优惠活动广告图片的制作

① 单击“文件”|“新建”命令，新建一个文档，如图 15-93 所示。

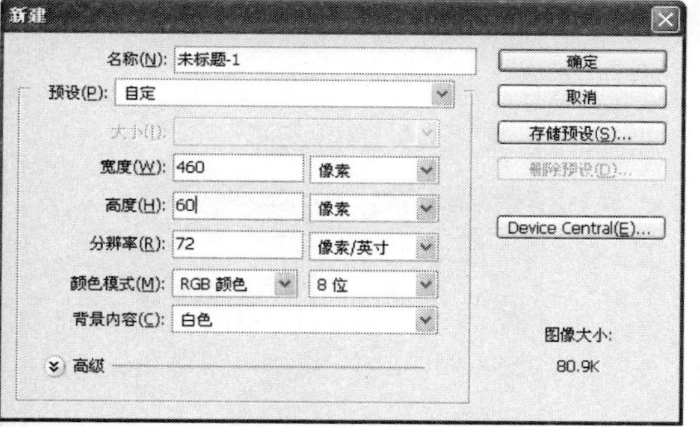

图 15-93　“新建”对话框

② 设置前景色为#ff0a08，设定背景色为#ffd63b，选择“渐变工具”，设定渐变方式从前景色到背景色，如图 15-94 所示。

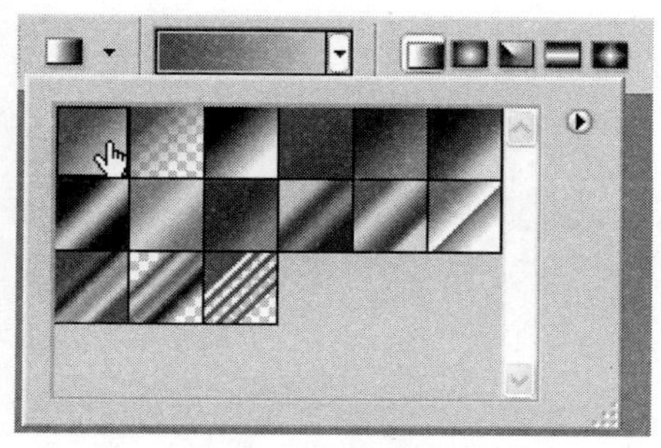

图 15-94　设定渐变属性

③ 按住【Shift】键，从左到右绘制渐变，效果如图 15-95 所示。

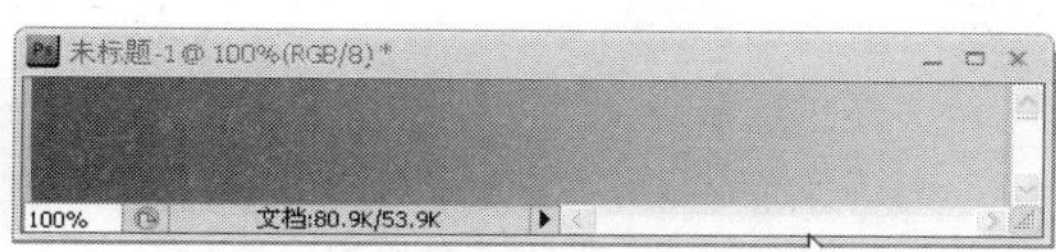

图 15-95　绘制渐变

④ 选择横排文字工具，输入文字“万伟科技‘五一’送大礼 CN 域名免费送!”，设置文字属性，如图 15-96 所示。

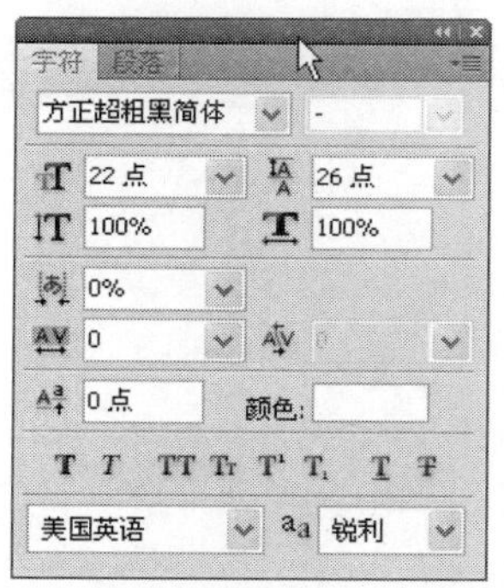

图 15-96　设置文字属性

⑤ 调整文字位置，如图 15-97 所示。

图 15-97　调整文字位置

⑥ 双击文字图层，给文字添加“描边”图层样式，设置描边颜色为#ff0000，如图 15-98 所示。

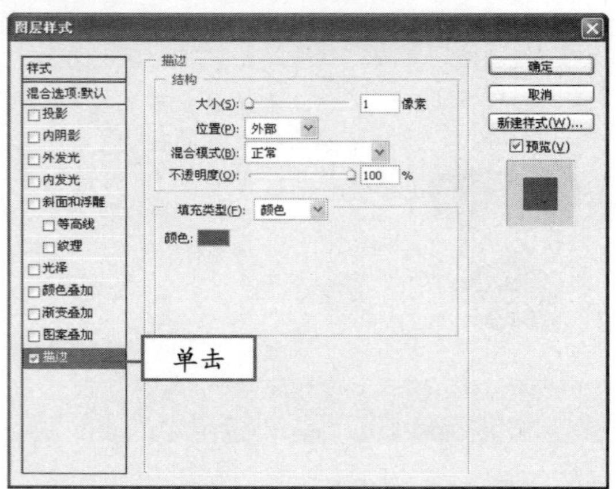

图 15-98　添加“描边”图层样式

⑦ 描边后的效果如图 15-99 所示。

图 15-99　添加“描边”后的效果

⑧ 选择多边形工具，如图 15-100 所示。

图 15-100　选择多边形工具

⑨ 设置多边形的属性，如图 15-101 所示。

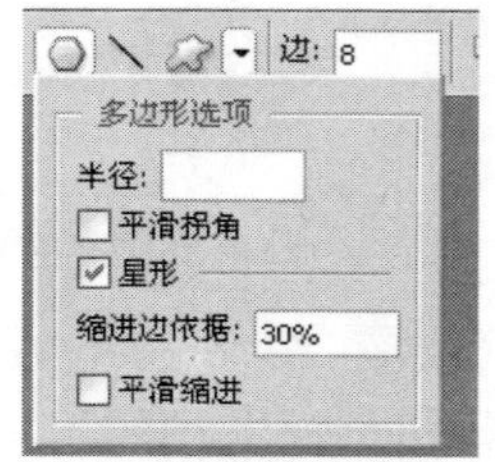


图 15-101　设置多边形的属性

⑩ 新建一个图层，然后绘制多边形，如图 15-102 所示。

图 15-102　绘制多边形

⑪ 按【Ctrl+Enter】组合键，将路径转化为选区，然后设定前景色为#ff0000，用前景色填充选区，取消选区，如图 15-103 所示。

图 15-103　用前景色填充选区

⑫ 选择横排文字工具，输入文字“抢”，设置文字属性，如图 15-104 所示。

图 15-104　设置文字属性

⑬ 调整文字位置，如图 15-105 所示。

图 15-105　调整文字位置

⑭ 双击文字“抢”的图层，添加“投影”图层样式，如图 15-106 所示。


说明　文本图层无须格式化也可以使用图层样式。

⑯ 为图层添加“外发光”图层样式，如图 15-123 所示。

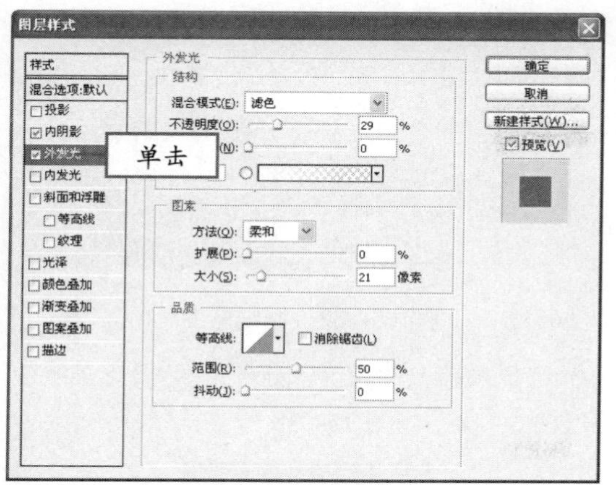


图 15-123　添加“外发光”图层样式

⑰ 最终效果如图 15-124 所示。

图 15-124　最终效果

导航栏是一个网站的
简要地图，在设置导航栏
的栏目时，用户需要认真
考虑，务必精确、全面。


## 15.3.3　美容用品广告条的制作

**素材文件**　光盘:\第 15 章\素材\人物.psd

① 单击“文件”|“新建”命令，新建一个文档，如图 15-125 所示。

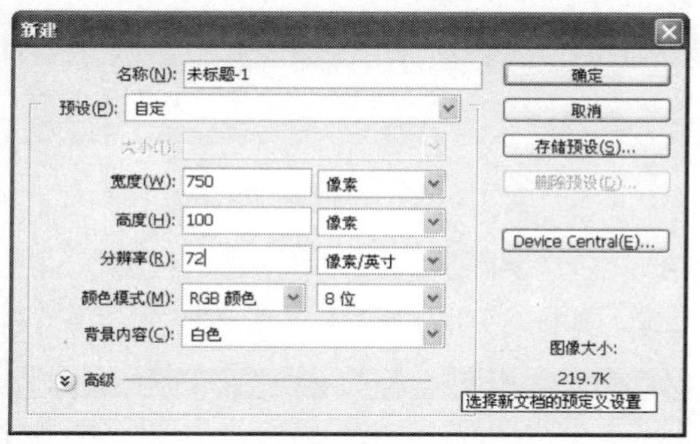


图 15-125　“新建”对话框

② 设置前景色#ff7ed3，设置背景色为#f10082，选择渐变工具，设置渐变方式为线性渐变，如图 15-126 所示。

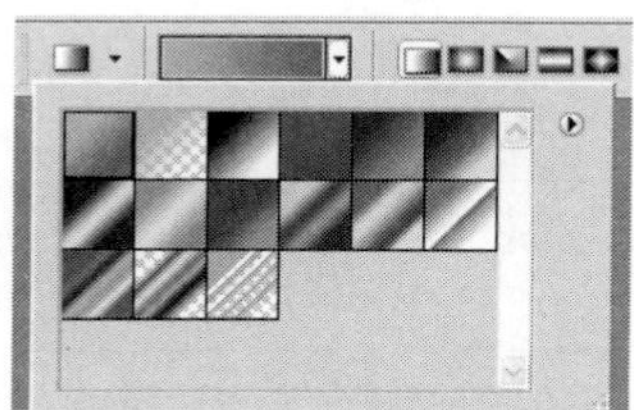

图 15-126　设置渐变属性

③ 按住【Shift】键，从上到下绘制渐变，如图 15-127 所示。

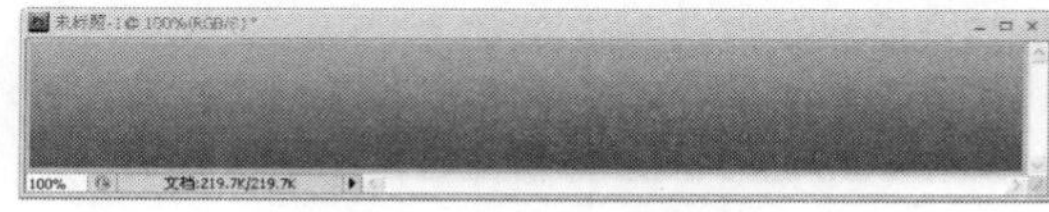

图 15-127　绘制渐变

④ 新建一个图层，命名为“按钮底部”，然后选择圆角矩形工具，设置半径为 8px，如图 15-128 所示。

图 15-128　设置圆角矩形工具的属性

⑤ 在画布上绘制一个圆角矩形，然后按【Ctrl+Enter】组合键，将路径转化为选区，如图 15-129 所示。

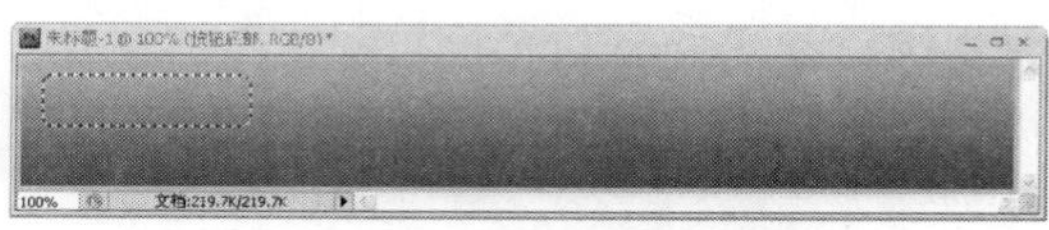

图 15-129　将路径转化为选区

⑥ 设置前景色为#46b601，设置背景色为# b8f573，选择渐变工具，设置属性如图 15-130 所示。

广告条是网站中要重点宣传的内容，其位置与大小要根据其重要性决定。　**说明**

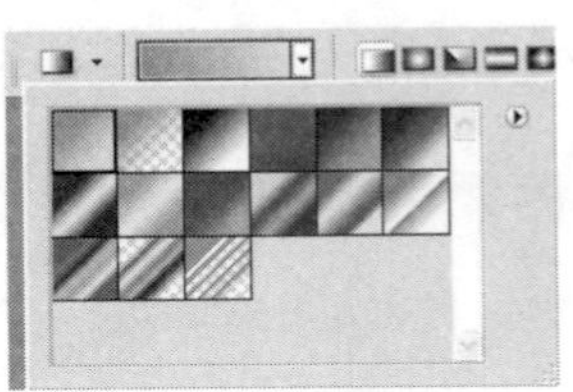

图 15-130　设置渐变属性

⑦ 选择图层"按钮底部",从上到下绘制渐变,如图 15-131 所示。

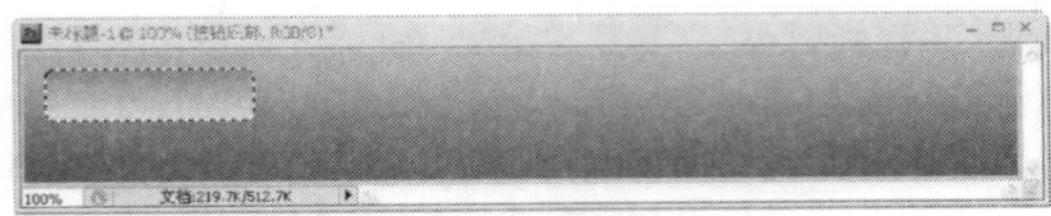

图 15-131　绘制渐变

⑧ 取消选区，新建一个图层，命名为“按钮高光”，选择圆角矩形工具，设置半径为 12px，如图 15-132 所示。

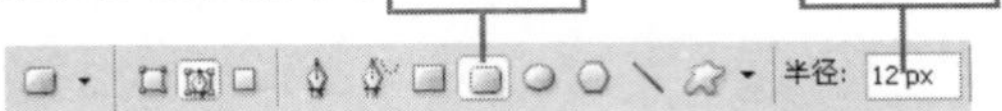


图 15-132　设置圆角矩形工具的属性

⑨ 绘制圆角矩形，然后按【Ctrl+Enter】组合键，将路径转化为选区，如图 15-133 所示。

图 15-133　将路径转化为选区

⑩ 选择图层“按钮高光”，用白色填充选区，然后取消选区，如图 15-134 所示。

图 15-134　用白色填充选区

⑪ 选择图层“按钮高光”，给图层添加图层蒙版，如图 15-135 所示。

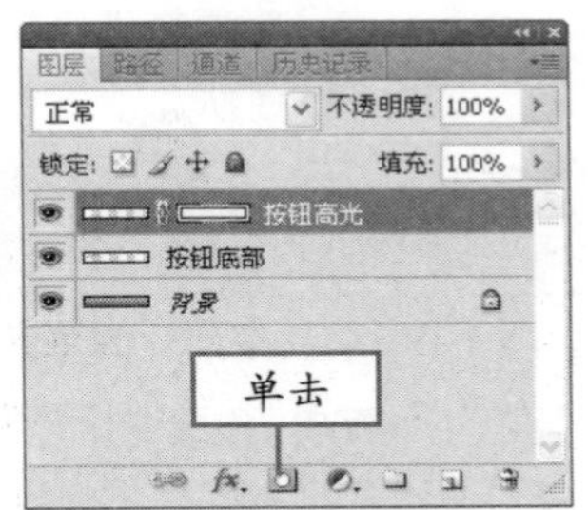


图 15-135　给图层添加图层蒙版

⑫ 选择渐变工具,设置渐变属性,如图 15-136 所示。

图 15-136　设置渐变属性

⑬ 从上到下绘制渐变，如图 15-137 所示。

图 15-137　绘制渐变

⑭ 选择横排文字工具,输入文字“婉芝美容”,设置文字属性如图 15-138 所示。

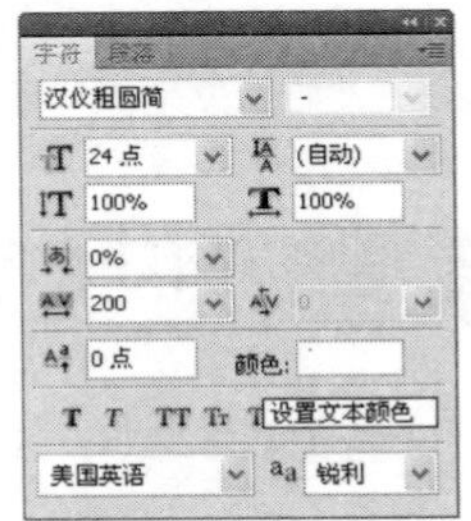


图 15-138　设置文字属性

⑮ 调整文字位置，如图 15-139 所示。

图 15-139　调整文字位置

⑯ 双击文字图层，给文字添加“投影”图层样式，如图 15-140 所示。

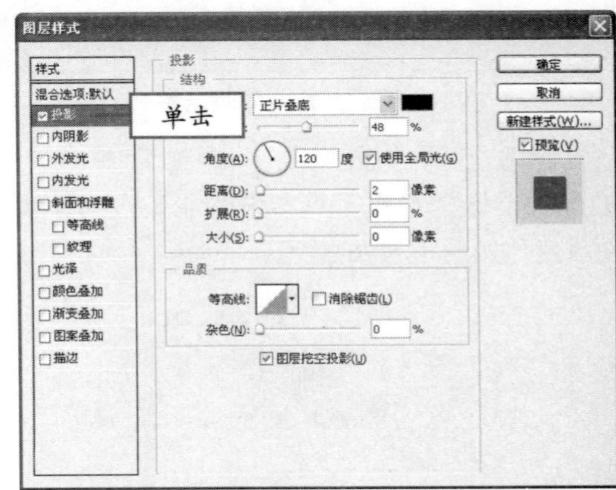


图 15-140　添加“投影”图层样式



在颜色运用方面，广告条可以采用对比色，以突出相关信息。

⑰ 选择横排文字工具，输入文字“十年店庆 所有商品五折起”，设置文字属性，如图 15-141 所示。

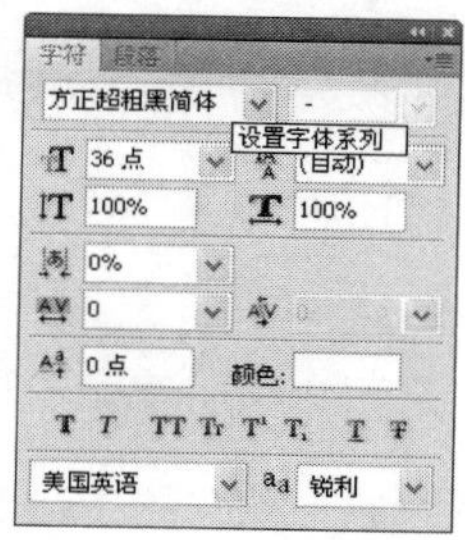


图 15-141　设置文字属性

⑱ 调整文字位置，如图 15-142 所示。

图 15-142　调整文字位置

⑲ 双击文字图层，添加“渐变叠加”图层样式，如图 15-143 所示。

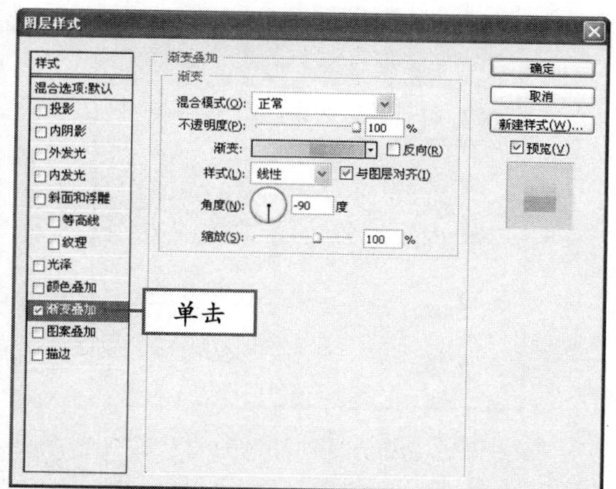


图 15-143　添加“渐变叠加”图层样式

⑳ 设置渐变的颜色，从左到右依次为#fffc00、#ffcd00、#ff9900、#ffc700，如图 15-144 所示。

㉑ 选择第三个色标，将它的位置设置为 51%，如图 15-145 所示。

㉒ 给文字图层添加“投影”图层样式，如图 15-146 所示。

㉓ 添加图层样式后的文字效果如图 15-147 所示。

图 15-144　设置渐变颜色

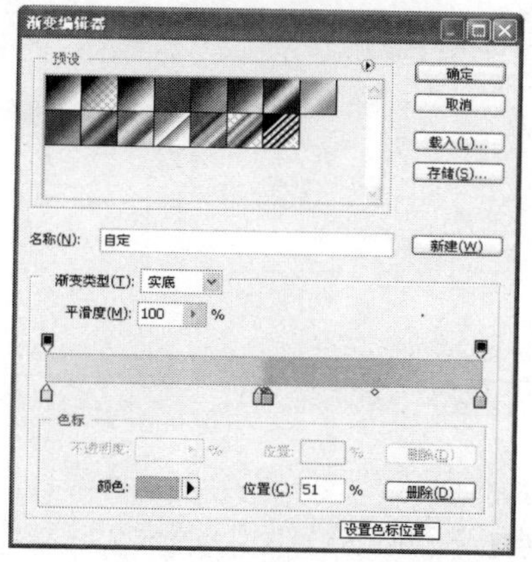


图 15-145　设置第三个色标的位置

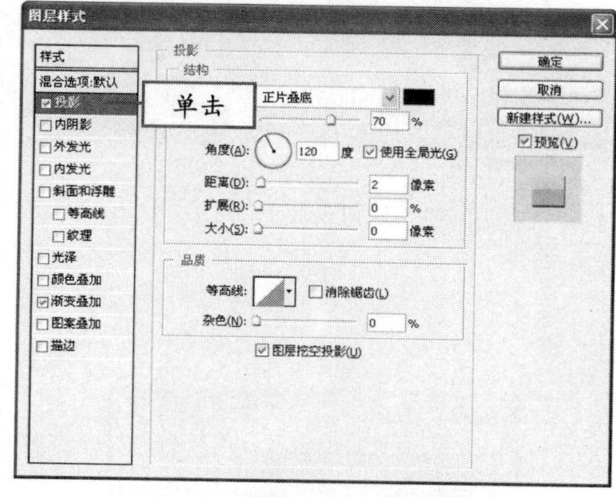


图 15-146　添加“投影”图层样式

图 15-147　添加图层样式后的文字效果

对于背景色单调的版块来说，用户可以在文本或相关按钮上制作一些特效，以突出效果。说明

㉔ 打开“光盘:\素材\第 15 章\人物.psd”文件，将图层拖入窗口，调整位置，如图 15-148 所示。

图 15-148 将素材拖入窗口

㉕ 最后在背景图层上新建一个图层，命名为“底纹”，用画笔绘制一个花纹，如图 15-149 所示。

图 15-149 最终效果

## 15.3.4 科技公司广告条的制作

① 单击“文件”|“新建”命令，新建一个文档，如图 15-150 所示。

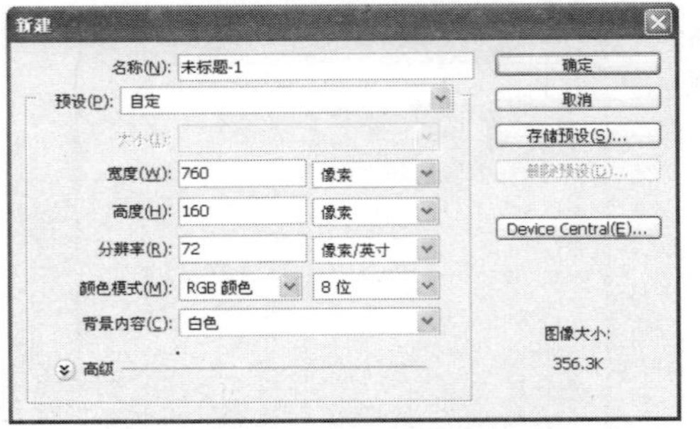


图 15-150 “新建”对话框

② 设置前景色为#0037ad，设置背景色为#0596ff，单击“滤镜”|“渲染”|“云彩”命令，效果如图 15-151 所示。

图 15-151 运用滤镜

③ 选择“滤镜”|“像素化”|“铜版雕刻”命令，在打开的“铜版雕刻”对话框中设置“类型”为“中等点”，如图 15-152 所示。

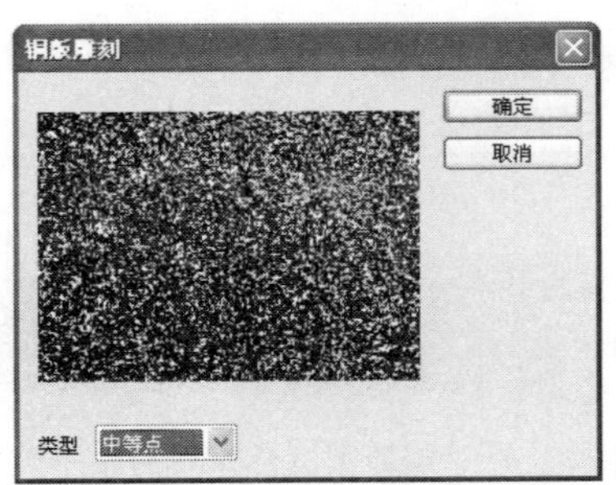


图 15-152 “铜版雕刻”对话框

④ 运用滤镜后的效果如图 15-153 所示。

图 15-153 运用滤镜后的效果

⑤ 复制背景图层，选择“背景副本”图层，单击“滤镜”|“模糊”|“径向模糊”命令，在打开的“径向模糊”对话框中设置参数，如图 15-154 所示。

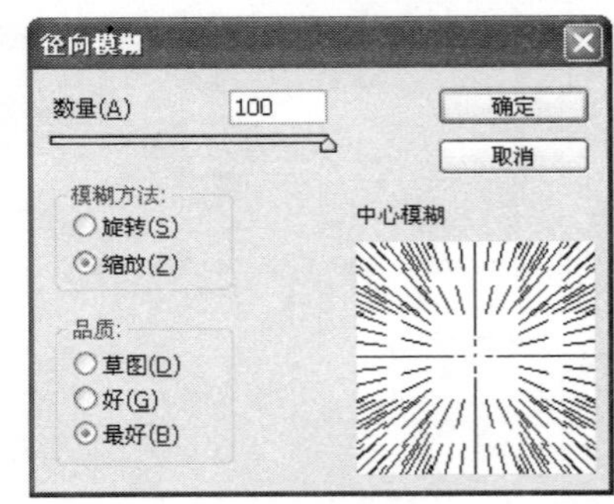


图 15-154 “径向模糊”对话框

⑥ 运用滤镜后的效果如图 15-155 所示。

图 15-155 运用滤镜后的效果

⑦ 将“背景副本”图层隐藏，选择“背景”图层，单击“滤镜”|“模糊”|“径向模糊”命令，在打开的“径向模糊”对话框中设置参数，如图 15-156 所示。


说明 设计页面时不要单纯地追求华丽的效果，应更注意页面的协调性。

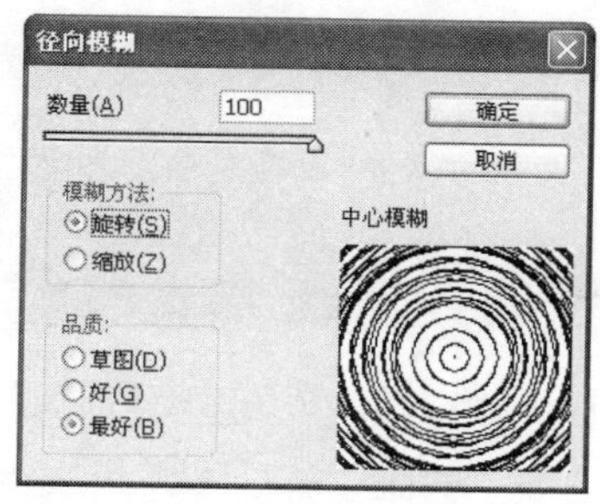

图 15-156　“径向模糊”对话框

⑧ 运用滤镜后的效果，如图 15-157 所示。

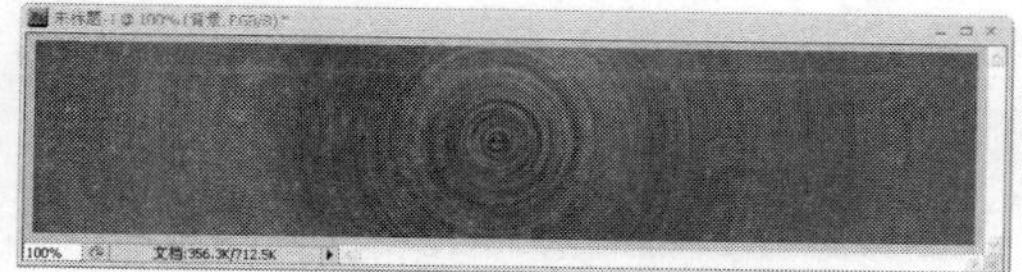

图 15-157　运用滤镜后的效果

⑨ 选择“背景副本”图层，将图层混合模式设置为“变亮”，如图 15-158 所示。

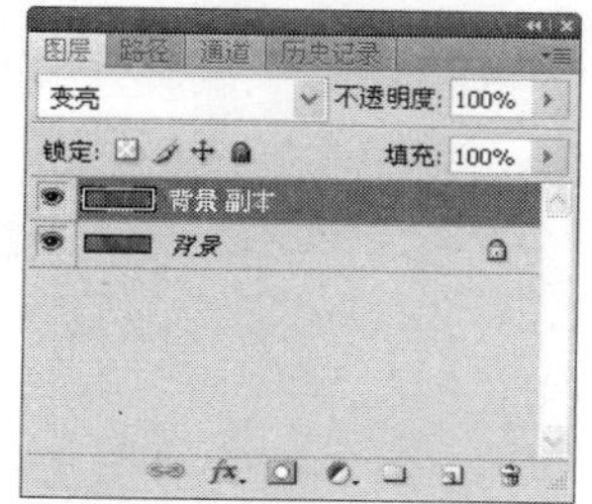

图 15-158　设置图层混合模式

⑩ 复制“背景副本”图层，选择“背景副本 2”图层，单击“滤镜”|“模糊”|“高斯模糊”命令，在打开的“高斯模糊”对话框中设置参数，如图 15-159 所示。

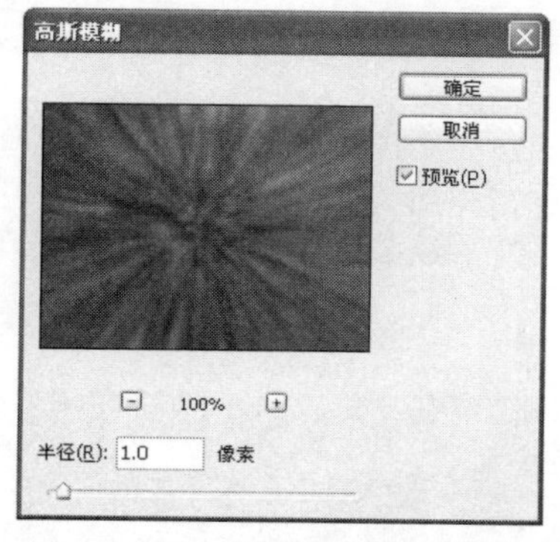

图 15-159　“高斯模糊”对话框

⑪ 运用滤镜后的效果如图 15-160 所示。

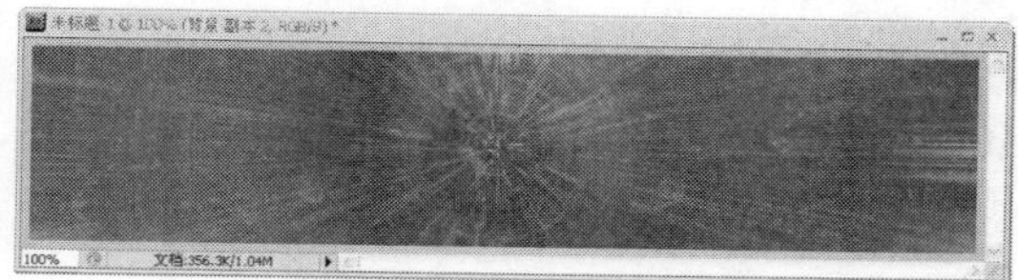

图 15-160　运用滤镜后的效果

⑫ 选择文字工具，输入文字“万伟软件开发公司”，设置文字属性，如图 15-161 所示。

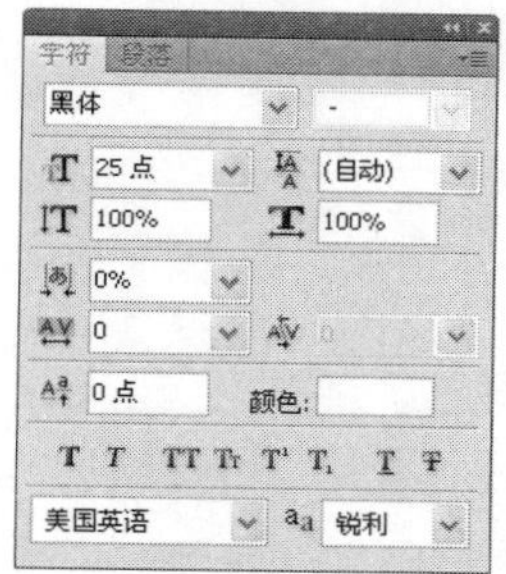

图 15-161　设置文字属性

⑬ 调整文字位置，如图 15-162 所示。

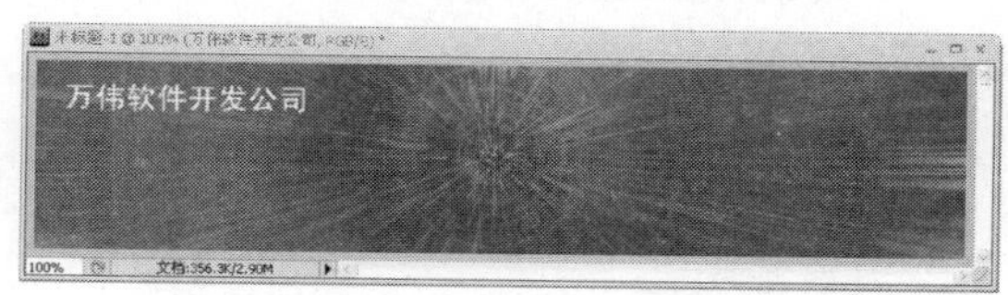


图 15-162　调整文字位置

⑭ 再输入文字“思维创新”，设置文字属性，如图 15-163 所示。

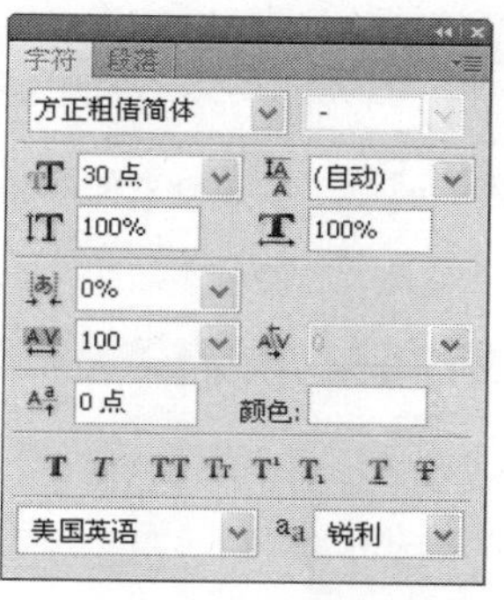

图 15-163　设置文字属性

⑮ 调整文字位置，如图 15-164 所示。

图 15-164　调整文字位置

⑯ 双击“思维创新”文字图层，添加“渐变叠加”图层样式，如图 15-165 所示。

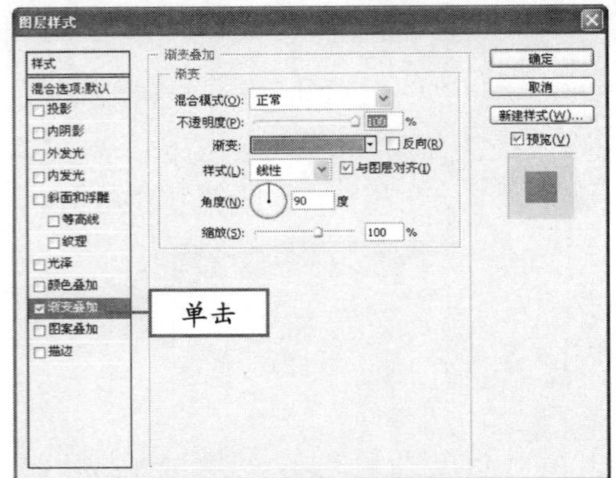


图 15-165 添加“渐变叠加”图层样式

⑰ 设置渐变颜色，从左到右依次为#dd5001、#ff6d00，如图 15-166 所示。

图 15-166 设置渐变的颜色

⑱ 再添加“描边”图层样式，如图 15-167 所示。

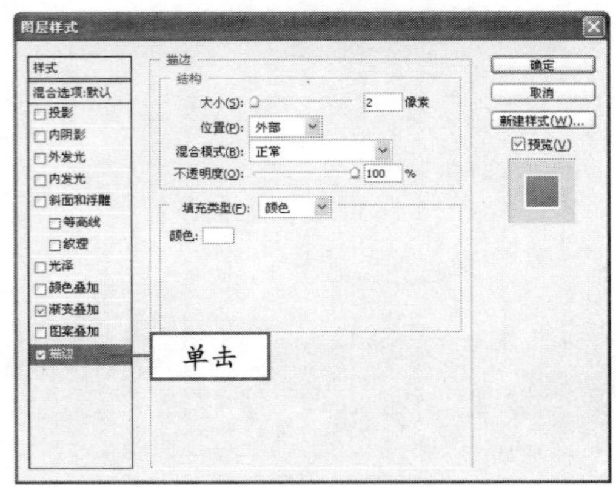


图 15-167 添加“描边”图层样式

⑲ 添加图层样式后的效果如图 15-168 所示。

图 15-168 添加图层样式后的效果

⑳ 复制图层“思维创新”，然后将文字修改为“快速定制”，调整文字位置，如图 15-169 所示。

图 15-169 复制图层

㉑ 再输入文字“为用户提供一流的服务”，设置文字属性，如图 15-170 所示。

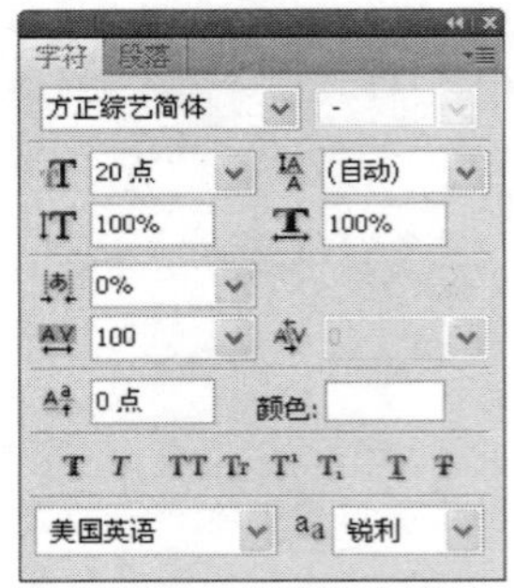


图 15-170 设置文字属性

㉒ 调整文字位置，如图 15-171 所示。

图 15-171 调整文字位置

㉓ 新建一个图层，命名为“线”，选择“矩形选框工具”，绘制一个矩形选区，如图 15-172 所示。

图 15-172 绘制选区



说明 在“图层样式”对话框中选中“预览”复选框，对图像的操作会实时地反映在图像窗口中。

㉔ 设置前景色为#4bb3ff，选择图层“线”，用前景色填充选区，取消选区，如图 15-173 所示。

图 15-173　填充选区

㉕ 在图层“线”上新建一个图层，命名为“箭头”，选择“自定义形状工具”，选择“箭头 9”图形，如图 15-174 所示。

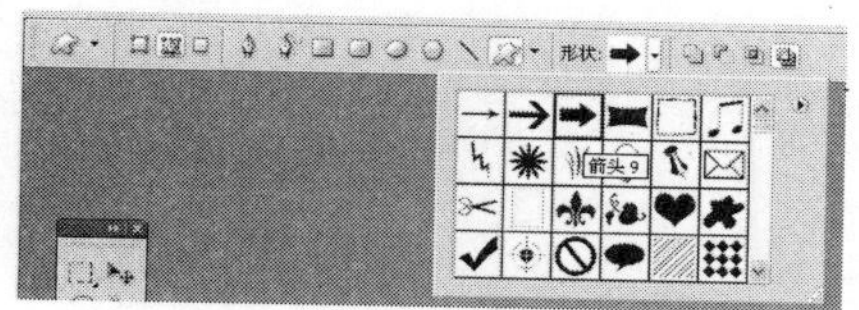

图 15-174　选择箭头图形

㉖ 绘制一个箭头，如图 15-175 所示。

图 15-175　绘制箭头

㉗ 按【Ctrl+Enter】组合键，将路径转化为选区，选择图层“箭头”，用白色填充选区，如图 15-176 所示。

图 15-176　用白色填充选区

㉘ 选择矩形选框工具，选择箭头的一半，然后删除，如图 15-177 所示。

图 15-177　删除箭头的一半

㉙ 调整箭头的位置，最终效果如图 15-178 所示。

图 15-178　最终效果

## 15.4　综合实战——制作饮食网站首页

下面制作一个饮食类网站的首页，主体颜色采用暖色和灰色搭配，页面分为上、左、右、下四部分，是一个适合初学者练习的页面。

### 15.4.1　页面头部的制作

**素材文件**　光盘:\第 15 章\素材\LOGO.psd、菜肴.psd

① 单击“文件”|“新建”命令，新建一个文档，如图 15-179 所示。

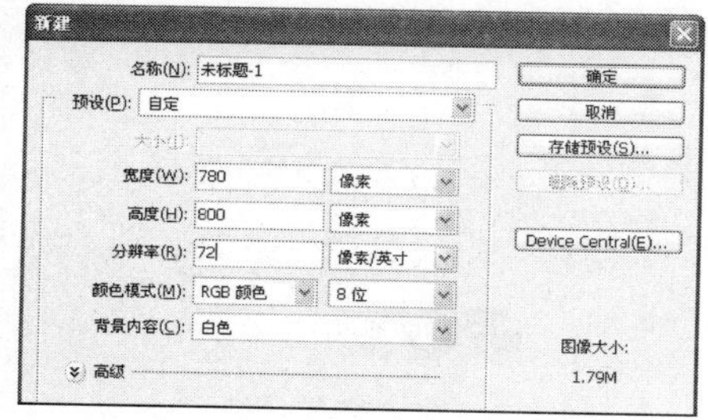


图 15-179　“新建”对话框

② 按【Ctrl+R】组合键，调出标尺，然后按住鼠标左键，从水平标尺上分别拖出三条辅助线，如图 15-180 所示。

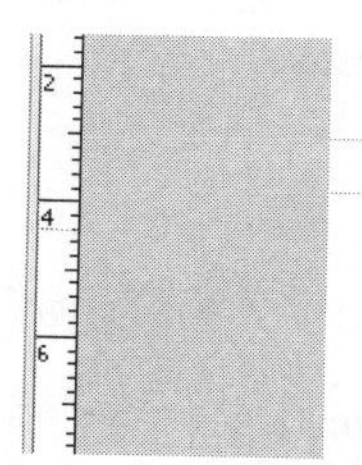

图 15-180　添加水平辅助线

网页的头部是一个网站最重要的地方，直接关系着该网页制作的成败。　说明

③ 按住鼠标左键，从垂直标尺上分别拖出三条辅助线，如图 15-181 所示。

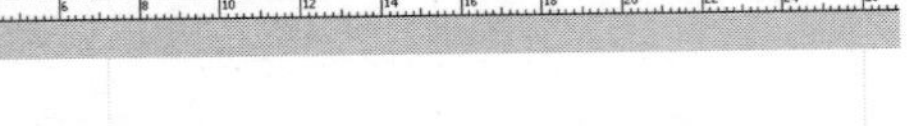

图 15-181　添加垂直辅助线

④ 所有辅助线如图 15-182 所示。

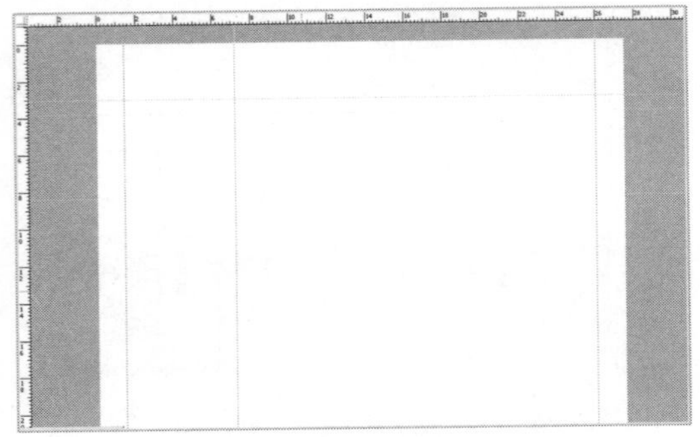

图 15-182　所有辅助线

⑤ 打开“光盘:\素材\第 15 章\LOGO.psd”文件，将图层拖入窗口，如图 15-183 所示。

图 15-183　将 LOGO 拖入窗口

⑥ 选择圆角矩形工具，设置属性，如图 15-184 所示。

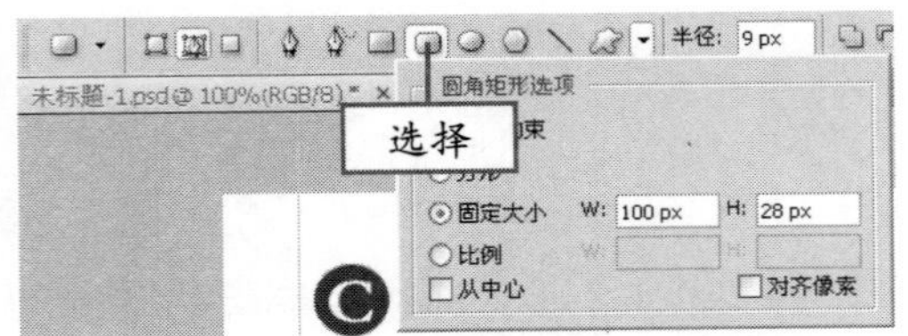


图 15-184　设置圆角矩形工具的属性

⑦ 新建一个图层，命名为“导航按钮”，然后绘制一个圆角矩形，如图 15-185 所示。

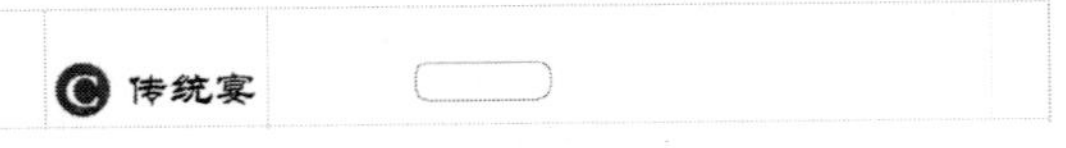


图 15-185　绘制圆角矩形

⑧ 按【Ctrl+Enter】组合键，将路径转化为选区，如图 15-186 所示。

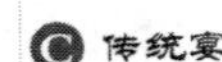

图 15-186　将路径转化为选区

⑨ 设置前景色为#d40000，设置背景色为#950006，选择渐变工具，设置渐变工具属性，如图 15-187 所示。

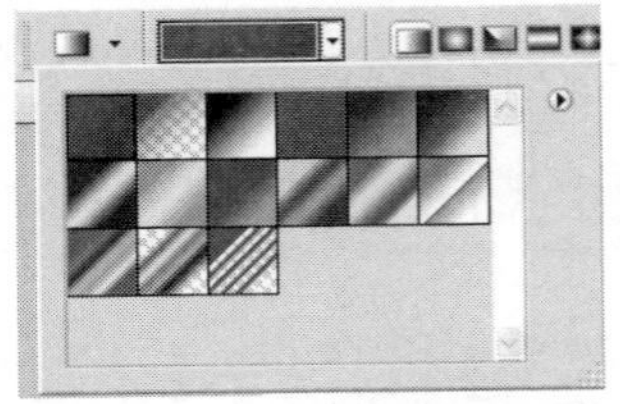

图 15-187　设置渐变工具属性

⑩ 选择“导航按钮”图层，按住【Shift】键从上到下绘制渐变，如图 15-188 所示。

图 15-188　绘制渐变

⑪ 新建一个图层，命名为“导航细线”，然后选择单列选框工具，绘制一个单列选框，如图 15-189 所示。

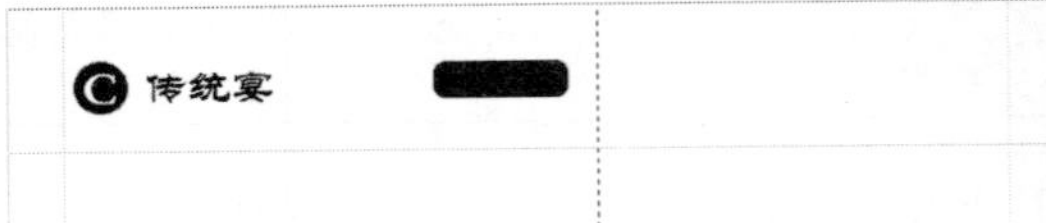


图 15-189　绘制一个单列选框

⑫ 设置背景色为#cecece，用背景色填充单列选框，然后取消选区，如图 15-190 所示。

图 15-190　用背景色填充单列选框

⑬ 选择“导航细线”图层，选择矩形选框工具，绘制一个选区，如图 15-191 所示。

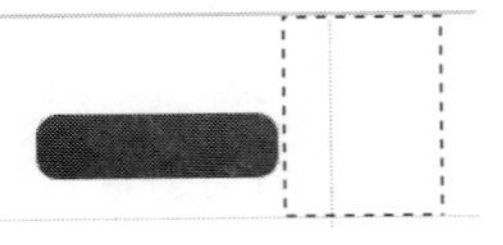

图 15-191　绘制一个选区



说明　通常情况下，网站的 LOGO 需要放置于网页的头部。

⑭ 按【Ctrl+Shift+I】组合键，反选选区，然后按【Delete】键删除，按【Ctrl+D】组合键取消选区，如图 15-192 所示。

图 15-192　反选选区并删除

⑮ 复制“导航细线”图层 3 次，然后调整各副本图层的位置，如图 15-193 所示。

图 15-193　复制图层

⑯ 选择横排文字工具，输入文字“首页 关于我们　特色菜肴　联系我们”，设置文字属性，如图 15-194 所示。

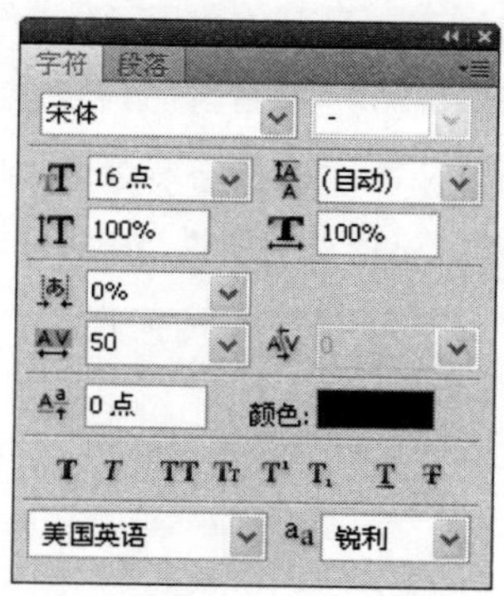


图 15-194　设置文字属性

⑰ 调整文字的位置，如图 15-195 所示。

图 15-195　调整文字的位置

⑱ 选择“首页”两个文字，设置文字属性，如图 15-196 所示。

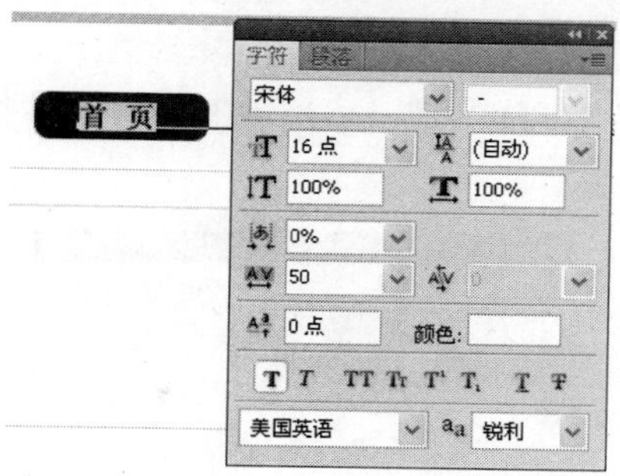


图 15-196　设置文字属性

⑲ 按【Ctrl+H】组合键隐藏辅助线，如图 15-197 所示。

图 15-197　隐藏辅助线后文字的效果

⑳ 按【Ctrl+H】组合键显示辅助线，选择圆角矩形工具，设置属性，如图 15-198 所示。

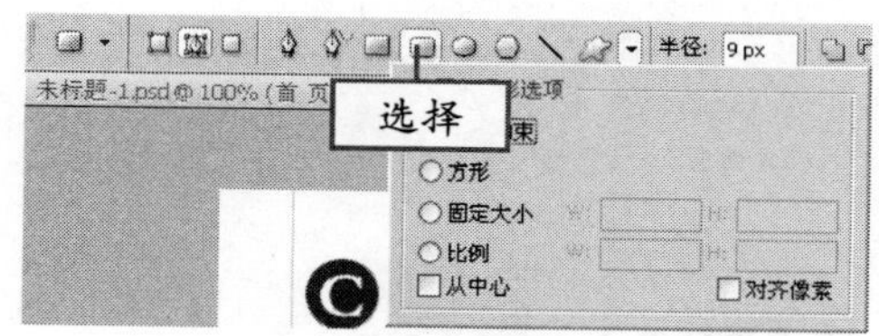


图 15-198　设置圆角矩形工具的属性

㉑ 沿着辅助线绘制一个圆角矩形，如图 15-199 所示。

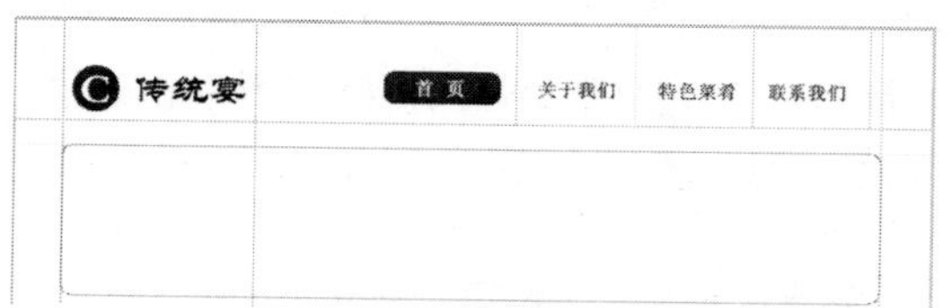


图 15-199　绘制一个圆角矩形

㉒ 按【Ctrl+Enter】组合键，将路径转化为选区，如图 15-200 所示。

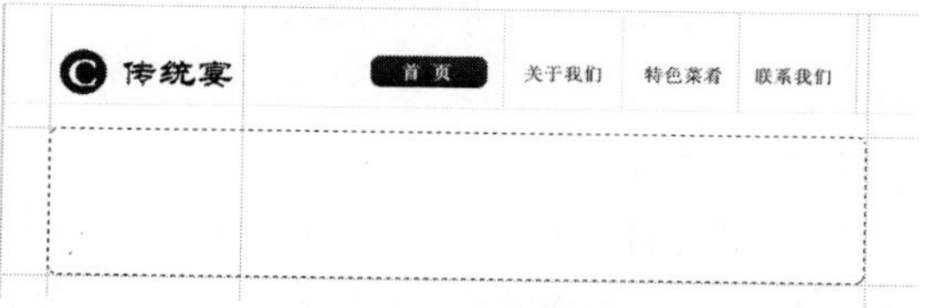


图 15-200　将路径转化为选区

23 选择渐变工具，设置渐变颜色，从左至右依次为#000000、#e43600、#f3a604，如图 15-201 所示。

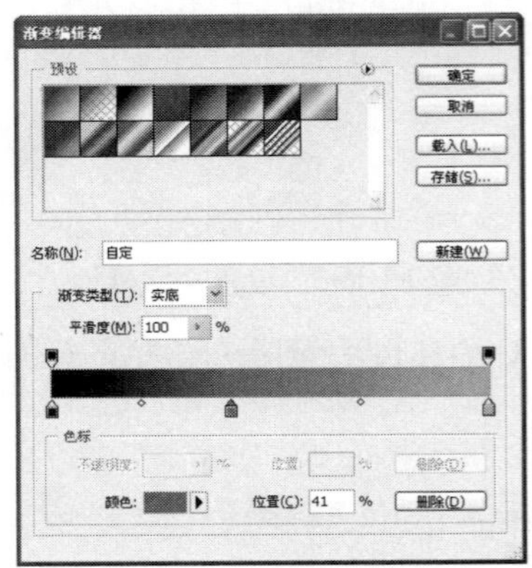

图 15-201 设置渐变颜色

24 设置渐变方式，如图 15-202 所示。

图 15-202 设置渐变方式

25 新建一个图层，命名为“底色”，然后按住【Shift】键，从左到右绘制渐变，如图 15-203 所示。

图 15-203 绘制渐变

26 打开“光盘:\素材\第 15 章\菜肴.psd”文件，将图层拖入窗口，如图 15-204 所示。

图 15-204 将素材拖入窗口

27 选择“菜肴”图层，然后添加图层蒙版，如图 15-205 所示。

28 设置前景色为白色，背景色为黑色，选择渐变工具，设置渐变工具属性，如图 15-206 所示。

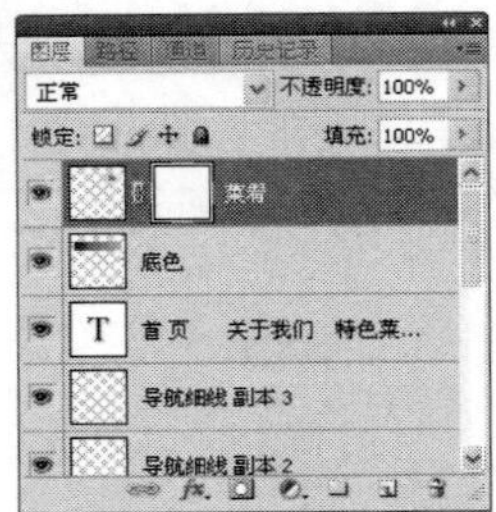

图 15-205 为图层添加图层蒙版

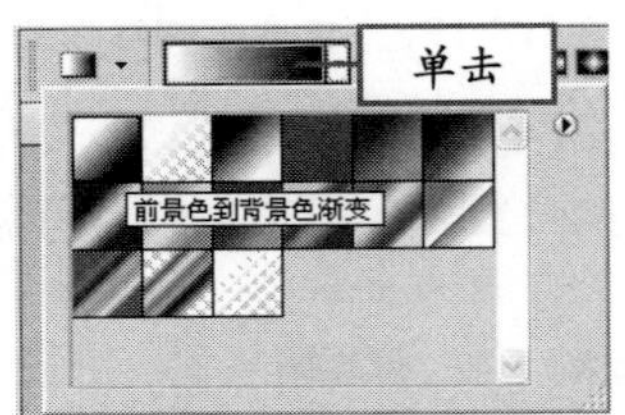


图 15-206 设置渐变工具属性

29 选择“菜肴”图层，从右到左绘制渐变，然后隐藏辅助线，如图 15-207 所示。

图 15-207 从右到左绘制渐变

30 选择横排文字工具，输入文字“色香味全，尽在传统宴”，设置文字属性，如图 15-208 所示。

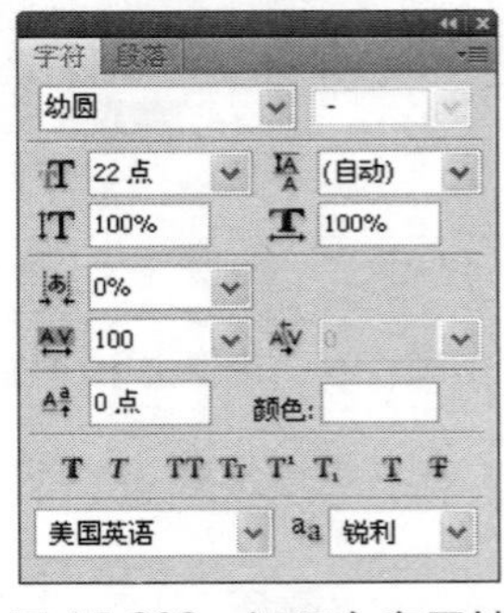

图 15-208 设置文字属性

31 调整文字位置，如图 15-209 所示。

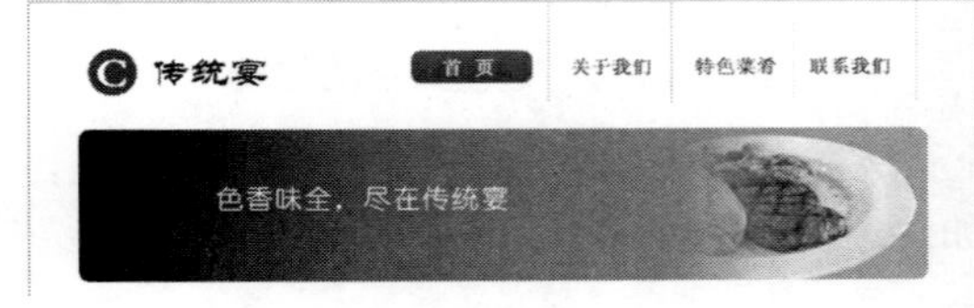


图 15-209 调整文字位置



说明 网页的头部一定不要太过复杂，以免给人杂乱无章的感觉。

## 15.4.2　页面左边部分的制作

① 按【Ctrl+H】组合键，显示辅助线，选择圆角矩形工具，设置属性，如图 15-210 所示。

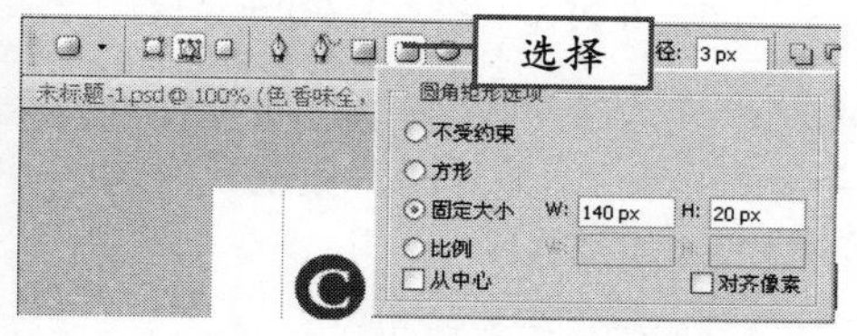


图 15-210　设置圆角矩形工具的属性

② 绘制一个圆角矩形，然后将路径转化为选区，如图 15-211 所示。

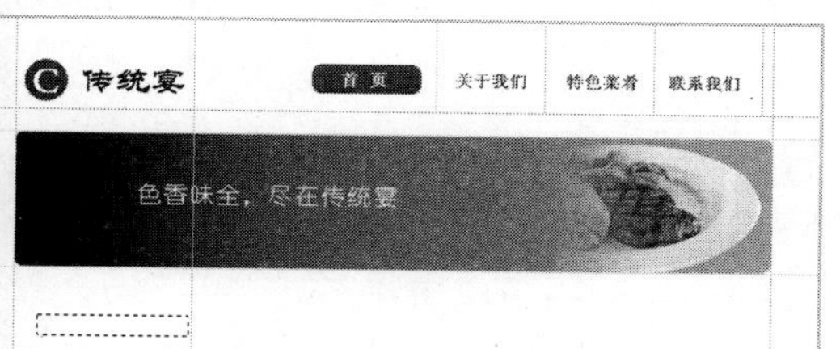


图 15-211　将路径转化为选区

③ 新建一个图层，命名为“左边按钮”，设置背景色为#737373，用背景色填充选区，如图 15-212 所示。

图 15-212　用背景色填充选区

④ 选择横排文字工具，输入文字“新品推荐”，设置文字属性，如图 15-213 所示。

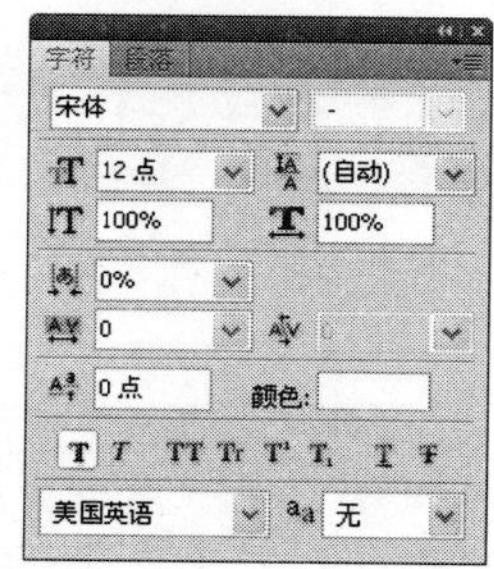

图 15-213　设置文字属性

⑤ 调整文字位置，如图 15-214 所示。

图 15-214　调整文字位置

⑥ 选择横排文字工具，输入文字，设置文字颜色为#737373，设置文字属性，如图 15-215 所示。

⑦ 调整文字位置，如图 15-216 所示。

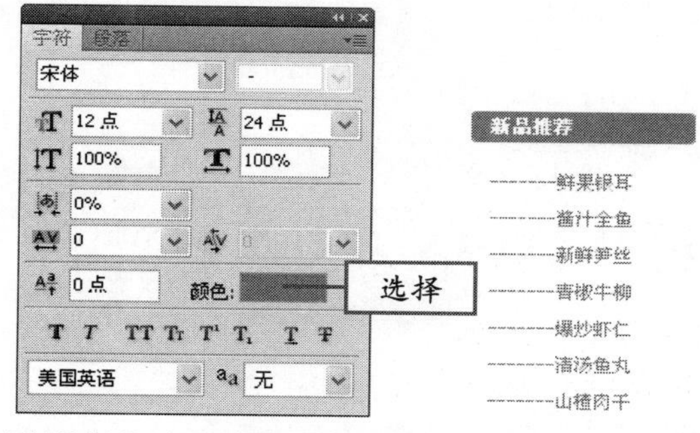


图 15-215　设置文字属性　图 15-216 调整文字位置

⑧ 选择圆角矩形工具，设置圆角矩形工具的属性，如图 15-217 所示。

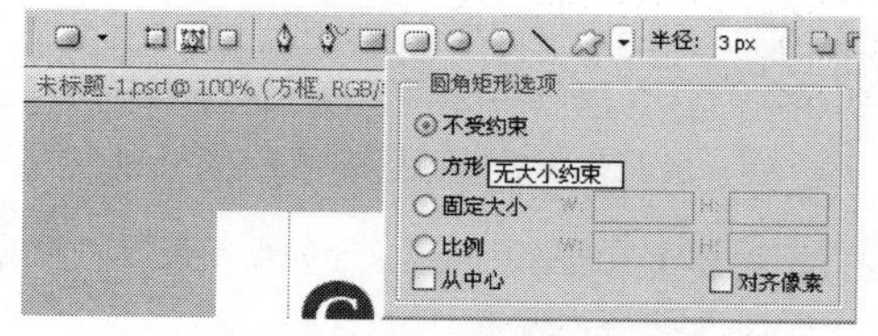

图 15-217　设置圆角矩形工具的属性

⑨ 绘制一个矩形，按【Ctrl+Enter】组合键，将路径转化为选区，如图 15-218 所示。

图 15-218　将路径转化为选区

在网站的头部设计中，越来越偏向平面化。

⑩ 新建图层，命名为“方框”，设置背景色为白色，用背景色填充选区，按【Ctrl+D】组合键取消选区，然后双击“方框”图层，添加“描边”图层样式，设置描边颜色为#bfbfbf，如图 15-219 所示。

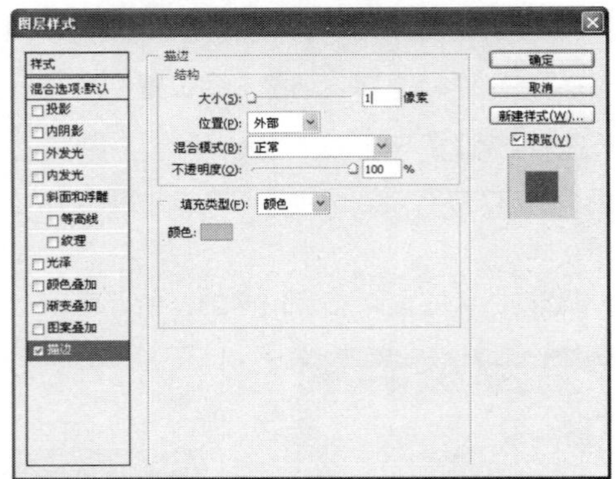

图 15-219　添加“描边”图层样式

⑪ 添加图层样式后的效果如图 15-220 所示。

图 15-220　添加图层样式后的效果

⑫ 选择自定义形状工具，选择“电话 2”形状，如图 15-221 所示。

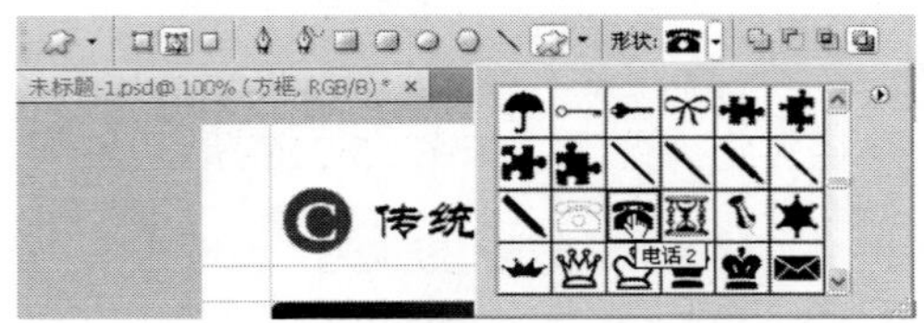

图 15-221　选择“电话 2”形状

⑬ 按住【Ctrl+Shift】组合键，绘制一个电话图形，如图 15-222 所示。

图 15-222　绘制一个电话图形

⑭ 按【Ctrl+Enter】组合键，将路径转化为选区，如图 15-223 所示。

图 15-223　将路径转化为选区

⑮ 设置背景色为#7dd523，新建一个图层，命名为“电话”，然后用背景色填充选区，如图 15-224 所示。

图 15-224　用背景色填充选区

⑯ 选择横排文字工具，输入文字 0311-8688777，设置文字颜色为#737373，设置文字属性，如图 15-225 所示。

图 15-225　设置文字属性

⑰ 调整文字位置，如图 15-226 所示。

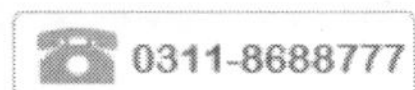


图 15-226　调整文字位置

⑱ 页面左边部分制作完毕，如图 15-227 所示。

图 15-227　页面效果

 说明　对于左侧部分，用户可以根据喜好设计相应的版块、如小导航栏。

## 15.4.3　页面右边部分的制作

**素材文件**　光盘:\第 15 章\素材\ more.jpg、主打菜肴图片.psd

① 按【Ctrl+H】组合键显示辅助线，选择单行选框工具，绘制一个单行选框，如图 15-228 所示。

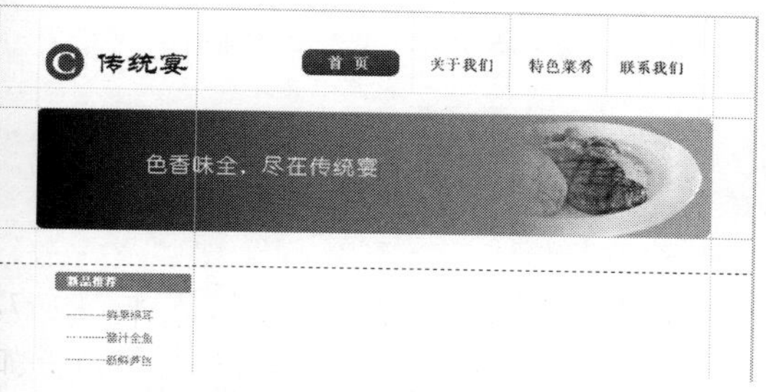


图 15-228　绘制一个单行选框

② 设置背景色为#cccccc，新建一个图层，命名为“右边细线”，然后用背景色填充选区，取消选区，如图 15-229 所示。

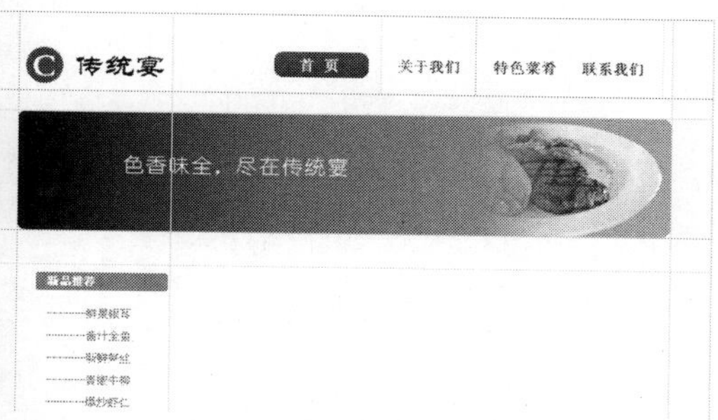


图 15-229　用背景色填充选区

③ 选择矩形选框工具，绘制一个选区，如图 5-230 所示。

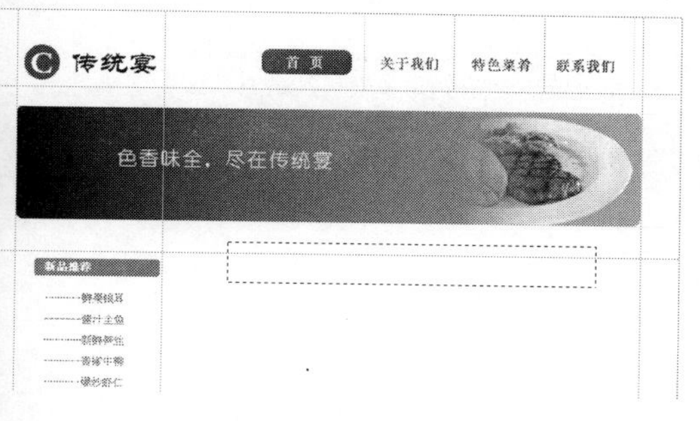


图 15-230　绘制一个选区

④ 按【Ctrl+Shift+I】组合键，反选选区，然后按【Delete】键删除，取消选区，如图 15-231 所示。

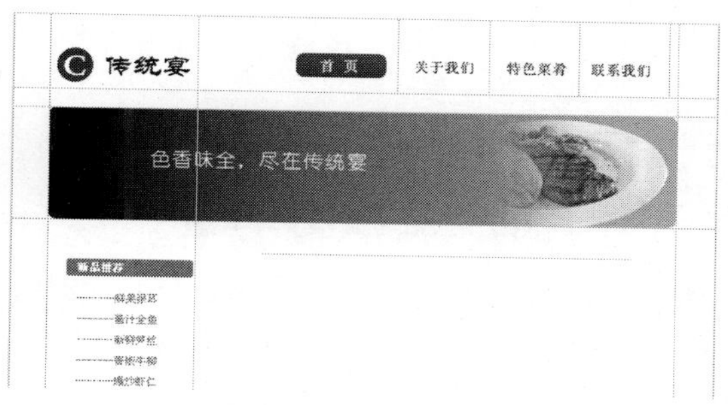


图 15-231　反选选区并删除

⑤ 选择橡皮擦工具，设置橡皮擦工具的属性，如图 15-232 所示。

图 15-232　设置橡皮擦工具的属性

⑥ 用橡皮擦工具在“右边细线”上的左右两端抹擦，把细线两端的颜色变浅，如图 15-233 所示。

图 15-233　用橡皮擦工具抹擦细线

⑦ 选择横排文字工具，输入文字“关于我们”，设置文字属性，如图 15-234 所示。

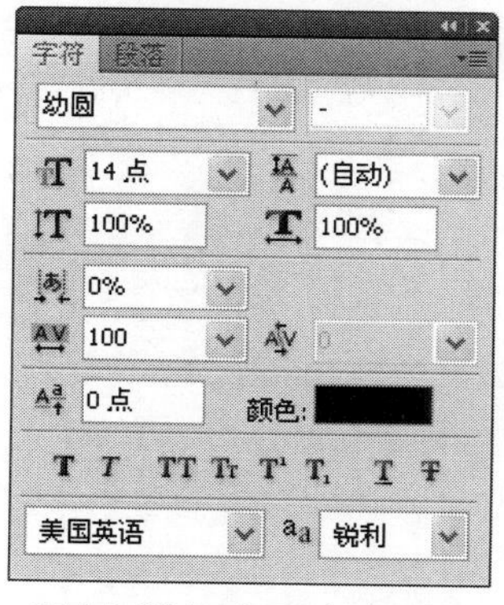


图 15-234　设置文字属性

在本实例将中、右两部分作为了网页的主体，以放置相关内部。　说明

⑧ 调整文字位置，如图 15-235 所示。

图 15-235 调整文字位置

⑨ 打开“光盘:\素材\第 15 章\more.jpg”图片，将图层拖入窗口，如图 15-236 所示。

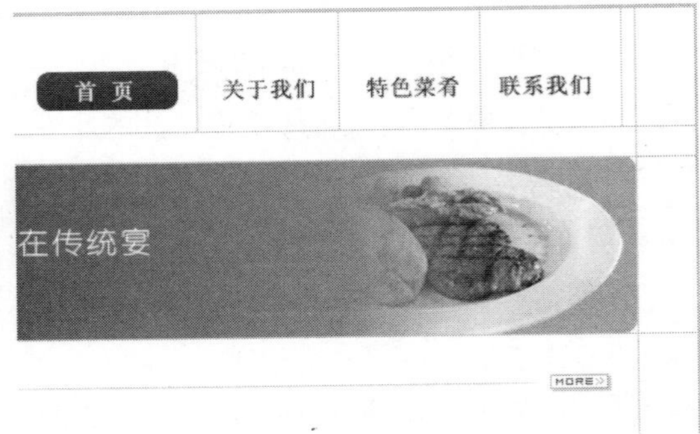

图 15-236 将素材拖入窗口

⑩ 选择横排文字工具，然后按住鼠标左键，向下绘制一个文本框，如图 15-237 所示。

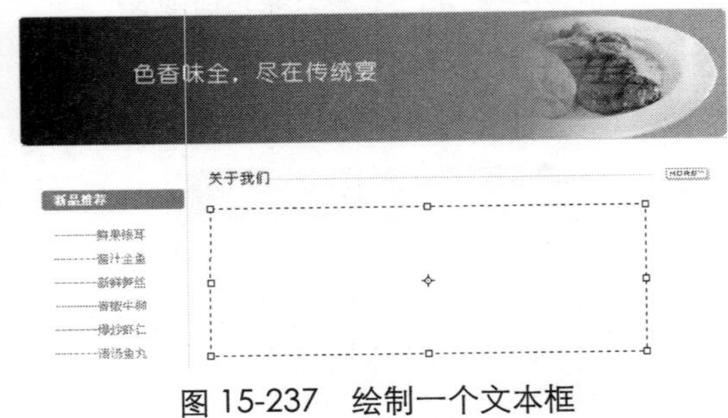

图 15-237 绘制一个文本框

⑪ 设置文字颜色为#6b6b6b，设置文字属性，如图 15-238 所示。

⑫ 输入文字，然后隐藏辅助线，如图 15-239 所示。

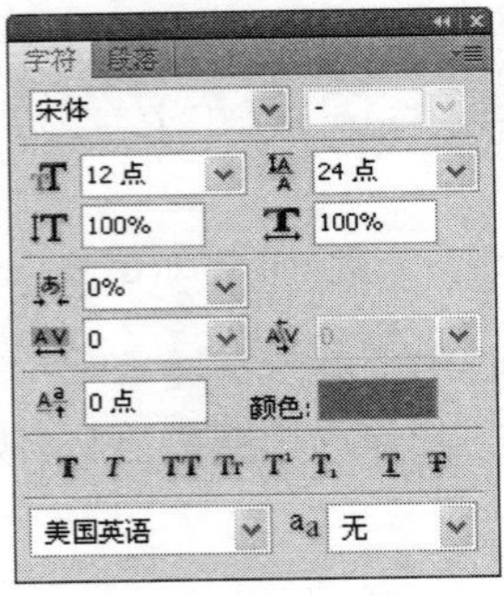

图 15-238 设置文字属性

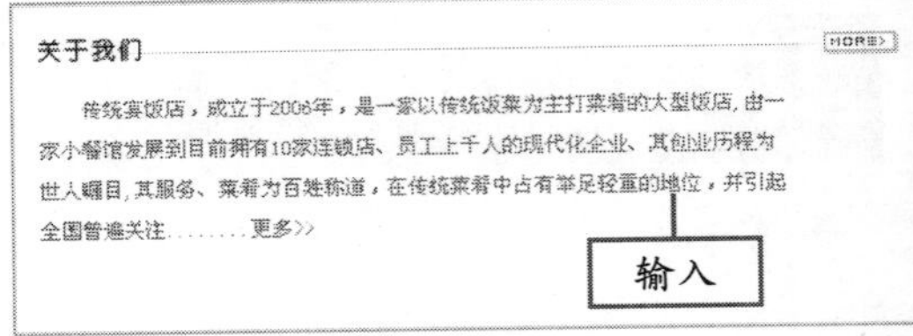

图 15-239 输入文字

⑬ 复制文字图层“关于我们”，复制图层“右边细线”，复制图层 more，然后调整复制的各图层位置，如图 15-240 所示。

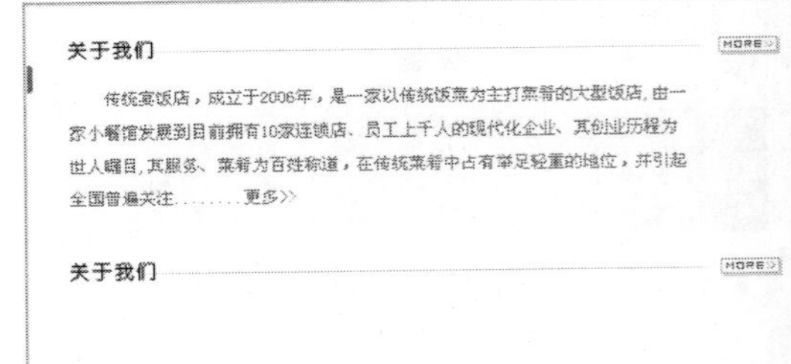

图 15-240 复制图层

⑭ 把“关于我们副本”的文字修改为“主打菜肴”，如图 15-241 所示。

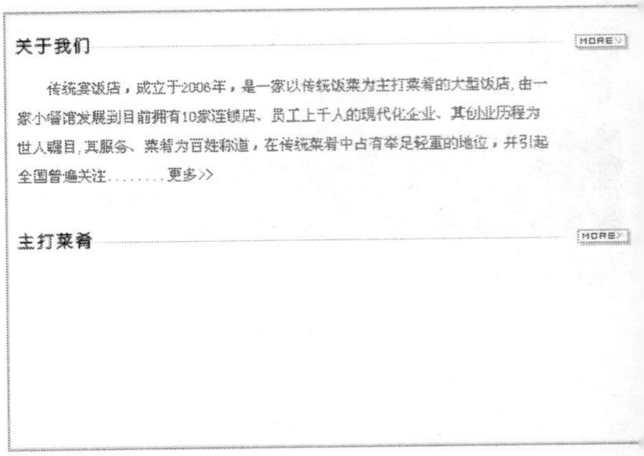

图 15-241 修改文字



说明 为了便于分类制作，读者还可以将主体部分分解为多个小版块。

⑮ 打开“光盘:\素材\第 15 章\主打菜肴图片.psd”文件，把图层拖入窗口，如图 15-242 所示。

图 15-242　拖入素材

⑯ 复制文字图层“主打菜肴”，并将文字修改为“联系我们”，如图 15-243 所示。

图 15-243　复制文字图层

⑰ 选择横排文字工具，设置文字颜色为 #6b6b6b，设置文字属性，如图 15-244 所示。

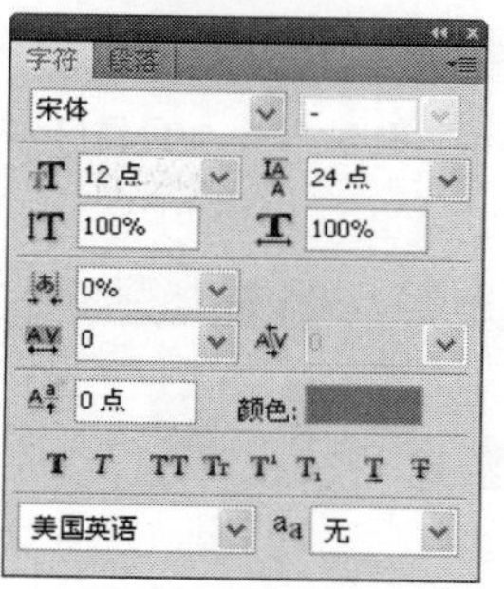


图 15-244　设置文字属性

⑱ 输入文字，如图 15-245 所示。

图 15-245　输入文字

**知识点拨**

一般来说，企业网站首页的版面布局比较灵活，着重设计。中、小型企业网站的内页布局一般比较简单，即内页的一栏式版面布局，从排版布局的角度而言，还可以设计成两栏式、三栏式、多栏式等。

## 15.4.4　页面底部的制作

① 新建一个图层，命名为“底部”，按【Ctrl+H】组合键显示辅助线，然后选择矩形选框工具，绘制一个矩形选区，如图 15-246 所示。

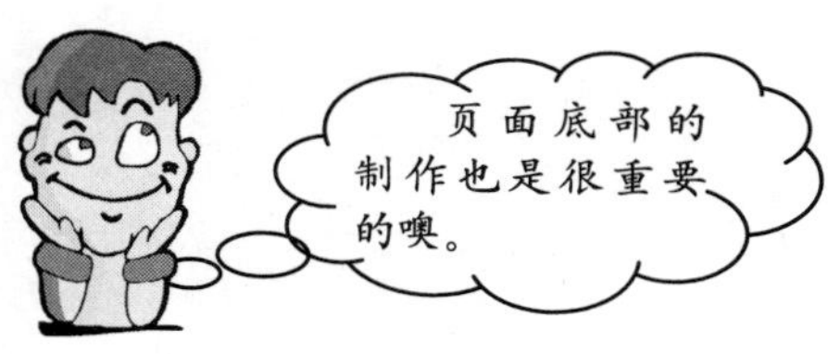

图 15-246　绘制一个矩形选区

② 选择渐变工具，设置渐变颜色，从左到右依次为#f1f1f1、#b6b6b6、#f1f1f1，如图 15-247 所示。

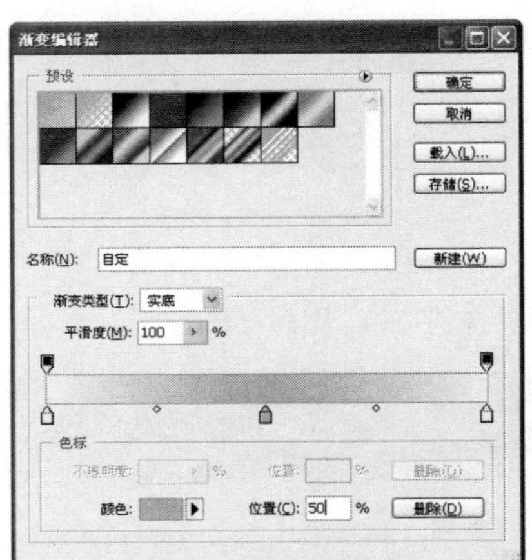

图 15-247 设置渐变颜色

③ 设置渐变属性，如图 15-248 所示。

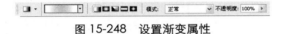

图 15-248 设置渐变属性

④ 隐藏辅助线，选择“底部”图层，从左到右绘制渐变，如图 15-249 所示。

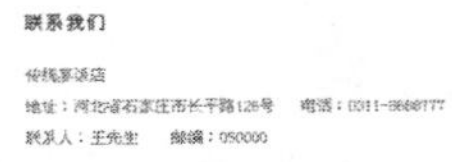

图 15-249 绘制渐变

⑤ 选择横排文字工具，设置文字颜色为#272626，并设置其他属性，如图 15-250 所示。

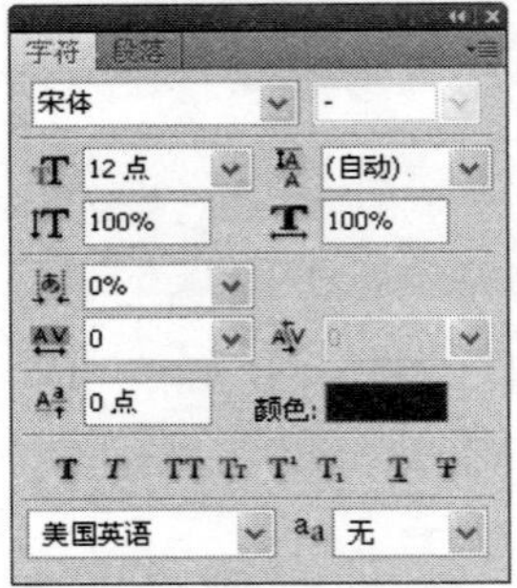

图 15-250 设置文字属性

⑥ 输入文字，最终效果如图 15-251 所示。

图 15-251 最终效果图

 说明 页面的底部多放置一些与网站相关的链接内容，也可以是导航栏的重复。

# 第16章 Fireworks CS4基础入门

- Fireworks CS4 工作环境
- Fireworks CS4 基本操作
- 使用 Fireworks 基本工具
- 制作特效文字

Yoyo，使用 Fireworks 也可以处理网页图像，是吗？

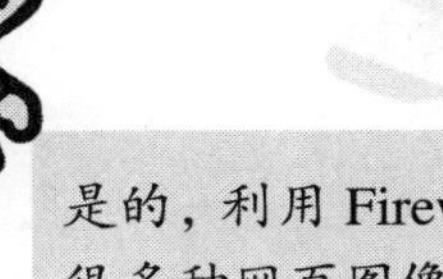

是的，利用 Fireworks 可以制作和处理很多种网页图像。

Fireworks 是一款网页制作中常用的图像处理软件，它与 Dreamweaver 配合使用可以减轻工作量，使网页制作变得非常轻松。本章我们就一起先来学习 Fireworks CS4 的基本操作！

# 16.1 Fireworks CS4 工作环境

Fireworks 是一款专业化的 Web 图像设计软件，它能将位图和矢量图处理合二为一，既可胜任矢量图形的处理操作，又能出色地完成位图处理任务。下面将重点介绍有关 Fireworks CS4 的工作环境。

## 16.1.1 Fireworks CS4 界面

Fireworks CS4 在界面设计上同样做了较大的调整，下面将重点介绍其界面。

### 1. Fireworks CS4 的启动

单击“开始”|“所有程序”| Adobe Fireworks CS4 命令，或在桌面上双击 Adobe Fireworks CS4 图标，即可启动中文版 Fireworks CS4，并进入它的起始页，如图 16-1 所示。

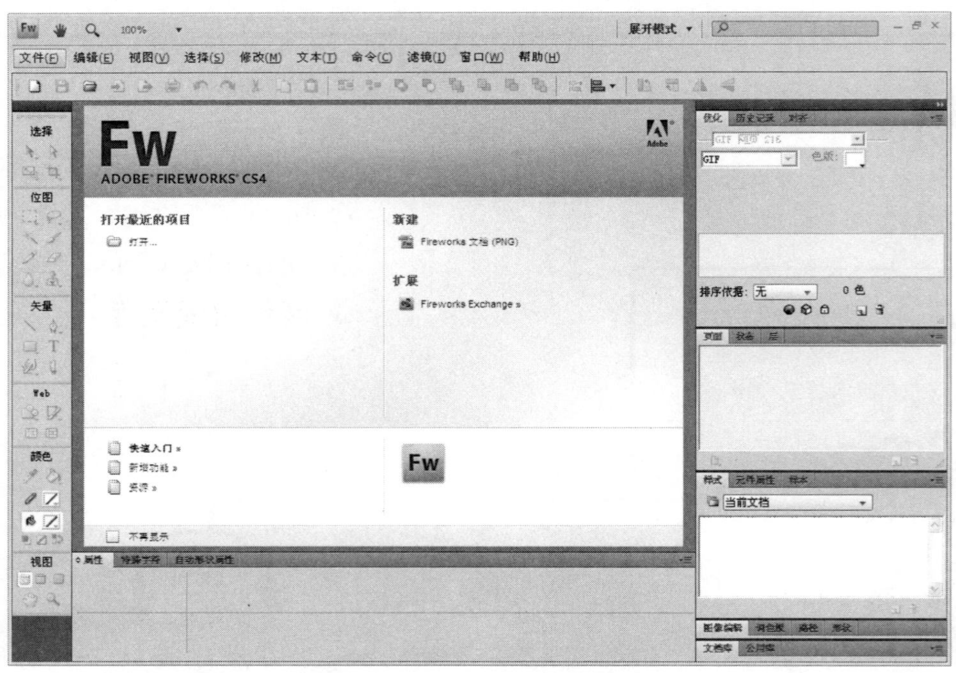

图 16-1　Fireworks CS4 的起始页

**教你一招**

如果选中起始页底部的“不再显示”复选框，则再次启动 Fireworks CS4 时将不再显示起始页。

如果用户需要再次显示起始页，可单击“编辑”|“首选参数”命令，在打开的“首选参数”对话框中选中“显示启动屏幕”复选框，如图 16-2 所示。

在 Fireworks CS4 的起始页中单击“Fireworks 文档（PNG）”选项，在打开的“新建文档”对话框中设置文档的大小、分辨率及画布颜色等，如图 16-3 所示。



**说明**　在创建新文档时，打开的“新建文档”对话框中的各项设置默认是上一次的选项设置。

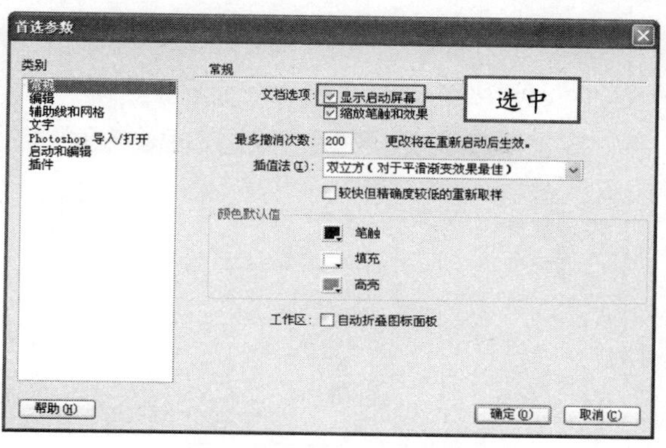


图 16-2　“首选参数”对话框

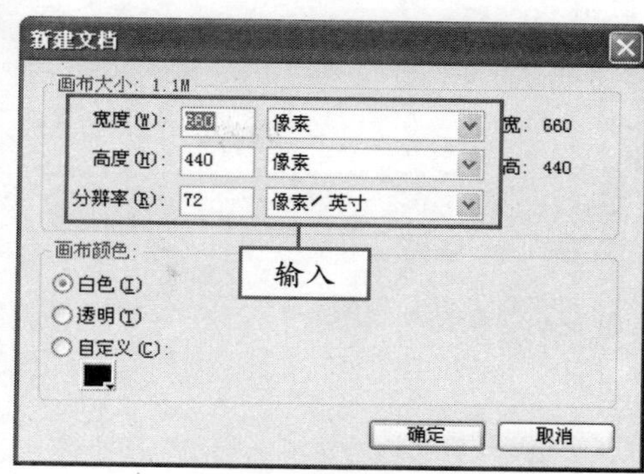


图 16-3　“新建文档”对话框

单击“确定”按钮，即可新建空白文档，并进入 Fireworks CS4 的工作窗口，如图 16-4 所示。

图 16-4　Fireworks CS4 的工作窗口

## 2. 文档编辑窗口

文档编辑窗口主要用于文档编辑。用户可借助窗口中的“标尺”和“网格”来精确控制所绘图形的大小和位置，具体操作步骤如下：

**素材文件**　光盘:\素材\第 16 章\数字.jpg

① 打开光盘中的素材图像，如图 16-5 所示。

图 16-5　素材图像

② 单击“视图”|“标尺”命令，可控制标尺的显示或隐藏，从而便于用户控制对象的尺寸，如图 16-6 所示。

③ 在标尺上按住鼠标左键并拖动鼠标，即可添加辅助线，如图 16-7 所示。

**说明**　Fireworks CS4 的文档编辑窗口结构与其他软件相似，用户可参考前几个软件熟悉该软件。

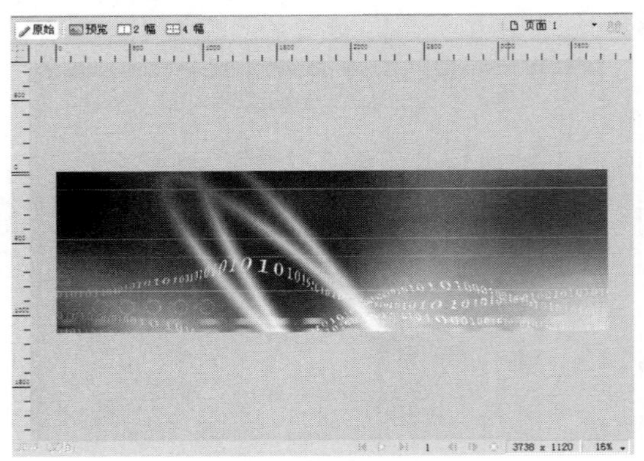

图 16-6　显示标尺

图 16-7　添加辅助线

④ 单击“视图”|“网格”|“显示网格”命令，可以显示或隐藏网格，从而使用户更方便地布局对象，如图 16-8 所示。

图 16-8　显示网格

⑤ 单击“编辑”|“首选参数”命令，打开“首选参数”对话框，从中选择“辅助线和网格”选项，如图 16-9 所示。

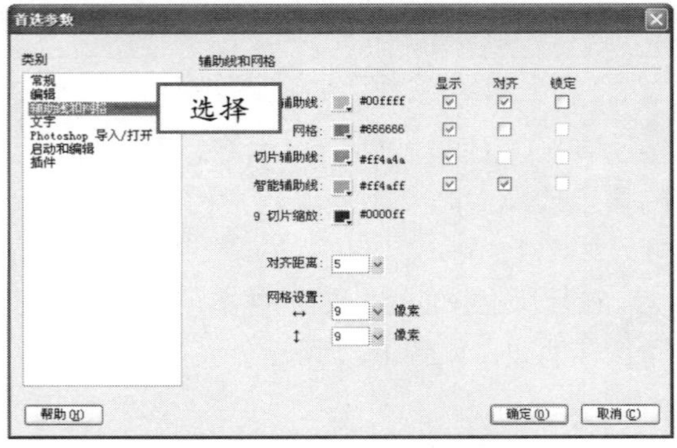


图 16-9　“首选参数”对话框

⑥ 从中设置网格的大小（即精确度），如图 16-10 所示。

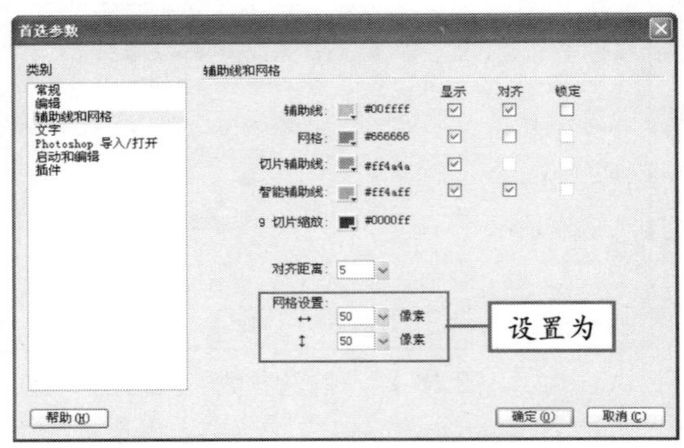


图 16-10　设置网格

⑦ 单击“确定”按钮，此时的网格如图 16-11 所示。

图 16-11　网格效果

**知识点拨**

单击“视图”|“网格”|“对齐网格”命令，可以使对象自动与网格对齐。

⑧ 如果用户在文档中单击“2 幅”按钮，即以两幅图像预览输出效果，如图 16-12 所示。

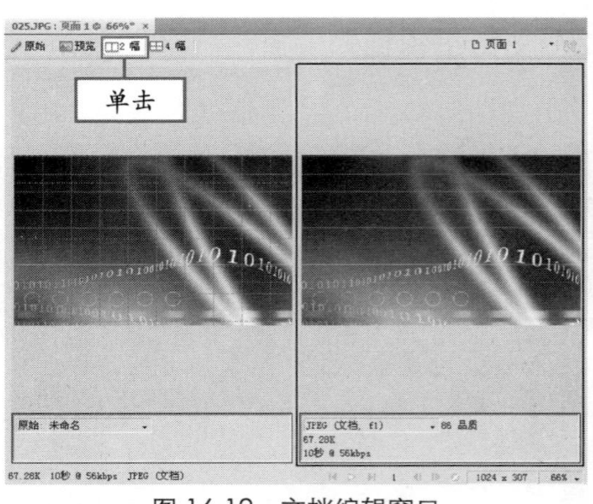


图 16-12　文档编辑窗口

另外，用户还可以以四幅图进行显示。



该软件中的网格与参考线与其他软件中的作用与设计基本相同。

### 3．“属性”面板

“属性”面板主要用于显示当前选区、工具、对象或文档的属性，并允许用户在“属性”面板中对对象的属性直接进行修改。

① 在文档窗口的灰色区域单击，这时的“属性”面板如图 16-13 所示。

图 16-13　文档属性

② 单击“图像大小”按钮，打开“图像大小”对话框，如图 16-14 所示。

③ 若选择铅笔工具，则“属性”面板显示如图 16-15 所示。

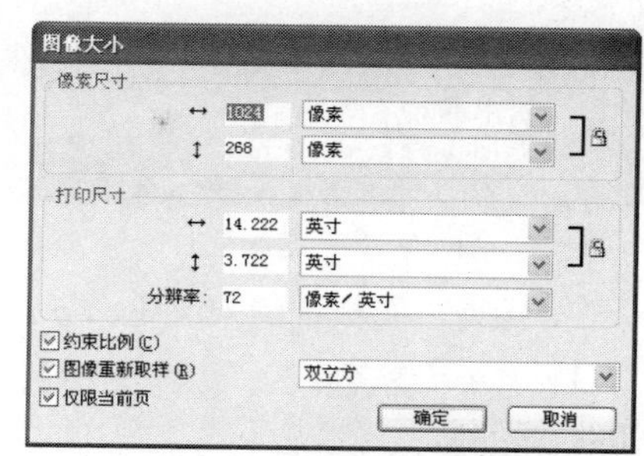

图 16-14　“图像大小”对话框

图 16-15　铅笔工具的属性

## 16.1.2　浮动面板

浮动面板是在进行图像编辑过程中最常使用的工具，在浮动面板中集成了大量的功能选项，可以帮助用户完成各种设置。默认情况下，浮动面板位于工作界面右侧的面板栏中。下面介绍几个常用的面板。

### 1．“层”面板

“层”面板可以对文档的结构进行组织，如图 16-16 所示。

在该面板中可以创建、删除、管理图层和帧。在“层”面板中还包含一些用于生成动画文件的选项，用户可以根据需要进行选用。

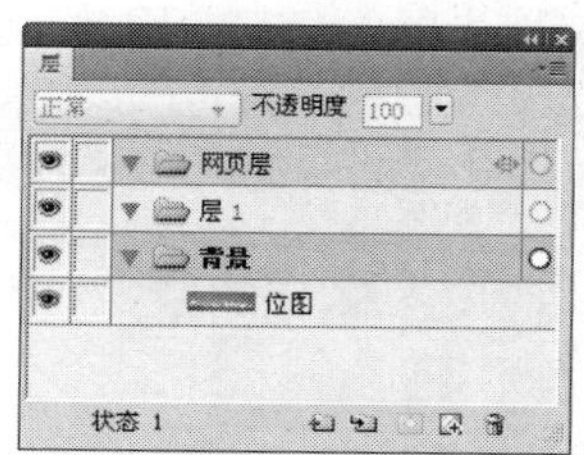

图 16-16　“层”面板

### 2．“行为”面板

“行为”面板如图 16-17 所示，它主要针对切片和热点对象。

“行为”面板中存放了许多预设的行为动作。

图 16-17　“行为”面板

面板栏是一个工具集合的控制框架，用户可以将各种浮动面板放置在其中。　说明

① 选中切片或热点区域，如图 16-18 所示。

图 16-18　选择切片

② 单击“行为”面板种的+按钮，可以弹出如图 16-19 所示的菜单。

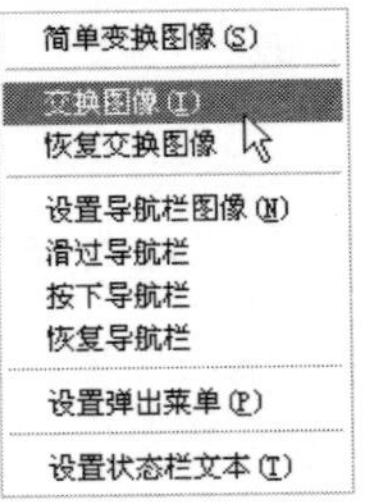


图 16-19　行为菜单

③ 从中直接选择添加相应的行为；如果想删除行为，只要先选中该行为，再单击“行为”面板上的-按钮即可。

### 3．“库”面板

“库”面板如图 16-20 所示，在其中包含了常用的图形符号和按钮符号，可以通过将它们直接从库中拖动到文档中的方法来构建实例。

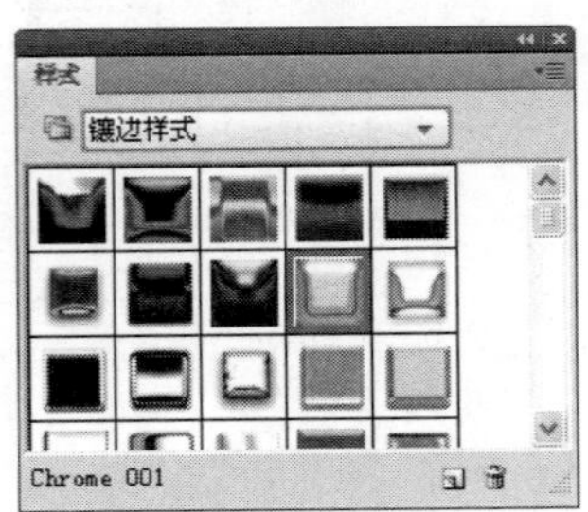

图 16-20　“库”面板

### 4．“样式”面板

“样式”面板如图 16-21 所示，利用此面板可以快速地为图像元素应用各种艺术效果。

图 16-21　“样式”面板

其使用方法为：选中要添加效果的图像元素，单击其中的图标即可，如图 16-22 所示。

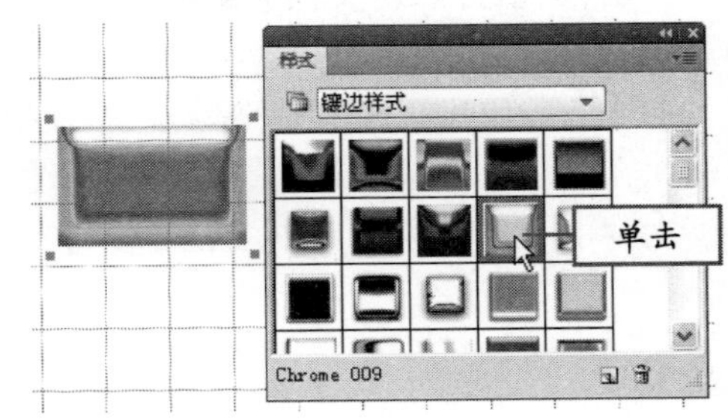


图 16-22　添加样式

## 16.2　Fireworks CS4 的基本操作

下面将详细介绍 Fireworks 画布的设置和文档的基本操作。学习并掌握这些基本技能，可以为进一步掌握复杂操作奠定基础。

### 16.2.1　编辑颜色

颜色是图像的重要组成部分，它的合理搭配和调整是创作完美、和谐图像的一个重要因



说明　必要时，可以将这些浮动面板从中剥离，使其成为独立的浮动面板。

素。使用 Fireworks 提供的颜色调整与效果填充功能，将使图像变得更加丰富多彩。

## 1. 设置颜色

① 在工具箱中选取滴管工具，然后选择边框色或填充色，如图 16-23 所示。

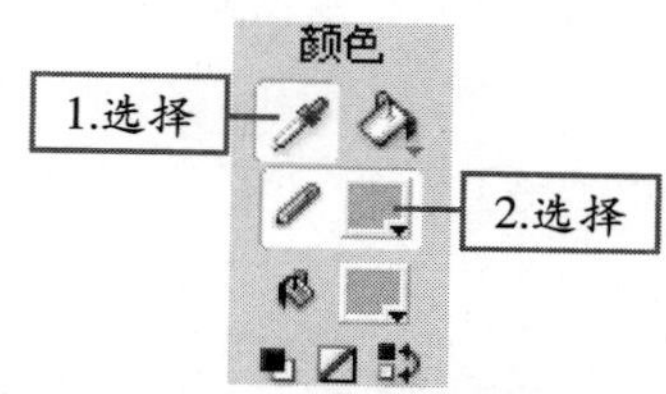


图 16-23 选择滴管工具及边框色

② 在文档中所需的颜色上单击，如图 16-24 所示。

③ 此时，边框色即被替换为相应的颜色，如图 16-25 所示。

图 16-24 选取颜色

图 16-25 设置边框色

## 2. 选择颜色

① 在工具箱的“颜色”栏中直接单击相应的颜色井，打开所需的颜色面板，如图 16-26 所示。

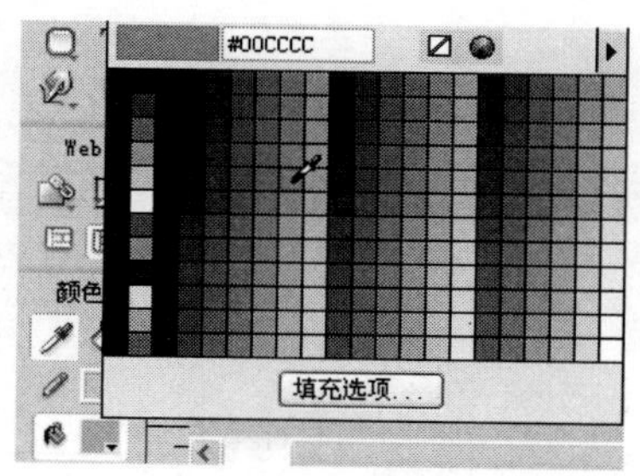


图 16-26 选择颜色

② 如果当前颜色列表中没有所需的颜色，用户可单击该面板右上角的彩色圆形图标，打开“颜色”对话框，如图 16-27 所示。

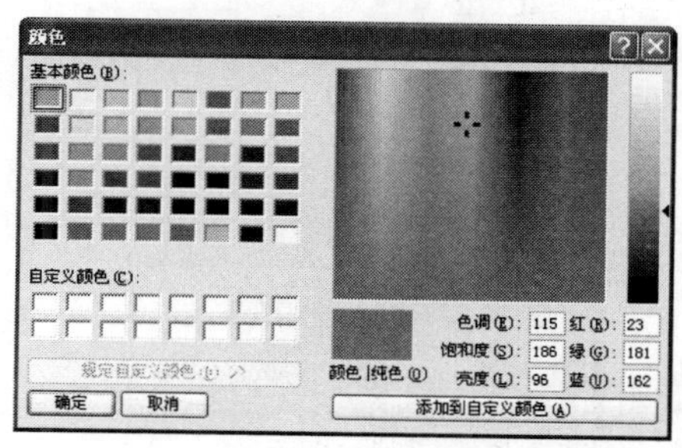


图 16-27 “颜色”对话框

## 3. 设置填充颜色及纹理

① 在文档窗口中选择所需的图形，如图 16-28 所示。

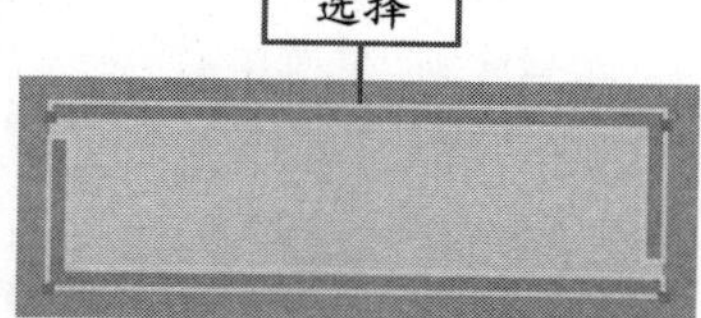


图 16-28 选择图形

② 在“属性”面板中单击所需的按钮，即可弹出相应的下拉菜单，如图 16-29 所示。

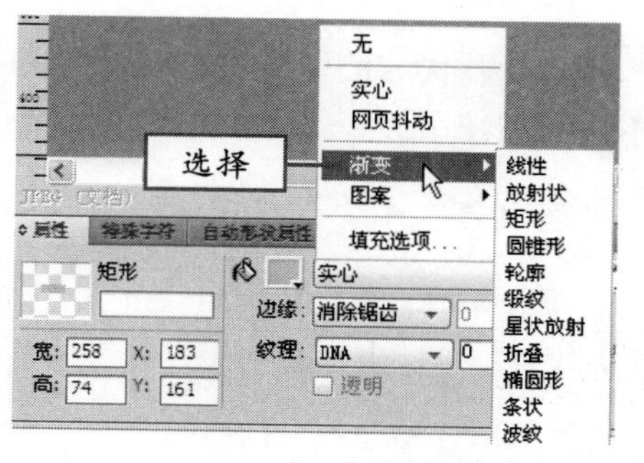


图 16-29 下拉菜单

说明 填充纹理时，默认情况下将使用当前前景色与背景色。

③ 从中选择波浪选项，效果如图 16-30 所示。

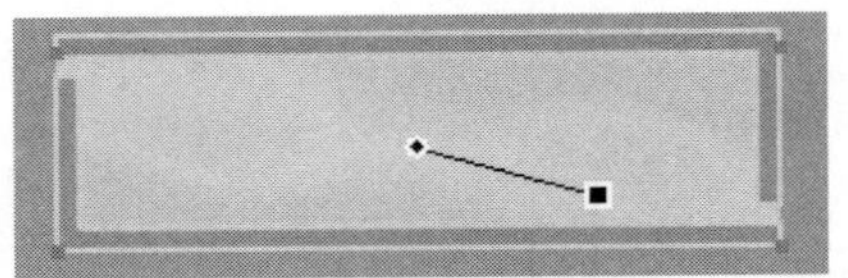

图 16-30　波浪效果

④ 此时，单击“属性”面板中的填充色，将打开相应的面板，如图 16-31 所示。

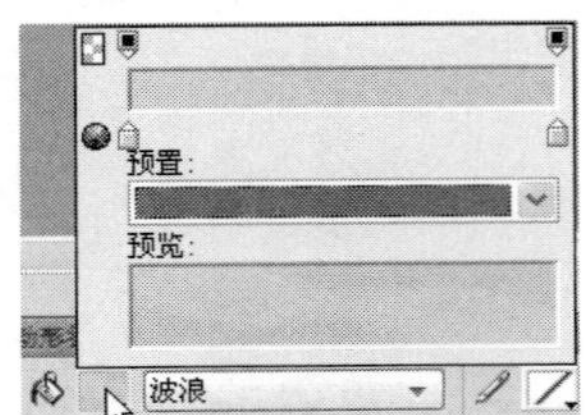


图 16-31　填充色预览

⑤ 在面板上方的“预置”下拉列表框中选择所需的选项，如图 16-32 所示。

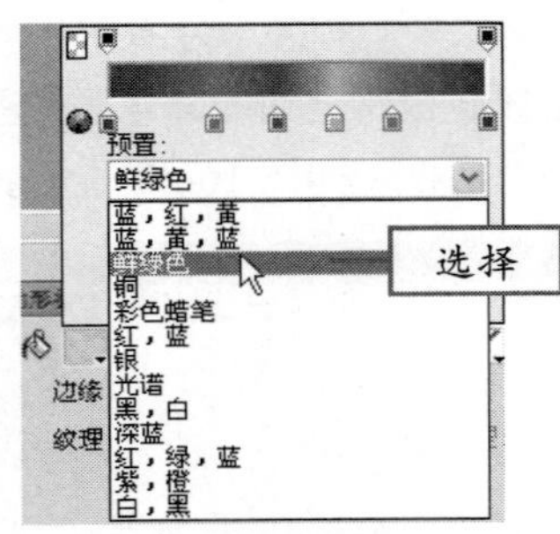


图 16-32　选择预置的颜色

⑥ 此时，图像的效果如图 16-33 所示。

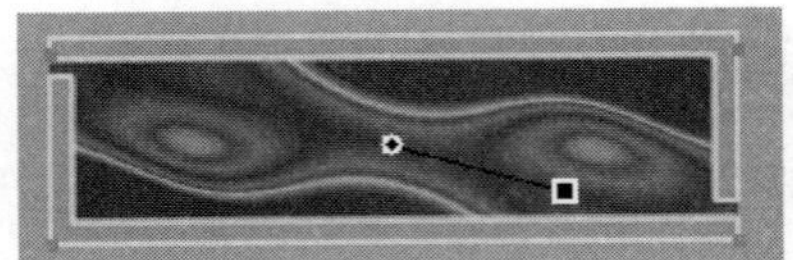

图 16-33　设置填充色

⑦ 在“属性”面板中单击“纹理”按钮，在弹出的下拉菜单中选择相应的命令，如图 16-34 所示。

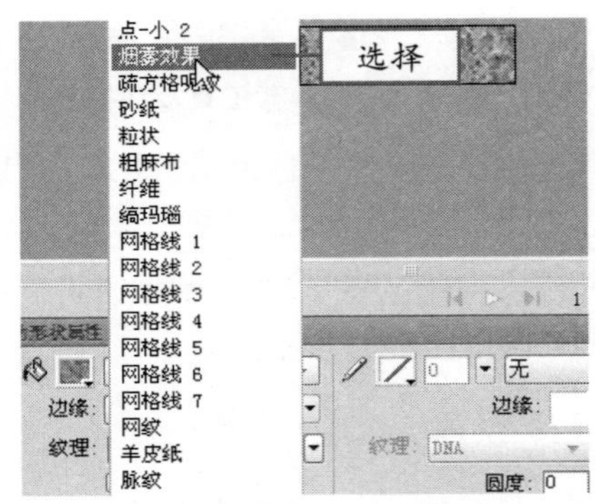


图 16-34　设置纹理

⑧ 此时，图像效果如图 16-35 所示。

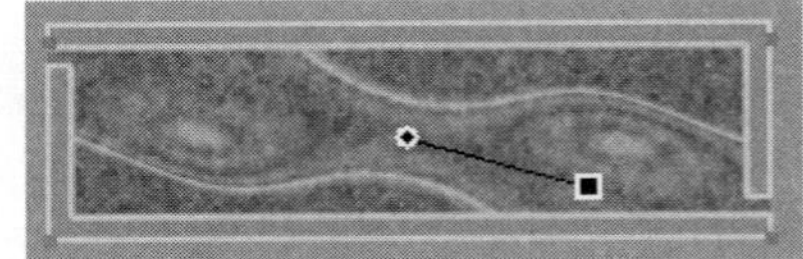

图 16-35　添加纹理效果

**知识点拨**

另外，在“样式”面板中，用户也可以选择、编辑、删除或修改颜色。

## 16.2.2　文本工具的使用

作为一款优秀的网页制图软件，Fireworks 的文本编辑功能十分强大。下面将重点介绍文本工具的使用。

### 1. 创建文本

在 Fireworks 中直接输入文本是最基本、最常用的文本创建方式。具体操作步骤如下：

① 在工具箱中选取文本工具。

② 将鼠标指针移动到文档编辑区，当鼠标指针变为“I”形状时单击，文档中将出现文本输入框，如图 16-36 所示。



说明　在 Fireworks 中，各工具与前面所需软件中同类工具的使用方法基本相同，不再赘述。

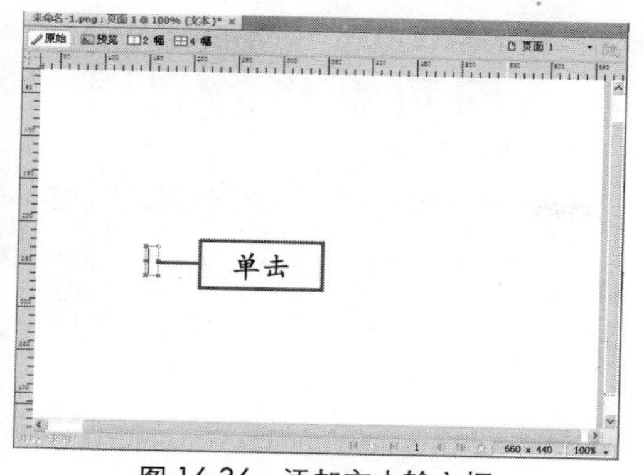


图 16-36 添加文本输入框

③ 在光标闪烁处输入所需文字，文本框会随着字数的增多自动变宽，如图 16-37 所示。

图 16-37 输入文字

④ 在工具箱中选取其他任意一种工具，结束文本输入状态。

## 2. 格式化文本

在文本的“属性”面板中可以方便、快捷地设置文本对象的字体、字号、字间距等属性，选中输入的文本，其“属性”面板如图 16-38 所示。

图 16-38 文本“属性”面板

① 在工具箱中选取文本工具，将鼠标指针移动到文本对象上并拖动鼠标，选取要改变字体的文字，如图 16-39 所示。

图 16-39 选择文本

② 单击字体下拉列表框右侧的下拉按钮，在弹出的下拉列表中列出了系统中所有的字体格式，如图 16-40 所示。

图 16-40 字体列表框

③ 在“属性”面板中设置“字距或部分范围字距的调整”的数值，如图 16-41 所示。

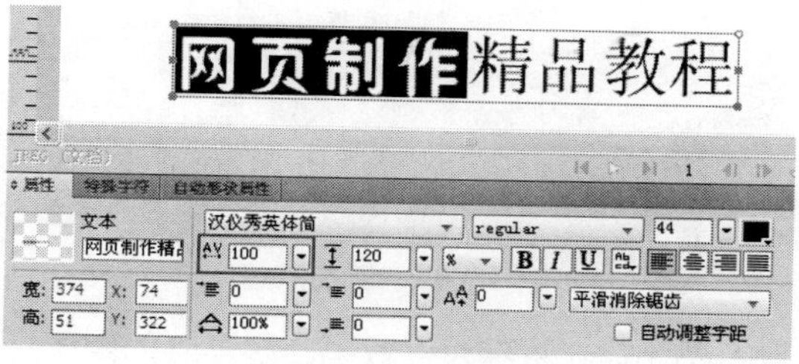

图 16-41 设置字距

④ 选择所需的文本，如图 16-42 所示。

图 16-42 选择文本

⑤ 设置所选文本的字号为原来的一半左右，如图 16-43 所示。

图 16-43 调整文本的大小

说明 此处所讲的格式化是指对文本的格式进行设置，使其更加美观。

⑥ 在“属性”面板中设置所选文本的位置，如图 16-44 所示。

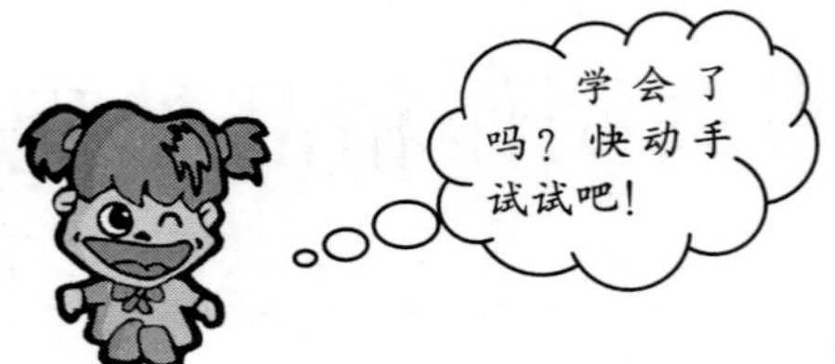

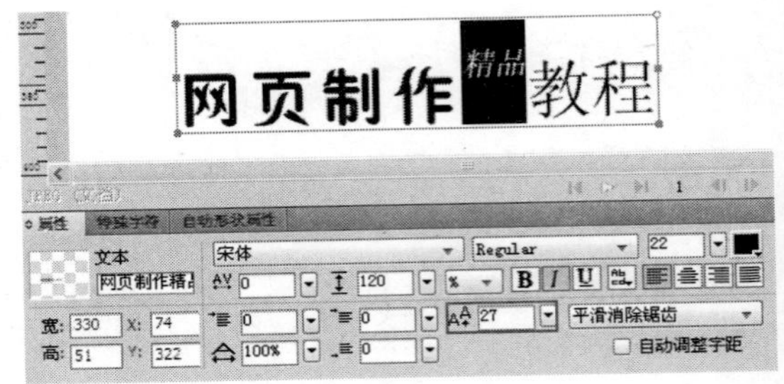

图 16-44　设置文本的位置

### 3. 文本的特效处理

在 Fireworks 中，除了在“属性”面板中对文本进行基本的格式化外，还可以为文本添加浮雕、斜角、阴影和光晕效果。

① 在文档工作区中选中需要设置特效的文本，打开“属性”面板，单击“添加动态滤镜或选择预设”按钮 +，在弹出的下拉菜单中选择需要的命令，即可对文字进行特效处理，如图 16-45 所示。

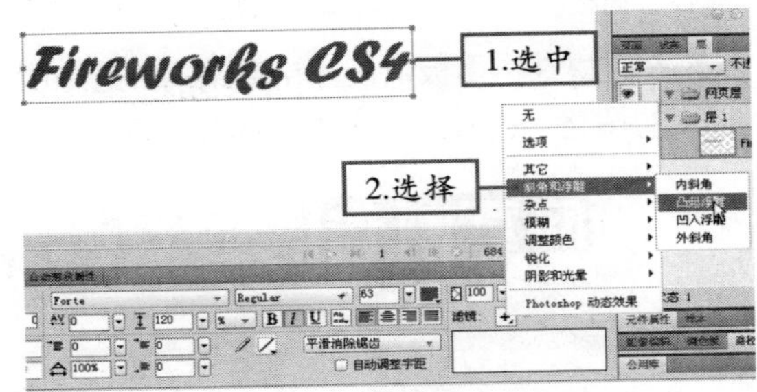

图 16-45　添加滤镜

② 图 16-46 所示为设置了凸起浮雕的效果。

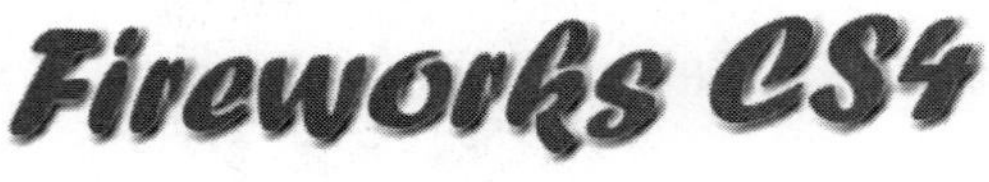

图 16-46　文字效果

③ 另外，用户还可以添加斜角效果，如图 16-47 所示。

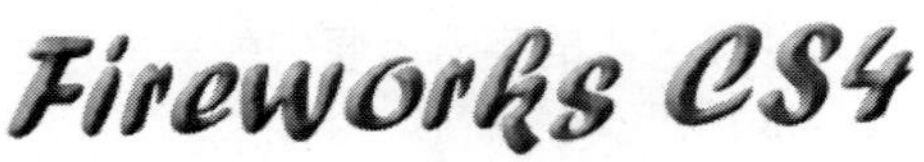

图 16-47　内斜角效果

④ 添加投影特效，可以使对象产生立体效果，如图 16-48 所示。

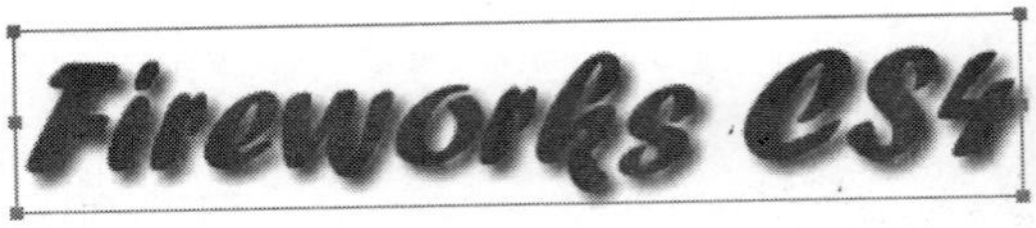

图 16-48　投影效果

⑤ 发光效果可以在对象的外部或内部生成与轮廓相适应的不同颜色的发光效果，如图 16-49 所示。

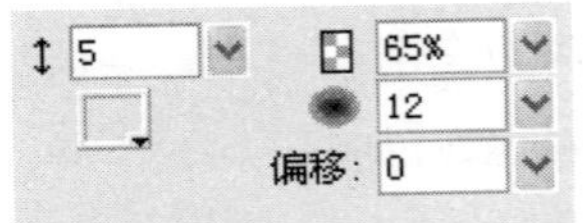

图 16-49　发光效果及其选项板

⑥ 此外，用户还可为文字设置杂点、模糊、锐化及调整颜色等滤镜效果，图 16-50 所示为设置了杂点的文字效果。

图 16-50　杂点效果


说明　在 Fireworks 中，用户同样可以制作一些简单的特殊效果。

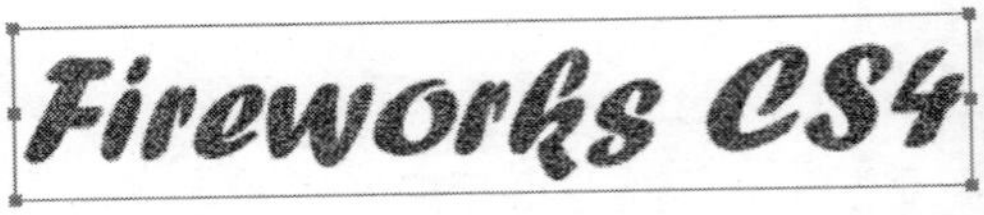

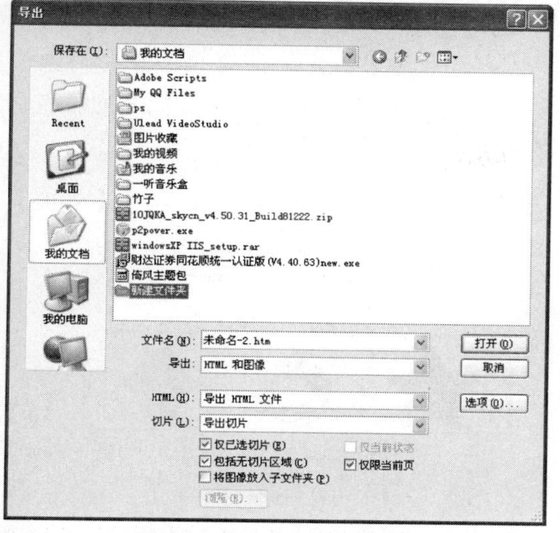

图 16-76　“导出”对话框

④ 从中进行所需的设置，然后单击“打开”按钮即可，如图 16-77 所示。

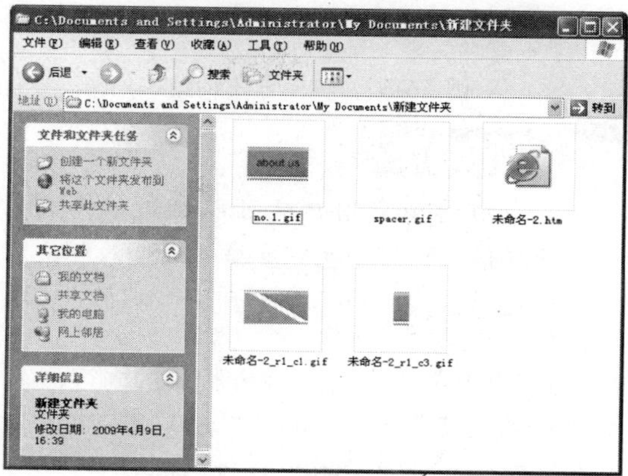

图 16-77　导出的切片及网页

## 16.2.4　热点

所谓热点又称图像映像，是出现在 Web 页面上的一个图形或一组图形。当鼠标指针经过热点时，鼠标指针将变为一只手的形状，单击该热点将打开相关的链接网页。

### 1．创建热点

同切片一样，热点位于网页层中，而且也有自动和手工两种方法来创建热点。

#### 手工创建

① 单击创建热点的工具，可弹出其下拉列表，如图 16-78 所示。

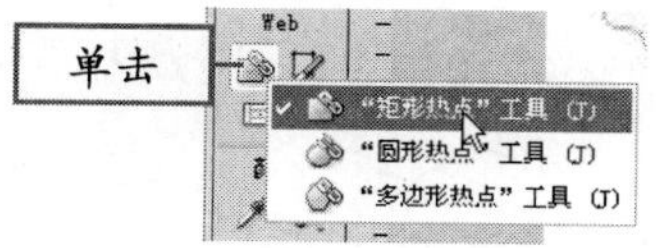


图 16-78　选择矩形热点工具

② 利用矩形热点工具在图像上绘制相应的图形，如图 16-79 所示。

图 16-79　绘制热点

③ 选择一个热点，然后打开“属性”面板，如图 16-80 所示。

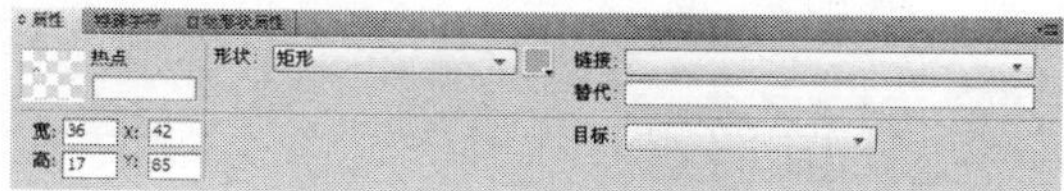

图 16-80　热点属性

④ 在宽和高文本框中输入相应的数值以精确控制热点的大小，如图 16-81 所示。

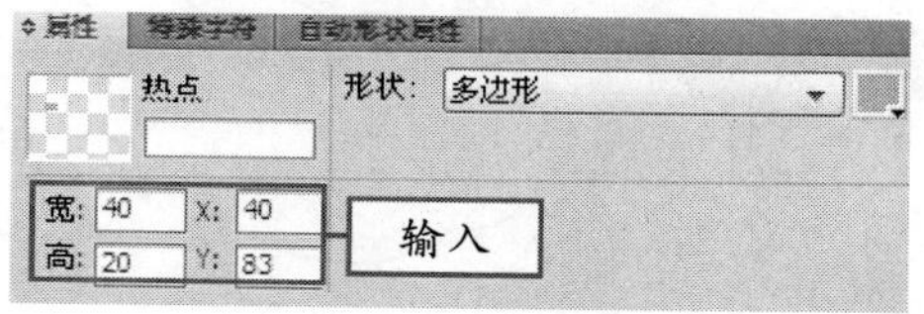


图 16-81　编辑热点的大小

⑤ 在“链接”下拉列表中输入单击该热点后，将链接到的地址，如图 16-82 所示。

热点的主要作用是提示和创建局部链接。　说明

图 16-82　编辑链接地址

**知识点拨**

在该选项中用户既可以在下拉列表中选择链接地址，也可直接手动输入相应的地址。

⑥ 在“替代”文本框中输入相应的内容，在 IE 中浏览该页面时，将鼠标指针悬浮于该热点上即可看到该内容，如图 16-83 所示。

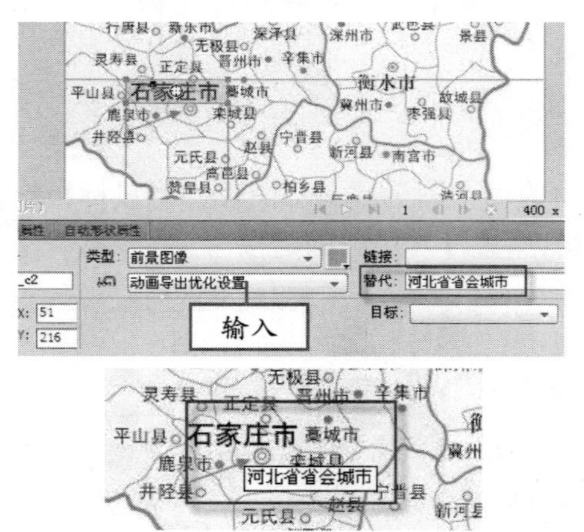


图 16-83　设置替代文本

**知识点拨**

在创建矩形热点时，如果按住【Shift】键，则可以绘制正方形。创建圆形热点时，如果按住【Alt】键，则可以从圆心开始绘制圆。

**自动创建**

自动创建热点适用于文档中图形对象较多，并且允许直接根据对象的区域来创建热点的情况。

① 在工具箱中选取指针工具，按住【Shift】键，在工作区中单击需要创建热点的图形对象，将其选中，如图 16-84 所示。

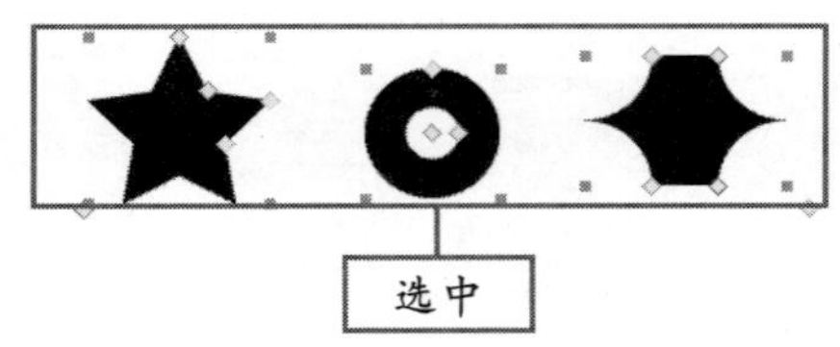


图 16-84　选中多个对象

② 单击“编辑”|“插入”|“热点”命令，将弹出一个提示信息框，如图 16-85 所示。

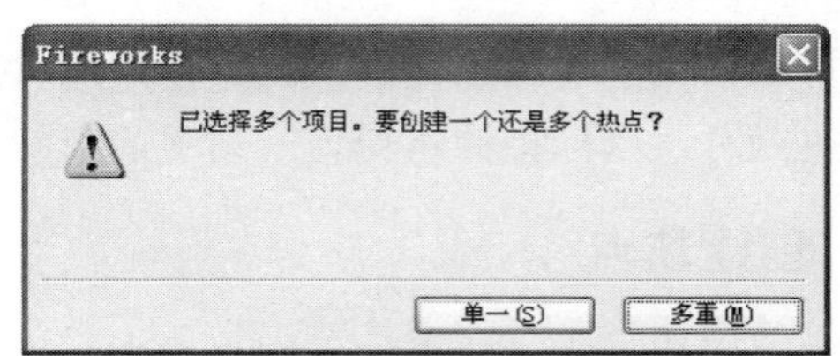


图 16-85　提示信息框

③ 单击“多重”按钮，为每个被选中的对象分别创建一个热点，如图 16-86 所示。

图 16-86　创建多重热点

## 2. 导出热点

创建热点后，在将其作为 Web 浏览器中的热点之前，必须先输出热点。其中包含了图像文件、热点信息和相关 URL 链接的 HTML 文件。


说明　热点多数情况下用于为图片添加提示或超链接。

① 单击“文件”|“导出”命令，打开“导出”对话框，如图 16-87 所示。

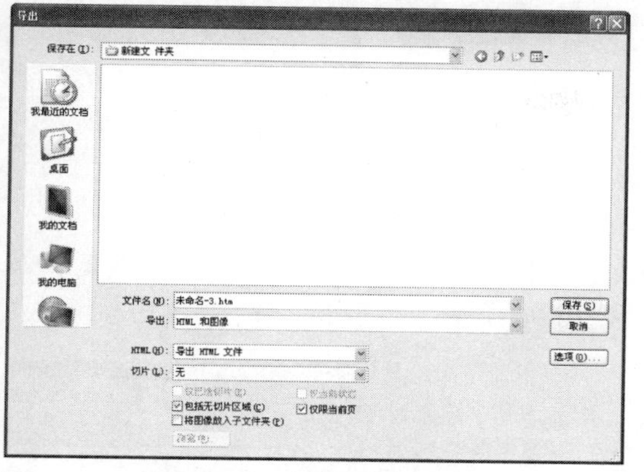

图 16-87　“导出”对话框

② 选定要放置图形文件的文件夹，并命名文件，然后选择保存类型为“HTML 和图像”，如图 16-88 所示。

③ 单击“保存”按钮，输出 HTML 文件与图像文件，如图 16-89 所示。

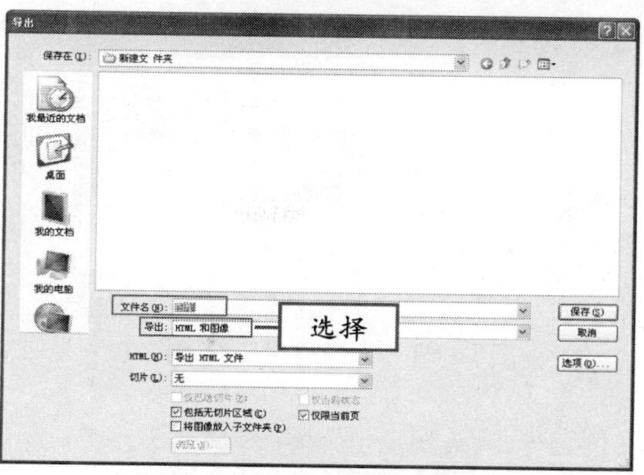


图 16-88　设置导出选项

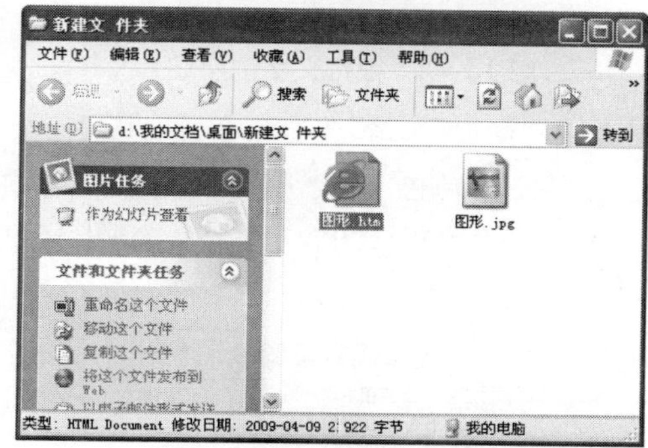

图 16-89　导出的文件

**教你一招**

若要将包含热点的图像应用到网页中，则可在 Dreamweaver 中单击“插入”|“图像对象”| Fireworks HTML 命令，并选择步骤 3 中所导出的 HTML 文件即可。

## 16.2.5　为切片或热点添加行为

在 Dreamweaver 中曾介绍过有关行为的一些基本知识，在中文版 Fireworks CS4 中也可以使用行为。在下面就通过为切片或热点附加行为，来了解在 Fireworks 中有关行为的使用方法。

### 1．为切片添加行为

① 新建 Fireworks 空白文档，选取圆角矩形工具，在工作区中绘制一个圆角矩形，并输入文本，如图 16-90 所示。

图 16-90　绘制按钮图形

② 选取指针工具，在工作区中选中圆角矩形。单击“窗口”|“样式”命令，打开“样式”面板，为圆角矩形设置样式，效果如图 16-91 所示。

③ 选中文本，单击“编辑”|“插入”|“矩形切片”命令，根据文字对象创建切片，如图 16-92 所示。

行为是切片和热点学习中的重点，用户需要理解常用行为的具体作用。　说明

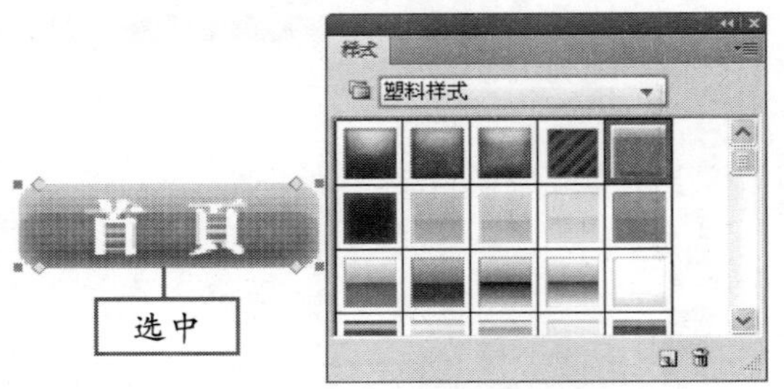

图 16-91　为圆角矩形设置样式

图 16-92　根据文字创建切片

④ 单击“窗口”|“行为”命令，打开“行为”面板，并从中单击 按钮，在弹出的下拉菜单中选择“简单变换图像”命令，如图 16-93 所示。

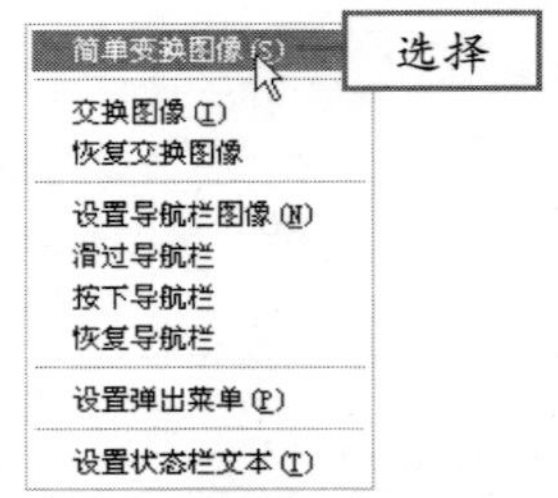


图 16-93　选择“简单变换图像”命令

⑤ 该行为要求至少要有两个状态。打开“状态”面板，单击“新建/重制状态”按钮，为文档增加一个“状态 2”，如图 16-94 所示。

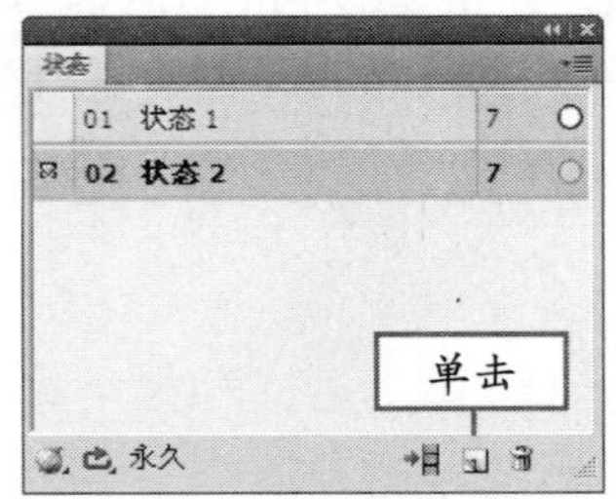


图 16-94　增加状态 2

⑥ 在“状态”面板中单击“状态 2”，可打开该状态的编辑画面。将状态 1 中的内容复制到该状态中，如图 16-95 所示。

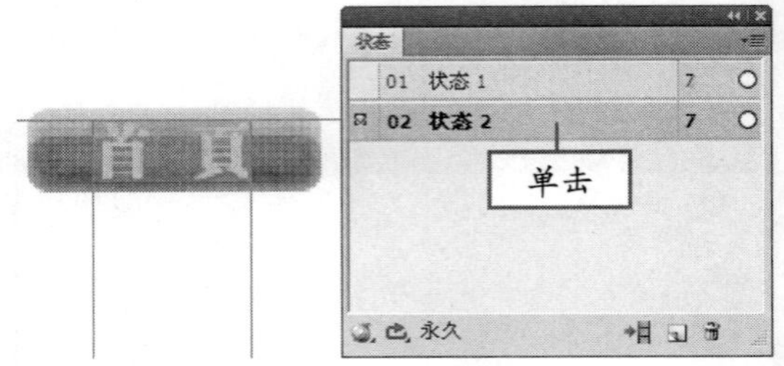


图 16-95　复制图像

⑦ 给状态 2 中的矩形应用另外一个样式，如图 16-96 所示。

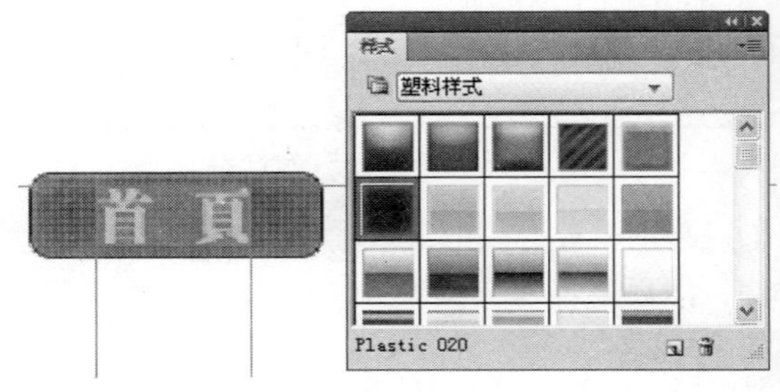


图 16-96　应用样式

⑧ 将该切片进行放大，如图 16-97 所示。

图 16-97　放大切片

⑨ 在编辑窗口中单击“预览”按钮，将鼠标指针移动到切片区，可测试该行为并观察其效果，如图 16-98 所示。

图 16-98　预览行为

说明　在 Fireworks CS4 中制作按钮时，用户可单击使用预设效果，从而提高工作效率。

## 2. 为热点添加行为

① 在 Fireworks 中新建一个空白文档，在工作区中绘制矩形，并对其应用一种合适的样式，然后在其上输入文本，效果如图 16-99 所示。

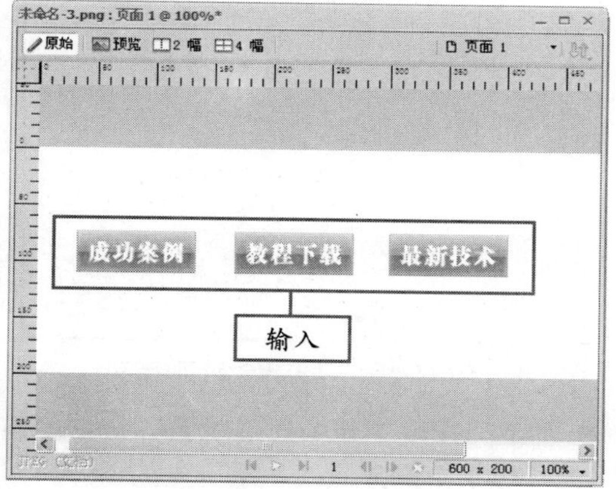


图 16-99　制作的按钮

② 按住【Shift】键，利用指针工具依次单击输入的文本，将其全部选取。单击“编辑”|“插入”|“热点”命令，为文字创建矩形热区，效果如图 16-100 所示。

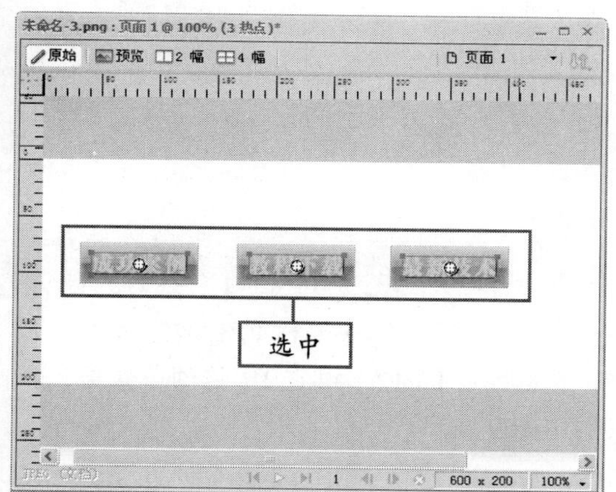


图 16-100　绘制矩形热区

③ 在文本“成功案例”的热区上右击，在弹出的快捷菜单中选择“添加弹出菜单”命令，如图 16-101 所示。

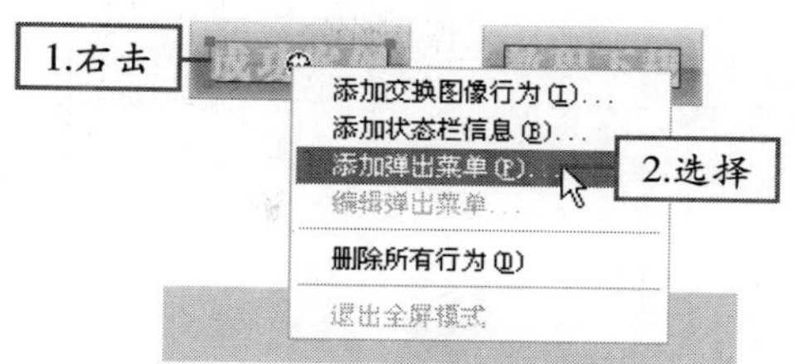


图 16-101　添加行为

④ 在打开的“弹出菜单编辑器”对话框中进行所需的编辑，如图 16-102 所示。

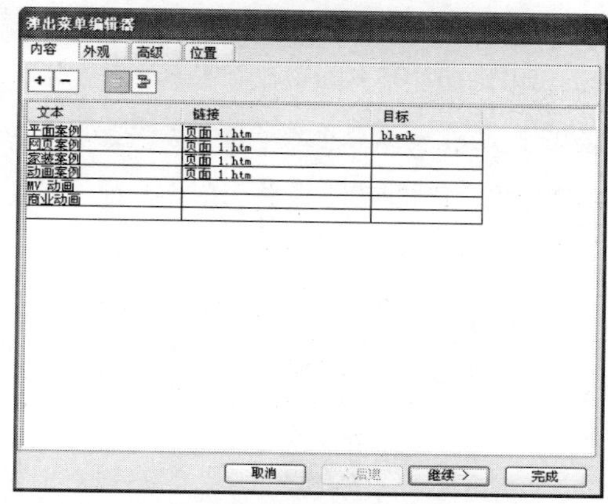


图 16-102　“弹出菜单编辑器”对话框

⑤ 在菜单中选择相应的命令后，单击“缩进菜单”按钮，可将所选菜单降级，如图 16-103 所示。

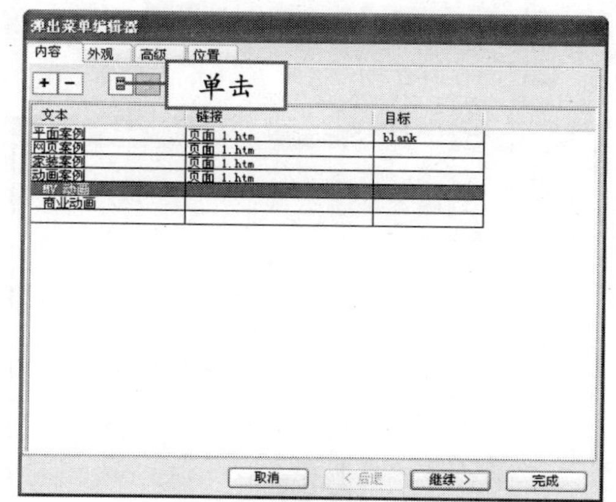


图 16-103　设置子菜单

⑥ 单击“继续”按钮，切换到“外观”选项卡，从中进行所需的设置，如图 16-104 所示。

一般来说，对于按钮或其他对象使用行为时，均会同时用到多个行为来完成一个效果。 说明

图 16-104　设置菜单外观

⑦ 选中“图像”单选按钮，设置菜单图像的样式，如图 16-105 所示。

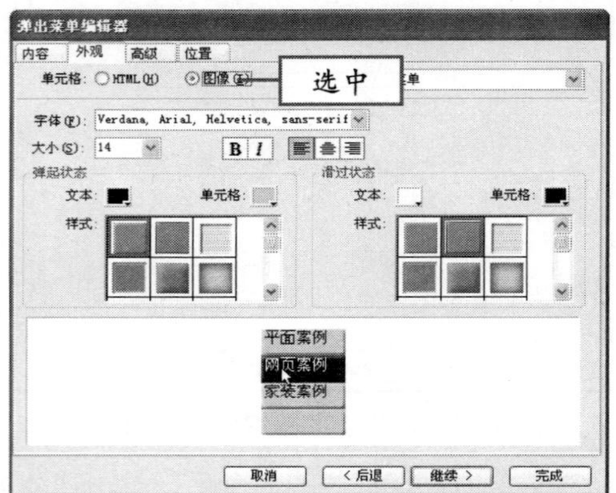

图 16-105　设置图像外观选项

⑧ 单击“继续”按钮，切换到“高级”选项卡，从中进行所需的设置（在此使用默认设置），如图 16-106 所示。

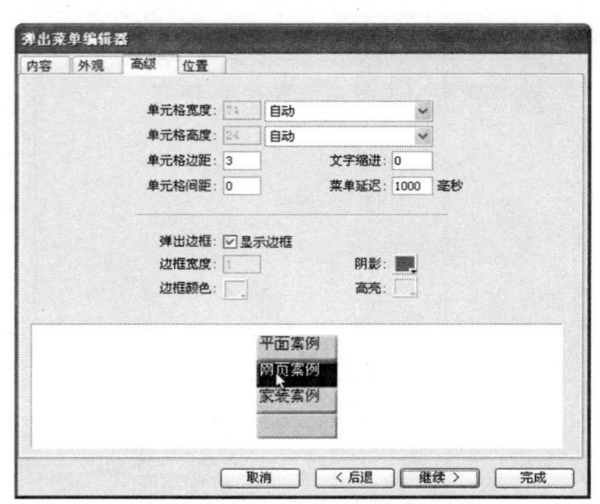
图 16-106　“高级”选项卡

⑨ 单击“继续”按钮，切换到“位置”选项卡，设置弹出菜单出现的位置，如图 16-107 所示。

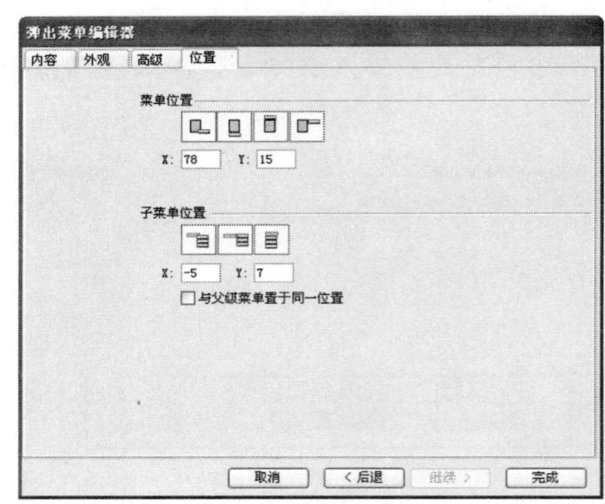
图 16-107　“位置”选项卡

⑩ 单击“完成”按钮完成设置，拖动制作好的下拉菜单部分到水平菜单条的下方，如图 16-108 所示。

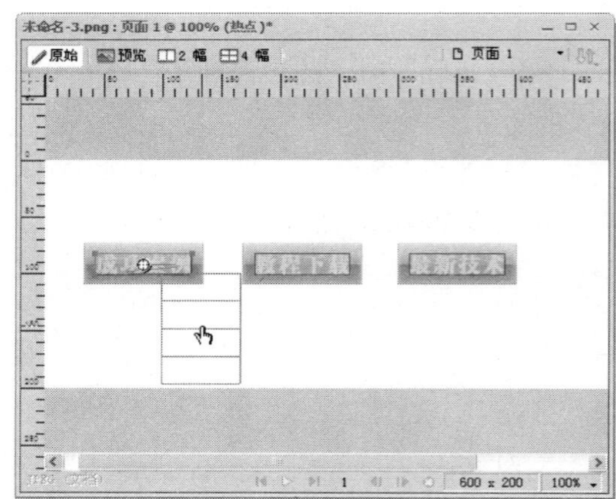
图 16-108　制作好的下拉菜单

⑪ 利用同样的方法制作其他按钮效果。制作完成后按【F12】键在 IE 中预览效果，如图 16-109 所示。

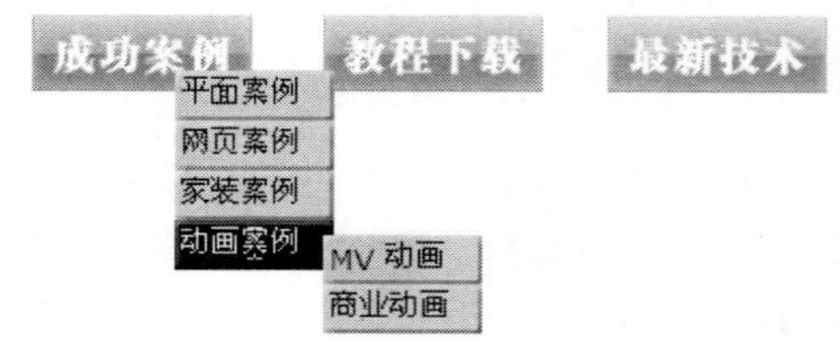

图 16-109　在 IE 中的浏览效果


说明　在使用下拉按钮时，可节省时间，但其效果一般，可设置性较差。

热点是与切片较为相似的概念，都是使图像具有交互功能的有效工具，可以在指定的区域中设置行为或添加 URL，但热点不会造成图像区域的分割，使用热点的主要目的是响应鼠标事件。

## 16.3 综合实战——制作特效文字

下面将综合本章所讲述的内容，通过文字工具、矢量图形绘制工具的使用，创建环绕椭圆路径的文字效果。

① 新建一个 Fireworks 文档，利用椭圆工具绘制一个椭圆，如图 16-110 所示。

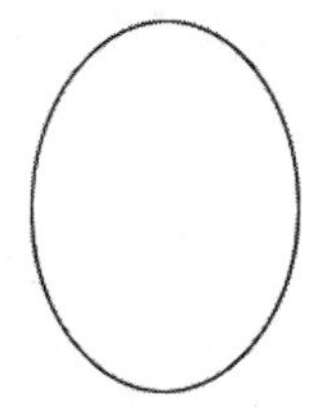

图 16-110　绘制椭圆

② 选中绘制的椭圆，单击“修改”|“变形”|“数值变形”命令，打开“数值变形”对话框，在其中设置椭圆旋转 30°，如图 16-111 所示。

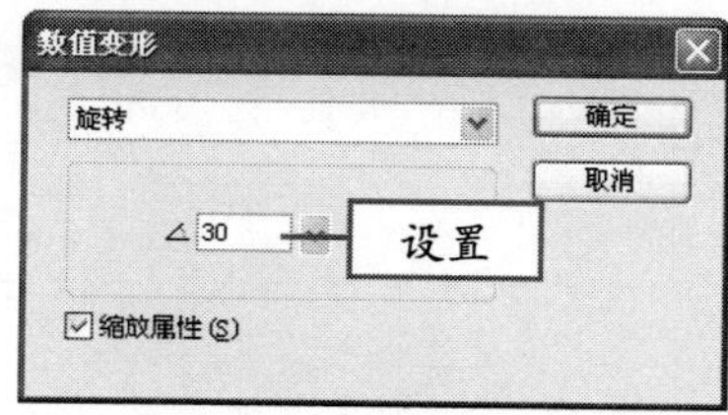


图 16-111　“数值变形”对话框

③ 单击“确定”按钮，在工具箱中选取文本工具，在文档中输入所需的文本，如图 16-112 所示。

图 16-112　输入文本

④ 选择输入的文本，打开“属性”面板，从中设置渐变填充，并设置渐变项为“鲜绿色”，如图 16-113 所示。

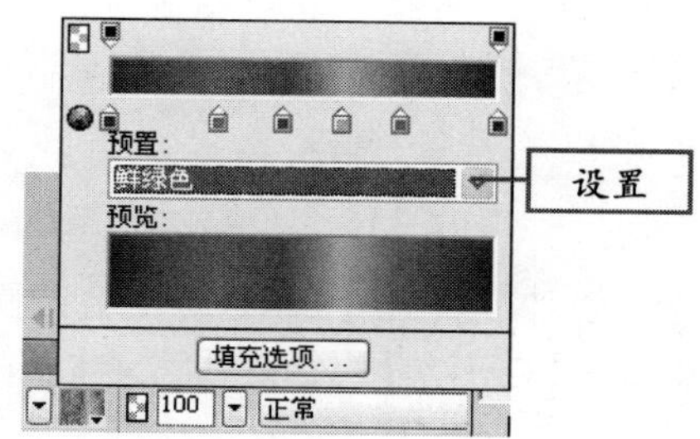


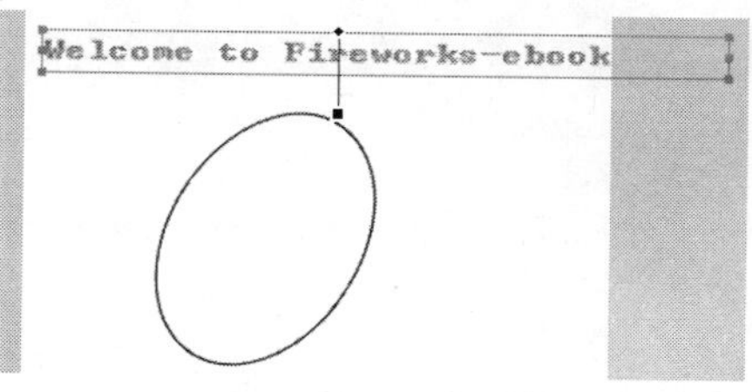


图 16-113　设置填充色

⑤ 利用指针工具选中所输入的文本和所绘制的椭圆，单击“文本”|“附加到路径”命令，效果如图 16-114 所示。

图 16-114　将文本附加到路径

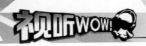

⑥ 选中依附在路径上的文本，在“属性”面板中设置相应的选项，如图 16-115 所示。

图 16-115 调整文本

⑦ 在文档中，利用指针工具对文本的填充色进行调整，如图 16-116 所示。

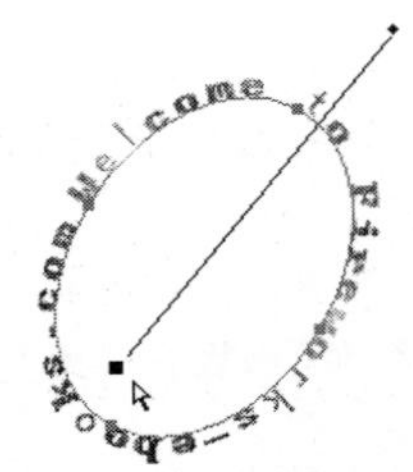

图 16-116 调整文本的颜色

⑧ 选定文本，按【Ctrl+C】组合键复制文本，然后按【Ctrl+V】组合键粘贴文本，在“属性”面板中将粘贴的文本的“填充类别”设置为“实心”，并将填充颜色设置为灰色，如图 16-117 所示。

图 16-117 设置副本

⑨ 将副本调整到底层，效果如图 16-118 所示。

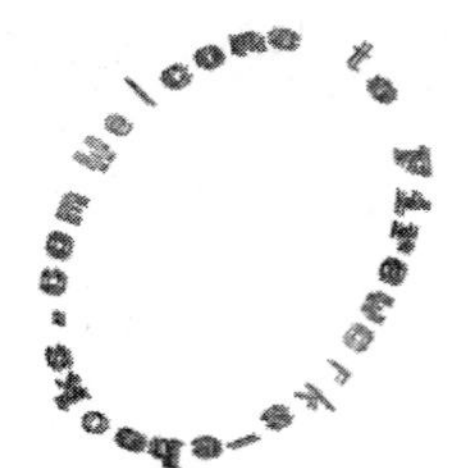

图 16-118 文字效果

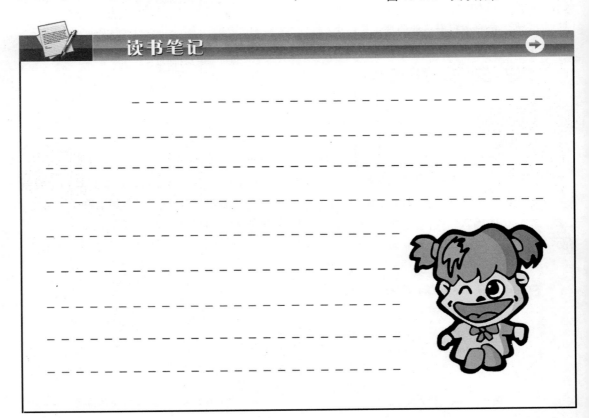

读书笔记

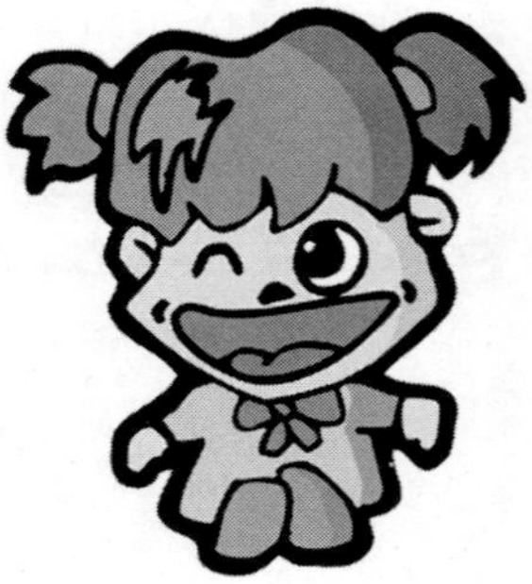

# 第 17 章 使用 Fireworks 制作网页图像

- 利用 Fireworks 制作按钮
- 制作网页要素
- 制作 GIF 动画
- 优化与导出图像
- 制作网页广告

Yoyo，利用 Fireworks 也可以制作 GIF 动画吗？

可以啊，使用它可以很轻松地制作出非常专业的 GIF 动画。

对，Fireworks 提供了强大的创建网页元素功能（如绘制按钮、创建菜单、制作 GIF 动画等），并可将创建的网页元素导出，应用到由 Dreamweaver 制作的网页中。下面我们就一起来学习如何使用 Fireworks 制作网页图像。

# 17.1 创建按钮

按钮是网页中不可缺少的对象，它可用来实现某项操作或交互功能，并可实现在各页面之间的跳转。

## 1. 按钮简介

根据响应的鼠标事件，按钮可以拥有四种状态：释放、滑过、按、按时滑过。其具体含义如下：

### 释放

按钮的初始状态，即未接受任何鼠标事件的状态。

### 滑过

当鼠标指针位于按钮图片区域内时按钮的状态。

### 按

当在按钮图片区域内按鼠标左键时按钮的状态。

### 按时滑过

按按钮后释放，鼠标指针再次移动到该按钮上，这时的状态称为按时滑过状态，只有组成导航条的按钮组中的按钮才有该状态。

## 2. 按钮制作

① 在 Fireworks 文档中，单击“编辑”|“插入”|“新建按钮”命令，即可进入按钮编辑，如图 17-1 所示。

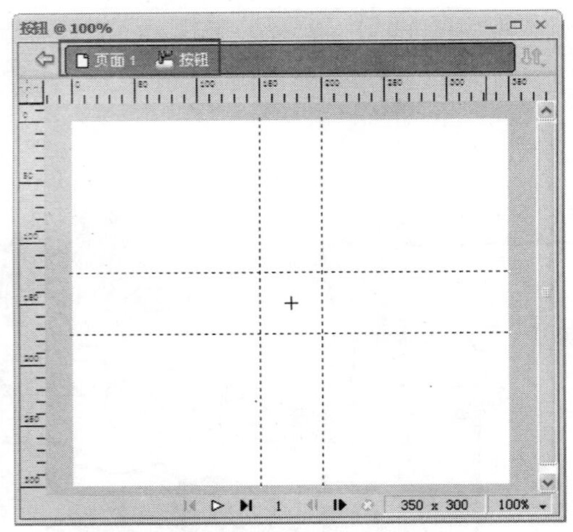

图 17-1　按钮工作区

② 单击“窗口”|“状态”命令，打开“状态”面板，其中共包括 4 种状态，如图 17-2 所示。

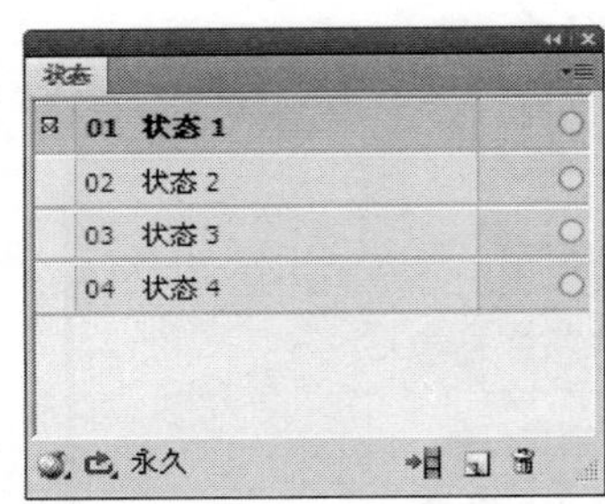


图 17-2　“状态”面板

③ 从中选择状态 1，然后在文档工作区中编辑该状态时的按钮图形，如图 17-3 所示。

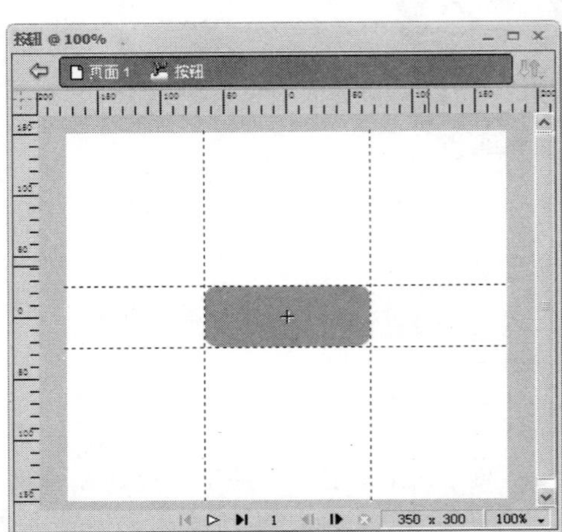

图 17-3　绘制图形


说明　按钮有 4 种状态，这些状态可以分别以不同的图片来表示，从而使按钮更加生动。

④ 打开“样式”面板，从中选择合适的样式应用于绘制的图形，如图 17-4 所示。

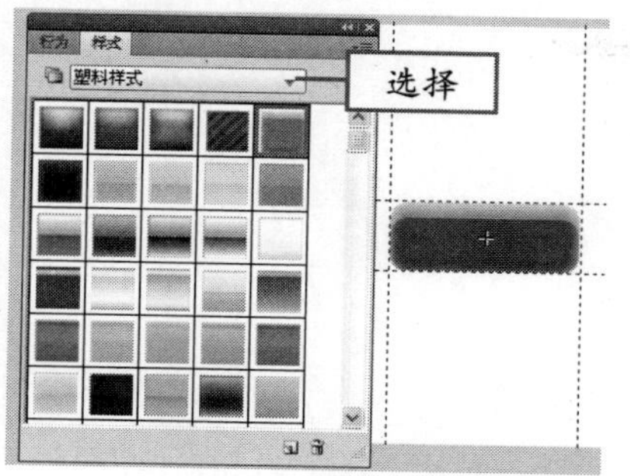


图 17-4　应用样式

⑤ 利用文本工具从中输入相应的文字，如图 17-5 所示。

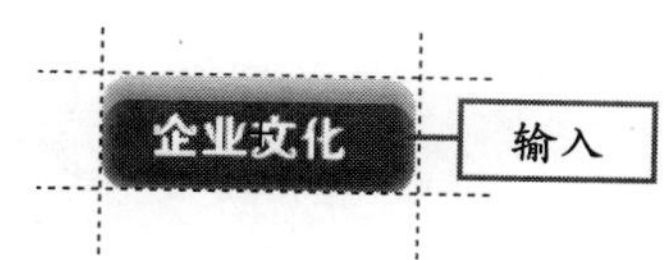


图 17-5　输入文本

⑥ 在“状态”面板中单击“状态 2”，将“状态 1”中的对象复制到该状态中，如图 17-6 所示。

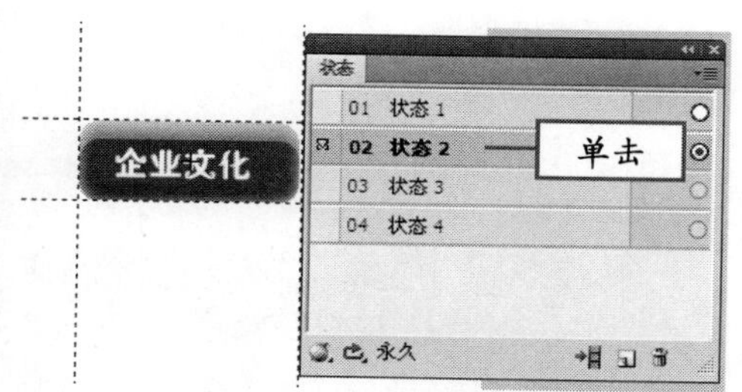


图 17-6　复制图形

⑦ 选择文本，在“属性”面板中为其添加光晕滤镜效果，如图 17-7 所示。

⑧ 此时，“状态 2”中的图形效果如图 17-8 所示。

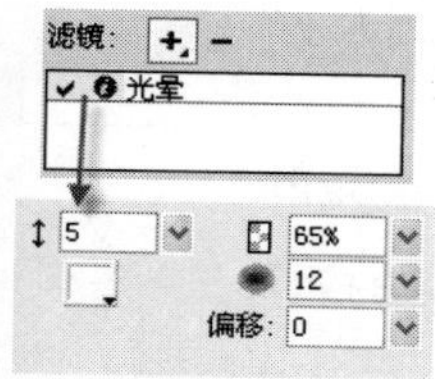


图 17-7　添加光晕效果

图 17-8　图形效果

⑨ 同样，将“状态 1”中的图形复制到“状态 3”中，并为该状态中的图形应用其他样式，如图 17-9 所示。

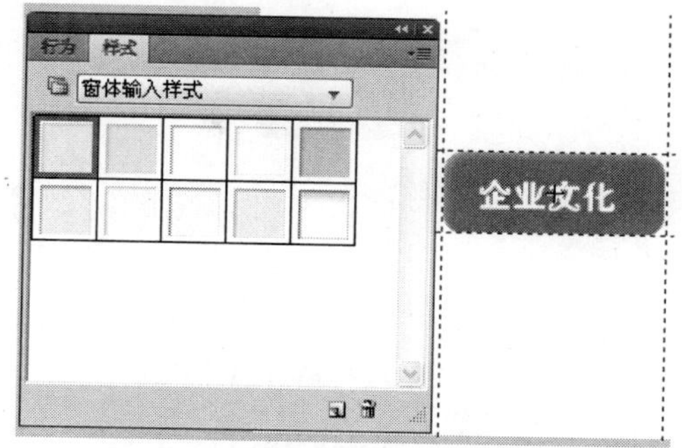


图 17-9　更换样式效果

⑩ 将“状态 1”中的图形复制到“状态 4”中，然后编辑该状态中的图形，如图 17-10 所示。

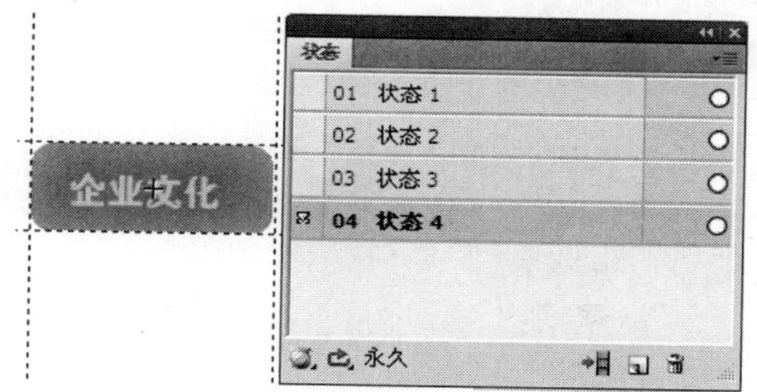


图 17-10　状态 4 中的图形

⑪ 保存当前文档，返回主场景工作区，并选择“预览”状态，如图 17-11 所示。

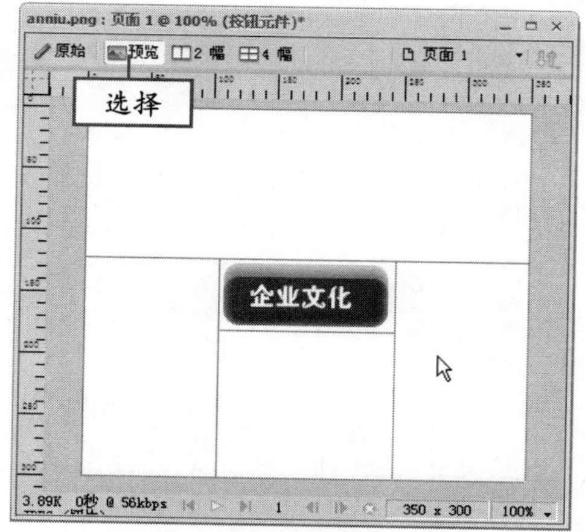


图 17-11　“预览”状态

⑫ 将鼠标指针移动到该按钮图形上，如图 17-12 所示。

按钮的 4 种状态中最常用的是释放状态和按状态。 说明

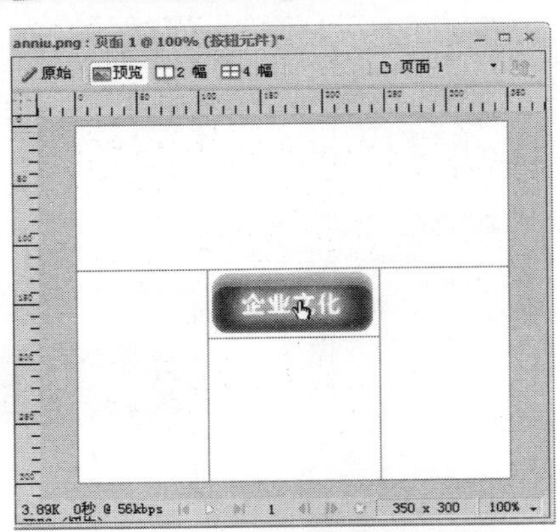


图 17-12　鼠标指针悬浮状态

⑬ 单击时，图形效果如图 17-13 所示。

⑭ 当再将鼠标指针移动到按钮上时，图形效果如图 17-14 所示。

用户也可以按【F12】键，或单击“文件”|“在浏览器中预览”|“在 iexplore.exe 中预览”命令，在浏览器中可以观察到不同的鼠标事件。

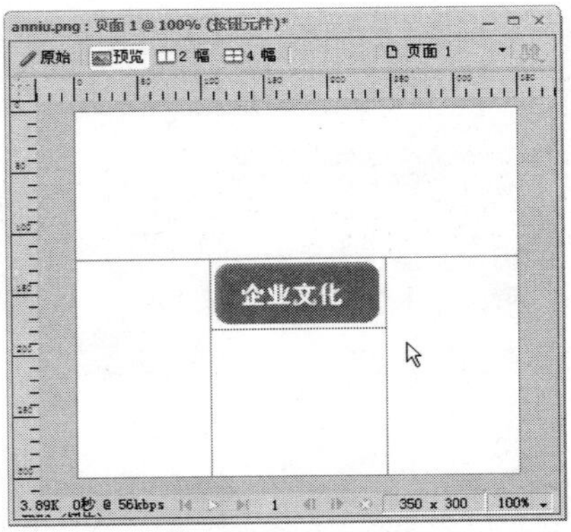

图 17-13　调整按钮的活动区域

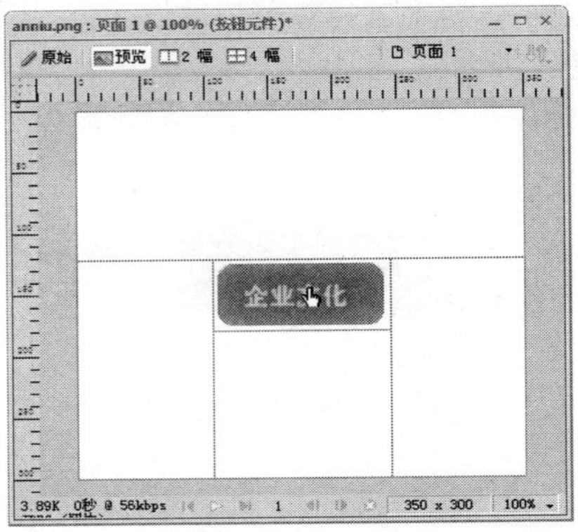

图 17-14　单击按钮后悬浮鼠标指针

### 3．制作超炫按钮

① 新建一个 483px×450px 的文档，如图 17-15 所示。

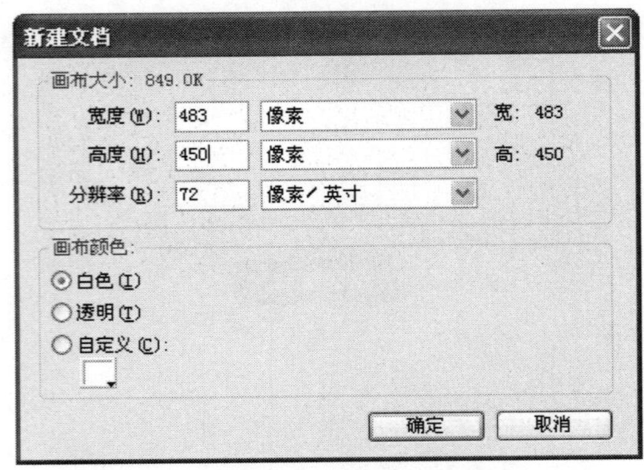


17-15　“新建文档”对话框

② 选择矩形工具，绘制一个工作区大小的矩形，并进行所需的设置，如图 17-16 所示。

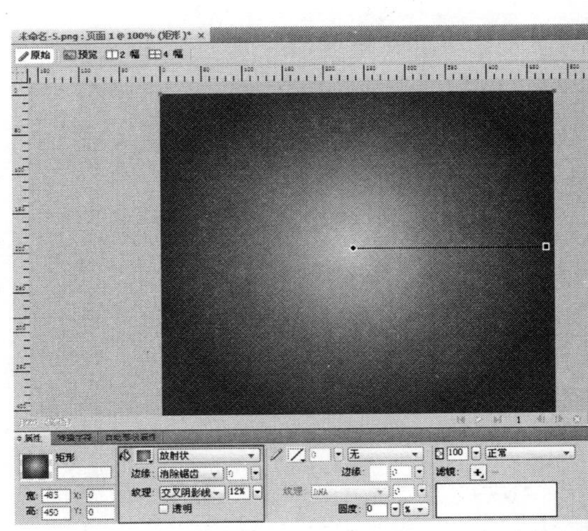

图 17-16　绘制矩形

③ 利用变形工具对绘制的矩形进行变形处理，如图 17-17 所示。



说明　虽然每个按钮都能够拥有 4 种状态，但并非必须全部拥有。

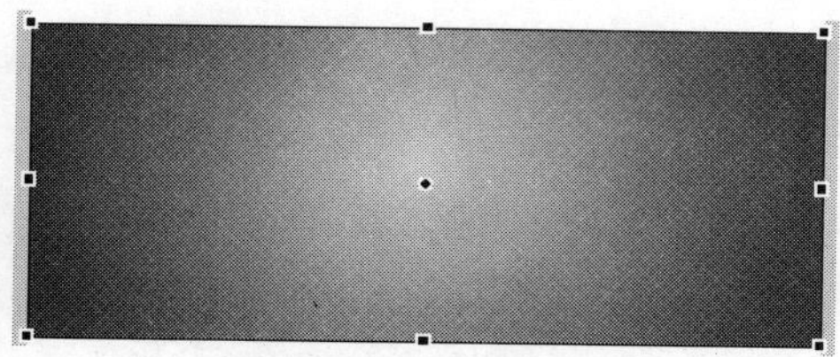
图 17-17　变形图像

④ 利用圆角矩形工具绘制一个 336px×78px 的矩形，并进行所需的设置，如图 17-18 所示。

图 17-18　绘制圆角矩形

⑤ 在“属性”面板中为绘制的圆角矩形添加光晕滤镜效果，如图 17-19 所示。

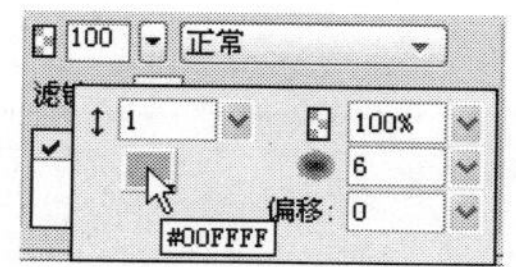

图 17-19　添加光晕效果

⑥ 再次添加光晕滤镜效果，如图 17-20 所示。

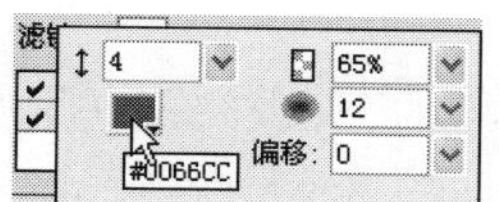

图 17-20　添加光晕

⑦ 此时的图像效果如图 17-21 所示。

图 17-21　图像效果

⑧ 利用圆角矩形工具在该矩形上绘制一个 322px×65px 的矩形，并进行所需的设置，如图 17-22 所示。

⑨ 利用矩形工具绘制两个 200px×1px 的矩形，并进行所需的设置，如图 17-23 所示。

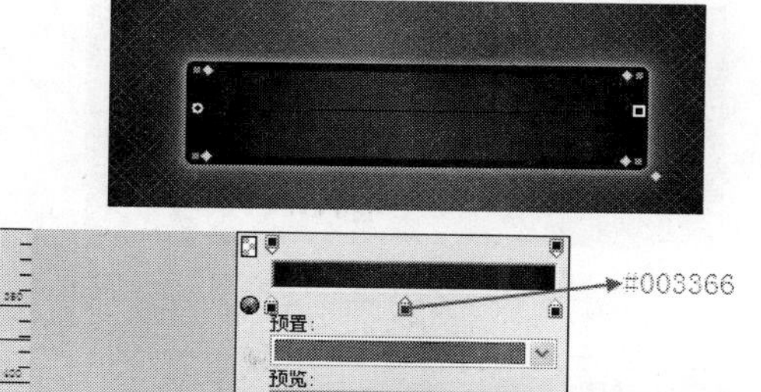

图 17-22　绘制并设置矩形

图 17-23　绘制矩形条

⑩ 利用同样的方法绘制两侧的矩形条，如图 17-24 所示。

图 17-24　绘制矩形条

⑪ 用钢笔工具绘制一个如图 17-25 所示的图形。

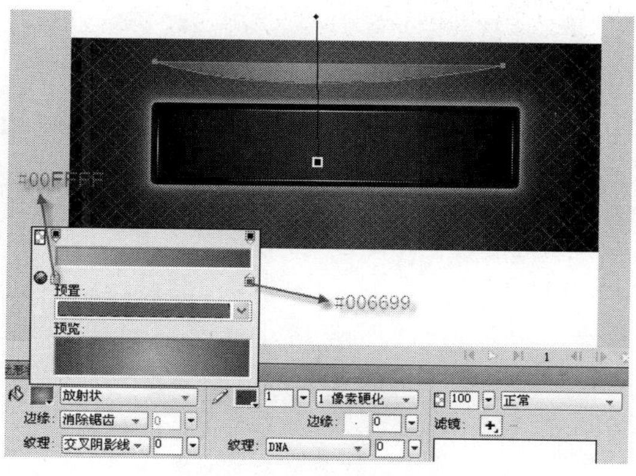

图 17-25　绘制图形

⑫ 复制该图形两次，并调整其大小，设置透明度分别为 80、40、20，效果如图 17-26 所示。

说明　按钮不同的状态就是不同的图片，不仅制作复杂而且增加了网页所占用的存储空间。

图 17-26　调整图形

⑬ 合并这三个图形图层，然后复制出一个副本，并进行调整，最后将其透明度设置为 20，如图 17-27 所示。

图 17-27　复制图形

⑭ 绘制一个如图 17-28 所示的图形。

图 17-28　绘制图形

⑮ 将该图层复制出 3 个副本，然后分别调整角度并放到矩形的 4 个角上，如图 17-29 所示。

图 17-29　放置高光图形

⑯ 用椭圆工具绘制一个椭圆，并进行所需的设置，如图 17-30 所示。

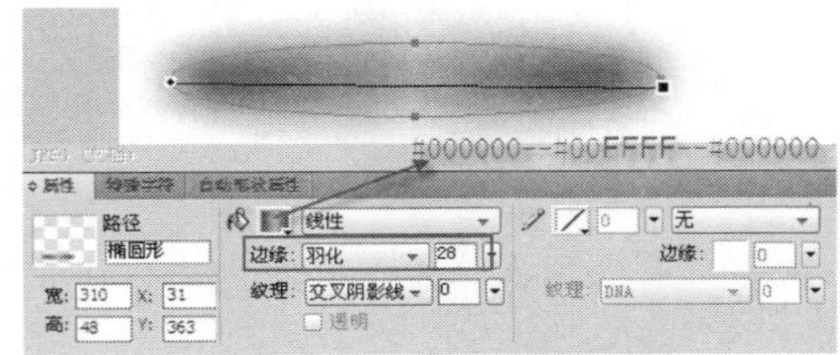


图 17-30　设置椭圆

⑰ 将绘制的图形移动到按钮上，并调整其透明度，如图 17-31 所示。

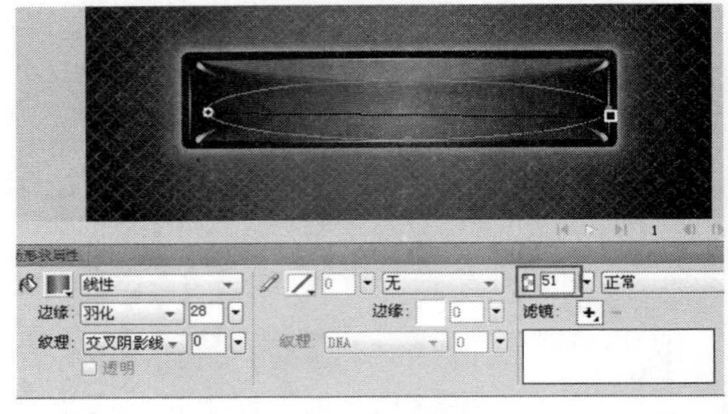


图 17-31　放置图形

⑱ 先绘制一个椭圆，然后设置运动模糊，再复制一个缩小一些，再向左移动，如图 17-32 所示。

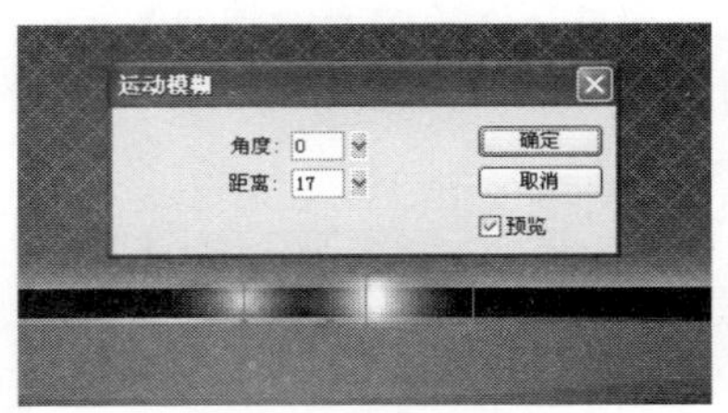


图 17-32　绘制图形

⑲ 用钢笔工具绘制两个光源，如图 17-33 所示。

图 17-33　制作灯光

⑳ 选择文本工具并输入所需的文本，然后再根据需要制作相应的效果，如图 17-34 所示。

图 17-34　按钮效果

哇，好漂亮的效果啊，我也要试试！



说明　在制作按钮时可以使用样式为图片添加效果，可节省时间并减少工作量。

## 17.2 制作网页要素

下面利用 Fireworks CS4 制作一些网页中常用的要素，从而进一步掌握前面所学的知识。

### 1. 网页标志

① 新建一个 Fireworks CS4 文档，在工作区中输入文字 e（文字颜色为#0099CC），并进行所需的设置，如图 17-35 所示。

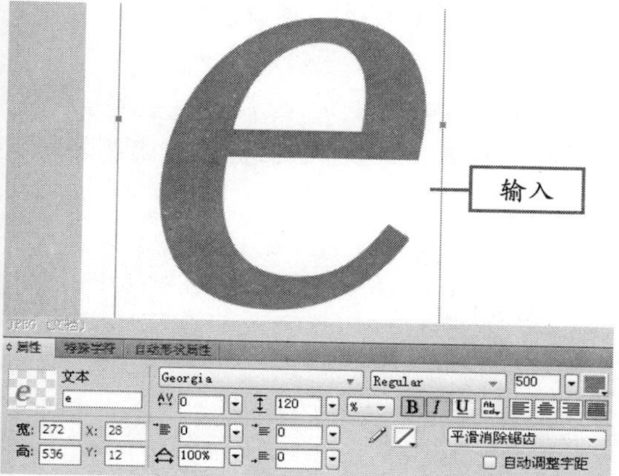


图 17-35 输入文字

② 选中文本对象，按【Ctrl+Shift+D】组合键，复制出一个文本对象。选中副本对象，单击“文本”｜“转化为路径”命令，将文本转换为路径，如图 17-36 所示。

图 17-36 转换为路径

③ 按【Ctrl+Shift+J】组合键，将文本路径对象接合，如图 17-37 所示。

图 17-37 接合路径

④ 选中文本路径对象，单击“修改”｜“改变路径”｜“伸缩路径”命令，在打开的“伸缩路径”对话框中进行所需的设置，如图 17-38 所示。

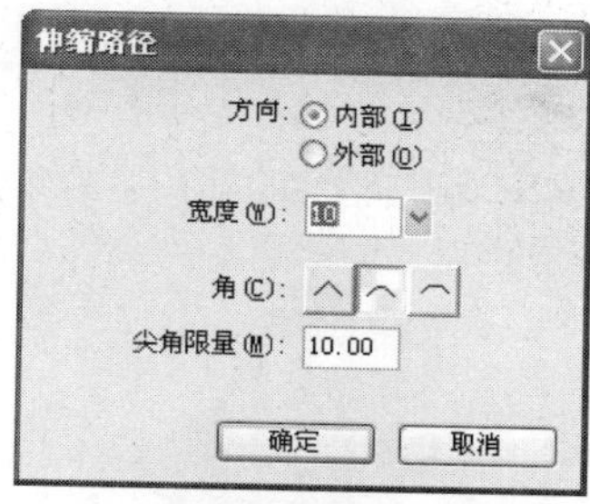


图 17-38 “伸缩路径”对话框

⑤ 在路径对象中填充白色，并将其边缘羽化设置为 10。此时，图形效果如图 17-39 所示。

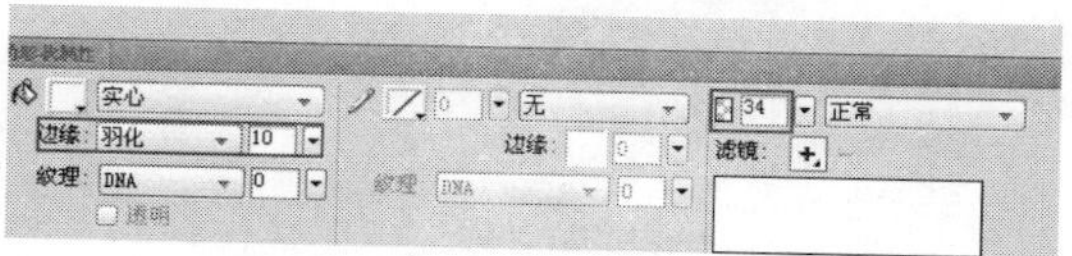

图 17-39 编辑填充色

说明 在使用各个滤镜时，需先明白该滤镜的具体作用。

⑥ 将工作区中的两个对象组合为一个群组对象，单击“属性”面板中的+按钮，从弹出的下拉菜单中选择“斜角和浮雕”|“内斜角”命令，在打开的设置框中进行设置，如图 17-40 所示。

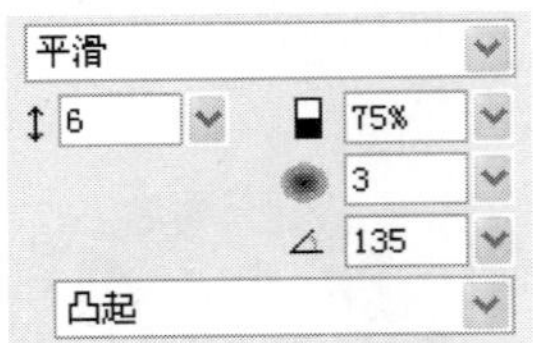


图 17-40　设置浮雕效果

⑦ 设置完成后，工作区中的图像效果如图 17-41 所示。

图 17-41　图像效果

## 2．水晶图标

① 新建一个空白文档，然后利用钢笔工具绘制一个如图 17-42 所示的路径。

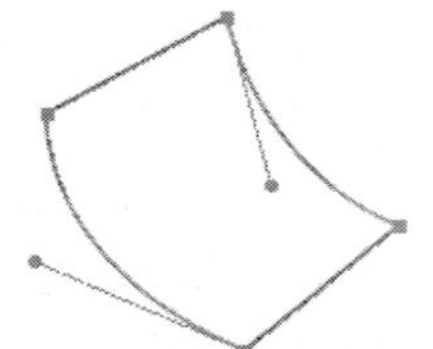

图 17-42　绘制路径

② 从中填充渐变色，如图 17-43 所示。

图 17-43　填充灰色

③ 将制作的图形复制一个放置在上面，然后向右上偏移，并填充如图 17-44 所示的渐变色。

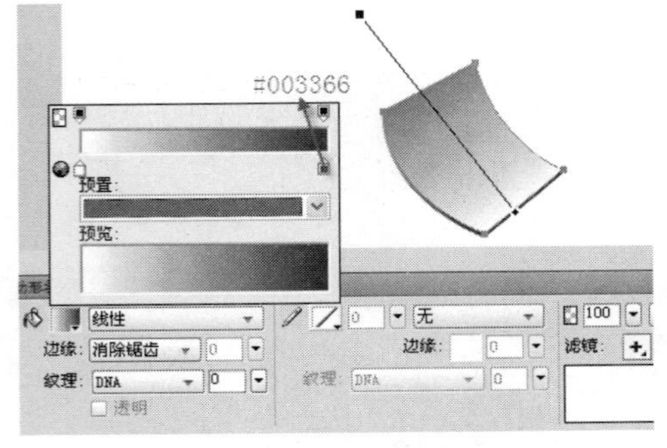


图 17-44　填充渐变

④ 在“属性”面板中为其添加“内侧阴影”滤镜，如图 17-45 所示。

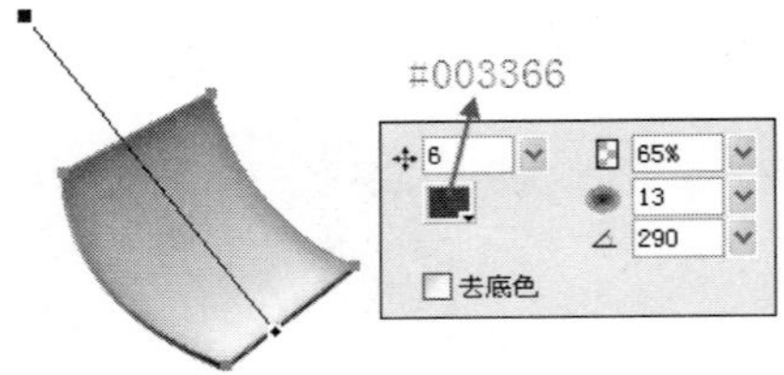


图 17-45　添加阴影

⑤ 利用钢笔工具绘制一个图形，从中填充白色到透明色的渐变，以制作高光效果，如图 17-46 所示。

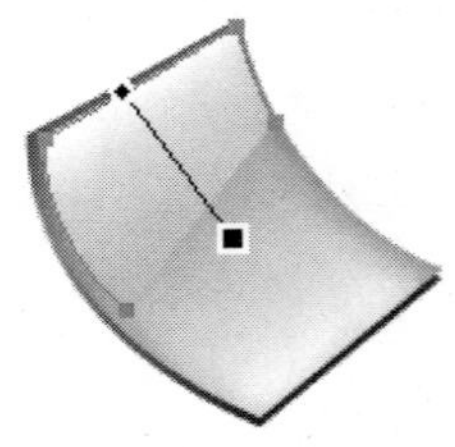

图 17-46　制作高光效果

**知识点拨**

也可以复制一份原图，用刀子工具切割并删除一半，然后对另一半进行调整得到。

⑥ 选择钢笔工具在工作区中绘制一个羽毛形状，如图 17-47 所示。

图 17-47　绘制羽毛形状

⑦ 在绘制的路径中填充颜色，并将轮廓色设置为无，如图 17-48 所示。

图 17-48　设置填充色

⑧ 在“属性”面板中设置羽毛为渐变填充，如图 17-49 所示。

图 17-49　设置渐变

⑨ 在“属性”面板中为该图形添加内侧阴影滤镜效果，如图 17-50 所示。

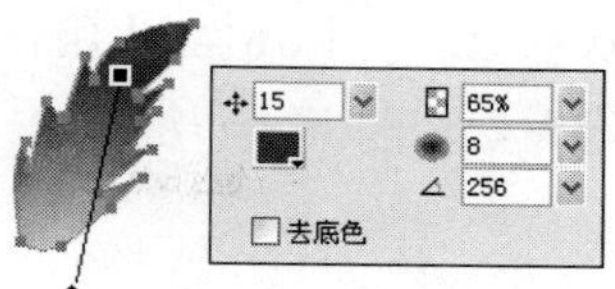


图 17-50　添加内侧阴影

⑩ 绘制出笔尖与笔杆中间的骨线，如图 17-51 所示。

图 17-51　绘制笔骨线

⑪ 将绘制的所有对象进行组合，然后添加阴影，如图 17-52 所示。

图 17-52　制作完成

## 17.3　GIF 动画

GIF 动画由许多差异不大的静态图像组成，每幅图像称为一个状态，Fireworks 就是通过在每一状态上分别进行图像处理，并按顺序进行播放，进而构建出多种多样的动画效果。

**素材文件** 光盘:\素材\第 17 章\1.png、2.png、3.png、4.png、5.png、6.png、7.png、8.png

① 新建一个 83px×76px 的文档，然后导入“光盘:\素材\第 17 章\1.png”图片，如图 17-53 所示。

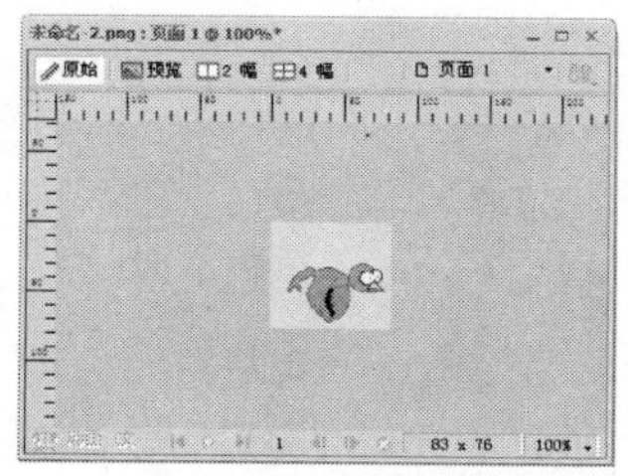

图 17-53　新建文档并导入图像

② 打开“状态”面板，从中新建一个状态，如图 17-54 所示。

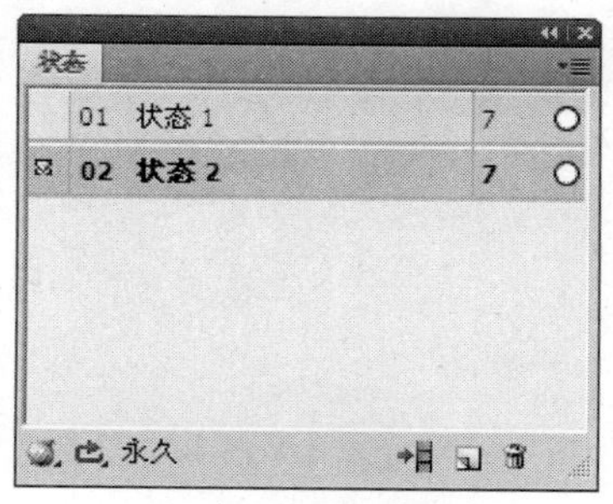


图 17-54　新建状态

**说明** GIF 动画是网页上最流行的动画效果之一，其多用于制作图片广告。

③ 选择状态 2，按【Ctrl+R】组合键导入第二张素材图像，如图 17-55 所示。

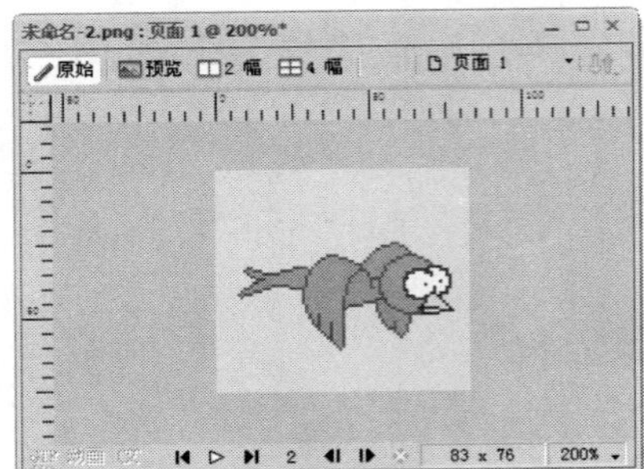

图 17-55 状态 2 中的图像

④ 利用同样的方法，新建状态并导入图像，如图 17-56～图 17-61 所示。

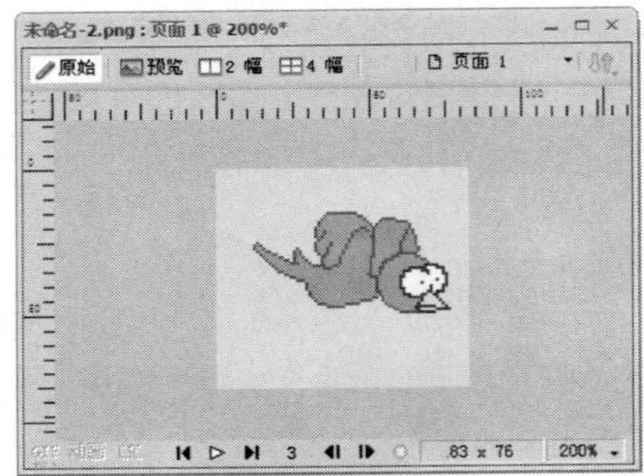

图 17-56 状态 3 中的图像

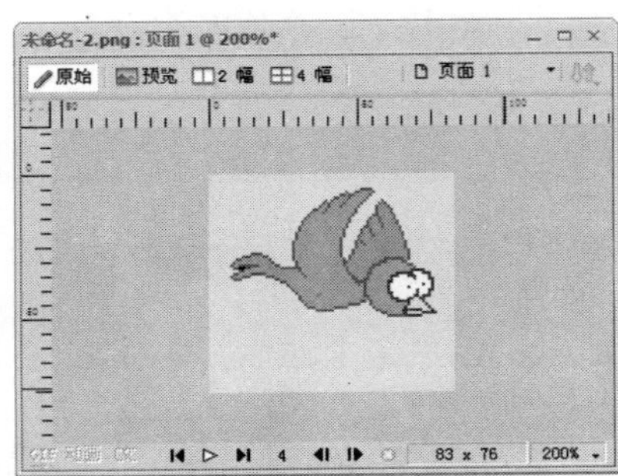

图 17-57 状态 4 中的图像

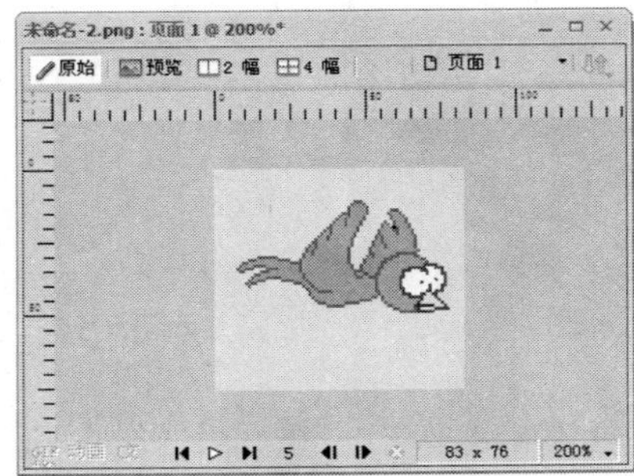

图 17-58 状态 5 中的图像

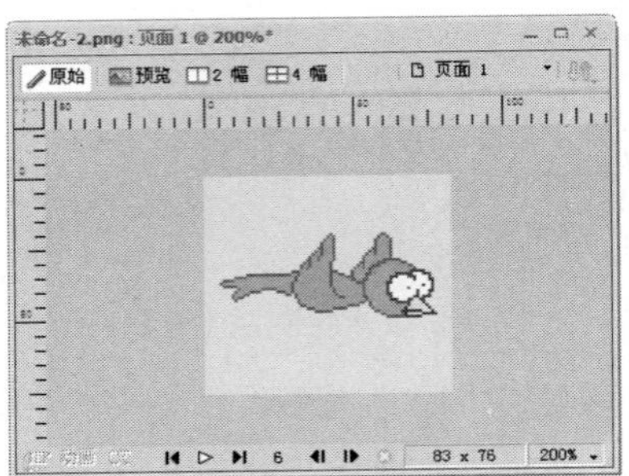

图 17-59 状态 6 中的图像

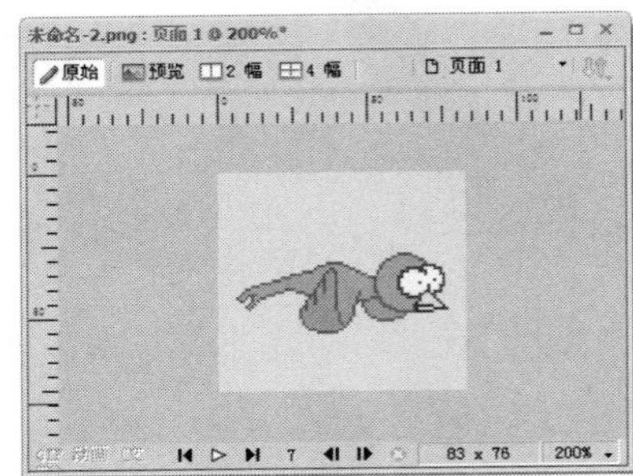

图 17-60 状态 7 中的图像

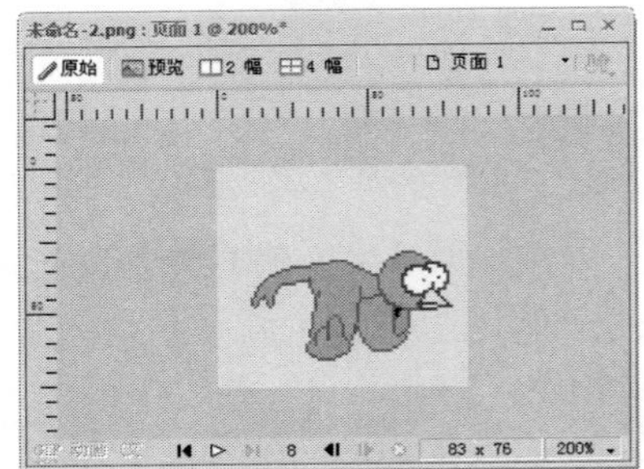

图 17-61 状态 8 中的图像

⑤ 此时，“状态”面板如图 17-62 所示。

图 17-62 “状态”面板

⑥ 单击“文件” | “图像预览”命令，打开“图像预览”对话框，并从中进行所需的设置，如图 17-63 所示。



说明 在制作 GIF 动画时，需要深刻了解各个动作的变化才能制作流畅的动画效果。

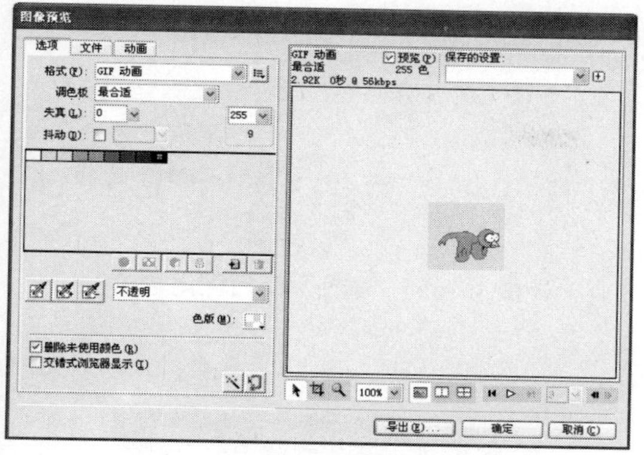

图 17-63　“图像预览”对话框

⑦ 单击“导出”按钮，在打开的“导出”对话框中进行所需的设置，如图 17-64 所示。

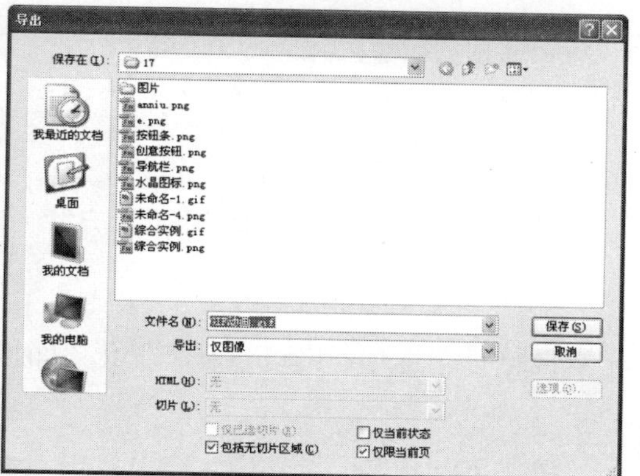

图 17-64　“导出”对话框

⑧ 导出后，双击相应的导出文件即可浏览动画，如图 17-65 所示。

图 17-65　浏览动画

**知识点拨**

在绘制 GIF 动画时，可以在其专业绘制软件中按照需要绘制所需的图片，然后将其导入 Fireworks 中制作即可。

## 17.4　图像的优化与导出

为了使网页中的图形能尽可能快地被下载，需要将大文件的图形图像进行压缩。为了使压缩后的图像能最大限度地保持图像品质，必须选择压缩质量最高的文件格式。这种方式的图像压缩就是优化，即寻找颜色、压缩和品质的最优组合。

### 17.4.1　优化图像

在 Fireworks 中内置了常用的优化方案，可以在“属性”面板或“优化”面板中进行选择。如果内置的优化方案不能满足需要，还可以自定义优化方案。下面将对这些操作分别进行介绍。

一般来说，Fireworks 内置的优化方案可以满足用户需要。　说明

## 1．使用“属性”面板优化

打开一个 PNG 文档，在“属性”面板中单击“默认导出选项”下拉按钮，在打开的下拉菜单中列出了一些内置的优化方案，如图 17-66 所示。

图 17-66 “属性”面板优化方案

## 2．使用“优化”面板优化

单击“窗口”|“优化”命令或按【F6】键，打开“优化”面板，从中间的下拉列表框中也可以看到与“属性”面板相同的内置优化方案，如图 17-67 所示。

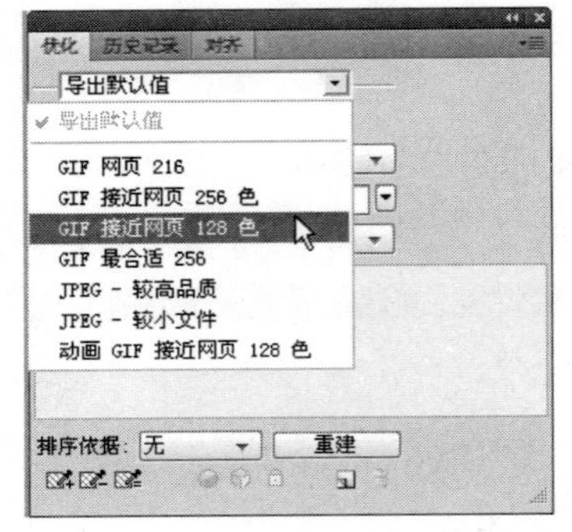


图 17-67 “优化”面板中的内置优化方案

## 3．自定义优化设置

如果内置的优化方案不能满足要求或需要进一步调整每个选项，则可以在“优化”面板中自定义优化方案。

① 在“优化”面板中单击“导出文件格式”下拉列表框中的下拉按钮，弹出的下拉列表如图 17-68 所示。

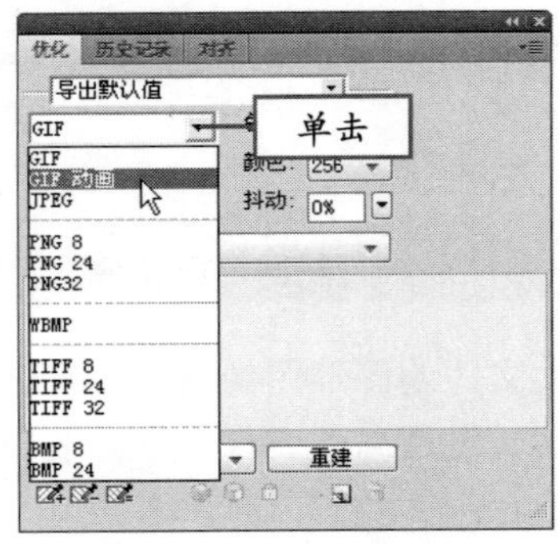


图 17-68 设置保存文件格式

② 在该下拉列表中选择需要的图像文件格式选项，然后根据需要在“优化”面板中设置“颜色”、“抖动”等其他优化选项。

③ 设置好优化选项后，如果需要保存该优化设置，则可单击“优化”面板右侧的“选项”按钮，在弹出的“选项”下拉菜单中选择“保存设置”命令，如图 17-69 所示。

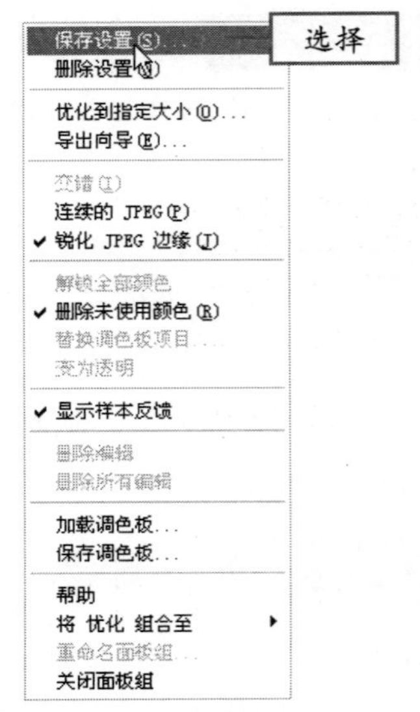


图 17-69 选择“保存设置”命令

④ 打开“预设名称”对话框，如图 17-70 所示。


说明 为了使压缩后的图像能最大限度地保持图像品质，必须选择压缩质量最高的文件格式。

图 17-70　“预设名称”对话框

⑤ 在“名称”文本框中输入新方案名称，然后单击“确定”按钮，保存该优化方案。

## 17.4.2 导出图像

优化完毕后，可以将图像导出为指定格式的文件。从导出的内容来看，导出可以分为两种方式：一种是将整个图像文档全部导出，这是最常用的导出方式；另一种是将图像文档中的部分图像导出。

### 1. 导出全部图像文档

如果需要将优化完毕后的整个图像导出，则可单击“文件”|“导出”命令，打开“导出”对话框，如图 17-71 所示。

如果要导出的是一个经过切片的图像，则打开的“导出”对话框如图 17-72 所示。

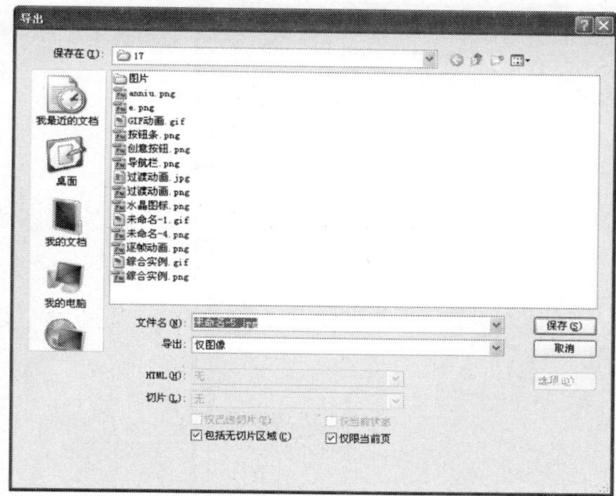
图 17-71　“导出”对话框

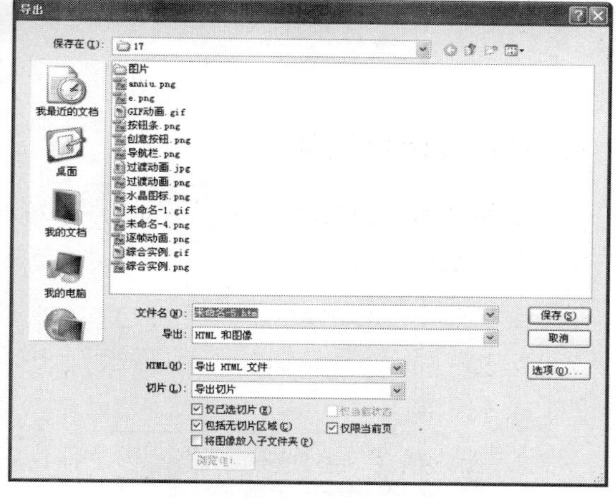
图 17-72　导出切片

**教你一招**

如果 Fireworks 文档中包含多个层、状态、切片或动画，则可能生成多个图像文件。如果选择导出 HTML 代码，则会生成 JavaScript 脚本文件。

### 2. 导出部分图像

① 选择导出区域工具，如图 17-73 所示。

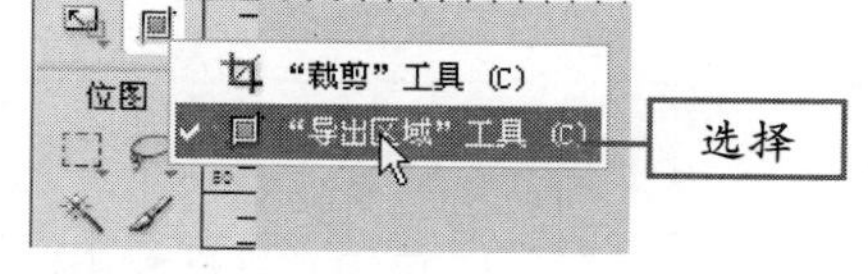

图 17-73　导出区域工具

② 利用该工具在工作区中绘制需要导出的区域，如图 17-74 所示。

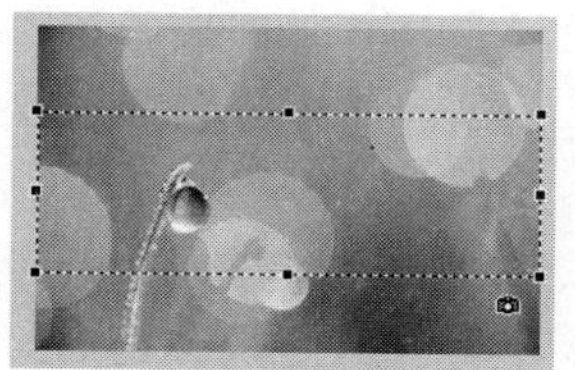
图 17-74　绘制导出图像

③ 双击绘制的区域，打开“导出预览”对话框，如图 17-75 所示。

**教你一招**

使用以下方法之一可以调整导出区域的大小：按住【Shift】键并拖动手柄，可按比例调整导出区域选取框的大小；按住【Alt】键并拖动手柄，可从中心调整选取框的大小；按住【Alt+Shift】组合键并拖动手柄，可约束比例并从中心调整选取框的大小。

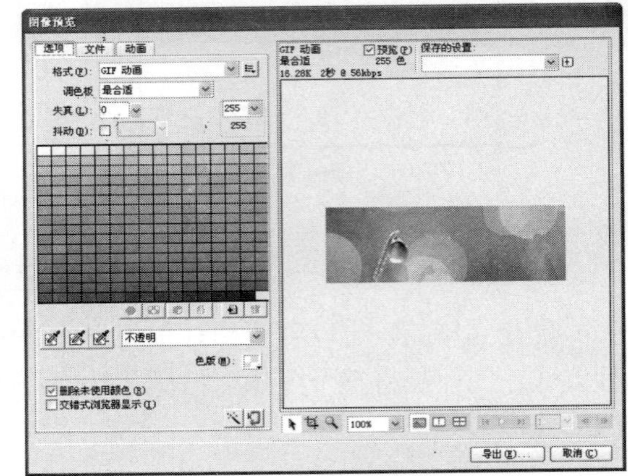

图 17-75 “导出预览”对话框

## 3．使用图像预览

单击“文件”|“图像预览”命令，打开“图像预览”对话框，如图 17-76 所示。

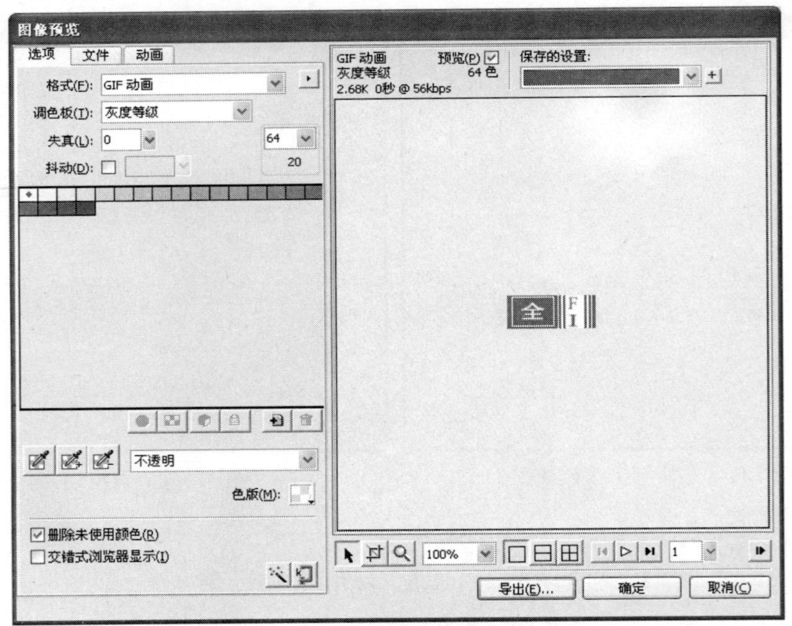


图 17-76 “图像预览”对话框

**教你一招**

“图像预览”对话框将图像优化、动画设置、编辑调色板和导出融为一体，并可以查看不同优化设置下图像导出的最终效果。

## 4．使用导出向导

① 单击“文件”|“导出向导”命令，打开“导出向导”对话框，如图 17-77 所示。

② 单击“继续”按钮，打开导出向导的“选择目标”对话框，如图 17-78 所示。



说明　如果用户对导出不是太熟悉，则可以使用导出向导进行导出。

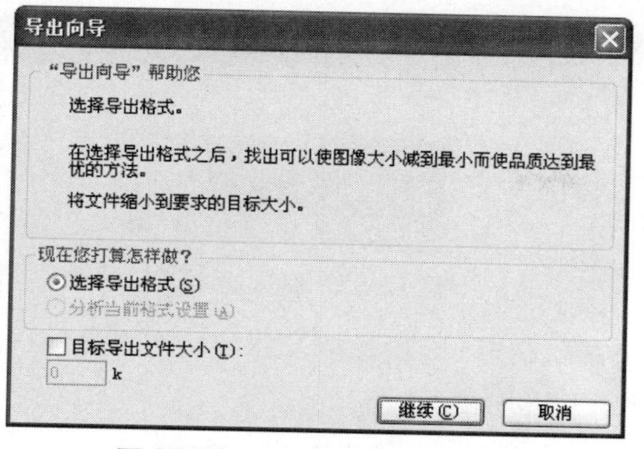


图 17-77　"导出向导"对话框

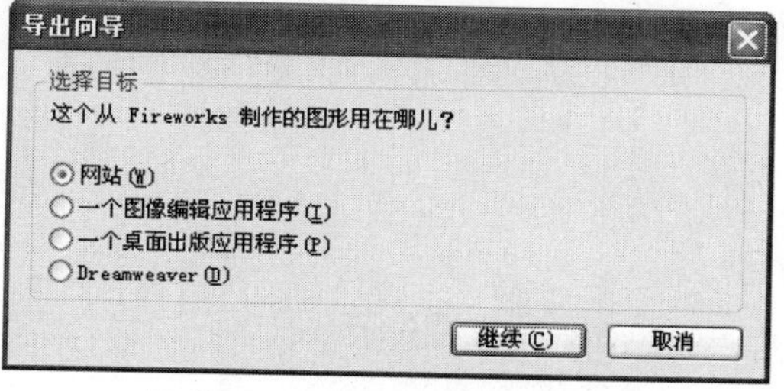


图 17-78　"选择目标"对话框

③ 打开"分析结果"对话框，如图 17-79 所示。

④ 单击"退出"按钮，打开"图像预览"对话框，用户可从中进行比较、设置，然后导出所需的图像，如图 17-80 所示。

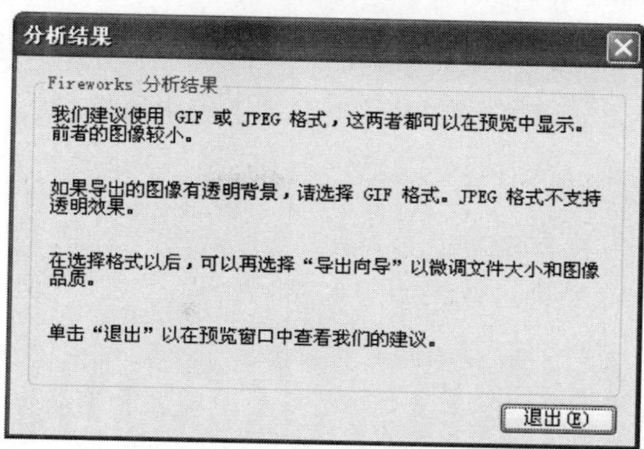


图 17-79　"分析结果"对话框

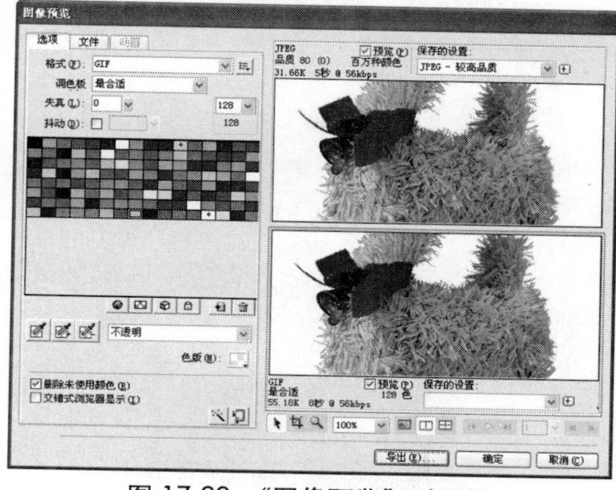


图 17-80　"图像预览"对话框

## 17.5　综合实战——制作网页广告

下面我们将综合本章所介绍的内容，制作出一个创意新颖、动感十足的 Banner 动画。具体操作步骤如下：

① 启动 Fireworks，新建一个 360px×60px 的空白文档，如图 17-81 所示。

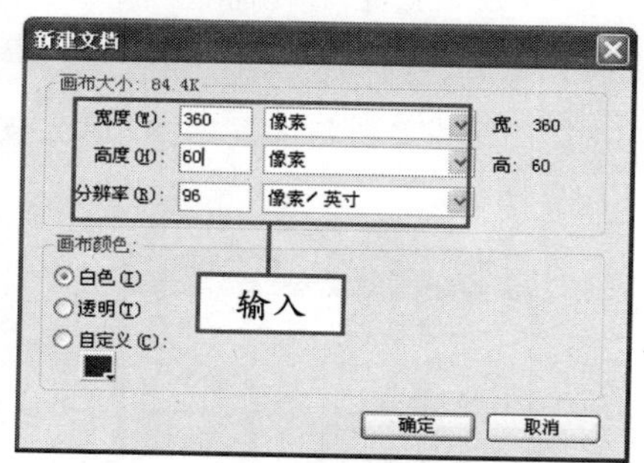


图 17-81　"新建文档"对话框

② 选取矩形工具，绘制一个与画布一样大小的矩形并填充颜色，效果如图 17-82 所示。

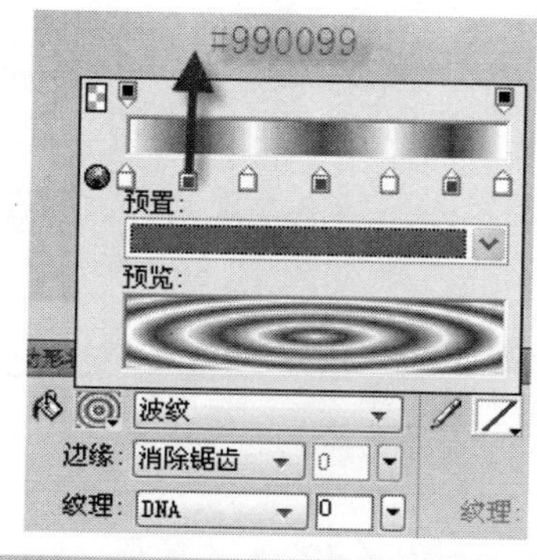


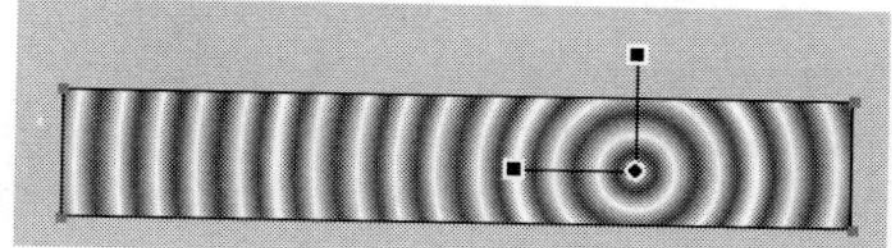

图 17-82　填充颜色

网页广告多是 GIF 动画，通过多幅图片的切换来表达所要表达的意思。　说明

在“填充类别”下拉列表框中选择“渐变”|“波纹”选项。

③ 再次使用矩形工具，在原矩形的上方绘制一个矩形，效果如图 17-83 所示。

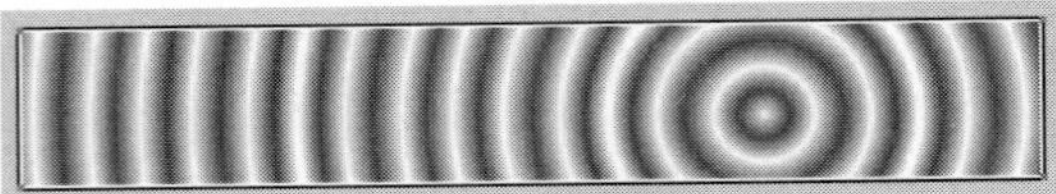

图 17-83 绘制白色边框的矩形

知识点拨

设置矩形的填充色为无，笔触颜色为白色，笔尖大小为 1px，调整其位置，使之恰好位于原有矩形的黑色边框内。

④ 在工作区左侧绘制一个深紫色（#660066）矩形，其位置如图 17-84 所示。

图 17-84 绘制深紫色矩形

⑤ 在工作区下方绘制一个白色矩形，并在“属性”面板中设置其不透明度为 60，效果如图 17-85 所示。

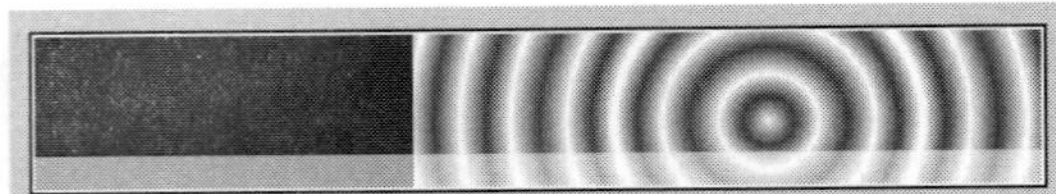

图 17-85 绘制白色透明矩形

⑥ 在工具箱中选取文本工具，然后在工作区中输入所需文字，如图 17-86 所示。

图 17-86 输入文本

在“属性”面板中设置其各项参数，其中文字填充颜色为黑色，笔触颜色为白色。

⑦ 用同样的方法在其下方输入所需网址，效果如图 17-87 所示。

图 17-87 输入文本

⑧ 在工作区右侧输入文本“走进自然”，如图 17-88 所示。

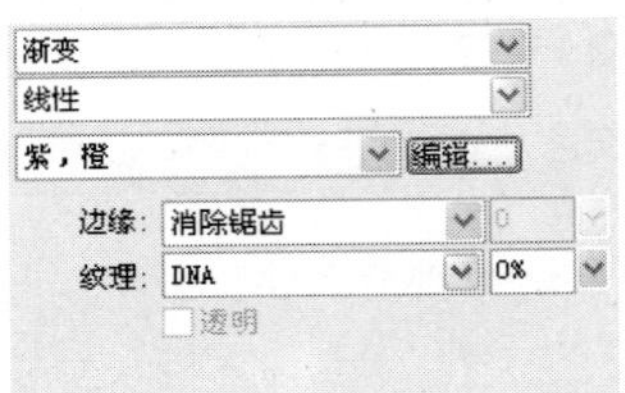

图 17-88 调整渐变

⑨ 单击“窗口”|“状态”命令，打开“状态”面板。选中状态 1，然后单击“状态”面板右上角的按钮，在弹出的下拉菜单中选择“重制状态”命令，如图 17-89 所示。

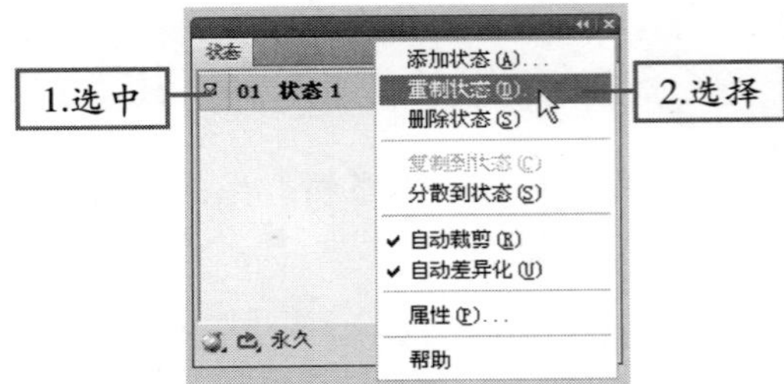


图 17-89 选择“重制状态”命令

⑩ 打开“重制状态”对话框，在“插入新状态”选项组中选中“当前状态之后”单选按钮，如图 17-90 所示。

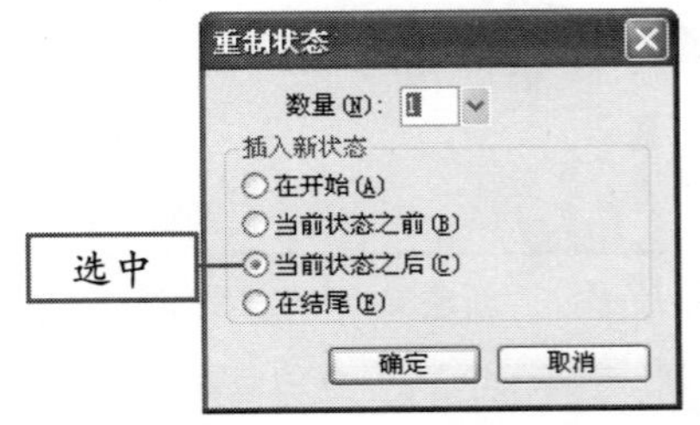


图 17-90 “重制状态”对话框


说明 GIF 动画制作广告最大的优点就是体积小，不会增加太多网络传输的负担。

⑪ 单击“确定”按钮。选中状态 2，使用指针工具选中底部的背景矩形，按住【Shift】键，将矩形上的渐变控制手柄按比例拉长一点，如图 17-91 所示。

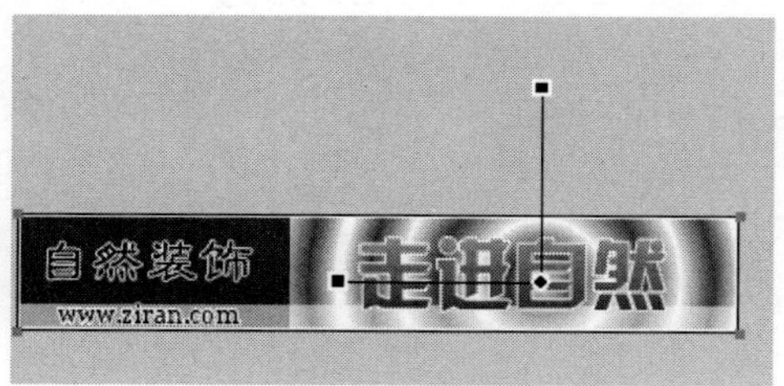


图 17-91　编辑状态 2

⑫ 按照上述操作，重制得到状态 3。将其状态 3 中底部的矩形在第 2 状态的基础上再拉长一点，如图 17-92 所示。

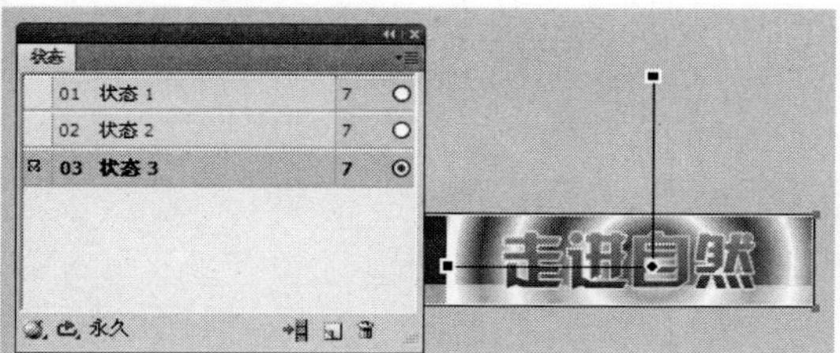


图 17-92　编辑状态 3

⑬ 重制状态 3，得到状态 4，并将矩形的渐变控制手柄在状态 4 的基础上再拉长一点，如图 17-93 所示。

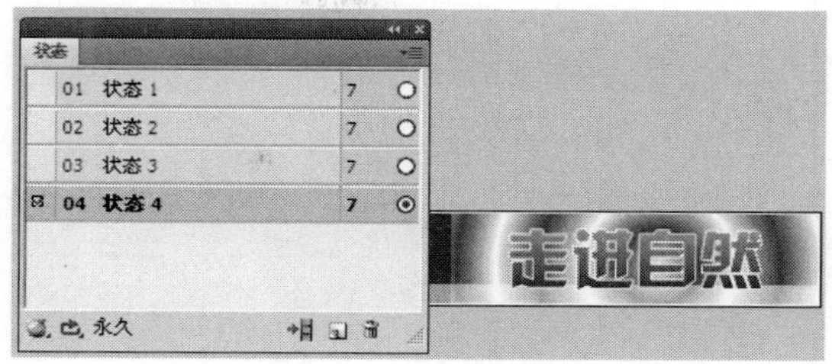


图 17-93　编辑状态 4

⑭ 单击工作区底部的“播放”按钮▷，查看动画效果，并进行所需调整，如图 17-94 所示。

图 17-94　测试效果

读书笔记



目前，Fireworks 在网页制作中多用做辅助工具使用。

# 第18章 企业网站设计综合实例

- 网页设计规划
- 网页全程制作

理论知识都学完了，该试试身手了吧？

是啊，学了这么多知识，好想试试！

好的，现在我们将综合前面讲解的各种知识制作一个比较完整的企业网站，从网页设计规划一直到该网站制作完成，大家一定要多思考，多练习。

# 18.1 网页设计规划

本章将要介绍一个房地产公司网页的设计与制作。在制作本实例时，将采用现在流行的设计方式，将导航栏置于顶端，然后在其下方放置一张具有房地产意义的横幅图片，并在图片上写出公司的口号。

主体部分将分三栏进行制作，分别用于书写公司的相关信息，其效果图如图 18-1 所示。

图 18-1　网页效果

# 18.2 企业网站网页制作

本节将重点介绍利用 Photoshop CS4 制作网页元素及效果图，并对其进行切片，然后利用 Dreamweaver CS4 进行网页制作。

## 18.2.1 TOP 部分制作

**素材文件**　光盘:\素材\第 18 章\ico.psd、background.psd

① 打开 Photoshop CS4，单击“文件”|“新建”命令，在打开的“新建”对话框中进行所需的设置，如图 18-2 所示。然后单击“确定”按钮新建文档。

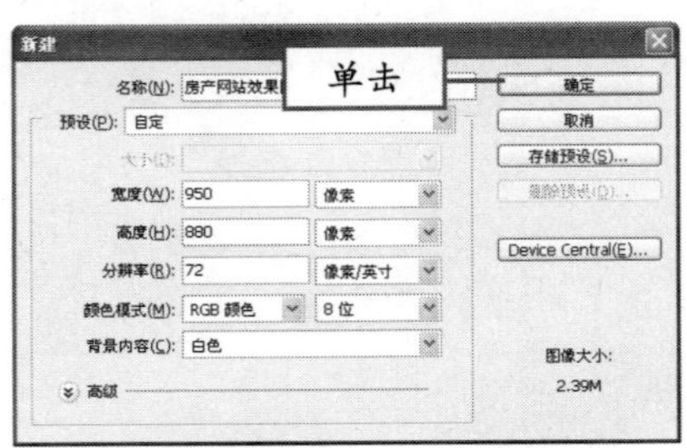


图 18-2　“新建”对话框

② 打开“光盘:\素材\第 18 章\ico.psd”文件，然后选中 LOGO 图层，如图 18-3 所示。

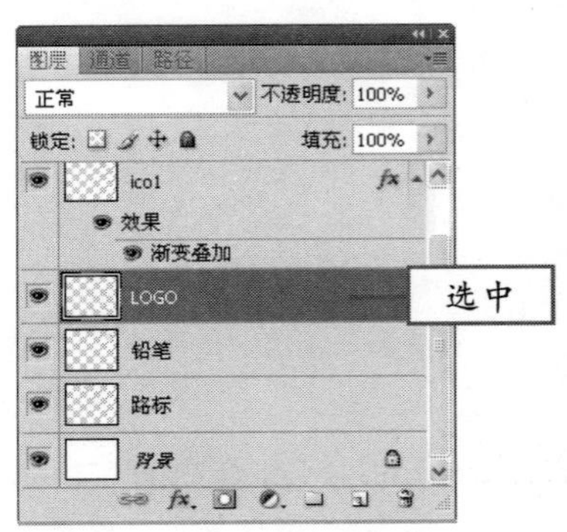


图 18-3　选中 LOGO 图层



**说明**　按【Ctrl+N】组合键也可以打开“新建”对话框。

③ 选择矩形选框工具，在 LOGO 图层上绘制一个选区，如图 18-4 所示，然后按【Ctrl+C】组合键复制选区。

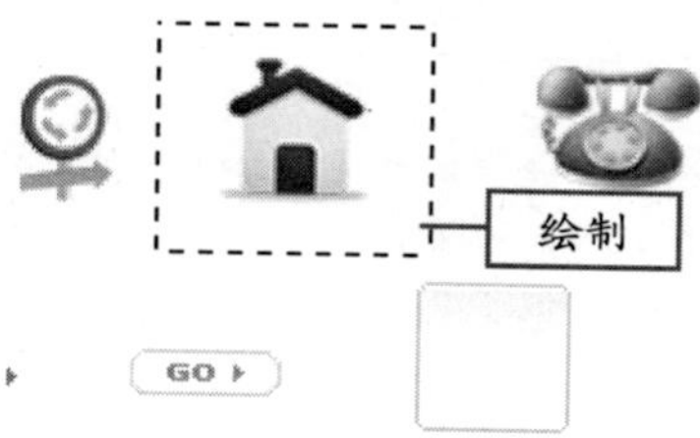


图 18-4　绘制选区

④ 将"房产网站效果图"窗口作为当前窗口，新建一个图层，将其命名为 LOGO，按【Ctrl+V】组合键，然后将图片调整到左上角，如图 18-5 所示。

图 18-5　粘贴并调整图片位置

⑤ 单击"文件"|"存储"命令，把文件保存在"F/综合实例"下，文件名命名为"房产网站效果图"，如图 18-6 所示。

图 18-6　"存储为"对话框

⑥ 选择横排文字工具，输入"大地房地产集团"，设置字符样式，如图 18-7 所示。

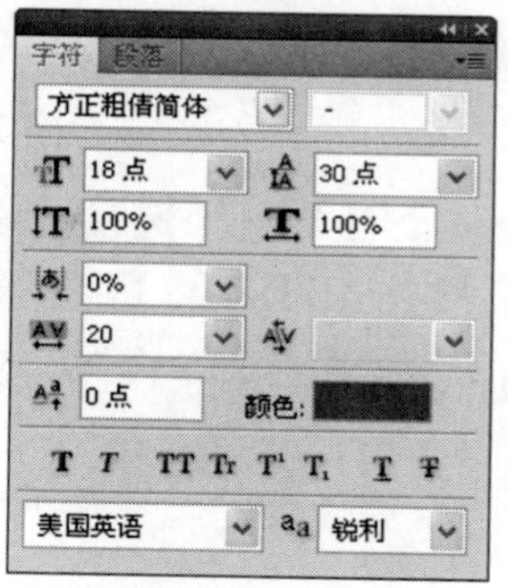


图 18-7　设置字符样式

⑦ 新建一个图层，将其命名为 left line，单击"视图"|"标尺"命令，然后按住鼠标左键从垂直标尺上拖出一根辅助线，如图 18-8 所示。

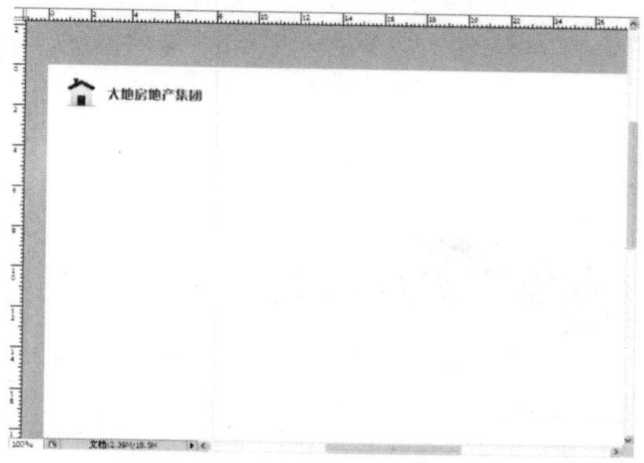


图 18-8　添加辅助线

⑧ 选择单列选框工具，新建一个单列选区，与辅助线对齐，调整前景色的颜色值为 #d2d2d2，然后按【Alt+Delete】组合键，用前景色填充选区，如图 18-9 所示。

图 18-9　用前景色填充单列选区

辅助线是通过从标尺中拖出而建立的，所以要确保标尺是打开的。　说明

⑨ 新建一个图层，将其命名为 left line1，选择矩形选框工具，在属性栏中设置矩形选框工具的属性，如图 18-10 所示。

图 18-10　设置矩形选框工具的属性

⑩ 单击画布，绘制一个选区，设置前景色为#f6f6f6，按【Alt+Delete】组合键用前景色填充选区，然后调整图形位置，如图 18-11 所示。

图 18-11　填充选区

⑪ 新建一个图层，将其命名为 top line，单击"视图"|"标尺"命令，按住鼠标左键从水平标尺上拖出一条辅助线，如图 18-12 所示。

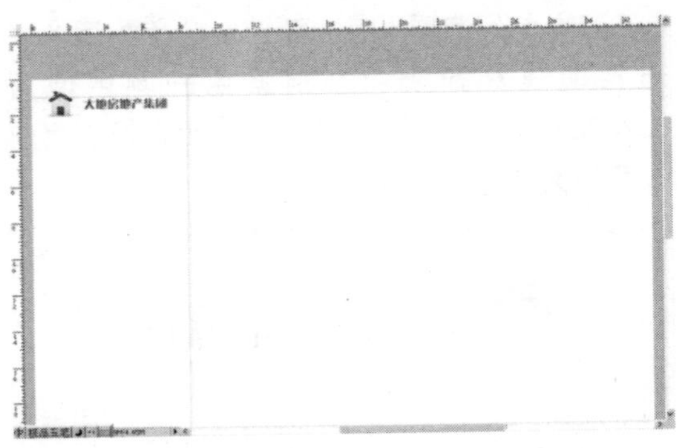

图 18-12　添加辅助线

⑫ 绘制一个 1px 高的横向细线，位置如图 18-11 所示，设置前景色为#d8d8d8，按【Alt+Delete】组合键用前景色填充选区，如图 18-13 所示。

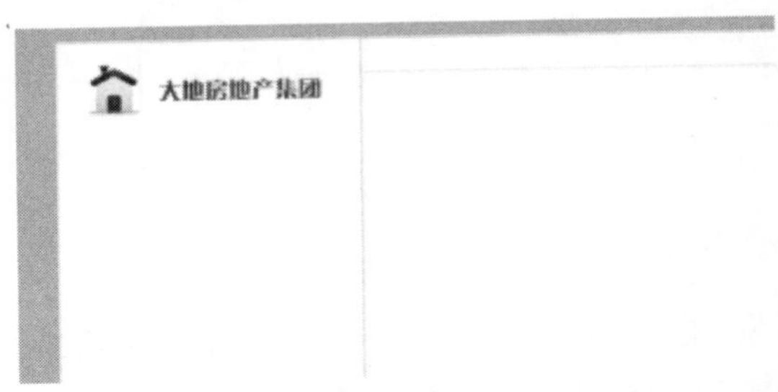


图 18-13　绘制并填充 1px 高的细线

⑬ 选择横排文字工具，设置文字属性如图 18-14 所示。

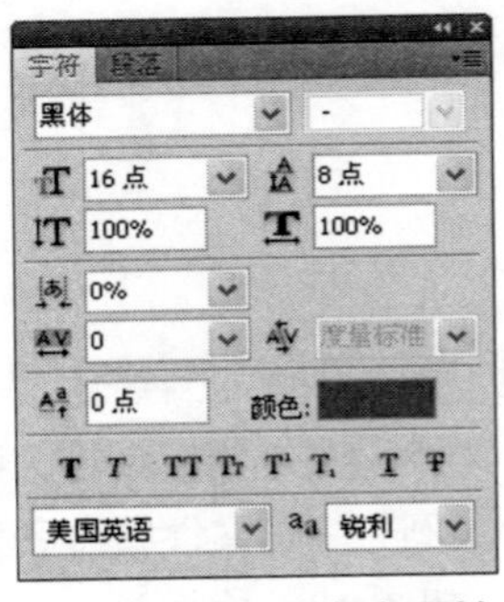


图 18-14　设置文字属性

⑭ 输入所需文字，调整文字位置，文字效果如图 18-15 所示。

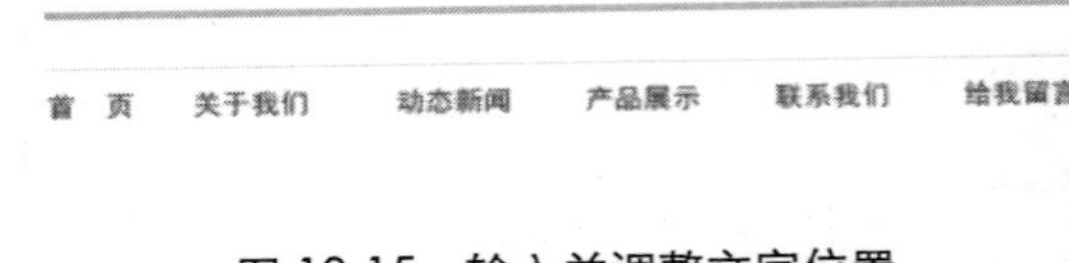


图 18-15　输入并调整文字位置

⑮ 打开"光盘:\素材\第 18 章\ico.psd"文件，选中"虚线"图层，在"虚线"图层上绘制一个选区，如图 18-16 所示，然后按【Ctrl+C】组合键。

图 18-16　复制 ico.psd 文件中的虚线


说明　在绘制选区时，结合键盘中的快捷键，可快速绘制特殊选择区域。

16 在“房产网站效果图”窗口中新建一个图层并命名为“虚线”，然后按【Ctrl+V】组合键，粘贴。复制“虚线”图层，如图 18-17 所示。

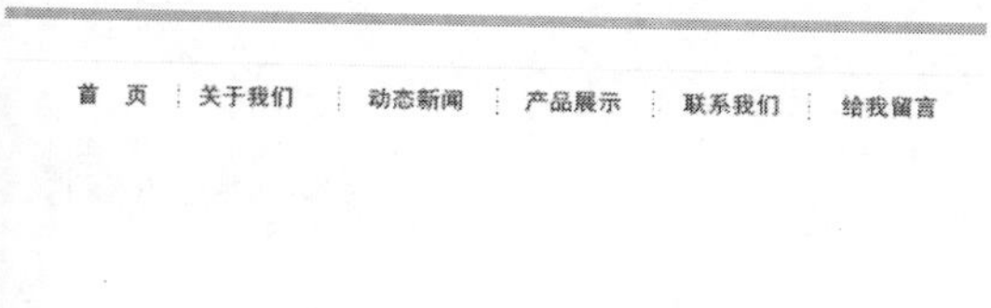

首　页
关于我们
动态新闻
产品展示
联系我们
给我留言

图 18-17　粘贴并复制虚线

17 选择横向文字工具并输入文字“加入收藏”和“设为首页”，然后设置文字属性，如图 18-18 所示。

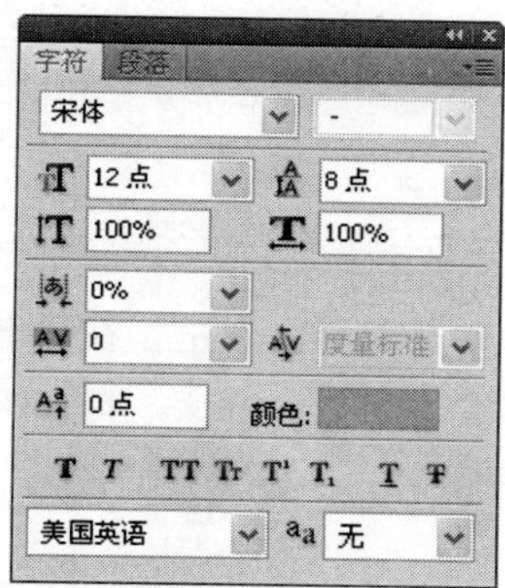

字符
段落
宋体
12 点
8 点
100%
100%
0%
0
度量标准
0 点
颜色:
美国英语
无

图 18-18　设置文字属性

18 调整文字“加入收藏”、“设为首页”，位置如图 18-19 所示。

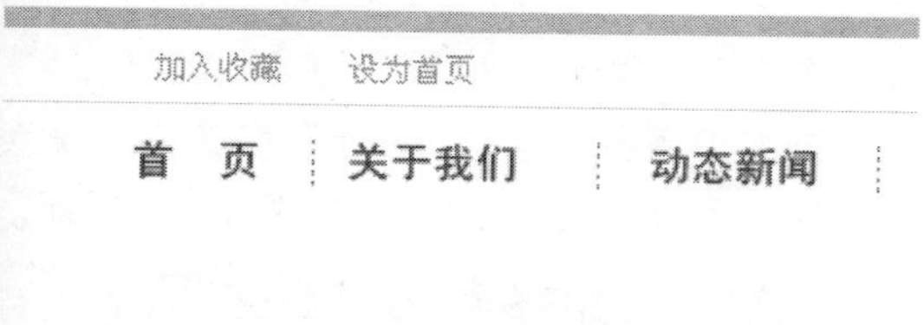

加入收藏
设为首页
首　页
关于我们
动态新闻

图 18-19　调整文字位置

19 新建一个图层并命名为“圆点”，选择椭圆选框工具，按住【Alt+Shift】组合键，绘制一个圆，选择前景色为#d2d2d2，填充前景色，如图 18-20 所示。

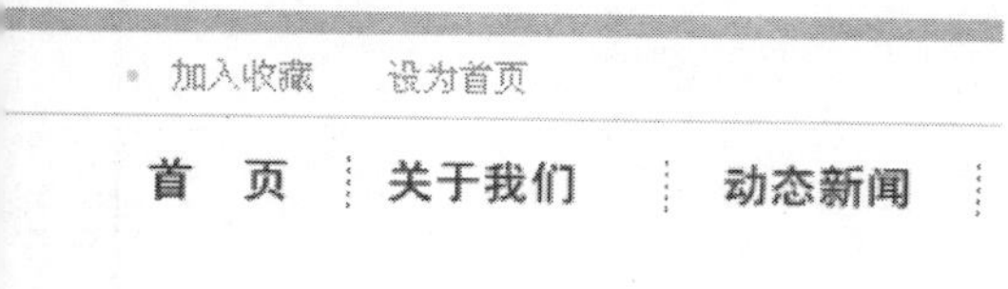

加入收藏
设为首页
首　页
关于我们
动态新闻

图 18-20　绘制并填充圆

20 复制“圆点”图层，然后调整图层位置，如图 18-21 所示。

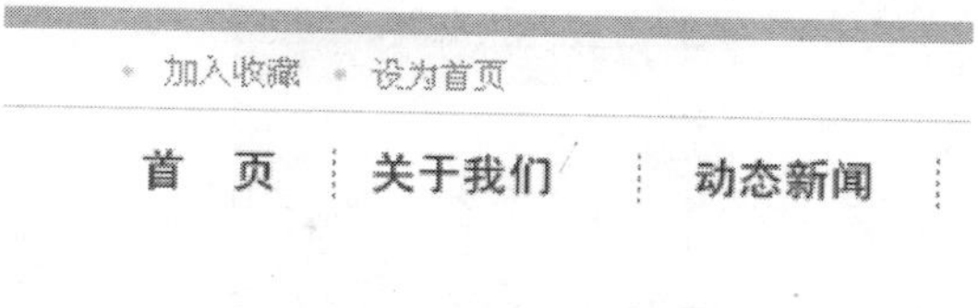

加入收藏
设为首页
首　页
关于我们
动态新闻

图 18-21　复制并调整小圆点

21 单击“视图”|“标尺”命令，调出标尺，按住鼠标左键从上面拖出一根水平辅助线，如图 18-22 所示。

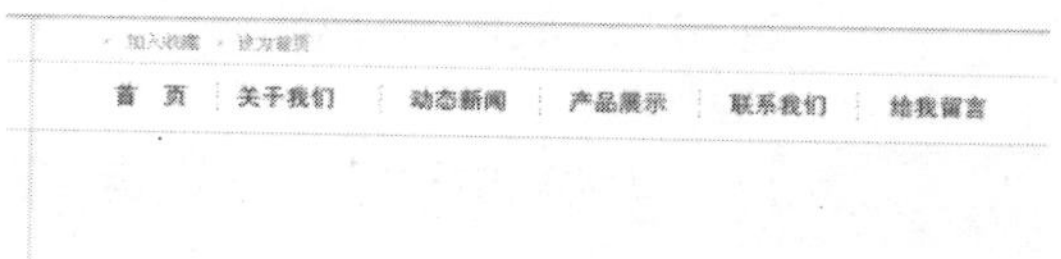

首　页
关于我们
动态新闻
产品展示
联系我们
给我留言

图 18-22　添加辅助线

22 打开“光盘:\素材\第 18 章\background.psd”文件，调整窗口，如图 18-23 所示。

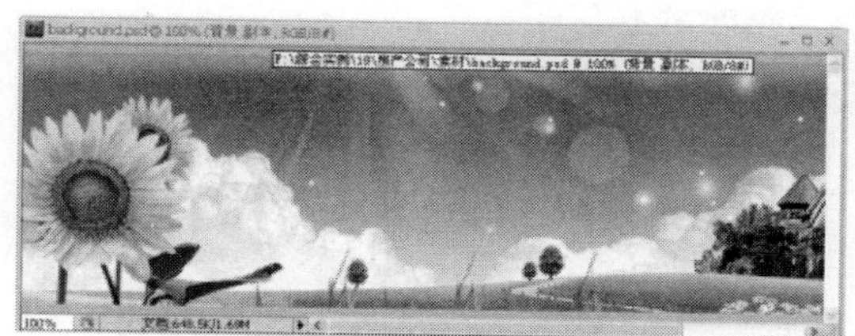

图 18-23　素材图像

23 选择移动工具，把 background.psd 文件中的图层拖入“房产网站效果图”窗口中，并调整图层的位置，效果如图 18-24 所示。

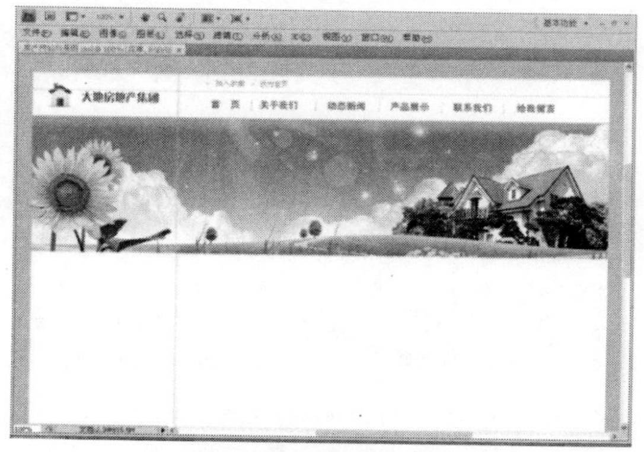

图 18-24　把素材拖入窗口中

说明　使用椭圆选框工具时，按住【Alt+Shift】组合键拖动鼠标可绘制圆。

㉔ 选择横排文字工具，并输入文字“用真心建好房”，设置文字属性如图 18-25 所示。

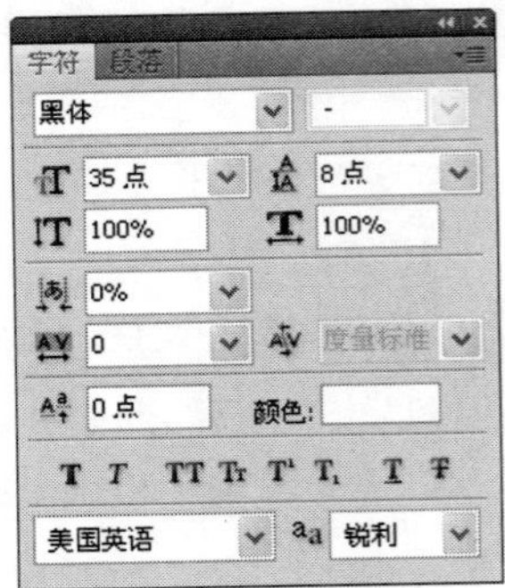

图 18-25　设置文字属性

㉕ 调整文字位置，具体效果如图 18-26 所示。

图 18-26　调整文字位置

## 18.2.2　主体左边部分的制作

**素材文件**　光盘:\素材\第 18 章\ ico.psd

① 新建一个图层，将其命名为“项目”，选择工具箱中的圆角矩形工具，如图 18-27 所示。

图 18-27　选择圆角矩形工具

② 在属性栏中设置圆角矩形工具的属性，如图 18-28 所示。

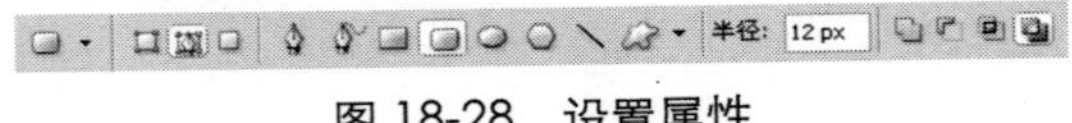

图 18-28　设置属性

③ 在图像窗口中绘制一个圆角矩形，如图 18-29 所示。

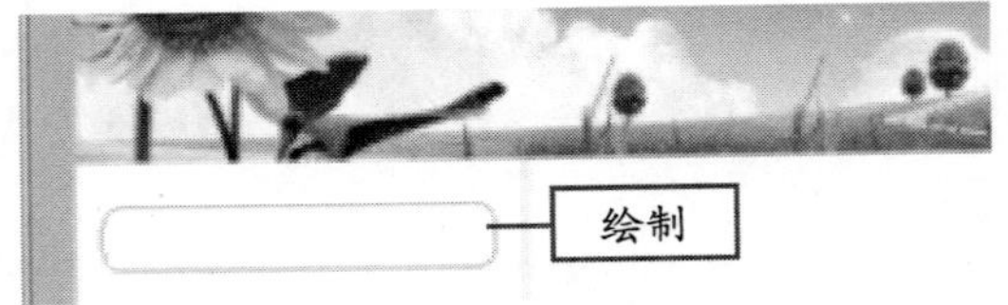


18-29　绘制圆角矩形

④ 在圆角矩形路径上右击，在弹出的快捷菜单中选择“建立选区”命令，如图 18-30 所示。

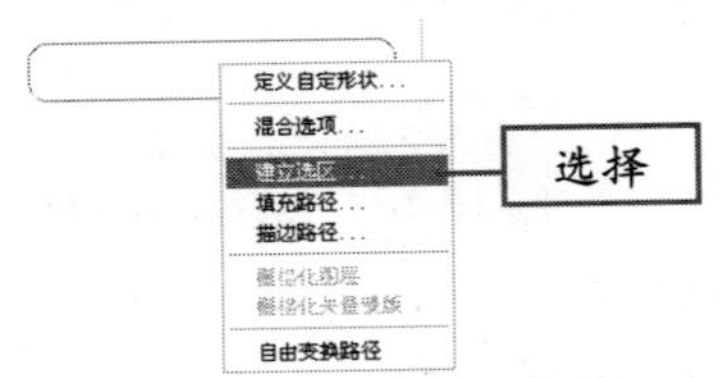


图 18-30　选择“建立选区”命令

⑤ 将路径转化为选区后，选择渐变工具，打开“渐变编辑器”窗口，设置渐变颜色。颜色值分别为#54b4f2、#ecf7fe，如图 18-31 所示。

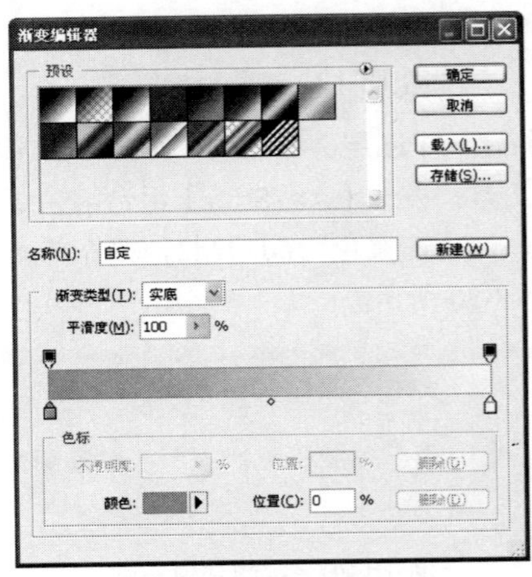

图 18-31　“渐变编辑器”窗口



说明　圆角矩形工具的单位可以是像素、厘米、英寸等。

⑥ 对选区进行渐变填充，效果如图 18-32 所示。

图 18-32　对选区进行渐变填充

⑦ 选择横排文字工具，并输入文字“项目展示”，设置文字属性如图 18-33 所示。

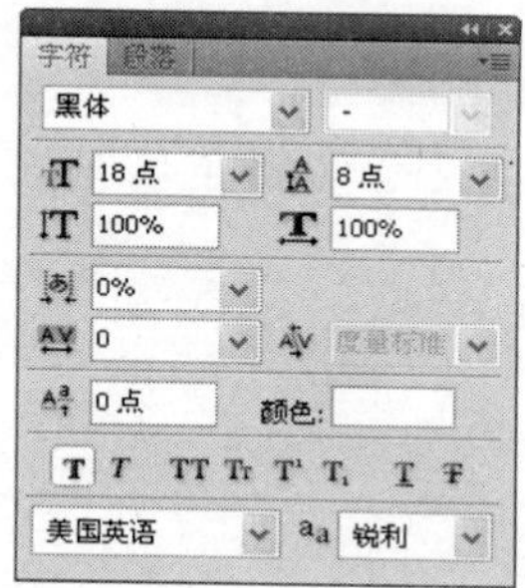


图 18-33　输入文字

⑧ 调整文字位置，如图 18-34 所示。

图 18-34　调整文字位置

⑨ 新建一个图层，将其命名为“实线”，然后绘制一条高 1px、宽 200px 的细线，具体效果如图 18-35 所示。

图 18-35　绘制细线

⑩ 复制细线，并调整细线位置，如图 18-36 所示。

图 18-36　复制细线

⑪ 打开“光盘:\素材\第 18 章\ico.psd”文件，调整窗口大小，选择移动工具，选中图层 ico2，并将图层拖入“房产网站效果图”的窗口中，调整位置，如图 18-37 所示。

图 18-37　将素材拖入窗口

⑫ 复制图层 ico2，效果如图 18-38 所示。

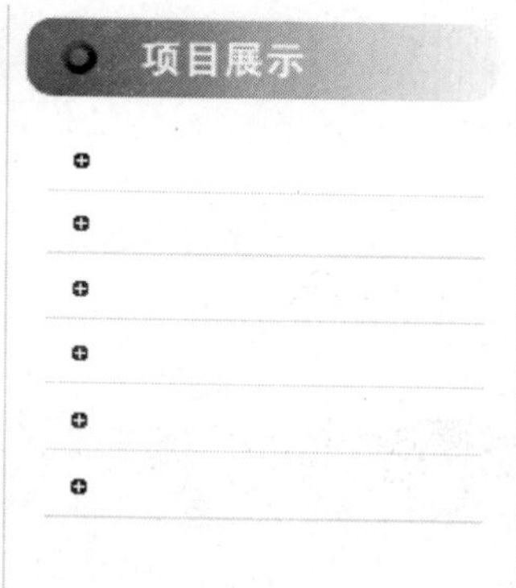


图 18-38　复制图层 icoo2

⑬ 打开“光盘:\素材\第 18 章\ico.psd”文件，调整窗口大小，选择移动工具，选中图层 ico4，并将图层拖入“房产网站效果图”的窗口中，调整位置，如图 18-39 所示。

18-39　将素材拖入窗口

⑭ 复制图层 ico4，效果如图 18-40 所示。

⑮ 新建一个图层，将其命名为“联系”，选择圆角矩形工具，属性设置如图 18-41 所示。

渐变填充分线性渐变、径向渐变、角度渐变、对称渐变等。　说明

图 18-40　复制图层 ico4

图 18-41　设置圆角矩形工具的属性

⑯ 绘制圆角矩形，如图 18-42 所示。

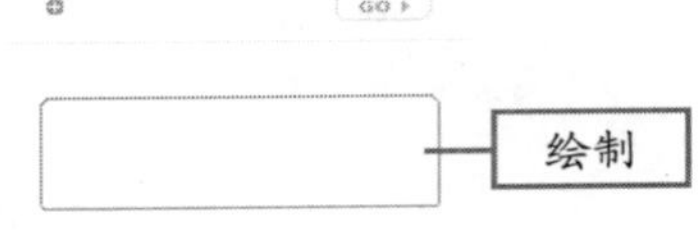


图 18-42　绘制圆角矩形

⑰ 按【Ctrl+Enter】组合键，将路径转化为选区。选择前景色，颜色值设为#9edfeb，选择背景色，颜色值设为#ffffff，选择渐变工具，打开"渐变编辑器"窗口，选择"前景色到背景色渐变"选项，如图 18-43 所示。

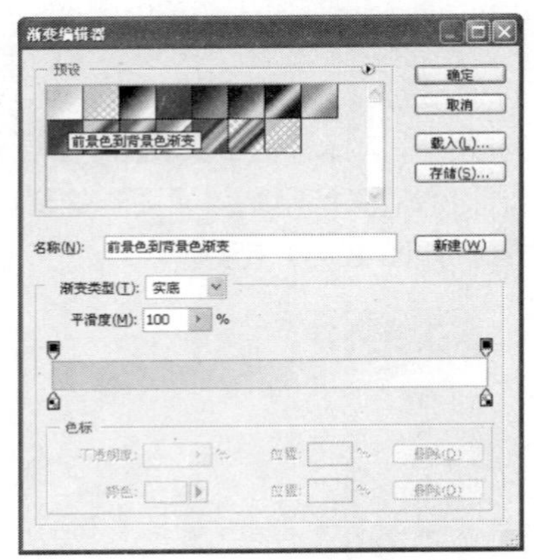


图 18-43　"渐变编辑器"窗口

⑱ 对选区进行渐变填充，效果如图 18-44 所示。

⑲ 选中"联系"图层，载入选区，单击"编辑" | "描边"命令，打开"描边"对话框，设置描边颜色值为#c7c7c7，设置属性如图 18-45 所示。

图 18-44　对选区进行渐变填充

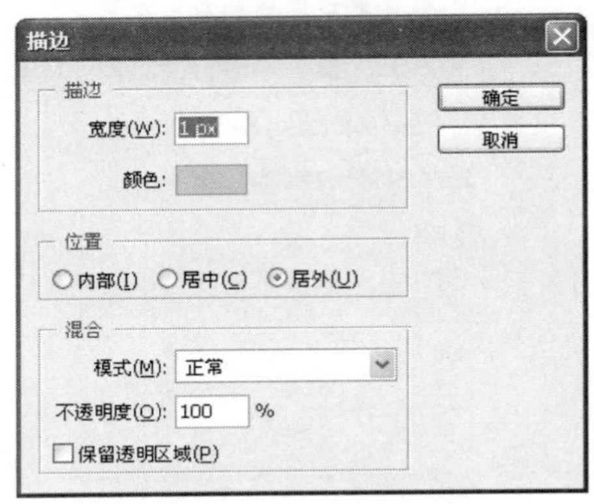


图 18-45　"描边"对话框

⑳ 复制图层"联系"，调整位置，效果如图 18-46 所示。

图 18-46　复制图层"联系"

㉑ 打开"光盘:\素材\第 18 章\ico.psd"文件，调整窗口大小，选择移动工具，选中图层 ico5，拖入"房产网站效果图"的窗口中，调整其位置，如图 18-47 所示。

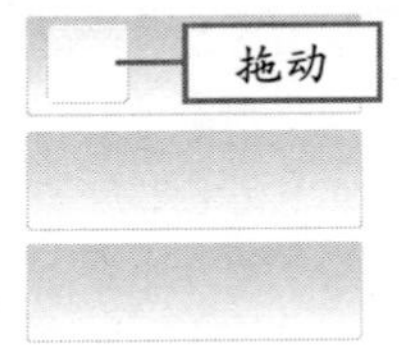


图 18-47　拖移素材

㉒ 复制图层 ico5，并调整位置，如图 18-48 所示。


说明　在使用移动工具时，背景图层是不允许移动的，只有转换为普通图层后才能移动。

图 18-48　复制图层 ico5

㉓ 打开“光盘:\素材\第 18 章\ico.psd”文件，调整窗口大小，选择移动工具，依次将图层“电脑”、“电话 1”、“路标”拖入“房产网站效果图”的窗口中，并调整位置，效果如图 18-49 所示。

图 18-49　拖移素材

㉔ 选择横排文字工具，分别输入文字“给我留言”、“联系我们”、“公司地图”，设置文字属性如图 18-50 所示。

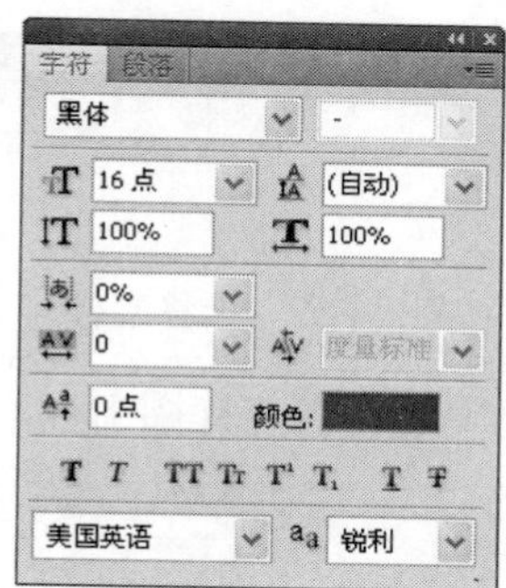

图 18-50　设置文字属性

㉕ 调整文字位置，效果如图 18-51 所示。

图 18-51　调整文字位置

㉖ 选择横排文字工具，依次输入“项目类别 1”、“项目类别 2”、“项目类别 3”、“项目类别 4”、“项目类别 5”、“项目类别 6”，文字颜色值为 #839896，设置文字属性，如图 18-52 所示。

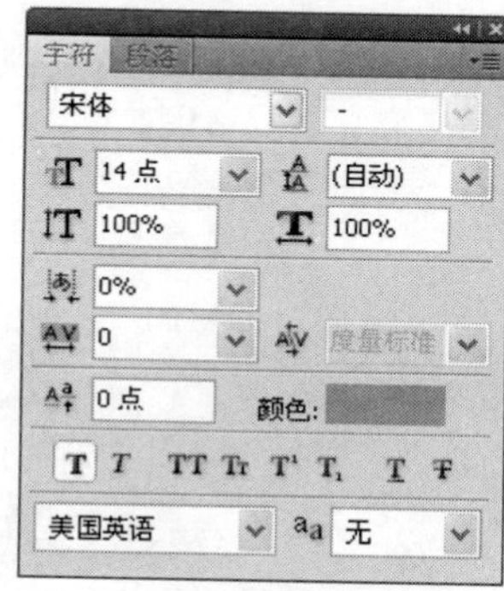

图 18-52　设置文字属性

㉗ 调整文字位置，如图 18-53 所示。

图 18-53　调整文字位置

## 18.2.3　主体中间部分的制作

**素材文件**　光盘:\素材\第 18 章\ ico.psd

① 新建一个图层，将其命名为“蓝线”，选择矩形选框工具，设置其属性如图 18-54 所示。

图 18-54　设置矩形选框工具的属性

使用文字工具后字体太大，或字体颜色和背景图相似，可能导致文字不能正常显示。 **说明**

② 选择前景色，设置前景色的颜色值为#9edae5。在画布上绘制选区，然后填充前景色，效果如图 18-55 所示。

图 18-55 绘制选区并填充前景色

③ 打开“光盘:\素材\第 18 章\ico.psd”文件，选择移动工具，将图层 ico1 拖入“房产网站效果图”的窗口中，并调整位置，效果如图 18-56 所示。

图 18-56 拖移素材

④ 选择横排文字工具，输入文字“新闻动态”，文字颜色为#404040，设置文字属性如图 18-57 所示。

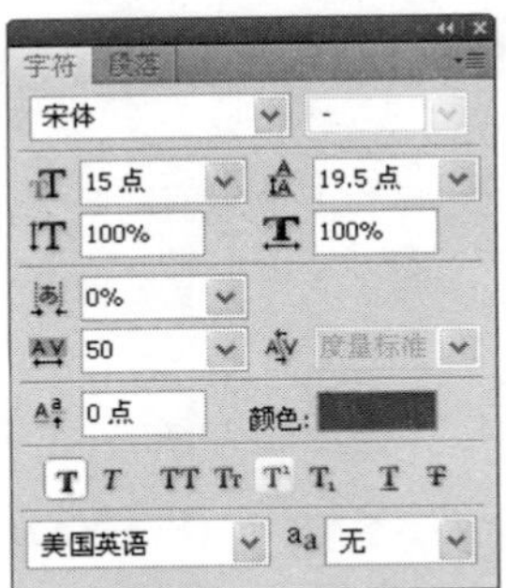


图 18-57 设置文字属性

⑤ 调整文字位置，如图 18-58 所示。

图 18-58 调整文字位置

⑥ 打开“光盘:\素材\第 18 章\ico.psd”文件，选择移动工具，将图层 ico4 拖入“房产网站效果图”的窗口中，并调整位置，效果如图 18-59 所示。

图 18-59 拖移素材

⑦ 新建一个图层，将其命名为“细线”，选择矩形选框工具，设置其属性如图 18-60 所示。

图 18-60 设置矩形选框工具的属性

⑧ 选择前景色，设置前景色的颜色值为#ebebeb。在画布上绘制选区，然后填充前景色，效果如图 18-61 所示。

图 18-61 绘制并填充选区

⑨ 复制“细线”图层，并调整图层间的间距，然后合并各个“细线”图层的副本图层，效果如图 18-62 所示。

图 18-62 复制“细线”图层



说明 鼠标放在矩形选框工具上，按下左键持续 2s 以上，会弹出矩形工具的其他选项。

⑩ 打开“光盘:\素材\第 18 章\ico.psd”文件，选择移动工具，将图层 ico3 拖入“房产网站效果图”的窗口中，并调整位置，如图 18-63 所示。

图 18-63　拖移素材

⑪ 复制图层 ico3，效果如图 18-64 所示。

图 18-64　复制图层 ico3

⑫ 选择横排文字工具，然后输入一些新闻性的文字，文字颜色值为#8b8b8b，设置文字属性如图 18-65 所示。

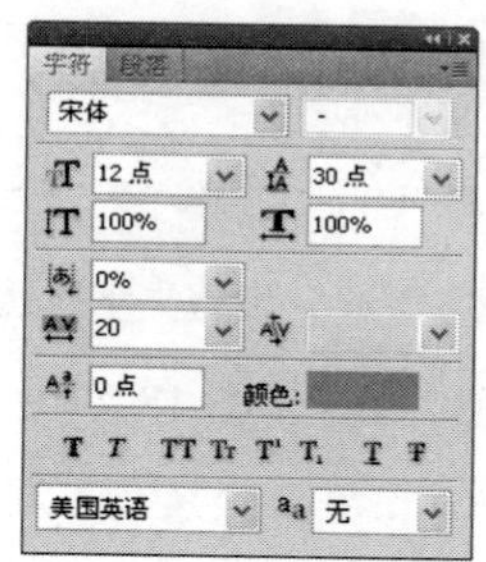


图 18-65　设置文字属性

⑬ 调整文字位置，如图 18-66 所示。

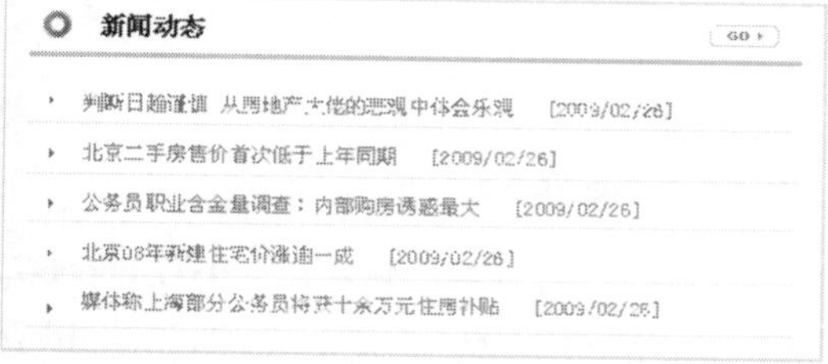

图 18-66　调整文字

⑭ 复制图层“蓝线”、ico4、ico1、“新闻动态”，然后调整位置，如图 18-67 所示。

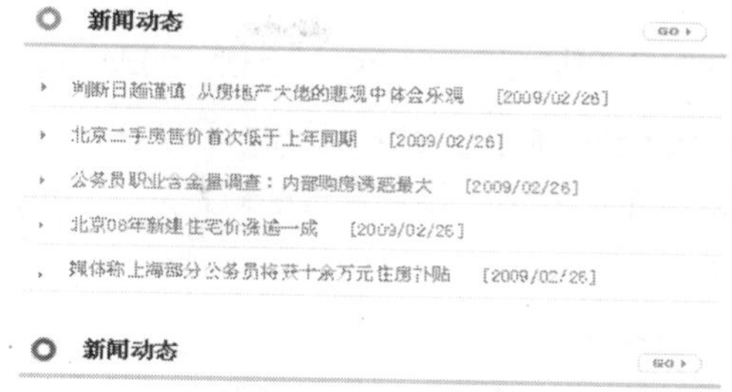

图 18-67　复制图层

⑮ 选择横排文字工具，选择图层“新闻动态副本”，把文字“新闻动态”改成“关于我们”，如图 18-68 所示。

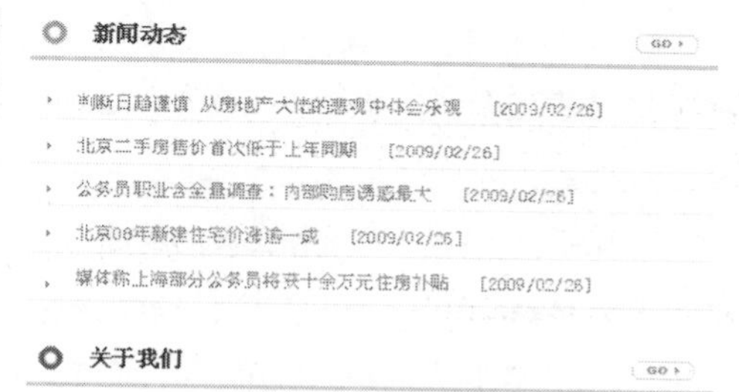


图 18-68　修改文字

⑯ 打开“光盘:\素材\第 18 章\ico.psd”文件，选择移动工具，将图层“铅笔”拖入“房产网站效果图”的窗口中，并调整位置，效果如图 18-69 所示。

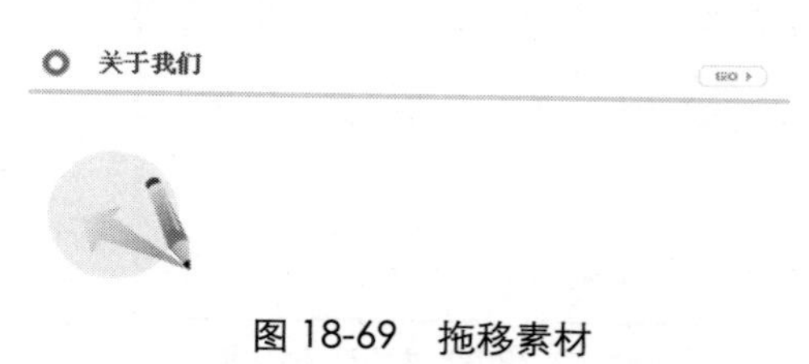


图 18-69　拖移素材

⑰ 选择横排文字工具并输入文字，然后调整文字，效果如图 18-70 所示。

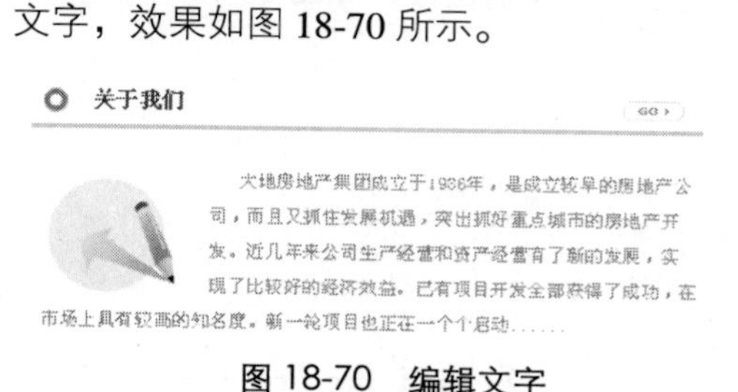


图 18-70　编辑文字

在文字前加小图标可以使文字更醒目、内容更突出。　说明

## 18.2.4 主体右边部分的制作

素材文件 光盘:\素材\第 18 章\ico.psd

① 按【Ctrl+R】组合键，调出标尺，按住鼠标左键从左边拖出一根垂直辅助线，如图 18-71 所示。

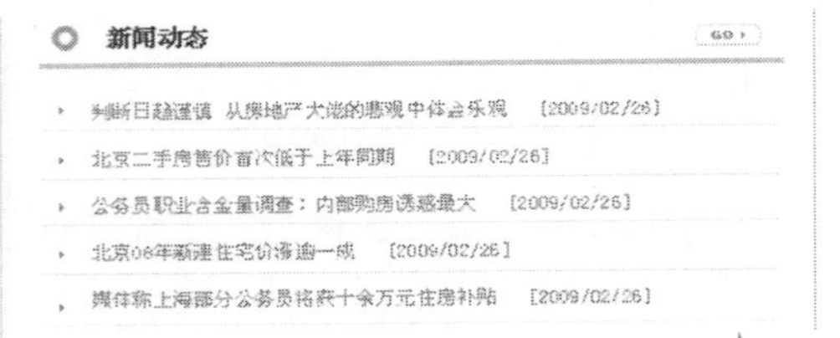

图 18-71 添加垂直辅助线

② 新建一个图层，将其命名为“矩形框”，选择矩形选框工具，设置属性如图 18-72 所示。

图 18-72 设置矩形选框工具的属性

③ 选择前景色，颜色值为白色，绘制选区并填充前景色。单击“编辑”|“描边”命令，在打开的“描边”对话框中设置属性，设置描边的颜色值为#e4e7ec，如图 18-73 所示。

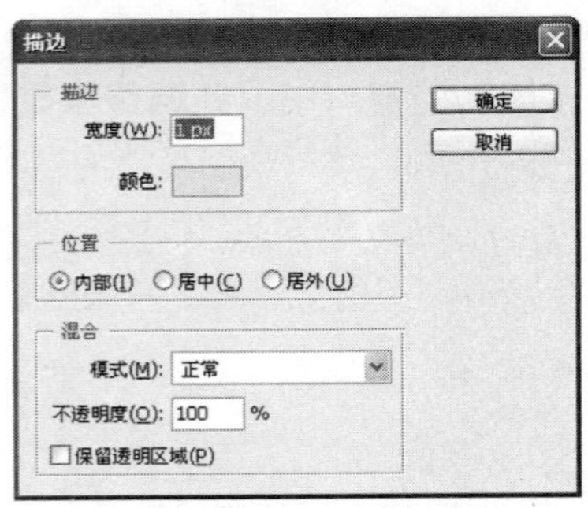

图 18-73 “描边”对话框

④ 调整矩形框的位置，如图 18-74 所示。

图 18-74 调整矩形框的位置

⑤ 打开“光盘:\素材\第 18 章\ico.psd”文件，选择移动工具，将图层“电话 2”拖入“房产网站效果图”的窗口中，调整位置，如图 18-75 所示。

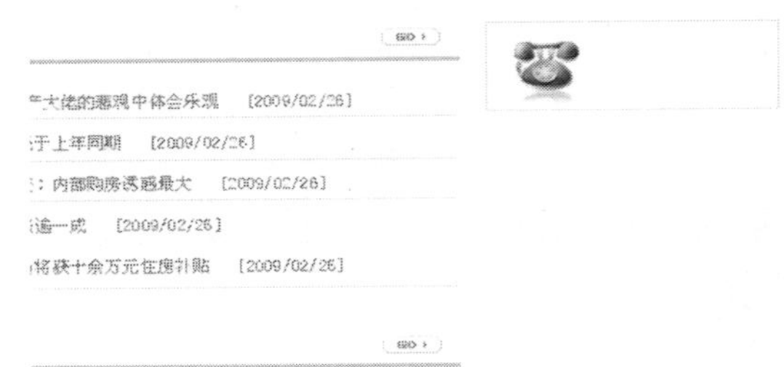

图 18-75 拖移素材

⑥ 选择横排文字工具，输入文字“服务热线”，文字颜色值为#00aa0c，设置文字属性如图 18-76 所示。

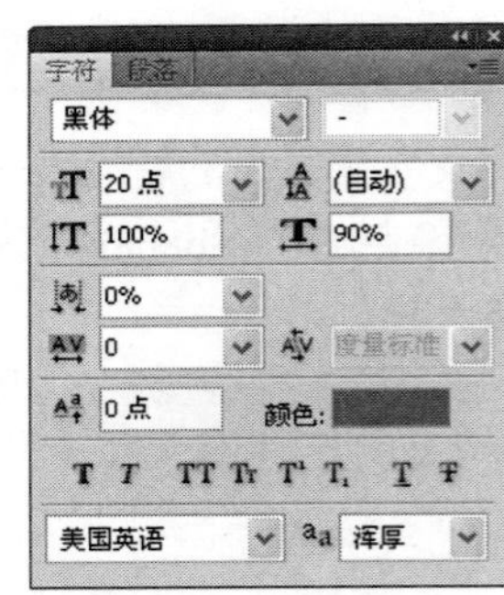

图 18-76 设置文字属性

⑦ 调整文字位置，如图 18-77 所示。

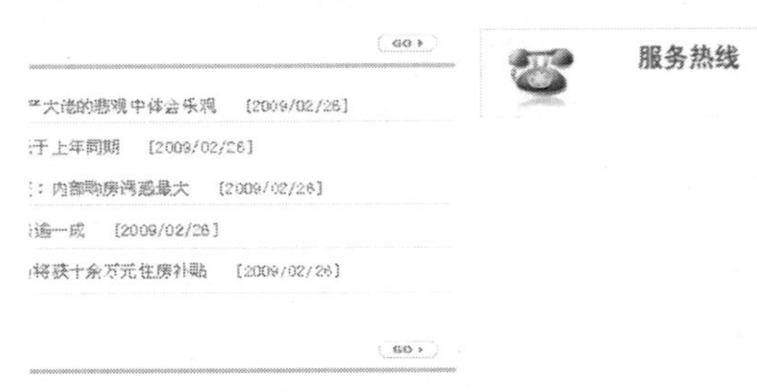


图 18-77 调整文字位置

⑧ 选择横排文字工具，输入文字 0311-866666，文字颜色值为#fe5500，设置文字属性如图 18-78 所示。



说明 前景色的使用使网站主题更加突出。

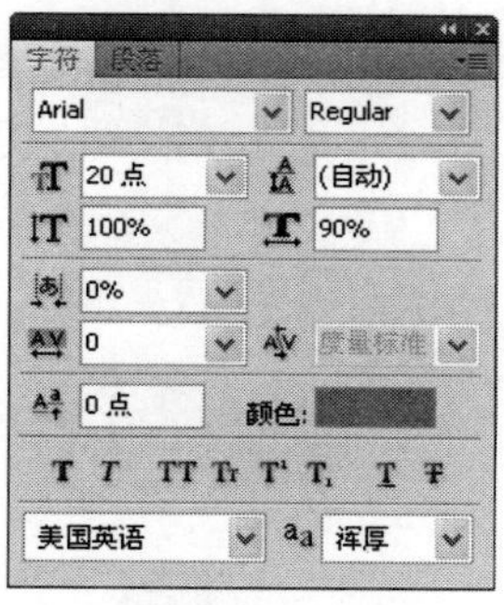


图 18-78　设置文字属性

⑨ 将文字图层重命名为“电话号码”，调整文字的位置，如图 18-79 所示。

图 18-79　调整文字位置

⑩ 选择图层“电话号码”并右击，在弹出的快捷菜单中选择“栅格化文字”命令，将文字栅格化，如图 18-80 所示。

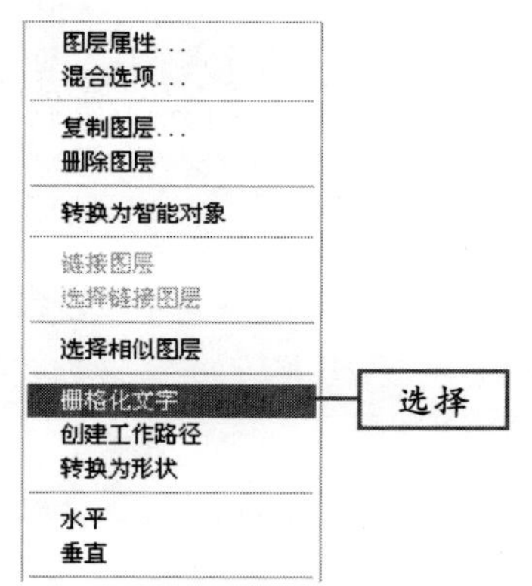


图 18-80　选择“栅格化文字”选项

⑪ 选择前景色，将颜色值设为#fe9516，选择背景色，将颜色值设为#ed5c0d，将前景色和背景色设置好后，载入图层“电话号码”的选区，如图 18-81 所示。

⑫ 选择渐变工具，并打开“渐变编辑器”窗口，设置窗口如图 18-82 所示。

图 18-81　载入图层“电话号码”的选区

图 18-82　“渐变编辑器”窗口

⑬ 设置完毕后，对选区进行横向渐变填充，如图 18-83 所示。

图 18-83　渐变填充选区

⑭ 新建一个图层，将其命名为“圆角框”，选择圆角矩形工具，设置属性如图 18-84 所示。

图 18-84　设置圆角矩形工具属性

⑮ 画个圆角矩形的路径，如图 18-85 所示。

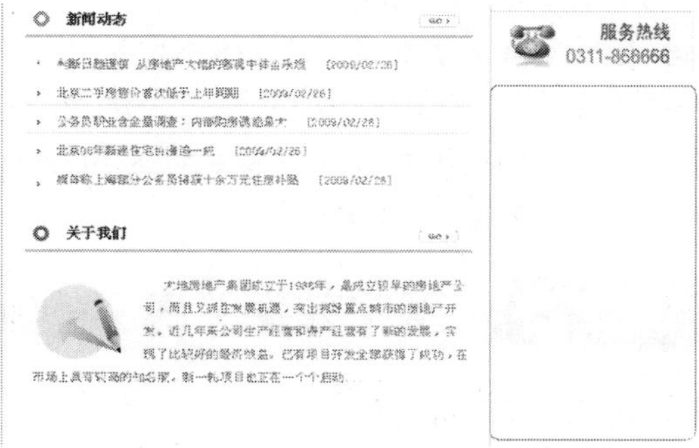


图 18-85　绘制圆角矩形路径

栅格化文字就是将文字转换为图像，栅格化以后就不能再对文字进行修改。　说明

⑯ 将圆角矩形路径转化为选区，并将前景色设置为白色，用前景色填充选区。单击“编辑”|“描边”命令，在打开的“描边”对话框中设置属性，描边颜色值为#e4e7ec，具体设置如图 18-86 所示。

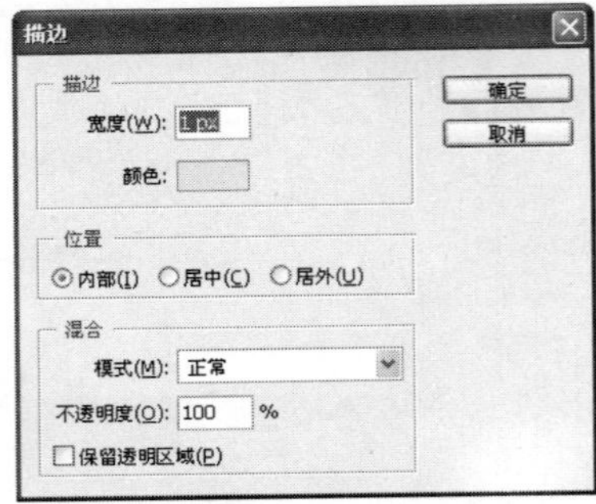

图 18-86　“描边”对话框

⑰ 选区描边完毕，效果如图 18-87 所示。

图 18-87　给选区描边

⑱ 打开“光盘:\素材\第 18 章\ico.psd”文件，选择移动工具将图层 pic1、pic2、pic3、pic4 依次拖入“房产网站效果图”的窗口中，并调整位置，效果如图 18-88 所示。

⑲ 选择横排文字工具，依次输入文字“北京房产项目”、“唐山房产项目”、“天津房产项目”、“上海房产项目”，文字颜色值为#ff7200，设置文字属性如图 18-89 所示。

图 18-88　拖移并调整素材

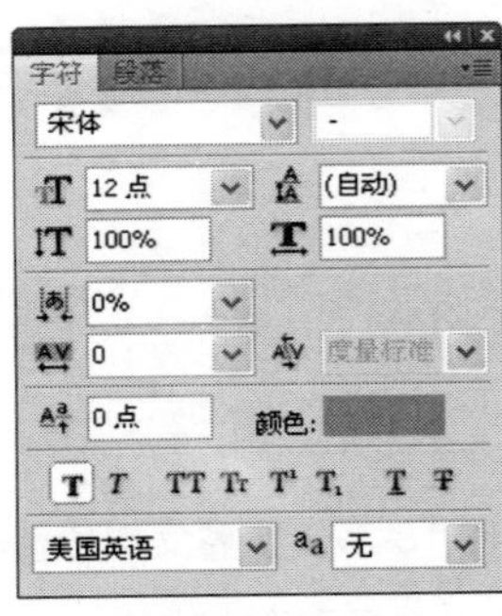

图 18-89　设置文字属性

⑳ 调整文字的位置，如图 18-90 所示。

图 18-90　调整文字位置

## 18.2.5　网站效果图底部的制作

① 新建一个图层，将其命名为“底部”，选择矩形选框工具，设置属性如图 18-91 所示。

图 18-91　设置矩形选框工具的属性

 说明　文字与图片的配合使用增加了图片的视觉效果。

② 绘制一个 950px×89px 的选区，设置前景色为#ebebeb，用前景色填充选区，如图 18-92 所示。

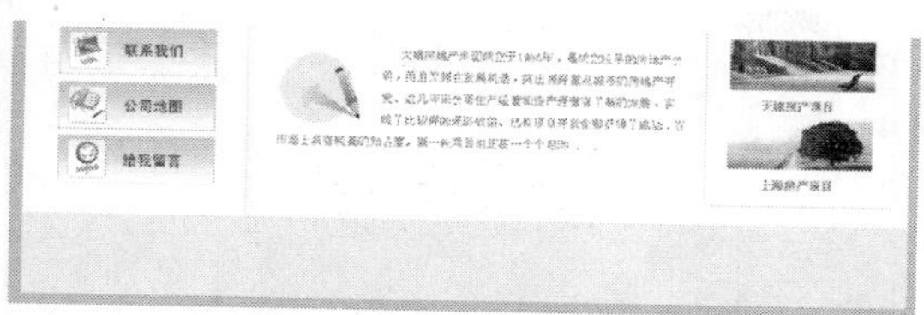

图 18-92　绘制并填充选区

③ 新建一个图层，将其命名为“横线”，选择单行选框工具，单击画布绘制选区。设置前景色为#b6b6b6，用前景色填充选区，然后调整横线的位置，如图 18-93 所示。

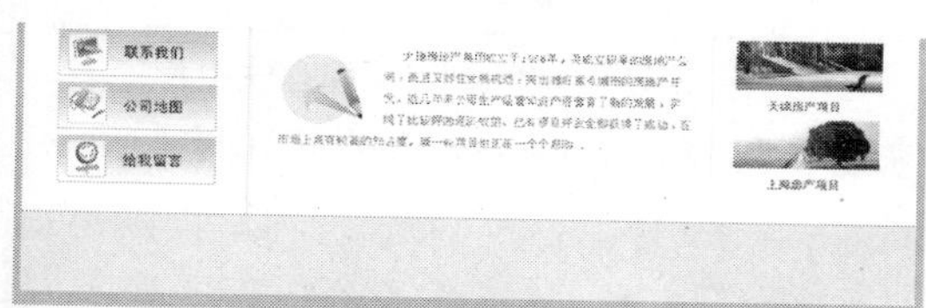

图 18-93　绘制横线

④ 选择横排文字工具，输入文字“版权归大地房地产集团所有　地址：河北省石家庄市建设大街 电话：0311-866666 传真：0311-866666”，设置文字属性如图 18-94 所示。

⑤ 调整文字的位置，如图 18-95 所示。

⑥ 网站效果图到现在已经全部制作完成，整个网站的效果如图 18-96 所示。

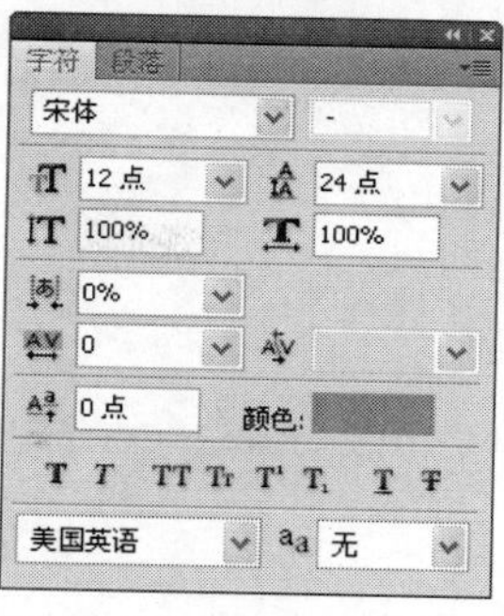


图 18-94　设置文字属性

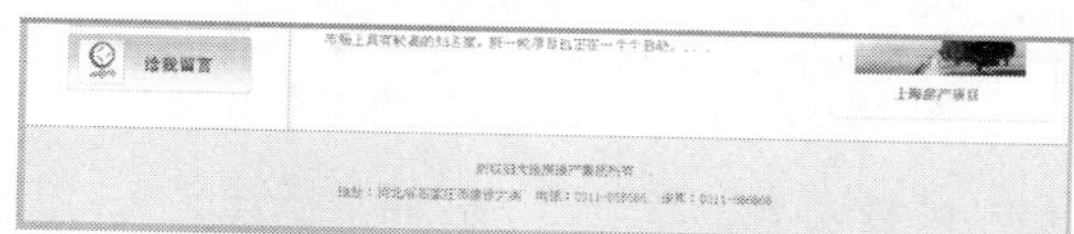

图 18-95　调整文字的位置

图 18-96　完成后的效果图

## 18.2.6　将效果图进行切片

① 打开“我的电脑”，在“F/综合实例”目录下新建一个文件夹并重命名为“网页”，然后切换到 Photoshop CS4 窗口中，选择切片工具，如图 18-97 所示。

② 将效果图按需要切片完毕后（具体切片请参考素材文件“房产网站效果图.psd”），选择“文件”|“存储为 Web 和设备所用格式”命令，在打开的“存储为 Web 和设备所用格式”对话框中进行具体设置，如图 18-98 所示。

图 18-97　选择切片工具

网站效果图使网站的制作不再抽象。 说明

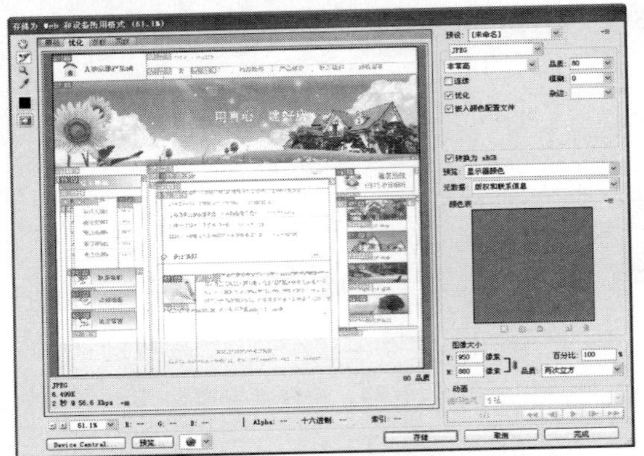
图 18-98　把切片存储为 Web 所用格式

③ 设置完毕后，单击“存储”按钮，在打开的“将优化结果存储为”对话框中将文件命名为 index，如图 18-99 所示。

图 18-99　把所有切片保存成图片

在 Photoshop CS4 中的操作已经完成，接下来是要在 Dreamweaver 中进行页面排版。

## 18.2.7 页面顶部 TOP 部分的制作

① 打开 Dreamweaver CS4，单击“文件”|“新建”命令，在打开的“新建文档”对话框中进行设置，如图 18-100 所示。

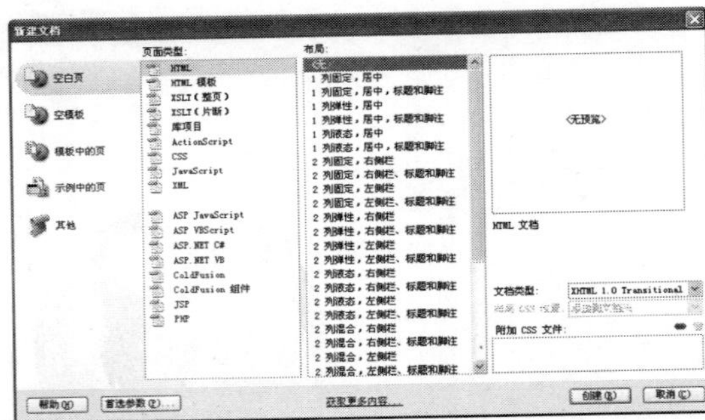
图 18-100　“新建文档”对话框

② 单击“创建”按钮，建立一个空白文档。单击“文件”|“保存”命令，将文件保存于“F/综合实例/网页”目录下，文件名为 index.htm，如图 18-101 所示。

③ 打开“我的电脑”窗口，在路径“F/综合实例/网页”下新建一个文件夹并重命名为 CSS，如图 18-102 所示。

图 18-101　保存文档

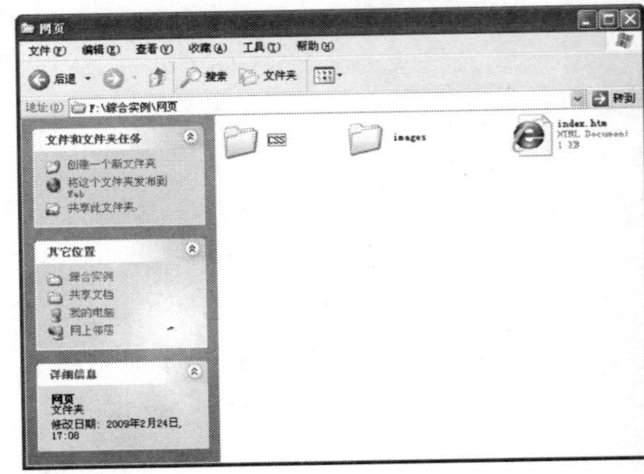
图 18-102　新建文件夹


说明　效果图切片只需要把用到的图片裁下来即可。

④ 将 index.htm 切换为当前窗口，在右边的“CSS 样式”面板上右击，在弹出的快捷菜单中选择“新建”命令，如图 18-103 所示。

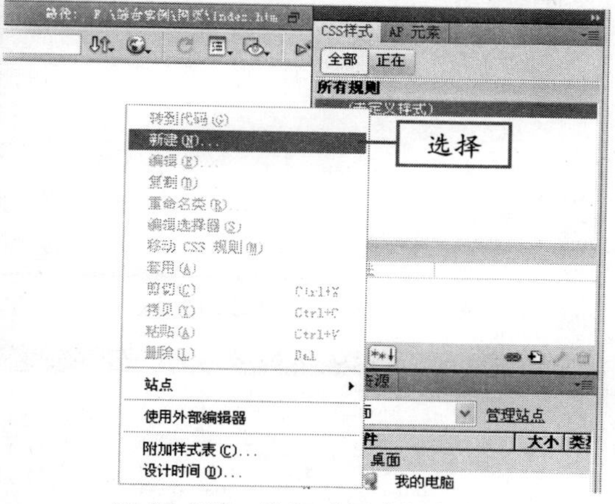


图 18-103　选择“新建”命令

⑤ 在打开的“新建 CSS 规则”对话框中设置属性，样式名为 body，如图 18-104 所示。

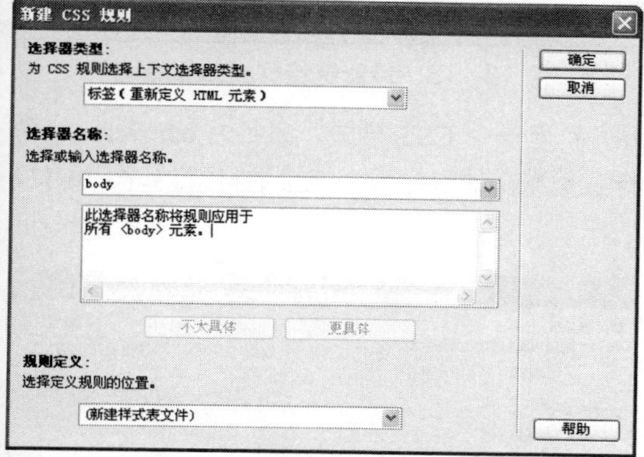

图 18-104　新建样式 body

⑥ 单击“确定”按钮，因为在图 18-104 中的“规则定义”下拉列表框中选择的是“新建样式表文件”，所以单击“确定”按钮后，会打开一个保存样式文件的对话框，把文件保存在路径“F/综合实例/网页/CSS”文件夹下，命名为 style.css，如图 18-105 所示。

⑦ 单击“保存”按钮后，打开 CSS 样式设置对话框，如图 18-106 所示。

⑧ 设置 CSS 样式 body 的“背景”属性，如图 18-107 所示。

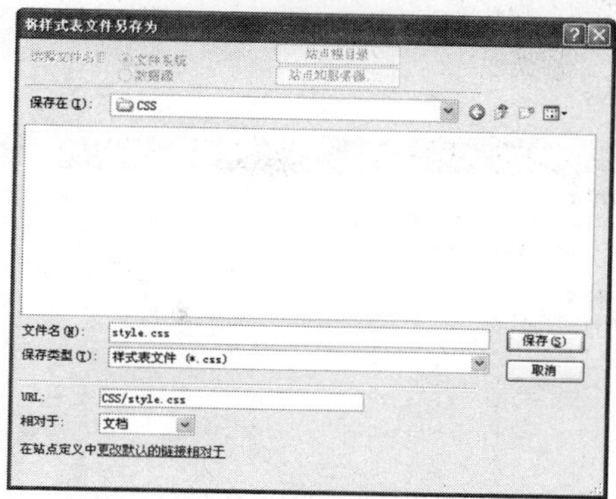

图 18-105　保存样式文件

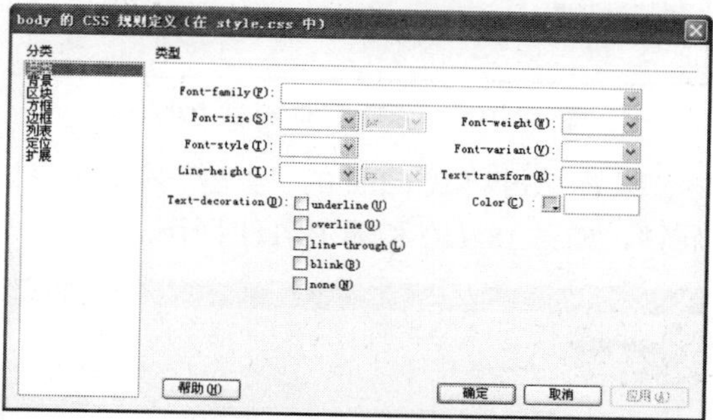

图 18-106　CSS 样式设置对话框

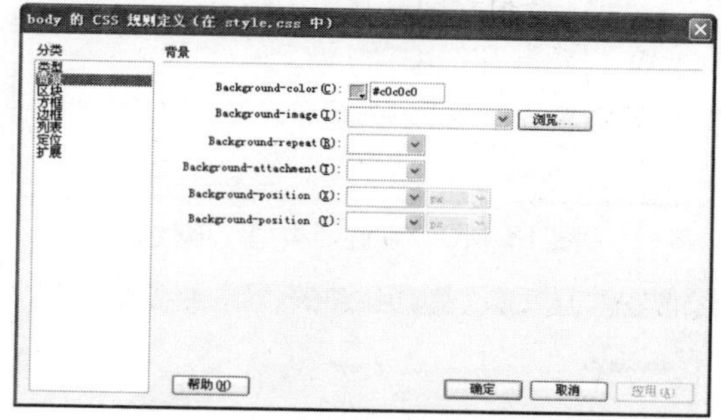

图 18-107　设置“背景”属性

⑨ 设置 CSS 样式 body 的“方框”属性，如图 18-108 所示。

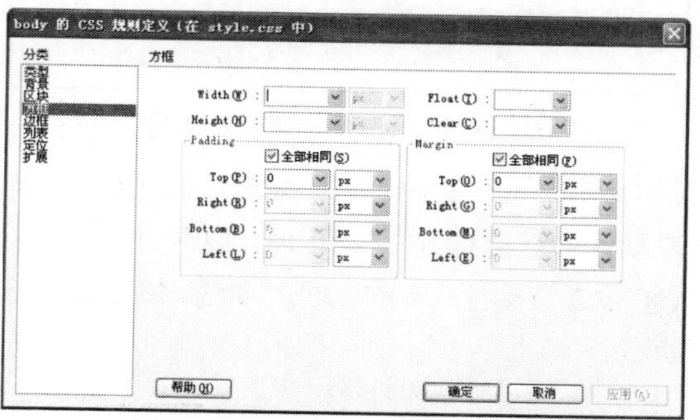

图 18-108　设置“方框”属性

⑩ 新建一个CSS样式，命名为table，如图18-109所示。

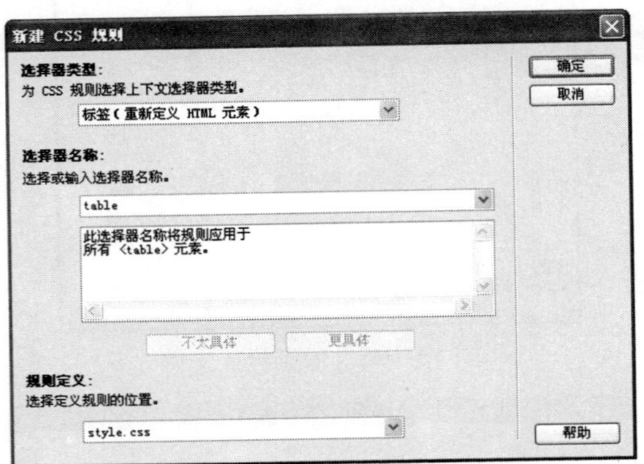


图 18-109　新建 CSS 样式 table

⑪ 设置 CSS 样式 table 的 “类型” 和 “背景” 属性，如图 18-110 和图 18-111 所示。

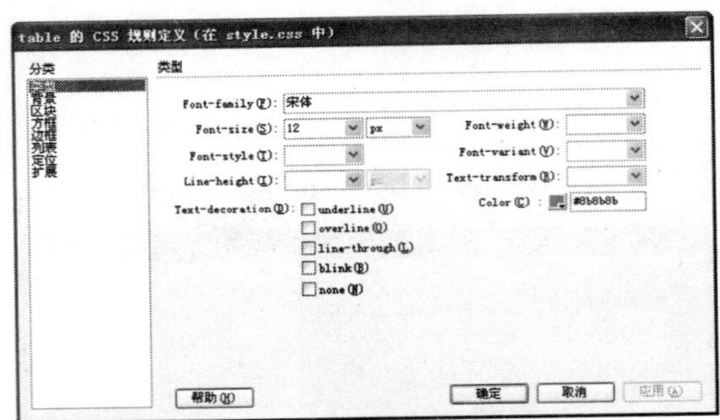


图 18-110　设置 “类型” 属性

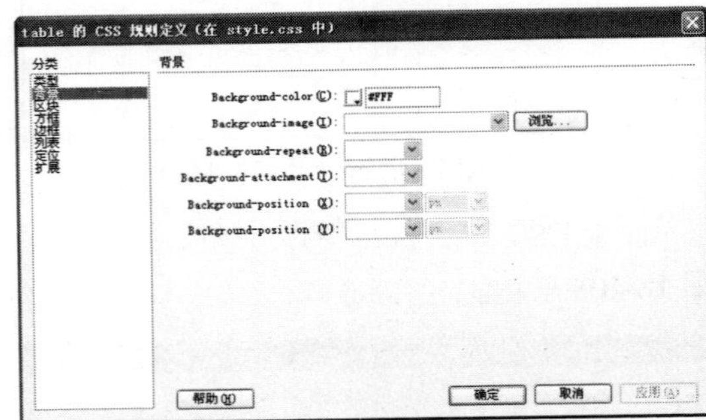


图 18-111　设置 “背景” 属性

⑫ 新建一个 CSS 样式，命名为 a，这个样式是默认的链接样式，如图 18-112 所示。

⑬ 设置链接样式 a 的“类型”属性，如图 18-113 所示。

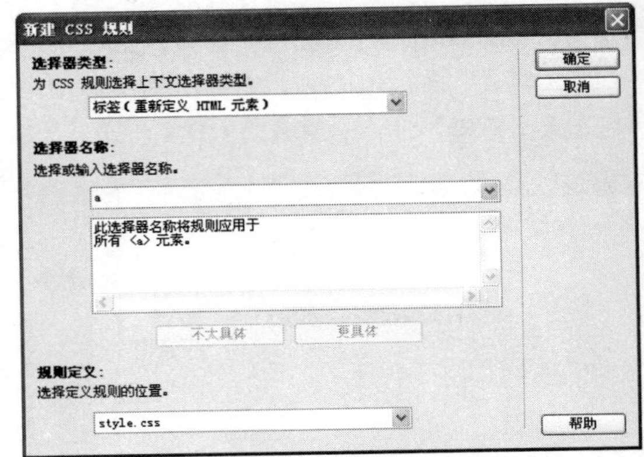


图 18-112　新建 CSS 样式 a

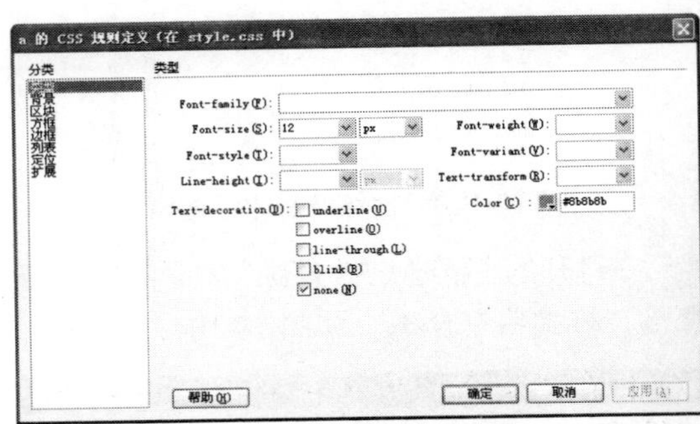


图 18-113　设置链接样式 a 的属性

⑭ 新建一个 CSS 样式，命名为 a:hover，这个样式是默认的鼠标移上链接的样式，如图 18-114 所示。

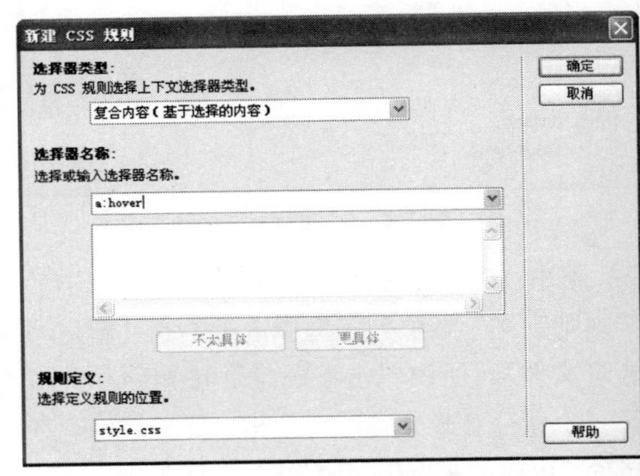


图 18-114　新建 CSS 样式 a:hover

⑮ 设置鼠标移上链接样式 a:hover 的 “类型” 属性，如图 18-115 所示。

⑯ 单击 “插入” 面板中的 “表格” 按钮，插入一个表格，如图 18-116 所示。


说明　从精确的布局定位到特定的字体和样式，CSS 样式可灵活并更好地控制网页的外观。

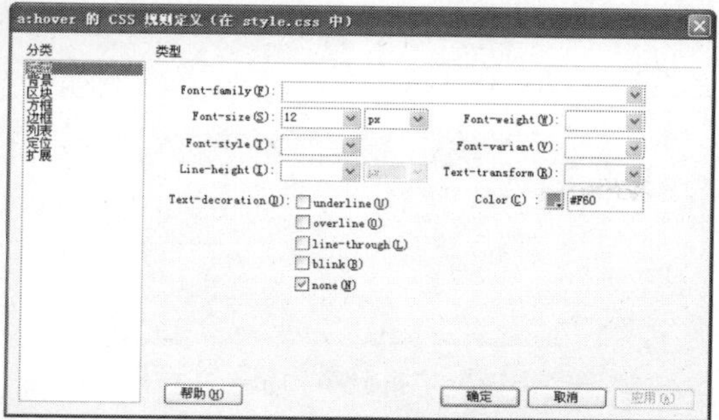


图 18-115　设置“类型”属性

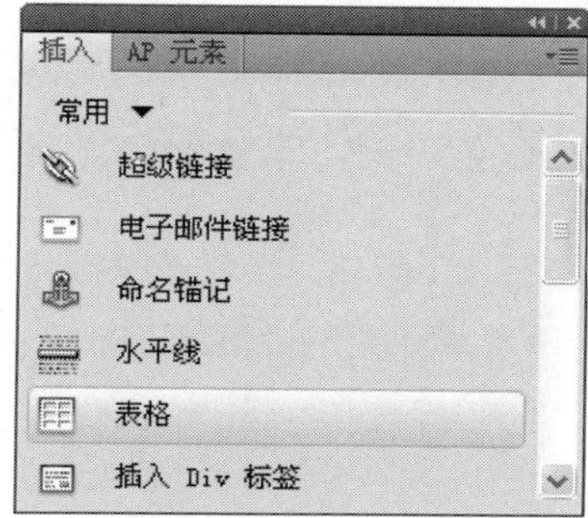


图 18-116　插入表格

⑰ 在打开的“表格”对话框中设置各个参数，如图 18-117 所示。

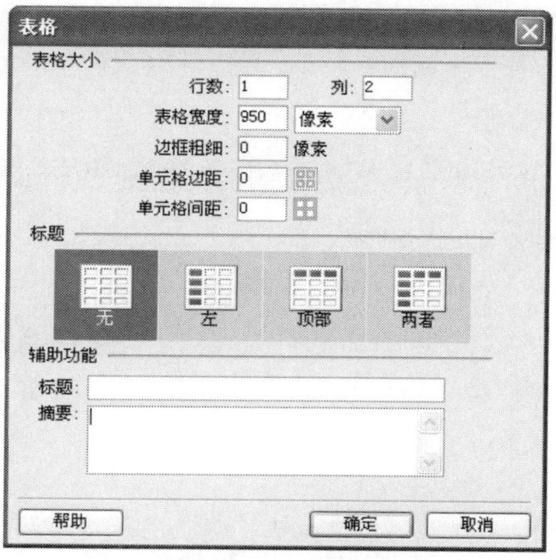


图 18-117　设置表格参数

⑱ 选中表格，设置表格的对齐方式为居中对齐，如图 18-118 所示。

图 18-118　设置表格为居中对齐

⑲ 选中表格的各个单元格，设置它们的水平和垂直对齐方式，如图 18-119 所示。

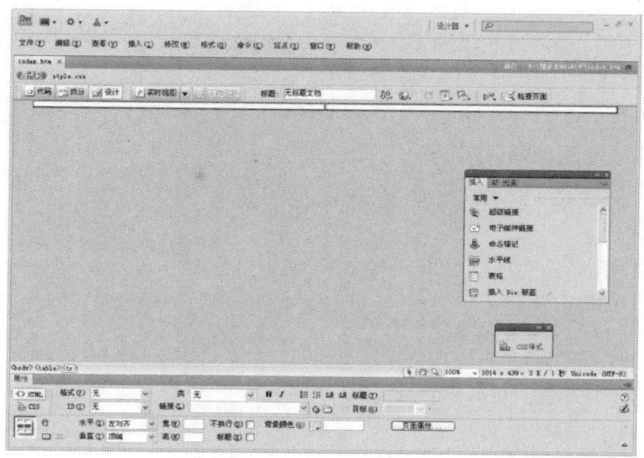

图 18-119　设置各单元格的对齐方式

⑳ 设置两个单元格的宽度分别为 245px、705px，如图 18-120 和图 18-121 所示。

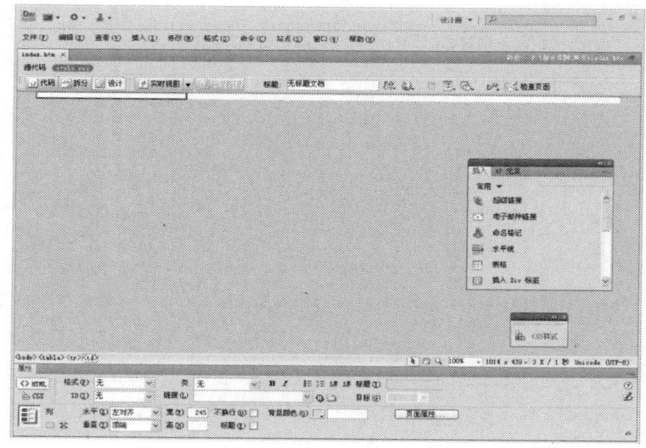

图 18-120　设置单元格长度（一）

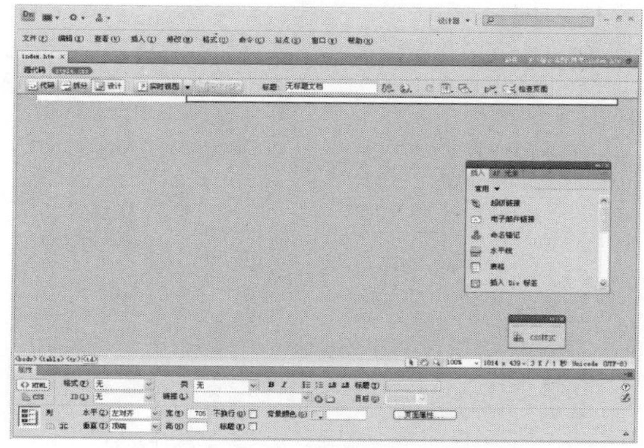

图 18-121　设置单元格长度（二）

㉑ 单击“插入”面板中的“图像”按钮，插入图片，如图 18-122 所示。

可以选中相邻的单元格，也可以选中不相邻的单元格。 说明

图 18-122 插入图片

㉒ 选择“F/综合实例/网页/images/ index_01.jpg”图片，插入到页面中，如图 18-123 所示。

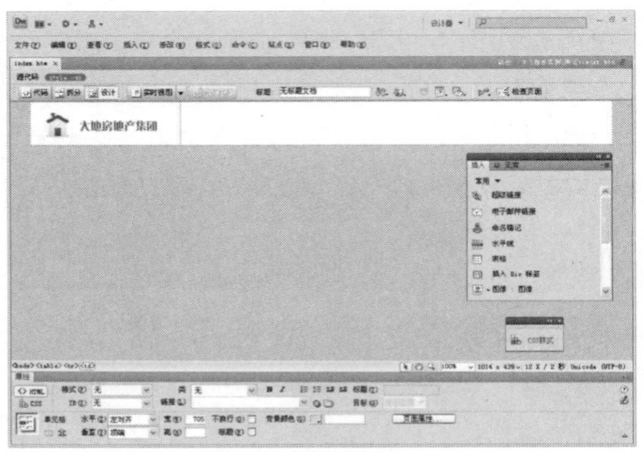

图 18-123 插入图片

㉓ 选择宽度为 705px 的单元格，单击“属性”面板中的“拆分单元格为行或列”按钮，如图 18-124 所示。

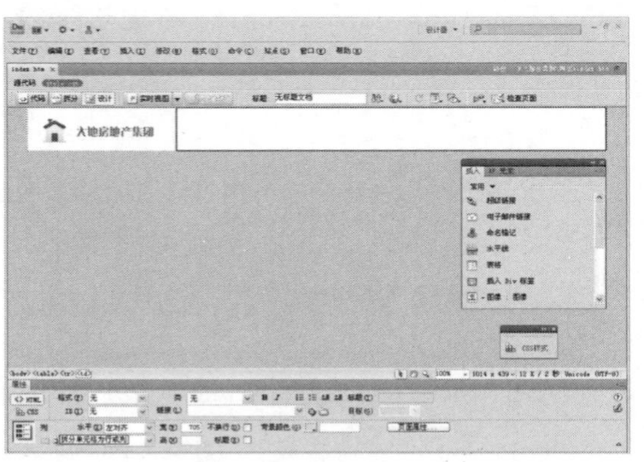

图 18-124 单击“拆分单元格为行或列”按钮

㉔ 在打开的“拆分单元格”对话框中设置所需的选项，如图 18-125 所示。

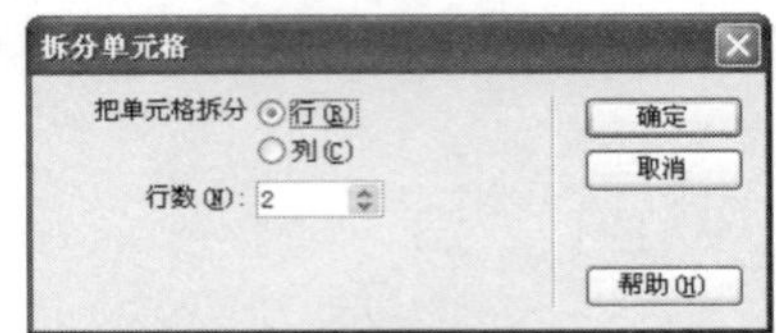


图 18-125 “拆分单元格”对话框

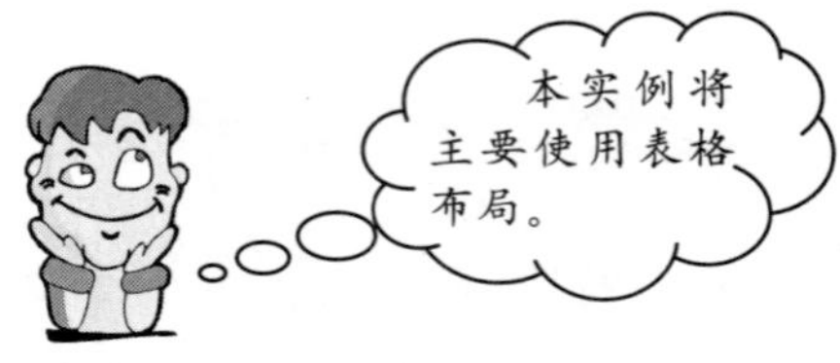


㉕ 单击“确定”按钮，将单元格拆分成两行，然后分别设置单元格的高度为 28px、46px，如图 18-126 所示。

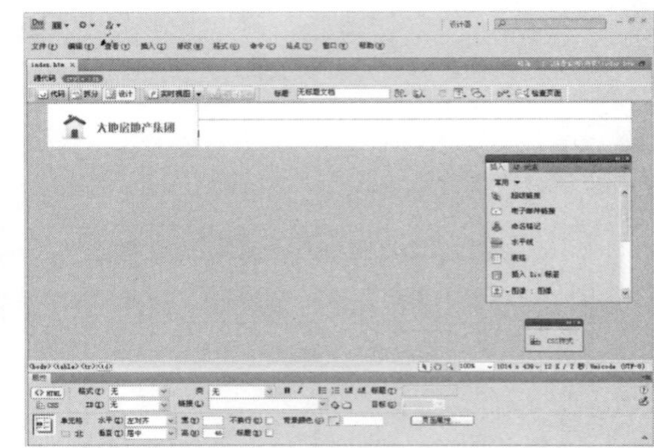

图 18-126 设置单元格高度

㉖ 将输入法切换到中文状态，且在输入法图标的 PC 键盘上右击，弹出的选择菜单如图 18-127 所示。

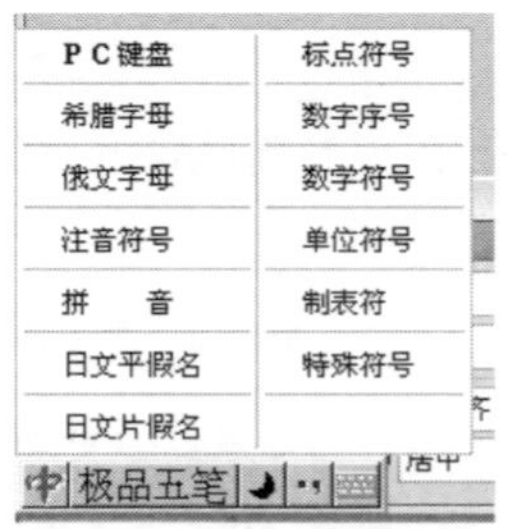


图 18-127 弹出的选择菜单

㉗ 在选择菜单中选择“标点符号”命令，如图 18-128 所示。



说明 表格宽度可以在插入表格时设置，也可以在插入表格后在“属性”面板中设置。

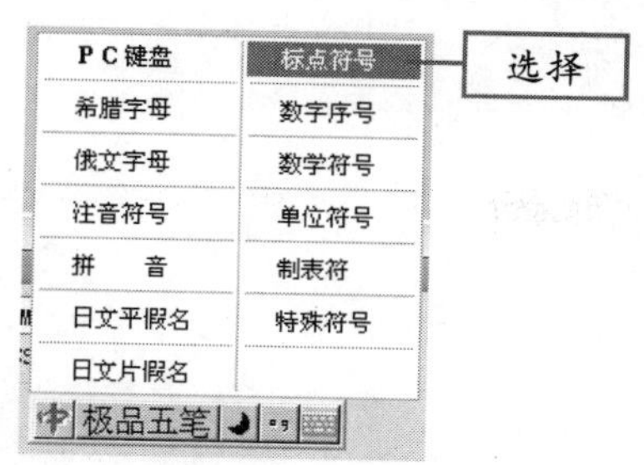


图 18-128　选择“标点符号”命令

㉘ 出现的小键盘如图 18-129 所示。

图 18-129　“标点符号”小键盘

㉙ 在小键盘上单击数字 9 键，则输入符号“· ”，如图 18-130 所示。

图 18-130　输入符号“· ”

㉚ 输入文字“加入收藏”、“设为首页”，调整文字位置，并给文字加上空链接，如图 18-131 所示。

图 18-131　输入文字

㉛ 新建一个 CSS 样式，命名为.broder_bottom，如图 18-132 所示。

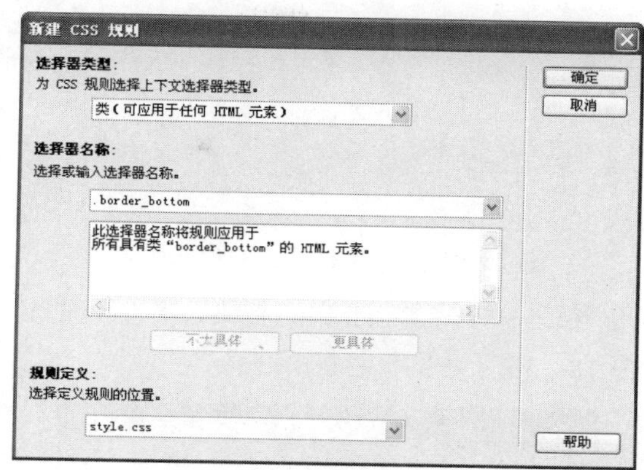


图 18-132　新建 CSS 样式

㉜ 设置样式.border_bottom 的属性，如图 18-133 和图 18-134 所示。

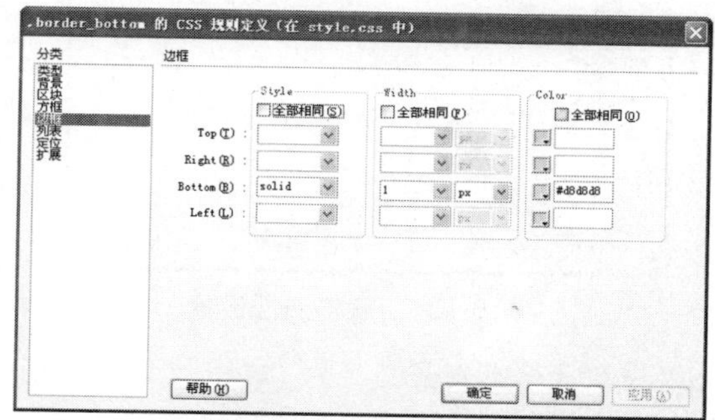


图 18-133　设置“边框”属性

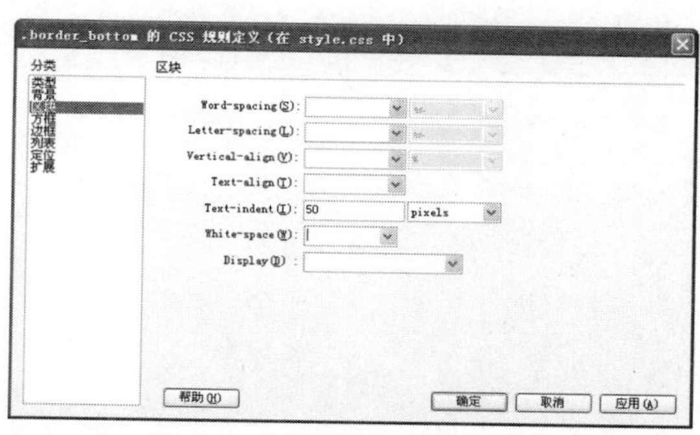


图 18-134　设置“区块”属性

㉝ 选择单元格，应用样式.border_bottom，预览效果如图 18-135 所示。

在 PC 键盘上可以快速地插入各种符号，如数字序号、特殊符号等。　说明

图 18-135　应用样式后的预览效果

34 插入一个 1 行 11 列的表格，属性设置如图 18-136 所示。

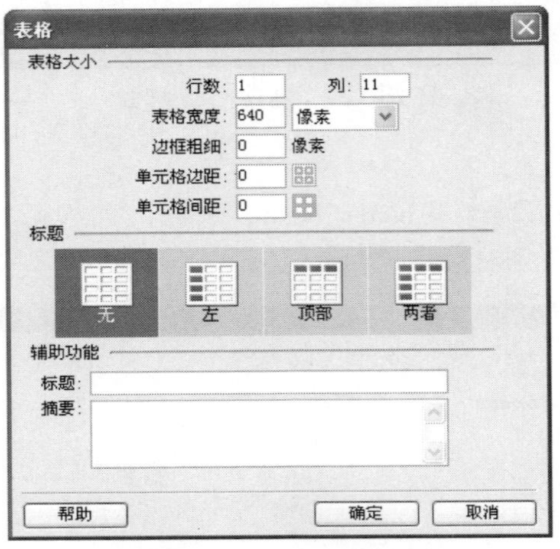


图 18-136　表格属性设置

35 设置表格的对齐方式为“居中”，这个表格是用来做导航的，如图 18-137 所示。

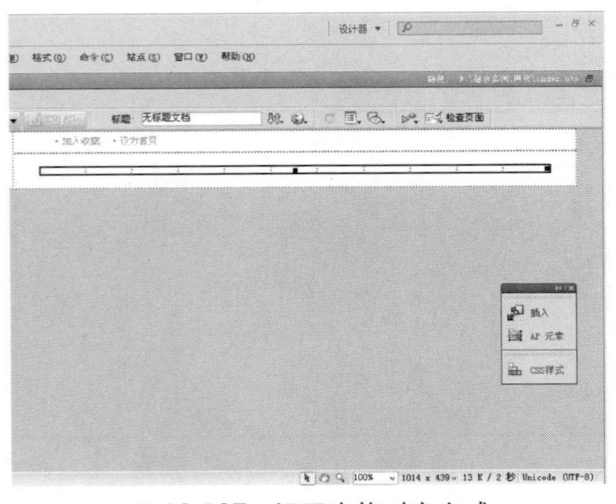

图 18-137　设置表格对齐方式

36 设置各个单元格的水平和垂直对齐方式都为“居中”，如图 18-138 所示。

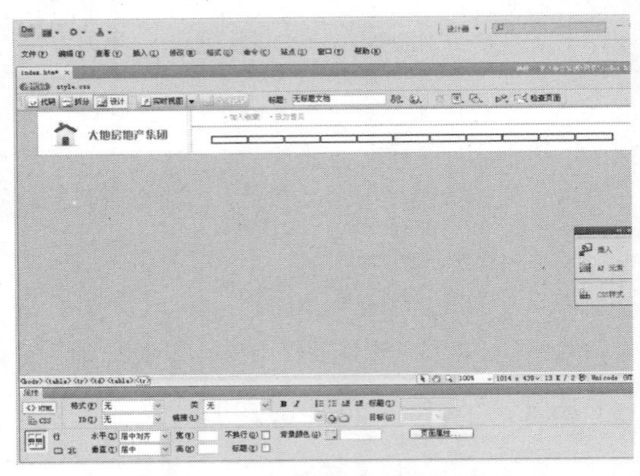

图 18-138　设置各单元格的对齐方式

37 在单元格中输入文字，如图 18-139 所示。

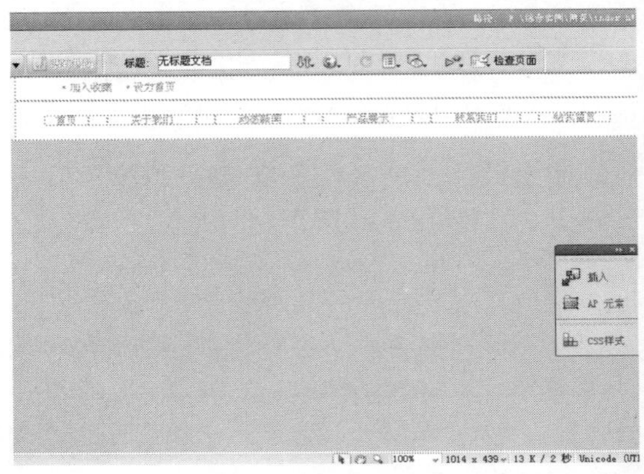

图 18-139　在单元格中输入文字

38 在输入文字时，文字之间是间隔着一个单元格的，这些隔出来的单元格是用来插入图片的。单击“插入”面板中的“图片”按钮，插入“F/综合实例/网页/images/ index_04.jpg”图片，然后在每个间隔出来的单元格中都插入这个图片，效果如图 18-140 所示。

图 18-140　插入图片

39 从左到右，分别将单元格的宽度调整为 90px、1px、109px、1px、109px、1px、109px、1px、109px、1px、109px，效果如图 18-141 所示。



**说明**　选择单元格时可以选择单个的单元格，也可以选择多个相邻或不相邻的单元格。

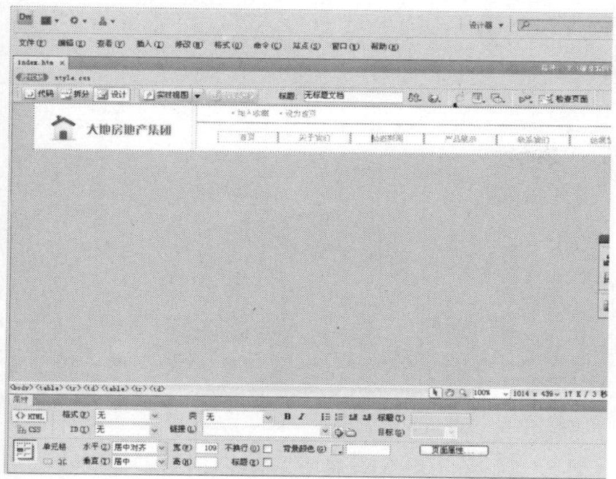

图 18-141　调整各单元格的宽度

㊵ 新建一个CSS样式并命名为.a1，如图18-142所示。

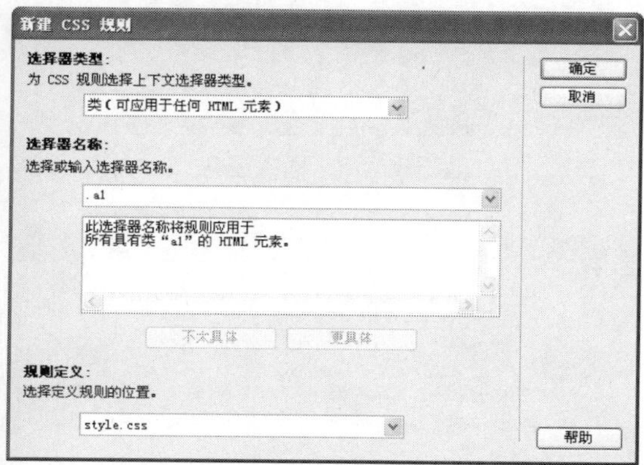


图 18-142　新建 CSS 样式.a1

㊶ 设置CSS样式.a1的属性，如图18-143所示。

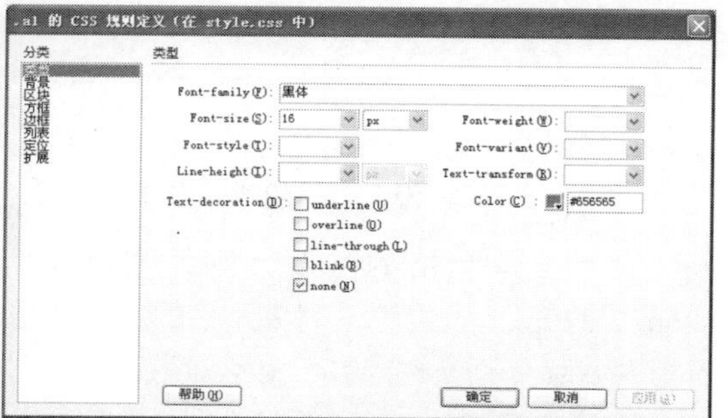


图 18-143　设置 CSS 样式.a1 的属性

㊷ 新建一个 CSS 样式并命名为.a1:hover，如图 18-144 所示。

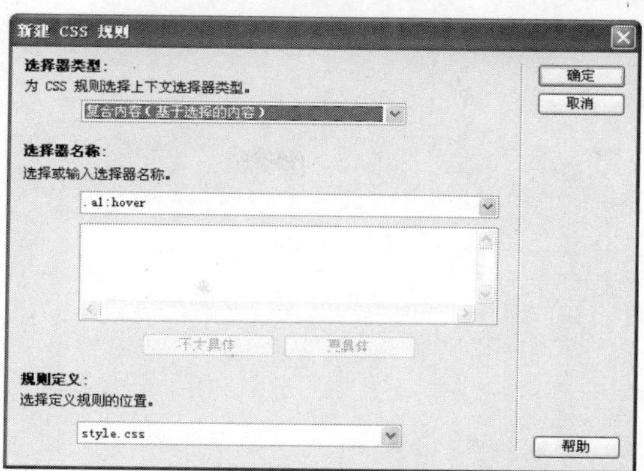


图 18-144　新建 CSS 样式.a1:hover

㊸ 设置 CSS 样式.a1:hover 的“类型”属性，如图 18-145 所示。

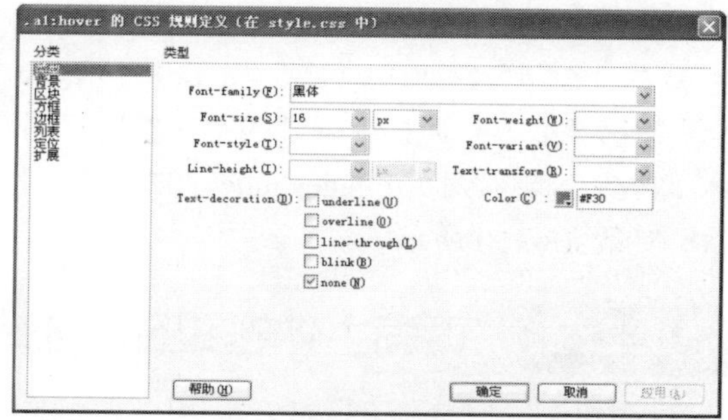


图 18-145　设置 CSS 样式.a1:hover 的属性

㊹ 给导航栏各单元格的文字加上空链接并应用样式.a1，效果如图 18-146 所示。

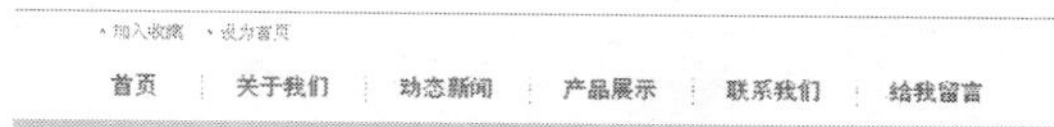


图 18-146　给导航文字应用 CSS 样式.a1

㊺ 插入一个 1 行 1 列的表格，其属性设置如图 18-147 所示。

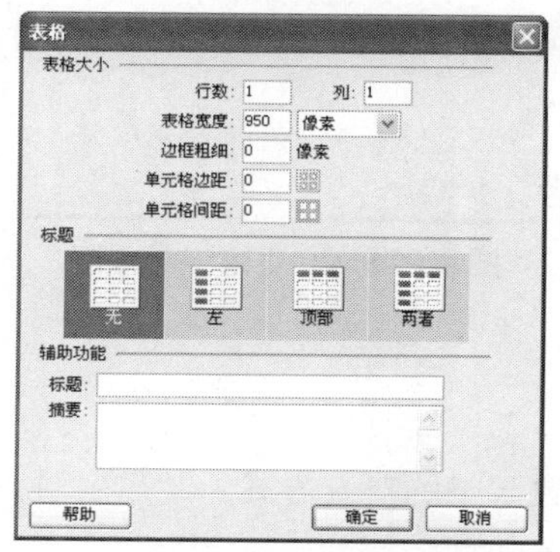


图 18-147　表格属性设置

按【Ctrl+Alt+I】组合键可以快速打开“选择图像源文件”对话框。　说明

㊻ 设置表格的对齐方式为“居中对齐”，如图 18-148 所示。

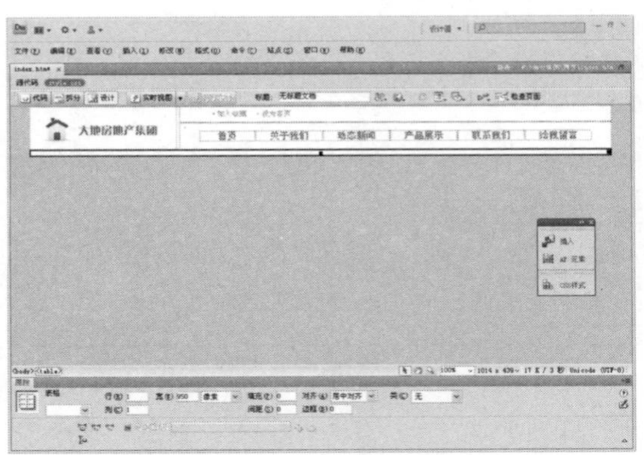

图 18-148　设置表格为居中对齐

㊼ 设置表格单元格的水平和垂直对齐方式分别为左对齐和顶端对齐，如图 18-149 所示。

㊽ 单击“插入”面板中的“图片”按钮，插入“F/综合实例/网页/images/index_07.jpg”图片，如图 18-150 所示。

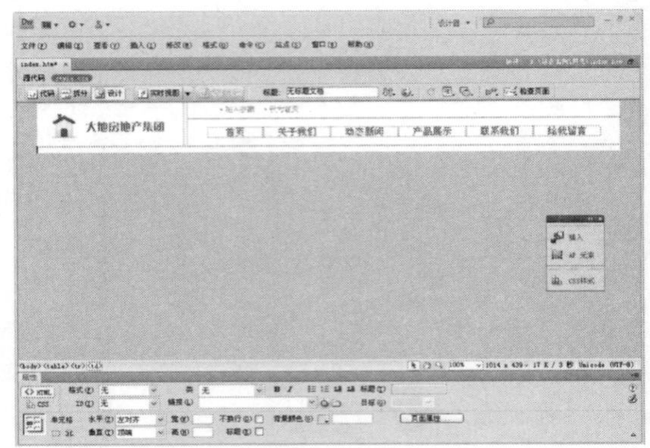

图 18-149　设置单元格的对齐方式

图 18-150　插入图片

## 18.2.8　页面主体左边部分的制作

① 插入一个 1 行 3 列的表格，如图 18-151 所示。

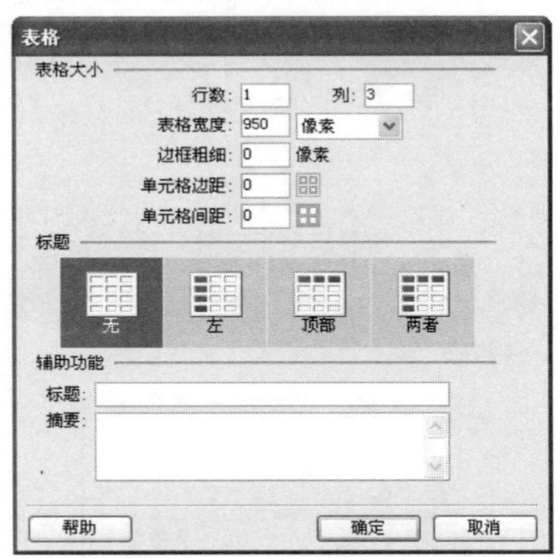


图 18-151　“表格”对话框

② 设置表格的对齐方式为“居中对齐”，如图 18-152 所示。

图 18-152　设置表格的对齐方式

③ 设置各单元格的宽度分别为 244px、486px、220px，设置第一列单元格的水平和垂直对齐方式分别为左对齐、顶端对齐，第二列单元格的水平和垂直对齐方式分别为居中对齐、顶端对齐，第三列单元格的水平和垂直对齐方式分别为左对齐、顶端对齐，如图 18-153 所示。



说明　可以在“插入”面板中插入表格，也可以单击“插入”|“表格”命令插入表格。

图 18-153　设置单元格的宽度和对齐方式

④ 将光标移动到第一列单元格，插入一个 5 行 1 列的表格，如图 18-154 所示。

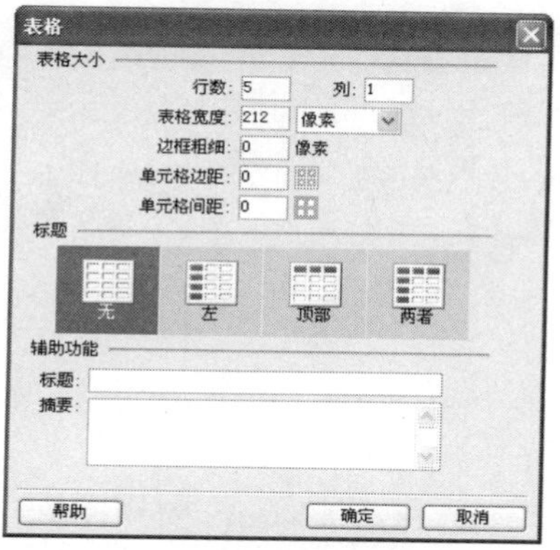


图 18-154　“表格”对话框

⑤ 设置表格的对齐方式为居中对齐，如图 18-155 所示。

图 18-155　设置表格的对齐方式

⑥ 将光标移动到第一行单元格，设置它的水平和垂直对齐方式分别为左对齐、底部对齐，并设置单元格的高度为 57px，如图 18-156 所示。

图 18-156　设置单元格属性

⑦ 插入图片“F/综合实例/网页/images/ index_18.jpg”，如图 18-157 所示。

图 18-157　插入图片

⑧ 新建一个 CSS 样式，命名为.padd15，如图 18-158 所示。

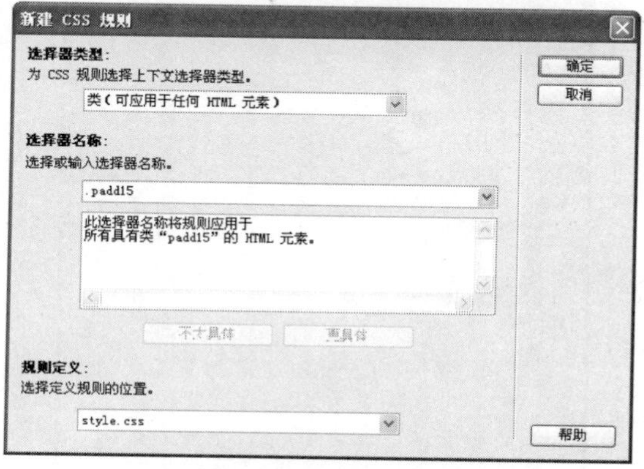


图 18-158　新建一个 CSS 样式

⑨ 设置 CSS 样式.padd15 的“方框”属性，如图 18-159 所示。

在表格中插入表格可以避免一个 table 的单元格被拆分得七零八落。　说明

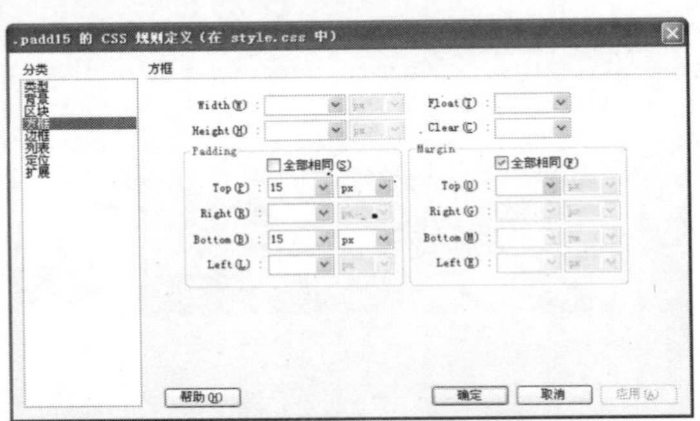
图 18-159　设置 CSS 样式.padd15 的属性

⑩ 设置第二行单元格的水平和垂直对齐方式分别为居中对齐和顶端对齐，然后将 CSS 样式.padd15 应用到第二行，如图 18-160 所示。

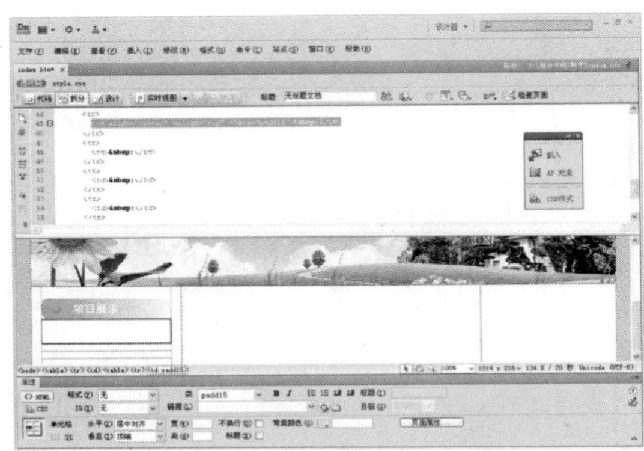
图 18-160　将 CSS 样式.padd15 应用到单元格

⑪ 将光标移动到第二行单元格，插入一个 6 行 3 列的表格，如图 18-161 所示。

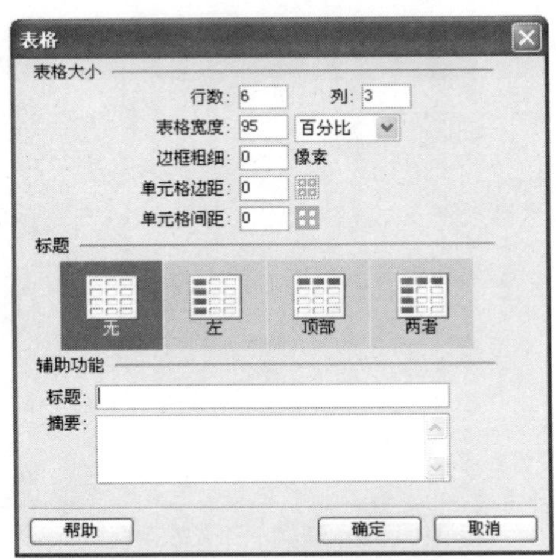

图 18-161　“表格”对话框

⑫ 调整表格三列的宽度分别为 20%、50%、30%，如图 18-162～图 18-164 所示。

图 18-162　调整表格宽度为 20%

图 18-163　调整表格宽度为 50%

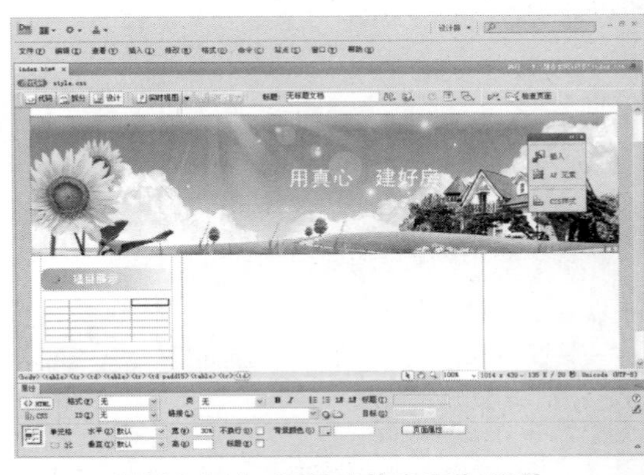
图 18-164　调整表格宽度为 30%

⑬ 设置第一列单元格的水平和垂直对齐方式为居中对齐、居中，设置第二列单元格的水平和垂直对齐方式为左对齐、居中，设置第三列单元格的水平和垂直对齐方式为左对齐、居中，如图 18-165～图 18-167 所示。


说明　默认情况下，单元格的水平对齐方式为左对齐。

图 18-165　设置第一列单元格对齐方式

图 18-166　设置第二列单元格对齐方式

图 18-167　设置第三列单元格对齐方式

**教你一招**

在主体部分中，用户可以按内容的类型将其分类放置，其各部分可以采用不同的排版方式。

⑭ 将光标移动到第一列单元格中，插入图片"F/综合实例/网页/images/index_36.jpg"，如图 18-168 所示。

图 18-168　插入图片

⑮ 复制图片，如图 18-169 所示。

图 18-169　复制图片

⑯ 将光标移动到第二列，依次输入文字，如图 18-170 所示。

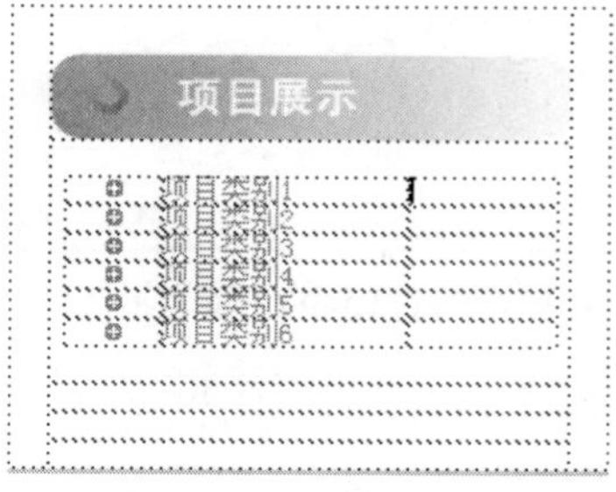

图 18-170　输入文字

⑰ 将光标移动到第三列，插入图片"F/综合实例/网页/images/ index_32.jpg"，然后复制图片，如图 18-171 所示。

图 18-171　插入并复制图片

⑱ 新建一个 CSS 样式，将其命名为.br29，如图 18-172 所示。

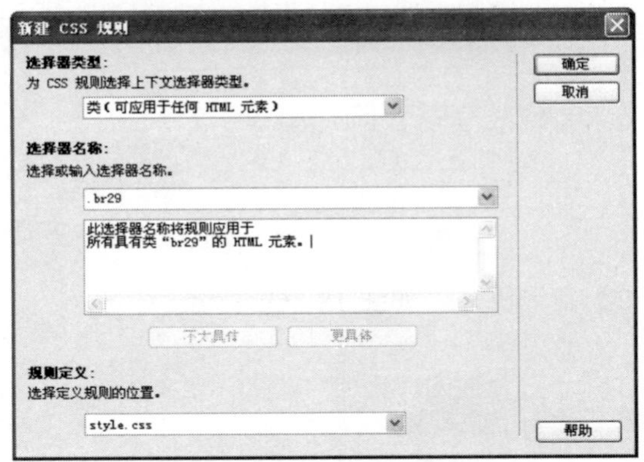


图 18-172　新建 CSS 样式

⑲ 设置 CSS 样式.br29 的行高为 29px，如图 18-173 所示。

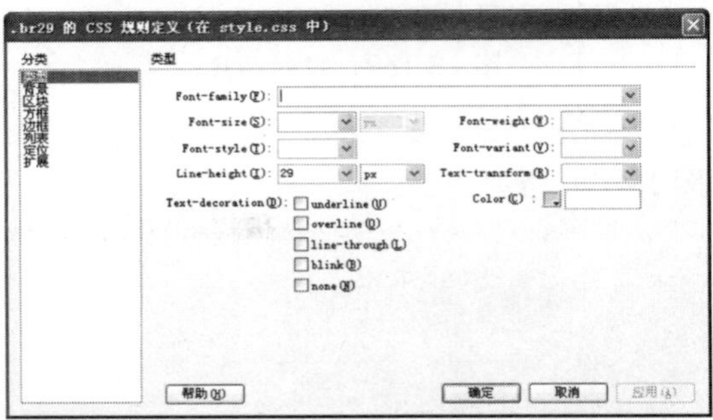

图 18-173　设置 CSS 样式.br29 的行高

⑳ 设置CSS样式.br29的背景图片，如图18-174 所示。

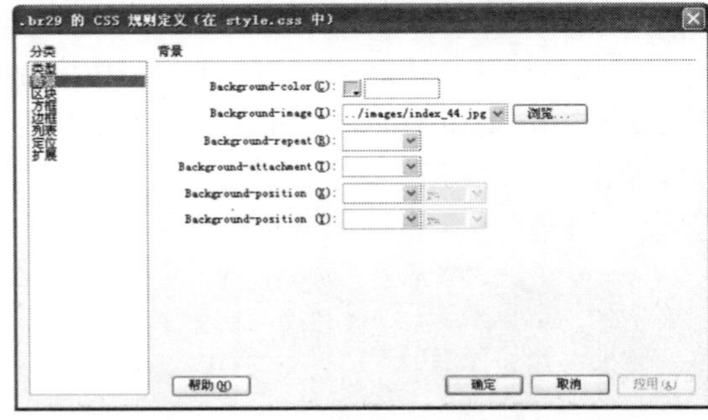

图 18-174　设置 CSS 样式.br29 的背景图片

㉑ 给 table 应用 CSS 样式.br29，如图 18-175 所示。

图 18-175　给 table 应用 CSS 样式.br29

㉒ 新建一个 CSS 样式，将其命名为.a2，如图 18-176 所示。

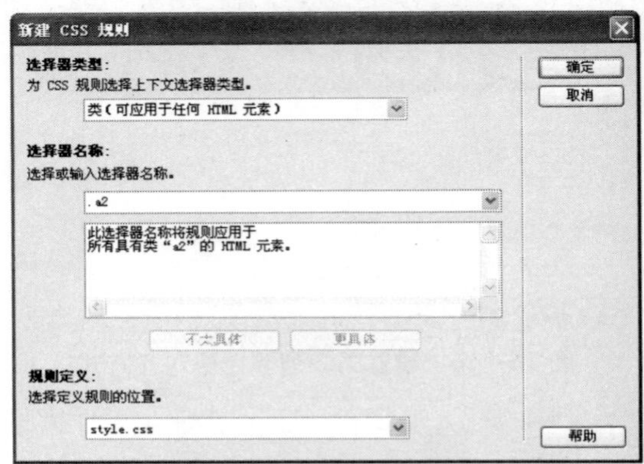


图 18-176　新建 CSS 样式.a2

㉓ 设置 CSS 样式.a2 的属性，如图 18-177 所示。

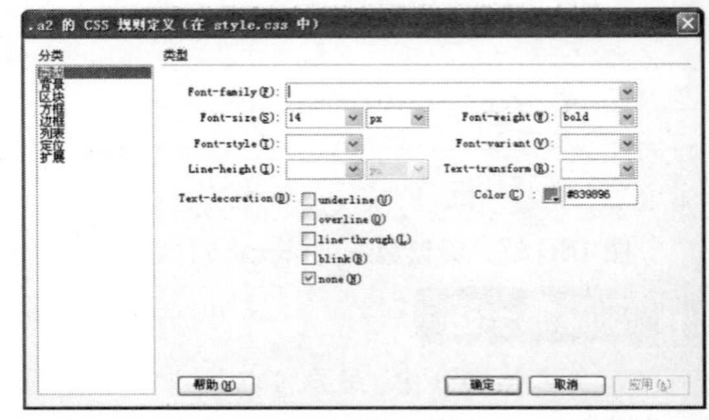

图 18-177　设置 CSS 样式.a2 的属性

㉔ 新建一个 CSS 样式，将其命名为.a2:hover，如图 18-178 所示。



说明　表格中的图片可以从一个单元格中复制到另一个单元格中。

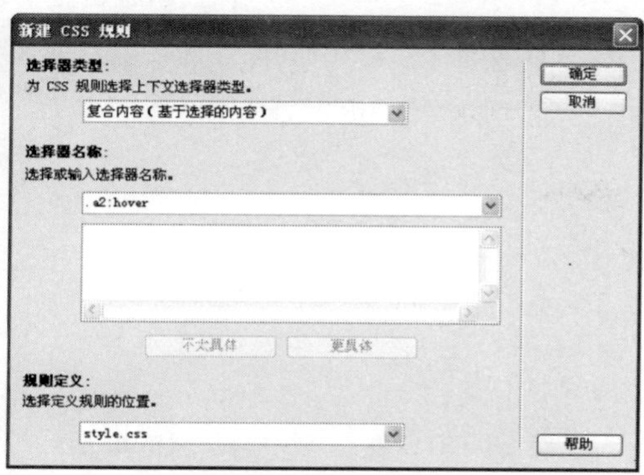

图 18-178 新建 CSS 样式.a2:hover

㉕ 设置 CSS 样式.a2:hover 的属性，如图 18-179 所示。

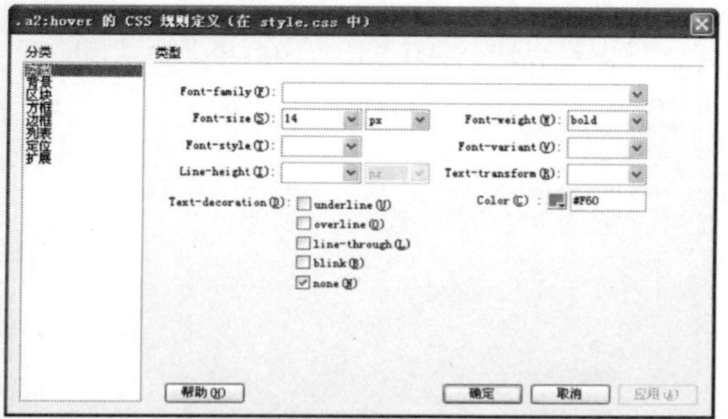

图 18-179 设置 CSS 样式.a2:hover 的属性

㉖ 分别给 table 中的文字“项目类别 1”、“项目类别 2”、“项目类别 3”、“项目类别 4”、“项目类别 5”、“项目类别 6”设置空链接，然后给每个链接应用 CSS 样式.a2，如图 18-180 所示。

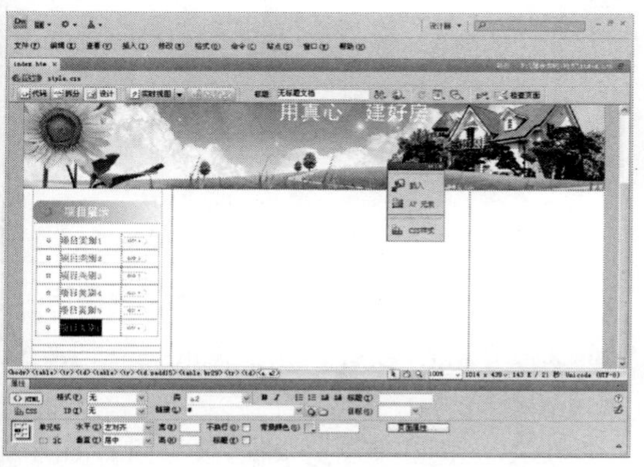

图 18-180 给链接应用 CSS 样式.a2

㉗ 在 IE 浏览器中浏览页面，效果如图 18-181 所示。

图 18-181 在 IE 浏览器中浏览页面

㉘ 将光标移动到表格的第三行，设置水平和垂直对齐方式分别为居中对齐、居中，设置单元格的高度为 60px，如图 18-182 所示。

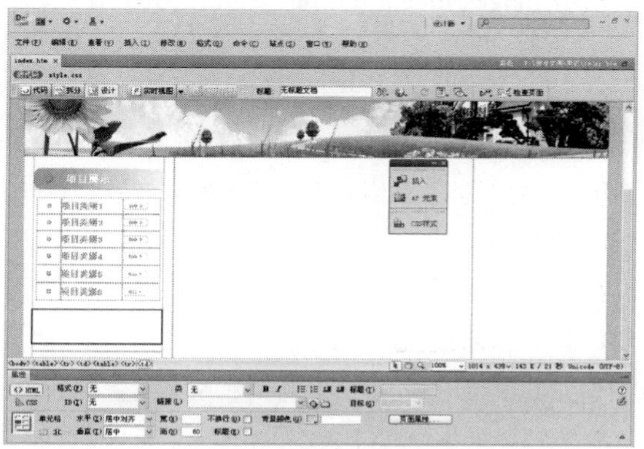

图 18-182 设置单元格属性

㉙ 设置表格第四行、第五行的属性同上，如图 18-183 所示。

图 18-183 设置单元格属性

㉚ 在第三行单元格中插入图片“F/综合实例/网页/images/index_54.jpg”，如图 18-184 所示。

说明 若要在 IE 浏览器中浏览页面，可以按【F12】键保存并预览页面。

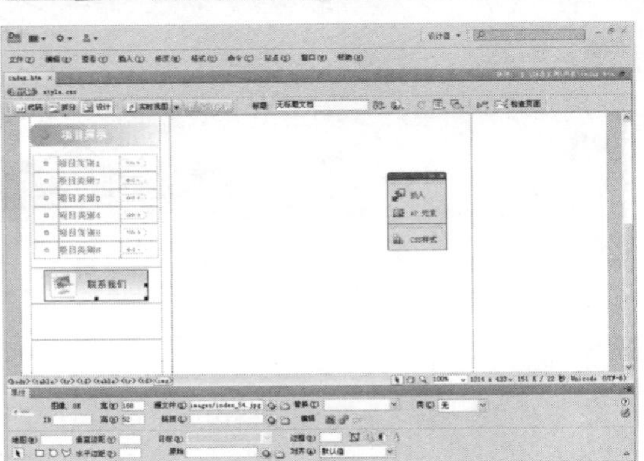

图 18-184　插入图片

㉛ 在第四行单元格中插入图片“F/综合实例/网页/images/index_61.jpg”，如图 18-185 所示。

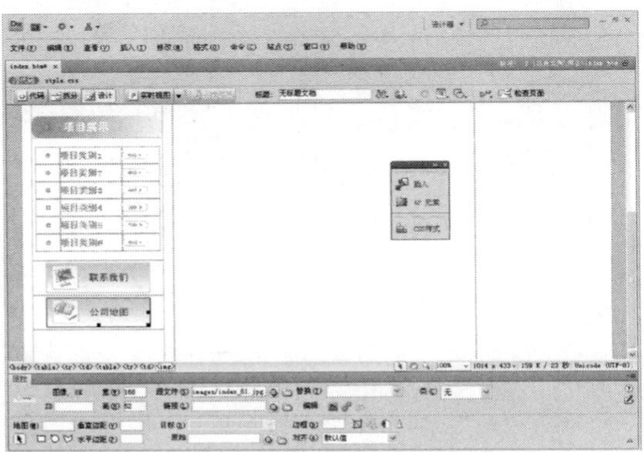

图 18-185　插入图片

㉜ 在第五行单元格中插入图片“F/综合实例/网页/images/index_65.jpg”，如图 18-186 所示。

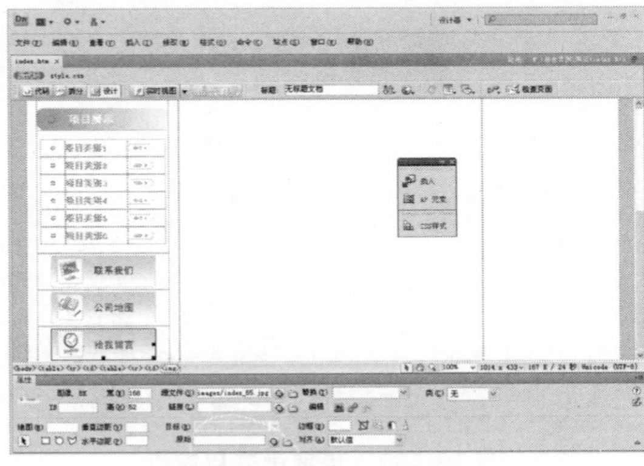

图 18-186　插入图片

㉝ 在 IE 浏览器中浏览页面，效果如图 18-187 所示。

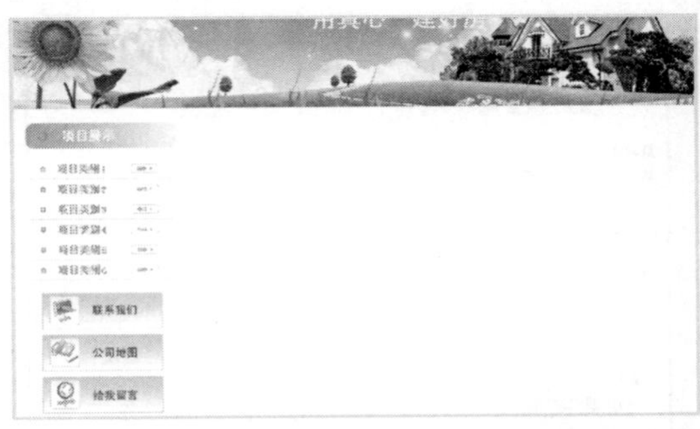

图 18-187　在 IE 浏览器中浏览网页

㉞ 新建一个 CSS 样式，将其命名为.bg，如图 18-188 所示。

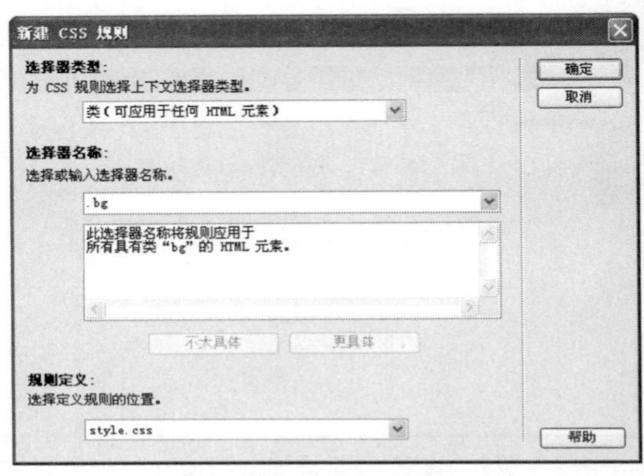


图 18-188　新建 CSS 样式

㉟ 设置 CSS 样式.bg 的背景属性，如图 18-189 所示。

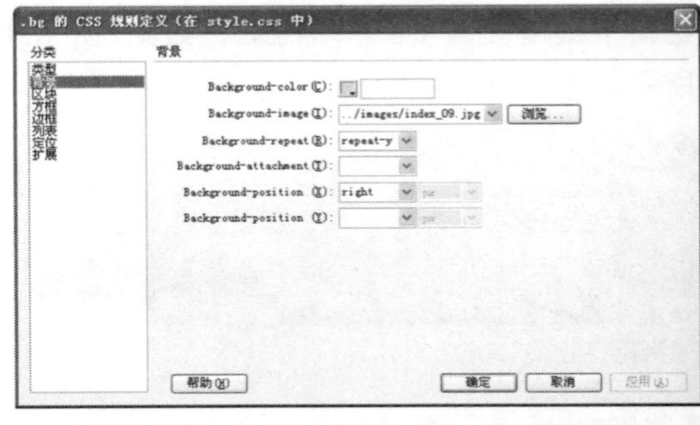


图 18-189　设置 CSS 样式.bg 的背景属性

㊱ 选择单元格，应用 CSS 样式.bg，如图 18-190 所示。

㊲ 在 IE 浏览器中浏览页面，效果如图 18-191 所示。



说明　设置 CSS 样式背景属性时要注意背景图片路径，否则背景图片可能不能正常显示。

图 18-190　给单元格应用 CSS 样式.bg

图 18-191　在 IE 浏览器中浏览页面

## 18.2.9　页面主体中间部分的制作

① 将光标移动到单元格中，插入一个 4 行 1 列的表格，如图 18-192 所示。

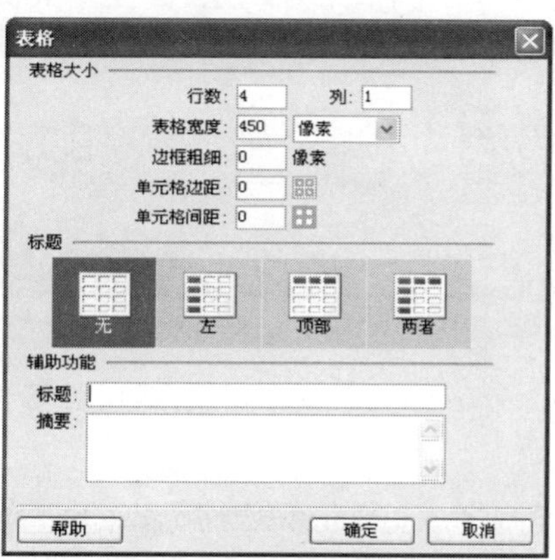


图 18-192　"表格"对话框（一）

② 选中各单元格，设置水平和垂直对齐方式分别为左对齐、顶端，如图 18-193 所示。

图 18-193　设置单元格的水平和垂直对齐方式

③ 将光标移动到表格的第一行单元格，插入一个 1 行 3 列的表格，如图 18-194 所示。

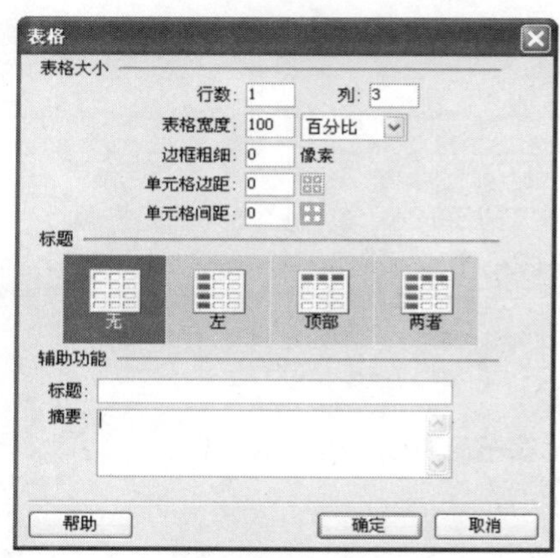


图 18-194　"表格"对话框（二）

④ 选中插入表格的第一列单元格，设置水平和垂直对齐方式均为居中对齐，选中插入表格的第二列单元格，设置水平和垂直对齐方式分别为左对齐、居中对齐，选中插入表格的第三列单元格，设置水平和垂直对齐方式分别为左对齐、居中对齐，然后设置各单元格的宽度分别为 10%、75%、15%，如图 18-195 ~ 图 18-197 所示。

⑤ 将光标移动到第一列单元格，插入图片"F/综合实例/网页/images/index_16.jpg"，如图 18-198 所示。

插入表格后，根据需要还可以拆分、合并单元格。

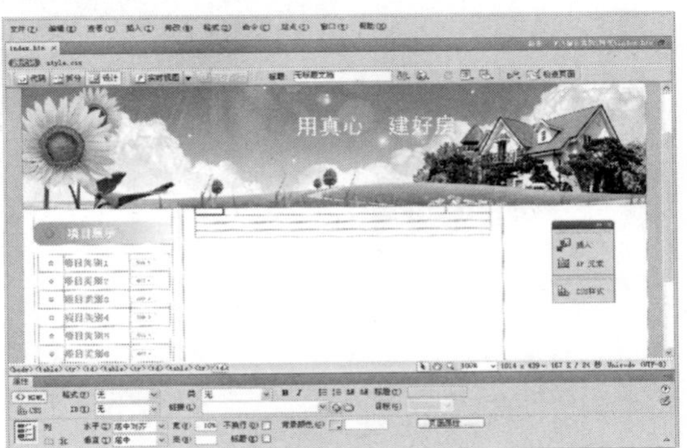
图 18-195　设置第一列单元格属性

图 18-196　设置第二列单元格属性

图 18-197　设置第三列单元格属性

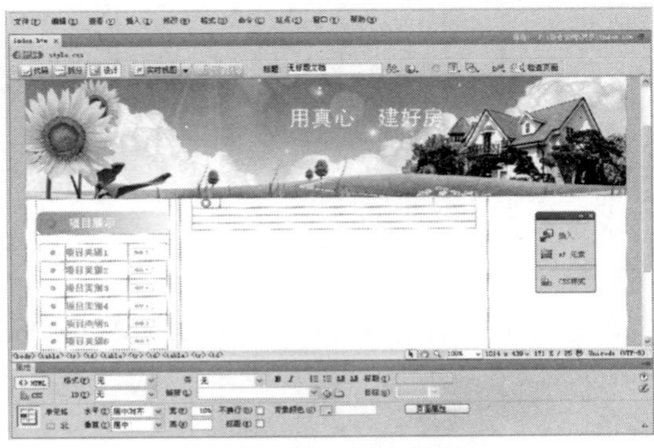
图 18-198　插入图片

⑥ 将光标移动到第二列单元格，插入文字“新闻动态”，将光标移动到第三列单元格插入图片“F/综合实例/网页/images/ index_32.jpg”，如图 18-199 所示。

图 18-199　输入文字和图片

⑦ 选中第一列单元格，设置高度为 40px，如图 18-200 所示。

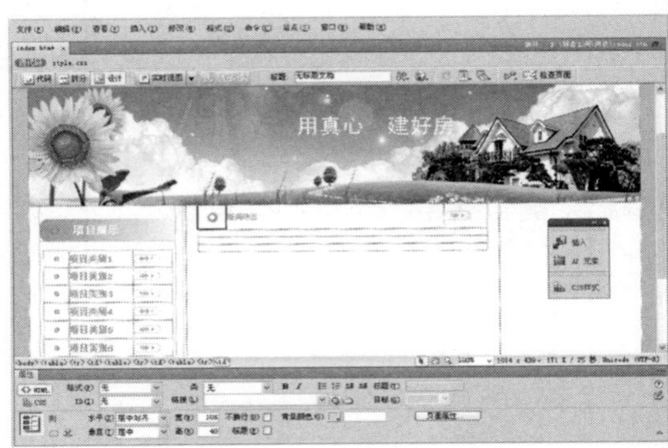
图 18-200　设置第一列单元格的高度

⑧ 新建一个 CSS 样式，将其命名为.bg1，如图 18-201 所示。

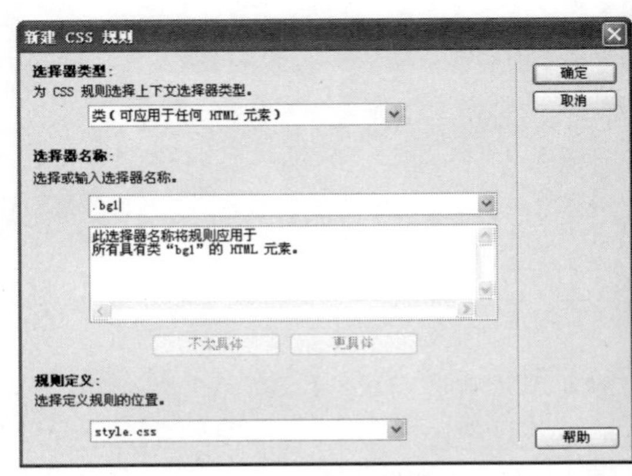

图 18-201　新建 CSS 样式

 说明　设置 CSS 样式中的文字属性、背景属性、方框属性，可以使网页更加精美。

⑨ 设置 CSS 样式.bg1 的属性，如图 18-202～图 18-204 所示。

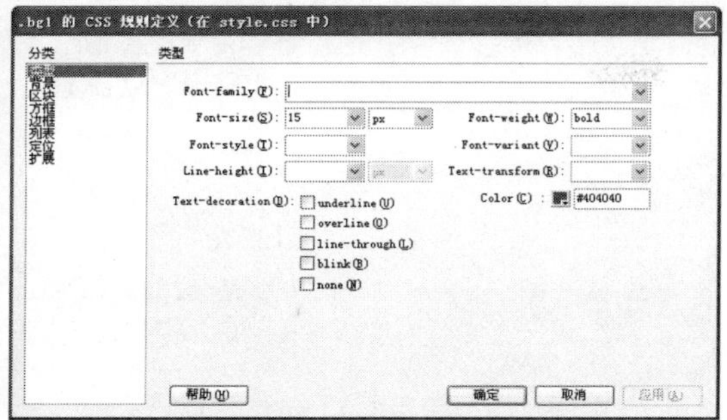


图 18-202　设置“类型”属性

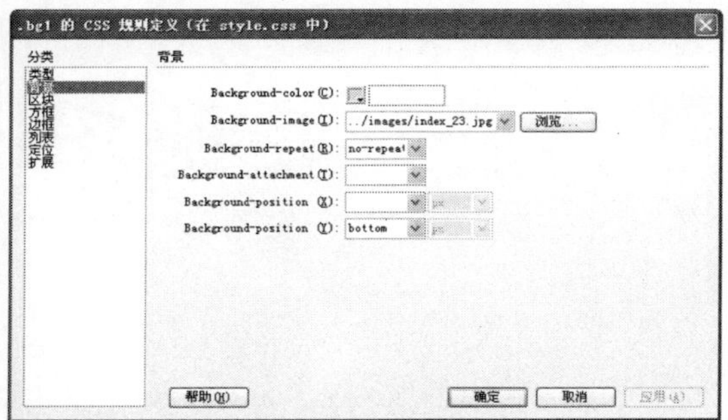


图 18-203　设置“背景”属性

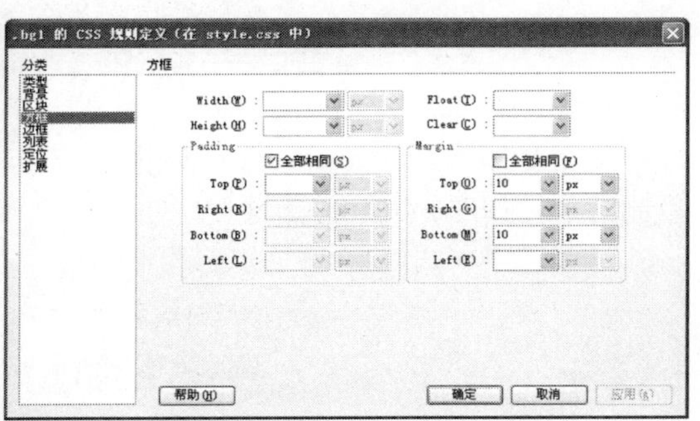


图 18-204　设置“方框”属性

⑩ 选中 table，应用样式.bg1，如图 18-205 所示。

图 18-205　应用样式.bg1

⑪ 在 IE 浏览器中预览页面，如图 18-206 所示。

图 18-206　在 IE 浏览器中预览页面

⑫ 将光标移动到表格的第 2 行，插入一个 5 行 2 列的表格，如图 18-207 所示。

图 18-207　插入表格

⑬ 选中第一列单元格，设置水平和垂直对齐方式均为居中对齐，如图 18-208 所示。

图 18-208　设置第一列单元格的对齐方式

⑭ 选中第二列单元格，设置水平和垂直对齐方式分别为左对齐、居中对齐，如图 18-209 所示。

对齐方式的设置使网页布局更加合理。　说明

图 18-209　设置第二列单元格的对齐方式

⑮ 设置两列的宽度分别为 10%、90%，如图 18-210 和图 18-211 所示。

图 18-210　设置第一列单元格的宽度

图 18-211　设置第二列单元格的宽度

⑯ 选中 table，应用 CSS 样式.br29，效果如图 18-212 所示。

图 18-212　应用 CSS 样式“.br29”

⑰ 在 IE 浏览器中预览页面，效果如图 18-213 所示。

图 18-213　在 IE 浏览器中预览页面

⑱ 将光标移动到第一列单元格中，插入图片“F/综合实例/网页/images/index_28.jpg”，然后复制图片，如图 18-214 所示。

图 18-214　插入并复制图片

⑲ 将光标移动到第二列单元格中，输入文字和日期，如图 18-215 所示。



说明　如果用文字作按钮的话，要先给文字加上“空链接”才能设置事件动作。

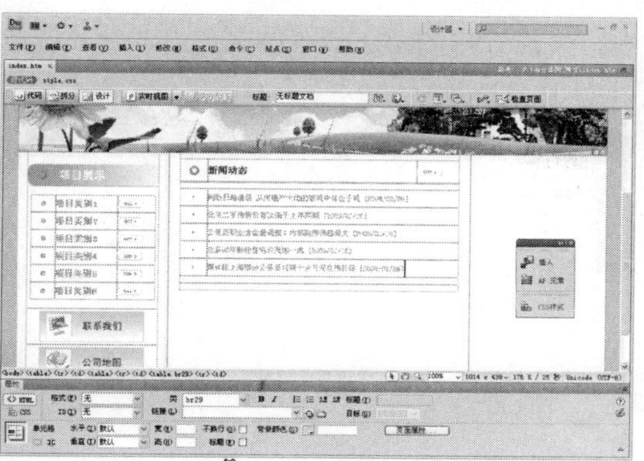

图 18-215　在单元格中输入文字

⑳ 给文字加上空链接，如图 18-216 所示。

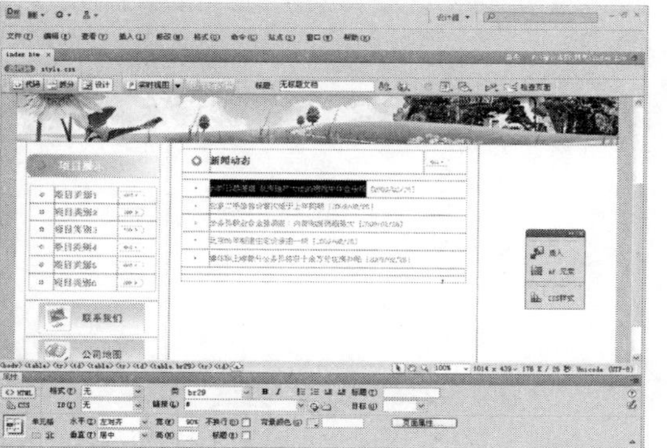

图 18-216　给文字加上空链接

页面的最终效果还要以 IE 中显示的效果为准。


㉑ 在 IE 浏览器中浏览页面，如图 18-217 所示。

图 18-217　在 IE 浏览器中浏览页面

㉒ 选中 table 并复制，如图 18-218 所示。

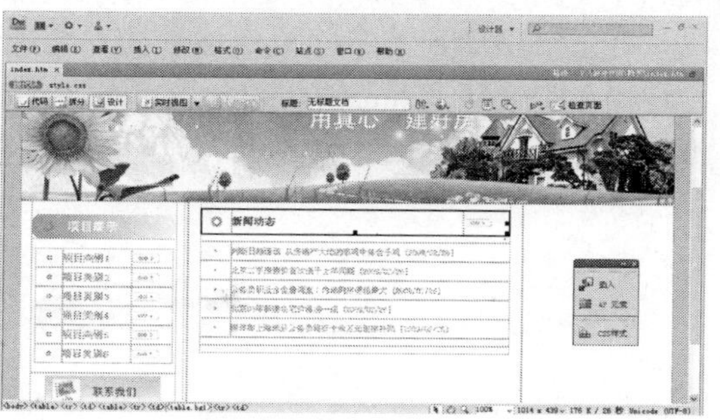

图 18-218　选中 table 并复制

㉓ 将光标移动到第三行单元格中，如图 18-219 所示。

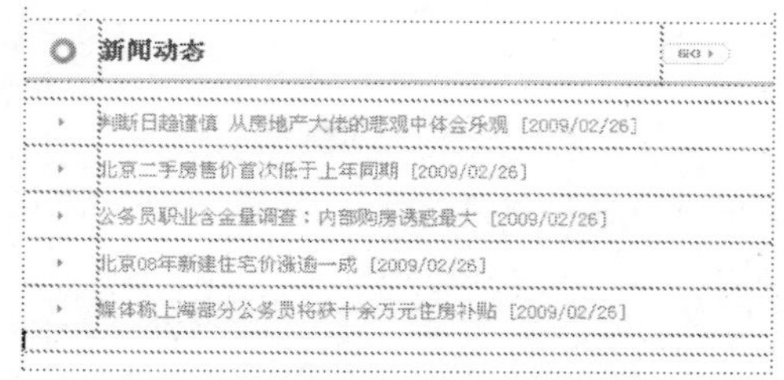


图 18-219　将光标移动到第三行单元格中

㉔ 粘贴表格，如图 18-220 所示。

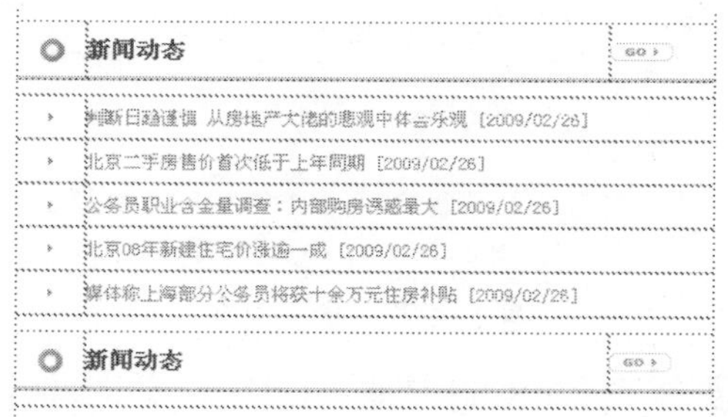


图 18-220　粘贴表格

㉕ 将文字"新闻动态"改为"关于我们"，如图 18-221 所示。

图 18-221　修改文字

类似的表格可以通过复制、粘贴后再修改表格内容得到，这样可减少重复操作。　说明

㉖ 将光标移动到第四行单元格，插入图片“F/综合实例/网页/images/index_57.jpg”，如图 18-222 所示。

图 18-222 插入图片

㉗ 在单元格中输入文字，如图 18-223 所示。

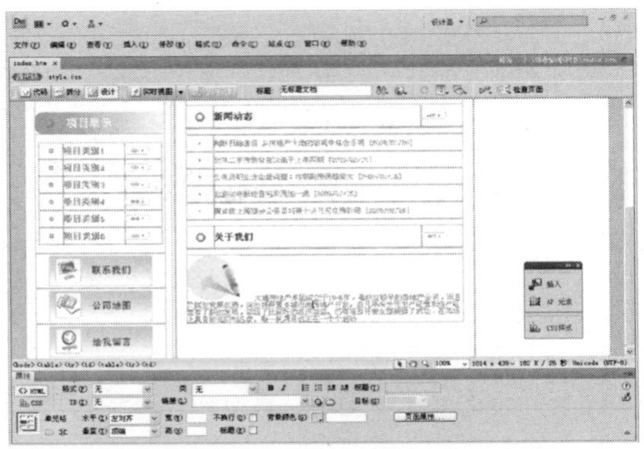

图 18-223 输入文字

㉘ 新建一个 CSS 样式，将其命名为.br200，如图 18-224 所示。

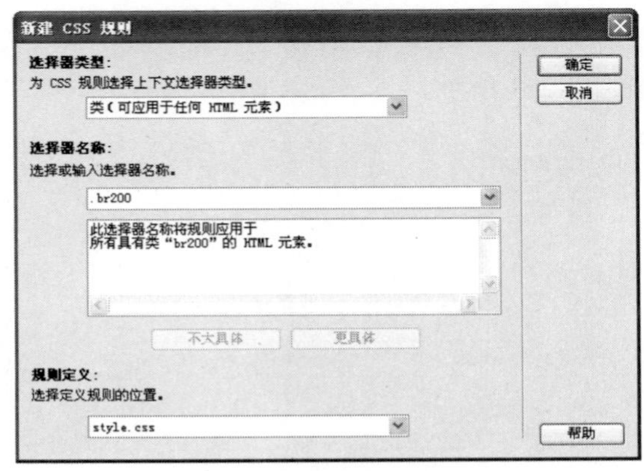


图 18-224 新建 CSS 样式

㉙ 设置 CSS 样式.br200 的属性，如图 18-225 和图 18-226 所示。

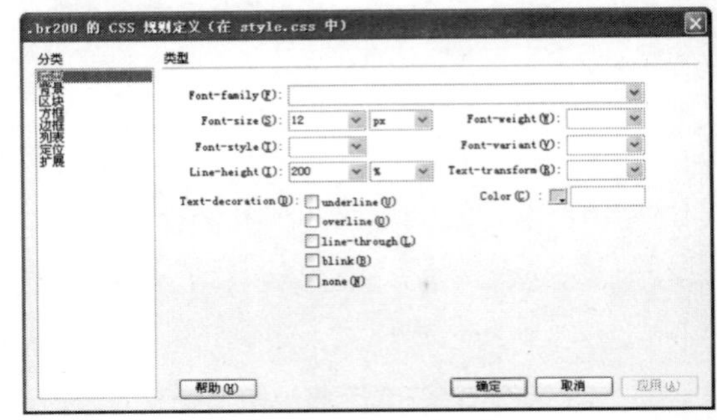

图 18-225 设置“类型”属性

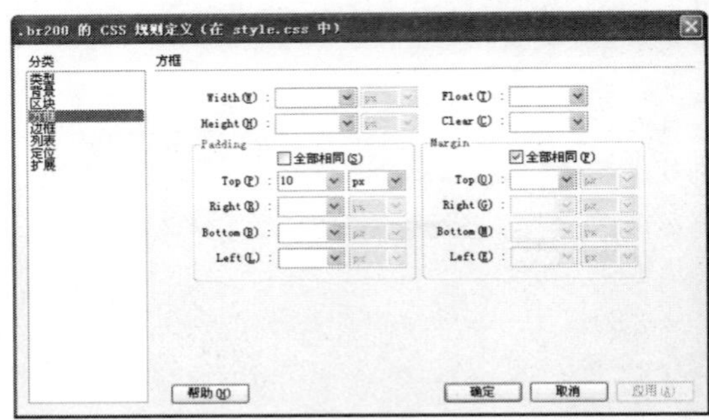

图 18-226 设置“方框”属性

㉚ 选中单元格，应用 CSS 样式.br200，如图 18-227 所示。

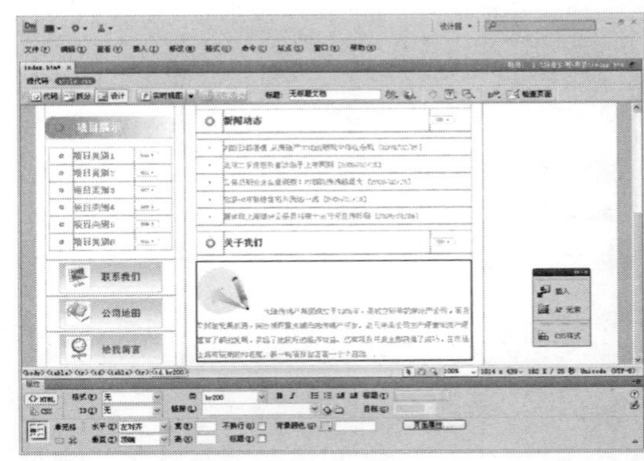

图 18-227 应用 CSS 样式.br200

㉛ 选中图片 index_57.jpg，设置对齐方式和垂直边距，如图 18-228 所示。

㉜ 在 IE 浏览器中浏览网页，效果如图 18-229 所示。



说明 设置合适的图片边距可增加网页的层次感。

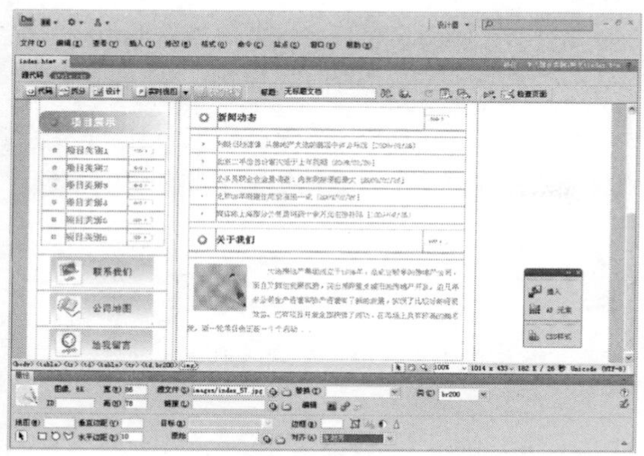

图 18-228　设置图片属性

图 18-229　在 IE 浏览器中浏览网页

## 18.2.10 页面主体右边部分的制作

① 插入一个 2 行 1 列的表格，如图 18-230 所示。

图 18-230　插入表格

② 选中表格的各单元格，设置水平和垂直对齐方式分别为左对齐、顶端对齐，如图 18-231 所示。

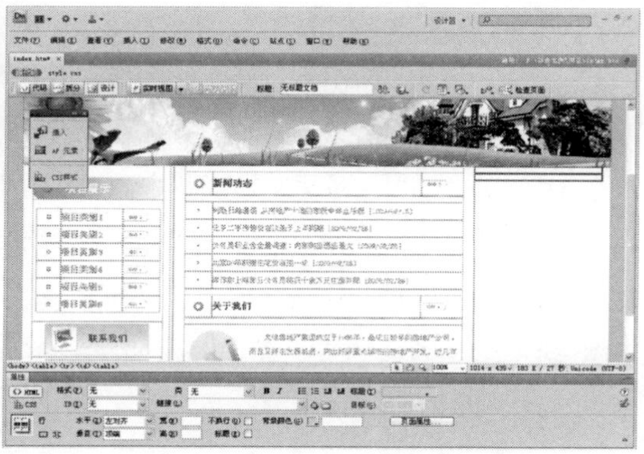

图 18-231　设置单元格的对齐方式

③ 将光标移动到第一行单元格中，插入图片"F/综合实例/网页/images/ index_13.jpg"，如图 18-232 所示。

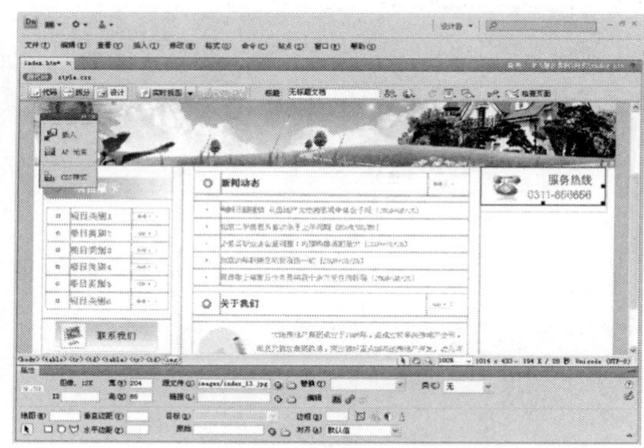

图 18-232　插入图片

④ 选中单元格，应用 CSS 样式.padd15，如图 18-233 所示。

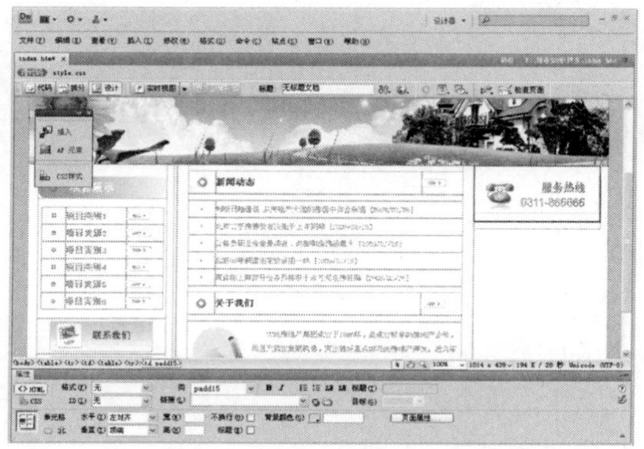

图 18-233　应用 CSS 样式.padd15

应用 CSS 样式的方法有多种，用户可根据自己的喜好应用。　说明

⑤ 将光标移动到第二行单元格中，插入一个3行1列的表格，如图18-234所示。

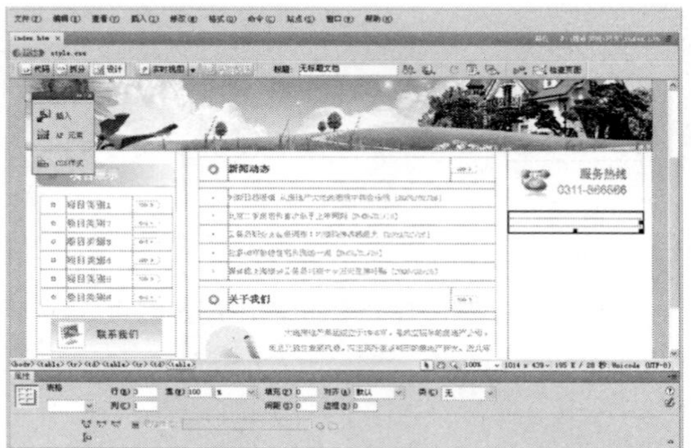

图 18-234 插入表格

⑥ 选中表格的各单元格，设置水平和垂直对齐方式分别为左对齐、顶端对齐，如图18-235所示。

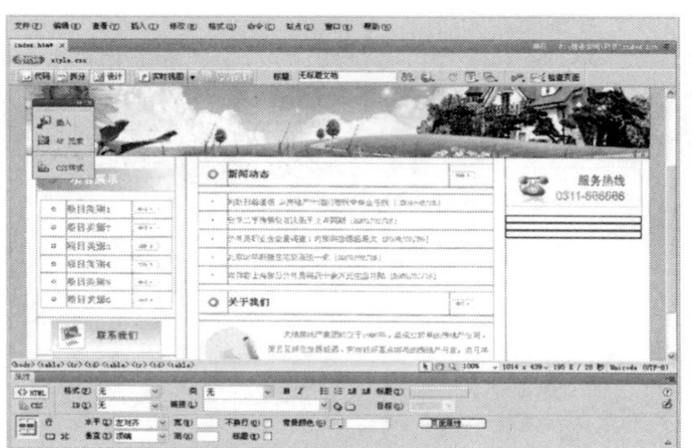

图 18-235 设置单元格的对齐方式

⑦ 将光标移动到表格的第一行单元格中，插入图片“F/综合实例/网页/images/index_40.jpg”，如图18-236所示。

图 18-236 插入图片

⑧ 新建一个CSS样式，将其命名为.border_lr，设置CSS样式的“边框”属性，如图18-237所示。

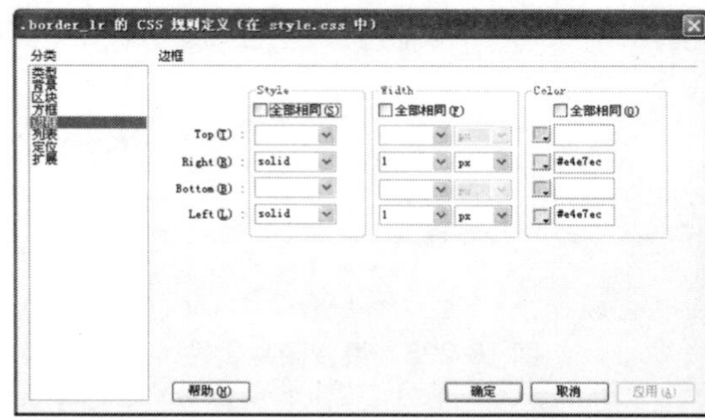

图 18-237 设置 CSS 样式.border_lr 的边框

⑨ 选中表格的第二行单元格，应用CSS样式.border_lr，如图18-238所示。

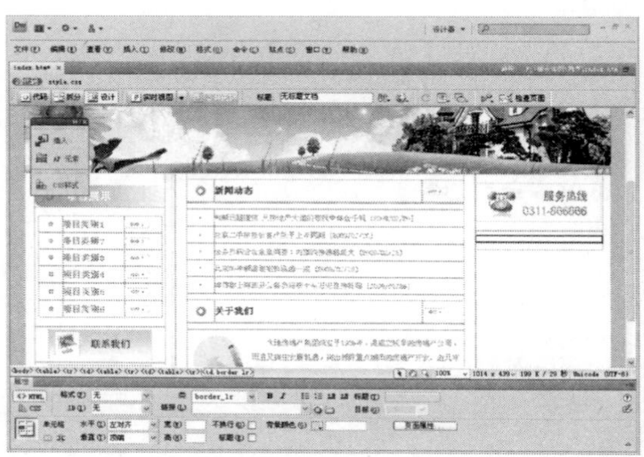

图 18-238 单元格应用 CSS 样式.border_lr

⑩ 将光标移动到表格的第三行单元格中，插入图片“F/综合实例/网页/images/index_68.jpg”，如图18-239所示。

图 18-239 插入图片



说明 CSS 边框属性可以创建出效果出色的边框，并且可以应用于任何元素。

⑪ 在 IE 浏览器中浏览页面，效果如图 18-240 所示。

图 18-240　在 IE 浏览器中浏览页面

⑫ 将光标移动到第二行单元格中，插入一个 4 行 1 列的表格，设置表格的对齐方式为居中对齐，如图 18-241 所示。

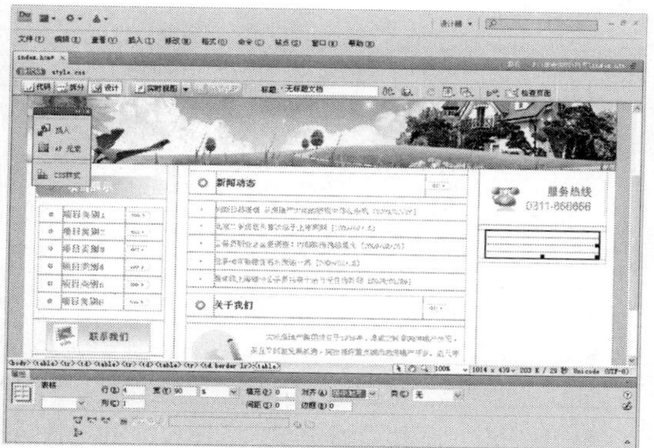

图 18-241　插入表格

⑬ 选中表格的各单元格，设置水平和垂直对齐方式均为居中对齐，如图 18-242 所示。

图 18-242　设置单元格的对齐方式

⑭ 将光标移动到表格的第一列单元格中，插入一个 2 行 1 列的表格，如图 18-243 所示。

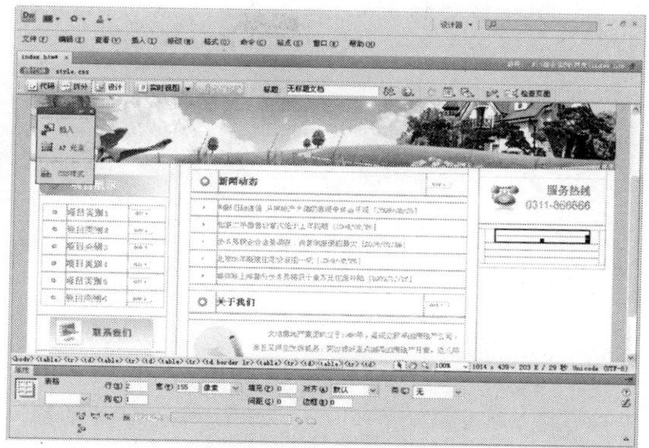

图 18-243　插入表格

⑮ 选中表格的各单元格，设置单元格的水平和垂直对齐方式均为居中对齐，如图 18-244 所示。

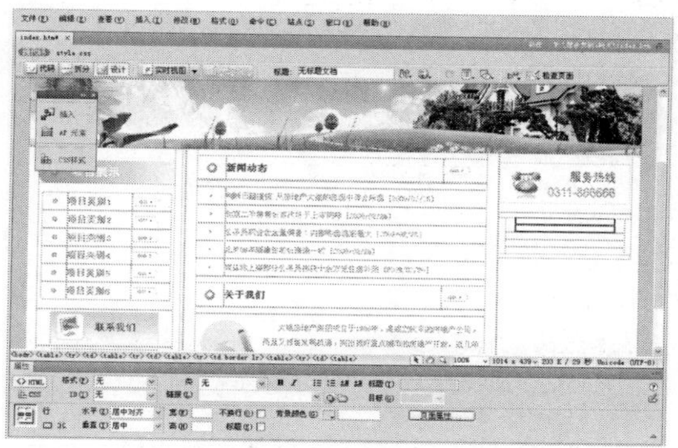

图 18-244　设置单元格的对齐方式

⑯ 将光标移动到表格的第一行单元格中，插入图片“F/综合实例/网页/ images/index_47.jpg”，如图 18-245 所示。

图 18-245　插入图片

按【Ctrl】键后单击相应的单元格，即可选中单个单元格。　说明

⑰ 将光标移动到第二行单元格，设置单元格的高度为 30px，然后输入文字“北京房产项目”，如图 18-246 所示。

图 18-246 设置单元格的高度

⑱ 新建一个 CSS 样式，将其命名为.a3，如图 18-247 所示。

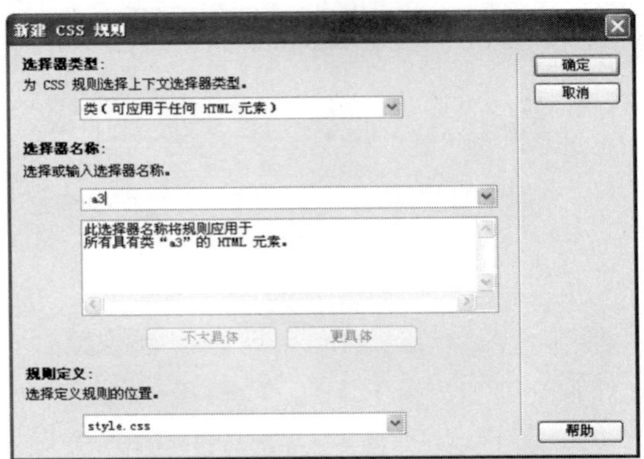


图 18-247 新建 CSS 样式

⑲ 设置 CSS 样式.a3 的属性，如图 18-248 所示。

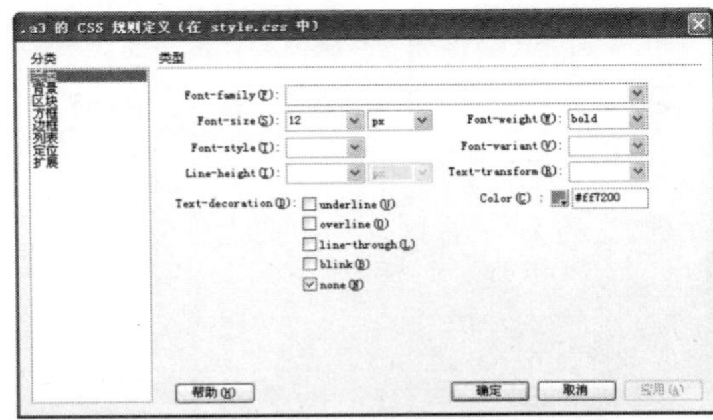

图 18-248 设置 CSS 样式.a3 的属性

⑳ 新建一个 CSS 样式，将其命名为.a3:hover，如图 18-249 所示。

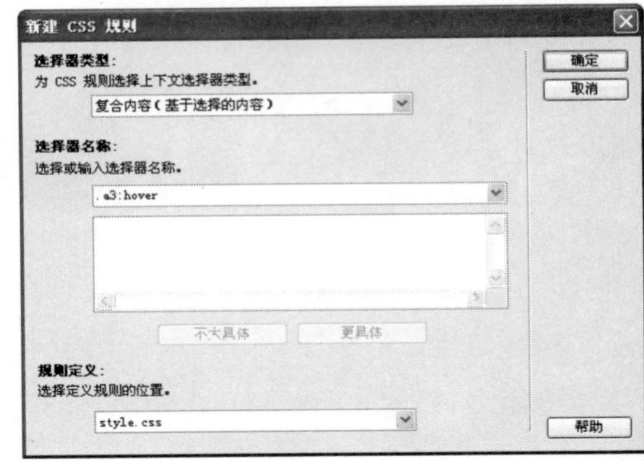


图 18-249 新建 CSS 样式

㉑ 设置 CSS 样式.a3:hover 的属性，如图 18-250 所示。

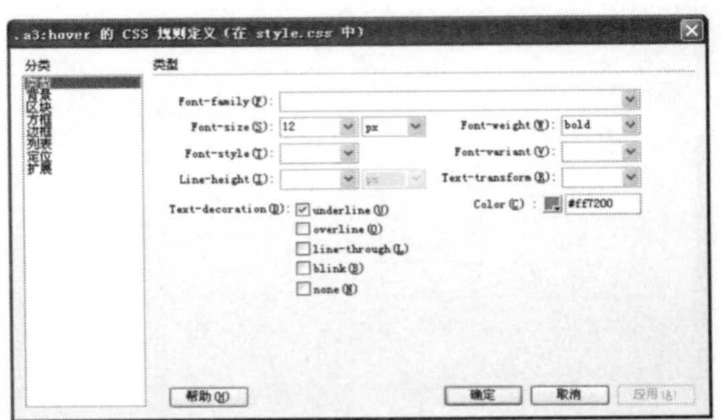

图 18-250 设置 CSS 样式.a3:hover 的属性

㉒ 选中文字“北京房产项目”，设置空链接，然后应用 CSS 样式.a3，如图 18-251 所示。

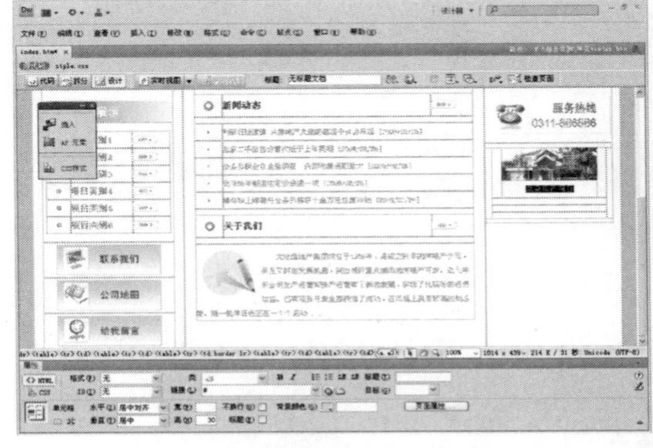

图 18-251 链接应用 CSS 样式.a3

 说明 选中表格并复制后 CSS 样式也被一起复制。

㉓ 选中表格并复制，如图 18-252 所示。

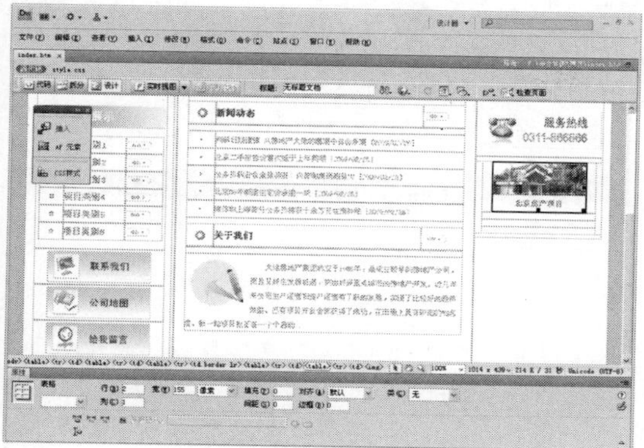

图 18-252　复制表格

㉔ 在各单元格中粘贴表格，如图 18-253 所示。

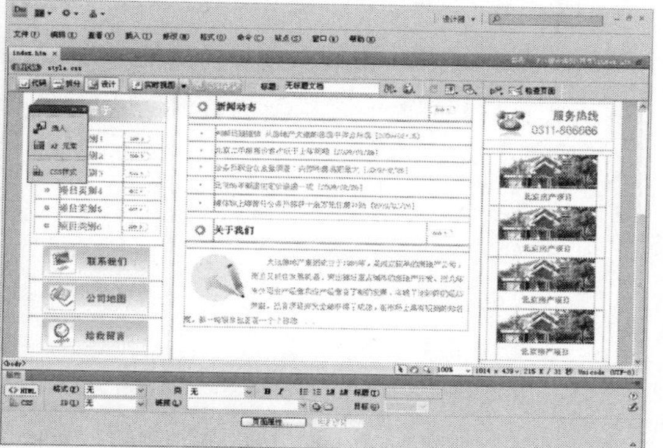

图 18-253　粘贴表格

㉕将图片和文字分别替换，如图 18-254 所示。

图 18-254　替换文字和图片

㉖ 新建一个 CSS 样式，将其命名为.padd10，然后设置属性，如图 18-255 所示。

**知识点拨**

网页的整体效果是一个排版和用色的结果，而图片特效与文字的格式可以在细节上为网页增色。

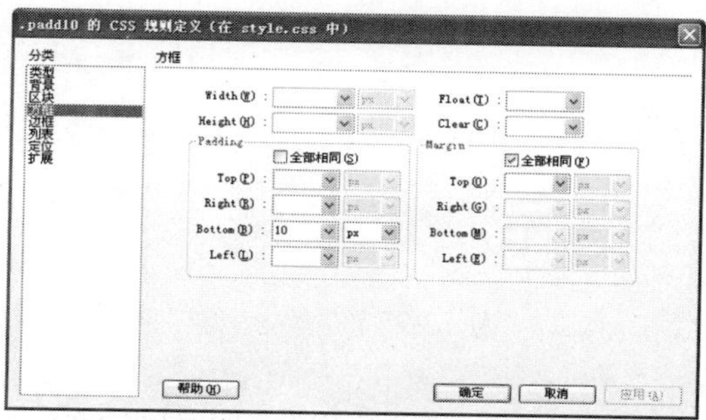

图 18-255　设置 CSS 样式.padd10 的属性

㉗ 选中单元格并应用 CSS 样式.padd10，如图 18-256 所示。

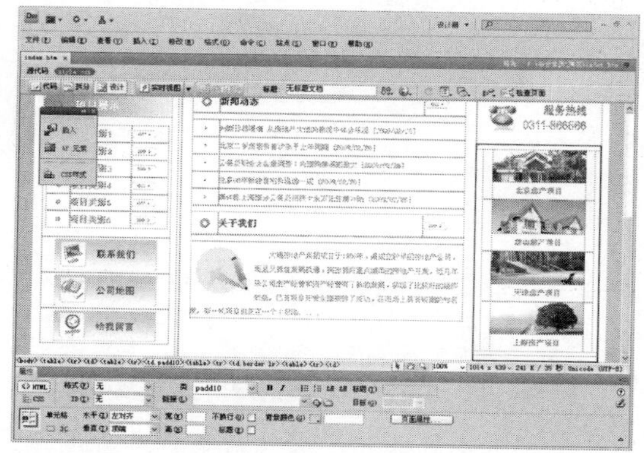

图 18-256　选中单元格并应用 CSS 样式.padd10

## 18.2.11 页面底部的制作

① 插入一个 1 行 1 列的表格，设置表格的对齐方式为居中对齐，如图 18-257 所示。

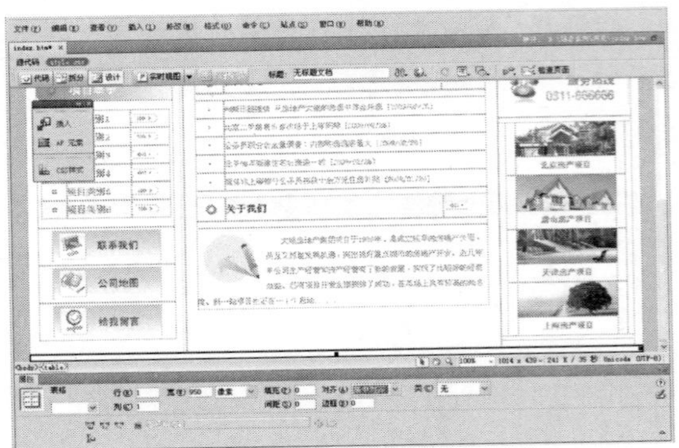

图 18-257 插入表格

② 设置单元格的水平和垂直对齐方式分别为居中对齐、居中，设置单元格的高度为 88px，如图 18-258 所示。

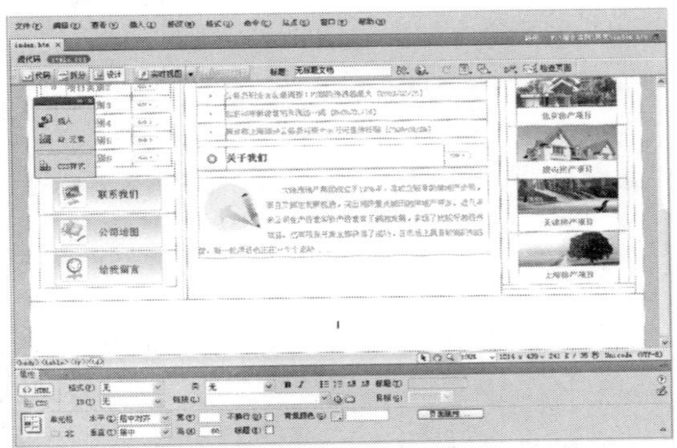

图 18-258 设置单元格的对齐方式及高度

③ 在单元格中输入文字，如图 18-259 所示。

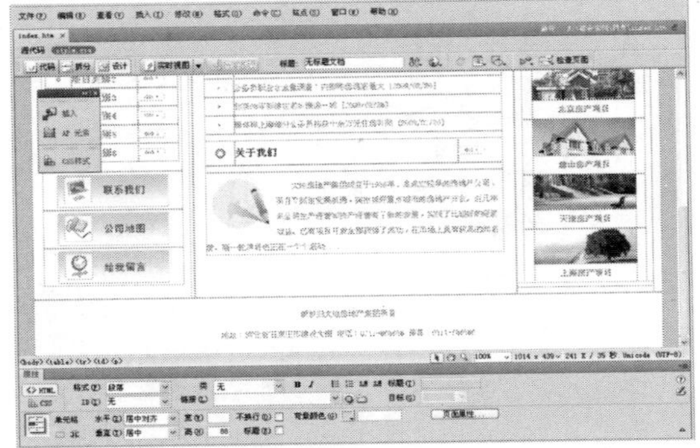

图 18-259 输入文字

④ 新建一个 CSS 样式，将其命名为.border_top，设置其属性，如图 18-260 和图 18-261 所示。

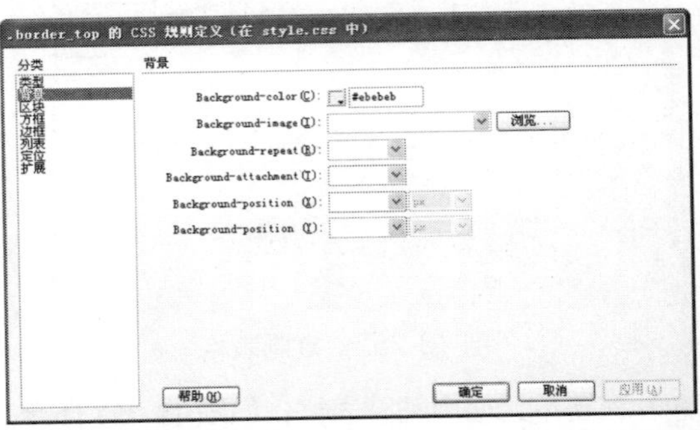

图 18-260 设置.border_top 的“背景”属性

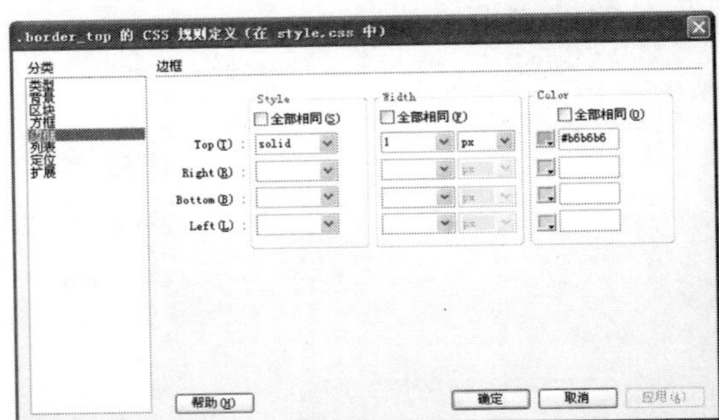

图 18-261 设置.border_top 的“边框”属性

⑤ 选中表格，应用 CSS 样式.border_top，如图 18-262 所示。

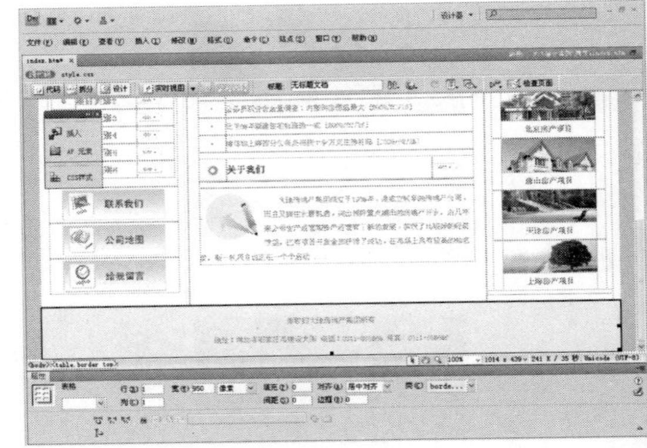

图 18-262 应用 CSS 样式.border_top

⑥ 将页面的文档标题修改为“大地房地产集团”，如图 18-263 所示。



说明 替换文字图片后表格的 CSS 样式不会随之发生变化。